石油和化工行业"十四五"规划教材

生物产业高等教育系列教材（丛书主编：刘仲华）

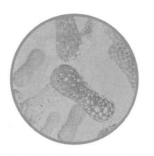

Food Microbiology
Principles and Technology

食品微生物学
原理与技术

李宗军　段智变　主编

第二版

化学工业出版社

·北京·

内容简介

《食品微生物学：原理与技术》的基础微生物学内容着重阐述了微生物学发展历程，微生物的形态结构与功能、营养与生长、代谢、遗传、分类和生态等方面的知识。食品微生物学内容从发酵食品的微生物原理、食品原料中的微生物与腐败控制、食物病原性微生物的特点及食物中毒、微生物与食品免疫、食品卫生微生物学等方面系统论述了微生物与食品质量和安全的关系。全书还提供了大量拓展阅读内容，帮助学生了解食品微生物学领域的热点与研究进展。每一章都附有知识归纳、思考题与应用能力训练，以便让学生更好地掌握知识要点，运用微生物学的原理解决生产与科研过程中的实际问题，做到学以致用。结合数字化教学与学习的需要，书中还引入了必要的数字资源，通过扫描二维码就可以获得相应的知识要点。

本书适合食品科学与工程类专业学生、食品企业的技术研发人员和食品监督管理人员的学习需求。

图书在版编目（CIP）数据

食品微生物学：原理与技术 / 李宗军，段智变主编.
2版. -- 北京：化学工业出版社，2025.4. --（石油和化工行业"十四五"规划教材）. -- ISBN 978-7-122-47820-7

Ⅰ.TS201.3

中国国家版本馆CIP数据核字第2025UF1198号

责任编辑：赵玉清　　　　　　　　文字编辑：周　佩
责任校对：王　静　　　　　　　　装帧设计：张　辉

出版发行：化学工业出版社
　　　　（北京市东城区青年湖南街13号　邮政编码100011）
印　　装：河北鑫兆源印刷有限公司
787mm×1092mm　1/16　印张23¾　字数642千字
2025年4月北京第2版第1次印刷

购书咨询：010-64518888　　　　　售后服务：010-64518899
网　　址：http://www.cip.com.cn

凡购买本书，如有缺损质量问题，本社销售中心负责调换。

定　　价：69.00元　　　　　　　　　　　版权所有　违者必究

本书编写人员

主　编：
　　李宗军（湖南农业大学　教授　博士）
　　段智变（山西农业大学　教授　博士）

副主编：
　　侯爱香（湖南农业大学　副教授　博士）
　　王远亮（湖南农业大学　教授　博士）
　　于　海（扬州大学　教授　博士）
　　张华江（东北农业大学　教授　博士）
　　朱瑶迪（河南农业大学　副教授　博士）

参　编（按姓名汉语拼音排序）：
　　戴奕杰（贵阳学院　副教授　博士）
　　关统伟（西华大学　教授　博士）
　　霍乃蕊（山西农业大学　教授　博士）
　　李苗云（河南农业大学　教授　博士）
　　努尔古丽·热合曼（新疆师范大学　教授　博士）
　　田　星（湖南中医药大学　副教授　博士）
　　吐汗姑丽·托合提（新疆农科院　助理研究员　博士）
　　王　菁（东北农业大学　副教授　博士）
　　肖　愈（湖南农业大学　副教授　博士）
　　许爱清（湖南科技大学　副教授　博士）
　　张自业（中国海洋大学　副教授　博士）
　　赵欣欣（扬州大学　讲师　博士）
　　朱振军（暨南大学　副教授　博士）

第二版前言

古人云：凡读书者以身践之，则书与我为一；以言视之，则判然二耳。

该教材第一版出版至今已经整整十年。十年来，微生物学领域的教学科研团队，一以贯之地围绕微生物学基本原理与应用展开探索，在实践中取得了丰硕成果，为完善教材内容提供了大量素材。

十年来多所学校的师生对教材给予了高度的关注与大力支持，该教材也被评为化学工业出版社的优秀出版物。在教材的使用过程中，我们也收到了众多读者的反馈，指出了教材存在的不足，对教材的内容、编排提出了很多合理化的建议，这些都是触动我们进行教材修订的原动力。

十年来，微生物学领域的发展日新月异，创新性的重大成果不断涌现，生物学、材料学、工程学、信息科学与微生物学的交叉融合，让我们感到第一版教材的内容必须更新，以满足新农科、新工科等现代教育教学理念的要求，将最新的研究成果以科学有效的方式传递给莘莘学子，将微生物技术运用到生产实践中去，不断推动微生物及其相关行业的科技创新。

十年来，世界发生了很大的变化，人类面临的粮食、能源、环境、健康、公共卫生以及可持续发展等问题更加突出。所幸，微生物作为一类独到的生产力在解决人类面临的诸多问题时，表现出了"以小博大""知微见著"的独特魅力。二氧化碳到淀粉的生物转化、纤维素的生物炼制、环境面源污染的微生物消减、饮食-肠道-大脑与健康的微生物密码、农产品加工废弃物的升级再造、微生物次级代谢基因族的挖掘与合成生物学、食品微生物多组学技术的应用等新的庞大知识体系的形成与发展，迫使我们要进行教材内容的更新。教材中体现的大食物观、科技创新引领、做强做大生物产业、优化生态环境、全民饮食健康等理念是服务国家重大战略需求、深化教育综合改革、践行教育强国纲要的有益尝试。

本次修订，按照高等教育优秀教材的要求，在每一章设置了兴趣引导、知识图谱、学习目标；章中通过数字呈现的形式安排了知识点测试与拓展阅读；章后有知识提炼与归纳，有意识地增加了工程能力训练。在教材的章节编排上，将第一版第2章拆分为独立的三章；第7章拆分为微生物生态学和发酵食品微生物学两章；将第一版的第11章、第12章删除，其中的内容融合到相关的章节进行阐述；新增了食品卫生微生物学章节。在教材的内容结构上，微生物学的基本原理主要展示微生物自身发展演化的基本规律；延伸阅读将微生物基本原理与其在食品行业中的相关技术或应用结合起来，尽可能让读者做到学以致用；热点导读在每一章的最后，提出与本章内容相关的研究热点，引导有兴趣的读者做更深入的了解，或作为课后讨论的题目。在部分章节增加了拓展内容或案例以贯彻落实立德树人根本任务。同时，在教材修订过程中，通过编写人员的多次讨论，将合成生物学、肠道微生物与健康、微生物组学与发酵食品、益生菌、公共卫生等研究领域的最新研究成果引入到教材中，在充实教材知识信息的同时，展示科技发展新成果。

本教材得到了全国13所高校的支持，经过专题会议讨论，对教材编写的内容进行了分工。

第1章，李宗军；第2、3、4章，努尔古丽·热合曼、吐汗姑丽·托合提；第5章，于海、朱瑶迪；第6章，许爱清；第7章，王远亮；第8章，关统伟、朱振军；第9章，侯爱香；第10章，田星、赵欣欣、张自业；第11章，张华江、王菁、张自业、朱瑶迪；第12章，李苗云、朱瑶迪；第13章，段智变、霍乃蕊；第14章，戴奕杰、朱瑶迪；全书知识图谱，肖愈。

在教材的编写过程中，得到了化学工业出版社的倾力支持；侯爱香副教授承担了教材编写的联络工作，李林孖为教材绘制了部分插图，在此一并表示诚挚的谢意。

教材在编写过程中存在的疏漏和不妥之处，恳请读者批评指正。

编者
2024年5月12日
于长沙

目录

第1章 绪论 ... 1
1.1 微生物的起源及自身的特点 ... 2
1.1.1 微生物的起源与进化 ... 2
1.1.2 微生物的特点 ... 3
1.2 微生物的命名 ... 5
1.3 微生物学及其发展历程 ... 6
1.3.1 微生物学科 ... 6
1.3.2 微生物学的发展 ... 7
1.4 食品微生物学及其发展 ... 9
1.4.1 食品微生物学 ... 10
1.4.2 食品微生物与未来 ... 10

第2章 原核微生物的形态结构与功能 ... 16
2.1 原核细胞型微生物概述 ... 17
2.2 细菌 ... 17
2.2.1 细菌的基本形态 ... 17
2.2.2 细菌的大小 ... 19
2.2.3 细菌的基本结构 ... 20
2.2.4 细菌的特殊结构 ... 25
2.2.5 细菌的生长繁殖 ... 30
2.2.6 细菌的培养特征 ... 30
2.3 古细菌（古生菌、古菌）的形态结构与功能 ... 32
2.3.1 古生菌的细胞结构 ... 33
2.3.2 古生菌与细菌的主要区别 ... 33
2.4 放线菌 ... 34
2.4.1 放线菌的形态结构 ... 34
2.4.2 放线菌的生长繁殖 ... 35
2.4.3 放线菌的培养特征 ... 36
2.5 蓝细菌 ... 36

2.6 其他原核微生物 ... 37
   2.6.1 支原体 ... 37
   2.6.2 衣原体 ... 37
   2.6.3 立克次氏体 ... 37

第3章 真核微生物的形态结构与功能 ... 40

3.1 真核细胞型微生物概述 ... 41
3.2 酵母菌 ... 41
   3.2.1 酵母菌的形态与大小 ... 41
   3.2.2 酵母菌的细胞结构与功能 ... 42
   3.2.3 酵母菌的生长繁殖 ... 42
   3.2.4 食品中常见酵母菌及培养特征 ... 45
3.3 丝状真菌 ... 45
   3.3.1 丝状真菌的细胞结构与功能 ... 46
   3.3.2 菌丝体的形态及其功能 ... 48
   3.3.3 丝状真菌的繁殖方式 ... 50
   3.3.4 丝状真菌的培养特征 ... 55
   3.3.5 食品中常见的丝状真菌 ... 55
3.4 蕈菌 ... 56
   3.4.1 蕈菌的形态结构 ... 56
   3.4.2 蕈菌的分类 ... 57
   3.4.3 蕈菌的繁育与栽培 ... 57

第4章 非细胞型微生物的形态结构与功能 ... 60

4.1 概述 ... 61
4.2 病毒与亚病毒因子 ... 61
   4.2.1 病毒的结构与大小 ... 61
   4.2.2 病毒的增殖 ... 64
   4.2.3 病毒的分类与命名 ... 68
   4.2.4 亚病毒因子 ... 69
4.3 人类与病毒共存 ... 69
   4.3.1 寄生与对抗 ... 69
   4.3.2 共存和依赖 ... 70

第5章 微生物的营养与生长繁殖 ... 72

5.1 微生物细胞的化学组成 ... 73
   5.1.1 水分 ... 73
   5.1.2 矿物质 ... 73

  5.1.3 有机物质 ·· 74
 5.2 微生物的营养物质 ·· 74
  5.2.1 微生物营养要素 ·· 74
  5.2.2 微生物培养基 ··· 76
  5.2.3 微生物对营养物质吸收 ·· 80
  5.2.4 微生物的营养类型 ·· 83
 5.3 微生物生长与繁殖 ·· 84
  5.3.1 微生物生长与繁殖概述 ·· 84
  5.3.2 微生物的群体生长繁殖规律 ··· 85
 5.4 微生物生长繁殖的控制 ·· 88
  5.4.1 影响微生物生长繁殖的因素 ··· 89
  5.4.2 微生物生长的控制方法 ·· 92

第 6 章 微生物代谢   97

 6.1 新陈代谢概论 ··· 98
  6.1.1 代谢的基本概念 ·· 98
  6.1.2 微生物代谢的酶学基础 ·· 98
 6.2 分解代谢 ·· 100
  6.2.1 糖类的分解 ··· 100
  6.2.2 蛋白质和氨基酸的分解 ·· 109
  6.2.3 脂肪和脂肪酸的分解 ·· 109
 6.3 合成代谢 ·· 110
  6.3.1 生物合成的三要素 ·· 110
  6.3.2 糖类的生物合成 ·· 110
  6.3.3 氨基酸的生物合成 ·· 114
  6.3.4 脂类的生物合成 ·· 114
  6.3.5 次级代谢物的生物合成 ·· 115
 6.4 微生物的代谢调控 ·· 117
  6.4.1 酶活性调节 ··· 118
  6.4.2 酶合成调节 ··· 119
  6.4.3 代谢的人工控制与应用 ·· 120
 6.5 微生物与合成生物学 ·· 121
  6.5.1 合成生物学概述 ·· 121
  6.5.2 主要底盘微生物 ·· 124
  6.5.3 细胞工厂的构建策略 ·· 125

第 7 章 微生物遗传   129

 7.1 微生物遗传的物质基础 ·· 130
  7.1.1 遗传物质基础的确定 ·· 130

7.1.2 遗传的物质基础与基因工程 132
7.2 微生物的基因结构 141
 7.2.1 原核微生物基因组 142
 7.2.2 真核微生物基因组 142
 7.2.3 特殊遗传结构 142
7.3 微生物基因变异与遗传育种 144
 7.3.1 基因突变 144
 7.3.2 遗传育种 145
 7.3.3 菌种分离与筛选 151
 7.3.4 菌种保藏 153
7.4 基因编辑原理与应用 154

第8章 微生物分类   156

8.1 微生物分类概述 157
 8.1.1 微生物分类单元 157
 8.1.2 微生物在生物界中的地位 160
8.2 原核微生物的分类系统概要 162
 8.2.1 细菌的分类原则与层次 163
 8.2.2 细菌的分类系统 165
8.3 真菌分类系统概要 166
 8.3.1 真菌分类学的主要历史发展时期 166
 8.3.2 真菌分类系统 166
 8.3.3 酵母菌的分类系统 171
8.4 微生物分类鉴定 171
 8.4.1 传统经典方法 172
 8.4.2 化学特征方法 173
 8.4.3 分子生物学方法 175

第9章 微生物生态学   179

9.1 生态学基本概念 180
 9.1.1 生态学与生态系统 180
 9.1.2 微生物生态学与微生物生态系统 182
 9.1.3 种群和群落 183
 9.1.4 环境梯度和耐受限度 183
9.2 微生物种群的相互作用 184
 9.2.1 种群内的相互作用 184
 9.2.2 种群间的相互作用 185
9.3 现代微生物生态学研究方法 192
 9.3.1 微生物生态学的传统研究方法 192

9.3.2 微生物生态学的分子生物学研究方法 193
9.3.3 组学时代的微生物生态学研究 201
9.4 肠道微生物与人体健康 204
9.4.1 人体微生物分布 204
9.4.2 肠道微生物与健康 208
9.4.3 饮食与肠道微生物 209
9.4.4 肠道微生物资源开发 211
9.5 群体感应和生物被膜 212
9.5.1 群体感应 212
9.5.2 生物被膜及其有关机理 213
9.5.3 表面环境与生物被膜 214

第10章 发酵食品微生物学 217

10.1 发酵食品概述 218
10.1.1 发酵食品与微生物 218
10.1.2 发酵食品的发酵形态 222
10.2 豆粮发酵食品与微生物 222
10.2.1 酱油与微生物 222
10.2.2 酒类与微生物 224
10.2.3 食醋与微生物 226
10.2.4 面包与微生物 228
10.3 乳类发酵食品与微生物 228
10.3.1 酸乳与微生物 229
10.3.2 干酪与微生物 230
10.3.3 开菲尔与微生物 231
10.4 果蔬发酵食品与微生物 231
10.4.1 发酵水果制品 231
10.4.2 发酵蔬菜制品 234
10.5 肉类发酵食品与微生物 235
10.5.1 发酵香肠与微生物 235
10.5.2 发酵火腿与微生物 235
10.5.3 传统风吹肉与微生物 236
10.5.4 发酵酸肉与微生物 237
10.6 水产品类发酵食品与微生物 237
10.6.1 发酵鱼露与微生物 237
10.6.2 发酵虾酱与微生物 238
10.6.3 发酵酸鱼与微生物 239
10.7 食品微生物资源开发与利用 240
10.7.1 食品微生态制剂 240
10.7.2 单细胞蛋白与食品微生物 244

第 11 章 食品原料中的微生物与腐败变质 ... 248

11.1 食品生境中微生物的来源与途径 ... 249
11.1.1 从土壤生境进入食品 ... 250
11.1.2 从水生境进入食品 ... 250
11.1.3 从大气生境进入食品 ... 250
11.1.4 从人体微生态系进入食品 ... 251
11.1.5 其他 ... 251

11.2 乳品中的微生物 ... 251
11.2.1 乳中微生物的来源及类群 ... 251
11.2.2 乳品中微生物的活动规律 ... 256
11.2.3 乳品的腐败变质 ... 257

11.3 肉类中的微生物 ... 258
11.3.1 肉类中微生物的来源及类群 ... 259
11.3.2 肉的腐败变质 ... 260
11.3.3 肉类中微生物的控制 ... 262

11.4 禽蛋中的微生物 ... 263
11.4.1 禽蛋中微生物的来源及类群 ... 263
11.4.2 鲜蛋的天然防卫机能及腐败变质 ... 264

11.5 水产品中的微生物 ... 267
11.5.1 新鲜水产品的腐败 ... 267
11.5.2 水产制品的腐败 ... 268
11.5.3 污染 ... 269
11.5.4 控制 ... 270

11.6 果蔬中的微生物 ... 271
11.6.1 新鲜果蔬中微生物的来源及类群 ... 272
11.6.2 微生物引起的果蔬变质 ... 272

11.7 粮食中的微生物 ... 277
11.7.1 粮食中微生物的来源及类群 ... 277
11.7.2 粮食储藏中微生物区系变化的一般规律 ... 279
11.7.3 粮食的腐败变质 ... 280

第 12 章 微生物与食物中毒 ... 283

12.1 食物中毒概述 ... 284
12.2 食源性病原微生物 ... 284
12.2.1 食源性致病细菌 ... 285
12.2.2 食源性致病真菌 ... 296
12.2.3 食源性致病藻类 ... 300
12.2.4 食源性病毒 ... 301

12.3 微生物食物中毒的处置 — 301
- 12.3.1 食物中毒调查 — 301
- 12.3.2 食物中毒报告 — 302
- 12.3.3 食物中毒处置 — 304
- 12.3.4 食物中毒评估 — 304
- 12.3.5 食物中毒预防 — 306

第13章 微生物与免疫 — 309

13.1 免疫系统 — 310
- 13.1.1 免疫系统的组成 — 310
- 13.1.2 免疫系统的功能 — 311

13.2 免疫应答 — 311
- 13.2.1 免疫应答及其过程 — 311
- 13.2.2 免疫应答的种类 — 311
- 13.2.3 免疫应答的特点 — 313

13.3 抗原 — 313
- 13.3.1 抗原的特性 — 314
- 13.3.2 抗原决定簇 — 314
- 13.3.3 决定抗原免疫原性的影响因素 — 314
- 13.3.4 抗原的分类 — 315
- 13.3.5 超抗原 — 317

13.4 抗体 — 317
- 13.4.1 抗体与免疫球蛋白 — 317
- 13.4.2 抗体的分类 — 318
- 13.4.3 抗体的结构 — 318
- 13.4.4 抗体的功能 — 320

13.5 淋巴细胞 — 322
- 13.5.1 T细胞 — 322
- 13.5.2 B细胞 — 325

13.6 其他免疫细胞和免疫分子 — 328
- 13.6.1 其他免疫细胞 — 328
- 13.6.2 细胞因子 — 328
- 13.6.3 补体 — 330

13.7 体液免疫和细胞免疫 — 331
- 13.7.1 B细胞介导的体液免疫 — 332
- 13.7.2 T细胞介导的细胞免疫 — 333

13.8 微生物与食品免疫 — 334
- 13.8.1 超敏反应 — 334
- 13.8.2 食物过敏及其微生物性防治 — 335
- 13.8.3 微生物的免疫调节作用 — 337

第 14 章　食品卫生微生物学　341

14.1　食品卫生与微生物　342
14.1.1　指示微生物的概念　342
14.1.2　食品微生物检验　345
14.2　常见的食品卫生微生物学指标　346
14.2.1　菌落总数　346
14.2.2　大肠菌群　347
14.2.3　霉菌和酵母　352
14.2.4　微生物限量及采样方案的选择　352
14.3　食品货架期　356
14.3.1　质量损失模型　357
14.3.2　产品货架期预测模型　357
14.3.3　加速货架期预测　358
14.4　预测微生物学　358
14.4.1　预测微生物学概述　358
14.4.2　模型介绍　359
14.4.3　预测微生物学的发展前景及应用　361

第 1 章

绪论

知识图谱

　　微生物在地球生物圈中无时不有，无处不在。不同的环境中存在不同的微生物，如我们日常食用的泡菜中，通过特定的培养方式，可以从中分离出多种不同的微生物。这些微生物对泡菜风味与品质的形成及产品的安全性有何影响？微生物还会从哪些方面影响我们的生活？有哪些方法可以证明微生物的存在？是谁发现了微生物，并让其成为了一门学科？它们与农业生产、环境保护、疾病与健康有没有关系呢？

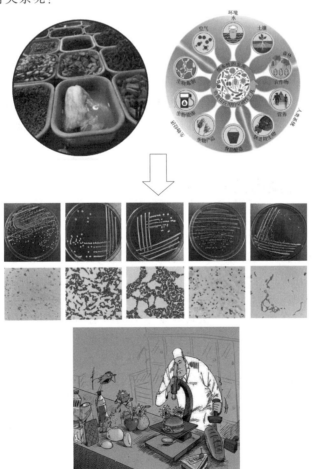

学习目标

○ 列举5个微生物的特点，并能结合实际进行简要分析。
○ 明晰微生物学发展历程，并清楚主要科学家的贡献。
○ 举至少3种可证明微生物在人体或者环境中存在的方法。
○ 识记5种以上微生物的学名。
○ 与小组成员一起讨论1~2个食品微生物学相关的议题，并就讨论结果凝练出相关的科学问题。
○ 树立正确的价值观，培养科学思辨能力与创新思维，有较强的大食物观。

21世纪将是生物科学的世纪，人们将运用生物科学的研究成果来处理人类面临的食物、环境、健康、能源等诸多挑战。在生物科学的研究过程中，微生物发挥着无可替代的作用。什么是微生物？它从哪里来？将向何处去？它们与人类活动有什么关系？食品中有哪些微生物？它们对食品工业有哪些影响？有哪些手段可以认识和掌控它们？这些都是人们非常感兴趣的课题。

通常来说，微生物是指所有单细胞或非细胞结构的，必须借助显微镜才可见的一类微小生物的总称。微生物细胞与动植物细胞有本质的区别，其差别不仅存在于形态和结构上，而且微生物细胞自身就是一个独立的生命体，它们不必依赖于其他任何细胞而独立生存；而动植物细胞则需要与其他相关的细胞组合起来构成动植物组织或器官后才能存活并发挥功能，如植物的叶片、动物的肌肉细胞等。

什么是微生物学？顾名思义，微生物学是研究微生物生命活动规律的科学。微生物学研究微生物细胞的结构及其工作机制，特别是数量巨大的单细胞结构的具有重大生态学意义的细菌细胞；还研究微生物的多样性及其进化机制，即自然界有多少种类的微生物，它们为谁而存在；并且关注微生物在我们人类世界中的作用，如其与土壤、水域、人体和动植物的关系等。换句话说，微生物可以影响或支撑所有其它的生命形式。因此，微生物学被认为是最基础的生物学学科。

1.1 微生物的起源及自身的特点

1.1.1 微生物的起源与进化

在生命系统中，微生物是地球上最早的生命形式。Cyanobacteria微生物类群在生物进化中扮演非常重要的角色，其原因在于它们代谢产生的废弃物——O_2，为地球上的植物及其他高级生命形式的进化奠定了物质基础。

细胞是如何起源的？在地球上第一次自我复制的细胞结构和我们今天了解的细胞一样吗？因为所有的细胞具有相似的结构形式，让人们认为所有的细胞来源于同一个祖先，称为最早的地球祖先（last universal common ancestor，LUCA）。从无生命物质演化出第一个细胞的过程经历了数百万年的时间，第一个细胞经分化形成了自己的子细胞群体，不同的子细胞群体之间在环境的作用下发生相互作用，选择性进化推动和演化了早期的细胞形式，并进而分化出更高级而复杂的今天可见的多样性的生物体。

在地球形成初期的10亿年间，地球上出现了一类能利用太阳光作为生命能源的微生物，称为光合细菌，最早的光合细菌是红细菌，它和其他一些非氧进化的光合生物一起在今天很多无氧的环境中还广泛存在。在地球初始的 20 亿年间，地球上并无氧气，主要由 N_2、CO_2 和其他一些气体组成。在此期间，只有厌氧微生物可以生存，这其中包括一大类可产生甲烷气体的微生物，称为甲烷细菌（Methanogen）。由无氧环境进化到有氧环境，即出现 Cyanobateria 花了近 10 亿年的时间。随着大气中 O_2 浓度的上升，多细胞生物的出现，并进一步进化到更为复杂的动植物，演化为今天的地球生物圈图景。

随着人们对微生物的研究和认识程度的逐渐深入，在不同时期人们对微生物的分类也不一致，一般传统意义上的微生物分类，分为非细胞型、原核细胞型和真核细胞型三类，这种划分是根据微生物的形态、结构和生长特性来划分的，但是地球上绝大多数的微生物不能用常规的培养方法进行培养，所以仅仅从表型（微生物的形态、结构和生长特性）上对微生物进行划分是有很大局限性的。

生物界中遗传物质的保守序列 16S rRNA 和 18S rRNA 进化速度很慢，通过对其碱基序列进行分析，构建"进化树"。1977 年，Woese 等在分析原核生物 16S rRNA 和真核生物 18S rRNA 序列的基础上，提出了将自然界的生命分为真细菌域（后称细菌域）、古细菌域（后称古菌域）和真核生物域的三域学说（three domain theory）（图 1-1）。古菌域包括嗜泉古菌界（Crenarchaeota）、广域古菌界（Euryarchaeota）和初生古菌界（Korarchaeota）；细菌域包括细菌、放线菌、蓝细菌和各种除古菌以外的其它原核生物；真核生物域包括真菌、原生生物、动物和植物。

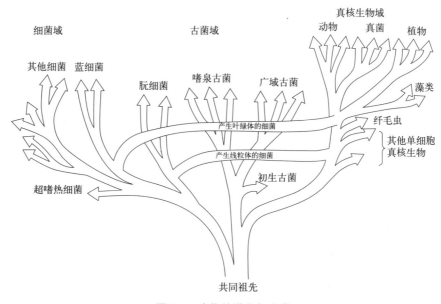

图 1-1　生物的进化与分类

1.1.2　微生物的特点

微生物和动植物一样具有生物最基本的特征，即新陈代谢，有生命周期，还有其自身的特点，主要表现在：

① 种类多样，生境广泛　微生物在生物圈中，可以说"无处不有，无时不在"。土壤是其大本营，1g 肥土含几十亿个微生物，在一些营养贫瘠的地方，微生物的种类和数量很少，构成了自然界中微生物物种的多样性和不均衡性，也反映了微生物对物质的利用多种多样。凡是动植物能利用的物质，例如，蛋白质、糖、脂肪等，微生物都能利用。动物不能利用的物质，有些微生

物也能利用，例如纤维素、塑料，不少微生物能将它们分解。这对塑料的分解以消除白色污染很有价值。还有一些对动植物有毒的物质，如氰化钾、酸、聚氯联苯等，微生物也能将它们分解，美国康奈尔大学早在20世纪70年代就分离到分解DDT的微生物，日本发现了分解聚氯联苯的红酵母等。可以这样说，有动植物生存的地方都有微生物的栖息地，没有动植物生存的地方，也有微生物的踪迹，万米以上的高空，几千米以下的海底，90℃以上的温泉，冰冷的南极，干涸的沙漠都有微生物聚居，说微生物无孔不入是不过分的。

② 种源丰富，未知者众　如果从巴斯德研究酵母发酵，算人类有意识利用微生物资源开始，至今已有100多年的历史。20世纪50年代以后，则是大规模开发利用微生物资源的黄金期，并且取得了极为辉煌的成就。80年代以后，由于分子生物学技术的发展，一些学者才惊奇地发现，原来我们所认识到的微生物仅仅是实有数的1％～10％，甚至不到千分之一。目前我们所知道的真菌仅占5％，实际可能有150多万种；所知道的细菌仅占12％，实际可能有4万多种。如果说我们所认识的微生物资源仅占实有数的10％，那么，实际被人们利用的可能还不到0.1％。因此，革新研究方法、分离方法，发现未知微生物，是微生物资源开发利用的首要前提之一。所以，微生物是一类开发潜力无穷的可再生资源。

二维码1

③ 生长繁殖快，转化效率高　繁殖快是微生物最重要和最深刻的特点之一，因为单个细胞其生命周期是有限的，不会保持很长时间，很快就会发展成为一个种群。以细菌为例，通常每20～30min即可分裂1次，繁殖1代，其数目比原来增加1倍，按20min分裂1次，而且每个克隆子细胞都具有同样的繁殖能力，那么1h后就是2^3个，2h后就是2^6个，24h后就是2^{72}个，即由一个原始亲本变成了2^{72}个细菌。按每10^9个细菌重1mg计，2^{72}个菌的质量超过4722t。当然这是理论数字，由于各种原因，客观上是不存在的，只在细菌的生长对数期才有如此的增殖速度。细菌如此惊人的生长速度可为我所用，例如生产酵母蛋白，控制条件下可在8～12h收获一次；也可利用酵母生产酒精，例如1kg酵母菌可在24h内发酵消耗几千克糖，生成酒精；又如用乳酸菌生产乳酸，每个细胞生产的乳酸是其体重的10^3～10^4倍。

④ 个体微小，比表面值大　前面提到微生物很小，肉眼不能观察，衡量它的大小都用微米（μm）、纳米（nm）计，每个细菌的质量只有$1×10^{-10}$～$1×10^{-9}$mg，即大约10亿个细菌的质量才1mg。一个球菌，若体积为$1μm^3$的话，用这样的球菌堆成$1cm^3$，其总面积可达$6m^2$；而一粒$1cm^3$大小的豌豆，其总表面积仅$6cm^2$。微生物的面积与体积的比值称为比表面值。比表面值越大的微生物越有利于细胞内外的物质交换。

⑤ 容易变异，具有遗传多样性　微生物由于个体小，结构相对比较简单，容易受环境条件影响而发生变异。变异有好的一面，如提高甜酒的甜度；变异也有坏的一面，细菌变异产生耐药性，影响食品安全和货架期。原核生物DNA化学组成相差很大，不同种群的G+C含量（摩尔分数）在24％～76％。即使是同一个种不同的菌株DNA的序列差异可高达30％。蛋白质序列相似性分析也揭示了原核生物遗传背景的多样性。

二维码2

⑥ 观察和研究的手段特殊　微生物因为个体微小，繁殖又快，观察和研究常以其群体为对象，而且必须从众多而复杂的混合菌中分离出来，变成纯培养物。这样，无菌技术、分离、纯化、培养技术、显微观察技术以及杀菌技术就是微生物学必备的基本技术，没有这些技术就无从着手，等于空谈。

总之，微生物的这些特点，使其在生物界中占据特殊的位置，它不仅广泛应用于生产实践，而且成了生物科学研究的理想材料，推动和加速了生命科学研究的发展。在高新技术革命浪潮中，以细菌和酵母等为材料和模式，对其基因组进行测序与编辑，必将大大加深人们对微生物的认知，为有效利用微生物提供技术支撑。

1.2 微生物的命名

由于微生物种类繁多，各有特点，为了研究与教学的方便，人们需要对微生物进行区分，这就产生了微生物分类学。分类的手段与方法多种多样，但如何给微生物取个合适的名字，在学界达成了共识。微生物的名称有俗名（vernacular name）和学名（scientific name）两种。俗名是某一特定区域内通俗的、大众化的名称，通常以简单、形象等为特点。对同一微生物，不同地区、国家的俗名可能不同，以致严重影响相互之间的学习和交流；而且俗名的含义往往并不准确，容易造成混淆和误解。所以，在学术交流、科学研究和科技文章发表时须用微生物的学名。微生物学工作者需要掌握一些常见的或者是自身感兴趣领域的一些重要的微生物的学名，这样有利于业务水平的提高。

微生物的命名就是根据国际命名规则，给予微生物以正确的科学名称，即学名。在国际统一规则下微生物的命名有利于国际交流和避免使用上的混乱。

微生物的命名和高等生物一样，也采用瑞典植物分类学家 Linne（1707—1778）在《自然系统》（1758）中提出的统一的"双名法"系统（binomial nomenclature system）。微生物的学名也由属名和种名两部分构成，它们是两个拉丁词或希腊字母或者拉丁化的其他文字。前面的词为属名，源于微生物的形态、构造或某著名科学家的姓，用以描述微生物的主要特征；后面的词为种名，源于微生物的颜色、形状、来源、致病名或某著名科学家的姓，用以描述微生物的次要特征。在微生物分类中，相对容易确定未知微生物的属，这时如果当微生物只有属名而种名尚未确定，或者只是泛指时，对于这样的某种微生物的描述可在属名后加 sp.，而如果是一群微生物种名未定，则加 spp.（sp. 和 spp. 分别是 species 的单数和其复数形式的缩写）。如 *Bacillus* sp. 可译为芽孢杆菌某种；而 *Bacillus* spp. 可译为芽孢杆菌某些种。微生物学名的属名是拉丁文单数主格名词或用作名词的形容词，可以为阳性、阴性或中性，属名的首字母一律要大写；种名是拉丁文的形容词，其首字母小写。在出版物中学名以斜体格式排版，在手写稿或打字机出稿（无斜体格式）的情况下，学名加下划线以示应是斜体的区别。在分类学专业文献当中，学名后往往还要加首次定名人（外加括号）、现定名人和现定名年份，而一般情况下可以省略。

以铜绿假单胞菌（*Pseudomonas aeruginosa*，俗名绿脓杆菌）为例说明如下：

学名= 属名 + 种的加词 + （首次定名人）+ 现定名人 + 现定名年份

斜体　　　　　　　　　　　　　正体，可省略

Pseudomonas aeruginosa　　（Schroeter）　　Migula　　1920

再举三个例子：

例1. 结核分枝杆菌［*Mycobacterium tuberculosis*（Zopf 1883）Lehmann and Neumann 1896］。属名 *Mycobacterium*，*Myco* 的意为真菌状，*-bacterium* 的意为杆状细菌，故 *Mycobacterium* 的意为真菌状的杆菌；种名 *tuberculosis* 意为结核。学名后面括号内的 Zopf 首先发现结核病原菌，但当时给命名为 *Bacterium tuberculosis*，后来由 Lehmann 和 Neumann 把它转入 *Mycobacterium* 属内。因此，学名后括号内人的姓是首先发现该菌的人，而在括号后另附加改订该菌学名的人的姓。

例2. 枯草芽孢杆菌 *Bacillus subtilis*（Ehrenberg 1835）Cohn 1872。属名 *Bacillus* 意为具有芽孢的杆状细菌，种名 *subtilis* 意为纤细的，由于常来源于枯草，故译为枯草芽孢杆菌。Ehrenberg 首先给该菌描述命名为 *Vibrio subtilis*（1835），Cohn（1872）把它转入 *Bacillus*

属中。

例3. 魏氏梭状芽孢杆菌 *Clostridium welchii* （Migula） Holland。属名 *Clostridium* 意为具有芽孢的梭状杆菌，种名为人的姓。英国学者 Welchii 首先发现和研究该菌，Migula 为了纪念 Welchii，给该菌的种名定为 *welchii*。Holland 把它列入 *Clostridium* 属中。

新种发表时，还要在种学名后加上 sp. nov.（species novel 的缩写）（新种发表前应将其模式菌株的培养物至少保存在两个不同国家的两个公认的保种处，并允许人们从中取得）。如 *Corynebacterium pekinense* sp. nov. AS1.299，意指北京棒杆菌是棒状杆菌属的一个新种，菌株编号为 AS1.299。

当命名对象为亚种时，其学名按"三名法"定义。以"苏云金芽孢杆菌腊螟亚种"为例说明如下：

学名 = 属名 + 种的加词 + (subsp.或 var.) + 亚种或变种的加词

斜体　　　　正体，可省略　　　斜体

Bacillu thuringiensis　　subsp.　　*galleria*

同属的完整学名如果在前文中已出现过，则后面的学名中的属名常缩写为大写首字母，加点（英文的句号），缩写仍为斜体。如本节上文已出现了 *Pseudomonas aeruginosa*，这里就可用 *P. aeruginosa* 代替 *Pseudomonas aeruginosa*。

1.3 微生物学及其发展历程

1.3.1 微生物学科

微生物学科涉及两个相关联的主题：一个是全面认识微生物本身的生命活动规律，另一个就是运用人们对微生物生命活动规律的认识为人类及整个地球服务。

作为生物科学的基础学科，微生物学作为有效的工具被用于探知生命的起源，科学家运用微生物的多样性和生理特点，已经获得了大量可信的关于生命起源的基本物理、化学过程的证据。可以坚信，基于微生物易培养、生长快、易变异等特点，它成为人们揭示多细胞生物，包括人类起源的最佳试验材料。

作为重要的生物学资源，微生物在人类生存环境、农业、工业等重要领域，都居于核心地位。如人类及动植物的诸多疾病、土壤肥力的改善、环境污染的消减、现代发酵工业等均与微生物密切相关，因此，微生物几乎时刻都从正反两方面影响人类的生活。

虽然微生物是自然界最小的生命形式，但它们所产生的生物质及在很多重大地球生物化学循环中的作用远远超过了其他高等生物。离开微生物，其他高等生物可能无法进化，甚至无法生存。事实上，我们呼吸的每一口氧气都是赖于微生物长期的作用。

随着对微生物研究与应用领域不断拓宽和深入，微生物学已经不是一个单一的学科，而是包括很多分支学科的研究领域，无论是从基础理论研究还是从应用角度，都包括了多学科内容。

① 根据基础理论研究内容不同，形成的分支学科有：微生物生理学（microbial physiology）、微生物遗传学（microbial genetics）、微生物生物化学（microbial biochemistry）、微生物分类学（microbial taxonomy）、微生物生态学（microbial ecology）等。

② 根据微生物类群不同，形成的分支学科有：细菌学（bacteriology）、病毒学（virology）、真菌学（mycology）、放线菌学（actinomycetes）等。

③ 根据微生物的应用领域不同，形成的分支学科有：工业微生物学（industrial microbiology)、农业微生物学（agricultural microbiology）、医学微生物学（medical microbiology）、食品微生物学（food microbiology）、兽医微生物学（veterinary microbiology）、环境微生物学（environmental microbiology）等。

④ 根据微生物的生态环境不同，形成的分支学科有：土壤微生物学（soil microbiology）、海洋微生物学（marine microbiology）、大气微生物学（atmosphere microbiology）、极端微生物学（extreme microbiology）等。

1.3.2 微生物学的发展

1.3.2.1 人类对微生物的早期认识与利用

在微生物学科形成之前，实际上人们在生产与日常生活中积累了不少关于微生物作用的经验规律，并且应用这些规律，创造财富，减少和消灭病害。民间早已广泛应用的酿酒、制醋、发面、腌制酸菜泡菜、盐渍、蜜饯等。古埃及人也早已掌握制作面包和配制果酒技术。这些都是人类在食品工艺中控制和应用微生物活动规律的典型例子。积肥、沤粪、翻土压青、豆类作物与其它作物的间作轮作，是人类在农业生产实践中控制和应用微生物生命活动规律的生产技术。种痘预防天花是人类控制和应用微生物生命活动规律在预防疾病、保护健康方面的宝贵实践。尽管这些还没有上升为微生物学理论，但都是控制和应用微生物生命活动规律的实践活动。直到17世纪下半叶，荷兰学者安东尼·范·列文虎克（Antonie van Leeuwenhoek）用自制的简易显微镜亲眼观察到单个的细菌，并对食物腐败的成因开展社会大讨论，由此拉开了微生物学的序幕。

1.3.2.2 微生物形态学发展阶段

17世纪80年代，列文虎克用他自己制造的，可放大160倍的显微镜观察牙垢、雨水、井水以及各种有机质的浸出液，发现到了许多可以活动的"活的小动物"，并发表了这一"自然界的秘密"。这是首次对微生物形态和个体的观察和记载。随后，其他研究者凭借显微镜对其它微生物类群进行的观察和记载，充实和扩大了人类对微生物类群形态的视野。但是在其后相当长的时间内，对于微生物作用的规律仍一无所知。这个时期称为微生物学的创始时期。

列文虎克，英文名 Antonie van Leeuwenhoek（1632.10.24—1723.08.26），荷兰显微镜学家、微生物学的开拓者，生卒均于代尔夫特。由于勤奋及本人特有的天赋，他磨制的透镜远远超过同时代人。他的放大透镜以及简单的显微镜形式很多，透镜的材料有玻璃、宝石、钻石等。其一生磨制了400多个透镜，有一架简单的透镜，其放大率竟达270倍。主要成就：首次发现微生物，最早记录肌纤维、微血管中血流。

1.3.2.3 微生物生理学发展阶段

在19世纪60年代初，法国的巴斯德（Louis Pasteur）和德国的柯赫（Robert Koch）等一批杰出的科学家建立了一套独特的微生物研究方法，对微生物的生命活动及其对人类实践和自然界的作用作了初步研究，同时还建立起许多微生物学分支学科，尤其是建立了解决当时实际问题的几门重要应用微生物学科，如医用细菌学、植物病理学、酿造学、土壤微生物学等。在这个时期，巴斯德研究了酒变酸的微生物原理，探索了蚕病、牛羊炭疽病、鸡霍乱和人狂犬病等传染病的病因以及有机质腐败和酿酒失败的起因，否定了生命起源的"自然发生说"，建立了巴氏消毒法等一系列微生物学实验技术。

路易斯·巴斯德（Louis Pasteur，1822.12.27—1895.9.25），法国微生物学家、化学家，近代微生物学奠基人。像牛顿开辟出经典力学一样，巴斯德开辟了微生物领域，创立了一整套独特的微生物学基本研究方法，开始用"实践—理论—实践"的方法研究，他是一位科学巨人。

巴斯德一生进行了多项探索性研究，取得了重大成果，是19世纪最有成就的科学家之一。他用一生的精力证明了三个科学问题：①每一种发酵作用都是由于一种微菌的发展。这位法国化学家发现用加热的方法可以杀灭那些让啤酒变苦的恼人的微生物。很快，"巴氏杀菌法"便应用在各种食物和饮料上。②每一种传染病都是一种微菌在生物体内的发展。由于发现并根除了一种侵害蚕卵的细菌，巴斯德拯救了法国的丝绸工业。③传染病的微菌，在特殊培养下可以减轻毒力，使它们从病菌变成防病的疫苗。他意识到许多疾病均由微生物引起，于是建立起了细菌理论。此外，巴斯德的工作还成功地挽救了法国处于困境中的酿酒业、养蚕业和畜牧业。

正如他所说："不要在已成的事业里逗留着！当你做成功一件事，千万不要等待着享受荣誉，应该再做些需要的事。"巴斯德正是如此践行着。他求真务实、不畏艰险的探索精神，学以致用、服务大众的科学精神，激励一代一代的后人在科学的大道上不断攀登。

柯赫在继巴斯德之后，改进了固体培养基的配方，发明了倾皿法进行纯种分离，建立了细菌细胞的染色技术、显微摄影技术和悬滴培养法，寻找并确证了炭疽病、结核病和霍乱病等一系列严重传染疾病的病原体等。这些成就奠定了微生物学成为一门科学的基础。在这一时期，英国学者布赫纳（E. Buchner）在1897年研究了磨碎酵母菌的发酵作用，把酵母菌的生命活动和酶化学相联系起来，推动了微生物生理学的发展。同时，其他学者例如俄国学者伊万诺夫斯基（Ivanovski）首先发现了烟草花叶病毒（tobacco mosaic virus，TMV），扩大了微生物的类群范围。

罗伯特·科赫（R. Koch，1843—1910），德国医生和细菌学家，世界病原细菌学的奠基人和开拓者。对医学事业作出开拓性贡献，也使科赫成为在世界医学领域中令德国人骄傲无比的泰斗巨匠。他是：

世界上第一次发明了细菌照相法；
世界上第一次发现了炭疽热的病原细菌——炭疽杆菌；
世界上第一次证明了一种特定的微生物引起一种特定疾病的原因；
世界上第一次分离出伤寒杆菌；
世界上第一次发明了蒸汽杀菌法；

世界上第一次分离出结核病细菌；

世界上第一次发明了预防炭疽病的接种方法；

世界上第一次发现了霍乱弧菌；

世界上第一次提出了霍乱预防法；

世界上第一次发现了鼠蚤传播鼠疫的秘密；

世界上第一次发现了睡眠症是由采采蝇传播的。

科赫为研究病原微生物制定了严格准则，被称为科赫法则，包括：第一，这种微生物必须能够在患病动物组织内找到，而未患病的动物体内则找不到；第二，从患病动物体内分离出的这种微生物能够在体外被纯化和培养；第三，经培养的微生物被转移至健康动物后，动物将表现出感染的征象；第四，受感染的健康动物体内又能分离出这种微生物。

1.3.2.4 微生物分子生物学发展阶段

在上一时期的基础上，20 世纪初至 40 年代末微生物学开始进入酶学和生物化学研究时期，许多酶、辅酶、抗生素以及许多反应的生物化学和生物遗传学都是在这一时期发现和创立的，并在 40 年代末形成了一门研究微生物基本生命活动规律的综合学科——普通微生物学。50 年代初，随着电镜技术和其他高技术的出现，对微生物的研究进入到分子生物学水平。1953 年詹姆斯·沃森（J. D. Watson）和克里克（F. H. Crick）发现了细菌染色体脱氧核糖核酸长链的双螺旋构造。1961 年雅克布（F. Jacab）和莫诺（J. Monod）提出了操纵子学说，指出了基因表达的调节机制和其局部变化与基因突变之间的关系，即阐明了遗传信息的传递与表达的关系。伍斯（C. Weose）等提出的三域学说，揭示了各生物之间的系统发育关系，使微生物学进入到成熟时期。在这个成熟时期，从基础研究来讲，从三大方面深入到分子水平来研究微生物的生命活动规律：①研究微生物大分子的结构和功能，即研究核酸、蛋白质等的生物合成、信息传递、膜结构与功能等。②在基因和分子水平上研究不同生理类型微生物的各种代谢途径和调控、能量产生和转换，以及严格厌氧和其他极端条件下的代谢活动等。③分子水平上研究微生物的形态构建和分化、病毒的装配以及微生物的进化、分类和鉴定等，在基因和分子水平上揭示微生物的系统发育关系。尤其是近年来，应用现代分子生物技术手段，将具有某种特殊功能的基因作出了组成序列图谱，以大肠杆菌等细菌细胞为工具和对象进行了各种各样的基因转移、克隆等开拓性研究。在应用方面，开发菌种资源、发酵原料和代谢产物，利用代谢调控机制和固定化细胞、固定化酶发展发酵生产和提高发酵经济的效益，应用遗传工程组建具有特殊功能的"工程菌"，把研究微生物的各种方法和手段应用于动、植物和人类研究的某些领域。这些研究使微生物学研究进入到一个崭新的时期。

1.4 食品微生物学及其发展

人们对微生物本身的认识时间并不长，但利用微生物的历史却非常久远。食品的生产大约源于 8000~10000 年以前。谷物的烹调、酿造和食品的保藏可能在 8000 年前开始，因为这一时期近东制作了第一个煮壶，推测在这一时期的早期，就出现了食品腐败和食物中毒的问题，由于食品制作及不适当的保存方式引起食品腐败，并出现由食品介导的疾病。

二维码 3

根据 Pederson（1971）报告，最早酿造啤酒的证据，是在古巴比伦时期。

公元前 3000 年埃及人就食用牛奶、黄油和奶酪。

公元前 3000~前 1200 年，犹太人用死海中获得的盐来保存各种食物。公元前 3500 年有葡萄酒的酿造。公元前 1500 年中国人和古巴比伦人开始制作和消费香肠。

大约在 3000 年前，在埃及，发酵生产食醋就很有名了。中国最早约 3000 年前开始制酱和酱油。日本酿造醋的技术大约在公元 369~404 年从中国传入。

约 1000 年前，罗马人使用雪来包裹虾和其他易腐烂的食品。熏肉的制作作为一种贮藏方法可能是从这一阶段开始的。虽然应用了大量微生物学的知识和技术于食品制作、保存和防腐，而且有效，但微生物究竟和食品有什么关系以及食品的保藏机理、食品传播的疾病及其所带来的危害仍是个谜。虽然到了 13 世纪人们意识到肉食的质量特性，但毫无疑问还没有认识到肉的质量与微生物之间的因果关系。因为在此之前，即在中世纪，麦角中毒（由真菌麦角菌引起）造成了很多人死亡。仅在公元 943 年法国因为麦角食物中毒死亡

40000多人，当时并不知晓这是由真菌引起的。

1658年，A.Kircher 在研究腐烂的尸体、腐败的肉和牛奶以及其他物质时发现了称之为"虫"的生物体，但他的研究结果并没有被广泛接受。

1.4.1 食品微生物学

食品微生物学是微生物学的一个分支学科。食品微生物学是研究与食品有关的微生物的特性；研究食品中微生物与微生物、微生物与食品、微生物与食品及人体之间的相互关系；研究微生物以（农副产品）基质为栖息地，快速生长繁殖的同时，又改变栖息地农副产品的物理化学性质，即转化为所需要附加值高的各类食品产品、食品中间体；研究食品原料、食品生产过程、产品包装、贮藏和运输过程微生物介导的不安全因素及其控制。

食品微生物学以食品有关的微生物为主要研究对象，所涉及的范围很广、涉及的学科很多，又是实践性很强的一门学科。同时，在某些方面受一定法规的约束，所以有一个标准化的问题，即在对食品的生产、销售、贸易中均有相应的统一规定和限制，尤其是其中的卫生质量标准，都明确规定了微生物学指标及相应的检验方法，这些都是强制性标准，都必须遵照执行。

1.4.2 食品微生物与未来

食品微生物学既强调基础性的方面，同时又是一门实践性很强的学科，它从属于应用微生物学范围，所以应该在熟悉和掌握现代微生物理论与技术的基础上，尽可能发挥微生物现有和潜在的用途和价值。

二维码4

1.4.2.1 预防食品腐败，控制食源性感染

微生物专家和食品科技工作者应致力于预防食品腐败，研究食品变质，创造更多更好的健康食品。同时应努力积极参与控制食源性感染和食物中毒，使由此而产生的食品安全问题减少到最低限度。特别要关注食品微生物的应激响应，特别是微生物抗性。近几年有大量的文章聚焦食品微生物的应激响应，其中20多个研究主题针对微生物抗性。大量食品细菌，不管是否病原体，具有对自身有益的多种适应机制和特异的应激响应，以保证和提高在特定环境下的适应性。一种重要的细菌应激响应与交叉保护有关，交叉保护在最低限度加工食品中起着重要作用。事实上，许多致病菌可对新的杀菌技术或工艺产生抗性，亚致死压力可引发多种对公众健康造成重大影响的应激响应。许多受损伤的病原菌在食品中要么保持毒性要么表现出更强的毒性，因此检测出这些受损伤的病原菌对于保障食品供应链至关重要。

此外，受到压力的细菌种群中的一个细胞碎片可以保持代谢活性，它们进入一种不可培养的生理状态，对传统的食品微生物学分析方法提出了挑战。未来的研究应该聚焦新分析方法的实施，这些方法必须能够检测和计数不能培养的活菌，以及它们的应激响应和适应。

1.4.2.2 微生物资源的开发和利用

微生物作为一类资源进行开发和利用潜力很大，前景广阔。因为微生物物种资源极其丰富，未知者甚多，有人估计全世界所描述的微生物种类不到实有数的2%，细菌估计有4万种，已知种才4760种，仅占12%（表1-1），而真正利用的不到1%，所以微生物是最有潜力开发的一类资源。开发微生物资源不像动植物有珍稀、濒危之说，微生物繁殖快，属于可再生资源，取之不尽。

表 1-1 微生物资源的种类

类群	已知/种	估计/种	已知种所占的比例/%
细菌	4760	40000	12
真菌	4900	1500000	5
病毒	5000	130000	4
藻类	40000	60000	67

海洋是最值得开发的资源，那里的土著微生物能适应高压。极端环境下的微生物，往往都有特殊的用途。与动植物相比，微生物的变异大得多，这就为人类改造它们提供了可能和便利。青霉菌产生青霉素，最初其产率不到 0.01%，经过人工改造，现在产率在 5% 以上，产率提高 500 多倍。

从有实际价值观点看，除了传统的酒、醋、酱油、面包、酸奶和奶酪、酱菜工业外，现代发酵生产氨基酸、有机酸、维生素、酶、生物农药、生物肥料等，其价值难以估计，何况许多食用真菌本身就是高营养的功能食品，这就需要去研究，去探索。

1.4.2.3 食品分子微生物技术研究

现代分子生物学技术广泛应用于食品有害微生物的快速诊断及食品中微生物群落的结构和功能分析。我国传统发酵食品具有悠久的历史，具有各自独特的生产工艺，发酵过程涉及的微生物种类较多，赋予了传统发酵食品特有的风味与功能，曾影响着日本、朝鲜、韩国等许多亚洲国家，主要产品多为和人们生活息息相关的一些品种，如白酒、黄酒、食醋、酱油、腐乳、豆豉、奶酪以及其他的诸如发酵肉制品等。以中国为代表的东方国家多采用酵母菌、霉菌和细菌等混合微生物进行固态自然发酵，而西方国家多采用细菌、酵母菌中的一种或几种进行发酵。以酒类为例，中国等东方国家多采用"曲"进行糖化发酵，如中国著名的大曲酒——茅台酒，其发酵所用大曲由大麦、小麦等粮食原料保温培菌制得。通过传统的纯培养技术对其大曲中的微生物进行分离，结果表明存在于茅台大曲中的微生物主要有霉菌、酵母菌、乳酸菌、丁酸菌和耐高温芽孢杆菌等。

传统发酵食品微生物的研究主要采用常规的培养方法，通过表型和生理生化特征来鉴定微生物的种类，但是大多数环境微生物对培养的要求十分苛刻，由于培养条件的限制，常规方法难以检测到不可培养的微生物，缺乏对传统发酵食品生产过程中微生物群落及其功能的系统和全面的研究。

近年来，分子生物学技术越来越广泛地应用于发酵食品微生物的研究，分子生物学技术与微生物生态学技术相结合，构成了一门新的技术——分子生态学技术，这些技术主要以微生物基因序列信息为基础，通过分析环境微生物的基因序列信息来研究传统食品发酵过程中微生物的多样性和功能，与常规研究技术相比，具有工作量小、重现性高、不需要对样品中的微生物进行分离培养、能够快速检测出大量未培养的微生物等优点。宏基因组学、代谢组学、转录组学、实时定量 PCR、单细胞测序等分子生物学技术以微生物基因序列信息为基础，主要用于传统发酵食品发酵过程中微生物的多样性和功能的研究。

1.4.2.4 微生物在农副产品加工中的利用

我国是农业大国，农副产品资源极其丰富，欲提高农副产品的附加值，实行农副产品综合开发，利用微生物进行转化，已经有很多成熟的经验，例如米醋的酿造、酒类发酵、酱油酿造都用到谷物淀粉质原料、蛋白质原料和加工的副产品。发酵乳制品不仅味美，还提高营养价值，这方面已有较好的基础，随着乳产量增加，发酵乳制品无论产量或品种都有诱人的前景。问题是需要不断优化发酵剂，生产出更富营养的功能食品。发酵肉在我国虽有生产，但产量不大，如何按需产出适合不同人群的发酵制品，也同样首先需要选育出优良的微生物发酵剂。氨基酸、酶制剂的研究与开发也是同样的情况。当然有了优良菌种，还需相适应的工艺。

在农产品加工中，微生物酶的筛选、生产和利用是一个重要的方面。蛋白酶是一类很重要的酶，用途也广，在新兴健康食品开发方面，它扮演积极的角色。例如，对糖尿病患者来说，既需要甜食又忌讳多吃糖。微生物蛋白酶的催化合成就可解决这个问题，Nutra Sweet 公司生产的高甜二肽 Aspartame（阿斯巴甜代糖），其甜度是蔗糖的 150 多倍。

纤维素占地球动植物总量的一半，是最大的再生资源，农业的秸秆是取之不尽的纤维素来源，如果得到充分利用，贡献非小。据报道，有人已经找到一种能在 70℃下发酵纤维素直接生产酒精的高温菌，这种菌在 70℃下生长并能产生分解纤维素及发酵葡萄糖产生酒精的全套酶系。另外，还有许多具特殊用途的酶，如纤维蛋白溶酶、透明质酸酶、右旋糖酐酶、去污制革工业的酶等都有待去向大自然索取。

1.4.2.5　食品生产过程中的微生物控制与质量管理

在食品加工和生产过程中，为了保证产品的质量，每一种食品加工均应按确定的管理和技术标准受到控制。GMP 是良好生产规范 Good Manufacturing Practice 的缩写，是美国食品卫生条例之一。GMP 标准规定了在加工、贮藏和食品分配等各个工序中所要求的操作、管理和控制规范，实施 GMP 已是食品界的趋势，有了 GMP 标志，可打自己的品牌。目前，以美国为首的许多国家都将 GMP 制度用于各种食品企业的质量管理，当然 GMP 所规定的也只是一个基本原则，一个框架，各个食品制造业有各自特点和具体要求，这要根据物料特性、微生物可能类型和具体卫生要求来制定，例如美国的罐头生产必须接受 GMP 管理，而且必须申报每一种罐头的灭菌温度。为确保 GMP 的贯彻，国家也应设置专门的机构进行监督检查。

为了生产健康、安全的食品，有条件的企业首先应实施 HACCP 系统管理模式，条件不具备的应创造条件贯彻执行。HACCP 是 Hazard Analysis and Critical Control Points 的缩写，包括有害分析和关键控制点两部分内容，从原料要求到加工食品、包装、贮藏和保鲜等各工序在有害分析的基础上找到关键点加以控制。应该认识到 HACCP 是控制食物从收获到消费全过程中微生物危害的最好体系。HACCP 最大的特点是预防性管理模式，根据对各关键点的分析检测，及时提出警告，把查出的不安全因素消除在萌芽状态，保证产品的安全。HACCP 改变了传统的做法依靠对终产品的抽检来决定产品是否安全，靠对终产品的抽检虽然曾起到积极的效果，生产中也起了很大的作用，但这不够，在某种意义上讲是"马后炮"，比较被动。执行 HACCP 系统需要一定的专业技术水平，就是说要不断提高技术队伍和全员职工文化素质和技术水平，有了好的原料，贯彻执行 GMP 和 HACCP 并得到认证，产品安全达标为与世贸组织成员国之间或其他国际交往奠定可靠的基础。这里还必须指出，应宣传和教育广大消费者，不能因为工业上采用 HACCP 放松了购买和消费产品时对安全意识的警惕性。因为许多食物介导的中毒、传播疾病是由于家庭和饮食服务机构错误处理食品引起的，所以食品在售后应继续监控 HACCP 体系。

GMP、HACCP 管理体系与栅栏技术、预报微生物学理论和技术，含意不同，各有其侧重。GMP、HACCP 主要应用于产品的加工管理，栅栏技术主要应用于产品设计，预报微生物则主要用于产品的加工优化。但三者间又是紧密联系，有了产品的科学设计，还要有力地实施 GMP 和 HACCP 管理和控制，同时把预报微生物的理论与技术渗透到上述二者之中，再通过计算机快速预测加工食品的贮藏性和质量特征，从而实现加工优化。此外，利用分子检测技术，可以对食品腐败、病原微生物及发酵微生物进行快速、准确的定性定量分析。所以为了保证生产出优质产品，应当把上述技术有机结合起来，实现产品质量和效益的统一，推动食品产业的发展。

1.4.2.6 合成微生物体系与发酵食品品质提升

合成微生物体系作为自下而上构建的人工合成微生物群落，相比于自然微生物群落具有复杂度低及可控性、可操作性强等特点。其作为新兴的生物技术，综合借鉴了合成生物学、系统生物学、生物进化等知识，通过合理的设计、规划与调控，成为研究微生物生态学理论的实验平台，以及验证已知理论的微生物系统。在自然界中，微生物实现群落平衡的一种常用策略是空间分隔，即不同物种在空间上进行有序排布，可以行使分工与交流等群落功能，却不互相干扰。研究人员受此启发，开发了一种人工的空间分隔方法，构建不同物种的微部落，从而组装多物种的合成微生物群落。该策略灵活且可控地组装了多种合成菌群，并实现了菌群间的分工与通信。目前合成微生物群落的研究主要关注：①微生物群落生态学，包括微生物之间的相互作用、宿主和其他环境因素对群落结构的影响；②合成微生物群落的研究方法，围绕设计—构建—测试—学习循环；③合成微生物群落在多个领域的应用，包括传统发酵食品品质提升、人体疾病治疗、植物抗逆、工业生产、环境修复等多个领域。

过去十年的关键研究表明，肠道微生物组，即生活在人体消化系统中的数百种细菌物种的集合，影响神经发育、对癌症免疫疗法的反应以及健康的其他方面。但这些群落是复杂的，如果没有系统的方法来研究，其与某些疾病相关的确切细胞和分子仍然是一个谜。斯坦福大学的研究人员建立了最复杂和最完整的合成微生物组，创造了一个由100多种细菌组成的群落，这些细菌物种被成功移植到小鼠体内。通过添加、删除和编辑单个物种的能力将使科学家能够更好地了解微生物组与健康之间的联系，并最终开发出一流的微生物组疗法。许多关键的微生物组研究都是使用粪菌移植完成的，粪菌移植将整个天然微生物组从一个生物体引入另一个生物体。虽然科学家们经常使一个基因沉默，或者从特定的细胞甚至整个小鼠身上去除一种蛋白质，但没有这样的工具来去除或修饰给定粪便样本中数百个物种中的一个物种。

1.4.2.7 微生物食品对改善人体健康和维持地球生态平衡值得期待

微生物食品包括发酵食品、微生物生物质和微生物生产的成分，有很长的安全消费历史，有巨大的潜力为不断增长的世界人口提供可持续的、有营养的和美味的食物。将微生物食品纳入我们的饮食，具有从根本上减少环境足迹的巨大潜力，因为：①微生物生物质的环境足迹低于一些传统种植的作物；②食物垃圾或其他碳源可以转化为美味的食物，提高土地使用效率，减少废物以及环境二氧化碳；③微生物食品有可能令人信服地取代环境成本高的食品。除了对环境影响小，微生物食品还可以在生物反应器中生产，不受气候条件或自然灾难的影响，为弱势人群提供食物来源。

目前，我们看到了未来食品创新的激动人心的暴发，工业界在其中发挥了关键作用。一些以发酵为基础的公司试图解锁美味（如 Noma 项目）或创造可持续的肉类替代品（如 MATR 食品，地中海食品实验室）。MyForest 食品等公司正在探索从固态发酵中获得天然质地的微生物生物质，而各种肉类替代产品已经从浸没式培养获得的微生物生物质中开发出来（如 Quorn、Mycorena）。目前，正在探索新的发酵方法，例如，Aqua Cultured Foods，可能使用液体表面发酵来创造全切海鲜替代品。然而，大规模实现微生物食品的潜力将需要解决多个层面的挑战。最迫切的是，应严格评估微生物食品的可持续性影响，以确定微生物食品的可持续性效益是否超过了目前的替代方案。这将提供一个框架，证明对大规模基础设施、产品开发和营销的投资是合理的。

微生物食品需要有营养，可以安全食用，并具有诱人的味道、质地和外观，以便与目前市场上的产品竞争。尽管食品的营养价值可以相当容易地进行分析，但目前缺乏一个理想的框架来定量评估食品的安全和感官特性。许多微生物可以产生次级代谢物，其中一些有可能是有毒的，尽管大多数都没有被定性。为确保某些微生物食品的安全，开发快速和可靠的毒素产生测试将非常重要。此外，微生物生物质将需要经过严格的安全测试，以排除毒性或过敏性影响。然而，还需要开发一种可行的方法来监测将微生物生物质融入人们的饮食中的长期影响。此外，感官特性通常通过感官分析或通过定量措施（如代谢组学或质地分析仪）来评估。感官分析更加定性，并取决于一些个人和特定情况的因素，定量措施很难转化回实际的感觉。因此，需要开发一个新的框架，能够整合定量和定性数据来评估和描述食物。

微生物食品的未来发展必须考虑技术的可及性和在不同背景下的生产机会。传统的发酵方法是在当地环境下发展起来的，并高度适应现有的材料和气候条件，而现代的微生物食品生产，包括生物质生成或用确定的发酵剂进行发酵，通常是在严格控制条件的大规模工业环境中进行的。为了在未来大量生产微生物食品，有必要开发技术上更容易获得的解决方案，可以在世界各地实施和操作。另外，在临床营养干预研究以及基础分子生物学工作中，需要进一步阐明微生物组和饮食对健康的影响，以确定具体的机制，饮食建议也需要相应更新。

拓展阅读：以科技创新培育和发展新质生产力，不断丰富食物新资源

科技创新是发展新质生产力的核心要素。我国发展新质生产力具有科技创新的坚实基础。要以科技创新引领产业创新，积极培育和发展新质生产力。新质生产力是以科技创新为引擎，以劳动者、劳动资料、劳动对象及其优化组合的跃升为基本内涵的先进生产力质态，既遵循生产力发展的一般规律，又契合我国新发展阶段的新特征新要求，是马克思主义生产力理论与当代中国发展实践相结合的产物。

新资源食品就是以非大众常规消费的原材料生产的食品或用以前在食品生产过程中未使用过的新工艺严格改良的食品。不同国家对于它的定义也不一样，我国在《新食品原料安全性审查管理办法》里面给予新食品原料明确定义，指在我国无传统食用习惯的物品，包括动物、植物和微生物；从动物、植物和微生物中分离的成分；原有结构发生改变的食品成分；以及其他新研制的食品原料。

土壤、土地、水资源这三项基本要素，是农业粮食体系的基石，为人类提供超过95%的食物，但是由于过度利用、滥用、退化、污染，资源状况持续恶化。在粮食生产方面，受气候条件影响较大，需要不断改进粮食生产方式，不断拓展粮食获得渠道。微生物创造的蛋白质食物资源大致可以分为三大类：第一类是以微生物菌种自身生长而产生的微生物菌体蛋白，例如大型的食用真菌，包括蘑菇、木耳等；第二类是通过微生物发酵繁殖自身或产生代谢产物，如单细胞蛋白、氨基酸、多糖、多肽等；第三类是以农用微生物制品的形式，通过与动植物互作促进动植物产品增长和质量提升，如微生物肥料、微生物农药、微生物饲料、微生物兽药等，在保障粮食安全、生命健康等方面发挥重要作用。微生物种类繁多，有相当一部分微生物及其代谢产物，可以成为人类的食物，在大食物观背景下，对微生物资源进行合理保护与科学开发利用，是微生物学领域重大课题。种业之争本质是科技之争，焦点是资源之争。谁拥有了更多种质资源，谁就掌握了选育品种的优势，谁就具备了种业竞争的主动权。没有自主的种质资源，就没有自主的种业品种。加强微生物资源保护与利用，实施生物多样性保护工程，建设微生物种质资源保护平台。

知识归纳

微生物	定义：是指一类肉眼不可见的结构简单的单细胞、多细胞或者非细胞低等生物的通称。
	特点：种类多样、个体微小、生长繁殖快、代谢类型多、易变异等。
	命名：林奈氏双名法。

发展历程　不自觉的应用：古代的酿酒、堆肥等。
　　　　　形态学时期：显微镜的发明、列文虎克的贡献。
　　　　　生理学时期：巴斯德、柯赫等的科学发现。
　　　　　分子生物学时期：DNA 双螺旋结构、基因工程。
　　　　　现代微生物的发展：基因测序、微生物组学。
微生物与人类的关系：
　　　　　微生物与农业生产：保障食物的有效供给。
　　　　　微生物与医药工业：抗生素及生物医药工程。
　　　　　微生物与环境：生态系统、生物能源、环境修复等。
　　　　　微生物与健康：人体微生物、新药开发。
　　　　　微生物与疾病：艾滋病、新冠病毒及其它新型微生物疾病。
食品微生物的未来：
　　　　　新食物资源背景下的大食物观。
　　　　　食品安全及其相关微生物。
　　　　　食品腐败变质的微生物及其有效控制。
　　　　　未来食品与微生物的相关性。

思考题

1. 什么是微生物？有哪些特点？
2. 如何对微生物进行命名？
3. 巴氏灭菌有何意义？
4. 你认为在微生物学的发展中什么是最重要的发现？为什么？
5. 阐明微生物奠基人之一巴斯德的主要贡献。他和 Roux 是如何发现疫苗的？
6. 阐明微生物奠基人之一柯赫及其助手 Fannine Hesse 的主要贡献。
7. 列出 4 种自己能想到的生活中与食品微生物学原理相关的产品或事务。
8. 为什么微生物对微生物学家作为实验模型是非常重要的？

应用能力训练

1. 想象一下，如果地球上的微生物全部消失了，地球会怎样？
2. 巴斯德关于自然发生说的试验对于微生物学的进步，对于微生物学研究方法学的影响，对于生命起源的观点以及食物保存等都有巨大的作用，简要解释他的试验对以上所列主题的影响。
3. 从大食物观的角度，简要讨论微生物能发挥哪些作用。

参考文献

[1] 赵斌，陈雯莉，何绍江. 微生物学. 北京：高等教育出版社，2011.
[2] Michael T Madigan. Brock Biology of Microorganisms. 15th Edition. Benjamin Cummings，2019.
[3] Robert W Hutkins. Microbiology and Technology of Fermented Food. Blackwell Publishing，2016.
[4] Mark Wheelis. Principles of modern microbiology. Jones and Bartlett Publishers Inc，2008.
[5] 董明盛，李平兰. 食品微生物学. 北京：中国农业出版社，2023.

第 2 章 原核微生物的形态结构与功能

知识图谱

  细菌无处不在，就连我们人体内都存在着无数细菌，表面上看，人体内的细菌和人类是和谐共生关系，实际上细菌在操纵人体为它服务，为什么会出现这种错综复杂的关系？细菌是如何操纵人体的？比如，以肠道菌群为例，近期的研究表明，肠道菌群可以调节机体的情绪、认知、记忆等，并且与焦虑抑郁、孤独症、阿尔茨海默病等神经疾病存在密切关联。那么肠道菌群是如何影响肠道与大脑之间的交流？作用原理是什么？答案有很多。譬如，肠道被称作"第二大脑"，也是因为肠道中的微生物和神经元会产生 40 多种神经递质，有时数量甚至超过大脑产生的神经递质。细菌的世界，你了解多少？细菌的功能与它的结构之间有什么关系？细菌有哪些种类？形态和大小有什么区别？

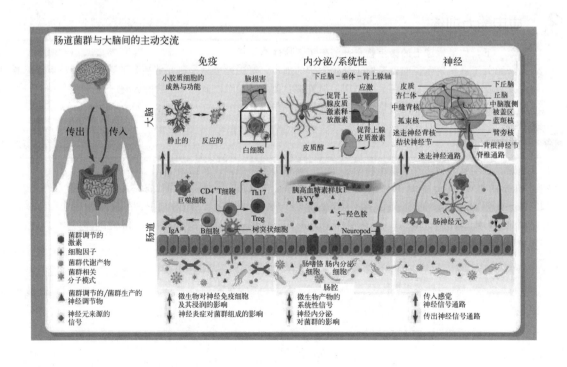

学习目标

○ 掌握原核微生物的种类，列举进行简要分析。
○ 掌握细菌的结构和功能，革兰氏阳性菌和革兰氏阴性菌的差别。
○ 掌握放线菌的基本结构和繁殖方式。
○ 掌握细菌形态特征的表征方式。
○ 了解细菌结构与食品工业的关系。
○ 分组辩论细菌和人类之间的双刃关系。

微生物细胞形态各异，不同微生物细胞亚结构进化出不同的生理功能，为生物圈呈现出微生物的多样性提供了可能。微生物按其细胞，尤其是细胞核的构造及进化水平上的差别，分为原核生物和真核生物两大类。前者包括细菌和古生菌（Archaea），后者则包括真菌、原生动物和显微藻类等。而没有细胞结构的分子型的生物被称为病毒（virus）。原核细胞缺少真核细胞拥有的真核及其他内膜结构，DNA所在的核区没有膜包围。

2.1 原核细胞型微生物概述

原核生物（prokaryote）为一大类细胞微小、细胞核无核膜包裹（只有称作核区的裸露DNA）的原始单细胞生物，包括细菌（Bacteria，旧称"真细菌"Eubacteria）和古生菌（Archaea，旧称"古细菌"Archaebacteria）。其中除少数属于古生菌外，多数的原核生物都是细菌。地球上的大部分原核生物，包括周围环境中的及生活在人的体内和体表的，都是细菌域的成员。根据外表特征，原核生物粗分为6种类型，即细菌（狭义的）、放线菌、蓝细菌、支原体、立克次氏体和衣原体。

2.2 细菌

狭义的细菌是一类细胞细而短、结构简单、细胞壁坚韧、以二等分裂方式繁殖和水生性较强的原核微生物，广义的细菌则是指所有原核生物。在自然界分布广、种类多，而且数量很大。细菌与动植物及人类生命活动息息相关，与食品的关系十分密切，是食品微生物学的重要研究对象之一。

2.2.1 细菌的基本形态

细菌的种类繁多，就单个菌体而言，其基本形态有三种：球状、杆状和螺旋状，分别被称为球菌、杆菌和螺旋菌。在一定环境条件下各种细菌通常保持其各自特定的形态，可以作为分类和鉴定的依据（图2-1）。

（1）球菌（coccus）

细胞球形或椭圆形，当几个球菌连在一起时其接触面稍扁平。按照球菌分裂的方向和分裂后产生的新细胞排列方式将其分为六种：单球菌、双球菌、链球菌、四联球菌、八叠球菌、葡萄球菌。

① 单球菌。球菌分裂沿一个平面进行，新个体分散而单独存在。如尿素微球菌（*Micrococcus ureae*）。

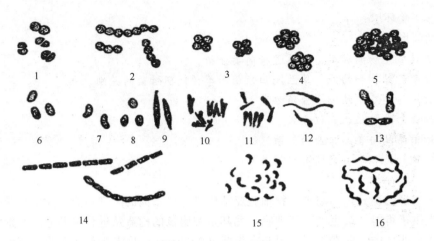

图 2-1 细菌形态与排列

1—双球菌；2—链球菌；3—四联球菌；4—八叠球菌；5—葡萄球菌；6—单杆菌；7—单杆菌（菌体稍弯）；8—球杆菌；9—杆菌；10—分枝杆菌；11—棒状杆菌；12—长丝状杆菌；13—双杆菌；14—链杆菌；15—弧菌；16—螺菌

② 双球菌。球菌分裂沿一个平面进行，菌体成对排列。如肺炎双球菌（$Diplococcus\ pneumoniae$）。

③ 链球菌。球菌分裂沿一个平面进行，菌体三个以上连成链状。如乳链球菌（$Streptococcus\ lactis$）。

④ 四联球菌。球菌分裂沿两个相互垂直平面进行，分裂后四个菌体连在一起，呈田字形。如四链微球菌（$Micrococcus\ tetragenus$）。

⑤ 葡萄球菌。球菌分裂面不规则，在多个面上进行，分裂后多个球菌紧密联合在一起，呈葡萄串状。如金黄色葡萄球菌（$Staphylococcus\ aureus$）。

上述排列是细菌种的特征。然而，一定种的全部菌体不一定都按照一种方式排列，占优势的排列方式才是重要的。

（2）杆菌（bacillus）

细胞呈杆状或圆柱形，菌体多数平直，也有稍弯曲者。各种杆菌的长宽和菌体两端不尽相同。有的杆菌菌体很长，称为长杆菌；有的较短，呈椭圆形近似球状，称为短杆菌。多数两端呈钝圆形，少数呈平齐形或呈尖锐形。菌体短小，两端钝圆者称为球杆菌。具有分枝或侧枝的杆菌，称为分枝杆菌。一端膨大的杆菌，称为棒状杆菌。有的杆菌形如梭状，称为梭状杆菌。一般来说，同一种杆菌其宽度比较稳定，而长度则常因培养时间、培养条件不同而有较大变化。

杆菌常沿菌体长轴方向分裂，多数分裂后菌体单独存在，称为单杆菌；分裂后两菌相连成对排列在一起，称为双杆菌；分裂后菌体相连成链状，称为链杆菌，有的杆菌一个紧挨一个呈栅栏状或八字形。

（3）螺旋菌（spirills）

细胞呈弯曲或螺旋状。根据弯曲程度大小分为弧菌和螺菌两种形态。

① 弧菌（vibrio） 菌体只有一个弯曲，其弯曲度不足一圈而呈"C"字状或豆点状。如霍乱弧菌（$Vibrio\ cholerae$）。弧菌有时与一稍弯曲的杆菌很难区分。

② 螺菌（spirillum） 菌体回转大于一周而呈螺旋状。螺旋数目和螺距大小因种而异。有的菌体较短，螺旋紧密；有些菌体很长，并呈现较多的螺旋和弯曲。如减少螺菌（$Spirillum\ minus$）。

弧菌通常为偏端单生鞭毛或丛生鞭毛，螺菌为两端生鞭毛。

细菌的形态受环境条件的影响,如培养温度、培养时间、培养基的成分与浓度等发生改变,均可能引起细菌形态的改变。通常各种细菌在幼龄时和适宜的环境条件下表现出正常形态。当培养条件改变或菌体变老时,细胞常出现不正常形态,尤其是杆菌,有的细胞膨大或出现梨形,有的菌体显著伸长呈丝状或分枝状等,这些不规则的形态依其引发原因不同分为畸形和衰颓形两种。

衰颓形是由于培养时间过久,细胞衰老,营养缺乏或由于自身的代谢产物积累过多等原因而引起的异常形态。这时细胞繁殖能力丧失,形体膨大形成液泡,染色力弱,有时菌体尚存,其实已死亡。例如乳酪杆菌(*Bacillus casei*)在正常情况下为长杆状,衰老时则变成无繁殖力的分枝状的衰颓形[图 2-2(a)]。畸形是由于化学或物理因子的刺激,阻碍了细胞的发育而引起的异常形态。例如巴氏醋酸杆菌(*Acetobacter pasteurianus*)在正常情况下为短杆状,由于培养温度的改变,可使其变为纺锤状、丝状或链锁状[图 2-2(b)]。

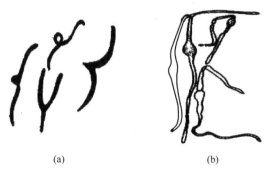

图 2-2 细菌的异常形态
(a) 畸形的乳酪杆菌;(b) 畸形的巴氏醋酸杆菌

上述原因导致形成的菌体异常形态往往是暂时的,在一定条件下可恢复正常,这与基因改变引起的形态变异不同,在比较细菌形态时应加以注意。

这些异常形态是受环境胁迫造成的,对于发酵过程及发酵产物的积累会产生影响。在发酵食品生产的过程中应该给予关注,并适时调整培养微环境,解除相应的环境压力,保证发酵的顺利进行。

自然界中杆菌最为常见,球菌次之,而螺旋菌较少。此外,细菌还有一些特殊形态。如柄细菌属(*Caulobacter*)的细胞呈杆状、梭状或弧状,同时,有一特征性的细柄附着在基质上;鞘细菌或称球衣细菌能形成衣鞘,杆状的细胞呈链状排列在衣鞘内而成为丝状。近年来还陆续发现少数形态如三角形、方形和圆盘形等的细菌。

人类对细菌的认识是一个逐步提升的过程。

2.2.2 细菌的大小

细菌的个体一般都是十分微小的,必须借助光学显微镜才能观察到。细菌的个体大小通常以微米(μm)表示,当用电子显微镜观察细胞构造或更小的微生物时,要用更小的单位纳米(nm)表示。

二维码 5

球菌的个体大小以其直径表示,杆菌、螺旋菌的个体大小则以宽度×长度表示。其中螺旋菌的长度是以其菌体两端间的直线距离来计算。细菌的个体大小随种类的不同而有差异,通常都不超过几微米,大多数球菌的直径为 $0.2 \sim 1.25 \mu m$,杆菌一般为 $(0.2 \sim 1.25) \mu m \times (0.3 \sim 8.0) \mu m$,螺旋菌为 $(0.3 \sim 1.0) \mu m \times 50 \mu m$。

利用显微镜测量细菌的个体大小通常需先对菌体进行固定和染色。固定的程度和染色的方法对菌体大小均有一定影响。经过干燥固定的菌体长度,一般要缩短 1/4~1/3;若用衬托染色法,其菌体往往大于普通染色法,甚至比活菌体还大。细菌的个体大小以多个菌体的平均值或变化范围来表示。

影响细菌形态变化的因素同样也影响细菌的个体大小。一般幼龄的菌体比成熟的或老龄的菌体大得多。例如培养 4h 的枯草芽孢杆菌菌体比培养 24h 的菌体长 5~7 倍,但宽度变化不明显。菌体大小随菌龄而变化,这可能与代谢产物的积累有关。此外,培养基中渗透压增加也可导致菌体变小。单个细菌细胞的质量为 $1\times10^{-9}\sim1\times10^{-10}$ mg，即每克细菌含 1 万亿~10 万亿个菌体细胞。

2.2.3 细菌的基本结构

细菌细胞的结构分为基本结构和特殊结构两部分。基本结构是指任何一种细菌都具有的细胞结构，包括细胞壁、细胞膜、细胞质和核质体等。特殊结构是指某些种类的细菌所特有的结构，如芽孢、荚膜、鞭毛和菌毛等，它们是细菌分类鉴定的重要依据。细菌细胞的结构模式图见图 2-3。

(1) 细胞壁 (cell wall)

细胞壁是细菌外表面一种坚韧而具弹性的结构层。厚度为 10~80nm，约占细胞干重的 10%~25%。细胞壁在电子显微镜下清晰可见，并可测知厚度，采用质壁分离和适当的染色方法也可在光学显微镜下看到细胞壁。

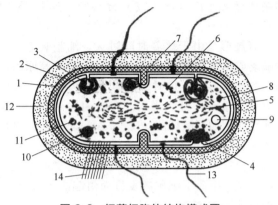

图 2-3 细菌细胞的结构模式图

1—细胞壁；2—细胞膜；3—间体；4—染色体；5—细胞核质；6—核糖体；7—横隔壁；8—淀粉粒；9—脂肪粒；10—异染粒；11—聚 β-羟基丁酸颗粒；12—荚膜；13—鞭毛；14—菌毛

① 细胞壁的功能 细胞壁的主要功能是保护细胞免受机械性或渗透压的破坏；维持细胞特定外形；协助鞭毛运动，为鞭毛运动提供可靠的支点；作为细胞内外物质交换的第一屏障，阻止胞内外大分子或颗粒状物质通过而不妨碍水、空气及一些小分子物质通过；为正常的细胞分裂所必需；决定细菌的抗原性、致病性和对噬菌体的特异敏感性；与细菌的革兰氏 (Gram) 染色反应密切相关。

② 细胞壁的化学组成与结构 细菌细胞壁的主要化学成分是肽聚糖 (peptidoglycan) 和少量的脂类。肽聚糖是原核微生物细胞壁所特有的一类大分子复合物，它是由若干个 N-乙酰葡萄糖胺 (NAG) 和 N-乙酰胞壁酸 (NAM) 与氨基酸短肽组成的亚单位聚合而成。以金黄色葡萄球菌 (*Staphylococcus aurcus*) 为例，NAG 和 NAM 相间排列并以 β-1,4-葡萄糖苷键连接成肽聚糖的多糖链，由 L-丙氨酸、D-谷氨酸、L-赖氨酸和 D-丙氨酸组成的四肽连接在 NAM 分子上，成为肽聚糖亚单位，再由甘氨酸五肽从横向把两个相邻四肽中的 L-赖氨酸和 D-丙氨酸连在一起，使肽聚糖亚单位交联成肽聚糖，从而构成了坚韧而具弹性的三维空间网状结构。不同类群细菌的肽聚糖的主要差别是多糖链的长短，四肽短链中氨基酸的种类和顺序，甘氨酸短肽间桥的有无及其交联度，网状结构的层次数等。

丹麦医生革兰氏 (Christian Gram) 1884 年发明了革兰氏染色法，通过本方法可将所有细菌分为革兰氏阳性 (G^+) 和革兰氏阴性 (G^-) 两大类。两大类细菌细胞壁的化学组成与结构有很大差异 (表 2-1，图 2-4，图 2-5)。

表 2-1 革兰氏阳性菌和革兰氏阴性菌的细胞壁特征

特征	革兰氏阳性细菌	革兰氏阴性细菌	
		内壁层	外壁层
厚度/nm	20~80	2~5	8~10
肽聚糖(占细胞壁干重)	60%~95%	5%~10%	无
磷壁酸	10%~30%	无	无
脂多糖	1%~4%	无	11%~22%
脂蛋白	无	有	有
对青霉素的敏感性	强	弱	弱

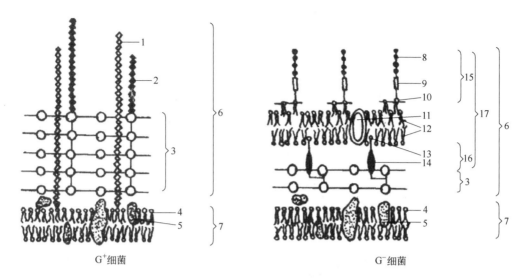

图 2-4 细菌细胞壁结构模式图

1—膜磷壁酸；2—壁磷壁酸；3—肽聚糖；4,13—磷脂；5—蛋白质；6—细胞壁；7—细胞膜；
8—特异性多糖；9—核心多糖；10—类脂 A；11—微孔蛋白；12—脂质双层；14—脂蛋白；
15—脂多糖；16—周质空间；17—外膜

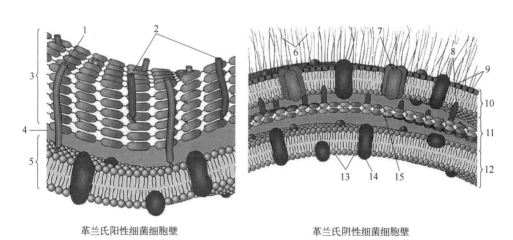

图 2-5 革兰氏阳性细菌细胞壁和革兰氏阴性细菌细胞壁结构模式图

1—脂磷壁酸；2—壁磷壁酸；3,15—肽聚糖；4,11—周质空间；5,12—细胞膜；6—O-特异性侧链；
7—膜孔蛋白；8—脂蛋白；9—脂多糖；10—外膜；13—磷脂；14—整合蛋白

革兰氏阳性细菌的细胞壁较厚，为 20～80nm。其主要成分肽聚糖有 15～50 层，构成的三维空间网络坚韧致密。此外，G^+ 细菌还含有磷壁酸（teichoic acid，即垣酸）。

磷壁酸是多聚磷酸甘油或多聚磷酸核醇的衍生物，按照其在细胞壁上的结合部位分壁磷壁酸和膜磷壁酸（lipoteichoic acid，即脂磷壁酸）。磷壁酸以约 30 个或更多的重复单位构成长链，插在肽聚糖中，其中壁磷壁酸长链的一端与肽聚糖上的胞壁酸连接，另一端伸出细胞壁之外；膜磷壁酸长链一端与细胞膜中的糖脂（glycolipid）相连，另一端穿过肽聚糖层达到细胞壁表面。

磷壁酸的主要生理功能有：a. 因带有负电荷，故可吸附环境中的 Mg^{2+} 等阳离子，提高这些离子的浓度，其中有些离子可保证细胞膜上某些合成酶维持高活性。b. 赋予 G^+ 细菌以特异的表面抗原。c. 提供某些噬菌体特异的吸附受体。d. 保证 G^+ 致病菌（如 A 族链球菌）与其宿主间的粘连（主要为膜磷壁酸）。

在某些 G^+ 细菌的细胞壁表面还可能有某些特殊的表面蛋白,它们与致病性有关。

革兰氏阴性细菌的细胞壁较薄,为 10~15nm,化学组成和结构比 G^+ 细菌更为复杂,分为内壁层和外壁层。

内壁层靠近细胞质膜,厚 2~5nm,占细胞壁干重 5%~10%,为一至少数几层的肽聚糖。肽聚糖结构与 G^+ 细菌的差别是没有甘氨酸五肽间桥,同时四肽侧链中的 L-赖氨酸多为其他二氨基酸所取代,而且交联度较低。例如,大肠杆菌(Escherichia coli)的肽聚糖只有 1~2 层,肽聚糖四肽侧链中的 m-二氨基庚二酸取代了 L-赖氨酸,并直接与相邻四肽侧链中的 D-丙氨酸连接,交联度仅有 25%。因此,其网状结构比较疏松,不及 G^+ 细菌紧密、坚韧。

外壁层覆盖在内壁层外,厚 8~10nm,表面不规则呈波浪形。其结构和化学组成与细胞膜相似,在磷脂双层中嵌有脂多糖和蛋白质,故外壁层又称外膜层。

脂多糖(lipopolysaccharide,LPS)是位于 G^- 细菌细胞外壁层中的一类脂多糖类物质。它由类脂 A、核心多糖和 O-特异性多糖三部分组成。其主要功能有:a. 是 G^- 菌致病物质的基础,类脂 A 为 G^- 细菌内毒素的毒性中心。b. 具有吸附 Mg^{2+}、Ca^{2+} 等阳离子以提高它们在细胞表面的浓度的作用。c. 脂多糖特别是其中的 O-特异性多糖的组成和结构的变化决定了 G^- 细菌细胞表面抗原决定簇的多样性。如国际上根据脂多糖的结构特性鉴定过沙门氏菌属(Salmonella)的抗原类型多达 2107 个(1983 年)。d. 是许多噬菌体在细菌细胞表面的吸附受体。

外壁层中的蛋白质主要有:a. 基质蛋白(matrix protein),如在大肠杆菌中的孔蛋白(porin),它是一种三聚体结构,由三聚体构成的充水孔道横跨外壁层,可通过分子量小于 800~900 的亲水性营养物,如糖类(尤其是双糖)、氨基酸、二肽、三肽和无机离子等,使外壁层具有分子筛功能。b. 外壁蛋白(outer membrane protein),是一类有特异性的运输蛋白质或受体,可将一些特定的较大分子物质输入细胞内。c. 脂蛋白(lipoprotein),是由脂质与蛋白质构成的,一端以蛋白质的部分共价键连接于肽聚糖中的四肽侧链的二氨基庚二酸上,另一端则以脂质部分经非共价键连接于外壁层的磷脂上,使细胞壁的外壁层牢固地连接在由肽聚糖所组成的内壁层上。

③ 革兰氏染色的机制　革兰氏染色反应与细菌细胞壁的化学组成和结构有着密切的关系。目前大多认为,经过初染和媒染后,在细菌的细胞膜或细胞质上染上了结晶紫-碘的大分子复合物。G^+ 细菌由于细胞壁较厚、肽聚糖含量较高、肽聚糖结构较紧密,故用 95% 乙醇脱色时,肽聚糖网孔会因脱水反而明显收缩,加上 G^+ 细菌的细胞壁基本上不含脂类,乙醇处理时不能在壁上溶出缝隙,因此,结晶紫-碘的复合物仍被牢牢阻留在细胞壁内,使菌体呈现紫色。反之,G^- 细菌的细胞壁较薄、肽聚糖含量较低,其结构疏松,用乙醇处理时,肽聚糖网孔不易收缩;同时,由于 G^- 细菌的细胞壁脂类含量较高,当乙醇将脂类溶解后,细胞壁上就会出现较大缝隙而使其透性增大,所以结晶紫-碘的复合物就会被溶出细胞壁。这时再用番红等红色染液进行复染,就可使 G^- 细菌的细胞壁呈现复染的红色,而 G^+ 菌则仍呈紫色。

④ 细胞壁缺陷细菌　虽说细胞壁是细菌细胞的基本结构,但在特殊情况下也可发现细胞壁缺损或无细胞壁的细菌:a. 原生质体(protoplast),是指在人工条件下用溶菌酶除尽原有细胞壁或用青霉素等抑制细胞壁的合成后,所得到的仅由细胞膜包裹着的脆弱细胞。通常由 G^+ 细菌形成。b. 原生质球(spheroplast),是指还残留部分细胞壁的原生质体。通常由 G^- 细菌形成。c. L 型细菌,是专指那些在实验室中通过自发突变而形成的遗传性稳定的细胞壁缺陷菌株。

(2) 细胞膜(cell membrane)

又称细胞质膜(cytoplasmic membrane)、原生质膜(plasma membrane)或质膜(plasmalemma)。它是细胞壁以内包围着细胞质的一层柔软而具有弹性的半透性薄膜。在细胞壁和细胞膜之间存在一定的空隙,即壁膜间隙(periplasmic space),又称周质空间。细胞壁与细胞膜之间的狭窄间隙,G^+ 和 G^- 细菌均有,其内含有多种蛋白质,如蛋白酶、核酸酶等解聚酶和运输某些物质进入细胞内的结合蛋白以及趋化性受体蛋白等。

① 细胞膜的结构与组成　通过质壁分离、选择性染色、原生质体破裂或电子显微镜观察等方法，可以证明细胞膜的存在。在利用电子显微镜观察细胞超薄切片时，细胞膜呈明显的双层结构——在内外两条暗色的电子致密层间为稍亮的透明层。细胞膜总厚度为8～10nm，其中两条电子致密层各厚2nm，透明层为2～5nm。在原核生物和真核生物细胞中，这种膜结构通称为单位膜（unit membrane）。细胞膜一般占细胞干重的10%，其中脂类占20%～50%，蛋白质占50%～75%，糖类占1.5%～10%，并有微量金属离子和核酸等。

细胞膜中的脂类主要是甘油磷脂，由含氮碱基、磷酸、甘油和脂肪酸构成。甘油磷脂为两性化合物，以含氮碱基为亲水的极性头部，两条脂肪酸长链为疏水的非极性尾部，在水溶液中很容易形成具有高度定向性的磷脂双分子层——极性头部朝向膜的内外两个表面，非极性的疏水尾部则埋藏于膜的中间。有关细胞膜的模式构造见图2-6。

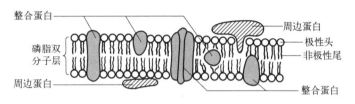

图2-6　细胞膜的模式构造

磷脂中的脂肪酸有饱和及不饱和脂肪酸两种。磷脂膜双分子层通常呈液态，其流动性高低主要取决于饱和及不饱和脂肪酸的相对含量和类型。如低温型微生物的膜中含有较多的不饱和脂肪酸，而高温型微生物的膜则富含饱和脂肪酸，从而可保持膜在不同温度下的正常生理功能。

膜中的蛋白质依其存在的位置分为内嵌蛋白和外周蛋白两类。内嵌蛋白存在于膜的内部或由一侧嵌入膜内或穿透全膜，外周蛋白存在于膜的内或外表面，这些蛋白质可在磷脂双分子层液体中做侧向运动。这就是Singer和Nicolson（1972）提出的细胞膜液态镶嵌模式的基本内容。膜蛋白质除作为膜的结构成分外，许多蛋白质本身就是渗透酶或其他酶蛋白。

② 细胞膜的特性与功能　细胞膜的特性归纳为：a. 磷脂双分子层排列的有序性、可运动性和不对称性。Jain和White（1977）提出的"板块模型"认为，脂质双层中存在着有序与无序结构间的动态平衡。b. 膜蛋白分布的镶嵌性、运动性和不均匀性。c. 负电荷性。由于磷脂和蛋白质中极性基团的解离和因呼吸等作用使H^+向膜外排出等原因，可使细胞膜具有-150～-20mV的电位差。

细胞膜是细胞型生物的一个极其重要的结构，也是一个重要的代谢活动中心。其主要功能：a. 作为细胞内外物质交换的主要屏障和介质，具有选择吸收和运送物质、维持细胞内正常渗透压的功能。b. 是原核生物细胞产生能量的主要场所，细胞膜上含有呼吸酶系和ATP合成酶。c. 含有合成细胞膜脂类分子及细胞壁上各种化合物的酶类，参与细胞膜及细胞壁的合成。d. 传递信息。膜上某些特殊蛋白质能接受光、电及化学物质等的刺激信号并发生构象变化，从而引起细胞内的一系列代谢变化和产生相应的反应。

（3）间体（mesosome）

原核生物细胞虽然没有由单位膜包裹形成的细胞器，但许多原核生物类群也演化出一类由细胞质膜内陷折叠形成的不规则层状、管状或囊状结构。由于其在结构上大多未与细胞质膜完全脱开，所以与真核生物的细胞器不同，这种结构被称为间体或中间体。在G^+细菌细胞中较为明显，而在有些G^-细菌中不明显。

视频——物质进出细胞膜

间体的功能初步认为是：a. 由于其在细胞分裂时常位于分裂部位，因此它在横隔膜和壁的形成及细胞分裂中有一定的作用。b. 它是以细菌 DNA 复制时的结合位点参与 DNA 的复制和分离及细胞分裂的。c. 作为细胞呼吸作用的中心相当于高等生物的线粒体，其上具有细胞色素氧化酶、琥珀酸脱氢酶等呼吸酶系，故有人称之为"拟线粒体"。d. 参与细胞内物质和能量的传递及芽孢的形成。

除间体外，细菌的内膜系统还包括载色体、羧酶体、类囊体等。

载色体（chromatophore）又称色素体，是光合细菌的细胞质膜多次凹陷折叠而形成的片层状、微管状或囊状结构。载色体含有菌绿素和类胡萝卜素等光合色素及光合磷酸化所需要的酶类和电子传递体，因而是光合细菌进行光合作用的中心，相当于绿色植物细胞中的叶绿体。

羧酶体（carboxysome）又称多角体，是许多能同化二氧化碳的自养细菌特有的一种多面体结构。羧酶体由以蛋白质为主的单层膜包围，内含固定二氧化碳所需的 5-磷酸核酮糖激酶和 1,5-二磷酸核酮糖羧化酶，是自养细菌固定二氧化碳的场所。

类囊体（thylakoids）是蓝细菌的细胞质膜多次重复折叠而形成的片层状结构，多与细胞质膜无直接的相连而成为原核生物中唯一独立的囊状体。叶绿素和藻胆素等光合色素呈颗粒状依次附着在其表面，并含有光合作用酶系，是蓝细菌进行光合作用的场所。

气泡（gas vacuoles）是某些水生细菌，如盐细菌和蓝细菌细胞内贮存气体的结构。气泡由许多小的气囊组成。气泡使细胞的浮力增大，从而有助于调节并使细菌生活在最佳水层位置，以适应它们对环境条件（光线、氧气）的不同需要。

（4）核区（nuclear region）

细菌为原核生物，其细胞仅具有比较原始形态的细胞核，即原核。在电镜下观察细菌的细胞核为一巨大紧密缠绕的环状双链 DNA 丝状结构，只有少量蛋白质与之结合，无核膜包裹，分布在细胞质的一定区域内，所以称其为核区、拟核、核质体或细菌染色体等。例如大肠杆菌的细胞长度约 $2\mu m$，而它的 DNA 丝的长度却是 $1100\sim1400\mu m$，分子量为 3×10^9，约有 5×10^6 个碱基对，至少含有 5×10^3 个基因。核区多呈球形、棒状或哑铃状。在正常情况下，一个细胞内只含有一个核。而当细菌处于活跃生长时，由于 DNA 的复制先于细胞分裂，因而一个细胞内往往会有 2~4 个核。细菌除在 DNA 复制的短时间内呈双倍体外，一般均为单倍体。原核携带着细菌绝大多数的遗传信息，是细菌生长发育、新陈代谢和遗传变异的控制中心。

（5）质粒（plasmid）

在许多细菌细胞中还存在有原核 DNA 以外的共价闭合环状双链 DNA，称为质粒。质粒分布在细胞质中或附着在核染色体上，其分子量比核 DNA 小，通常为 $(1\sim100)\times10^6$，约含有几个到上百个基因。一个菌体内可有一个或多个质粒。

质粒的主要特性：a. 可自我复制和稳定遗传。b. 为非必要的遗传物质，通常只控制生物的次要性状。c. 可转移。某些质粒可以较高的频率（$>10^{-6}$）通过细胞间的接合作用或其他机制，由供体细胞向受体细胞转移。d. 可整合。在一定条件下，质粒可以整合到染色体 DNA 上，并可重新脱落下来。e. 可重组。不同质粒或质粒与染色体上的基因可以在细胞内或细胞外进行交换重组，并形成新的重组质粒。f. 可消除。经高温、吖啶橙或丝裂霉素 C 等处理可以消除宿主细胞内的质粒，同时质粒携带的表型性状也随之失去。

质粒的种类：a. 抗性质粒。又称为 R 因子或 R 质粒，指对某些抗生素或其他药物表现出抗性。b. 接合质粒。又称为 F 因子、致育因子或性因子，是决定细菌性别的质粒，与细菌有性结合有关。c. 细菌素质粒。使细菌产生细菌素，以抑制其他细菌生长。d. 降解质粒。可使细菌利用通常难以分解的物质。e. Ti 质粒。又称诱瘤质粒，根瘤土壤杆菌（*Agrobacterium tumefaciens*）的 Ti 质粒可引起许多双子叶植物的根瘤症。f. 固氮质粒。因比一般质粒大几十倍至几百倍，故又称巨大质粒，它与根瘤菌属的固氮作用有关。质粒不仅对微生物本身有重要意义，而且已经成为遗传工程中重要的载体。

(6) 核糖体 (ribosome)

核糖体是细胞中核糖核蛋白的颗粒状结构,由 65% 的 RNA 和 35% 的蛋白质组成。原核生物的核糖体常以游离状态或多聚核糖体状态分布于细胞质中,而真核生物细胞的核糖体既可以游离状态分布细胞质内,也可结合于细胞器如内质网、线粒体、叶绿体上,细胞核内也有核糖体存在。原核生物核糖体沉降系数为 70S;真核生物细胞器核糖体亦为 70S,而细胞质中的核糖体却为 80S。S 值与分子量及分子形状有关,分子量大或分子形状密集则 S 值大,反之则小。

(7) 细胞质及其内含物

细胞质是细胞膜内除细胞核外的无色、透明、黏稠的胶状物质和一些颗粒状物质。其主要成分为水、蛋白质、核酸、脂类、糖、无机盐和颗粒状内含物。细胞质内还含有前面已叙述过的核糖体、气泡等结构。

颗粒状内含物大多是细胞的贮藏物质,其种类常因菌种而异。即使同一种菌,颗粒的数量也随菌龄和培养条件不同而有很大变化。在某些营养物质过剩时,细菌就将其聚合成各种贮藏颗粒;当营养缺乏时,它们又可被分解利用。某些颗粒状贮藏物的形成可避免不适宜的 pH 和渗透压的危害。颗粒状内含物的主要种类有:

① 糖原 (glycogen) 和淀粉粒 (granulose) 它们是细菌细胞内主要的碳源和能源贮藏物质,为葡萄糖的多聚体。糖原又称肝糖粒,其颗粒较小,与稀碘液作用呈红褐色,而淀粉粒呈蓝色。肠道细菌常积累糖原,而多数其他细菌和蓝细菌则以淀粉粒为贮藏物质,当培养环境中的碳氮比高时,会促进碳素颗粒状贮藏物质的积累。

② 聚 β-羟基丁酸 (PHB) 颗粒 是细菌特有的一种碳源和能源性贮藏物。PHB 易被脂溶性染料苏丹黑着色,可在光学显微镜下见到。根瘤菌属 (*Rhizobium*)、固氮菌属 (*Azotobacter*) 和假单胞菌属 (*Pseudomonas*) 等的细菌常积累 PHB。

③ 藻青素 (cyanophycin) 和藻青蛋白 (phycocyanin) 通常存在于蓝细菌中,属于内源性氮素贮藏物。

④ 异染粒 (metachromatic granules) 是细菌的磷源贮藏物,因用蓝色染料(如亚甲蓝或甲苯胺蓝)染色后不呈蓝色而呈紫红色,故而得名。主要成分是聚磷酸盐。存在于迂回螺菌 (*Spirillum volutans*)、白喉棒状杆菌 (*Corynebacterium diphtheriae*) 和鼠疫杆菌等细菌中。

⑤ 脂肪粒 这种颗粒折光性较强,可用苏丹Ⅲ染成红色。随着细菌生长,细胞内脂肪粒的数量亦会增加。

⑥ 硫滴 (sulfur droplet) 为某些化能自养的硫细菌贮存的能源物质。如贝氏硫菌属 (*Beggiatoa*) 和发硫菌属 (*Thiothrix*),能在氧化硫化氢的过程中获得能量,并在细胞内以折光性很强的硫滴形式贮存元素硫。当环境中缺少硫化氢时,它们能通过进一步氧化硫来获取能量。

⑦ 磁粒 (magnetite) 为少数磁性细菌细胞内特有的串状四氧化三铁的磁性颗粒。磁性细菌能借以感知地球磁场,并使细胞顺磁场方向排列。

2.2.4 细菌的特殊结构

(1) 鞭毛 (fagella)

二维码 6

某些细菌在细胞表面着生有一根或数根由细胞膜中或膜下长出的细长呈波浪状的丝状物,称之鞭毛(图 2-7)。它是细菌的运动器官。鞭毛极细,直径为 15~25nm,长度可超过菌体若干倍,一般为 3~12μm,长的可达 70μm。在光学显微镜下需采用特殊的鞭毛染色法,使鞭毛加粗后才能看到,而在电镜下可以直接清楚地观察到它的形态。此外,若用悬滴法或半固体琼脂穿刺培养,可以根据运动性来判断菌体有无鞭毛。球菌中除尿素微球菌外，大多数菌体不生鞭毛；杆菌中既有生鞭毛的，也有不生鞭毛的；弧菌和螺菌一般都生有鞭毛。

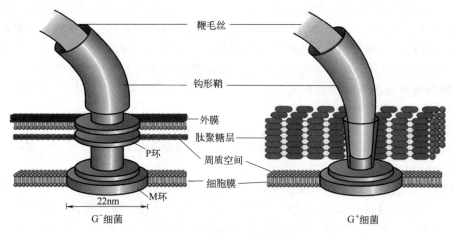

图 2-7 细菌鞭毛结构模式图

细菌鞭毛主要由分子量为 $(1.5～4)×10^4$ 的鞭毛蛋白组成。这种鞭毛蛋白是一种很好的抗原物质。应用电子显微镜对大肠杆菌鞭毛结构的研究表明，鞭毛分为三部分：a. 鞭毛丝 (filament)。直径为13.5nm的中空细丝，由三股球状蛋白亚基链螺旋排列而成，其横切面的亚基数目为8～11个。b. 鞭毛钩 (hook)。为连接鞭毛丝的筒状弯曲部分，直径17nm，长45nm，由蛋白质亚基组成。c. 基体 (basal body) 或称基粒。位于鞭毛钩的下端，由一条中心杆和连接其上的若干套环组成，中心杆直径7nm。G^- 细菌有四个套环：L环在外壁层，P环在内壁层，S环在细胞膜上部，M环则在细胞膜中。G^+ 细菌则只有两个套环：S环在细胞壁中，M环在细胞膜中。

按鞭毛在菌体表面着生位置和数目，可将鞭毛的着生方式分为三个主要类型：a. 单生。在菌体的一端着生一根鞭毛，如霍乱弧菌 (*Vibrio cholerae*)；在菌体两端各着生一根鞭毛。b. 丛生。在菌体的一端着生一丛鞭毛，如铜绿假单胞菌 (*Pseudomonas aeruginosa*)；两端各着生一丛鞭毛，如红色螺菌 (*Spirillum rubrum*)、产碱杆菌 (*Bacillus alcaligenes*)。c. 周生。在菌体周身生有多根鞭毛，如大肠杆菌、枯草杆菌。

有些原核生物无鞭毛也能运动。如黏细菌、蓝细菌主要表现为滑动，它们是通过向体外分泌的黏液而在固体基质表面缓慢地滑动。螺旋体 (spirochaeta) 在细胞壁与膜之间有上百根纤维状轴丝，通过轴丝的收缩可发生颤动、滚动或蛇形前进。

（2）菌毛 (fimbria)

菌毛曾有多种译名，如纤毛、散毛、伞毛、线毛或须毛等。菌毛是一类生长在菌体表面的纤细、中空、短直、数量较多的蛋白质微丝，比鞭毛更细。它具有使菌体附着于物体表面的功能。菌毛的结构较鞭毛简单，无基粒等复杂构造，着生于细胞膜上，穿过细胞壁后伸展于体表，直径3～10nm，由许多菌毛蛋白亚基围绕中心作螺旋状排列，呈中空管状。每个细菌有250～300条菌毛。有菌毛的细菌以 G^- 致病菌居多，借助菌毛可牢固地黏附于宿主的呼吸道、消化道上，进一步定植和致病。有的种类还可使同种细胞相互粘连而形成浮在液体表面上的菌膜等群体结构。少数 G^+ 细菌上也着生有菌毛。

（3）性毛 (pilus)

性毛又称性菌毛 (sex-pili 或 F-pili)，构造和成分与菌毛相似，但比菌毛长，数量仅一至少数几条。一般见于 G^- 细菌的雄性菌株上，在细菌接合交配时起作用，其功能是向雌性菌株传递遗传物质。有的性毛还是 RNA 噬菌体的特异性吸附受体。

（4）荚膜（capsule）

某些细菌在一定的条件下，可在菌体细胞壁表面形成一层松散透明的黏液物质，这些黏液物质具有一定外形，并相对稳定地附着于细胞壁外，称为荚膜。有些细菌可以在壁外形成无明显边缘，而且可以扩散到周围环境中的黏液状物质，称为黏液（slime）。荚膜的厚度因菌种不同或环境不同而异。一般可达 $0.2\mu m$。厚度小于 $0.2\mu m$ 的荚膜称微荚膜（microcapsule）。产生荚膜的细菌通常是每个细胞外包围一个荚膜，但也有多个细菌的荚膜相互融合，形成多个细胞被包围在一个共同的荚膜之中，称为菌胶团（eoogloea）。

荚膜的化学组成因菌种而异，主要是多糖或多肽，有的还含有少量的蛋白质、脂类（表 2-2）。

表 2-2　不同细菌荚膜的化学成分

	菌名	组成	分解产物
G⁺ 细菌	巨大芽孢杆菌	多肽,多糖	D-谷氨酸,氨基酸
	炭疽芽孢杆菌	多肽(聚谷氨酸)	D-谷氨酸
	肠膜明串珠菌	多糖(葡萄糖)	葡萄糖
	荚膜醋酸杆菌	多糖	葡萄糖
G⁻ 细菌	大肠杆菌	多糖	半乳糖,葡萄糖醛酸
	痢疾志贺氏菌	多糖-多肽-磷酸化合物	氨基酸,葡萄糖

荚膜不是细菌的重要结构，如采用稀酸、稀碱或专一性酶处理将荚膜除去，并不影响细菌的生存。荚膜的主要生理功能有：a. 保护菌体。使细菌的抗干燥能力增强；寄生在人或动物体内的有荚膜细菌不易被白细胞吞噬，与致病性有关。b. 贮藏养料。在营养缺乏时，细菌可直接利用荚膜中的物质。c. 堆积某些代谢产物。某些细菌由于荚膜的存在而具有毒力。d. 黏附物体表面。有些细菌能借荚膜牢固地黏附在牙齿表面，发酵糖类产酸，腐蚀牙齿釉质表面，引起龋齿。产生荚膜的细菌所形成的菌落常为光滑透明，称光滑型（S 型）菌落。不产生荚膜的细菌所形成的菌落有的表面粗糙，称粗糙型（R 型）菌落。

在食品工业中，如果受产荚膜细菌的污染，可造成面包、牛奶和酒类及饮料等食品的黏性变质。肠膜明串珠菌是制糖工业的有害菌，常在糖液中繁殖，使糖液变得黏稠而难以过滤，因而降低了糖的产量。另外，人们可利用肠膜明串珠菌将蔗糖合成大量荚膜多糖——葡聚糖。葡聚糖是制药工业中生产右旋糖酐的原料，而右旋糖酐是代血浆的主要成分。利用甘蓝黑腐病黄单胞菌（*Xanthomonas campestris*）的荚膜，可提取胞外多糖（荚膜多糖）——黄原胶，可作为石油钻井液、印染、食品等的添加剂。

（5）芽孢（spore）

某些细菌在一定的生长阶段，可在细胞内形成一个圆形、椭圆形或圆柱形高度折光的内生孢子（endospore），称为芽孢。

能够产生芽孢的细菌大多为杆菌，主要是好氧芽孢杆菌属（*Bacillus*）和厌氧梭状芽孢杆菌属（*Clostridium*）及微好氧芽孢乳杆菌属（*Sporolactobacillus*）等；球菌中除芽孢微球菌（八叠球菌）属（*Sporosarcina*）外均不产生芽孢；螺旋菌中只有少数菌种产生芽孢。细菌是否形成芽孢是由其遗传性决定的，但还需要有一定的环境条件。菌种不同需要的条件也不相同。多数芽孢杆菌是在不良的环境条件下形成芽孢，如营养缺乏、不适宜生长的温度或代谢产物积累过多等。但有些菌种却相反，需要在适宜的条件下才能形成芽孢，如苏云金芽孢杆菌（*Bacillus thuringiensis*）在营养丰富、富含大量有机氮化合物、温度和通风等适宜的条件下，在幼龄细胞中大量形成芽孢。

通常每个细胞只形成一个芽孢。芽孢的形状、大小和在菌体内的位置，因菌种不同而异，是分类鉴定的依据。

芽孢通常呈圆形、椭圆形或圆柱形，位于细胞的中央、近端或极端。芽孢在细胞中央且直径较大时，细胞则呈梭状；芽孢在细胞顶端且直径较大时，菌体则呈鼓槌状（图 2-8）。

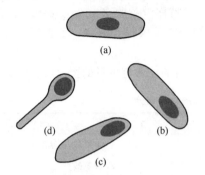

图 2-8　细菌芽孢的形状、大小和位置
(a) 中央位；(b)，(c) 近端位；(d) 极端位

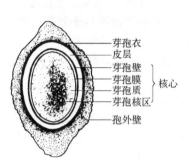

图 2-9　成熟芽孢结构

在光学显微镜下只能看见芽孢的外形，而在电镜下不仅可以观察到芽孢表面特征，如光滑、脉纹等，而且还可以看到成熟芽孢具有如下结构（图 2-9）：①孢外壁（exosporium），位于芽孢的最外层，是母细胞的残留物，有的芽孢无此层，主要成分是脂蛋白和少量氨基糖，透性差。②芽孢衣（sporecoat），层次很多（3～15 层），主要含疏水性的角蛋白。芽孢衣对溶菌酶、蛋白酶和表面活性剂具有很强的抗性，对多价阳离子的透性很差。③皮层（cortex），在芽孢中占有很大体积，含有大量的芽孢肽聚糖，还含有占芽孢干重 7%～10% 的 2,6-吡啶二羧酸钙盐（DPA-Ca）。皮层的渗透压高达 2026.5kPa 左右。④核心（core），它是由芽孢壁、芽孢膜、芽孢质和芽孢核区四部分构成。芽孢壁含有肽聚糖，可发展成新细胞的壁；芽孢膜含有磷脂，可发展成新细胞的膜；芽孢质含有 DPA-Ca、核糖体、RNA 和酶类；芽孢核区含有 DNA。

> 能够形成芽孢的微生物经常也能够存在于食品中，对食品安全和贮运带来危害，因此在食品加工无菌处理过程中要给予充分考虑。特别是对于受芽孢细菌污染后的热敏材料的无菌处理是人们面临的技术难题之一。

芽孢含水量低（40% 左右），含有特殊的 DPA-Ca 和耐热性的酶以及具有多层次厚而致密的芽孢壁，具有极强的抗热、抗干燥、抗辐射、抗化学药物和抗静水压等不良环境的能力。一般芽孢在普通条件下可保持活力数年至数十年之久，肉毒梭状芽孢杆菌在 pH 7.0 的 100℃ 水中煮 8h 后才能致死，即使在 18℃ 的干热中仍可存活 10min。

芽孢抗热性极强的机理主要有两种解释：①芽孢中含有独特的 DPA-Ca。Ca^{2+} 与 DPA 的螯合作用使芽孢中的生物大分子形成一稳定的耐热凝胶。营养细胞和其他生物细胞中均未发现 DPA 存在。芽孢形成过程中，随着 DPA 的形成而具抗热性。当芽孢萌发 DPA 释放到培养基后，抗热性丧失。但研究发现，有些抗热的芽孢却不含 DPA-Ca 复合物。②渗透调节皮层膨胀学说（osmoregulatory expanded cortex theory）认为，芽孢的抗热性在于芽孢衣对多价阳离子和水分的透性差及皮层的离子强度高，使皮层具有极高的渗透压去夺取核心部分的水分，造成皮层的充分膨胀，而核心部分的生命物质却形成高度失水状态，因而具有极强的抗热性。后一种解释综合了不少新的成果研究，因此有一定的说服力。

芽孢的形成分为七个阶段：①轴丝形成。营养细胞内复制的两套染色体 DNA 聚集在一起形成一个位于细胞中央的轴丝状结构。②隔膜形成。在细胞的一端由细胞膜内陷而形成，将细胞分成大小两部分，轴丝状结构同时被分为两部分。③前芽孢形成。细胞中较大部分的细胞膜围绕较小的部分延伸，直到将较小的部分完全包围到较大部分中为止，形成具有双层膜结构的前芽孢（forespore）。④皮层形成。在上述双层膜间形成芽孢肽聚糖和 DPA-Ca 复合物，部分芽孢细菌此时在前芽孢的外面开始形成孢外壁。⑤芽孢衣形成。在皮层外进一步形成以特殊蛋白质为主的芽孢衣。⑥芽孢成熟。此时已具有了芽孢的特殊结构和抗性。⑦芽孢释放。芽孢囊壁溶解，释放出成熟的芽孢（图 2-10）。

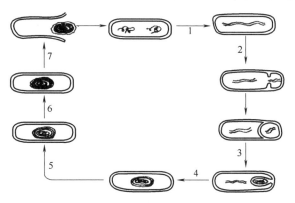

图 2-10　细菌芽孢形成过程
1—轴丝形成；2—隔膜形成；3—前芽孢形成；4—皮层形成；
5—芽孢衣形成；6—芽孢成熟；7—芽孢释放

在光学显微镜下观察芽孢形成过程时，首先在细胞一端出现一个折光性较强的区域，即前芽孢，随后折光性逐渐增强，芽孢成熟。几小时后，成熟的芽孢脱离芽孢囊释放出来。

芽孢萌发时，首先是芽孢吸收水分、盐类和营养物质，体积膨大。短时间加热或用低 pH、还原剂处理对芽孢萌发有活化作用。如在 80~85℃ 条件下处理 5min 可促进芽孢萌发，有的芽孢在 100℃ 沸水中加热 10min 可以起到活化的作用；某些化学物质，如 L-丙氨酸、葡萄糖等也可促进芽孢发芽。芽孢萌发时芽孢的透性增加，与发芽有关的酶开始活动，芽孢衣上的蛋白质逐步降解，外界阳离子不断进入皮层，随之皮层膨胀，肽聚糖溶解消失。水分进入核心部，使之膨胀，各种酶类活化，开始合成细胞壁，核心迅速合成 DNA、RNA 和蛋白质，于是芽孢发芽长出芽管，并逐渐发育成新的营养细胞。在芽孢发芽过程中，芽孢内的 DPA-Ca、氨基酸和多肽逐步释放，芽孢的耐热性及抵抗不良因素的能力和折光性都逐渐下降。

（6）伴孢晶体（parasporal crystal）

某些芽孢杆菌，如苏云金芽孢杆菌（*Bacillus thuringiensis*）在形成芽孢的同时，还可在细胞内形成一个呈菱形、方形或不规则形的碱溶性蛋白晶体（即 δ-内毒素），称为伴胞晶体。该晶体对 100 多种鳞翅目昆虫的幼虫有毒性，可导致其全身麻痹而死。同时，这种毒素对人、畜毒性很低，故已大量生产作为生物杀虫剂。

（7）S 层

许多原核生物含有由蛋白质或糖蛋白排列构成的细胞表面结构，称为表面层（surface layer），或称为 S 层（S-layer）。已发现 S 层存在于多种菌中，在古生菌中是普遍存在的。S 层具有类似于晶体的外观，根据其组成的蛋白质或糖蛋白亚单位的数量与结构的不同，显示出六边形、四边形、三边形各种对称性。在革兰氏阴性菌中，S 层黏附在外膜上；在革兰氏阳性菌中，S 层位于肽聚糖表面。而在有些古生菌中，S 层在细胞质膜外，取代了细胞壁。S 层蛋白（surface layer protein，SLP）是古生菌和细菌中的 S 层最常见的一种结构，由单分子蛋白质亚单位组成的晶状体结构。它在菌体表面可自动装配为规则的晶格单分子层，以非共价键方式结合在细胞外膜上，被认为是进化中最简单的生物膜。研究发现，嗜酸乳酸杆菌、卷曲乳酸杆菌、嗜淀粉乳酸杆菌、约氏乳酸杆菌、短乳酸杆菌、瑞士乳酸杆菌、高加索乳酸杆菌、鸡乳酸杆菌、发酵乳酸杆菌、副干酪乳杆菌、植物乳杆菌、鼠李糖乳杆菌等乳酸菌中均发现 S 层蛋白。这些种属中的 S 层蛋白具有相同的特性，分子质量在 25~71kDa 之间，等电点在 pH9.35~10.04 之间。其基本功能有：维持细胞形态结构稳定，力的稳定性，热稳定性，渗透压稳定性。亚功能：包裹细胞，提供周质空间，形成网孔状结构与膜外蛋白相连，保护细胞免受外界环境因子的影响，防止微粒的进入，免疫功能，与外环境相互作用，离子交换，连接金属及生物矿物质，表面黏附，毒力因子，噬菌体受体。尽管对于S层蛋白的结构、化学组成、组装以及基因等方面已经有一定的了解，但是对S层蛋白的特殊功能的认识还不是很透彻。

2.2.5 细菌的生长繁殖

细菌从自然环境或培养基中获取能量和营养物质，经代谢转化后形成新的细胞物质，菌体随之形成，最后由一个母细胞产生两个或两个以上子细胞的过程称为繁殖。细菌的繁殖主要是以无性繁殖为主，其中又以裂殖方式为主要形式。绝大多数种类的细菌在分裂前菌体伸长，然后在中部垂直于菌体长轴处分裂，形成大小基本相同的两个子细胞，称为同形裂殖。少数种类的细菌分裂偏于一端，形成大小不同的两个子细胞，称为异形裂殖。

少数细菌可进行芽殖，如生芽杆菌（*Blastobacter*）在母细胞上直接长出芽细胞；生丝微菌属（*Hyphomicrobium*）先由细胞长出细丝，然后在细丝端部形成芽细胞。

细菌除无性繁殖外，少数种类也存在有性接合，只是频率很低。埃希氏菌属（*Escherichia*）、沙门氏菌属（*Salmonella*）、假单胞菌属（*Pseudomonas*）等在实验室条件下都有有性接合现象。

2.2.6 细菌的培养特征

细菌的培养特征是指细菌在培养基上所表现的群体形态和生长情况。它是细菌分类鉴定的依据。细菌的培养特征主要包括以下三个方面。

（1）细菌的菌落特征

将单个细菌细胞接种到适宜的固体培养基中，在适宜的条件下细菌便迅速生长繁殖，经过一定时间后，由于细胞生长受到各种因素的限制，因而可在培养基表面或里面聚集形成一个肉眼可见的、具有一定形态的子细胞群体，称为菌落（colony）；而由多个同种细胞密集接种长成的子细胞群体则称为菌苔（lawn）。

各种细菌在一定条件下形成的菌落特征具有一定的稳定性和专一性，这是观察菌种的纯度、辨认和鉴定菌种的重要依据。菌落特征包括大小、形状、边缘、光泽、质地、透明度、颜色、隆起和表面状况等（图2-11、图2-12）。

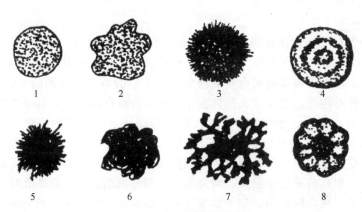

图2-11 细菌菌落的形状

1—圆形；2—不规则状；3—缘毛状；4—同心环状；5—丝状；6—卷发状；7—根状；8—规则放射叶状

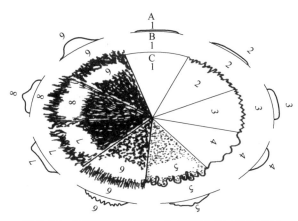

图 2-12 细菌菌落的隆起、边缘和表皮及透明状况

A 隆起：1—扩展；2—稍凸起；3—隆起；4—凸起；5—乳头状；6—皱纹状凸起；7—中凹台状；8—突脐状；9—高凸起
B 边缘：1—光滑；2—缺刻；3—锯齿；4—波状；5—裂叶状；6—有绒毛；7—镶边；8—深裂；9—多枝
C 表面及透明度：1—透明；2—半透明；3—不透明；4—平滑；5—细颗粒；6—粗颗粒；7—混杂波纹；8—丝状；9—树状

由于菌落就是微生物的巨大群体，因此，个体细胞形态上的种种差别，必然会极其密切地反映在菌落的形态上。这对产鞭毛、荚膜和芽孢的种类来说尤为明显。例如，对无鞭毛、不能运动的细菌尤其是各种球菌来说，随着菌落中个体数目的剧增，只能依靠"硬挤"的方式来扩大菌落的体积和面积，这样，它们就形成了较小、较厚、边缘极其圆整的菌落。又如，对长有鞭毛的细菌来说，其菌落就有大而扁平、形状不规则和边缘多缺刻的特征，运动能力强的细菌还会出现树根状甚至能移动的菌落，前者如 *Bacillus mycoides*（蕈状芽孢杆菌），后者如 *Proteus vulgaris*（普通变形杆菌）。再如，有荚膜的细菌，其菌落往往十分光滑，并呈透明的蛋清状，形状较大。最后，凡产芽孢的细菌，因其芽孢引起的折射率变化而使菌落的外形变得很不透明或有"干燥"之感，并因其细胞分裂后常连成长链状而引起菌落表面粗糙、有褶皱感，再加上它们一般都有周生鞭毛，因此产生了既粗糙、多褶、不透明，又有外形及边缘不规则特征的独特菌落。这类个体（细胞）形态与群体（菌落）形态间的相关性规律，对进行许多微生物学实验和研究工作是有一定参考价值的。

菌落在微生物学工作中有很多应用，主要用于微生物的分离、纯化、鉴定、计数等研究和选种、育种等实际工作中。

（2）细菌的斜面培养特征

采用画线接种的方法，将菌种接种到试管斜面上，在适宜的条件下经过 3～5d 的培养后可对其进行斜面培养特征的观察。细菌的斜面培养特征包括菌苔的生长程度、形状、光泽、质地、透明度、颜色、隆起和表面状况等（图 2-13）。

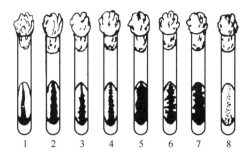

图 2-13 细菌的斜面培养特征

1—丝状；2—有小突起；3—有小刺；4—念珠状；
5—扩展状；6—假根状；7—树状；8—散点状

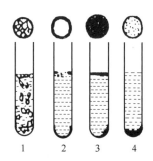

图 2-14 细菌的液体培养特征

1—絮状；2—环状；3—浮膜状；4—膜状

（3）细菌的液体培养特征

将细菌接入液体培养基中，经过 1~3d 的培养后即可对其进行观察。细菌的液体培养特征包括表面状况（如菌膜、菌环等）、混浊程度、沉淀状况、有无气泡和色泽等（图 2-14）。

2.3 古细菌（古生菌、古菌）的形态结构与功能

多年来科学界一直认为地球上细胞生物由原核生物与真核生物两大类组成。1977 年 Woese 等人在研究了 60 多种不同细菌的核糖体小亚基 16S rRNA 核苷酸序列后，发现产甲烷细菌的序列奇特，认为这是地球上细胞生物的第三种生命形式。由于这类具有独特基因结构或系统发育的单细胞生物，通常生活在地球上极端的环境（如超高温、高酸碱度、高盐）或生命出现初期的自然环境中（如无氧状态），因此把这类生物命名为古细菌（Archaebacteria）。

Woese 之所以选择 16S rRNA 作为研究生物进化的大分子，是因为它具有如下特点：①作为合成蛋白质的必要场所，16S rRNA 存在于所有生物中并执行相同的功能。②素有细菌"活化石"之称，具有生物分子计时器特点，进化相对保守，分子序列变化缓慢，能跨越整个生命进化过程。③分子中含有进化速率不同的区域，可用于进化程度不同的生物之间的系统发育研究。

1987 年 Woese 根据 16S rRNA 核苷酸序列分析为主的一系列研究结果，将原核生物区分为两个不同的类群，并由此提出生物分类的新建议，将生物分为 3 个原界（urkingdom），即生命是由真细菌（Eubacteria）、古细菌（Archaebacteria）和真核生物（Eucaryote）所构成。因此生物的发展不是一个简单的由原核生物发展到更为复杂的真核生物过程，生物界明显地存在三个发展不同的基因系统，现代生物都是从一个共同祖先——前细胞（pre-cells）分三条线进化形成，并构成有根的生物进化总系统发育树（图 2-15）。1990 年 Woese 为了避免人们将 Eubacteria 和 Archaebacteria 误认为都是细菌，建议将 Eubacteria（真细菌）改名为 Bacteria（细菌），将 Archaebacteria（古细菌）改名为 Archaea（古生菌或古菌），同时将 Eucaryote 改名为 Eucarya。这

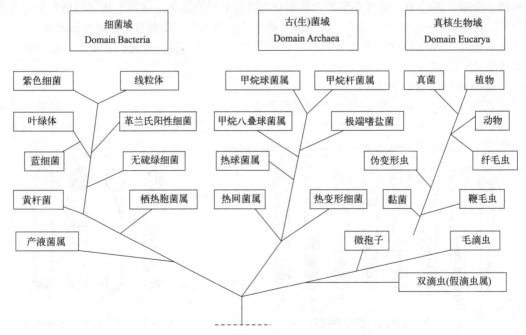

图 2-15　生物进化总系统发育树

（根据 16S rRNA 序列比较绘制，引自《布氏微生物学》2000）

样上述三大类生物（界）改称为三个域，成为生物学的最高分类单元。之后人们研究其他序列保守的生命大分子（如 RNA 聚合酶亚基、延伸因子 EF-Tu、ATPase 等），其研究结果也都支持 Woese 的生命三域学说。

2.3.1 古生菌的细胞结构

(1) 古生菌细胞形态

古生菌细胞的形态包括球形、裂片状、螺旋形、片状或杆状，也存在单细胞、多细胞的丝状体和聚集体，其单细胞的直径 0.1~15μm，丝状体长度可达 200μm。

古生菌菌落颜色有红色、紫色、粉红色、橙褐色、黄、绿、绿黑、灰色和白色。

(2) 古生菌细胞结构和功能

古生菌独有特征是在细胞膜上存在聚异戊二烯甘油醚类脂（甘油以醚键连接异戊二烯）；细胞壁骨架为蛋白质或假肽聚糖，且缺乏胞壁酸（肽聚糖中），不像细菌那样都有共同的细胞壁多聚体——胞壁质，而是衍生出多样化的细胞被膜。在古生菌同一目中，由于其不同类型的细胞壁，革兰氏染色结果可以是阳性或阴性的。革兰氏染色阳性菌种具有假磷壁酸（假肽聚糖）、甲酸软骨素和杂多糖组成的细胞壁，而革兰氏染色阴性菌种则具有由晶体蛋白或糖蛋白亚单位（S 层）构成的单层细胞胞被（表面）。假肽聚糖与肽聚糖的差别在于它的聚糖链是由 N-乙酰氨基糖（氨基葡萄糖或氨基半乳糖）和 N-乙酰-L-氨基塔洛糖醛酸以 β（1→3）键结合组成，交联聚糖链的亚单位通常由连续的 3 个 L-氨基酸（Lys、Glu、Ala）组成。而肽聚糖是由 N-乙酰葡萄糖胺、N-乙酰胞壁酸交替连接构成骨架，交联聚糖链的短肽是由 L-丙氨酸、D-谷氨酸、L-赖氨酸和 D-丙氨酸组成。有些古生菌能生活在多种极端环境中，可能与其特殊细胞结构、化学组成及体内特殊酶的生理功能等相关。

另外，古生菌有其独特的辅酶，如产甲烷菌含有 F_{420}、F_{430} 和辅酶 M（COM）及 B 因子；古生菌代谢途径单纯，不似细菌那样多样性，在二氧化碳固定上未发现古生菌有卡尔文循环；许多古生菌有内含子（introns），从而否定了"原核生物没有内含子"之说。

(3) 古生菌的繁殖

古生菌的繁殖也是多样的，包括：二分裂、芽殖、缢裂、断裂和未明的机制。

(4) 古生菌的生活特征

古生菌多生活在地球上极端的环境或生命出现初期的自然环境中，主要栖居在陆地和水域，存在于超高温（100℃以上）、高酸碱度、无氧或高盐的热液或地热环境中；有些菌种也作为共生体而存在于动物消化道内。它们包括好氧菌、厌氧菌和兼性厌氧菌，其中严格厌氧是古生菌的主要呼吸类型。营养方式有化能自养型、化能异养型或兼性营养型。古生菌喜高温（嗜热菌），但也有中温菌。这些都为研究生物的系统发育、微生物生态学及微生物的进化、代谢等许多重要问题提供了实验材料，为寻找全新结构的生物活性物质（如特殊的酶蛋白）等展示了应用前景。

2.3.2 古生菌与细菌的主要区别

尽管古生菌在菌体大小、结构及基因组结构方面与细菌相似，但其在遗传信息传递和可能标志系统发育的信息物质方面（如基因转录和翻译系统）却更类似于真核生物。因而目前普遍认为古生菌是细菌的形式，真核生物的内涵。

古生菌细胞具有独特的细胞结构，其细胞壁的组成、结构，细胞膜类脂组分，核糖体的 RNA 碱基顺序以及生活环境等都与其他生物有很大区别。三个生命域中唯有细菌域具有胞壁质（肽聚糖），其他两个域中都未发现胞壁质；古生菌域中胞壁质的缺乏及多种类型细胞壁和细胞外膜多聚体的存在，成为两个原核生物域之间最早的生物化学区分指标之一。

2.4 放线菌

放线菌是原核生物中一类能形成分枝菌丝和分生孢子的特殊类群，因早期发现其菌落呈放射状而得名。绝大多数放线菌为好氧或微好氧，最适生长温度为 23～37℃，多数腐生，少数寄生。放线菌在自然界分布很广，以孢子或菌丝存在，主要存在于中性或偏碱性有机质丰富的土壤中，每克土壤可含 10^4～10^6 个孢子，土壤中放线菌的数量和种类都是最多的。多数放线菌因能产生土腥味素（geosmins）而使土壤带有特殊的"泥腥味"。

放线菌与人类的关系十分密切，其突出作用是产生多种抗生素（antibiotics）。现已发现和分离到由放线菌产生的抗生素就有 3000 多种，其中 50 多种，如土霉素、链霉素、庆大霉素、金霉素、卡那霉素、氯霉素和利福霉素等已广泛用于临床，井冈霉素、庆丰霉素等可用作农用抗生素。某些放线菌还可用于生产维生素和酶制剂，还有一些放线菌在石油脱蜡、甾体转化、烃类发酵和污水处理等方面也有着重要作用。寄生型放线菌可引起人、动物、植物的疾病，如皮肤病、肺部感染、脑膜炎、足部感染等。放线菌污染粮食和食品后，可使其产生刺鼻的霉味，造成食品变质。

2.4.1 放线菌的形态结构

(1) 放线菌个体形态

放线菌的菌体由分枝菌丝组成。菌丝大多无隔膜，所以通常被认为是单细胞多核（原核）的微生物。菌丝直径为 0.2～1.4μm，细胞壁含有与细菌相同的 N-乙酰胞壁酸和二氨基庚二酸（DAP），绝大多数为 G^+。放线菌的细胞结构与细菌有许多相同之处，如同为原核、菌丝直径与细菌相近、细胞壁含有相同成分、核糖体同为 70S 等。此外，放线菌最适生长 pH 与细菌相近，为弱碱性，对溶菌酶敏感，对各类抗生素的敏感情况也与细菌相同。

放线菌的菌丝由于形态与功能的不同，分为营养菌丝、气生菌丝和孢子丝（图 2-16）。

① 营养菌丝（又称基内菌丝或一级菌丝） 为匍匐生长于培养基表面或生长于培养基中吸收营养物质的菌丝。

② 气生菌丝（又称二级菌丝） 当营养菌丝发育到一定阶段，由营养菌丝上长出培养基外伸向空间的菌丝为气生菌丝。

③ 孢子丝 气生菌丝发育到一定阶段，其上分化出形成孢子的菌丝即孢子丝。因菌种或生长条件的差异，孢子丝有不同形状（图 2-17），孢子丝继续发育可形成孢子。孢子有球形、椭圆形、杆状、瓜子形等。孢子表

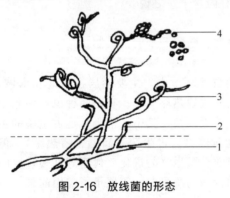

图 2-16　放线菌的形态
1—营养菌丝；2—气生菌丝；
3—孢子丝；4—孢子

面光滑、带小疣或小刺或毛发状等。孢子常呈白、灰、黄、紫或黑等不同颜色。

(2) 放线菌的菌落形态

放线菌的菌落常呈辐射状，菌落周缘有辐射型菌丝。菌落特征介于霉菌与细菌之间。菌落由菌丝体构成，但菌丝较细，生长缓慢，菌丝分枝相互交错缠绕，所以形成的菌落质地致密、干燥、多皱，菌落较小而不广泛延伸。幼龄菌落因气生菌丝尚未分化形成孢子丝，故菌落表面与细菌菌落相似。当形成大量孢子丝及分生孢子布满菌落表面后，就形成表面絮状、粉末状或颗粒状

图 2-17 放线菌孢子丝的各种形态
1—直形；2—波浪形；3—螺旋状；4—松螺旋；5—紧螺旋；6—轮生

的典型放线菌菌落。此外，由于放线菌菌丝及孢子常含有色素，使菌落的正面和背面呈现不同颜色。由于营养菌丝生长在培养基内与培养基结合较牢固，所以菌落不易挑起。另一类型的放线菌，由于不产生大量菌丝体，如诺卡氏菌的菌落，黏着力差，结构呈粉质状，用针挑取易粉碎。

若将放线菌置于液体培养基中静置培养，可在瓶壁液面处形成斑状或膜状特征或沉于瓶底而不使培养基混浊；若以振荡培养，可形成由短菌丝体构成的球状颗粒。

2.4.2 放线菌的生长繁殖

放线菌主要是通过无性孢子进行无性繁殖。当放线菌生长到一定阶段时，一部分气生菌丝分化形成孢子丝。孢子丝逐渐成熟分化成许多孢子，为分生孢子。有些放线菌可形成孢囊孢子。放线菌形成孢子的方式有以下三种。

（1）凝聚分裂形成凝聚孢子

大部分放线菌的孢子按此种方式形成，其过程是孢子丝生长到一定阶段时，在孢子丝中从顶端向基部，细胞质分段围绕核物质逐渐凝聚成一串大小相似的小段，然后每小段外面产生新的孢子壁而形成圆形或椭圆形孢子。孢子成熟后孢子丝自溶消失或破裂，孢子被释放出来（图2-18）。

（2）横隔分裂形成横隔孢子

孢子丝生长到一定阶段时，产生许多横隔膜，形成大小相近的小段，然后在横隔膜处断裂形成孢子。横隔分裂形成的孢子常为杆状。

图 2-18 凝聚分裂形成凝聚孢子
1—孢子丝内细胞质分段凝聚；2—孢子形成，孢子丝消失；3—成熟的孢子

（3）产生孢子囊

在气生菌丝或营养菌丝上先形成孢子囊，然后在囊内形成孢囊孢子。孢子囊成熟后，可释放出大量孢囊孢子。游动放线菌属（*Actinoplanes*）和链孢

囊菌属（*Streptosporangium*）等均以此方式形成孢子。

此外，小单孢菌科（Micromonosporaceae）中多数种的孢子形成是在营养菌丝上作单轴分枝，在每个枝杈顶端形成一个球形或椭圆形孢子，这种孢子也称分生孢子。某些放线菌偶尔也产生厚壁孢子。

2.4.3 放线菌的培养特征

放线菌的孢子在适宜条件下吸水萌发，生出芽管，芽管进一步生长分枝，形成菌丝体。放线菌的孢子具有较强的耐干燥能力，但不耐高温，60~65℃处理10~15min即失去活力。

放线菌也可借菌丝断裂片断形成新的菌体，而起到繁殖作用。这种繁殖方式常见于液体培养及液体发酵生产中。

2.5 蓝细菌

蓝细菌是一类含有叶绿素，可进行放氧型光合作用的生物。20世纪50年代前曾一直被称作蓝藻或蓝绿藻。自从发现这类生物的细胞核无核膜，细胞壁与细菌相似，含有肽聚糖，革兰氏染色阴性，而不像其他属于真核生物的藻类后，便将蓝细菌归属于原核微生物中。

蓝细菌的个体形态分为球状或杆状的单细胞和细胞链丝状体两大类。蓝细菌的细胞一般比细菌大，直径或宽度为3~30μm，细胞构造与G^-菌极其相似。许多蓝细菌还能向细胞壁外分泌胶黏物质（胞外多糖），形成黏液层（松散、可溶）、荚膜（围绕个别细胞）、鞘衣（包裹丝状体）或胶团（将许多细胞聚集一起）等不同形式。例如念珠蓝菌属（*Nostoc*）的丝状体常卷曲在坚固的胶被中，雨后常见的地木耳就是其中一个种；鱼腥蓝菌属（*Anabaena*）的丝状体外包有胶鞘，且许多丝状体包在一个共同的胶被内，形成不定形的胶块，在水体中大量繁殖可形成"水花"（water bloom）。

蓝细菌细胞内进行光合作用的部位称类囊体（thylakoid），为片层状的内膜结构，数量很多。类囊体的膜上含有叶绿素α、β-胡萝卜素、类胡萝卜素（如黏叶黄素、海胆酮或玉米黄质）、藻胆素（藻蓝素和藻红素）和光合电子传递链的有关组分。环境中的光质可影响藻胆素的组成及含量。细胞内含有固定二氧化碳的羧酶体，许多蓝细菌还含有气泡以利于细胞浮于水体表面和吸收光能。蓝细菌虽无鞭毛，但能借助黏液在固体基质表面滑行，并表现出趋光性和趋化性。蓝细菌的细胞内含有各种贮藏物，如糖原、聚磷酸盐、PHB以及蓝细菌肽（cyanophycine，其中天冬氨酸和精氨酸为1∶1）等。

有些蓝细菌可形成异形胞（heterocyst）或静息孢子（akinete）。异形胞是一种具有特殊形态和功能的细胞，一般存在于呈丝状生长的种类中，位于细胞链的中间或末端，数目少而不定。异形胞在光学显微镜下的特征为厚壁、浅色、细胞两端常有折射率高的颗粒存在。异形胞是适应于在有氧条件下进行固氮作用的细胞，它只含有光合系统Ⅰ，故不会因光合作用产生对固氮酶有毒害作用的分子氧，但能产生固氮所需的ATP。异形胞与邻接的营养细胞相互连接，进行物质交换。

静息孢子是一种长在丝状蓝细菌细胞链中间或末端的特化细胞，厚壁、深色，具有抵御不良环境的能力。静息孢子属于休眠体，当环境适宜时，可萌发形成新的丝状体。

蓝细菌广泛分布于自然界，普遍生长在河流、海洋、湖泊和土壤中，在极端环境（如温泉、盐湖、贫瘠的土壤、岩石表面以及植物树干等）中也能生长。某些蓝细菌还能与真菌、苔藓、蕨类和种子植物共生。如地衣就是蓝细菌与真菌的共生体，红萍是固氮鱼腥藻（*Anabaena azollae*）和蕨类植物满江红的共生体。目前已知的固氮蓝细菌有120多种。

2.6 其他原核微生物

2.6.1 支原体

支原体又名类菌质体,是介于细菌与病毒之间的一类无细胞壁的,也是已知可以独立生活的最小的细胞生物。1898 年 E. Nocard 等首次从患肺炎的牛胸膜液中分离得到,后来人们又从其他动物中分离到多种类似的微生物。1967 年日本学者土居养二等从患"丛枝病"的桑、马铃薯、矮牵牛和泡桐的韧皮部中发现了相应的植物支原体。通常把植物支原体称为类支原体。

支原体的特点:a. 无细胞壁,菌体表面为细胞膜,故细胞柔软,形态多变。在同一培养基中,细胞常呈现球状、杆状、丝状及不规则等多种形态。能通过细菌滤器,对渗透压、表面活性剂和醇类敏感,对抑制细胞壁合成的青霉素、环丝氨酸等抗生素不敏感,革兰氏染色阴性。b. 球状体直径 150~300nm,而丝状体长度差异很大,从几微米到 150μm。在光学显微镜下勉强可见。c. 菌落微小,直径 0.1~1.0mm,呈特有的"油煎荷包蛋"状,中央厚且色深,边缘薄而透明,色浅。d. 一般以二等分裂方式进行繁殖。e. 能在含血清、酵母浸汁或胆甾醇等营养丰富的人工培养基上独立生长;腐生株营养要求较低,在一般培养基上就可生长。f. 具有氧化型或发酵型的产能代谢,可在好氧或厌氧条件下生长。g. 对能与核糖体结合,抑制蛋白质生物合成的四环素、红霉素以及毛地黄皂苷等破坏细胞膜结构的表面活性剂都极为敏感,由于细胞膜上含有甾醇,所以对两性霉素、制霉菌素等多烯类抗生素也十分敏感。

支原体广泛分布于土壤、污水、昆虫、脊椎动物和人体中,有些支原体可引起牛、羊、猪、禽和人的病害。如蕈状支原体引起牛胸膜肺炎,无乳支原体引起羊缺乳症,有的还可引起猪喘气病、鸡呼吸道慢性病等。类支原体则可引起桑、稻、竹和玉米等的矮缩病、黄化病或丛枝病。一些腐生的支原体常分布在污水、土壤或堆肥中。

2.6.2 衣原体

衣原体是一类在真核细胞内营专性能量寄生的小型革兰氏阴性原核生物。1907 年两位捷克学者在沙眼患者的结膜细胞内发现了包涵体,他们误认为是由"衣原虫"引起的。后来,许多学者认为在沙眼包涵体内不存在"衣原虫",而是"大型病毒"的集落。1956 年我国微生物学家汤飞凡等人在国际上首次分离到沙眼的病原体。1970 年在美国波士顿召开的沙眼及有关疾病的国际会议上,正式将这类病原微生物称为衣原体。

衣原体的特点:a. 具有细胞构造及含肽聚糖的细胞壁;b. 细胞内同时含有 DNA 和 RNA;c. 酶系统不完整,尤其缺乏产能代谢的酶系,为严格的细胞内寄生;d. 二等分裂方式繁殖;e. 通常对抑制细菌的一些抗生素如青霉素和磺胺等很敏感;f. 衣原体可以培养在鸡胚卵黄囊膜、小白鼠腹腔或组织培养细胞上。

衣原体具有特殊的生活史:具有感染力的个体——原体(elementory body),是一直径小于 0.4μm 的球状细胞,有坚韧的细胞壁。在宿主细胞内原体逐渐伸长,形成无感染力的薄壁球状大细胞,直径达 1~1.5μm,称为始体(initial body)。始体通过二等分裂可在宿主细胞质内形成一个微菌落,随后大量的子细胞又分化成较小而厚壁的原体。一旦宿主细胞破裂,原体又可感染新的宿主细胞。衣原体可形成包涵体。

2.6.3 立克次氏体

1909 年美国医生 H. T. Ricketts(1871—1910 年)首次发现落山基斑疹伤寒的病原体,并于

1910年殉职于此病，故后人称这类病原菌为立克次氏体。立克次氏体是一类只能寄生在真核细胞内的革兰氏阴性原核微生物。它与支原体的主要区别是有细胞壁；而与衣原体的主要区别是其细胞较大，不能通过细菌过滤器，也不形成包涵体。

立克次氏体的特点：a. 细胞呈球状、杆状或丝状，球状直径0.2～0.5μm，杆状为0.3～0.5μm×0.8～2.0μm，在光学显微镜下可见；b. 有细胞壁，革兰氏阴性；c. 通常在真核细胞内专性寄生，宿主一般为虱、蚤、蜱、螨等节肢动物，并可传至人或其他脊椎动物；d. 二等分裂方式繁殖；e. 对青霉素和四环素等抗生素敏感；f. 具有不完整的产能代谢途径，大多只能利用谷氨酸产能而不能利用葡萄糖产能；g. 不能在人工培养基上生长，可用鸡胚、敏感动物或合适的组织培养物来培养。

立克次氏体对热、干燥、光照和化学药剂的抗性较差，在室温中仅能存活数小时至数日，100℃时很快死亡；但耐低温，－60℃时可存活数年。立克次氏体随节肢动物粪便排出，在空气中自然干燥后，其抗性显著增强。

 知识归纳

原核生物为一大类细胞微小、细胞核无核膜包裹（只有称作核区的裸露DNA）的原始单细胞生物，包括细菌（Bacteria，旧称"真细菌"Eubacteria）和古生菌（Archaea，旧称"古细菌"Archaebacteria）。

原核微生物大致分为：三菌——细菌、放线菌、蓝细菌；三体——支原体、立克次氏体、衣原体。

细菌：狭义的细菌是一类细胞细而短、结构简单、细胞壁坚韧、以二等分裂方式繁殖和水生性较强的原核微生物。广义的细菌则是指所有原核生物。在自然界分布广、种类多，而且数量很大。

细菌的形态：球状、杆状和螺旋状。

细菌的结构：基本结构和特殊结构。看下图：

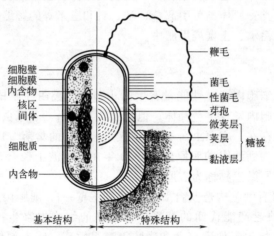

放线菌是原核生物中一类能形成分枝菌丝和分生孢子的特殊类群，因早期发现其菌落呈放射状而得名。主要存在于中性或偏碱性有机质丰富的土壤中，每克土壤可含10^4～10^6个孢子，土壤中放线菌的数量和种类都是最多的。

放线菌的菌丝由于形态与功能的不同，分为营养菌丝、气生菌丝和孢子丝。

放线菌的生长繁殖：放线菌主要是通过无性孢子进行无性繁殖。当放线菌生长到一定阶段时，一部分气生菌丝分化形成孢子丝。孢子丝逐渐成熟分化成许多孢子，为分生孢子。有些放线菌可形成孢囊孢子。

蓝细菌：蓝细菌是一类含有叶绿素，可进行放氧型光合作用的生物。

 思考题

1. 细菌的基本形态有哪几类？还有哪些特殊形态？

2. 试图示 G$^+$ 和 G$^-$ 细菌细胞壁的主要构造，并简要说明其异同。
3. 试述革兰氏染色法的机制并说明此法的重要性。
4. 什么是缺壁细菌？试列表比较 4 类缺壁细菌的形成、特点和实践意义。
5. 试比较古生菌、细菌和真核生物间的主要差别。

应用能力训练

1. 试着解释微生物学家分离鉴定了大量不同类群的微生物，但还是有相当多的微生物在实验室是无法培养的。
2. 设想一下，如果没有蓝细菌的演化，地球生命会是什么状况？
3. 假设你分离到了两株杆状细菌，一个为 G$^+$，一个为 G$^-$，你分别利用光学显微镜、电子显微镜，细胞壁的化学组成和进化系统如何从不同层面来区分它们？

参考文献

［1］沈萍，陈向东. 微生物学. 北京：高等教育出版社，2000.
［2］何培新. 高级微生物学. 北京：中国轻工业出版社，2017.
［3］李宗军. 食品微生物学：原理与技术. 北京：化学工业出版社，2014.

第 3 章
真核微生物的形态结构与功能

知识图谱

    真菌无处不在，它的"足迹"遍布自然界每个角落，从平原到高山，从热带到南北两极。它的"家族"兴旺：据保守估计，全球有真菌 220 万至 380 万种，目前被认知和描述的只有大约 15 万种，占总数的约 6%，其数量之多在生命世界中仅次于昆虫，居第二位。它们的"长相"多姿多彩：有的微小到只有借助显微镜才能一觅"芳踪"，有的体长可达 1m 以上。如此多样的真菌，与人类有哪些不得不说的故事？真菌的繁殖方式与原核微生物有什么区别？

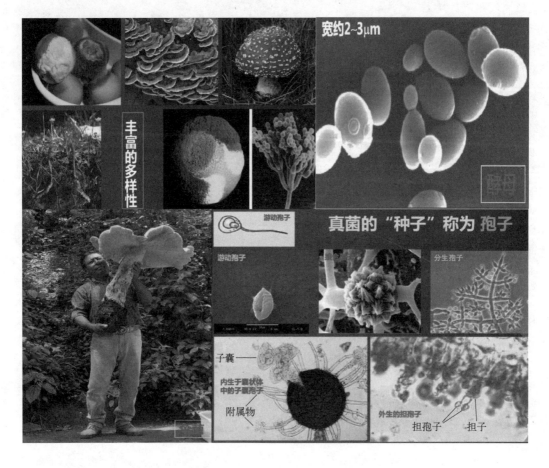

学习目标

○ 掌握原核微生物与真核微生物的区别。
○ 以酵母菌为例,学习真菌的细胞结构。
○ 掌握酵母菌和丝状真菌的繁殖方式。
○ 了解食用真菌的特点及其对践行大食物观的意义。
○ 记住五种以上食品中常见的酵母菌和丝状真菌以及它们的用途。

3.1 真核细胞型微生物概述

真核微生物即真菌,包括酵母菌、霉菌和蕈菌。凡是细胞核具有核膜、能进行有丝分裂、细胞质中存在线粒体或同时存在叶绿体等细胞器的微小生物,统称真核微生物。

3.2 酵母菌

酵母菌在自然界分布很广,主要生长在偏酸性的含糖环境中。例如,在水果、蔬菜、花瓣的内部和表面以及在果园土壤中最为常见。酵母菌是人类文明史中被应用得最早的微生物。早在四千多年前的殷商时代,人们就利用酵母酿酒。公元前六千多年古埃及人就利用酵母菌生产啤酒。但是人类真正开始认识酵母菌,还是1680年荷兰人列文虎克发明第一台显微镜以后开始的。1859年法国人巴斯德用实验证实了酵母菌发酵产生酒精的事实。随着近代科学技术的发展,酵母在发酵工业上的应用愈来愈广,除制作面包、酿酒和饲料加工以外,还可以生产甘油、甘露醇、维生素、各种有机酸和酶制剂等,并可提取核酸、辅酶A、细胞色素c、ATP、麦角固醇、谷胱甘肽、凝血质等贵重药品。但是,有些种的酵母菌也是发酵工业上的污染菌,能使发酵产量降低或产生不良气味,还可以引起果汁、果酱、蜂蜜、酒类、肉类等食品变质腐败。例如,少数耐高渗透压酵母菌如鲁氏酵母(*Saccharomyces rouscii*)、蜂蜜酵母(*Saccharomyces mellis*)可使果酱、蜂蜜败坏。有少数种还是人类的致病菌。

3.2.1 酵母菌的形态与大小

酵母菌的形态通常有球状、卵圆状、柠檬状和柱状或香肠状等多种。酵母菌比细菌大,用光学显微镜可以看得很清楚。其大小通常为(5~6)μm×(7~20)μm,小型酵母菌大小为3μm×(3~4)μm。啤酒酵母的形态见图3-1。

酵母菌大多数是腐生菌,少数是寄生菌。酵母菌是典型的真核细胞结构,有细胞壁、细胞膜、细胞质、细胞核及内含物等。细胞壁在最外层,较坚韧。紧接细胞壁内面有细胞膜及细胞质。细胞膜具有半渗透性,营养物质的吸收与废物的排出都靠此膜来完成。细胞质为胶体状水溶液,内含颗粒、核糖体、线粒体和中心体等。酵母菌与细菌的一个重要区别在于酵母菌具有明显的核。每一个细胞有一个核,核呈圆形或卵形,核的直径一般

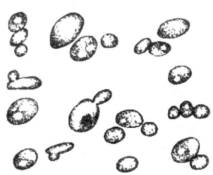

图3-1 啤酒酵母(*Saccharomyces cerevisiae*)的形态

不超过 1μm。核一般位于细胞中央。老龄酵母菌细胞内呈现许多颗粒和液泡。由于液泡逐渐扩大，把细胞核挤在一旁，常变为肾形。大多数酵母菌，尤其是球形和圆形酵母菌只有一个液泡，位于细胞的两端。液泡里有液体，含有盐类和有机酸等物质。细胞中的颗粒是酵母菌的贮藏物质，包括肝糖粒、脂肪粒等。

3.2.2 酵母菌的细胞结构与功能

（1）酵母菌细胞壁

细胞壁在细胞的最外侧，包围着细胞膜，保持着细胞的形态、韧性。细胞壁上存在着许多种酶及雌、雄两性的识别物质。它们对物质的通透及细胞间的识别反应等方面起着重要作用。另外，菌的抗原活性也存在于细胞壁上，从而成为血清学分类法的基础。酵母细胞壁主要分三层：外层为甘露聚糖，内层为葡聚糖，中间夹有一层蛋白质分子。酵母菌细胞壁同植物细胞壁一样，由骨架物质和细胞质物质组成。前者主要是葡聚糖及几丁质，后者主要是甘露糖-蛋白质复合体。菌种不同，细胞壁的组成也不同，即使是同一个种的酵母菌也会因生长条件的不同而有所区别。细胞的形态和细胞壁组成之间有着密切相关性。细胞的形态靠细胞壁来维持。用玻璃珠可破碎细胞，并能分离出细胞壁。几丁质最早发现于荚膜几拟孢霉（*Endomycopsis capsularis*）等丝状酵母中，也存在于啤酒酵母（*S. cerevisiae*）及白假丝酵母（*C. albicans*）等出芽型酵母中。

（2）酵母菌细胞膜

细胞膜紧贴细胞壁内侧，包裹着细胞核、细胞质和各类细胞内含物。细胞膜在细胞生长、分裂、接合、分化以及离子、低分子与高分子物质的输送等多种细胞活动中起着重要作用。细胞膜也是三层结构，主要成分为蛋白质、类脂和少量糖类。细胞膜是由上、下两层磷脂分子以及镶嵌在其间的甾醇和蛋白质分子组成的。其功能主要有调节细胞外物质运送到细胞内的渗透屏障，细胞壁等大分子成分生物合成和装配基地，部分酶的合成和作用场所。细胞膜基本分子结构的研究，是以 Singer 和 Nieolson 建立的流体镶嵌模型为代表的现代生物膜模型为基础的。对于具有多种功能的酵母细胞膜系统的研究将越来越深入。酵母细胞膜的研究主要是以用电子显微镜的形态学研究为主体，由于细胞膜分离纯化方法的建立，以及生物化学分析法的采用，可以阐明膜的结构及各种功能的表达机制。

（3）酵母菌细胞核与 DNA

酵母菌的核具有一般真核生物所具有的各种性质。核为双层核膜所包围，且存在着以核小体为基本结构的染色质以及核仁。核膜上分布着众多的小孔，得以与细胞质沟通。核较小，呈直径为 2μm 左右的球状。核 DNA 的合成由多个起始点发生，RNA 合成酶亦具有和其他真核生物类似的性质。DNA 含量为大肠杆菌的 2～4 倍，存在约 4000 个基因。在细胞生殖周期中核膜一般不消失。核内产生分裂装置，承担着染色体分离核移动的任务。分裂装置大致分为两部分，即纺锤体极体（spindle pole body，SPB）和由微管蛋白组成的微小管。酵母的核分裂和高等真核生物的核分裂极为类似，唯一的不同点即当酵母核分裂时核膜不消失。酵母核的研究与遗传物质的存在状态和复制、遗传密码的转录以及向细胞质的转移和表达等有关，而且同核分裂机制的阐明也有着密切关系。在核研究的历史上，Robinow 等最先进行了形态观察，Hartwell 等进一步分析了野生株和细胞周期突变株的核结构在细胞周期中的变化，并搞清了分裂装置的形成及核分裂的情况。由于细胞破碎法和核分离法的改进，在核内组分的研究方面取得了很大的进展。另外，随着基因工程技术的发展，使大多数基因可以克隆，遗传信息表达机制的研究也以酵母为中心在不断发展。

3.2.3 酵母菌的生长繁殖

酵母菌的繁殖方式有芽殖、裂殖和产生孢子繁殖三种。

（1）出芽生殖

出芽生殖是除了裂殖酵母菌以外几乎所有的酵母菌普遍存在的繁殖方式。酵母细胞在成熟时，先由细胞的局部边缘生出乳头状的突起如出芽的形状。同时细胞内的核进行分裂，分裂的核除留下一部分在母细胞内，其他一部分即流入芽体内。芽体（子细胞）逐渐增大，子细胞与母细胞交接处形成新膜，使子细胞和母细胞相隔离，子细胞可脱离母细胞，或与母细胞暂时相接，子母细胞脱离处即形成牙痕。出芽方式有两种：两端芽殖，即酵母细胞两极端轮番出芽；周身芽殖，即酵母细胞表面都可出芽，但芽痕处不再出芽，可根据芽痕数目确定菌龄。子细胞在形成后，可继续进行芽殖。如果连续芽殖的子细胞都不脱离母细胞，则可出现一堆团聚的细胞群，称为芽簇。很多种的酵母具有芽殖的特性。如酵母属（*Saccharomyces*）的酵母。某些生长旺盛的酵母菌由于出芽生殖的速度很快，子母细胞尚未脱离又继续长芽，即形成假菌丝。如热带假丝酵母（*Candida tropicalis*）（图 3-2）。

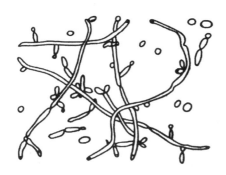

图 3-2　热带假丝酵母（*Candida tropicalis*）的形态　　图 3-3　裂殖酵母的细胞分裂（裂殖）

（2）裂殖

进行分裂繁殖的只是少数裂殖酵母菌的繁殖方法。其过程是：酵母细胞延长、细胞内的核分裂成两个，同时在延长的细胞中央产生一横隔，形成两个具有单核的子细胞。而且子细胞可以继续进行裂殖，出现酵母菌细胞排列的短链状。如裂殖酵母属（*Schizosaccharomyces*）就具有此繁殖特征（图 3-3）。

（3）产生孢子繁殖

在一定的环境条件下，某些种的酵母菌可以产生孢子而繁殖。汉逊（Hansen）氏曾归纳出几点关于可促酵母菌产生孢子的条件：a. 必须是从营养丰富的培养基中取出的幼龄细胞；b. 必须给以充分的空气；c. 必须有足够的湿度；d. 必须在较高的温度中。酵母菌产生孢子，有无性生殖和有性生殖的方式产生孢子。

① 无性繁殖的孢子　酵母细胞内的核经过1~3次分裂后，每个分裂核的表面即形成一层膜，这样就形成了2~8个孢子，原有的酵母细胞即成为一个子囊，子囊内的孢子就称为孢囊孢子（图3-4）。由于这些孢子的产生是在细胞内进行的，故又称它为内生孢子。孢囊破裂时，孢子即被释放出来。例如酵母属的酵母。

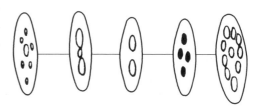

图 3-4　酵母孢囊孢子形成过程（无性繁殖）

② 有性繁殖的孢子　酵母菌的有性繁殖是产生子囊和子囊孢子。两个相邻的细胞彼此相向各伸出一管状原生质突起，然后，相互接触并融合成一个通道。两个核在此通道内结合，形成双倍细胞。随即进行减数分裂，形成4个或8个子核。每个子核和周围的原生质形成孢子，称子囊

孢子（图 3-5）。原来的接合子则称为子囊。当子囊成熟时破裂，子囊孢子释放出来，发育成新的酵母菌细胞。两个相近细胞结合时，如果大小、形状相同，则称为同形配子结合；如果大小、形状不同，则称为异形配子接合。子囊孢子形状随酵母种类各异。主要有球形、半球形、椭圆、肾形、纺锤形等。例如结合酵母属（Zygosaccharomyces）的各种酵母。

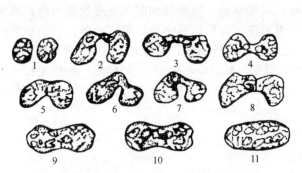

图 3-5 酵母子囊孢子形成过程（有性繁殖）

1～4—两个细胞接合；5—接合子；
6～9—核分裂；10,11—核形成孢子

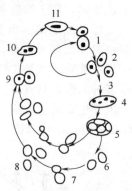

图 3-6 啤酒酵母的生活史图

1—芽殖；2—二倍体细胞（2N）；3—减数分裂；
4—幼子囊；5—成熟子囊；6—子囊孢子；7—芽殖；
8—营养细胞（N）；9—接合；10—质配；11—核配

酵母菌有性生殖形成子囊孢子的繁殖过程分为四个阶段：质配、核配、减数分裂和有丝分裂。酵母菌由两个营养细胞接合后直接形成子囊。例如啤酒酵母（Saccharomyces cerevisiae），两个单核而且是单倍体的营养细胞接合后，经质配、核配而成为一个二倍体的细胞。此细胞可以进行普通的出芽生殖而产生许多细胞，然而它们都是二倍体细胞。这种二倍体细胞在一定条件下，其细胞核进行两次分裂，其中 1 次为减数分裂。因而变成含 4 个子核的细胞，此时的细胞即为子囊，4 个子核与周围的原生质各形成 1 个孢子，即子囊孢子。所以此菌的子囊中含有 4 个子囊孢子。子囊破裂后孢子散出，又可进行出芽生殖而产生许多细胞，此时的细胞又成为单倍体细胞（图 3-6）。有丝分裂分离：二倍体无性繁殖系中，有极少数的细胞核在它们的分裂过程中能发生体细胞交换，分离而产生二倍体或单倍体的分离子，即重组体。二倍体在生长过程中出现分离现象和重组现象，它包括两个主要的相互独立的过程。一种叫单倍体化，染色体逐步减数而导致形成单倍体分离子；另一种叫有丝分裂交换或体细胞交换，导致出现二倍体分离子。因为两个过程都是在有丝分裂时发生，所以统称为有丝分裂分离或准性重组。

③ 孢子的发芽 孢子在适宜的条件下，特别是适宜的营养和温度，促使孢子膨胀进行发芽。发芽的方式随酵母的种类不同而异。发芽的方式有两种类型：其一，为直接发芽，即孢子直接发芽而形成营养细胞；其二，为芽管发芽，即孢子先产生管状突起，称为芽管，在芽管上产生横隔而形成营养细胞，即孢子发芽形成新的酵母细胞。

④ 孢子的形状、数目和繁殖的状态 不同种的酵母所产生的孢子，均有一定的形状和一定的数目，是分类上的一项依据。孢子的形状有球形、卵形、帽形、肾形、柠檬形、针形和纺锤形等（图 3-7）。在一个细胞内产生的孢子，一般为 2～4 个或 8 个。

图 3-7 酵母子囊孢子的各种形状

同一种酵母，在不同成分的培养基上生长所形成的菌落也有不同。菌落的形态通常指在固定的条件下，如温度、培养基成分等，培养一定时间后所呈现的形状、大小、颜色、纹饰以及组成等。这些特征，对不同种的酵母来说，往往差别很大，因而为分类鉴定工作提供了依据。

在固体培养基上酵母菌形成光滑湿润的菌落，常带黏性，呈白色或粉红色等。培养时间较长的菌落呈皱缩状，并较干燥。在液体培养基中，酵母繁殖时，许多增殖的酵母细胞浮游于液体上层，这种酵母称为上面酵母；如果酵母增殖后，酵母细胞沉降于底层，这种酵母称为下面酵母。

3.2.4 食品中常见酵母菌及培养特征

（1）酵母菌属（*Saccharomyces*）

细胞圆形、椭圆形、腊肠形。发酵力强，主要产物为乙醇及二氧化碳。主要的种有啤酒酵母（*Saccharomyces cerevisiae*），为酿造酒及酒精生产的主要菌种，还用于制造面包及医药工业；葡萄汁酵母（*Saccharomyces uvarum*），细胞椭圆形或长形，它能将棉子糖全部发酵，还可食用及用于医药工业。

（2）裂殖酵母属（*Schizosaccharomyces*）

细胞椭圆形、圆柱形。由营养细胞接合，形成子囊。有发酵能力，代表种为粟酒裂殖酵母（*Schizosaccharomyces pombe*），最早分离自非洲粟米酒，能使菊芋发酵产生酒精。

（3）汉逊酵母属（*Hansenula*）

细胞圆形、椭圆形、腊肠形。多边芽殖。营养细胞有单倍体或二倍体，发酵或不发酵，可产生乙酸乙酯，同化硝酸盐。此菌能利用酒精为碳源在饮料表面形成皮膜，为酒类酿造的有害菌。代表种为异常汉逊酵母（*Hansenula anomala*），因能产生乙酸乙酯，有时可用于食品的增香。

（4）毕赤酵母属（*Pichia*）

细胞形状多样，多边出芽，能形成假菌丝，常有油滴，表面光滑，发酵或不发酵，不同化硝酸盐，能利用正癸烷及十六烷，可发酵石油生产单细胞蛋白，在酿酒业中为有害菌。代表种为粉状毕赤酵母（*Pichia farinosa*）。

（5）假丝酵母属（*Candida*）

细胞圆形、卵形或长形。多边芽殖。有些种有发酵能力，有些种能氧化碳氢化合物，用以生产单细胞蛋白，供食用或作饲料。少数菌能致病。代表种有产朊假丝酵母（*Candida utilis*），能利用工农业废液生产单细胞蛋白；热带假丝酵母（*Candida tropicalis*）能利用石油生产饲料酵母。

（6）球拟酵母属（*Torulopsis*）

细胞球形、卵形或长圆形。无假菌丝，多边芽殖，有发酵力，能将葡萄糖转化为多元醇，为生产甘油的重要菌种，利用石油生产饲料酵母。代表种为白色球拟酵母（*Torulopsis candida*）。

（7）红酵母属（*Rhodotorula*）

细胞圆形、卵形或长形。多边芽殖，少数形成假菌丝。无发酵能力，但能同化某些糖类，有的能产生大量脂肪，对烃类有弱氧化力。常污染食品，少数为致病菌。代表种为黏红酵母（*Rhodotorula glutinis*）。

3.3 丝状真菌

丝状真菌统称霉菌。凡是在基质上长成绒毛状、棉絮状或蜘蛛网状菌丝体的真菌，称为霉菌。在分类上真菌分属于藻状菌、子囊菌、担子菌与半知菌。霉菌除用于传统的酿酒、制酱和做其他发酵食品外，近年来在发酵工业中广泛用来生产酒精、柠檬酸、青霉素、灰黄霉素、赤霉素、淀粉酶和发酵饲料等。真菌菌体均由分枝或不分枝的菌丝构成，许多菌丝交织在一起称为菌丝体。菌丝平均直径为 $2\sim10\mu m$，比一般细菌和放线菌的菌丝大几倍到几十倍。真菌的菌丝体无色透明或暗褐色至黑色，或呈鲜艳的颜色，甚至分泌出某种色素使基质染色，或分泌出有机物质而成结晶，附着在菌丝表面。因菌丝较粗而长，形成的菌落较疏松，呈绒毛状、棉絮状或蜘蛛网状，一般比细菌菌落大几倍到几十倍。菌落最初是浅色或白色，当菌落上长出各种颜色的孢子后，由于孢子有不同形状、构造和色素，菌落表面常出现肉眼可见的不同的结构和色泽，如黄、绿、青、黑、橙等各色。有的真菌产生的色素能扩散到培养基内，称为水溶性色素，使培养基正面和反面显示出不同颜色。反之，不能扩散到培养基内的色素称为脂溶性色素。故菌落特征也是鉴定真菌的主要依据之一。真菌的繁殖方式多样，主要靠形成无性和有性孢子来繁殖。一般真菌菌丝生长到一定阶段，先进行无性繁殖，到后期，在同一菌丝体上产生有性繁殖结构，形成有性孢子。

与人类生活和食品生产关系密切的真菌有藻状菌的根霉、毛霉、犁霉，子囊菌的红曲霉，半知菌的曲霉和青霉等。毛霉在食品工业中应用较多，如高大毛霉能产生羟基丁酮、脂肪酶。鲁氏毛霉不仅用于酿造工业，还可用于做豆腐乳。总状毛霉用于制造豆豉。有些毛霉还可以用于甾族化合物的转化，生产草酸、乳酸、琥珀酸以及甘油。根霉经常出现在淀粉质食品上，引起食品霉烂变质。它能把淀粉转化为糖，因而是中国及朝鲜、东南亚一带所应用的酒曲或曲药的主要糖化菌。我国民间用的甜酒曲中主要菌种就是根霉。曲霉菌是发酵工业、医药工业、食品工业的重要菌种。现代工业利用曲霉生产各种酶制剂（淀粉酶、蛋白酶、果胶酶等）、有机酸（柠檬酸、葡萄糖酸等），农业上可用作糖化饲料。也有些曲霉菌产生对人体有害的物质，如黄曲霉毒素。工业上常用的曲霉有黑曲霉、米曲霉和栖土曲霉。红曲霉用于制取红曲，至今仍为优良的天然食品着色剂，如红色豆腐乳就是典型产品。还有一种紫红曲霉，能产 α-淀粉酶、麦芽糖酶等，用它水解淀粉，制造葡萄糖，近年来工业上用于生产糖化酶制剂。

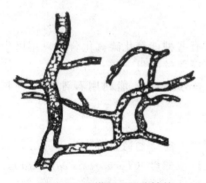

图 3-8　无横隔、具分枝的菌丝示意图

菌丝的内部构造，在显微镜下观察时皆呈管状。有的霉菌菌丝可以特化成坚实的菌核，即使有些直径不超过 $1\mu m$ 的菌丝，也是如此。藻状菌中的菌丝体，虽然有发达的多重分枝，其丝状的管道中却无横隔（图 3-8），因此其菌丝含有许多细胞核。

担子菌类的菌丝体是由具横隔（因而是多细胞）及分枝的菌丝所组成。它们的菌丝体有一个明显的特征，就是在其生活史中较长的阶段，每个细胞都含有两个细胞核或双核菌丝体。

许多真菌在培养过程中常发生另外一种现象，即联结现象。一般认为联结现象可能有三种功能：一是运输或交换营养物质；二是质配或核配的桥梁作用，即锁状联合；第三，可能对某些寄生真菌从寄主细胞中吸收营养物质起重要作用。

3.3.1　丝状真菌的细胞结构与功能

真菌是真核生物，具有典型的细胞结构，即细胞壁、细胞膜、细胞质、细胞核、液泡、线粒体及各种内含物（图 3-9）。

（1）细胞壁

细胞壁是真菌细胞的最外层结构单位，约占细胞干重的 30%。主要的化学成分是几丁质（甲壳质）、纤维素、葡聚糖、甘露聚糖。另外还有蛋白质、类脂、无机盐等。

（2）细胞膜

真菌的细胞膜在电子显微镜下观察和所有生物的单位膜一样，呈流体镶嵌模型，具有典型的三层结构，主要成分为磷脂分子，蛋白质非对称地排列在磷脂两边，呈镶嵌状。

真菌膜中碳水化合物含量高于其他生物，一般含量低于10%。真菌是唯一具有高碳水化合物含量的微生物。真菌细胞膜对于物质转运、能量转换、激素合成、核酸复制及生物进化等都具有重大意义。

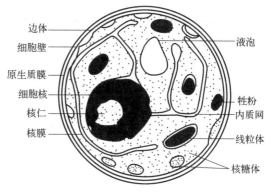

图 3-9　真菌的细胞结构

（3）细胞核

真菌的细胞核比其他真核生物的细胞核小，一般直径为 2～3μm，个别大的核直径可达 25μm。细胞核的形态变化很大，通常为椭圆形，能通过隔膜上的小孔，在菌丝中移动很快。不同真菌细胞核的数目变化很大，如有的真菌细胞内有 20～30 个核，而担子菌的单核或双核菌丝只有 1 个或 2 个核，在菌丝顶端细胞中常找不到核。用相差显微镜观察真菌活细胞，可看到中心稠密区，此为核仁，被一层均匀的无明显结构的核质包围，外边有一双层的核膜，在外膜上附着有核糖体。核膜厚度 8～20nm，上有小孔，孔的数目随菌龄而增加。如老龄酵母细胞中，核仁上的小孔可多达 200 个。

（4）线粒体

线粒体是细胞质内含有的细胞器之一，是酶的载体，是细胞呼吸产生能量的场所，能为细胞运动、物质代谢、活性转运提供足够的能量。所以，线粒体被称为细胞的"动力房"。线粒体具有双层膜，内膜较厚，常向内延伸成不同数目和形状的嵴。嵴的外形是板片状还是管状与真菌的种类有关。线粒体是含有 DNA 的细胞器。真菌线粒体的 DNA 是闭环的，周长为 19～26μm，小于植物线粒体，而大于动物线粒体。

（5）核糖体

真菌细胞中有两种核糖体，即细胞质核糖体和线粒体核糖体，是细胞和线粒体中的微小颗粒，是蛋白质合成的场所。这种颗粒包括 RNA 和蛋白质，直径为 20～25nm。细胞质核糖体呈游离状态，有的和内质网及核膜结合。线粒体核糖体存在于内膜的嵴间。

（6）内质网

真菌的内质网具有两层膜，有管状、片状、袋状和泡状等。多与核膜相连，而很少与原生质膜相连。幼龄细胞里的内质网比老龄细胞中明显。内质网是细胞中各种物质运转的一种循环系统。同时，还供给细胞质中所有细胞器的膜。

（7）边体

边体是某些真菌菌丝细胞中的一种特殊细胞结构，真菌的孢子中尚未发现。当原生质与细胞壁分开时，原生质膜有时形成折叠旋回的小袋，袋内贮藏有颗粒状或泡沫状物质，这种小袋称为边体。

（8）液泡

大多数真菌的液泡都有明显的结构，一般有两层膜。液泡常靠近细胞壁。多为球形或近球形，少数为星形或不规则形。

除上述这些细胞器以外，真菌细胞中还有许多其他内含物：类脂质、淀粉粒、异染颗粒和肝糖粒等。

3.3.2 菌丝体的形态及其功能

(1) 菌丝体

菌丝通常分为有隔膜或无隔膜两种类型。多数真菌的菌丝具隔膜,叫有隔菌丝;少数真菌的菌丝无隔膜,叫无隔菌丝(图3-10)。一般菌丝的直径增长是有限的,而长度的伸长在条件适宜的情况下是无限的。菌丝的直径,最小的不到 $0.5\mu m$,最大的可超过 $100\mu m$,一般 $5\sim 6\mu m$。

真菌菌体除鞭毛菌中某些种为原生质团和酵母菌中为单细胞或假菌丝外,其他种类菌体的基本构造都是分枝和不分枝的菌丝。因而菌丝的结构和构成,是真菌形态的一个重要特征。但是,仅依菌丝的差别,不足以辨认。真菌菌丝管道无横隔,因此这种菌丝含有许多细胞核,而被称为管状多核体。只有在产生生殖器官或受到机械损伤时,才在下面生出横隔。当然也有例外,某些种类的老菌丝上,有时候也能够形成隔膜,在一些比较高等的鞭毛菌和接合菌中,则往往在早期就形成隔膜,当菌丝与空气接触

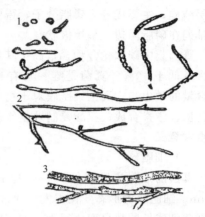

图3-10 真菌孢子萌发和菌丝体的示意图
1—真菌孢子萌发;2—菌丝体;
3—无隔菌丝和有隔菌丝

时,常见到原生质在定向地流动。在菌丝的尖端,即在菌丝生长点,其流动更加明显。细胞壁的硬化、液泡的形成与扩大,是推动原生质向菌丝尖端流动的主要动力。子囊菌(除酵母外)、担子菌和绝大多数半知菌的菌丝都具有隔膜。通过隔膜将菌丝分隔成多细胞,每个细胞中有1个、2个或多个细胞核。在这类真菌中,原生质在细胞内的流动是通过隔膜中央小孔,细胞质和营养物质相互沟通,细胞核也可以通过。因此,有孔的隔膜,并不比管状多核体的原生质流动得差。

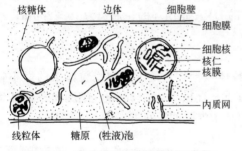

图3-11 真菌菌丝细胞的结构示意图

(2) 菌丝细胞结构

在显微镜下观察到的真菌菌丝一般均呈管状。有隔膜的菌丝分隔为结状菌丝,每两节中间的一段菌丝叫做菌丝细胞。它的结构一般包括细胞壁、原生质膜、边体、细胞核、线粒体、内质网、高尔基体和液泡等(图3-11)。

(3) 菌丝的变态和组织体

① 菌丝的变态。真菌的营养菌丝演化出许多变态结构(如吸器、菌环和菌网等),以更有效地吸取养料来满足生长和繁殖的需要。这些均是长期自然选择的结果。

a. 吸器(吸胞)。寄生真菌的菌丝可生长在寄主的体表,在寄主体内可寄生在细胞间,也可寄生在细胞内,在菌丝某处生出特殊形态的菌丝或菌丝变态物,伸入寄主体内吸取养料。尤其是许多专性寄生真菌,它们可以形成多种形态的菌丝变态物,伸入寄主细胞间或细胞内吸取养料。这些菌丝的变态物叫吸器(图3-12)。例如,禾柄锈菌(*Pucciniaa graminis*)引起小麦秆锈菌病,侵入小麦组织内细胞间的双核菌丝顶端,生出横隔膜而形成吸器细胞。在侵染寄主早期的吸器无细胞壁,它的细胞膜与寄主细胞的原生质直接接触。这种无细胞壁的现象,可能是由于吸器细胞分泌某种化合物或某种酶,将吸器本身的壁和寄主细胞壁溶解。吸器内的细胞与胞间菌丝相同。

b. 菌环和菌网。某些捕食性真菌菌丝还会形成环状或网状等变态物结构,前者称做菌环(菌套),后者称做菌网(图3-13)。其功能都是套捕其他小生物,如线虫、轮虫、草履虫和其他

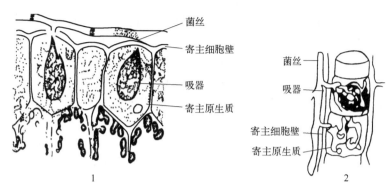

图 3-12 真菌吸器的类型
1—球状；2—根状

单细胞原生动物等。捕食性真菌的菌丝，不管是何种结构，其表面均有一层黏性物质。如少孢节丛孢（*Arthrobotrys oligospora*）的菌网表面富有黏性物质，线虫一旦与菌网接触，立即被黏住，由菌网处生出穿透枝，穿过线虫的角质，深入其体内，然后从穿透枝上生出侵染球，再从侵染球上长出营养菌丝充满虫体腔，吸取线虫体内的营养物质。这种捕食方式称做黏捕法。有时捕食性真菌菌丝形成菌环，由三个细胞组成，每个细胞都呈弧形，当线虫头部进入菌环，三个细胞可能由于渗透压的作用，便急速地向内膨大，把线虫套住，越套越紧，而后菌环上长出菌丝穿入线虫的体腔，从中吸取营养。这种捕食方式称做套捕法（图 3-13）。此外，还有些真菌形成匍匐丝和假根；有的真菌菌丝的顶端常膨大，有的甚至产生分枝，称为附着枝，借助其附着在寄主或其他目的物上。这些都是菌丝的适应性变态物。

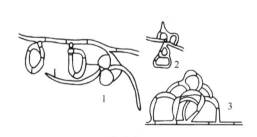

图 3-13 真菌的菌环与菌网
1—菌环（套捕线虫）；2—简单菌网；3—菌网

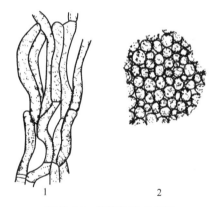

图 3-14 真菌的密丝组织
1—疏丝组织；2—拟薄壁组织

② 菌丝的组织体。随着外界条件的不断变化和自身变异而适应的结果，很多真菌在生活史的某个阶段，有些分散的菌丝体可以交织起来形成菌丝组织，这种组织统称为密丝组织（plectenchyma）。密丝组织中有一种是比较疏松的组织，菌丝体相互排列在一起，多少能看到典型菌丝体的长形细胞，这种组织称为疏丝组织（prosenchyma）；另一种形成较紧密的组织，组织中的细胞非长形，由薄壁细胞组成，排列紧密，细胞一般不易分离，很像高等植物的薄壁组织，故称为拟薄壁组织（pseudoparenchyma）（图 3-14）。疏丝组织和拟薄壁组织在很多真菌中形成不同的营养结构和繁殖结构。真菌的常见组织体有菌核、子座和菌索等。

a. **菌核**（sclerotium）。真菌生长一定阶段，菌丝体不断分化，相互纠结形成一个颜色较深而坚硬的菌丝体组织颗粒，称为菌核。包括寄主组织在内的叫做假菌核（pseudoselerotium）。它的结构特征是外层菌丝纠结比较紧密，细胞颜色较深，细胞壁比较厚（拟薄壁组织），里面的菌丝组织比较疏松（疏丝组织），颜色较淡，菌丝中贮藏的养分较多。它一般是真菌的一种休眠体，休眠时期较长，以抵抗不良环境。当条件适宜时，经休眠后的菌核可再萌发产生子实体。不同真菌产生菌核的形状、大小各不相同。如某些黄曲霉菌株产生的菌核直径仅 400~700μm，离心丝核菌（*Rhizoctonia centrifuga*，引起水稻纹枯病）的菌核小如油菜籽；大的菌核如茯苓，重达 60kg。猪苓、雷丸和麦角都是真菌的菌核。

b. 子座（stroma）。真菌的子座也是由菌丝分化形成的垫状结构，或是由菌丝与部分寄主组织或基物结合而构成。子座的形状不规则，最简单的仅为一层相互交织在一起的菌丝。但有的子座与菌核很相似，常在子座中或子座上产生各种子实体。子座是一般不经休眠萌发的休眠体，因此，既可度过不良环境，也可作为繁殖体的一部分。

c. 菌索（rhizomorph）和菌丝束（coremium）。菌索多生于树皮下或地下，形似根状结构。多种伞菌，如假蜜环菌（*Armillariella mellea*）具有根状菌索。它具有抵抗不良环境和帮助输送营养物和侵染寄主的功能。当环境适宜时，可从生长点恢复生长，在不良环境条件下呈休眠状态。

从根状菌索的横切面可以见到坚固的皮层，是由数层小型厚壁暗色细胞组成的密丝组织；中央菌髓，是由薄壁细胞组成的。在菌索的纵切面中，皮层细胞和菌髓细胞都是长形的。

菌丝束是由菌丝平行排列而成的绳状结构，多种木材腐朽菌具有菌丝束。

3.3.3 丝状真菌的繁殖方式

真菌的生活史是指真菌从孢子萌发开始，经过一定的生长发育阶段，最后又产生同一种孢子为止，其中所经历的过程，就是它的生活史。在真菌的生活中，许多真菌是以无性繁殖方式为主的。即在适宜条件下，孢子萌发后形成菌丝体，并产生大量的无性孢子，进行传播和繁殖。当菌体衰老，或营养物质大量消耗，或代谢产物积累时，才进行有性繁殖，产生有性孢子，度过不良环境后，再萌发产生新个体。有的真菌在生活史中，只产生无性孢子，例如，半知菌亚门中的某些青霉、链格孢霉等。也有些真菌只产生有性孢子，例如担子菌亚门的蘑菇、木耳等高等真菌。所以真菌的生活史比较复杂，而且多种多样。匍匐曲霉的生活史见图3-15。

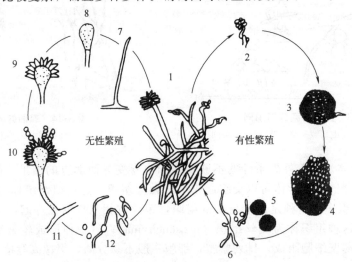

图 3-15　匍匐曲霉的生活史

1—菌丝体；2—雄器与产囊器；3—闭囊壳；4—闭囊壳破裂；5—子囊及子囊孢子；6—子囊孢子萌发；
7~9—分生孢子梗、顶囊、小梗的形成；10—分生孢子头；11—足细胞；12—分生孢子萌发

真菌经过一段营养生长期后，便开始进行繁殖。真菌的繁殖能力很强，而且方式也多样化。主要以产生各种各样的孢子作为繁殖单位。由于不同种的真菌形成孢子的方式和形成孢子的形态不同，所以真菌孢子的形态和产孢器官的特征是分类的主要依据。

真菌的繁殖方式按其生物学性质，可分为无性繁殖和有性繁殖。无性繁殖是指不经过两性细胞结合而直接由菌丝分化形成孢子的过程，所产生的孢子叫无性孢子。有性繁殖则是经过不同性别细胞的结合，经质配、核配和减数分裂形成孢子的过程，所产生的孢子叫有性孢子。

（1）无性繁殖

真菌的无性繁殖是指不经过两性细胞的配合便能产生新的个体。大多数真菌繁殖是通过无性孢子来实现的。如节孢子、芽孢子、厚垣孢子、分生孢子、孢囊孢子等，这些孢子萌发后形成新个体。

① 节孢子。节孢子是由菌丝细胞断裂而形成的。最典型的例子如白地霉（*Geotrichum candidum*）。此菌在幼龄时或培养初期菌体为完整的多细胞丝状，老后从菌丝内横隔处断裂，形成短柱状或筒状或两端稍呈钝圆形的细胞，称为节孢子。此种孢子在新鲜培养基上或遇到新的养料又可萌发生成新的菌丝（图3-16）。

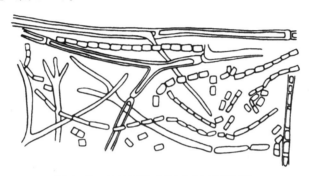

图3-16　白地霉的节孢子（细胞断裂）

② 芽孢子（芽生孢子）。它是从一个细胞生芽而形成的。当芽长到正常大小时，或脱离母细胞，或与母细胞相连接，而且继续再发生芽体，如此反复进行，最后成为具有发达或不发达分枝的假菌丝。所谓假菌丝，就是芽殖后的子细胞与母细胞仅以极狭窄面积相连，即两细胞间有一细腰，而不像真正菌丝横隔处两细胞宽度一致。如此多次出芽生殖后，细胞与细胞连成丝状的样子，称为假菌丝。有些种类的假菌丝，在两个细胞相连处的其他侧面（或四周），又生出芽，也称芽孢子（图3-17）。真菌中的假丝酵母（*Candida*）、球拟酵母（*Torulopsis*）、圆酵母（*Torula*）、红酵母（*Rhodotorula*）、玉蜀黍黑粉菌（*Ustilago maydis*）等皆产生芽孢子。某些毛霉或根霉在液体培养基中形成的被称为酵母型细胞，也属芽孢子。

③ 厚垣孢子（厚膜孢子）。厚垣孢子是真菌的一种休眠（或静止）细胞。它是菌丝中细胞质密集在一处，特别是类脂质物质的密集，然后在其四周生出厚壁，或原细胞壁加厚而成。有些种类厚垣孢子生在菌丝或分枝的顶端，如白假丝酵母菌（*Candida albicans*）。如果厚垣孢子产生在菌丝的中间，其两侧的细胞往往是空虚的，这种现象可能是细胞质密缩到厚垣孢子内造成的。毛霉中有些种，特别是总状毛霉（*Mucor racemosus*），往往在菌丝中间形成许多这样的厚垣孢子。厚垣孢子为圆形或长方形，有的表面有刺或疣状突起，总之形状不一。

④ 分生孢子。分生孢子是真菌中最常见的一类无性孢子。其形状、大小、结构以及着生的情况多种多样，因此丰富了真菌的形态学。半知菌的分类，大都是以分生孢子特征作为依据而进行的。它们或为单细胞或为有规律的多细胞，就其产生的方式大致归结为以下几种类型。

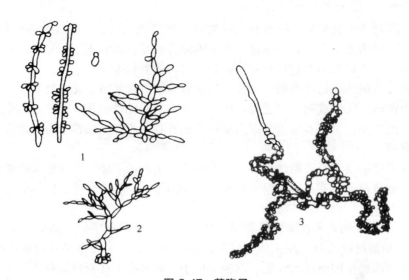

图 3-17 芽孢子

1—假丝酵母的假菌丝和芽孢子；2—玉米黑粉菌冬孢子萌发后原菌丝形成的芽孢子；
3—总状毛霉在液体培养基内形成的酵母型细胞

a. 明显分化的分生孢子梗。分生孢子着生在菌丝或其分枝的顶端，单生、成链或成簇，而且产生孢子的菌丝与一般菌丝无显著区别。例如红曲霉（*Monascus*）、交链孢霉（*Alternaria*）等（图 3-18）。

b. 具有分化的分生孢子梗。分生孢子着生在已分化的（例如细胞壁加厚或菌丝直径增宽等）分生孢子梗的顶端或侧面。这种菌丝与一般菌丝有明显的差别，它们或直立，或朝一定方向生长。例如粉红单端孢霉（*Trichothecium roseum*）、新月弯孢霉（*Curvularia lunata*）等。

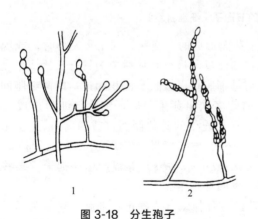

图 3-18 分生孢子

1—红曲霉的分生孢子；2—交链孢霉的分生孢子

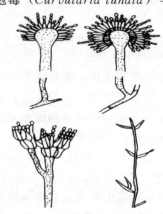

图 3-19 曲霉各部分示意图

c. 具有一定形状的小梗。在已分化的分生孢子梗上，产生一定形状、大小的小梗（常呈瓶形，有人称之为瓶形小梗）。分生孢子则着生在小梗的顶端，成串（链）或成团。小梗在分生孢子梗上着生的部位因种而异。宛氏拟青霉（*Paecilomyces varioti*）的小梗有时散生在菌丝索的四周。青霉小梗则簇生在分生孢子梗呈藻状分枝的顶端。曲霉的分生孢子梗顶端膨大成囊状，叫做顶囊，小梗或着生于顶囊的四周，或着生于顶囊的上半部（图 3-19）。

d. 分生孢子器。它是一种球形或瓶形的结构，在器内壁的四周表面或底部有极短的分生孢子梗，由此梗产生分生孢子，成熟后内部充满分生孢子。

e. 分生孢子座。很多种真菌，其分生孢子梗紧密聚集成簇，形似垫状，分生孢子着生于每个梗的顶端，这种现象称为分生孢子座。

⑤ 孢囊孢子。藻状菌纲无性繁殖产生的孢子着生在孢子囊内，所以称孢囊孢子。孢子囊一般生在营养菌丝的顶端，或生在孢囊梗的顶端。许多真菌的孢囊梗具有分枝，而分枝的顶端也产生孢子囊。在形成孢子前，首先有多核的原生质密集于此处，使其膨大，并在下方生出横隔，然后其原生质体割裂成许多小块，每块发育成一个孢囊孢子，因而其数目一般都相当多。

孢子囊的形状不一，因种而异，或为长筒形，或为圆球形，或为梨形。藻状菌中许多种的孢子囊和孢囊梗之间的横隔是凸起的。此凸起多膨大为球形、半球形或锥形，这种突起称为囊轴（图3-20）。毛霉、根霉、犁头霉等，其孢子囊中都有囊轴。某些种类孢子囊中无囊轴，仅含有少数孢囊孢子，这种无囊轴的孢子囊称为小型孢子囊（图3-21）。

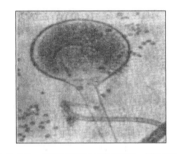 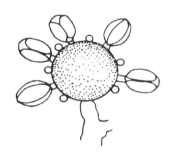

图 3-20 匍枝根霉的孢囊梗、孢子囊、囊轴、囊托和孢囊孢子　　图 3-21 三孢拉布氏霉的小型孢子囊（无囊轴）和泡囊

（2）有性繁殖

真菌的有性繁殖是经过不同性别的细胞配合（质配和核配）后，产生一定形态的孢子来实现的。真菌有性繁殖所产生的孢子，大致归纳为卵孢子、接合孢子、子囊孢子和担孢子等4种类型。前两类孢子产生于藻状菌中，后两种类型分别为子囊菌和担子菌的有性孢子。

① 卵孢子。卵孢子是由两个大小不同的配子囊接合发育而成的。其小型配子囊称雄器，大型的称藏卵器。藏卵器中的原生质在与雄器配合以前，往往又收缩成一或数个原生质团，名叫卵球。有的藏卵器原生质分化为两层，中间的部分原生质浓密称卵质，其外层称周质。卵质所成的团就是卵球，相当于高等生物的卵。当雄器与藏卵器配合时，雄器中的内容物——细胞质和细胞核，通过授精管进入藏卵器与卵球配合，此后卵球生出外壁即成为卵孢子。

② 接合孢子。接合孢子是由菌丝生出形态相同或略有不同的配子囊接合而成（图3-22）。两个邻近的菌丝相遇，各自向对方生出极短的侧枝，称为原配子囊。原配子囊接触后，顶端各自膨大并形成隔，隔成一细胞，此细胞即配子囊。配子囊下面的部分称为配子囊柄。相接触的两配子囊之间的隔消失，其细胞质与细胞核相配合，同时外部形成厚壁，即接合孢子。在毛霉目中存在两种接合现象：一是单一的孢囊孢子萌发后形成菌丝体，当两根菌丝靠近时，便生出配子囊，经接触后产生接合孢子，甚至在同一菌丝的分枝上，也会接触形成接合孢子，这种情况称为同宗配合。有性根霉（*Rhizopus sexualis*）、接霉（*Zygorhynchus*）即属此例。二是接合孢子的产生需要两种不同质菌系相遇后才能形成，而这两种有亲和力

匍枝根霉形成接合孢子示意图　异配囊接霉形成接合孢子示意图

图 3-22 接合孢子的形成

的菌系在形态上并无区别，所以通常用"+""-"符号来代表。以这种方式所产生的接合孢子，称为异宗配合。毛霉目中大多数的种都属于异宗配合。

③ 子囊孢子。子囊孢子是子囊菌的主要特征。它是有性生殖的产物。它发生在子囊中。子囊是一种囊状结构，球形、棒形或圆筒形，因种而异。子囊中孢子数目通常 $1\sim 8$ 个，或为 $2n$，典型的子囊中有 8 个孢子。子囊菌这个名称就是根据它们能产生子囊，故称为子囊菌。子囊菌形成子囊的方式不一。最简单的是由两个营养细胞接合后直接形成子囊。例如啤酒酵母（*Saccharomyces cerevisiae*）。

高等子囊菌形成子囊的两性细胞，多半已有分化，因而形态上也有区别。雌性者称产囊器，多呈圆柱形或圆形，而且较大，由一个或一个以上的细胞构成，其顶端有受精丝，受精丝或为长形细胞或为丝状。雄性者称雄器，一般都较雌性者小，或为圆柱形或为棒状。产囊器中含有单核或多核，两性器官接触后，雄器中的细胞质和核通过受精丝进入产囊器。但是两个性别的核在产囊器中并不融合，只是双双成对地靠近，此时只进行质配。质配后产囊器生出许多短菌丝，称为产囊丝，成对的核进入产囊丝，经过几次同时分裂形成多核。此后，产囊丝中生出横隔，隔成多细胞，每个多细胞含一核或二核，但是顶端的细胞皆为双核。双核中之一为雌核的子核，另一为雄核的子核。核配就在此顶细胞内进行。许多子囊菌，如火丝菌（*Pyronema confluens*）产囊丝的顶细胞形成钩状，称为钩状体。双核在钩状体内并裂，产生四个子核。然后钩状体中生出横隔形成三个细胞，四核之一在钩状体尖端细胞内，两核在弯曲的细胞内，另一核在基部细胞中。弯曲细胞内的两核，一为雄核，另一为雌核，核配发生在此细胞内。核配后的细胞即为子囊母细胞。子囊母细胞中的二倍体核，经三次分裂，其中一次为减数分裂，形成 8 个子核。每一子核又变成单倍体，并与周围原生质形成孢子。子囊母细胞则成为子囊。在子囊和子囊孢子发育过程中，原来的雌器与雄器下面的细胞生出许多菌丝，它们有规律地将产囊丝包围，于是就形成了子囊果。

子囊孢子的形态有很多类型。其形态、大小、颜色、纹饰等差别很大，所以子囊孢子的特征多用来作为子囊菌的分类依据。

  a. 球形。如啤酒酵母菌、八孢裂殖酵母（*Schizosaccharomyces octosporus*）。
  b. 卵形或椭圆形。如红曲霉、粪壳菌的子囊孢子，而且后者呈褐色。
  c. 礼帽形。如异常汉逊氏酵母（*Hansenula anomala*）。
  d. 土星形。如土星汉逊氏酵母（*Hansenula saturnus*）。
  e. 肾形。如脆壁酵母（*Saccharomyce fragilis*）、膜醭毕赤氏酵母（*Pichia membranaefaciens*）等。
  f. 线形或针形。如麦角菌（*Claviceps purpurea*）、多囊霉（*Crebrothecium*）。
  g. 道冠形。如薛氏曲霉（*Aspergillus chaevalieri*）。
  h. 其他。如德巴利酵母（*Debaryomyces*），孢子为球形，但是表面有痣点；脉孢霉的子囊孢子有的带有环纹；小麦赤霉菌即禾谷镰刀菌（*Gibberalla saubinetti*）的子囊孢子由 4 个细胞组成；稻恶苗病赤霉菌（*Gibberella fujikuroi*）的孢子则由 2 个细胞组成。

④ 担孢子。担孢子是担子菌独有的特征。它是一种外生孢子，经过两性细胞核配后产生的。因为它们着生在担子上，所以称为担孢子。前面介绍锁状联合时，曾提到担子菌有双核菌丝，担子就起源于双核菌丝的顶细胞。在顶细胞内，两核配合后，形成一个二倍体的子核，此核经过二次分裂，其中一次为减数分裂，于是产生四个单倍体的子核，这时顶细胞膨大变成担子。然后担子产生四个小梗，小梗顶端稍微膨大，四个小核分别进入四个小梗内，此后每核各发育成一个孢子，即担孢子。典型的担子菌的担子上都有四个担孢子。

担子的形状多半为棍棒状，但是构造也不一致。如银耳（*Tremella*）的担子具有纵分隔，分成四个细胞；木耳（*Auricularia*）的担子为横分隔，也分成四个细胞。其他高等担子菌，如蘑菇、猴头、马勃等其担子都是棒状的单细胞。所以担子菌根据所产生的担子有无分隔而分成两个亚纲。担孢子的形态比子囊孢子花样少，大都是圆形、椭圆形、肾形或腊肠形，五色或浅粉红色乃至淡棕色。担孢子都是单细胞、单核，而且是单倍体。

(3) 准性生殖

准性生殖是在构巢曲霉（*Aspergillus nidulans*）中首先发现的。后来陆续在半知菌、担子菌和子囊菌中得到证明。半知菌是未发现或不形成有性生殖的真菌，但在许多半知真菌中已发现有性生殖现象，它是真菌在无性繁殖中的一种遗传性状重新组合，这种重组与有性生殖是殊途同归的，所以称它为"准性生殖"。它们的主要差别是：

准性生殖的过程：质配-核配-单倍体化。

有性生殖的过程：质配-核配-减数分裂。

已经报道发生准性生殖的真菌有构巢曲霉（*Aspergillus nidulans*）、粗糙脉孢菌（*Neurospora crassa*）、烟曲霉（*A. fumigatus*）、酱油曲霉（*A. sojae*）、产黄青霉（*Penicillium chrysogenum*）、白边青霉（*P. italicum*）、黑曲霉（*A. niger*）。

3.3.4 丝状真菌的培养特征

真菌的菌落是指在一定的固体基质上，接种某一种真菌的孢子或菌丝，经过培养后向四周蔓延生长出菌丝状的群体，这种群体在微生物学中称之为菌落。同一种真菌，在不同成分的培养基上和不同条件下培养生长所形成的菌落也有差别。因此，菌落的形态一般指在固定的条件下（如培养基成分、培养时间和温度等）所呈现的形状、大小、色泽和结构等。这些特征，对不同的真菌来说，往往差别显著，因而给分类鉴定工作提供了重要的依据。

真菌中除多数为单细胞的酵母菌的菌落形态比较简单之外（基本上与细菌近似），其他丝状真菌菌落形态多种多样，丰富多彩。例如，常见的青霉属、曲霉属的菌落更为突出，仅就菌落色泽来说，颜色之多样，人们很难用常见的色调来描述它们。因此，往往借助于色谱来加以鉴别。许多真菌能产生多种颜色的色素，使菌落的背面也染有颜色，有的甚至分泌可溶性色素扩散到基质中。

综上所述，真菌的菌落，除色泽外，其外观结构可归纳为在菌落的表面呈平滑或具有皱纹、致密或疏松、同心环或辐射状沟纹等；菌落的质地（指菌落外观）似绒毛状、毡状、棉絮状、羊毛状、束状、绳索状、粉粒状、明胶状或皮革状等类型；菌落边缘可呈全缘、锯齿状、树枝状或纤毛状等；菌落的高度可呈扁平、丘状隆起、陷没或中心部分呈凸起或凹陷。

3.3.5 食品中常见的丝状真菌

(1) 黄曲霉

黄曲霉是一种常见的腐生真菌，常生长于透气的食物表面。菌落生长较快，结构疏松，表面黄绿色，背面无色或略呈褐色。黄曲霉菌主要感染花生、玉米等含油量高的农作物和粮食制品，是仅次于烟曲霉的第二大可以感染人的曲霉菌，感染人的肺和大脑后可导致梗死，也能使角膜、耳朵和鼻眶感染疾病。黄曲霉的大部分菌株可以产生具有强毒性和致癌性的黄曲霉毒素。

(2) 黑曲霉

黑曲霉是常见的曲霉属，广泛分布于世界各地的粮食、植物性产品和土壤中。黑曲霉菌落初期呈白色，成熟之后逐渐变成棕色，孢子区域呈黑色，菌落绒毛状，边缘不规则。菌丝有隔膜和分枝，为多细胞菌丝体，有足细胞，顶囊生成一层或两层小梗，小梗的顶端生有一串串的分生孢子。黑曲霉一般进行无性繁殖，最适生长温度为33～37℃，最适生长 pH 为 3～7。黑曲霉是淀粉酶及柠檬酸发酵的重要微生物资源。

（3）米曲霉

米曲霉也是常见的曲霉，其菌落生长快，质地疏松，初为白色或黄色，后转变为褐色至淡绿褐色，背面无色。米曲霉多为无性繁殖，产生分生孢子。米曲霉分布非常广泛，主要存在于粮食、发酵食品、腐败有机物和土壤中。米曲霉可产生多种酶，除蛋白酶以外，还可产生淀粉酶、糖化酶、纤维素酶和植酸酶等。米曲霉广泛应用于食品、医药及饲料等工业中，是我国传统酿造食品酱和酱油的生产菌种。

（4）毛霉属

毛霉属（*Mucor*）又称为黑霉、长毛霉，是毛霉门、毛霉纲、毛霉目、毛霉科真菌中的一个大属。毛霉种类较多，在自然界中分布广泛，在土壤、空气中都有很多毛霉孢子。毛霉在生物工业中的主要用途是用来生产酸性蛋白酶。酸性蛋白酶与动物蛋白酶如胃蛋白酶及凝乳酶性质相近，因此常取代动物蛋白酶用于干酪和酱油的生产中。嗜热的毛霉菌株微小毛霉（*Mucor pusillus*）及米黑毛霉（*Mucor miehei*）是目前用于干酪生产蛋白酶的主要来源。在我国，毛霉长期应用于腐乳的制备中。

（5）根霉属（*Rhizopus*）

分类上属于毛霉门（Mucoromycota）、毛霉纲（Mucoromycetes）、毛霉目（Mucorales）、根霉科（Rhizopodaceae）。根霉广泛分布于酒曲、植物残体、腐败有机物和土壤中，能产生淀粉酶、糖化酶、脂肪酶、延胡索酸和乳酸等酶和有机酸，是工业上常用的生产菌种。常见的根霉菌种有黑根霉、华根霉、少根根霉和米根霉。米根霉和华根霉用于制曲和酿酒，它们所产的淀粉酶活力很强，是酿造工业中常用的糖化菌，同时又能合成众多芳香性酯类物质，能增加酿造产品的风味；黑根霉常用于生产果胶酶和木聚糖酶；少根根霉则广泛应用于生产 L-乳酸等物质。

3.4 蕈菌

蕈菌指真菌的大型子实体或具有菌核类组织的种类。中国古代就把生长在木上的蘑菇称作"蕈"，而把土中生长的称作"菌"。"蕈"在汉语里指凡能产生子实体的大型真菌，故现在也常常将蘑菇称为"蕈菌"。蕈菌包括食用蕈菌、药用蕈菌、观赏类蕈菌和有毒蕈菌，通常形体较大，多为肉质、胶质和膜质，是肉眼可以看到的真菌，也被人们称为"菇""菌""蕈""蘑""耳"。

人类对蕈菌的利用，经历了野外采集和人工栽培两个发展阶段。蕈菌人工栽培的诞生和栽培技术的进步，是人类文明进步的产物，充实了人类的物质生活，也发展了人类文明。早在5000～7000年前的仰韶文化时期，人类就开始采食蕈菌。蕈菌栽培的主要目的在于获得子实体，可以采用固体发酵或液体制菌发酵的方法，其中固体发酵以其生产成本低、操作简单而受到青睐。栽培蕈菌，原料来源广泛，技术简单易行，且投资少、见效快，既可变废为宝，又可综合开发利用，具有十分显著的经济效益、社会效益和生态效益。

3.4.1 蕈菌的形态结构

蕈菌是能形成显著子实体或菌核组织（如茯苓），并能为人们食用、药用或作其他用途的一类大型高等真菌。所谓大型，是指其子实体肉眼可见，双手可摘者，其子实体大小一般为（3～18）cm×（4～20）cm，而且子实体的形状、大小各异；子实体是蕈菌的繁殖器官，也是人们主要食用的部分。蕈菌的子实体一般都生长在基质表面，如土表、腐殖质、朽木或活立木的表面，只有极少数的蕈菌（地下真菌）子实体生于地下土壤中，如子囊菌中的块菌以及担子菌中的黑腹菌、层腹菌、高腹菌、须腹菌等。子囊菌的子实体能产生子囊及子囊孢子，是子囊菌的果实，故又称为子囊果。担子菌的子实体能产生担子及担孢子,故又称为担子果。蕈菌子实体的形状多种多样,有伞状、喇叭状、棒状、珊瑚状、球状、块状、耳状、片状等,以伞状(即伞菌)为最多,可商品化栽培的蕈菌大多为伞菌。伞菌子实体由菌柄和菌盖两大部分组成(图3-23)。蕈菌最明显的部分,由表皮、菌肉及菌褶或菌管三部分组成。菌柄(stipe)生长在菌盖下面,是子实体的支持部分,连接和支撑着菌盖,也是输送营养和水分的组织。有些种类的菌柄上部还有菌环,菌柄基部有菌托。蕈菌的这些特征对于分类鉴定具有一定的意义。

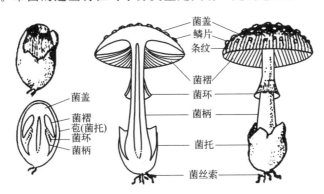

图 3-23 伞菌的形态结构示意图

3.4.2 蕈菌的分类

蕈菌广泛分布于地球各处,在森林落叶地带更为丰富。它们与人类的关系密切,全球可供食用的种类就有 2000 多种(我国有 1500 余种),目前已鉴定的食用菌(edible mushroom)已有 981 种,其中 92 种已驯化,62 种已能进行人工栽培(2006 年),如常见的双孢蘑菇、木耳、银耳、香菇、平菇、草菇、金针菇和竹荪等;新品种有杏鲍菇、珍香红菇、柳松菇、茶树菇、阿魏菇、榆黄蘑和真姬菇等;还有许多种可供药用,例如灵芝、云芝、马勃、茯苓和猴头等;少数有毒或引起木材朽烂的种类则对人类有害,如有"四大剧毒蘑菇"之称的致命白毒伞、灰花纹鹅膏、黄盖鹅膏(百色变种)和毒鹅膏,以及红网牛肝、凤梨小牛肝、柠檬黄伞、黄褐丝盖伞、死帽菇和毒蝇蕈等。我国的真菌资源虽很丰富,但若不严加保护,滥伐(森林)、滥采,将使某些种类濒临绝迹的危险,如冬虫夏草、蒙古口蘑和松茸等。

3.4.3 蕈菌的繁育与栽培

蕈菌的生长分化离不开水、肥、气、热、光、酸碱度等非生物条件,同样也与植物、动物及其他微生物等有着密切联系,蕈菌与环境是对立统一的有机整体,共同形成存在于对立统一的生态系统中。

蕈菌的繁殖是靠有性孢子和无性孢子及其菌丝体,并借助于气流、水流、土壤、动物、植物等因素传播到其他地方。

菌丝体(mycelium)是菌丝的集合体,纵横交错,形态各异,具有多样性。菌丝细胞的分裂多在每条菌丝的顶端进行,前端分枝。菌丝在基质中或培养基上蔓延伸展,反复分枝,网状成菌丝群,通称菌丝体。其功能至少有吸收营养、代谢物质的运输、代谢产物的储藏及繁殖 4 种。在蕈菌的发育过程中,其菌丝的分化明显地分成 5 个阶段。①形成初生菌丝。担孢子(basidiospore)萌发,形成由许多单核细胞构成的菌丝,称一级菌丝。②形成次生菌丝:不同性别的一级菌丝发生接合后,通过质配形成由双核细胞构成的二级菌丝,它通过独特的"锁状联合"(clamp connection,图 3-24),即形成喙状突起而联合两个细胞的方式不断使双核细胞分裂,从而使菌丝尖端不断向前延伸。③形成三级菌丝:到条件合适时,大量的二级菌丝分化为多种菌丝

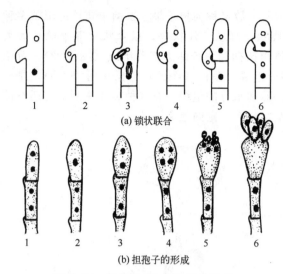

图 3-24 锁状联合和担孢子的形成

束,即为三级菌丝。④形成子实体:菌丝束在适宜条件下形成菌蕾,然后再分化、膨大成大型子实体。⑤产生担孢子:子实体成熟后,双核菌丝的顶端膨大,其中的两个核融合成一个新核,此过程称核配,新核经两次分裂(其中有一次为减数分裂),产生 4 个单倍体子核,最后在担子细胞的顶端形成 4 个独特的有性孢子,即担孢子。

锁状联合过程见图 3-24(a):①双核菌丝的顶端细胞开始分裂时,在其两个细胞核间的菌丝壁向外侧生一喙状突起,并逐步伸长和向下弯曲;②两核之一进入突起中;③两核同时进行一次有丝分裂,结果产生 4 个子核;④在 4 个子核中,来自突起中的两核,其一仍留在突起中,另一则进入菌丝尖端;⑤在喙状突起的后部与菌丝细胞交界处形成一个横隔,在第二、三核间也形成一横隔,于是形成了 3 个细胞(一个位于菌丝顶端的双核细胞、接着双核细胞的另一个单核细胞、由喙状突起形成的另一个单核细胞);⑥喙状突起细胞的前端与另一单核细胞接触,进而发生融合,接着喙状突起细胞内的一个单核顺道进入,最终在菌丝上就增加了一个双核细胞。

蕈菌一直被认为是"化腐朽为神奇"的生物,食用菌产业已被证明是"五不争"的产业(不与人争粮,不与粮争地,不与地争肥,不与农争时,不与其他行业争资源),从而使食用菌成了我国的第六大农产品,并使我国一跃成为全球第一食用菌生产和出口大国。这对缓解食物危机、践行大食物观、开发新型食物资源具有重大意义。

根据不同蕈菌的生理生态特点,人工栽培蕈菌可根据栽培种类的不同分为以下五种方法。①发酵料栽培方法:将原料搅拌均匀后,堆积起来,进行发酵处理,等到发酵结束后再进行栽培播种,适用于双孢蘑菇、鸡腿菇、姬松茸等草腐菌。②熟料栽培方法:将原料搅拌均匀后,装在袋子里或者其他容器里,经过 121℃ 2.5h 的高压灭菌或者 100℃ 6~8h 的常压灭菌后,再进行无菌操作接种栽培,适用于金针菇、黑木耳、茶树菇等大部分木腐菌。③半熟料栽培方法:将原料搅拌均匀后,用巴斯德灭菌法处理后接入纯菌种培养(培养料接种之前,用巴斯德灭菌法消毒,即将培养料浸湿堆积 1d 之后放在密闭的室内,然后向室内输入蒸汽使料温达 55~65℃,保持 3d,待培养料冷却后接种培养),或是常压 100℃ 保持 2 h 左右的消毒灭菌,冷却后开放式接菌。如滑子蘑方便袋压块式栽培和阳畦地栽香菇。④生料栽培方法:将防污药剂和原料搅拌均匀后,直接栽培播种,适用于对防污药剂不敏感的平菇、姬菇等蕈菌的栽培。⑤半人工仿野生方法:模仿野生的环境,尽量满足原生态,是人工培植利用合成的培养料模仿野生生态环境的栽培方法,或把纯菌种培养好后播种到适宜蕈菌生长的野外林地中,适合培育竹荪。

视频——竹荪

拓展阅读

茯苓,俗称云苓、松苓、茯灵,为多孔菌科真菌茯苓 *Poria cocos* (Schw.) Wolf 的干燥菌核,子实体平伏,无柄,可食部位为生于地下的菌核。《中国药典》记载茯苓具有利水渗湿、健脾、宁心等功效,常用于水肿尿少、痰饮眩悸、脾虚食少、便溏泄泻、心神不安、惊悸失眠等症。近年来，随着对茯苓各方面的大量深入研究，其化学成分与药理作用及其应用开发备受关注。近年来国内外医药学者对茯苓各方面深入研究，发现茯苓中富含多种化学成分，主要有三萜类、多糖类、甾醇类、挥发油类、蛋白质、氨基酸及微量元素等，其中三萜类和多糖类化合物为茯苓的主要活性成分，具有抗肿瘤、免疫调节、抗炎、抗氧化、抗衰老等药理活性。

知识归纳

真核微生物即真菌，包括酵母菌、霉菌和蕈菌。凡是细胞核具有核膜、能进行有丝分裂、细胞质中存在线粒体或同时存在叶绿体等细胞器的微小生物，统称真核微生物。

酵母菌的形态通常有球状、卵圆状、柠檬状和柱状或香肠状等多种。酵母菌比细菌大，用光学显微镜可以看得很清楚。其大小通常为 $(5\sim6)\mu m\times(7\sim20)\mu m$，小型酵母菌大小为 $3\mu m\times(3\sim4)\mu m$。

酵母菌的细胞结构：①酵母细胞壁主要分三层，外层为甘露聚糖，内层为葡聚糖，中间夹有一层蛋白质分子。酵母菌细胞壁同植物细胞壁一样，由骨架物质和细胞质物质组成。②细胞膜紧贴细胞壁内侧，包裹着细胞核、细胞质和各类细胞内含物。细胞膜在细胞生长、分裂、接合、分化以及离子、低分子与高分子物质的输送等多种细胞活动中起着重要作用。细胞膜也是三层结构，主要成分为蛋白质、类脂和少量糖类。③酵母菌的细胞核具有一般真核生物所具有的各种性质。核为双层核膜所包围，且存在着以核小体为基本结构的染色质以及核仁。核膜上分布着众多的小孔，得以与细胞质沟通。

酵母菌的繁殖方式有芽殖、裂殖和产生孢子繁殖三种。

食品中常见酵母菌：主要有酵母菌属、裂殖酵母属、汉逊酵母属、毕赤酵母属、假丝酵母属、球拟酵母属、红酵母属等。

食品中常见的丝状真菌：主要有黄曲霉、黑曲霉、米曲霉、毛霉、根霉等。

思考题

1. 试列表比较真核生物和原核生物的 10 个主要差别。
2. 试对酵母菌的繁殖方式作一表解。
3. 试列表比较各种真菌孢子的特点。
4. 什么叫锁状联合？其生理意义如何？试图示其过程。

应用能力训练

1. 如何理解与践行"大食物观"？
2. 系统分析真菌与人类日常生活的关系。

参考文献

[1] 沈萍，陈向东. 微生物学. 北京：高等教育出版社，2000.
[2] 何培新. 高级微生物学. 北京：中国轻工业出版社，2017.
[3] 王相刚. 蕈菌学. 北京：中国林业出版社，2010.
[4] 郭成金. 蕈菌生物学. 北京：科学出版社，2014.
[5] 李宗军. 食品微生物学：原理与应用. 北京：化学工业出版社，2014.

第 4 章

非细胞型微生物的形态结构与功能

知识图谱

病毒让很多人恐惧,甚至谈病毒而色变。流感也是一直困扰人类的难题,为什么流感疫苗不能像脊髓灰质炎疫苗一样从根本上解决问题呢?正确地认识病毒才能让我们安全相处。病毒对我们人体健康只有坏处吗?并不是,比如,噬菌体病毒能够感染人体内的细菌,《自然》中报道:人类通过肠道每天吸收高达 300 亿个噬菌体,且噬菌体能提高机体免疫力。人们对病毒既存在敬畏之心,又希望能最大限度地利用病毒为我们服务,让我们认识一下病毒的本质吧。

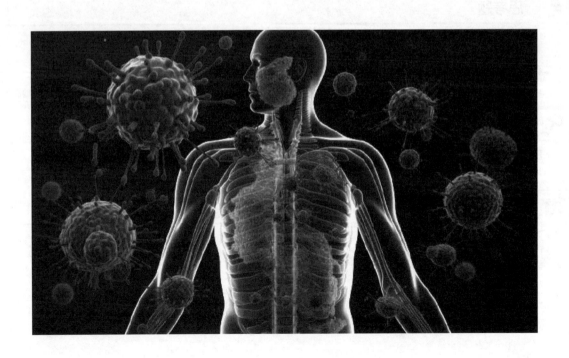

学习目标

- 掌握病毒的基本概念与特点。
- 了解病毒的繁殖方式。
- 掌握噬菌体的特性及其与食品工业的关系。
- 了解病毒与人类的关系。

4.1 概述

非细胞生物是指一类无细胞结构、无酶体系、无代谢机制的生物。它包括病毒（即"真病毒"）和亚病毒两大类。

自古以来，人们就注意到某些疾病是由无法看见的微小生物体引起的，但直到19世纪末，科学家们才开始了解这些微小生物体的本质。19世纪末，荷兰微生物学家马丁乌斯·贝杰林克（Martinus Beijerinck）在研究烟草花叶病时，发现了一种能够使烟草植物产生病态的微小物质，他称之为"病毒"（virus），这个词源于拉丁语"毒液"的意思。尽管贝杰林克没有看到病毒实体，他的工作为病毒学奠定了基础。鲁斯卡在1931年制造了第一台电子显微镜，使得科学家们首次能够直接观察到病毒的结构。随后，英国微生物学家弗雷德里克·罗伯逊（Frederick Gowland Hopkins）和德国细菌学家恩斯特·鲁斯卡（Ernst Ruska）通过电子显微镜观察到了病毒。20世纪50年代，科学家们开始使用X射线晶体学技术来分析病毒的结构，这使得他们能够详细了解病毒是如何组装和感染宿主细胞的。

病毒与人类的关系密切，至今人类和许多有益动物的疑难疾病和威胁性最大的传染病几乎都是病毒病。近年来还发现多种致癌病毒（如引起人子宫颈癌的人乳头状瘤病毒HPV），引起人类急性呼吸道传染病的新型冠状病毒COVID-19。发酵工业中的噬菌体（细菌病毒）污染会严重危及生产。许多侵染有害生物的病毒则可制成生物防治剂而用于生产实践。此外，许多病毒还是生物学基础研究和基因工程中的重要材料或工具。

4.2 病毒与亚病毒因子

4.2.1 病毒的结构与大小

病毒是一类比细菌小得多的生物体，在普通光学显微镜下是不可见的，它无完整的细胞结构，也无完整的酶系，不能独立生活，只能寄生在活的细胞内，是严格的寄生生物体。病毒与人类安全密切相关。

4.2.1.1 病毒形态和大小

病毒形态是指电子显微镜下见到的病毒大小、形态和结构。病毒的种类繁多，形态结构各具特点。有的呈棒状，有的为球形或多角形，还有呈蝌蚪形等。病毒的大小亦各不相同。绝大多数的病毒都是能通过细菌滤器的微小颗粒，它们的直径多数在100nm上下（20～200nm），因此，可粗略地记住病毒、细菌和真菌这3类微生物个体直径比约为1:10:100。观察病毒的形态和精确测定其大小，必须借助电镜。过去认为最大的病毒是直径为200nm的牛痘苗病毒（smallpox），已被直径达400nm的似菌病毒（mimivirus，2003年法国学者在变形虫体内发现，

DNA 为 80 万 bp）和另一种海洋原生动物病毒（2010 年加拿大学者发现，含 73 万 bp）所取代；最小病毒之一是环形病毒科的猪圆环病毒（PCV）和长尾鹦鹉喙羽病毒（PBFDV），直径均仅 17nm，鸡贫血病毒的直径为 22nm，脊髓灰质炎病毒（polio virus）的直径为 28nm。2000 个细菌病毒可装入一个细菌体中，一个人的细胞可容纳 5 亿个脊髓灰质炎病毒。所有病毒的结构都是蛋白质和核酸（RNA 或 DNA）组成的。

一个完整的病毒或病毒颗粒是由蛋白质（或多肽）组成的壳膜构成最外层，壳膜内包有核蛋白构成的核心，壳膜及其包裹着的核酸和相随蛋白质合起来组成核蛋白壳膜，叫做核壳体。依据核壳体的形态，病毒颗粒分为立体对称型和螺旋对称型。有的病毒在壳膜之外还有一层包膜，甚至双层壳膜。病毒的各种形态见图 4-1。

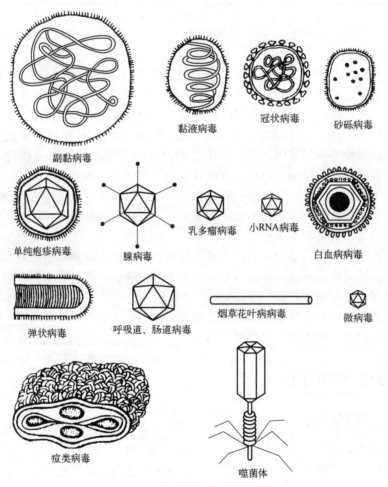

图 4-1　各种病毒颗粒的不同形态

4.2.1.2　病毒的结构

（1）病毒的形态

病毒（或病毒粒子）是由 RNA 或 DNA 分子组成的传染因子，是非细胞生命体。通常由一种或几种蛋白质构成的衣壳包裹，有些病毒还覆盖有更为复杂的包（囊）膜。病毒可将它的核酸或遗传信息加于寄主细胞并由一个寄主细胞传播给另外一些细胞，利用寄主细胞的酶系统完成病毒核酸自身复制和翻译蛋白质并装配。一些病毒可将核酸整合于寄主细胞的基因组 DNA 内，导致隐性或持续感染；另一些病毒则使寄主细胞的基因特性发生转化，扰乱细胞生长的控制机构，使细胞死亡，有的可能引起细胞癌变。病毒不同于其他微生物的几个特征：

① 病毒只含有一种核酸——DNA 或 RNA。

② 病毒通过基因组复制和表达，产生子代病毒的核酸和蛋白质，随后装配成完整的病毒粒子。

③ 病毒缺乏完整的酶系统，不具备其他生物"产能"所需的遗传信息，因此必须利用寄主细胞的酶类和产能机构，并借助寄主细胞的生物合成机构复制其核酸以及合成由此核酸编码的蛋白质，乃至直接利用细胞成分。病毒的生物合成实际上是病毒遗传信息控制下的细胞生物合成过程。

④ 某些 RNA 病毒的 RNA 经反转录合成互补 DNA（cDNA），与细胞基因组整合，并随细胞 DNA 的复制而增殖。

⑤ 病毒无细胞壁，也不进行蛋白质、糖和脂类的代谢活动。

（2）病毒的结构

病毒虽然不是活的细胞形式，但也具有活细胞体一样的遗传信息系统——核酸，只是病毒核酸与细胞不同，只含有 DNA 或 RNA，并不是两者都含有。DNA 多数是双股的，但细小病毒的 DNA 为单股 DNA，呼肠孤病毒是双股 RNA。病毒虽然具有核酸，但不能独立复制，只能依赖寄主细胞帮助才能复制。

（3）病毒的蛋白质

病毒的蛋白质主要在壳膜中。这些蛋白质或多肽在病毒形态学上称作化学亚单位或结构亚单位。许多化学亚单位以非共价键串联起来，形成了电子显微镜下可以见到的子粒即形态亚单位。

大多数病毒含有大量蛋白质，占病毒粒子总重的 70% 以上。少数病毒的蛋白质含量较低，为 30%～40%。病毒蛋白质具有较高的毒性作用，是使机体发生各种毒性反应的主要成分。

病毒粒子的蛋白质构造随病毒种类而有所不同。结构简单的小型病毒只有 3～4 种蛋白质；结构复杂的病毒，蛋白质种类多达 100 种以上。这些蛋白质大多以壳粒的形式镶嵌组成病毒粒子的衣壳，壳粒又由相同或不同的多肽链构成。病毒的蛋白质有结构蛋白和非结构蛋白之分。病毒中结构蛋白是主要蛋白质。病毒粒子的蛋白质可以分为 4 个主要种类：衣壳蛋白、基质蛋白、囊膜蛋白和酶蛋白。衣壳蛋白包裹核酸，形成保护性外壳。病毒蛋白质与核酸结合而成复合体者，即为核衣壳。基质蛋白位于外层脂质和衣壳之间，起到维持病毒内外结构的作用。囊膜蛋白主要是糖蛋白，位于囊膜表面。

（4）病毒的衣壳和包膜

病毒的衣壳（capsid）是指已经或即将与核酸进行组装的蛋白质外壳。衣壳在电镜下呈许多球形或管状亚单位，即壳粒按一定的对称规律构成。某些病毒有双层衣壳。衣壳是病毒粒子的保护性外壳。

病毒的包膜（或囊膜）（envelope）：比较复杂的病毒，核衣壳外面还有一层或几层富含脂质的外膜，即为包膜。目前对包膜的性质和组成还不十分清楚，但在多数情况下，包膜既含有病毒特异性物质，同时又含有寄主细胞膜的成分。在病毒发育过程中，病毒穿过细胞膜而达到细胞表面时，它才能获得来自寄主细胞的膜成分。病毒的结构见图 4-2。

以 2019 年 12 月暴发的新冠病毒结构为例（图 4-3），冠状病毒是一种包膜的、多形性的或球形的颗粒，其大小在 150～160nm，由阳性单链 RNA、未分节段、衣壳、基质、核蛋白和 S 蛋白组成。SARS-CoV-2 属于 β-CoVs B 亚群，是被膜包围的单链正链 RNA 病毒（GenBank No. MN908947），病毒内部为 RNA 和衣壳蛋白（N-protein）组成的核蛋白核心，呈螺旋式结构。其 RNA 基因组包含了 29891 个核苷酸，编码 9860 个氨基酸，并按 5'UTR-复制酶（ORF1ab）-刺突糖蛋白（S）-包膜（E）-膜糖蛋白（M）-核衣壳（N）-3'UTR 的顺序排列，其中编码结构蛋白的是刺突糖蛋白（S）、包膜（E）、膜糖蛋白（M）和核衣壳（N）。

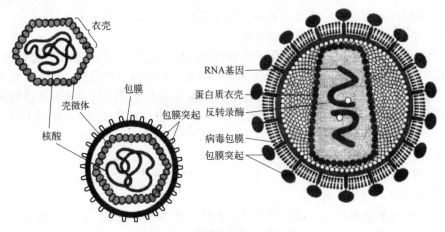

图 4-2 病毒结构剖面示意图

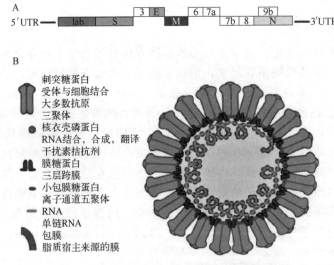

图 4-3 2019-SARS-CoV-2 的结构和基因组

4.2.2 病毒的增殖

病毒的增殖又称为病毒的复制，是病毒在活细胞中的繁殖过程。这一过程非常特殊，而且形式多样化。既有每种病毒特有规律，又有共同规律。病毒通过包膜或衣壳特异地吸附于易感细胞的表面受体，脱衣壳后，病毒核酸发出指令，利用寄主细胞蛋白质合成机制，来表达合成病毒基因所编码的蛋白质。病毒核酸复制后，经过装配为成熟的病毒，从细胞释放。因此，病毒仅在活细胞内才能表现其生命活性。

能侵入细菌体中，并能在菌体中增殖，最终将菌体裂解的病毒叫做噬菌体（phaee）。噬菌体有蝌蚪状、球形、线形三种基本形态。噬菌体感染细菌细胞后，在胞内增殖，凡导致寄主细胞裂解者叫烈性噬菌体或毒性噬菌体，这类寄主细胞称为敏感性细胞；而不使寄主细胞发生裂解，并与寄主细胞同步复制的噬菌体，叫做温和噬菌体，这类寄主细胞称为溶原性细胞。

4.2.2.1 烈性噬菌体复制

以大肠杆菌的 T 噬菌体为例，介绍噬菌体复制过程（图 4-4）。

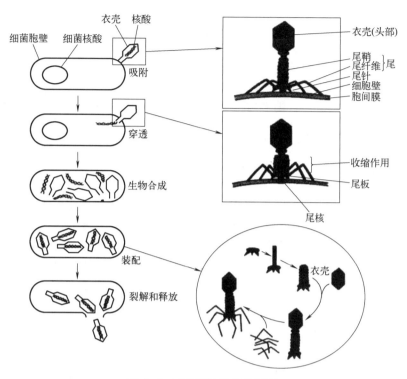

图 4-4 T 噬菌体的繁殖周期

（1）吸附和侵入

当噬菌体与大肠杆菌相遇时，先以尾丝附着于菌体胞壁的受点上，尾丝进一步固定在上面，向菌体进一步移动，刺突及尾丝将噬菌体加固，固定在菌体上。然后尾部分泌溶菌酶，将菌体胞壁溶解打孔，同时噬菌体尾壳收缩，将尾髓穿过细胞壁，插入菌体内，噬菌体头部的 DNA 随之被压入菌体细胞内。吸附过程受环境的温度、pH 以及某些离子的影响。

（2）复制与装配

噬菌体的 DNA 进入菌体后，将会引起一系列变化。菌体胞壁渗透性增大，核物质遭到破坏并开始消失，细菌的合成作用受到阻抑。噬菌体逐渐控制着细胞的代谢，以噬菌体部分 DNA 为模板，在菌体 RNA 聚合酶的催化下，首先产生噬菌体的 mRNA。再利用寄主的核蛋白体，与新产生的 mRNA 形成复制噬菌体 DNA 所需要的酶。同时还要形成脱氧核糖核酸酶，以利摧毁寄主 DNA。有些噬菌体则不同，它要依赖于寄主供给某些酶类，因而它并不摧毁寄主的 DNA，使之能继续为它合成某些所需要的蛋白质。

在噬菌体 DNA 复制的同时，还要形成另外一些 mRNA，用以制造噬菌体头、尾所需要的各种蛋白质。经过噬菌体的复制，在菌体细胞内同时又形成了许多噬菌体的 DNA、头部、尾鞘、尾髓、尾板、尾丝等部件。随后 DNA 收缩聚集，由头部等部件包围组装成多面体形状的噬菌体头。同样尾鞘、尾髓、尾板也相应装配起来，再与头衔接，最后装上尾丝，整个噬菌体即算装配成功。

（3）释放

成熟的噬菌体粒子能诱导形成酯酶和溶菌酶，分别作用于细胞膜磷脂、菌体胞壁的肽聚糖，使菌体细胞破裂，以释放出新的噬菌体。将噬菌体放于菌悬液中，由于裂解作用，使液体透明；如果在固体培养基长满的菌苔上使用了噬菌体后，则出现透明斑，称做噬菌斑。噬菌体的这种裂解作用有极强的特异性，它也是鉴定细菌的一种方法。

4.2.2.2 温和噬菌体复制

温和噬菌体入侵寄主细胞后核酸不复制，也不产生蛋白质外壳，故不影响细菌的正常生命活动，而是将基因整合到细菌染色体上，成为寄主细胞染色体附加体。当细菌进行分裂时，与细菌的染色体同步复制，分别进入两个子细胞的基因中。

如果在其他条件突然改变后，温和噬菌体有可能变为烈性噬菌体，而导致菌体溶解，使不溶解菌体的噬菌体转变为溶解菌体的噬菌体。

病毒的复制周期：病毒感染敏感的宿主细胞，首先是病毒表面的吸附蛋白与细胞表面的病毒受体结合，病毒吸附于细胞并以一定方式进入细胞。经过脱壳（uncoating），释放出病毒基因组。然后病毒基因组在细胞核和（或）细胞质中，进行病毒大分子的生物合成。一方面病毒基因组进行表达，产生：①参与病毒基因组复制的蛋白质，②包装病毒基因组成为病毒颗粒的结构蛋白，③改变受染细胞结构和（或）功能的蛋白质。另一方面，病毒基因组进行复制产生子代病毒基因组。新合成的病毒基因组与病毒壳体蛋白装配（assemby）成病毒核壳。若是无包膜病毒，装配成熟的核壳就是子代毒粒，并以一定方式释放到细胞外；若是有包膜病毒，核壳通过与细胞膜的相互作用芽出释放，并在此过程中自细胞膜衍生获得包膜。这样一个从病毒吸附于细胞开始，到子代病毒从受染细胞释放到细胞外的病毒复制过程称为病毒的复制周期或称复制循环（replicative circle）。

4.2.2.3 各类病毒的增殖过程

根据病毒的遗传物质和转录方式不同，可将其分为双链 DNA 病毒、单正链 DNA（+DNA）病毒、双链 RNA 病毒、单正链 RNA（+RNA）病毒、单负链 RNA（-RNA）病毒和逆转录病毒六大类。尽管病毒不同宿主不同，但所有病毒侵入宿主后都要面临增殖。T_2 噬菌体在大肠杆菌内的增殖过程大致为：吸附大肠杆菌后并注入 DNA，借助宿主的核苷酸、氨基酸、核糖体、酶系统及能源等物质，通过其遗传物质控制子代 DNA 和蛋白质外壳的合成，之后将两者组装成结构完整、具侵染力的子代噬菌体，最后裂解宿主细胞并将其释放出来。事实上，其他病毒的增殖过程和噬菌体极其类似，均可分为吸附、侵入（脱壳）、复制合成、（成熟）装配和释放 5 个阶段（图 4-5）。

(1) 双链 DNA 病毒

腺病毒、疱疹病毒以及痘病毒等病毒均属于双链 DNA 病毒。以疱疹病毒为例，说明此类病毒的主要增殖过程：①疱疹病毒包膜上的血型糖蛋白 B 与宿主细胞膜上的受体特异性识别并吸附；②宿主细胞膜包裹疱疹病毒颗粒，形成吞噬泡，疱疹病毒颗粒通过吞噬作用进入细胞质，并脱去包膜；③在宿主细胞的溶酶体作用下脱去蛋白质外壳；④病毒 DNA 进入宿主细胞的细胞核；⑤在 RNA 聚合酶的帮助下，以病毒 DNA 为模板合成早期 mRNA 并进入细胞质中；⑥早期 mRNA 翻译形成早期蛋白质，主要是与 DNA 复制相关的酶，如 DNA 聚合酶、脱氧胸腺嘧啶激酶等；⑦在解旋酶作用下，DNA 双链打开，以打开的两条链为模板，遵循碱基互补配对原则，依赖合成的 DNA 聚合酶，合成子代 DNA 分子；⑧合成晚期 mRNA，并以此翻译成晚期蛋白质，主要为病毒的结构蛋白，子代病毒 DNA 与结构蛋白装配形成子代病毒；⑨子代病毒从细胞核释放出来，同时披上包膜；⑩细胞膜通过胞吐的形式将子代病毒释放到体外。

(2) 单正链 DNA（+DNA）病毒

代表病毒为细小病毒。此类病毒增殖的主要过程：①形成复制中间体，单正链 DNA 病毒进行生物合成时，首先以亲代 DNA 作模板，依赖复制酶，遵循碱基互补配对原则，合成其互补 DNA 链，并与亲代 DNA 形成双链，作为复制中间体，含有亲代 DNA 的新合成的双链 DNA 继续复制；②转录和翻译，不含亲代 DNA 的新合成的双链 DNA 作为转录的模板，翻译合成病毒相关蛋白质（主要是结构蛋白）；③装配和释放，新形成的子代 DNA 分子与结构蛋白装配形成成熟的病毒并从细胞中释放出来。

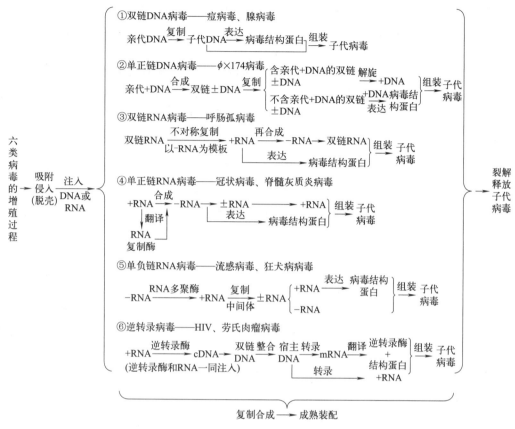

图 4-5 六种类型病毒的增殖过程

＋DNA/＋RNA 表示其核苷酸序列 mRNA 序列一致，－DNA/－RNA 表示其核苷酸序列 mRNA 序列互补

（3）双链 RNA 病毒

大部分 RNA 病毒的子代病毒的全部成分的合成都在宿主细胞的细胞质内完成，双链 RNA 病毒是其中一种，其代表病毒为呼肠孤病毒。双链 RNA 病毒增殖的主要过程：①RNA 复制，病毒脱壳进入宿主细胞后，在相关酶作用下，首先不对称地转录出正链 RNA，再由正链 RNA 复制出新的负链 RNA，共同构成子代 RNA；②合成蛋白质，在 RNA 多聚酶作用下，正链 RNA 转录形成 mRNA，在宿主细胞细胞质中翻译成早期蛋白质或晚期蛋白质；③装配和释放，新形成的子代 RNA 分子与结构蛋白装配形成成熟的病毒并从细胞中释放出来。

（4）单正链 RNA（＋RNA）病毒

单正链 RNA 病毒种类较为丰富，人和动物的绝大多数的 RNA 病毒属于此类，如黄病毒和脊髓灰质炎病毒等。多数单正链 RNA 病毒在宿主细胞质内完成生物合成。单正链 RNA 病毒母代的 RNA 既可直接作为翻译的模板，又能为模板合成单负链 RNA；而单负链 RNA 反过来也可复制子代单正链 RNA。以脊髓灰质炎病毒为例，说明此类病毒的具体增殖过程：①合成早期蛋白质，单正链 RNA 直接附着于宿主细胞的核糖体上，利用宿主细胞提供的原料和能源系统合成多聚蛋白前体，前体进一步裂解成病毒结构蛋白（P1）、蛋白酶（P2）和 RNA 聚合酶（P3）；②合成子代 RNA，在复制酶作用下，以亲代单正链 RNA 为模板合成单负链 RNA，单负链 RNA 进一步形成子代单正链 RNA；③装配和释放，P1 前体部分裂解形成结构蛋白，子代单正链 RNA 与结构蛋白装配形成成熟的病毒并从细胞中释放出来。

（5）单负链 RNA（-RNA）病毒

常见的单负链 RNA 病毒有流感病毒和狂犬病病毒等。此类病毒含有依赖 RNA 的 RNA 多聚酶，能以病毒 RNA 为模板进行复制，但单负链 RNA 不能直接作为转录的模板。具体增殖过程：①+RNA 合成，病毒核酸连同 RNA 多聚酶一起侵入宿主细胞并进行生物合成，负链 RNA 首先转录出互补正链 RNA，形成复制中间体（±RNA），产生更多的正链 RNA；②-RNA 合成，以部分正链 RNA 为模板复制出子代负链 RNA；③装配与释放，部分正链 RNA 作为转录的模板，形成 mRNA 并翻译出病毒所需的蛋白质，其中的结构蛋白与负链 RNA 一起装配形成子代病毒并从细胞中释放出来。

（6）逆转录病毒

此类病毒本身携带逆转录酶，两条相同的线状正链 RNA 构成其基因组，称为单正链双体 RNA。免疫缺陷病毒（HIV）和人类 T 淋巴细胞白血病病毒（HTLV）都是逆转录病毒。以 HIV 为例，介绍此类病毒的主要增殖过程：①HIV 囊膜蛋白 gpl20 与宿主细胞膜上受体 CD4 结合；②病毒进入宿主细胞，并脱去包膜；③在宿主细胞提供的脱壳酶作用下，脱去蛋白质外壳；④以病毒 RNA 作为模板，依赖逆转录酶形成 cDNA，构成 RNA-DNA 中间体 H1；⑤RNA 酶将中间体的 RNA 链水解，形成 cDNA；⑥以 cDNA 链为模板，依赖 DNA 聚合酶形成双链 DNA；⑦双链 DNA 进入宿主细胞的细胞核；⑧双链 DNA 与宿主细胞的 DNA 整合，成为前病毒；⑨前病毒被激活，转录形成子代病毒 RNA；⑩一部分子代病毒 RNA 进入细胞质中与核糖体结合，作为模板翻译形成子代蛋白质，另一部分直接被装配成子代病毒体；⑪翻译出子代病毒的结构蛋白和逆转录酶等酶蛋白；⑫子代病毒 RNA 与结构蛋白装配形成子代病毒体；⑬子代病毒包裹包膜后形成完整病毒；⑭子代病毒从宿主细胞中释放。

4.2.3 病毒的分类与命名

4.2.3.1 病毒的分类原则

病毒分类主要依据病毒形态，毒粒结构，基因组，化学组成和对脂溶剂的敏感性等的毒粒性质，病毒的抗原性质，以及病毒在细胞培养上的特性，对除脂溶剂外的理化因子的敏感性和流行病学特点等的生物学性质进行分类。病毒的分类通常依据病毒之间的进化关系，在当今宏基因组学和高通量测序时代，遗传性状已经占据了主导地位，现在对进化关系的描述大多是基于 DNA、RNA 或蛋白质序列分析的"系统发育树"，将彼此相似的病毒按关系层次结构分组在一起，国际病毒分类委员会（International Committee on Taxonomy of Virus，ICTV）每年根据已知和新发病毒的新信息以及分类学建议，不断更新完善分类框架。

4.2.3.2 病毒的命名规则

由于历史的原因，至今仍在沿用的病毒命名十分混乱，很多病毒是根据地名、宿主症状或疾病、毒粒形态、宿主种类以及字母或数字命名，不能完全反映病毒的种属特征，不利于进行系统的研究。最新发表的病毒分类和命名国际准则于 2018 年 10 月公布，经国际病毒分类委员会（ICTV）于 2019 年 2 月正式批准，此后，Walker 等撰文报告了此次 ICTV 批准的病毒分类系统及分类标准的变化，将先前建立的 RNA 病毒域扩展到几乎涵盖所有 RNA 病毒和逆转录病毒，并批准了 3 项单独的提议，建立了 3 个新的具有 DNA 基因组的病毒域（Doplodnaviria、Monodnaviria、Varidnaviria），正式启用 15 级分类阶元，废除了自 1971~2017 年一直沿用的 5 级阶元病毒分类结构（目、科、亚科、属、种），病毒分类学发生了重大变化。主要内容如下：

通用的病毒分类系统采用域、亚域、界、亚界、门、亚门、纲、亚纲、目、亚目、科、亚科、属、亚属和种的 15 级分类阶元。其中 8 个为主要等级（域、界、门、纲、目、科、属、种），其余为衍生等级。它们的顺序及学名后缀分别是：域 Realm（后缀-viria）、亚域 Subrealm（后缀-vira）、界 Kingdom（后缀-virae）、亚界 Subkingdom（后缀-virites）、门 Phylum（后缀-viricota）、亚门 Subphylum（后缀-viricotina）、纲 Class（后缀-viricetes）、亚纲 Subclass（后缀-viricetidae）、目 Order（后缀-virales）、亚目 Suborder（后缀-virineae）、科 Family（后缀-viridae）、亚科 Subfamily（后缀-virinae）、属 Genus（后缀-virus）、亚属 Subgenus（后缀-virus）、种 Species（后缀-virus）。

在 2020 年发表的《ICTV 的病毒分类与命名第九次报告》中，将大部分病毒归属在 Doplodnaviria（双链 DNA 病毒域）、Monodnaviria（单链 DNA 病毒域）、Varidnaviria（多样 DNA 病毒域）、RNA 病毒域等 4 个域中，在域以下共有 9 个界、16 个门、2 个亚门、36 个纲、55 个目、8 个亚目、168 个科、103 个亚科、1421 个属、68 个亚属、6590 种。

4.2.4 亚病毒因子

亚病毒因子是一类具有感染性、尺寸比病毒更小的微生物，它们具有病毒的一部分结构和性质，2015 年后，ICTV 按照病毒分类学，对这类亚病毒因子也进行了分类，称作类病毒和病毒依赖性因子。

（1）类病毒

类病毒是已知的最小的感染性致病因子，它们仅由没有蛋白质覆盖的环状单链 RNA 短链组成。所有已知的类病毒均来自被子植物。尽管类病毒由核酸组成，但是其核酸不编码任何蛋白质。

（2）卫星亚病毒因子

卫星病毒依赖于宿主细胞与辅助病毒的共同感染来进行有效增殖，它们的核酸序列与宿主和辅助病毒基本不同，这类物质只有自身编码蛋白包裹自身核酸时，才能真正称之为卫星病毒，包裹之前称之为卫星亚病毒因子。因此，其可细分为两类：卫星病毒、卫星核酸。

（3）缺损性干扰颗粒

缺损性干扰颗粒是指基因组不完整导致不能进行正常复制的病毒，因此也称作缺陷病毒。缺陷病毒需要在辅助病毒的帮助下才能繁殖（必须是其母体病毒，即由该病毒突变或者衍生的缺陷病毒）。缺陷病毒比其母体完整病毒小，复制过程更迅速，能干扰母体完整病毒的复制，因此叫缺损性干扰颗粒。其中，朊病毒为一种蛋白质侵染颗粒。

朊病毒（prion）亦译为朊粒、朊毒子、传染性蛋白粒子等，是 1982 年由美国学者 Prusiner 命名的一组引起中枢神经系统慢性退行性病变的病原体，是比病毒小、能侵染动物并在宿主细胞内复制的小分子无免疫性疏水蛋白质。与普通蛋白质不同，该病毒作为传染因子经 120～130℃ 加热 4h，紫外线，离子照射，甲醛消毒，并不能把这种传染因子杀灭，对蛋白酶有抗性，但不能抵抗蛋白质强变性剂。

朊病毒不具有病毒体结构，未检出基因组核酸，其化学本质是构象异常的朊蛋白。构象正常的朊蛋白由宿主细胞基因组编码，称为细胞朊蛋白（cellular prion protein，PrPc），人的 PrPc 基因位于第 20 对染色体短臂（20p12），编码 253 个氨基酸残基，α-螺旋占优势，β-片层极少，常被甘油磷酸肌醇锚定在神经细胞表面。

4.3 人类与病毒共存

4.3.1 寄生与对抗

病毒是比细菌还小的微生物。从科学的自然分类系统来看，病毒界在生物分类系统中居于最低级，动物界则居于最高级，而人在动物界乃至整个自然界中居于最

二维码 7

高级。作为最经济、最有效的生命形式之一，地球病毒的种类之多、数量之巨根本不能定量界定。病毒普遍寄生或潜伏于动物（及人类）、植物和细菌等生物体内，因而可以分为动物病毒、植物病毒和细菌病毒等（就目前科学进展而言）。

由于人类在某些特定的生产或生活条件下不能安善处理好与细菌等微生物、植物和动物的相处关系，从而可能使某些病毒特别是寄生于动物之中的某些病毒扩大其自身的侵染范围（即寄主范围）而感染了人类。比如，艾滋病病毒最初是由西非热带雨林中的黑猩猩所携带，于20世纪40年代感染了人类。一种普遍性的观点认为，这场灾难的起源是人们侵入了曾经远离他们的森林，并与病毒的携带者黑猩猩发生了接触。"由于人类侵入而导致了黑猩猩种群数量的减少，又导致了一种生物性的需求的产生——类人猿免疫缺陷病毒将要寻找它新的宿主，即人类。"这是人类行为的主观性和病毒寻求新寄主的客观性共同所致的结果。这也是预防和治疗传染病，特别是突发性传染病，并使其成为长久性建制化的基本思想和依据。

4.3.2 共存和依赖

人类面临一种两难选择：单单就人类而言，应该将致病性微生物绝灭，以使人类生存或生活得更好，但就整个生态系统的动态平衡而言，致病性微生物亦不能和不应缺少到将破坏整个生态系统的动态平衡的那个限度。因为整个生态系统的动态平衡是人类生存所必然要求的。从维持整个生态系统的动态平衡的战略利益看，病毒等致病性微生物不能被彻底绝灭，因而人类遭受其威胁也就不能根除。而同等重要的另外一个问题是，人类凭借科技和有效的社会合作形式，到底能在多大程度上和范围内对待已知的和未知的病毒等致病性微生物。一种妥协调和的策略也许是最为科学和现实的：将人类以及与人类生存与生活关系密切的各种动植物尽可能从各种病毒等致病性微生物的寄主范围的名单上删除。换言之，我们只能使病毒等致病性微生物的寄主的种类和某种特定寄主的数量尽可能减少。

二维码8

拓展阅读：肠道噬菌体对肠道微生物的调控

肠道噬菌体是肠道中的病毒群体，它们可以感染并破坏肠道中的细菌。噬菌体的存在对肠道微生物群落产生了一系列重要的调控作用，包括：

（1）动态平衡：噬菌体可以通过感染和消灭细菌来维持肠道微生物群落的动态平衡。当某些细菌过度生长时，噬菌体会介入并减少它们的数量。

（2）多样性维护：噬菌体通过感染不同的细菌，可以促进肠道微生物多样性的维护。如果噬菌体感染了大量的相同细菌，可能会导致某些种类的细菌数量减少，从而影响微生物的多样性。

（3）抑制病原体：噬菌体可以感染并消灭病原菌，从而保护宿主免受感染。例如，噬菌体可以抑制引起腹泻的病原体，如轮状病毒和诺如病毒。

（4）营养循环：噬菌体感染细菌后，细菌被破坏，释放出营养物质，如氨基酸和核苷酸，这些物质可以被其他微生物利用，从而参与营养循环。

（5）基因转移：噬菌体可以将基因从一个细菌转移到另一个细菌，这可以影响肠道微生物的遗传特性，包括耐药性、代谢能力等。

（6）免疫调节：噬菌体还可以通过影响肠道微生物的组成来调节宿主的免疫系统。肠道微生物群落的改变可能影响免疫系统的反应，包括抗炎和促炎细胞因子的产生。

（7）疾病治疗：噬菌体疗法是一种利用噬菌体来治疗细菌感染的方法。噬菌体疗法可以针对特定的病原菌，减少抗生素的使用，从而减少抗生素抗性的发展。

因此，肠道噬菌体对肠道微生物的调控作用是多方面的，它们在肠道微生物群落的稳定和宿主健康中扮演着重要角色。

知识归纳

病毒的特征：①病毒只含有一种核酸——DNA 或 RNA。②病毒通过基因组复制和表达，产生子代病毒的核酸和蛋白质，随后装配成完整的病毒粒子。③病毒缺乏完整的酶系统，不具备其他生物"产能"所需的遗传信息，因此必须利用寄主细胞的酶类和产能机构，并借助寄主细胞的生物合成机构复制其核酸以及合成由其核酸编码的蛋白质，乃至直接利用细胞成分。病毒的生物合成实际上是病毒遗传信息控制下的细胞生物合成过程。④某些 RNA 病毒的 RNA 经反转录合成互补 DNA（cDNA），与细胞基因组整合，并随细胞 DNA 的复制而增殖。⑤病毒无细胞壁，也不进行蛋白质、糖和脂类的代谢活动。

病毒的概念：病毒是一类既具有化学大分子属性，又具有生物体基本特征；既具有细胞外的感染性颗粒形式，又具有细胞内的繁殖性基因形式的独特生物类群。超显微的、没有细胞结构的、专性活细胞内寄生的实体。

病毒的化学成分、结构、形态：病毒颗粒在化学上表现为核蛋白，主要化学组成为核酸和蛋白质，还有少部分脂类、碳水化合物。病毒虽然不是活的细胞形式，但也具有活细胞体一样的遗传信息系统——核酸，只是病毒核酸与细胞不同，只含有 DNA 或 RNA，并不是两者都含有。DNA 多数是双股的，但细小病毒的 DNA 为单股 DNA，呼肠孤病毒是双股 RNA。病毒虽然具有核酸，但不能独立复制，只能依赖寄主细胞帮助才能复制。

病毒的繁殖：病毒的增殖又称为病毒的复制，是病毒在活细胞中的繁殖过程。这一过程非常特殊，而且形式多样化。既有每种病毒特有规律，又有共同规律。病毒通过包膜或衣壳特异地吸附于易感细胞的表面受体，脱衣壳后，病毒核酸发出指令，利用寄主细胞蛋白质合成机制，来表达合成病毒基因所编码的蛋白质。病毒核酸复制后，经过装配为成熟的病毒，从细胞释放。因此，病毒仅在活细胞内才能表现其生命活性。

 ## 思考题

1. 病毒的一般大小如何？与原核生物和真核生物细胞有何大小上的差别？最大的病毒和最小的病毒（不计亚病毒因子）是什么？
2. 病毒有哪些基本结构和特殊结构，各有何功能？
3. 病毒的复制周期包括哪几个步骤？
4. 什么是烈性噬菌体？试简述其裂解性增殖周期。

 ## 应用能力训练

1. 列举几种病毒的培养方法及其实际应用。
2. 健康人体内是否有病毒存在，如何有针对性地开展相关病毒的研究。
3. 流感是由流感病毒引起的，市面上也有流感疫苗存在，但似乎预防能力不及细菌相关疫苗有效，试分析其原因。

 ## 参考文献

[1] 周德庆. 微生物学教程. 3 版. 北京：高等教育出版社，2019.
[2] 沈萍，陈向东. 微生物学. 北京：高等教育出版社，2016.
[3] 孙孝富. 关于病毒与人类共存的哲学思考. 自然辩证法研究，2005（04）：12-16.
[4] 李宗军. 食品微生物学：原理与应用. 北京：化学工业出版社，2014.

第 5 章

微生物的营养与生长繁殖

知识图谱

　　微生物同其他生物一样，也需要营养物质供其生长，但表现的结果是不同的。不同的微生物在生长过程呈现不同的菌落状态，这是因为不同的微生物因其结构及功能不同，需要的营养物质也是不同的，最终表现出不同的现象（菌落）；即使是同一种微生物，因其使用不同的营养物质，也会出现不同的状态（菌落）。

　　微生物是微小生物的总称，因其微小，所以在评价其结构与功能时，是以群体为目标来进行研究的，因此学习微生物的营养是认识、利用及研究微生物的必要基础，尤其是自觉加以利用及开发微生物，必须清楚微生物所需营养物质与其功能之间的内在联系，这样才能深入理解营养物质对微生物的生长与繁殖作用效果。

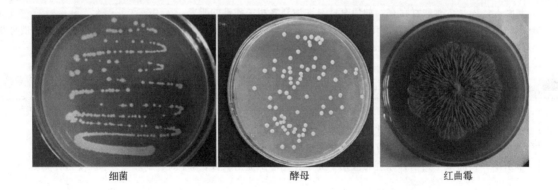

细菌　　　　　　　　　　酵母　　　　　　　　　　红曲霉

学习目标

○ 掌握微生物的营养与化学结构的关系。
○ 掌握微生物的营养类型。
○ 区别营养物质进入细胞四种方式的异同点。
○ 了解配制培养基的四个原则及方法。
○ 掌握培养基的具体分类原则及方法。
○ 了解微生物的生长与繁殖特点。
○ 明晰单细胞微生物生长规律。
○ 掌握控制微生物生长的方法及原理。
○ 结合微生物的营养要素,分析现代杀菌技术优缺点及应用。
○ 学习4种以上测定或者分析微生物生长的方法,并与食品产业的需求结合进行运用。

微生物和其他生物一样,需要不断从外界环境中吸收所要的各种营养物质,通过新陈代谢,获得能量与物质,从而保证机体的正常生长与繁殖。

5.1 微生物细胞的化学组成

微生物细胞与其它生物细胞的化学元素组成类似,由碳、氢、氮、氧、磷、硫和各种矿物质构成。其中碳、氢、氮、氧是微生物细胞组成的主要元素,占细胞干重的90%～97%,其余3%～10%为磷、钾等矿物质元素。

微生物细胞中这些元素主要以水、矿物质和有机物的形式存在。虽然微生物细胞的化学组成因微生物种类、生理状态和环境条件的不同而有所变化,但对各种微生物细胞化学组成(表5-1)以及灰分的分析和发酵产物中各种无机元素的分析,仍可以看出微生物所需的营养物质比较丰富。

表 5-1 微生物细胞的化学组成含量(除水以外干重计) 单位:%

成分	细菌	酵母	霉菌
蛋白质	55(50～60)	40(35～45)	32(25～40)
糖类	9(6～15)	38(30～45)	49(40～55)
脂质	7(5～10)	8(5～10)	8(5～10)
核酸	23(15～25)	8(5～10)	5(2～8)
灰分	6(4～10)	6(4～10)	6(4～10)

注:周德庆编著,微生物学教程(第3版),高等教育出版社,2015.1。

5.1.1 水分

水是一切生命体不可缺少的物质,而且也是微生物和一切生物细胞中含量最多的组分。水约占细胞总重的70%～90%,以游离水和结合水两种形式存在。不同微生物的含水量也不同,并且同一种微生物的含水量随着发育阶段和生存条件不同也会有差别。例如,霉菌孢子的含水量39%,而细菌芽孢的含水量低于30%。

5.1.2 矿物质

矿物质约占细胞干重的3%～10%,分为宏量元素和微量元素。宏量元素包括碳、氢、氧、氮、硫、磷、钾、钙、镁和铁等,其中碳、氢、氧、氮、硫、磷这6种主要元素占细菌细胞干重的97%（见表5-2）。将细胞干物质高温烘成的灰分中，磷含量最高，约占灰分元素的50%；其次为钾，约占20%；其余为钠、镁、钙、铁、锰等。微量元素包括锌、锰、钠、氯、钼、硒、钴、铜、钨、镍和硼等。

表 5-2 微生物细胞几种化学元素含量　　　　　　　　　　　　　　　　　　单位：%

元素	细菌	酵母菌	霉菌
碳	50	49.8	47.9
氮	15	12.4	5.2
氢	8	6.7	6.7
氧	20	31.1	40.2
磷	3	—	—
硫	1	—	—

注：韦革宏和王卫卫主编，微生物学，科学出版社，2008.1。

5.1.3 有机物质

微生物细胞中有机物主要是蛋白质、核酸、碳水化合物、脂类、维生素及其降解产物。根据其作用，可以分为三类：一是结构物质，包括高分子的蛋白质、多糖、核酸和脂类等，它们是细胞壁、细胞核、细胞质和细胞器等的主要结构成分；二是贮藏物质，包括存在于细胞内的多糖和脂类，如淀粉、糖原、脂肪和多聚羟基丁酸等；三是代谢产物，主要为细胞内的糖、氨基酸、核苷酸、有机酸等低分子量化合物，它们既是细胞内同化成高分子化合物的前体，也是进一步分解代谢的中间产物，有些还能够以次生代谢产物的形式累计于细胞内或分泌到环境中。

5.2 微生物的营养物质

营养物质是微生物生命活动的物质基础。营养物（或营养素，nutrient）是指具有营养功能的物质，对微生物来说，除了具有物质形式的营养物之外，还包括非物质形式的光能。有了营养物，微生物才能进行新陈代谢，保证机体生长和繁殖，保证其生命的延续性，进一步合成有益产物，为人类服务。

5.2.1 微生物营养要素

不同微生物之间需要的营养要素不同，但它们对基本营养要素（碳源、氮源、生长因子、无机盐、水）存在着"营养上的统一性"。

5.2.1.1 碳源

碳源（carbon source）是指凡可被用来构成细胞物质或代谢产物中碳素来源的营养物质。碳源通过微生物的分解利用，不仅为菌体本身提供碳架，还可为生命活动提供能量。细菌细胞中的碳元素占细胞质量的50%。微生物可以利用的碳源广泛，如表5-3所示。

表 5-3 微生物的碳源谱

类型	元素水平	化合物水平	培养基原料水平
有机碳	C·H·O·N·X	复杂蛋白质、核酸等	牛肉膏、蛋白胨、花生饼粉等
	C·H·O·N	多数氨基酸、简单蛋白质等	一般氨基酸、明胶等
	C·H·O	糖、有机酸、醇、脂类等	葡萄糖、蔗糖、各种淀粉、蜜糖等
	C·H	—	—

续表

类型	元素水平	化合物水平	培养基原料水平
无	C(?)	CO_2	CO_2
机	C·O	$NaHCO_3$	$NaHCO_3$、$CaCO_3$
碳	C·O·X		

注：周德庆编著，微生物学教程（第3版），高等教育出版社，2015.1。

虽然微生物的碳源很广，但对异养微生物来说，最适碳源是"C·H·O"型。其中糖类是一般微生物较容易利用的碳源，尤其是单糖（葡萄糖、果糖）、双糖（蔗糖、麦芽糖、乳糖），绝大多数微生物都能利用。此外，简单的有机酸、氨基酸、醇、醛、酚等也能被许多微生物利用。实验室常以葡萄糖、蔗糖、麦芽糖等作为培养各种微生物的主要碳源。

在发酵工业中，可根据不同微生物的营养需要，利用各种农副产品，如玉米粉、米糠、麦麸、马铃薯、甘薯以及各种野生植物的淀粉，作为微生物生产廉价的碳源。

5.2.1.2 氮源

氮源（nitrogen source）是指能被用来构成微生物细胞及其代谢产物中氮元素的营养物质，它一般不作为微生物细胞能量来源。细菌细胞中的氮元素约占细胞干重的12%左右，是细菌最重要的组成部分。只有少数细菌可以利用铵盐、硝酸盐等含氮物质作为其生长所需的氮源和能源。氮源对微生物的生长发育有着重要的意义，微生物利用它在细胞内合成氨基酸和碱基，进而合成蛋白质、核酸等细胞成分以及含氮的代谢产物。

二维码9

微生物氮源谱十分广泛（表5-4），从分子氮、无机氮化物到复杂的有机氮化物均能在不同程度上被微生物利用，但不同微生物利用的氮源各异。异氧微生物对氮源利用的顺序是："N·C·H·O"或"N·C·H·O·X"类优于"N·H"类，更优于"N·O"类，最不容易利用的则是"N"类。实验室和发酵工业中，一般以铵盐、硝酸盐、牛肉膏、蛋白胨、鱼粉等作为微生物的氮源。

表5-4 微生物的氮源谱

类型	元素水平	化合物水平	培养基水平
有机氮	N·C·H·O·X	复杂蛋白质、核酸等	牛肉膏、酵母膏、饼粕粉、蚕蛹粉等
	N·C·H·O	尿素、一般氨基酸、简单蛋白质等	尿素、蛋白胨、明胶等
无	N·H	NH_3、铵盐等	$(NH_4)_2SO_4$ 等
机	N·O	硝酸盐等	KNO_3 等
氮	N	N_2	空气

注：周德庆编著，微生物学教程（第3版），高等教育出版社，2015.1。

作为微生物利用的氮源类型可分为三类。①分子态氮：目前只有固氮微生物可以利用。早在1888年，德国人H.黑里格尔和H.维尔法特证实了只有结瘤的豆类才能利用空气中的分子态氮。同年，荷兰人M.W.拜耶林克从根瘤中分离出根瘤菌的纯培养。固氮微生物种类很多，可分为：好氧自生固氮微生物、厌氧自生固氮微生物和共生固氮微生物三大类群。固定的氮素除供自身生长发育外，部分以无机状态或简单的有机氮化物分泌于体外，供植物吸收利用。②无机态氮：几乎所有微生物都可利用硝酸盐与铵盐。③有机态氮：主要为蛋白质及其降解产物，许多微生物可以利用。

氨基酸自养型的微生物，可以将人或动物无法利用的尿素、铵盐、硝酸盐或大气中的氮转化成菌体蛋白（SCP及食用菌等）或含氮的代谢产物（谷氨酸和其他氨基酸等），以丰富人类的食物资源，这对人类生存和未来发展具有特定意义。

5.2.1.3 生长因素

生长因子（growth factor）是一类在微生物生长过程中不可缺少而需求量又不大，但微生物自身不能合成，或合成量不足以满足机体生长需要的有机营养物质。不同微生物对生长因子的种类和数量需求也不同。自然界中自养型细菌和大多数腐生细菌、霉菌都能自己合成许多生长辅助物质，不需要另外提供就能正常发育。由于遗传或代谢机制的原因而缺乏合成生长因子能力的微生物称为营养缺陷型微生物。

二维码10

根据生长因子的化学结构和它们在机体中的生理功能的不同，将生长因子分为维生素、氨基酸和嘌呤或嘧啶3大类。

5.2.1.4 无机盐

无机盐（inorganic salt）是为微生物细胞生长提供碳、氮源以外的多种重要元素（包括宏量元素和微量元素）的物质，是微生物生命活动中不可缺少的物质。无机盐在微生物细胞内具有以下生理作用：参与酶的组成、维持细胞结构的稳定性、调节与维持细胞的渗透压平衡、控制细胞的氧化还原电位和作为某些微生物的生长能源物质等。

根据微生物对无机盐需求量的大小分为两大类：一类为宏量元素，浓度在 $10^{-4} \sim 10^{-3}$ mol/L，如P、S、K、Mg、Ca、Na、Fe等，其中P和S是微生物细胞中两种重要元素，参与细胞成分如核酸、磷脂、ATP、氨基酸、生物素、硫胺素等的构成。另一类为微量元素，浓度在 $10^{-8} \sim 10^{-6}$ mol/L，如Cu、Zn、Mn、Mo、Co等，Cu是多酚氧化酶和抗坏血酸氧化酶的组分；Zn是RNA和DNA聚合酶的组分，也是乙醇脱氢酶的活性基团；Mn是多种酶的活性剂。

5.2.1.5 水

水（water）是微生物营养中不可缺少的一种物质。水在微生物细胞中所占比例为70%～90%（鲜重）。水的作用有：微生物细胞中生化反应的良好介质，控制细胞中反应温度，维持细胞的渗透压等。水分在微生物细胞中可分为游离水和结合水两种。

5.2.2 微生物培养基

培养基是适于微生物生长与繁殖所需人工配制的营养基质。由于不同微生物对营养要求不同，而培养基的组分是依据微生物的生长特点所确定的，因此培养基种类繁多，其分类依据不同。

5.2.2.1 微生物培养基的类型

（1）根据成分来源不同

① 天然培养基（complex mediurn；undefined medium）　指利用动、植物或微生物或者提取物制成的培养基，营养成分的含量不明确。牛肉膏蛋白胨培养基和麦芽汁培养基就属于此类。常用的天然有机营养物质包括牛肉浸膏、蛋白胨、酵母浸膏、豆芽汁、玉米粉、土壤浸液、麸皮、牛奶、血清、稻草浸汁、羽毛浸汁、胡萝卜汁、椰子汁等。嗜粪微生物（coprophilous microorganisms）可以利用粪水作为营养物质。天然培养基的最大优点是提取方便、营养丰富、种类繁多、配制方便；缺点是确切成分不明确也不太稳定，因而在做精细实验时，会导致数据不稳

定。但天然培养基成本较低，不仅适合配制实验室的各种培养基，也适于用来进行工业上大规模的微生物发酵生产。

② 合成培养基（synthetic medium） 又称组合培养基（defined medium），是一类用几种化学试剂配制而成的、成分含量明确的培养基，也称化学组合培养基（chemically defined medium）。培养细菌的葡萄糖铵盐培养基，培养放线菌的淀粉硝酸盐培养基（即高氏Ⅰ号培养基），培养真菌的蔗糖硝酸盐培养基（即查氏培养基）就属于此种类型培养基。合成培养基的优点是成分精确、重复性强；缺点是与天然培养基相比其成本较高，微生物在其中生长速度较慢。一般适于在实验室用来进行有关微生物营养需求、代谢、分类鉴定、生物量测定、菌种选育及遗传分析等定量要求高的研究工作中。

③ 半组合培养基（semi-defined medium） 即一部分营养物质是天然成分，一部分是化学试剂的培养基。例如，培育真菌用的马铃薯蔗糖培养基等。严格地讲，凡是含有未经特殊处理的琼脂的任何组合培养基，实质上都只能看作是一种半组合培养基。

(2) 根据物理状态不同

① 固体培养基（solid medium） 外观呈固态的培养基。根据性质可以将固体培养基分为三类。一是凝固性培养基：在液体培养基中添加适量的凝固剂后，遇热熔化冷却后凝固的一类培养基。凝固剂有琼脂、明胶、海藻酸胶、脱乙酰吉兰糖胶和多聚醇等。其中琼脂为最常用、最普遍的凝固剂，绝大多数微生物不能利用琼脂作碳源。理想的凝固剂应具备以下条件：a. 经高温灭菌后不改变形状，不被所培养的微生物分解利用；b. 在微生物生长的温度范围内保持固体状态；c. 凝固剂凝固点温度不能太低，否则将不利于微生物的生长；d. 凝固剂对所培养的微生物无毒害作用；e. 透明度好，黏着力强；f. 配制方便且价格低廉。二是非可逆性凝固培养基：指一旦凝固就不能重新熔化的固体培养基。如血清凝固成的培养基或无机硅胶培养基，无机硅胶培养基专门用于化能自养微生物的分离与纯化。三是天然固体培养基：直接由天然固体制成的培养基，如麦麸、米糠、木屑、纤维、稻草粉、马铃薯片、胡萝卜条等。天然固体培养基适用于实验室科研和生产实践中，用途较广，常用于固态发酵。

② 半固体培养基（semisolid medium） 在液态培养基中加入少量凝固剂而形成的培养基。培养基在容器倒放时不致流下，但剧烈振荡后能破散的状态，其中琼脂含量一般为 0.5%～0.8%。

半固体培养基在微生物研究工作中有许多用途，常用来观察微生物的运动特征、厌氧细菌的培养、分类鉴定及双层平板法测定噬菌体的效价等。

③ 液体培养基（liquid medium） 不加任何凝固剂的呈液体状的培养基。用液体培养基培养微生物时，通过振荡或搅拌来增加培养基中氧气量，并且使营养物质分布均匀。液体培养基常用于大规模工业生产，也适于在实验室进行微生物的基础理论和应用方面的研究。

④ 脱水培养基（dehydrated culture medium） 又称预制干燥培养基，指除水以外含一切营养成分的培养基。在使用时只要加入一定量水分后灭菌即可，这是一种成分清楚、使用方便的现代化培养基。如 Sigma-Aldrich 公司的改良 MRS 肉汤培养基，用于乳酸菌的分离和培养。

(3) 按其功能不同

① 基础培养基（minimum medium） 也称通用培养基（genenral purpose medium），是含有一般微生物生长与繁殖所需的基本营养物质的培养基。尽管不同微生物的营养需求不同，但多数微生物所需的基本营养物质是相同的。牛肉膏蛋白胨培养基和胰蛋白胨琼脂培养基是最常用的基础培养基。在基础培养基的基础上，可根据某种微生物的特殊营养需求，添加某种特殊物质来满足营养要求苛刻的某些微生物的生长需求。

② 加富培养基（enrichment medium） 加富培养基也称营养培养基，即在基础培养基中加

入某些特殊营养物质制成的一类营养丰富的培养基,营养物质主要有血液、血清、酵母浸膏、动植物组织液等。加富培养基一般用来培养营养要求比较苛刻的微生物,如培养百日咳博德氏菌(Bordetella pertussis)需要含有血液的培养基。加富培养基还可以用来富集和分离某种微生物,主要是因为加富培养基含有某种特定微生物所需的营养物质,该种微生物在这种培养基中较其他微生物生长速度快,并逐渐富集而占优势,从而达到分离目的。

③ 鉴别培养基(differential medium) 鉴别培养基是根据微生物生长特点设计的用于区分和鉴定不同微生物的培养基。在培养基中加入某种特殊化学物质,与特定微生物所产生的某种特定代谢产物发生特定的化学反应,产生明显的特征性变化,根据这种特征性变化,可将该种微生物与其他微生物区分开来。例如,麦氏琼脂培养基中含有乳糖及中性红染料,发酵利用乳糖的微生物菌落周围会产生粉红色的圈,与其它不能发酵利用乳糖的微生物区分开。

④ 选择培养基(selective medium) 选择培养基是用来将某种或某类微生物从混合菌样中分离出来的培养基。根据不同种类微生物的特殊营养需求或对某种化学、物理因素的敏感性不同,在培养基中加入相应的特殊营养物质或化学物质,抑制不需要的微生物的生长,有利于所需微生物的生长,从而提高该菌的筛选效率。

一种类型选择培养基是依据某些微生物的特殊营养需求设计的。例如,利用以纤维素或液状石蜡作为唯一碳源的选择培养基,可以从混杂的微生物群体中分离出能分解纤维素或液状石蜡的微生物;利用以蛋白质作为唯一氮源的选择培养基,可以分离产胞外蛋白酶的微生物;缺乏氮源的选择培养基可用来分离固氮微生物。另一种类型选择培养基是在培养基中加入某种化学物质,这种化学物质没有营养作用,对所需分离的微生物无害,但可以抑制或杀死其他微生物。例如,在培养基中加入数滴10%苯酚可以抑制细菌和霉菌的生长,从而由混杂的微生物群体中分离出放线菌;在培养基中加入亚硫酸铋,可以抑制革兰氏阳性细菌和绝大多数革兰氏阴性细菌的生长,而革兰氏阴性的伤寒沙门氏菌(Salmonella typhi)可以在这种培养基上生长;在培养基中加入青霉素、四环素或链霉素,可以抑制细菌和放线菌生长,而将酵母菌和霉菌分离出来。现代基因克隆技术中也常用选择培养基,在筛选含有重组质粒的基因工程菌株过程中,利用质粒上具有的对某种(些)抗生素的抗性选择标记,在培养基中加入相应抗生素,就能比较方便地淘汰非重组菌株,以减少筛选目标菌株的工作量。由于选择目标的多样性,选择培养基也是多种多样的。

从某种意义上讲,加富培养基类似选择培养基,两者区别在于,加富培养基是用来增加所要分离的微生物的数量,使其形成生长优势,从而分离到该种微生物;选择培养基则一般是抑制不需要的微生物的生长,使所需要的微生物增殖,从而达到分离所需微生物的目的。

5.2.2.2 配制的基本原则

培养基是微生物研究和发酵生产的物质基础,而且微生物种类、营养类型存在差异性,所以配制合理、科学的培养基尤显重要。

(1) 选择适宜的营养物质

配制培养基之前,首先要明确培养何种微生物,是得到菌体还是代谢产物。根据不同的目的,设计最佳的培养基。由于微生物营养类型复杂,不同微生物对营养物质的需求是不一样的,因此首先要根据不同微生物的营养需求配制针对性强的培养基。

(2) 营养物质浓度及配比合适

培养基中应含有维持微生物生长所必需的一切营养物质,且营养物质浓度合适时微生物才能生长良好,营养物质比例及浓度不适时,微生物生长受到抑制。例如高浓度糖类物质、无机盐、重金属离子等不仅不能维持和促进微生物的生长,反而起到抑菌或杀菌作用,如许多食品的加工及贮藏中采用糖渍、盐渍等方式达到延长保质期之目的。

培养基中营养物质之间的配比也直接影响微生物的生长与繁殖，其中碳氮比（C/N）影响较大。碳氮比指培养基中碳元素与氮元素的物质的量比值。例如，在微生物发酵生产谷氨酸的过程中，培养基碳氮比为 4/1 时，菌体大量繁殖，谷氨酸积累少；当碳氮比为 3/1 时，菌体繁殖受到抑制，谷氨酸产量则大量增加。

碳氮比（C/N）= 碳源含量/氮源含量

或　　碳氮比（C/N）= 碳源中碳原子的物质的量/氮源中氮原子的物质的量

（3）理化条件适宜

① pH　培养基的 pH 必须控制在一定的范围内，以满足微生物的生长与繁殖。各类微生物生长与繁殖或产生代谢产物的最适 pH 条件各不相同，一般来讲，细菌与放线菌适于在 pH 7～7.5 生长，酵母菌和霉菌通常在 pH 4.5～6 生长。

在微生物生长与繁殖和代谢过程中形成的代谢产物可能会导致培养基 pH 发生变化，若不对培养基 pH 条件进行控制，往往导致微生物生长速度下降或（和）代谢产物产量降低。因此，为了维持培养基 pH 的相对恒定，通常在培养基中加入 pH 缓冲剂，但一般缓冲剂系统只能在一定的 pH 范围（pH 6.4～7.2）内起调节作用。如乳酸菌能大量产酸，缓冲剂就难以起到缓冲作用，此时可在培养基中添加难溶的碳酸盐（如 $CaCO_3$）来进行调节，如果上述方法不能解决时，需要采用外源调节。在微生物培养过程中向液体培养基中流加酸液或碱液调整培养液 pH。

② 渗透压和水分活度　渗透压是指某水溶液中一个可用压力来度量的物化指标，它表示两种不同浓度的溶液之间被一个半透性薄膜隔开，稀溶液中的水分子会因水势的推动透过隔膜流向高浓度溶液，直至膜两边水分子达到平衡为止，这时由高浓度溶液中的溶质所产生的机械压力为渗透压值。渗透压对微生物生长有重要影响。适宜的渗透压有利于微生物的生长。高渗透压会使细胞脱水，发生质壁分离；低渗透压会使细胞吸水膨胀，甚至导致胞壁脆弱和缺壁细胞。当然，微生物在其长期进化过程中，已进化出一套高度适应渗透压的特性，如可通过体内糖原、PHB 等大分子贮藏物的合成或分解来调节细胞内的渗透压。

水分活度 a_w，是一个比渗透压更有生理意义的物理化学指标，它表示在天然或人为环境中，微生物可实际利用的自由水或游离水的含量。确切定义是：在同温同压下，某溶液的蒸气压（p）与纯水蒸气压（p_0）之比。各种微生物生长与繁殖 a_w 的范围在 0.60～0.998，例如，细菌一般为 0.90～0.98，嗜盐菌为 0.75，一般酵母菌为 0.87～0.91。

③ 氧化还原电位　氧化还原电位（redox potential）一般以 E_h 表示，是度量氧化还原系统中还原释放电子或氧化剂接受电子趋势的一种指标，单位为 V 或 mV。不同类型微生物生长对氧化还原电位的要求不一样，一般好氧微生物在 E_h 值为 +0.1V 以上时可正常生长，一般以 +0.3～+0.4V 为宜；厌氧微生物只能在低于 +0.1V 条件下生长；兼性厌氧微生物在 +0.1V 以上时进行好氧呼吸，在 +0.1V 以下时进行发酵。E_h 值与氧分压和 pH 有关，也受某些微生物代谢产物的影响。在 pH 相对稳定的条件下，可通过增加通气量（如振荡培养、搅拌）提高培养基的氧分压，或加入氧化剂，从而增加 E_h 值；在培养基中加入抗坏血酸、硫化氢、半胱氨酸、谷胱甘肽、二硫苏糖醇等还原性物质可降低 E_h 值。

（4）经济节约

在设计大规模生产用的培养基时应该注重经济节约原则，以降低成本，这一点在生产实践中尤为重要。在保证微生物正常生长和积累代谢产物的前提下，经济节约原则可以遵循以下原则，即以粗代精、以野代家、以废代好、以简代繁、以国产代进口等。

5.2.3 微生物对营养物质吸收

外界的营养物质是微生物通过其细胞膜的渗透和选择吸收进入微生物细胞内的，主要方式分为被动吸收（简单扩散和促进扩散）和主动吸收（主动运输和基团移位）两种形式。

5.2.3.1 简单扩散

又称被动转运或单纯扩散，是营养物质非特异性地由高浓度一侧被动或自由地透过细胞膜向浓度低一侧扩散的过程，见图5-1。其特点为：

输送动力：浓度梯度。
输送方向：顺浓度梯度（通常是由胞外环境向胞内扩散）。
输送物质：水、气体、脂溶性物质、极性小的分子。
输送机制：通过亲水小孔或磷脂双分子层。

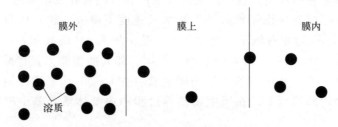

图 5-1 简单扩散示意图
（来源：周德庆编著，微生物学教程，第3版，高等教育出版社，2015.1）

5.2.3.2 促进扩散

指不需要任何能量的情况下，利用细胞膜上的底物特异性载体蛋白在细胞膜的外侧与溶质分子结合，在膜的内侧释放此溶质而完成物质输送的过程，见图5-2。其特点为：

输送动力：浓度梯度。
输送方向：顺浓度梯度。
载体蛋白：需要，具有特异性。
输送物质：极性大的分子（糖类、氨基酸等）。
输送机制：被输送的物质与相应的载体之间存在一种亲和力。

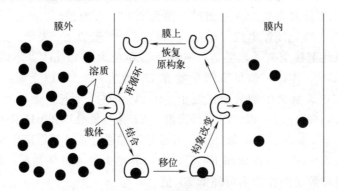

图 5-2 促进扩散示意图
（来源：周德庆编著，微生物学教程，第3版，高等教育出版社，2015.1）

促进扩散的运输方式多见于真核微生物中，例如通常在厌氧生活的酵母菌中，某些物质的吸收和代谢产物的分泌，以及大肠杆菌吸收钠离子都是通过这种方式完成的。

5.2.3.3 主动运输

是指需要能量和载体蛋白的逆浓度梯度积累营养物质的过程,是微生物吸收营养物质的主要方式,过程见图 5-3。其特点如下:

输送动力:代谢能量。
输送方向:逆浓度梯度。
载体蛋白:需要,具有特异性。
输送物质:氨基酸、某些糖、Na^+、K^+ 等。
输送机制:代谢能量改变底物与载体之间的结合力。

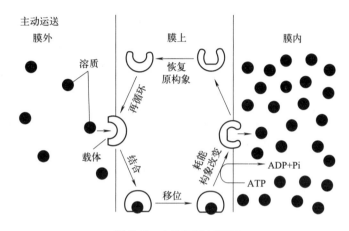

图 5-3 主动运输示意图

(来源:周德庆编著,微生物学教程,第 3 版,高等教育出版社,2015.1)

5.2.3.4 基团移位

是一种既需要特异性载体蛋白又需耗能且溶质在运送前后会发生分子结构变化的运送方式,主要存在于厌氧和兼性厌氧细菌中。基团移位主要用于运送葡萄糖、果糖、核苷酸、丁酸、甘露糖和腺嘌呤等物质,过程示意图见图 5-4。其特点如下:

输送动力:代谢能量,磷酸烯醇式丙酮酸(PEP)上的高能磷酸键,且每输送一个葡萄糖分

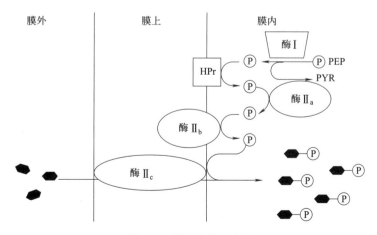

图 5-4 基团移位示意图

PEP:磷酸烯醇式丙酮酸;PYR:丙酮酸;HPr:组氨酸蛋白

(来源:周德庆编著,微生物学教程,第 3 版,高等教育出版社,2015.1)

子就消耗一个 ATP 分子。

输送方向：逆浓度梯度。

载体蛋白：磷酸转移酶系统。

被输送物质在输送前后的存在状态：在细胞膜内被磷酸化。

输送机制：是依靠磷酸转移酶系统，即磷酸烯醇式丙酮酸-己糖磷酸转移酶系统。

目前，仅在原核生物中发现该过程，最著名的基团移位系统是磷酸烯醇式丙酮酸-磷酸转移酶系统（phosphotransferase system，PTS）。例如葡萄糖的运送，输入一个葡萄糖分子，就要消耗一个 ATP 能量。其步骤如下：

（1）热稳载体蛋白（HPr）的激活

细胞内高能化合物磷酸烯醇式丙酮酸（PEP）的磷酸基团通过酶Ⅰ的作用把 HPr 激活：

$$PEP + HPr \xrightleftharpoons{酶Ⅰ} 丙酮酸 + P\text{-}HPr$$

酶Ⅰ是一种存在于细胞质中非特异性的酶。HPr 是一种低分子量的可溶性蛋白质，结合在细胞膜上，有高能磷酸载体的作用。

（2）糖被磷酸化后运入膜内

膜外环境的糖先与外膜表面的酶Ⅱ结合，接着糖分子被由 P-HPr、酶Ⅱ$_a$、酶Ⅱ$_b$ 逐级传递来的磷酸基团激活，最后通过酶Ⅱ$_c$ 再把这一磷酸糖释放到细胞质中。

$$糖(胞外) + P\text{-}HPr \xrightleftharpoons{酶Ⅱ} HPr + 糖\text{-}P(胞内)$$

酶Ⅱ是一种结合于细胞膜上的蛋白质，它对底物具有特异性选择作用，因此细胞膜上可诱导出一系列与底物分子相应的酶Ⅱ。

四种物质运输方式的比较见表 5-5。

表 5-5 营养物质进入细胞的四种方式

比较项目	简单扩散	促进扩散	主动运输	基团移位
特异载体蛋白	无	有	有	有
运送速度	慢	快	快	快
溶质运送方向	由浓至稀	由浓至稀	由稀至浓	由稀至浓
平衡时内外浓度	内外相等	内外相等	内部浓度高得多	内部浓度高得多
运送分子	无特异性	特异性	特异性	特异性
能量消耗	不需要	不需要	需要	需要
运送前后溶质分子	不变	不变	不变	改变
载体饱和效应	无	有	有	有
与溶质类似物	无竞争性	有竞争性	有竞争性	有竞争性
运送抑制剂	无	有	有	有
运送对象举例	H_2O、CO_2、O_2、甘油、乙醇、少数氨基酸、盐类、代谢抑制剂	SO_4^{2-}、PO_4^{3-}、糖（真核生物）	氨基酸，乳糖等糖类、Na^+、Ca^{2+} 等无机离子	葡萄糖、果糖、甘露糖、嘌呤、核苷酸、脂肪酸等

注：周德庆编著，微生物学教程，第 3 版，高等教育出版社，2015.1。

不同微生物运输物质不同，即使对同一种物质，不同微生物的摄取方式也不一样。例如，半乳糖在大肠杆菌中靠促进扩散运输，而在金黄色葡萄球菌中则是通过基团移位运送。最突出的是葡萄糖的运送方式，表 5-6 为不同微生物摄取葡萄糖的方式。

表 5-6 不同微生物摄取葡萄糖的方式

促进扩散	主动运输	基团移位
酿酒酵母 (*Saccharomyces cerevisiae*)	铜绿假单胞菌 (*Pseudomonas aeruginosa*) 藤黄微球菌 (*Micrococcus luteus*)	大肠杆菌 (*Escherichia coli*) 枯草杆菌 (*Bacillus subtilis*) 巴氏梭菌 (*Clostridium pasteurianum*) 金黄色葡萄球菌 (*Staphyloccocus aureus*)

5.2.4 微生物的营养类型

根据生物生长所需要的营养物质性质（碳源），可将生物分成两种基本的营养类型：一为异养型生物，即在生长时需要以复杂的有机物质作为营养物质；二为自养型生物，即在生长时能以简单的无机物质作为营养物质。动物属于异养型生物，植物属于自养型，而微生物既有异养型的也有自养型的，大多数微生物属于异养型生物，少数微生物属于自养型生物。

根据生物生长时能量的来源不同，可将生物分成两种类型：一为化能营养型生物，即依靠化合物氧化释放的能量进行生长；二为光能营养型生物，即依靠光能进行生长。动物和大部分微生物属于化能营养型生物，它们从物质的氧化过程中获得能量。植物和少部分微生物属于光能营养型生物。

按供氢体可分无机营养型生物和有机营养型生物。表 5-7 为微生物的营养类型。

表 5-7 微生物的营养类型

营养类型	能源	供氢体	基本碳源	实例
光能无机营养型 （光能自养型）	光	无机物（如 H_2S、$Na_2S_2O_3$）	CO_2	紫硫细菌、绿硫细菌、藻类
光能有机营养型 （光能异养型）	光	有机物	CO_2 及简单有机物	红螺菌
化能无机营养型 （化能自养型）	无机物	无机物	CO_2	硝化细菌、硫化细菌、氢细菌、铁细菌
化能有机营养型 （化能异养型）	有机物	有机物	有机物	绝大多数细菌和全部真核微生物

注：周德庆编著，微生物学教程，第 3 版，高等教育出版社，2015.1。

5.2.4.1 光能自养型微生物

以 CO_2 作为唯一碳源或主要碳源，并利用光能，以无机物如硫化氢、硫代硫酸钠或其他无机硫化物作为供氢体将 CO_2 还原成细胞物质，同时产生元素硫。

例：绿硫细菌，紫硫细菌

$$CO_2 + 2H_2S \xrightarrow{\text{细菌叶绿素}} [CH_2O] + 2S + H_2O$$

5.2.4.2 化能自养型微生物

以 CO_2 或碳酸盐作为唯一或主要碳源，以无机物氧化释放的化学能为能源，利用电子供体如氢气、硫化氢、二价铁离子或亚硝酸盐等使 CO_2 还原成细胞物质。

5.2.4.3 光能异养型微生物

以 CO_2 为主要碳源或唯一碳源，以有机物（如异丙醇）作为供氢体，利用光能将 CO_2 还原成细胞物质。红螺菌属中的一些细菌属于此种营养类型。

$$2CH_3CHOHCH_3 + CO_2 \xrightarrow{\text{光合色素}} 2CH_3COCH_3 + [CH_2O] + H_2O$$

5.2.4.4 化能异养型微生物

多数微生物属于化能异养型，其生长所需要能量和碳源通常来自同一种有机物。根据化能异养型微生物利用有机物的特性，又可以将其分为两种类型：腐生型微生物，即利用无生命活性的有机物作为生长的碳源；寄生型微生物，即寄生在生活的细胞内，从寄生体内获得生长所需要的营养物质。

5.3 微生物生长与繁殖

微生物的生长过程是一个复杂的生命活动。微生物从外界环境吸取营养物质，经代谢作用合成细胞成分，使细胞有规律地增加，从而导致菌体质量增加，这就是生长。

5.3.1 微生物生长与繁殖概述

不同类型的微生物生长和繁殖方式不同，如细菌的生长及繁殖方式为裂殖，即一个母细胞体积增大最后分裂成两个相同的子细胞；多数酵母为出芽繁殖；丝状真菌的生长是以其顶端延长的方式进行的，在生长过程中产生繁茂的分枝而构成整体。

5.3.1.1 生长量的测定

由于微生物的单个细胞体积很小，个体的生长变化不明显且很难测定，意义不大，通常对于微生物的生长量的测定只是针对其群体的生长。测定生长量的方法很多，可以根据用途及目的选择不同的测定方法。

（1）直接法

直接将收集的液体培养物的细胞进行离心沉降，然后观察微生物细胞沉降物的体积。此方法较为粗放，通常只用于简单的比较。

测定细胞干重是最直接的方法。将收集的液体培养物的细胞，经过无菌水洗涤后干燥、称重。这种方法灵敏度不是很高，特别是对于个体较少或质量较轻的微生物细胞。

（2）间接法

一种是利用比浊法测定微生物的生长量。原理是利用细胞菌悬液对光线具有散射作用，在一定浓度范围内，光散射的程度与细胞的浓度呈正比，也就是在一定波长（450～650nm）下测定菌悬液的光密度。当菌体浓度达到 10^7 个/mL 时，菌悬液就会呈轻微的混浊，适当稀释后进行测定。

另一种为利用微生物的生理指标测定其生长量。如蛋白质是细胞的主要组成物质，且含量稳定，从一定体积的培养物中收集菌体，洗涤后测其含氮量，若蛋白质含量越高，表明培养物中的微生物数量越多。此外，还有测定叶绿素含量及测 ATP 的含量来估计微生物的生物量。

5.3.1.2 计菌体数

细胞繁殖数的测定值适用于单细胞微生物如细菌和酵母菌，而相对于丝状生长的放线菌和霉菌而言，只能计算其孢子数。

(1) 显微镜直接计数法

直接计数法是最简单易行的微生物计数方法，这类方法是利用细菌计数板或血细胞计数板，在显微镜下计算一定容积样品中微生物的数量。但此法不足之处是死菌与活菌无法区分。计数板是一块特制的载玻片，上面有一个特定的面积 $1mm^2$ 和高 $0.1mm$ 的计数室，在 $1mm^2$ 的面积里又被刻划成 25 个（或 16 个）中格，每个中格进一步划分成 16 个（或 25 个）小格，但计数室都是由 400 个小格组成。将稀释的样品滴在计数板上，盖上盖玻片，然后在显微镜下计算 4~5 个中格的细菌数，并求出每个小格所含细菌的平均数，再按下面公式求出每毫升样品所含的细菌数。

$$每毫升原液所含细菌数 = 每小格平均细菌数 \times 400 \times 1000 \times 稀释倍数$$

(2) 间接计数法

此法又称活菌计数法，其原理是每个活细菌在适宜的培养基和良好的生长条件下通过生长形成的菌落数来计数。将待测样品经一系列 10 倍稀释，然后选择三个稀释度的菌液，分别取 0.2mL 平板涂布后培养，根据菌落数算出原菌液的含菌数。计算公式如下：

$$每毫升原菌液活菌数 = 同一稀释度三个以上重复平皿菌落平均数 \times 稀释倍数$$

5.3.2 微生物的群体生长繁殖规律

微生物个体细胞的生长时间一般很短，很快就进入繁殖阶段，生长和繁殖实际上很难分开。群体的生长表现为细胞数目或群体细胞物质的增加。质量倍增时间可以不同于细胞倍增时间，因而可以增大细胞质量而不增加细胞数。如果在给定环境中，细胞质量或细胞数倍增之间的间隔是恒定的，则微生物就以对数速率增长。

视频——样品稀释

5.3.2.1 单细胞微生物的典型生长曲线

在微生物分批培养过程中定时取样，测定单位体积里的细胞数或质量，以单位体积里的细胞数或质量的对数为纵坐标，以培养时间为横坐标作图，就可以得到如图 5-5 所示的微生物繁殖或生长曲线。

根据微生物分批培养过程中生长繁殖速率的变化，可把分批培养的全过程分四个阶段，分别为延滞期、对数期、稳定期和衰亡期。

(1) 延滞期

也称调整期或适应期，当微生物进入一个新的培养环境时，必须重新调整其小分子和大分子的组成，包括酶和细胞结构成分等。主要生理特性有菌体内物质量显著增长，菌体体积增大或伸长，代谢机能非常活跃，但对外界理化因子（如 NaCl、热、紫外线、X 射线等）的抵抗能力减弱。延滞期的长短与菌种、菌龄、培养条件等有密切关系。这个时期表现细胞数不变。当接种量少或微生物活力低时，会有一种生长停滞的现象。

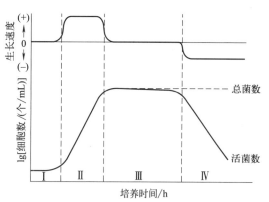

图 5-5 微生物的典型生长曲线

Ⅰ—延滞期；Ⅱ—对数期；Ⅲ—稳定期；Ⅳ—衰亡期

（来源：周德庆编著，微生物学教程，第 3 版，高等教育出版社，2015.1）

(2) 对数期

单细胞微生物经过对新环境的适应阶段后，生长非常旺盛，细胞数以几何级数增长，这个生长期的生长就接近于用数学方法描述的理想生长状态。主要生理特征是细胞高速生长,因此在研究微生物的代谢和遗传特性时,选用这个时期的细胞。这个时期的细胞可作为种子液进行接种,接种合适的发酵培养基可以缩短延滞期。在分批培养中,在营养物质一定浓度范围内,微生物的生长速率是随营养物质浓度的增加而增加的,但超过一定浓度时生长速率便不再增加,主要是限制性营养物质浓度降低了,微生物的生长速率也按一定规律下降。

这个时期,有三个主要参数:繁殖代数、生长速率常数和代时。

繁殖代数(n):

$$X_2 = X_1 \cdot 2n$$

以对数表示:

$$\lg X_2 = \lg X_1 + n\lg 2$$

∴

$$n = 3.322(\lg X_2 - \lg X_1)$$

生长速率常数(R):

$$R = n/(t_2 - t_1) = 3.322(\lg X_2 - \lg X_1)/(t_2 - t_1)$$

代时(G):

$$G = 1/R = (t_2 - t_1)/[3.322(\lg X_2 - \lg X_1)]$$

影响微生物对数期代时的变化因素有很多,但主要有菌种、营养成分及培养温度三个因素。

① 菌种 不同种的微生物代时差别很大,如表 5-8 所示,即便是同一菌种,在不同培养基及不同培养条件下也不同,但在一定条件下,各菌种的代时是相对稳定的,多数在 20～30min,但也有长有短,有的长达数天,短的也只有 9.8min 左右。在自然界生长的微生物代时通常比人工培养的微生物代时长得多。

表 5-8 不同细菌的代时

细菌	培养基	温度/℃	代时/min
漂浮假单胞菌(*Pseudomonas natriegenes*)	肉汤	27	9.8
大肠杆菌(*Escherichia coli*)	肉汤	37	17
蜡状芽孢杆菌(*Bacillus thermophilus*)	肉汤	30	18
嗜热芽孢杆菌(*Bacillus thermophilus*)	肉汤	30	18
枯草芽孢杆菌(*Bacillus subtilis*)	肉汤	55	18.3
巨大芽孢杆菌(*Bacillus megaterium*)	肉汤	30	31
乳酸链球菌(*Streptococcus lactis*)	肉汤	37	26
嗜酸乳杆菌(*Lactobacillus acidophilus*)	牛乳	37	66～87
伤寒沙门氏菌(*Salmonella typhi*)	牛乳	37	23.5
金黄色葡萄球菌(*Staphylococcus aureus*)	肉汤	37	27～30
霍乱弧菌(*Vibrio cholerae*)	肉汤	37	21～38
丁酸梭菌(*Clostridium butyricum*)	玉米醪	30	51
大豆根瘤菌(*Rhizobium japonicum*)	葡萄糖	25	344～461
结核分枝杆菌(*Mycobacterium tuberculosis*)	组合	37	792～932
活跃硝化杆菌(*Nitrobacter agilis*)	组合	27	1200
梅毒密螺旋体(*Treponema pallidum*)	家兔	37	1980
褐球固氮菌(*Azotobacter chroococcum*)	葡萄糖	25	240

注:周德庆主编,微生物学教程,高等教育出版社,2002.5。

② 营养成分 同一种微生物在营养丰富的培养基上生长时,其代时较短,反之则长。例如,同在 37℃下,*E.coil* 在牛奶中代时为 12.5min,而在肉汤培养基中为 17min。

③ 培养温度 温度越接近其最适生长温度,则代时越短。如表 5-9 所示。

表 5-9　大肠杆菌在不同温度下的代时

温度/℃	代时/min	温度/℃	代时/min
10	860	35	22
15	120	40	17.5
20	90	45	20
25	40	47.5	77
30	29		

注：周德庆编著，微生物学教程，第3版，高等教育出版社，2015.1。

（3）稳定期

随着微生物的生长，营养物质（包括限制性营养物质）逐渐被消耗和代谢过程中产生的有生理毒性的物质在培养基中不断积累，以及培养基其它条件（如 pH、氧化还原电位等）的改变，在对数末期，微生物生长速度降低，繁殖率与死亡率逐渐趋于平衡，活菌数基本保持稳定，从而进入稳定期。由于一些对人类有用的代谢产物特别是次级代谢产物会在该阶段大量合成，所以此阶段对工业发酵很重要。

稳定期主要生理特征：由于培养基中营养物质消耗，有害代谢产物积聚，该期细菌繁殖速度渐减，死亡数缓慢增加，生长分裂和死亡的菌细胞数处于平衡状态。在此阶段，一些细菌的外毒素和抗生素等代谢产物大量产生，因此稳定期是产物的最佳收获时间。

（4）衰亡期

随着营养物质的消耗和有害物质的积累，环境越来越不适合细胞的生长，细菌的死亡率逐渐增加，大大超过新生细胞数，因此总的活菌数明显下降。

衰亡期生理特征：细胞内颗粒更明显，出现液泡，细胞长出多种形态，包括畸形或衰退形；因细胞本身所产生的酶和代谢产物的作用而使菌体分解死亡；衰亡期与其它各期比较相对较长，其时限取定于微生物本身遗传性能以及环境条件。

5.3.2.2　微生物的连续培养

连续培养是在微生物培养过程中不断放出培养液，同时补充等量的新鲜培养基的培养方式。连续培养可以保持微生物恒定的培养条件，有效地延长对数生长期到稳定期的时间，使微生物的生长速度、代谢活动都处于恒定状态，从而达到增加发酵量和发酵产物产量之目的。

连续培养的优点：①培养液浓度和代谢产物含量相对稳定，达到保证产品质量和产量之目的；②减少了分批培养中每次清洗、装料、消毒、接种、卸料等操作时间，缩短发酵周期和提高设备利用率；③劳动强度减轻，便于自控等。但也有缺点：①连续培养持续时间较长，易发生杂菌污染和菌株易发生变异退化；②产物的收率及浓度比分批式低，设备要求高。

在连续培养过程中，微生物的增殖速度和代谢活性处于某种稳定状态，因此可将连续培养方式分为两类，即恒化器（chemostat）和恒浊器（turidostat）。

（1）恒化器

恒化器是将微生物增殖所必需的一种营养物（如碳源、氮源、无机盐类、溶解氧等）作为限制性条件（单一的限制性基质），通过控制其供给速度来限制微生物的增殖速度，从而实现连续培养。在恒化器中进行连续培养时，在预定的培养基中，除了一种营养物外，其余都超过微生物细胞所需要的量，这一种营养物质称为限制性基质。生长所需要的任何一种营养物都可以作为限制性基质，这样就给研究者通过调节生长环境来控制正在生长中的细胞生理特性带来了很大的灵活性，并使恒化器成为一种广泛采用的连续培养装置。

（2）恒浊器

恒浊器是通过流加新鲜培养基，以保持培养器中微生物细胞密度维持恒定，从而实现连续培养。微生物的密度能表现为培养液的浊度，而浊度可以转变为光电信号，此信号与对应于预定浊度的光电信号比较，即可发出控制信号，使流加新鲜培养基的电磁阀开或关。由于培养器体积用溢流装置维持恒定，而且容器里的物料是均匀混合的，所以当电磁阀打开时，有些细胞从容器内溢出，培养物被稀释，浊度下降。流加到一定程度，当浊度产生的光电信号比预定的浊度光电信号小时，电磁阀即自动关闭。容器内微生物的生长又使浊度上升，上升到预定值，电磁阀又打开。如此不断地开、关电磁阀，从而实现恒浊控制。发酵工业上采用多罐串联连续培养的方法，可以大大缩短发酵周期，提高设备的利用率。

5.3.2.3 微生物的高密度培养（high density culture）

二维码 11

高密度培养：是应用一定的培养技术和设备来提高菌体生物量和目标产物的发酵技术，通常指微生物在液体培养中细胞密度超过常规培养 10 倍以上。一般认为，细胞密度接近理论值的培养为高密度培养。但由于菌种、培养条件及目标产物等差异性较大，高密度培养的最终菌体生物量无法用一个确切的值或范围界定。Riesenbere 经计算认为，理论上大肠杆菌发酵所能达到的最高菌体密度为 400g/L。考虑到实际情况的种种条件限制，Markel 等认为最高菌体密度为 200g/L，此时，发酵液黏度很高，几乎丧失流动性。

高密度培养技术最早用于酵母细胞的培养，用于生产单细胞蛋白及提高乙醇的产量。近年来，随着基因工程技术的发展和应用，构建基因工程菌已经成为提高目标产物产量的一项基本手段，基因工程菌过量表达目标产物后，有利于后续过程的分离纯化操作，其中大肠杆菌、芽孢杆菌及酵母是最常用的重组表达宿主菌。

5.4 微生物生长繁殖的控制

在地球广阔的生态系统中存在着一些绝大多数生物都无法生存的极端环境，主要包括高温、低温、高酸、高碱、高压、高盐、高辐射、强对流、低氧等环境。凡依赖于这些极端环境才能正常生长繁殖的微生物，称之为极端微生物或嗜极微生物，主要包括嗜酸菌、嗜碱菌、嗜冷菌、嗜热菌、嗜压菌、嗜盐菌、极端厌氧微生物、耐干燥微生物、抗辐射微生物、抗高浓度金属离子微生物等。部分嗜极微生物见表 5-10。

表 5-10 嗜极微生物分类

嗜极微生物	生存环境	呼吸类型	种类	潜在特性
嗜酸微生物	pH＜4	好氧型	古生菌、细菌	嗜热、嗜压
嗜碱微生物	pH＞10	好氧型	古生菌、细菌	嗜盐
嗜盐微生物	环境盐分＞2.5mol/L	好氧型、厌氧型	古生菌	嗜碱
海洋微生物	环境盐分＞0.5mol/L	好氧型、厌氧型	古生菌、细菌	嗜冷、嗜压
嗜压微生物	环境压力＞0.1MPa	好氧型、厌氧型	古生菌、细菌	嗜热、嗜冷
嗜冷微生物	最适生长温度＜15℃	好氧型、厌氧型	细菌	嗜压
嗜热微生物	最适生长温度＞65℃	好氧型、厌氧型	古生菌、细菌	嗜压、嗜酸

注：刘韬，天山冻土低温淀粉酶产生菌株的筛选及其酶学性质的研究［D］．石河子大学，2010：18-20。

5.4.1 影响微生物生长繁殖的因素

微生物的代谢活动对外界环境因素很敏感，如温度、pH、氧浓度、水分活度、金属离子、辐射、光照以及其它营养元素等。环境条件的变化，都会影响微生物的生长繁殖。

5.4.1.1 温度

温度是影响微生物生长繁殖和生存最重要的因素之一。由于微生物通常体积微小，比表面积大，而且大多属于单细胞生物，因此，它们对温度的变化比其它生物更加敏感。

微生物体的生命活动是由一系列有规律的酶的催化反应提供支撑的。所以，温度对微生物生长影响的一个决定性因素是微生物酶催化反应对温度的敏感性。在低温条件范围内，温度升高可加快微生物胞内酶的催化反应速率，由于微生物体内酶促反应加速，微生物体代谢更加活跃，微生物生长更快。当温度升高到一定程度时，微生物生长速率达到最大值，该温度称为最适生长温度。继续升温会使生长速度下降，而过高的温度会导致微生物死亡，因为在高温条件下，微生物酶、运输载体及结构蛋白会发生热变性，细胞脂质双分子层膜在高温下熔化崩解，从而使细胞受到损害，微生物死亡。

生物最适生长温度定义为：在一定培养条件下，某单一菌株分裂代时最短或者生长速率最高时的培养温度。

微生物生长具有明显的温度依赖性，最低生长温度、最适生长温度和最高生长温度称为微生物生长温度三基点（图 5-6）。尽管微生物在不同培养条件（如培养基、pH、氧分压）下生长的温度依赖曲线会有变化，但最适生长温度总是更靠近最高生长温度。同一微生物的生长温度三基点并不是固定不变的，而是在一定程度上依赖于培养基 pH 及营养等其它因素。例如一株分离自如皋火腿的腐生葡萄球菌在 MSA 液体培养基中的最适生长温度为 42℃，而在牛肉膏蛋白胨培养基中的最适生长温度则为 38℃。

不同微生物的生长温度差别很大（表 5-11），最适生长温度可低至 0℃ 或高达 75℃，能够进行生长的温度低至 −20℃，高的甚至超过 100℃。产生这种现象的主

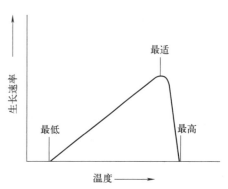

图 5-6 温度与微生物生长速率
（来源：韦革宏和王卫卫主编，微生物学，科学出版社，2008.1）

要原因是水，甚至在最极端温度条件下微生物也需要液态水才能生长。对一种微生物而言，其生长温差范围一般为 30℃，某些种类如淋病奈瑟氏球菌（*Neisseria gonorrhoeae*），其生长温度范围很窄。而像粪肠球菌（*Enterococcus faecalis*）等可在一个很宽的温度范围生长。

表 5-11 不同微生物生长的温度范围

微生物	最低生长温度/℃	最适生长温度/℃	最高生长温度/℃
非光合细菌			
嗜冷芽孢杆菌	−10	23	29
荧光假单胞菌	4	25~30	40
金黄色葡萄球菌	6.5	30~37	46
粪肠球菌	0	37	44
大肠杆菌	10	37	45

续表

微生物	最低生长温度/℃	最适生长温度/℃	最高生长温度/℃
光合细菌			
深红红螺菌	ND[①]	30～35	ND
多变鱼腥蓝细菌	ND	35	ND
真核藻类			
蛋白核小球藻	ND	25	29
雪衣藻	−36	0	4
真菌			
假丝酵母	0	4～15	15
酿酒酵母	1～3	28	40
微小毛霉	21～23	45～50	50～58
原生动物			
大变形虫	4～6	22	35
尾状核草履虫	ND	25	28～30

注：沈萍和彭珍荣主译，微生物学，高等教育出版社，2003.7。

① ND：无数据。

微生物各类群的最高生长温度差别较大，原生动物最高生长温度为50℃左右，一些藻类和真菌可在55～60℃条件下生长。一些原核生物甚至可以在100℃左右的条件下生长。近年来，相关研究者还发现在火山口有些硫细菌能在远高于100℃的条件下生存。原核生物比真核生物更能在较高的温度条件下生长，据认为这是因为真核生物在高于60℃的条件下不能构建稳定且具有相应功能的细胞器膜。

(1) 嗜冷菌

能在0℃生长，最适生长温度小于或等于15℃，最高生长温度在20℃左右，在南极和北极环境中容易分离到这类微生物。常见的嗜冷菌主要有假单胞菌、弧菌、产碱菌、芽孢杆菌、节杆菌、发光杆菌和希瓦氏菌等。在南极的Ace湖分离到嗜冷的古生菌——产甲烷菌。嗜冷菌通过多种方式适应低温环境，它们的运输系统和蛋白质合成系统在低温条件下能很好地发挥功能，其细胞膜含有大量不饱和脂肪酸，能在低温条件下保持流动状态，而当温度高于20℃时，细胞膜被破坏，菌体死亡。

(2) 兼性嗜冷菌

最适生长温度为20～30℃，最高生长温度高于35℃，但它们能在0～7℃条件下生长。兼性嗜冷的细菌和真菌是污染冻藏食品的主要原因，也是食品安全问题研究的重点对象。

(3) 嗜温菌

最适生长温度为20～45℃，最低生长温度为15～20℃，最高生长温度在45℃左右。大多数微生物属于这个范畴，几乎所有人类致病菌都是嗜温菌，因为它们最适生长温度与人体温度相近。

(4) 嗜热菌

能在高于55℃条件下生长，最低生长温度为45℃左右，最适生长温度通常为55～65℃。嗜热菌中的成员大部分为细菌，也有少数藻类和真菌，它们在温泉、热水管道和某些经高温杀菌的食品中生长繁殖。嗜热菌与嗜温菌的区别在于，前者有更多能在高温条件下发挥功能的热稳定酶和蛋白质合成系统，而且细胞膜脂类物质的饱和程度高，有较高的熔点，因而细胞在高温条件下能保持完整。

5.4.1.2 氧气

氧气对微生物的生命活动有着重要影响。按照微生物与氧气的关系，可把它们分成好氧菌

(aerobe) 和厌氧菌 (anaerobe) 两大类。好氧菌又可分为专性好氧菌、兼性厌氧菌和微好氧菌，厌氧菌分为专性厌氧菌、专性耐氧菌（见图 5-7）。

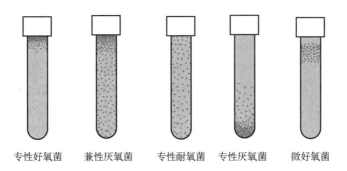

专性好氧菌　兼性厌氧菌　专性耐氧菌　专性厌氧菌　微好氧菌

图 5-7 微生物需氧类型的生长繁殖分布示意图
(来源：沈萍和彭珍荣主译，微生物学，高等教育出版社，2003.7)

(1) 专性好氧菌

要求必须在有分子氧的条件下才能生长，有完整的呼吸链，以分子氧作为最终氢受体，细胞内有超氧化物歧化酶（SOD）和过氧化氢酶。绝大多数真菌和许多细菌都是专性好氧菌，如米曲霉、枯草芽孢杆菌等。真空包装及气调包装等都有助于抑制专性好氧菌的生长。

(2) 兼性厌氧菌

在有氧或无氧条件下都能生长，但有氧的情况下生长得更好。有氧时进行呼吸产能，无氧时进行无氧呼吸产能。该类菌细胞内有超氧化物歧化酶（SOD）和过氧化氢酶。许多酵母菌和细菌都是兼性厌氧菌，例如酿酒酵母、大肠杆菌和普通变形杆菌等。

(3) 微好氧菌

只能在较低的氧分压下才能正常生长的微生物。也通过呼吸链以氧为最终氢受体而产能。例如霍乱弧菌、一些产气单胞菌、拟杆菌属和发酵单胞菌属。

(4) 专性厌氧菌

厌氧菌的特征是分子氧存在时菌体就死亡，即使是短期接触空气，也会抑制其生长甚至死亡；在空气或含 10% 二氧化碳的空气中，它们在固体或半固体培养基的表面上不能生长，只能在深层无氧或低氧化还原电势的环境下才能生长。其生命活动所需能量是通过发酵、无氧呼吸、循环光合磷酸化或甲烷发酵等提供，细胞内缺乏 SOD 和过氧化氢酶。常见的厌氧菌有罐头腐败菌，如肉毒梭状芽孢杆菌、嗜热梭状芽孢杆菌、拟杆菌属、双歧杆菌属以及各种光合细菌和产甲烷菌等。

同一类微生物与氧气的关系可能是多种类型，真菌一般为好氧菌或兼性厌氧菌，而藻类基本都是专性好氧菌。微生物与氧之间关系的差别是由多种因素决定的，包括蛋白质在有氧条件下失活以及氧对微生物的毒害作用。巯基等敏感基团被氧化可造成酶失活，例如固氮酶对氧非常敏感。

5.4.1.3 pH 值

pH 是影响微生物生长的重要因素之一，微生物生长的 pH 范围极广，如嗜酸菌（acidophile）生长最适 pH 为 0～5.5，嗜中性菌（nelnrophile）最适 pH 为 5.5～8.0，而嗜碱菌（alkalophile）最适 pH 为 8.5～11.5，极端嗜碱菌生长的最适 pH 为 10 或更高。事实上，大多数种类都生长在 pH 5～9 之间（如表 5-12）。

表 5-12 不同微生物生长的 pH 值范围

微生物名称	pH 最低	pH 最适	pH 最高
Thiobacillus thiooxidans（氧化硫硫杆菌）	0.5	2.0~3.0	6.0
Lactobacillus acidophilus（嗜酸乳杆菌）	4.0~4.6	5.8~6.6	6.8
Acetobacter aceti（醋化醋杆菌）	4.0~4.5	5.4~6.3	7.0~8.0
Rhizobium japonicum（大豆根瘤菌）	4.2	6.8~7.0	11.0
Bacillus subtilis（枯草芽孢杆菌）	4.5	6.0~7.5	8.5
Escherichia coli（大肠埃希氏菌）	4.3	6.0~8.0	9.5
Staphylococcus aureus（金黄色葡萄球菌）	4.2	7.0~7.5	9.3

注：周德庆编著，微生物学教程，第 3 版，高等教育出版社，2015.1。

像温度一样，不同的微生物都有其最适生长 pH 和一定的 pH 值范围，即最高生长 pH、最适生长 pH 和最低生长 pH 三个值。在最适生长 pH 值范围内，微生物细胞内酶促反应速率较快，代谢旺盛，生长繁殖速度快；而在最低或最高 pH 环境中，微生物虽然能生存和生长，但生长非常缓慢而且容易死亡。一般霉菌能适应的 pH 范围最大，酵母菌适应的范围其次，细菌最小。霉菌和酵母菌最适生长 pH 值在 5~6 之间，而细菌的最适生长 pH 值在 7 左右。

尽管微生物通常可在一个较宽 pH 值范围内生长，并且远离它们的最适 pH 值，但它们对 pH 值变化的耐受性也有一定限度，细胞质中 pH 值突然变化会破坏质膜、抑制酶活性及影响膜运输蛋白的功能，从而对微生物造成损伤。一般情况下，当胞内 pH 值低于 5.0~5.5 时，原核生物就会死亡。环境中 pH 值的变化会改变营养物质分子的电离状态，降低它们被微生物利用的有效性。既使环境中 pH 值发生较大变化，但大多数微生物细胞内 pH 值接近中性，究其原因，可能是质膜对 H^+ 的透过性相对较低。嗜中性菌通过逆向运输系统用 K^+ 交换 H^+，极端嗜碱菌，如嗜碱芽孢杆菌，将胞内 Na^+ 与外界 H^+ 交换，保持胞内 pH 值接近中性。另外，胞内缓冲系统也对维持 pH 内环境稳定起重要作用。

不同微生物有其最适的生长 pH 范围，同一微生物在其不同的生长阶段和不同的生理生化过程中，最适 pH 也不同。这对发酵过程中 pH 的控制、积累代谢产物特别重要。微生物会改变环境的 pH，即改变培养基的原始 pH。当使用碳氮比例高的培养基，如培养真菌的培养基，经培养后其 pH 常会明显下降，因而，pH 调节是微生物培养中的一项重要工作。

5.4.2　微生物生长的控制方法

控制食品中有害微生物的种类和数量，主要从原料来源、原料贮藏、加工过程、产品杀菌、产品保藏及运输几个关键环节入手。而食品杀菌就是以食品为对象，通过对引起食品变质的主要因素——微生物的杀灭及去除，以达到维持食品品质的稳定，延长食品的保质期，并因此降低食品中有害细菌的存活数量，避免活菌的摄入引起人体（通常是肠道）感染或在食品中产生的细菌毒素导致人类中毒。

在讨论各种物理、化学因素对微生物生长的抑制和致死的影响，以及在食品工业中的应用之前，先简单叙述几个有关术语。

消毒：是指杀死所有病原微生物的措施，可达到防止传染病的目的。例如将物体在 100℃ 煮沸 10min 或 60~70℃ 加热 30min，就可以杀死病原菌的营养体，但芽孢杀不死。食品加工厂的厂房和所接触的加工器具都要进行定期消毒，操作人员的手也要进行消毒。具有消毒作用的物质称为消毒剂。

灭菌：是指用物理或化学因子，使存在于物体中所有的微生物永久性地丧失其活力，包括耐热的细菌芽孢，这是一种彻底的杀菌方法。

商业无菌：这是从商品角度对某些食品进行的灭菌方法。是指食品经过杀菌处理后，按照所规定的微生物检验方法，在所检食品中无活的微生物检出，或者仅能检出极少数的非病原微生物，并且它们在食品保藏过程中不能进行生长繁殖，这种灭菌方法，就叫商业灭菌。

在食品工业中，常用"杀菌"这个名词，它包括上述所称的灭菌和消毒，如牛奶的杀菌是指消毒，罐藏食品的杀菌是指商业灭菌。

无菌：即没有活的微生物存在的意思。例如，发酵工业中菌种制备的无菌操作技术，食品加工中的无菌灌装技术等。

死亡：是指微生物不可逆地丧失了生长繁殖的能力，即使再放到合适的环境中也不再繁殖。

由于不同微生物的生物学特性不同，因此，对各种理化因子的敏感性不同；同一因素不同剂量对微生物的效应也不同，或者起灭菌作用，或者起防腐作用。在了解和应用任何一种理化因素对微生物的抑制或致死作用时，还要考虑多种因素的综合效应。

食品的杀菌方法多种多样，就其实质来讲，是杀灭和抑制食品中微生物的生长繁殖，达到食品能在较长时间内可供食用的目的。化学杀菌引起有害化学物质在食品中的严重残留，危害食品安全；传统的低温加热不能将食品中的微生物全部杀死，而高温杀菌又会不同程度地破坏食品中热敏性的营养成分，降低食品的感官特性。为了解决这些产业难题，食品科技工作者群策群力，研究开发了几种非热力杀菌新技术，主要有超声波、超高压、脉冲电场、高渗透压及等离子体杀菌技术等。

5.4.2.1 超声波杀菌

超声波是频率大于 10kHz 的声波，常见超声波设备使用频率为 20kHz 到 10MHz。超声波与传声媒质相互作用蕴藏着巨大的能量，当遇到物料时就对其产生快速交替的压缩和膨胀作用，这种能量在极短的时间内足以起到杀灭和破坏微生物的作用，具有其他物理灭菌方法难以取得的多重效果，从而保持食品原有滋味和风味，因此超声波杀菌技术日益受到关注。

二维码 12

例如，柠檬汁采用一般热力杀菌法，其高温导致口味、香味变化，同时会使维生素及挥发性组分损失，此外，加热还能加剧褐变反应的进行。上述反应随时间及温度的增加而加大，而将超声波杀菌应用于柠檬汁加工中，柠檬汁的色泽、口味和其中的营养物质破坏极小，取得了很好的效果。原料乳杀菌要尽量在较低温度下进行，而采取冷杀菌技术有利于原料乳营养的保存，超声波杀菌技术就是可以达到此目的的一种冷杀菌技术。

5.4.2.2 超高压杀菌

所谓超高压杀菌是指将食品放入液体介质中，即将食品原料充填到柔软容器中密封，再将其投入静水的高压装置中高压处理，加 100～1000MPa 的压力一段时间，如同加热一样，使酶、蛋白质、淀粉等生物高分子物质失活、变性及糊化，同时杀灭食品中的微生物的过程。

二维码 13

超高压处理具有热处理及其它加工处理方法所没有的一些优点，超高压杀菌能够有效防止食品加工过程中的色、香、味、形和营养方面的变化。食品中的小分子物质，如维生素、多肽、脂质等几乎不受外界高压影响，主要是因为共价键不受超高压影响，并且在小于 2000MPa 压力时，共价键的可压缩性很小，所以经过超高压处理后食品能够保持原有的品质。而在高压下，会使蛋白质和酶发生变性，微生物细胞核膜被压成许多小碎片和原生质等一起变成糊状，这种不可逆的变化即可造成微生物死亡。

微生物的死亡遵循一级反应动力学。对于大多数非芽孢微生物，在室温、450MPa 压力下的灭菌效果良好。芽孢菌孢子耐压，灭菌时需要更高的压力，而且往往要结合加热等其他处理才更有效。温度、介质等对食品超高压灭菌的模式和效果影响很大。间歇性重复高压处理是杀死耐压芽孢的良好方法。日本开发出的超高压灭菌机，操作压力达 304~507MPa。超高压灭菌的最大优越性在于它对食品中的风味物质、维生素 C、色素等没有影响，营养成分损失很少，特别适用于果汁、果酱类、肉类等食品灭菌。此外，采用 300~400MPa 的超高压对肉类灭菌时还可使肌纤维断裂而提高肉类食品的嫩度，风味、色泽及成熟度方面均得到明显改善，同时也增加了可贮藏性。

5.4.2.3 脉冲电场杀菌

在众多非热处理技术中，高压脉冲电场（pulsed electric fields，PEF）是最具工业发展前景的非热杀菌技术之一。PEF 是一种新型的非热食品杀菌技术，它是以较高的电场强度（10~50kV/cm）、较短的脉冲宽度（0~100μs）和较高的脉冲频率（0~2000Hz）对液体、半固体食品进行处理，并且可以组成连续杀菌和无菌灌装的生产线。PEF 杀菌技术具有杀菌时间短、温升低、食品风味和营养素保存好等优点。适合于所有能够流动的含和不含固体颗粒的液体和半固体食品的杀菌。与其它非热杀菌技术相比，其突出优点是非常适合大规模工业化和连续化生产，建立连续杀菌和无菌灌装生产线，而且投资和运行费用相对较低。

多数学者认为 PEF 是通过外部电场与微生物细胞膜直接作用，从而破坏细胞膜的结构，形成"电穿孔"而导致微生物灭活。微生物细胞和外环境之间进行着活跃的物质交换，细胞膜的完整性对保证细胞生命活动的正常进行有着极其重要的作用。PEF 的杀菌作用与其对微生物细胞膜的影响密切相关。当微生物被置于高压脉冲电场中时，细胞膜会被破坏，从而导致细胞内容物外渗，引起细胞死亡。

杀菌一般在常温下进行，处理时间为几十毫秒。这种方法有两个特点：一是由于杀菌时间短，处理过程中的能耗远小于热处理法；二是由于在常温、常压下进行，处理后的食品与新鲜食品在物理性质、化学性质、营养成分上改变很小，风味、滋味无感觉出来的差异，杀菌效果明显，达到商业无菌的要求，特别适合于热敏性很高的食品。

高压脉冲电场对微生物作用明显，而且酵母比细菌更易被杀死，革兰氏阴性细菌比革兰氏阳性细菌更易被杀死。对于细菌芽孢，即使更高的指数形和方波高压脉冲电场，也对芽孢无效果，但高压电场不促进芽孢发芽；而双极形高压脉冲电场对细菌孢子有明显的作用。对数期的菌体比稳定期和衰退期的菌体更易被杀灭，这是因为对数期菌体中大部分处于分裂阶段，细胞膜对电场的作用很敏感。研究还发现，杀菌效果和食品的温度、酸碱度有关，在其他条件相同的情况下，pH 值为 5.7 的溶液杀菌效果比 pH 值为 6.8 的溶液好。研究者在模拟体系和在对苹果汁、番茄汁、橙汁、牛乳、蛋清液等实际食品体系中，研究了高压脉冲电场对各种致病菌和非致病菌的杀灭效果及其对食品风味等的影响。研究结果显示，物料的电导率和黏度越低，密度越高，杀菌效果越好。PEF 杀菌可使菌体数量降低 4~6 个对数级甚至以上，处理后的货架期一般可延长 4~6 周以上。另外影响高压脉冲电场杀菌效果的还有介质的电导率、菌落种数和数量、电场强度、脉冲频率、处理时间等。

5.4.2.4 高渗透压杀菌

渗透压对微生物生命活动有很大的影响。微生物的生活环境必须具有与其细胞大致相等的渗透压，超过一定限度或突然改变渗透压，会抑制微生物的生命活动，甚至会引起微生物的死亡。在高渗透压溶液中微生物细胞脱水，原生质收缩，细胞质变稠，引起质壁分离。在低渗透压溶液中，水分向细胞内渗透，细胞吸水膨胀，甚至破坏。在等渗溶液中，微生物的代谢活动最好，细胞既不收缩，也不膨胀，保持原形不变。常用的生理盐水（0.85% NaCl 溶液）就是一种等渗溶液。

渗透压灭菌就是利用高渗透压溶液进行灭菌的方法。在高浓度的食盐或糖溶液中细胞因脱水而发生质壁分离，不能进行正常的新陈代谢，结果导致微生物的死亡。食品工业中利用高浓度的盐或糖保存食品，如腌渍蔬菜、肉类及果脯蜜饯等，糖的浓度通常在 50%～70%，盐的浓度为 5%～15%，由于盐的分子量小，并能电离，在二者浓度相等的情况下，盐的保存效果优于糖。

在传统腌制食品及海水中发现的微生物，一般对氯化钠的耐受性都比较高，这些微生物叫做嗜盐菌。根据微生物对盐量的要求不同，分为轻度嗜盐菌和中度嗜盐菌，前者一般需要 1%～6% 的氯化钠，后者需要 6%～15% 的氯化钠。某些能在极高盐浓度（15%～30%）条件下生长的微生物叫极端嗜盐微生物。而除了嗜盐微生物，食品中的一些能在高糖环境（如蜜饯）中生长的微生物称作嗜高渗微生物，能在干燥食品（如面粉）中生长繁殖的微生物称为嗜干性微生物。

5.4.2.5 等离子体杀菌

等离子体是一种电离的气体，是不同于固体、液体和气体的物质第四态。在宇宙中，超过 99% 的空间是由等离子体构成的，可以分为两种：高温和低温等离子体。低温等离子体的生成是一个非常复杂的物理、化学反应过程，会在等离子体中产生紫外线、带电粒子和活性成分等杀菌成分，其中活性成分中主要包括处于激发态的原子、亚稳态原子、具有活泼化学性质的氧化物和氮氧化物等，对于新鲜肉类或鲜切水果等有更好的杀菌效果。在低温等离子体处理时样品的表面温度保持在热处理温度以下，可以防止蛋白质变性、食品品质的变化。

二维码 16

紫外线的光子蚀刻：紫外线的光子作用于细菌时，具有良好的杀菌能力，也是应用较为广泛的杀菌方法之一。但最具有杀菌作用的紫外线是波长在 260nm 左右的短波紫外线（UVC），波长范围在 200～290nm 的紫外线能够促使两个嘧啶分子（胸腺嘧啶和胞嘧啶）在同一股 DNA 链上相互靠近并发生作用形成一个二聚物。引发嘧啶二聚物的形成是紫外线对生物体 DNA 造成伤害的典型方式，产生的嘧啶二聚物能够影响 DNA 的碱基配对以及导致 DNA 复制过程中发生突变。高强度的紫外线照射也会引发细胞修复系统蛋白质变性，破坏细胞自身的 DNA 修复系统，最终导致细胞死亡。

低温等离子体的活性成分：低温等离子体中生成的活性成分被认为在杀菌过程中起到了重要作用。在等离子体产生过程中会有活性氧、氦气、臭氧以及氮氧化物等物质生成，是主要的杀菌物质。

带电粒子的静电干扰：低温等离子体中含有大量的正负带电粒子，因带电粒子可以改变甚至破坏细胞膜上负责离子通道开启和闭合的蛋白质三维结构，从而导致细胞膜通透性改变，使得细胞内物质流出，最终导致细胞死亡。

二维码 17

 知识归纳

一、微生物的营养物质（6 类营养要素及功能）
1. 碳源及碳源谱
2. 氮源及氮源谱
3. 能源
4. 生长因子
5. 无机盐
6. 水

二、微生物的培养基（分类）
1. 定义
2. 培养基的功能
3. 培养基的分类

三、营养物质进入细胞的方式（四种方式的特点）
1. 单纯扩散
2. 促进扩散
3. 主动运送
4. 基团移位

四、微生物的生长及繁殖、控制方法（温度、pH、氧气及杀菌技术）
1. 微生物的生长及繁殖的测定方法
2. 微生物的控制方法

思考题

1. 试从元素水平、分子水平和培养基原料水平列出微生物的碳源谱。
2. 试从元素水平、分子水平和培养基原料水平列出微生物的氮源谱。
3. 试以能源为主、碳源为辅对微生物的营养方式进行分类，并举例说明。
4. 生长因子包括哪些化合物？微生物与生长因子的关系分几类？举例说明之。
5. 什么叫水分活度？它对微生物生命活动有何影响？对人类生产和生活实践有何影响？
6. 影响微生物生长繁殖的因素有哪些？
7. 设计培养基的四种原则、四种方法。
8. 列表比较 4 种固体培养基。
9. 什么是选择性培养基？试举一实例并分析其中选择功能的原理。
10. 对以下名词进行解释：营养、营养物、碳源、碳源谱、能源、生长因子、大量元素、微量元素、培养基、自养微生物、异养微生物、单纯扩散、促进扩散、主动运送、碳氮比、固体培养基、液体培养基、半合成培养基、脱水培养基、选择性培养基、高密度培养

应用能力训练

1. 列举 4 个选择性培养基，并分析其选择性的理论依据。
2. 有的微生物在 40℃ 能生长，有的在 100℃ 能生长，它们各自是依靠哪些机制来适应环境的？

参考文献

[1] 李平兰. 食品微生物学教程. 北京：中国林业出版社，2011.
[2] 周德庆. 微生物学教程. 3 版. 北京：高等教育出版社，2011.
[3] 江汉湖，董明盛. 食品微生物学. 3 版. 北京：中国农业出版社，2010.
[4] 何国庆，贾英民，丁立孝. 食品微生物学. 2 版. 北京：中国农业大学出版社，2009.
[5] （美）James M Jay, Martin J Loessner, David A Golden. 现代食品微生物学. 北京：中国农业大学出版社，2008.
[6] 韦革宏，王卫卫. 微生物学. 北京：科学出版社，2008.
[7] 蒋云升. 烹饪微生物. 北京：中国轻工业出版社，2007.

第6章

微生物代谢

知识图谱

当今世界面临气候变化、粮食安全、能源资源短缺等挑战，如何把 CO_2 转化成对人类有意义且有市场价值的物质？人工合成淀粉项目便是其中一个尝试。中国科学院天津工业生物技术研究所于 2018 年实现项目突破，2021 年人工合成淀粉团队在《科学》杂志发表了结合人工光合反应和生物酶催化反应构筑了从 CO_2 和 H_2O 合成淀粉的新体系。经过技术迭代升级，如今，人工淀粉合成速率是玉米淀粉合成速率的 8.5 倍，并可根据需要实现不同类型淀粉的定向可控合成。2024 年 8 月 8 日人民日报以《人工合成淀粉，技术造物新突破》为题，报道了我国科学家实现了从 CO_2 人工合成淀粉的突破。充分体现了我国科技工作者面向国家重大需求，胸怀祖国、服务人民，勇攀高峰、敢为人先的科学家精神。

这个报道与微生物有什么联系？微生物能利用 CO_2 吗？微生物还能通过代谢实现哪些物质的转化？

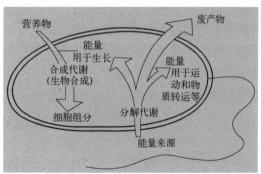

人工生物合成与微生物代谢之间的关系

学习目标

- 解释微生物代谢基本概念。
- 比较分析分解代谢和合成代谢的区别与联系。
- 以葡萄糖为例,阐述微生物产能代谢的基本原理和代谢途径。
- 列举2~3种与食品工业密切关联的发酵类型及其原理。
- 概括肽聚糖生物合成的主要代谢过程。
- 举例说明2~3种微生物次级代谢物的合成代谢途径。
- 以谷氨酸发酵生产为例,阐述微生物合成氨基酸类代谢产物的人工调节原理。
- 描述合成生物学发展及其在食品工业中的应用前景。

微生物广泛生长分布于各种生态环境,这种现象与微生物拥有各式各样的新陈代谢能力密不可分。能量代谢是新陈代谢的核心内容。化能异养微生物通过发酵和有氧呼吸的过程利用糖类、蛋白质和脂肪三大有机物进行代谢产能,供生命活动所需;同时,微生物消耗能量进行糖类、蛋白质和脂肪以及次级代谢物等合成代谢生成细胞内外各种物质。分解代谢与合成代谢之间相互矛盾而又紧密联系,因此微生物的代谢过程始终处于精确的动态平衡调控之中以维持细胞的正常生命活动。现代生命科技也可以人工控制微生物的代谢过程,利用微生物大量生产人们需要的微生物产品,特别是以微生物、代谢途径为基础的合成生物学兴起为未来食品科学提供了坚实的技术平台。

6.1 新陈代谢概论

6.1.1 代谢的基本概念

新陈代谢(metabolism)是生命现象的最基本特征,指生物体活细胞内发生的各种化学反应的总和,由分解代谢和合成代谢两个过程组成。分解代谢(catabolism)是指复杂的有机分子物质通过分解酶系催化降解成小分子物质,将部分化学能转换成生物体通用能源物质(ATP),另一部分能量以热或光的形式释放散失,属于放能反应。合成代谢(anabolism)是指利用小分子无机物和有机物通过合成酶系催化合成新的有机分子的过程,此过程要消耗能量,属于吸能反应。分解代谢产生的ATP、还原力(用[H]表示)与前体物质部分地提供给合成代谢过程,而合成代谢产生的细胞物质、酶等又是分解代谢得以进行的物质基础。因此,分解代谢和合成代谢之间有密切联系。

$$复杂有机物分子 \underset{合成酶系}{\overset{分解酶系}{\rightleftharpoons}} 简单分子 + ATP + [H]$$

6.1.2 微生物代谢的酶学基础

6.1.2.1 酶的性质和分类

酶是具有催化活性功能的生物大分子,即是生物催化剂,能够加速生物化学反应速率而最终自身并不改变。微生物细胞中大多数生物反应是在酶的催化作用下迅速有序地进行。除具有高效催化活性外,酶对催化反应具有高度的专一性和特异性。通常一种酶只能催化一类反应,比如淀粉酶与蛋白酶只能分别催化淀粉与蛋白质的分解。

多数酶只有蛋白质组分,如脲酶和胰蛋白酶。另一些酶是由蛋白质组分(主酶)和非蛋白质组分（辅因子）两部分组成，是为全酶（holoenzyme）。全酶的酶蛋白和辅因子单独存在时均无催化活性，辅因子决定酶的催化活性有无或高低。根据辅因子与主酶结合的紧密程度，牢固地共价结合于主酶的辅因子称作辅基，例如细胞色素中的血红素；与主酶结合松散，在产物形成后能与主酶解离的辅因子称作辅酶（coenzyme）。许多辅酶，例如烟酰胺腺嘌呤二核苷酸（NAD，又称辅酶Ⅰ）、黄素腺嘌呤二核苷酸（FAD）、辅酶A或生物素，能够作为载体在代谢过程中将电子、氢原子、酰基或羧基基团从底物转移到产物。此外，有些金属离子，如Mg^{2+}、Zn^{2+}与Mn^{2+}也能作为辅因子，能维持主酶的构象，它们存在时有利于完成生物催化反应。

根据酶的作用底物和催化反应类型，通常分为七大类酶，见表6-1。

表6-1 酶的分类与特性

酶的类型	反应类型	反应实例
氧化还原酶	氧化还原反应	乙醇脱氢酶：乙醛＋NADH＋H^+ ⟶ 乙醇＋NAD^+
转移酶	催化基团转移	磷酸基转移酶：葡萄糖＋ATP ⟶ 葡萄糖-6-磷酸＋ADP
水解酶	水解反应	乳糖酶：乳糖 ⟶ 葡萄糖＋半乳糖
裂合酶	裂解 C-C、C-O、C-N 等键	醛缩酶：果糖-1,6-二磷酸 ⟶ 磷酸二羟基丙酮＋甘油醛-3-磷酸
异构酶	异构化	磷酸己糖异构酶：葡萄糖-6-磷酸 ⟶ 果糖-6-磷酸
连接酶	消耗 ATP 连接两个分子	谷氨酰胺合成酶：谷氨酸＋NH_3＋ATP ⟶ 谷氨酰胺＋ADP＋Pi
转位酶	将离子或分子从膜的一侧转移到另一侧	ATP 合酶：ATP＋H_2O＋H^+[side1] ⟶ ADP＋H_3PO_4＋H^+[side2]

此外，根据酶合成后是否分泌到细胞外可分胞内酶和胞外酶；根据酶的产生是否受底物的诱导作用有组成酶和诱导酶之分；根据酶能否食用可分食用酶和非食用酶（如 β-内酰胺酶）。

6.1.2.2 酶的活性机制与影响因素

一定条件下，酶的多肽链能折叠形成特定的活性中心。通过"钥匙-锁模型"或"诱导契合模型"两种作用方式，酶的活性中心与底物结合形成酶-底物复合物。复合物的形成能降低反应的活化能，使反应更容易进行。

酶促反应过程中，能影响酶与底物接触或活性中心形成的各种因素，如温度、pH 值、底物浓度、产物浓度、酶浓度和酶的抑制剂等都能影响反应速率。

一般在微生物正常的生长环境，微生物酶促反应具有最适宜温度和 pH 条件。pH 的变动引起酶分子中各种化学基团的电荷变化，从而影响酶与底物结合。如果环境温度超过最适温度太高则可能引起酶分子的结构破坏并丧失酶活性，即变性作用。也可由 pH 或其它因素引起变性。底物浓度和产物浓度能决定反应的方向，最后达到化学平衡状态。通常由可用酶的量控制代谢反应速率。一个酶分子只对特定

二维码 18

数目的底物分子起作用，酶促反应速率随酶分子数目增加而增大，当可用酶分子都满载荷（饱和）时，反应速率达到最大值。只有当底物浓度太低而不能使酶满载荷时，则由底物浓度决定反应速率，即底物浓度增加则反应速率增加。

许多化学物质对微生物有毒性，有些毒物是酶抑制剂。竞争性酶抑制剂（常为底物的结构类似物）直接与底物竞争酶活性中心，形成可逆的酶-抑制剂复合物，阻止产物形成。例如磺胺药与对氨基苯甲酸（PABA）结构类似，能抑制细菌二氢叶酸合成酶等。非竞争性酶抑制剂（一些重金属，如 Hg）能与酶活性中心之外的位点结合，能改变酶分子的构象，导致催化活性降低或失活。

6.2 分解代谢

生物氧化（biological oxidation）是指物质在活细胞内经过一系列连续的氧化还原反应，逐步分解并释放能量的过程。化能异养微生物的能源物质是有机物，只能通过降解有机化合物而获得能量。大多数微生物以氧化糖类物质产生细胞所需的主要能源，葡萄糖是最常利用的能源物质。因此，葡萄糖的降解途径是化能异养微生物进行生物氧化产能代谢的最基本途径。依据氧化还原反应中电子受体的不同可分为发酵和呼吸两种类型。

6.2.1 糖类的分解

6.2.1.1 糖酵解

细胞内葡萄糖降解生成丙酮酸的过程称为糖酵解（glycolysis），主要有 EMP、HMP、ED 和磷酸解酮酶途径。

EMP 途径（Embden-Meyerhof-Parnas pathway）又称糖酵解途径，共 10 步反应（见图 6-1），可分为两个阶段：第一阶段为 6 碳阶段，利用 2 分子 ATP 提供高能磷酸基团，葡萄糖分子发生两次磷酸化，生成果糖-1,6-二磷酸。这是后续反应的准备阶段，消耗 2 分子 ATP。第二阶段为 3 碳阶段，果糖-1,6-二磷酸醛缩酶催化裂解果糖-1,6-二磷酸生成对等的两个磷酸化的 3 碳分子，即甘油醛-3-磷酸和磷酸二羟基丙酮，磷酸二羟基丙酮可迅速转变为甘油醛-3-磷酸。生成的 2 分子甘油醛-3-磷酸经 5 步反应生成 2 分子丙酮酸。这一阶段是贮能过程。此阶段的两个反应，即甘油酸-1,3-二磷酸转变为甘油酸-3-磷酸，磷酸烯醇式丙酮酸转变为丙酮酸，通过底物水平磷酸化的方式一共产生 4 分子 ATP。因此，通过 EMP 途径，1 分子葡萄糖转变成 2 分子丙酮酸，净产 2 分子 ATP 和 2 分子 NADH+H$^+$。总反应式为：

$$C_6H_{12}O_6 + 2\,NAD^+ + 2\,ADP + 2\,Pi \longrightarrow 2\,CH_3COCOOH + 2\,H_2O + 2\,NADH + 2\,H^+ + 2\,ATP$$

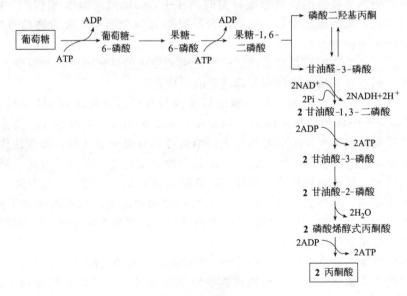

图 6-1 EMP 途径

EMP 途径是绝大多数微生物共有的基本代谢途径，发生在细胞基质中，有氧或无氧条件下都能进行。在有氧条件下，EMP 途径与 TCA 循环连接，并通过后者将丙酮酸彻底氧化成 CO_2

和 H_2O，并释放大量的 ATP；在无氧条件下，不同的微生物还原丙酮酸的产物有所差别，可生成乙醇、乳酸、甘油、丙酮和丁醇等发酵产物。

除了 EMP 途径外，许多微生物细胞还同时存在其它一种或两种葡萄糖氧化的途径。例如大肠杆菌和枯草杆菌还通过 HMP 途径（hexose monophosphate pathway，己糖单磷酸途径，又称磷酸戊糖途径）降解葡萄糖，并在途径中生成多种戊糖。嗜糖假单胞菌（*Pseudomonas saccharophila*）中存在 ED 途径，该途径中的关键性中间代谢物——KDPG（2-酮-3-脱氧-6-磷酸葡萄糖酸）被 KDPG 醛缩酶催化裂解为丙酮酸和甘油醛-3-磷酸。甘油醛-3-磷酸再经 EMP 途径转变为另一分子丙酮酸。每分子葡萄糖经 ED 途径产生 2 分子丙酮酸。一些乳酸菌通过磷酸解酮酶途径将葡萄糖转化成乳酸（详见"乳酸发酵"）。

6.2.1.2 发酵

在生物氧化产能代谢过程中的狭义发酵（fermentation）指在无氧等外源电子受体时，细胞中有机物氧化所释放的电子直接交给某种内源性有机分子作为电子受体，同时通过底物水平磷酸化产生能量的一类生物氧化反应。内源性电子受体通常是降解或氧化能源物质代谢途径中的某种中间代谢物（如丙酮酸）。

通常，工业发酵是指微生物在有氧或无氧条件下通过分解代谢和合成代谢将某些原料物质转化为特定微生物产品的过程。可以依据发酵底物或生成产品的情况来划分发酵类型（见表 6-2）。

表 6-2 一些工业用途的常见发酵类型

发酵产品	工业或商业应用	原料	微生物
乙醇	啤酒	麦芽汁	啤酒酵母（*Saccharomyces cerevisiae*）
	葡萄酒	葡萄及其它果汁	啤酒酵母
	燃料酒精	农业废弃物	啤酒酵母
乙酸	醋	乙醇	醋杆菌属（*Acetobacter*）
乳酸	奶酪，酸奶	牛奶	乳杆菌属（*Lactobacillus*），链球菌属（*Streptococcus*）
	黑麦面包	谷物，白糖	德氏乳杆菌（*Lactobacillus delbrueckii*）
	泡菜	蔬菜	植物乳植杆菌（*Lactiplantibacillus plantarum*）
	烟熏香肠	猪肉	片球菌属（*Pediococcus*）
丙酸和 CO_2	瑞士硬干酪	乳酸	费氏丙酸杆菌（*Propionibacterium freudenreichii*）
丙酮和丁醇	药用或工业用	糖蜜	丙酮丁醇梭菌（*Clostridium acetobutylicum*）
甘油	药用或工业用	糖蜜	啤酒酵母
柠檬酸	调味品	糖蜜	曲霉属（*Aspergillus*）
甲烷	燃料	乙酸	甲烷八叠球菌属（*Methanosarcina*）
山梨糖	维生素 C	山梨（糖）醇	葡糖杆菌属（*Gluconobacter*）

食品工业中常见发酵类型及其参与微生物的代谢途径介绍如下：

(1) 醋酸发酵

醋酸细菌指能发酵产生乙酸终产物的一类细菌，分好氧醋酸细菌和厌氧醋酸细菌两大类。它们发酵生成乙酸的途径不同。

好氧醋酸细菌包括醋杆菌属（*Acetobacter*）诸种如醋化醋杆菌（*Acetobacter aceti*）、巴氏醋杆菌（*Acetobacter pasteurianus*），葡糖酸醋杆菌属（*Gluconacetobacter*）中种如木葡糖酸醋杆菌（*Gluconacetobacter xylinus*）等，葡糖杆菌属（*Gluconobacter*）中种如氧化葡糖杆菌（*Glu-*

conobacter oxidans)。好氧醋酸细菌在有氧条件下，以乙醇为发酵底物，将乙醇直接氧化为乙酸。它是一个脱氢加水的发酵过程：

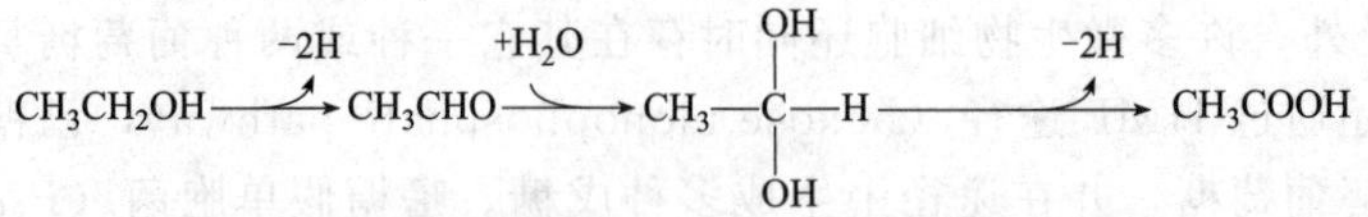

$$CH_3CH_2OH \xrightarrow{-2H} CH_3CHO \xrightarrow{+H_2O} CH_3\underset{OH}{\overset{OH}{\underset{|}{\overset{|}{C}}}}H \xrightarrow{-2H} CH_3COOH$$

脱下的氢最后经电子传递链与氧结合生成水，并放出能量（ATP）。总反应式是：

$$CH_3CH_2OH + O_2 \longrightarrow CH_3COOH + H_2O + nATP$$

厌氧醋酸细菌包括醋酸杆菌属（*Acetobacterium*）诸种如伍氏醋酸杆菌（*Acetobacterium woodii*）等，梭菌属（*Clostridium*）中菌种如热醋酸梭菌（*Clo. thermaceticum*）、醋酸梭菌（*Clo. aceticum*）和蚁酸醋酸梭菌（*Clo. formicaceticum*）。产醋酸梭菌能转化利用葡萄糖、木糖以及其它己糖和戊糖产生等量的醋酸。以葡萄糖为发酵底物时，葡萄糖通过 EMP 途径酵解产生丙酮酸，由丙酮酸产生乙酰 CoA，乙酰 CoA 被磷酸裂解为乙酰磷酸和辅酶 A，乙酰磷酸在乙酸激酶的催化下发生底物水平磷酸化产生乙酸并释放能量（ATP）。反应途径见图 6-2。厌氧醋酸细菌还能够通过乙酰 CoA 途径固定 CO_2，产生乙酸。因此总反应式是：

$$C_6H_{12}O_6 \longrightarrow 2\ CH_3COOH$$

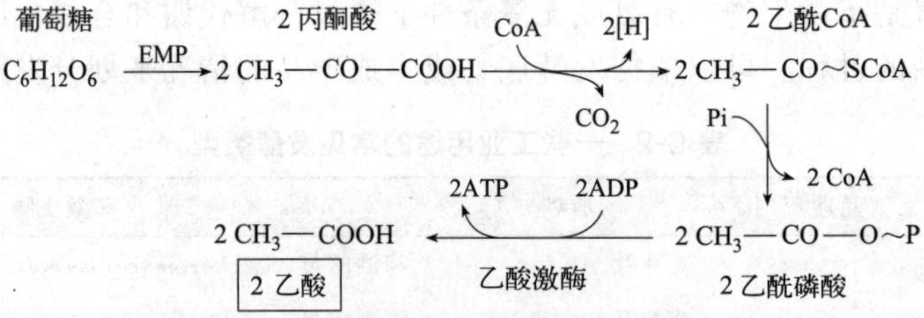

图 6-2 厌氧醋酸细菌的醋酸发酵途径

好氧醋酸发酵是制醋工业的基础，制醋原料或酒精接种醋酸细菌后，即可生成醋酸发酵液以供食用，醋酸发酵液还可经提纯制成重要的化工原料——冰醋酸。厌氧醋酸发酵是我国用于酿造糖醋的主要途径。

（2）柠檬酸发酵

柠檬酸是葡萄糖经 TCA 循环代谢过程中的一个重要中间体。一般认为柠檬酸形成机理是葡萄糖经 EMP 途径产生 2 分子丙酮酸，一分子丙酮酸在丙酮酸/H^+ 共输送体转运入线粒体，由丙酮酸脱氢酶催化形成乙酰辅酶 A；另一分子丙酮酸由细胞质丙酮酸羧化酶催化转变为草酰乙酸，因无相关载体，草酰乙酸必须还原成苹果酸才能被特殊载体转运入线粒体，并重新生成草酰乙酸。柠檬酸经质子化后由特定的载体作用被分泌出细胞外（见图 6-3）。该途径的关键是一分子丙酮酸与另一分子丙酮酸形成乙酰辅酶 A 时释放的 CO_2 进行了补缺性的固定，生成草酰乙酸，这样使得柠檬酸的实际产量（75~87g 柠檬酸/100g 葡萄糖）高于理论计算产量（71.1g 柠檬酸/100g 葡萄糖）。

柠檬酸是可通过液体深层发酵法规模化生产的重要有机酸，它广泛应用于饮料、食品及医药、化工等工业部门。能产柠檬酸的微生物以霉菌为主，尤其是曲霉属（*Aspergillus*）和青霉属（*Penicillium*）。其中以黑曲霉（*Asp. niger*）、米曲霉（*Asp. oryzae*）、灰绿青霉（*Pen. glaucum*）、淡黄青霉（*Pen. luteum*）、橘青霉（*Pen. citrinum*）和光滑青霉（*Pen. glabrum*）等产量最高。工业上常用黑曲霉发酵淀粉质原料生产柠檬酸。

（3）乙醇发酵

乙醇发酵是酒精工业的基础，它与酿造白酒、果酒、啤酒以及生产酒精等有密切关系。乙醇发酵有酵母型乙醇发酵和细菌型乙醇发酵两种类型。

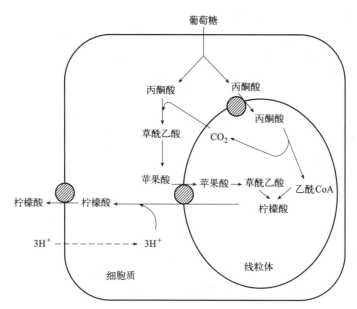

图 6-3 黑曲霉产生柠檬酸的代谢过程

进行酵母型乙醇发酵的微生物主要是酵母菌，如啤酒酵母（S. cerevisiae）。还有少数细菌如解淀粉欧文氏菌（Erwinia amylovora）和胃八叠球菌（Sarcine vintriculi）等。酵母菌在无氧条件下，pH 3.5～4.5 时，1 分子葡萄糖通过 EMP 途径降解为 2 分子丙酮酸，丙酮酸在乙醇发酵的关键酶——丙酮酸脱羧酶催化下脱羧生成乙醛并释放 CO_2，乙醛接受糖酵解中产生的 $NADH+H^+$，在乙醇脱氢酶催化下还原为乙醇。总反应式是：

$$C_6H_{12}O_6 + 2\,ADP + 2\,Pi \longrightarrow 2\,CH_3CH_2OH + 2\,CO_2 + 2\,ATP$$

细菌型乙醇发酵见于运动发酵单胞菌（Zymomonas mobilis）和嗜糖假单胞菌等少数细菌。无氧条件下，它们通过 ED 途径降解葡萄糖为 2 分子丙酮酸，然后丙酮酸脱羧生成乙醛，乙醛被 $NADH+H^+$ 还原生成 2 分子乙醇，但只产生 1 分子 ATP。总反应式是：

$$C_6H_{12}O_6 + ADP + Pi \longrightarrow 2\,CH_3CH_2OH + 2\,CO_2 + ATP$$

（4）乳酸发酵

乳酸菌是指以乳酸为唯一或主要发酵产物的一类细菌。乳酸发酵可分为两种类型：同型乳酸发酵，只产生乳酸一种发酵产物；异型乳酸发酵，发酵产物除乳酸外，主要还产生乙醇和 CO_2 等多种发酵产物。

① 同型乳酸发酵（homolactic fermentation）。链球菌属（Streptococcus）诸菌种、乳杆菌属（Lactobacillus）中多数细菌、粪肠球菌（Enterococcus faecalis）通过同型乳酸发酵途径产生乳酸。嗜酸乳杆菌（Lac. acidophilus）、德氏乳杆菌保加利亚亚种（Lac. delbrueckii subsp. bulgaricus）和干酪乳酪杆菌（Lacticaseibacillus casei）等进行同型乳酸发酵的菌种是食品工业中最常用的乳酸菌。商业大批量生产乳酸通常用同型乳酸发酵菌种，如德氏乳杆菌（Lac. delbrueckii）和瑞士乳杆菌（Lac. helveticus）将葡萄糖转化成乳酸的得率达 90% 以上。同型乳酸发酵微生物具有 EMP 途径中的关键酶——醛缩酶。葡萄糖经 EMP 途径降解为丙酮酸后，不经脱羧，在乳酸脱氢酶的作用下直接被还原为乳酸。每分子葡萄糖经 EMP 途径共产生 2 分子乳酸，并净产 2 分子 ATP。总反应式是：

$$C_6H_{12}O_6 + 2\,ADP + 2\,Pi \longrightarrow 2\,CH_3CHOHCOOH + 2\,ATP$$

② 异型乳酸发酵（heterolactic fermentation）。明串珠菌属（Leuconostoc）诸菌种例如肠膜

明串珠菌（*Leu. mesenteroides*）、葡萄糖明串珠菌（*Leu. dextranicum*）等，乳杆菌属（*Lactobacillus*）及其派生属中菌种如短促生乳杆菌（*Levilactobacillus brevis*）、发酵黏液乳杆菌（*Limosilactobacillus fermentum*）能进行异型乳酸发酵。异型乳酸发酵微生物不具有醛缩酶，而是具有 PK 途径的关键酶——木酮糖-5-磷酸磷酸解酮酶。通过 PK 途径，最终将 1 分子葡萄糖发酵产生 1 分子乳酸、1 分子乙醇和 1 分子 CO_2，且只产生 1 分子 ATP。总反应式是：

$$C_6H_{12}O_6 + ADP + Pi \longrightarrow CH_3CHOHCOOH + CH_3CH_2OH + CO_2 + ATP$$

异型乳酸发酵菌株通常用于食品与饲料的保存或生物转化。鼠李糖乳酪杆菌（*Lacticaseibacillus rhamnosus*）是具备商用生产乳酸的兼性异型乳酸发酵菌，在厌氧或微好氧条件下发酵葡萄糖只产生乳酸，而在好氧条件下产生乳酸、乙酸、3-羟基丁酮和 CO_2。

两歧双歧杆菌（*Bifidobacterium bifidum*）通过 HK 途径进行异型乳酸发酵，将 2 分子葡萄糖发酵生成 2 分子乳酸和 3 分子乙酸，并产生 5 分子 ATP。总反应式是：

$$2\ C_6H_{12}O_6 + 5\ ADP + 5\ Pi \longrightarrow 2\ CH_3CHOHCOOH + 3\ CH_3COOH + 5\ ATP$$

乳酸发酵广泛应用于泡菜、酸菜、酸牛奶、乳酪以及青贮饲料的加工生产过程。由于乳酸细菌活动的结果，积累了乳酸从而抑制了其它微生物生长，使蔬菜、牛奶和饲料等得以保存。发酵工业上多采用淀粉原料，糖化处理后再接种乳酸菌进行乳酸发酵来生产纯乳酸。

6.2.1.3 有氧呼吸

化能有机营养型微生物对有机能源物质进行生物氧化后，产生的电子可被多种外源电子受体接受，这种代谢过程称为呼吸作用（respiration）。在呼吸作用中，当外源末端电子受体为 O_2 时称为有氧呼吸（aerobic respiration），而外源末端电子受体为其它特定的氧化型化合物（NO_3^-、NO_2^-、SO_4^{2-}、CO_2、Fe^{3+}、延胡索酸和腐殖酸等）时称为无氧呼吸（anaerobic respiration）。在呼吸作用过程中，电子通过呼吸链传递而被末端外源电子受体接受，该过程形成势能（质子动势）用于 ATP 的生物合成，它是微生物的主要产能方式。

有氧呼吸过程是将有机能源物质通过糖酵解途径和 TCA 循环的结合，并以 O_2 为末端电子受体，彻底地分解成为 CO_2。

TCA 循环（tricarboxylic acid cycle）又称柠檬酸循环（citric acid cycle），它在新陈代谢中起到枢纽的作用。有机大分子降解后产生乙酰 SCoA 进入 TCA 循环（见图 6-4）。每分子乙酰 SCoA 经由 TCA 循环氧化产生 2 分子 CO_2、3 分子 NADH、1 分子 $FADH_2$ 和 1 分子 GTP。TCA 循环相关酶系广泛分布于各种微生物中，分别定位于原核微生物的细胞质内或真核微生物的线粒体基质中，除琥珀酸脱氢酶在线粒体膜或细胞质膜上。

有氧呼吸过程的显著特点是底物脱下的氢（电子）经呼吸链传递，最终被外源分子氧接受，产生水并释放出 ATP 形式的能量。呼吸链又称电子传递链（electron transport chain），是位于真核生物线粒体膜上或原核生物细胞膜上的若干按氧化还原电势从低到高次序排列的氢（电子）传递体，其功能是将电子从电子供体（如 NADH、$FADH_2$）传递到末端电子受体（如 O_2）。真核生物中电子传递链的主要成分按顺序一般是 NAD（P）、黄素蛋白（FMN、FAD）、铁硫蛋白、辅酶 Q 和细胞色素。原核微生物物种中呼吸链成分变化较大。

氧化磷酸化（oxidative phosphorylation）又称电子传递磷酸化（electron transport phosphorylation），指呼吸链在传递氢（电子）和接受氢（电子）过程与磷酸化反应相偶联合成 ATP 的过程。英国学者 Peter Mitchell（1961）提出的化学渗透假说（chemiosmotic hypothesis）是目前被广泛接受的氧化磷酸化的反应机制。该假说认为，在氧化磷酸化过程中，位于线粒体内膜或原核生物细胞膜上的呼吸链组分传递来自基质的氢，在顺着电子传递的同时把质子从膜内侧运送到膜外侧，结果造成膜两侧质子浓度的差异——质子梯度（ΔpH，化学势能）；与此同时，还形成

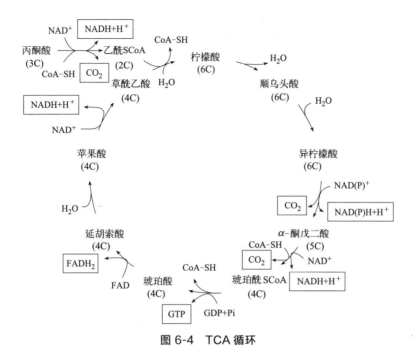

图 6-4 TCA 循环

了膜内外两侧的电位差——电位梯度（$\Delta\psi$，电子势能）。化学势能和电子势能组成质子动势（proton motive force），它驱动质子通过跨膜的 ATP 合成酶返回到膜内侧，即线粒体基质或原核微生物的细胞质中，质子流所放出的能量将 ADP 磷酸化生成 ATP。

典型的呼吸链如图 6-5。电子经 NADH 传递至 O_2，有 3 处能与磷酸化反应相偶联，因而产生 3 分子 ATP；但电子经 $FADH_2$ 传递至 O_2，只有 2 处能与磷酸化反应相偶联，因而产生 2 分子 ATP。呼吸链氧化磷酸化效率可用 P/O（即每消耗 1 mol 氧原子所产生的 ATP 物质的量）来定量表示。因此，NADH 的 P/O 比值是 3，$FADH_2$ 的 P/O 比值是 2。据此，可以推算有氧呼吸过程中，1 分子葡萄糖经 EMP 途径酵解和 TCA 循环，彻底分解成 CO_2 和 H_2O，理论上能产生 38 分子 ATP，其中有 34 分子 ATP 是通过电子传递磷酸化产生，由此可见 TCA 循环和电子传递是有氧呼吸中主要的产能环节。

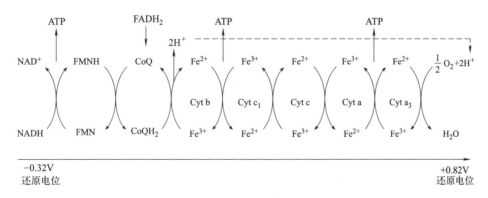

图 6-5 线粒体上的电子传递链和氧化磷酸化

能源物质在生物氧化过程中，常生成一些含有 1 个高能磷酸键或 1 分子辅酶 A（含高能硫醇基）的高能有机化合物（见表 6-3），这些高能化合物解离时可直接偶联 ADP（或 GDP）磷酸化合成 ATP（或 GTP），这种产生 ATP 等高能分子的方式称为底物水平磷酸化（substrate level phosphorylation）。例如在糖酵解的 EMP 途径中，甘油酸-1,3-二磷酸转变为甘油酸-3-磷酸，磷酸烯醇式丙酮酸转变为丙酮酸，各偶联着 1 分子 ATP 的形成；在 TCA 循环中，琥珀酰 CoA 转变为琥珀酸时偶联着 1 分子 GTP 的形成。

表 6-3 底物水平磷酸化涉及的一些高能化合物

名称	$\Delta G^0/(kJ/mol)$	名称	$\Delta G^0/(kJ/mol)$
乙酰 CoA	-35.7	丁酰磷酸	-44.8
丙酰 CoA	-35.6	己酰磷酸	-39.3
丁酰 CoA	-35.6	甘油酸-1,3-二磷酸	-51.9
己酰 CoA	-35.6	磷酸烯醇式丙酮酸	-51.6
琥珀酰 CoA	-35.1	磷硫酸腺苷	-88
N^{10}-甲酰四氢叶酸	-23.4	ATP(ATP $\longrightarrow$ ADP+Pi)	-31.8
乙酰磷酸	-44.8		

底物水平磷酸化的特点是底物在生物氧化过程中脱下的氢（电子）不是经过电子传递链，而是通过酶促反应直接交给底物自身的氧化产物，同时所释放的能量（高能磷酸键形式）交给 ADP 而产生 ATP。微生物发酵过程只能通过底物水平磷酸化合成 ATP。呼吸作用过程也存在底物水平磷酸化的产能方式，但它比氧化磷酸化产生的能量少得多。

6.2.1.4 无氧呼吸

无氧呼吸又称厌氧呼吸，指在厌氧条件下，厌氧或兼性厌氧微生物以外源无机氧化物或少数有机氧化物作为呼吸链的末端电子受体的一类产能效率较低的呼吸类型。根据用作末端电子受体的物质种类不同，有多种类型的无氧呼吸（见表 6-4）。

表 6-4 一些化能有机营养型微生物的无氧呼吸类型举例

无氧呼吸类型	末端电子受体	还原产物	微生物类群
硝酸盐呼吸	NO_3^-	NO_2^-	肠道细菌
硝酸盐呼吸	NO_3^-	NO_2^-、N_2O、N_2	假单胞菌属（*Pseudomonas*）、芽孢杆菌属（*Bacillus*）、副球菌属（*Paracoccus*）
硫酸盐呼吸	SO_4^{2-}	H_2S	脱硫弧菌属（*Desulfovibrio*）、脱硫肠状菌属（*Desulfotomaculum*）
硫呼吸	S^0	H_2S	脱硫单胞菌属（*Desulfuromonas*）、热变形菌属（*Thermoproteus*）
碳酸盐呼吸	CO_2（CO_3^{2-}）	CH_4、CH_3COOH	所有产甲烷菌、产乙酸菌
铁呼吸	Fe^{3+}	Fe^{2+}	假单胞菌属、芽孢杆菌属、土杆菌属（*Geobacter*）
延胡索酸呼吸	延胡索酸	琥珀酸	沃林氏菌属（*Wolinella*）

6.2.1.5 多糖的分解

糖类包括单糖、双糖、寡聚糖和多糖。在细胞水平，微生物只是降解利用单糖。双糖和三糖则可以转运到细胞内并降解成单糖单体后才能进一步被降解利用。多糖则需要被分泌到环境中的微生物胞外酶降解成单糖或双糖后才能转运到胞内并代谢。一些微生物能通过胞外酶降解淀粉、纤维素、半纤维素、果胶质或其它多糖物质。微生物降解多糖，尤其是水果和蔬菜中的果胶质和纤维素，会对果蔬的组织结构造成影响而降低产品品质。

（1）淀粉

淀粉（starch）是植物细胞内的贮存多糖。它是由 α-D-葡萄糖残基通过糖苷键连接而成的聚合物，有直链淀粉（amylose）和支链淀粉（amylopectin）两种。直链淀粉是 α-D-葡萄糖残基以

α-1,4-糖苷键连接而成的线状多糖链；支链淀粉除含有 α-1,4-糖苷键外，还具有分支侧链结构，各分支点由 α-1,6-糖苷键连接，整个淀粉分子是一个紧密的球状结构。一般自然淀粉中，直链淀粉占 10%～20%，支链淀粉占 80%～90%。许多微生物能分泌胞外淀粉水解酶，将其生活环境中的淀粉水解成麦芽糖或葡萄糖后再吸收利用。淀粉水解酶有以下 4 种类型。

① α-淀粉酶（α-amylase，EC 3.2.1.1）。它从淀粉分子内部多个位点同时作用于 α-1,4-糖苷键，但不能作用于 α-1,6-糖苷键或与其临近的几个 α-1,4-糖苷键或淀粉分子两端的 α-1,4-糖苷键。直链淀粉经该酶作用最终水解产物是 α-麦芽糖和 α-葡萄糖。支链淀粉的水解产物是 α-麦芽糖、葡萄糖、少量异麦芽糖和一系列含 α-1,6-糖苷键的极限糊精，以及一些含有 4 个或更多葡萄糖残基并带有 α-1,6-糖苷键的低聚糖。该酶作用后使淀粉糊的黏度迅速下降，因而称为液化型淀粉酶。许多细菌、放线菌和真菌都产生 α-淀粉酶。常用枯草芽孢杆菌（Bacillus subtilis）发酵生产 α-淀粉酶。

② β-淀粉酶（β-amylase，EC 3.2.1.2）。从淀粉分子的非还原性末端开始，以双糖为单位作用于 α-1,4-糖苷键，逐个切下麦芽糖单位，生成 β-麦芽糖。它不能水解 α-1,6-糖苷键，也不能越过 α-1,6-糖苷键去水解其后面的 α-1,4-糖苷键。该酶水解支链淀粉的产物是麦芽糖和 β-极限糊精。产 β-淀粉酶的微生物种类不多，主要有多黏类芽孢杆菌（Paenibacillus polymyxa）和巨大芽孢杆菌（Bacillus megaterium）。嗜热厌氧菌如热产硫黄好热厌氧杆菌（Thermoanaerobacterium thermosulfurogenes）能产生一种嗜高温 β-淀粉酶。

③ 葡聚糖-1,4-α-葡萄糖苷酶（glucan-1,4-α-glucosidase，EC 3.2.1.3，糖化酶）。其专一性较低。能从淀粉分子的非还原性末端开始，以葡萄糖为单位依次作用于 α-1,4-糖苷键，产物为 β-D-葡萄糖。也能水解 α-1,6-糖苷键，但速度较慢。曲霉、根霉、毛霉和木霉等属真菌以及某些酵母菌、细菌都能产生糖化酶。

④ 异淀粉酶（isoamylase，EC 3.2.1.68，脱支酶）。能特异性地作用于支链淀粉中各分支点的 α-1,6-糖苷键，将各侧支切下而生成直链糊精。许多细菌如产气杆菌、假单胞菌、芽孢杆菌等，一些链霉菌和酵母菌能产生此酶。

(2) 纤维素

纤维素（cellulose）广泛存在于自然界，是植物细胞壁的结构多糖。纤维素是 D-葡萄糖残基以 β-1,4-糖苷键连接而成的直链大分子多糖，有结晶状和无定形两种形式。具有高度的水不溶性和很强的结构稳定性，在纤维素水解酶酶系（cellulolytic enzymes）的作用下降解为简单的糖类才能被生物体吸收利用。纤维素水解酶酶系复杂，至少包括 3 种作用方式不同的类型。

① C1 酶，主要作用于高度结晶的天然纤维素，使之转化为水合非结晶纤维素。

② Cx 酶，主要作用于水合非结晶纤维素。其一是纤维素酶（cellulase，EC 3.2.1.4，简称 Cx1 酶），是内切型 β-1,4-葡聚糖酶，能随机切断较长的水合非结晶纤维素链，产物主要是纤维素糊精、纤维二糖和纤维三糖；其二是纤维素-1,4-β-纤维二糖苷酶（cellulose-1,4-β-cellobiosidase，EC 3.2.1.91，简称 Cx2 酶），是外切 β-1,4-葡聚糖酶，它能从水合非结晶纤维素链的非还原性末端逐个切下纤维二糖。

③ β-葡萄糖苷酶（β-glucosidase，EC 3.2.1.21），水解纤维二糖及短链的纤维寡糖末端的非还原性 β-D-葡萄糖残基，产生 β-D-葡萄糖。该酶通常也称纤维二糖酶（cellobiase）。

天然纤维素在这 3 类酶的协同作用下降解为葡萄糖。

天然纤维素 —C1 酶→ 水合纤维素分子 —Cx1 酶, Cx2 酶→ 纤维二糖 —纤维二糖酶→ 葡萄糖

纤维素分解能力较强的微生物主要是真菌，如木霉属（Trichoderma）、平革菌属

（*Phanaerochete*）、曲霉属、青霉属、根霉属、葡萄穗霉属（*Stachybotrys*）和嗜热霉属（*Thermomyces*）等。细菌和放线菌中有些种属也有较强分解纤维素的能力，如纤维单胞菌属（*Cellulomonas*）、小双孢菌属（*Microbispora*）、高温单孢菌属（*Thermomonospora*）、生黄瘤胃球菌（*Ruminococcus flavefaciens*）、产琥珀酸丝状杆菌（*Fibrobacter succinogenes*）、噬细胞梭菌（*Clostridium cellulovorans*）和解纤维素梭菌（*Cl. cellulolyticum*）。常用绿色木霉（*Trichoderma viride*）生产纤维素酶。纤维素酶可水解纤维素废弃物以发酵生产酒精，与果胶酶联合使用可以对果蔬去皮。

（3）半纤维素

半纤维素（hemicellulose）是碱溶性的植物细胞壁多糖，大量存在于植物的木质化部分，农作物秸秆中占25%～45%。半纤维素是木聚糖、阿拉伯木聚糖、4-O-甲基葡糖醛酸木聚糖、葡甘露聚糖、半乳葡甘露聚糖、木葡聚糖和 β-1,3-葡聚糖的总称。半纤维素的组成情况在植物物种间差别较大，并且受环境因素和植物的生长与成熟程度的影响。半纤维素较纤维素容易分解，由于半纤维素种类较多，因此半纤维素水解酶（hemicellulase）的种类多样。如木聚糖内切-1,3-β-木糖苷酶（xylan endo-1,3-β-xylosidase，EC 3.2.1.32）催化降解木聚糖。产生某种半纤维素酶的微生物主要有木霉属、曲霉属、根霉属等。半纤维素酶在食品工业有诸多应用，包括加工果汁和果蔬、酿葡萄酒、面包制作和提炼植物油等。

二维码19

（4）果胶质

果胶质基本是由 D-半乳糖醛酸残基通过 α-1,4-糖苷键连接的聚合物，散布有部分甲基酯化的（1→2)-鼠李糖残基，还具有由中性糖（阿拉伯糖、半乳糖）构成的侧链结构。果胶质是细胞壁的基质多糖，在果实和茎中最丰富，橘子皮和苹果渣是其主要来源。果胶质是亲水胶体，在冷却或酶的作用下形成果冻，因此常用做饮料与半固体食品的胶凝剂、稳定剂和增稠剂。但对果汁加工、葡萄酒生产会引起榨汁困难。

天然的果胶质是指提取前存在于植物中与纤维素和半纤维素结合的水不溶性果胶物质，称为原果胶。它在聚半乳糖醛酸酶（polygalacturonase，EC 3.2.1.15，又称果胶酶）的作用或在提取过程中经稀酸处理可转变为水溶性果胶。果胶经果胶酯酶（pectinesterase，EC 3.1.1.11）的去甲酯化转变为无黏性的果胶酸（聚半乳糖醛酸）并产生甲醇。果胶酸在果胶酸裂合酶（pectate lyase，EC 4.2.2.2）作用下转化为不饱和二半乳糖醛酸（digalacturonate）。或者，果胶酸在外切多聚半乳糖醛酸酶（exopolygalacturonase）催化下生成饱和二半乳糖醛酸。这些二半乳糖醛酸残基经后续几步酶促催化转变为 2-酮-3-脱氧葡萄糖酸，再转化为 KDPG（2-酮-3-脱氧-6-磷酸葡萄糖酸），经糖酵解的 ED 途径代谢。

果胶可被很多微生物分解。通过产生果胶水解酶而引起水果蔬菜软腐病害的细菌有菊欧文氏菌（*Erwinia chrysanthemi*）、胡萝卜软腐欧文氏菌（*E. carotovora*），真菌有果产链核盘菌（*Moloninia fructigena*）、瓜枝孢霉（*Cladosporium cucumerinum*）和灰葡萄孢霉（*Botrytis cinerea*）。常引起水果罐头腐败的是子囊菌门中黄毡赤壳（*Byssonectria fulva*）。瘤胃细菌如溶纤维丁酸弧菌（*Butyrivibrio fibrisolvens*）和多对毛螺菌（*Lachnospira multipara*）也能分解果胶和纤维素为宿主动物提供营养。

（5）几丁质

几丁质（chitin）是通过 β-1,4-糖苷键连接的 D-N-乙酰葡萄糖胺的同聚物，其结构与纤维素的极相似。它是自然界中含量仅次于纤维素的多糖，主要存在于节肢动物的外骨骼和大多数真菌的细胞壁。一些真菌、酵母和细菌能分泌几丁质酶（chitinase，EC 3.2.1.14），它随机水解几丁质和壳糊精中 D-N-乙酰葡萄糖胺之间的 β-1,4-糖苷键，生成 N-乙酰葡萄糖胺。几丁质酶具有抗真菌活性，也可以用于加工贝壳废弃物。此外，几丁质脱乙酰基酶（chitin deacetylase，EC

3.5.1.41）能切断几丁质中 D-N-乙酰葡萄糖胺残基的 N-乙酰氨基生成乙酸和壳聚糖（chitosan）。壳聚糖酶（chitosanase，EC 3.2.1.132）能作用于 D-N-乙酰葡萄糖胺与部分乙酰化的壳聚糖中 D-葡萄糖胺残基之间的 β-1,4-糖苷键，水解产物为壳寡糖（chitooligosaccharide）。壳寡糖在食品工业有应用潜力。

6.2.2 蛋白质和氨基酸的分解

6.2.2.1 蛋白质的分解

二维码 20

蛋白质是由许多氨基酸残基通过肽键连接而成的大分子物质。微生物通过分泌胞外蛋白酶将蛋白质水解为各种肽段（二肽、寡肽或多肽）和游离氨基酸。多肽进一步在肽酶（氨肽酶、羧肽酶或内肽酶）的作用下水解成小肽片段和游离氨基酸等小分子后才能够被吸收利用。

产蛋白酶的微生物很多，不同微生物分解蛋白质的能力差异很大。一般来说，真菌分解蛋白质的能力强。某些毛霉、根霉、曲霉、青霉和镰刀菌等能分泌胞外蛋白酶，因而能分解天然蛋白质。酱油、豆豉和腐乳等传统发酵豆制品的酿造就是利用了一些霉菌对蛋白质的分解作用。细菌分解蛋白质的能力相对较弱，大多数细菌不能分解天然蛋白质，只能分解变性蛋白质。能分解蛋白质的细菌主要有芽孢杆菌属、假单胞菌属和变形菌属（Proteus）中的一些种。细菌对蛋白质的分解能力是细菌分类鉴定的依据之一，可通过"明胶液化试验"和"石蕊牛乳试验"来检测区分不同细菌产生明胶酶和酪蛋白酶的能力差异。

6.2.2.2 氨基酸的分解

氨基酸被微生物吸收后可直接作为细胞中新生蛋白质合成的原料，也可以被微生物进一步分解，通过各种代谢途径加以利用。尤其是在缺乏碳源的条件下，氨基酸还能被某些细菌用作碳源和能源，以维持机体的生长需要。微生物对氨基酸的分解，主要是脱氨基作用和脱羧基作用方式。

脱氨基作用方式因微生物种类、氨基酸种类以及环境条件不同，主要有氧化脱氨基、还原脱氨基、氧化-还原偶联脱氨基、水解脱氨基和直接分解脱氨基等形式。

脱羧基作用是因许多微生物产生专一性很强的氨基酸脱羧酶（decarboxylase），能催化相应氨基酸的脱羧基反应生成减少一个碳原子的胺和 CO_2。一元氨基酸脱羧生成一元胺，如酪氨酸脱羧后形成酪胺、丙氨酸则形成乙胺；二元氨基酸脱羧生成二元胺，如赖氨酸脱羧后形成尸胺，鸟氨酸则形成腐胺。二元胺大都对人体有毒，肉类等蛋白质食品腐败后常生成二元胺，因此不能食用。

6.2.3 脂肪和脂肪酸的分解

6.2.3.1 脂肪的分解

食品中脂类包括甘油一酯、甘油二酯和甘油三酯，游离饱和脂肪酸与不饱和脂肪酸，磷脂、固醇和蜡。以甘油酯为主要脂类。微生物对脂类的代谢利用不具优先权。由于脂类具有疏水性，以大量形式存在的脂类难以降解。在乳状液中，微生物能代谢分布在油-水界面的脂类。甘油酯能被胞外脂肪酶水解生成甘油和脂肪酸，然后甘油和脂肪酸分别被氧化分解。

甘油在甘油激酶的作用下生成 3-磷酸甘油，再经 α-磷酸甘油脱氢酶催化生成磷酸二羟基丙酮，经磷酸丙糖异构酶变构生成甘油醛-3-磷酸，进入 EMP 或 HMP 途径分解。

6.2.3.2 脂肪酸的分解

脂肪酸的分解是通过 β-氧化方式，这是一个逐步脱氢和碳链降解的过程，发生在原核生物的细胞质中和真核生物的线粒体内。以真菌为例，饱和偶数碳脂肪酸被转运到细胞内，在脂酰 CoA 合成酶催化下活化转变为水溶性较高的脂酰 CoA，进入线粒体内通过多轮 β-氧化后最终生成乙酰 CoA 单元。乙酰 CoA 可进入 TCA 循环彻底氧化成 CO_2 和 H_2O，并产生大量 ATP 以供利用。此外，乙酰 CoA 还可以通过乙醛酸循环进行合成代谢。奇数碳脂肪酸经过 n 轮 β-氧化后，除产生乙酰 CoA 外，还生成 1 个丙酰 CoA，其中丙酰 CoA 最终转变为琥珀酰 CoA 进入 TCA 循环彻底氧化。不饱和脂肪酸也是经 β-氧化而降解，但其所需的酶系更为复杂。脂肪酸分解较缓慢，如果脂肪酸的产生速度过快，它们就会在食品中积累。

食品中重要的产脂肪酶微生物种属包括产碱杆菌属（*Alcaligenes*）、肠杆菌属（*Enterobacter*）、黄杆菌属（*Flavobacterium*）、微球菌属（*Micrococcus*）、假单胞菌属（*Pseudomonas*）、沙雷氏菌属（*Serratia*）、葡萄球菌属（*Staphylococcus*）、曲霉属（*Aspergillus*）、地霉属（*Geotrichum*）和青霉属（*Penicillium*）。沙门柏干酪青霉（*Pen. camemberti*）和娄地青霉（*Pen. roqueforti*）因产脂肪酶而使霉熟的干酪具有诱人风味。

6.3 合成代谢

6.3.1 生物合成的三要素

合成代谢是指生物利用能量代谢过程中的能量将无机或有机小分子物质合成复杂的高分子或细胞结构物质的代谢活动。能量（ATP）、还原力（[H]）和小分子前体物质称为细胞物质合成的三要素，它们是由分解代谢产生并提供给合成代谢过程。还原力主要是指 $NADH_2$ 和 $NADPH_2$。小分子前体物质（precursor metabolites）指糖代谢过程中产生的中间体碳架物质，这些物质直接用来合成生物大分子的单体或构件。连接分解代谢和合成代谢的主要中间代谢物有 12 种，即葡萄糖-1-磷酸、葡萄糖-6-磷酸、核酮糖-5-磷酸、赤藓糖-4-磷酸、磷酸二羟基丙酮、甘油醛-3-磷酸、PEP、丙酮酸、乙酰 CoA 是合成多糖、脂类和核苷酸的前体物质，草酰乙酸、α-酮戊二酸和琥珀酰 CoA 是合成谷氨酸族、天冬氨酸族氨基酸和卟啉环化合物的前体物质。由于前体物质在微生物生长过程中会不断地消耗，需要及时补充，否则会影响分解代谢的正常运转。微生物等生物体能通过两用代谢途径和代谢回补顺序的方式解决前体物质的产生与消耗的矛盾。

6.3.2 糖类的生物合成

6.3.2.1 单糖的合成

（1）糖异生作用

从丙酮酸、乙酸、甘油、草酰乙酸和琥珀酸等非碳水化合物合成葡萄糖或其它己糖的过程即为糖异生作用（gluconeogenesis）。例如 EMP 途径的逆过程中，两分子丙酮酸作为前体物质，由丙酮酸羧化酶等酶的催化逐步合成果糖-6-磷酸，最后生成 1 分子葡萄糖-6-磷酸，合成的这两种单糖又可以作为制造其它常见糖的前体物质。

（2）光合磷酸化

光能营养微生物又称光能自养微生物（photoautotrophs）。行光合作用的微生物包括单细胞藻类、产氧光合细菌（蓝细菌）、不产氧光合细菌（紫色细菌、绿色细菌）以及嗜盐古菌。它们能利用光合色素吸收光能，通过多种光合磷酸化作用进行光能转换，合成生命活动所需的 ATP，用于 CO_2 的固定以同化合成细胞物质等。

蓝细菌通过图 6-6 所示的非循环光合磷酸化（noncyclic photophosphorylation）产生 ATP。该体系由两个光合系统（photosystem）——PSⅠ和 PSⅡ偶联而成，分别有吸收 700nm 和

680nm 光波的光反应中心 P_{700} 和 P_{680}。在蓝细菌中，光合作用的光反应定位在细胞内的类囊体膜上。暗反应中，每固定1分子 CO_2 需要消耗3分子 ATP 和2分子 NADPH，最终将 CO_2 还原为碳水化合物。

$$CO_2 + 3\ ATP + 2\ NADPH + 2H^+ + H_2O \longrightarrow (CH_2O) + 3\ ADP + 3\ Pi + 2\ NADP^+$$

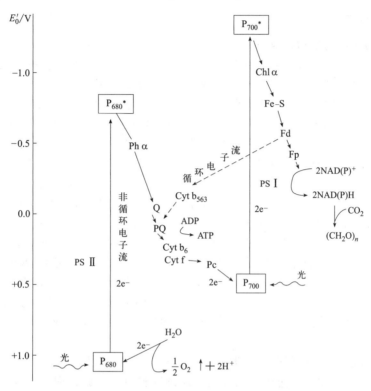

图 6-6　蓝细菌的非循环光合磷酸化反应

（3）自养微生物对 CO_2 的固定

各种自养微生物利用 CO_2 作为它们的全部或主要碳源，还原和结合 CO_2 需要消耗大量能量，大多数自养菌通过光合磷酸化获得能量，一些自养菌则通过氧化磷酸化或底物水平磷酸化而获能。自养菌对 CO_2 固定合成了异养菌赖以生存的有机物质，因此对地球上的生命非常重要。微生物对 CO_2 的固定途径有4条：卡尔文循环、乙酰 CoA 途径、还原性 TCA 循环途径和3-羟基丙酸途径。

卡尔文循环（Calvin cycle）又称为还原性戊糖磷酸循环。见于光合作用的真核细胞生物和大多数光合细菌，而一些专性厌氧菌和微好氧菌缺乏该途径。卡尔文循环反应与蓝细菌、一些硝化细菌和硫细菌（硫氧化化能营养菌）的细胞内含物中存在羧酶体相关。这些多面体结构中存在卡尔文循环反应的关键酶：核酮糖-1,5-二磷酸羧化酶（ribulose-1,5-bisphosphate carboxylase，RuBisCO）和磷酸核酮糖激酶（phosphoribulokinase）。因而可能是固定

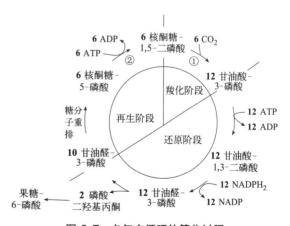

图 6-7　卡尔文循环的简化过程
① 核酮糖-1,5-二磷酸羧化酶；② 磷酸核酮糖激酶

CO_2 反应部位。卡尔文循环分为 3 个阶段，简化过程如图 6-7。通过反应固定 6 分子 CO_2 实际产生 2 分子甘油醛-3-磷酸，它们用于糖类、脂类或蛋白质的生物合成。由固定 CO_2 开始每合成 1 分子果糖-6-磷酸或葡萄糖-6-磷酸需要循环 2 次。总反应式为：

$$6\ CO_2 + 18\ ATP + 12\ NADPH + 12\ H^+ + 12\ H_2O \longrightarrow C_6H_{12}O_6 + 18\ ADP + 18\ Pi + 12\ NADP^+$$

6.3.2.2 多糖的合成

(1) 菌体结构多糖的生物合成

细菌多糖如肽聚糖、酵母多糖如 β-葡聚糖（β-glucans）、低等真菌多糖如几丁质、蘑菇多糖如灵芝多糖和香菇多糖等，这些多糖构成了微生物细胞的结构成分。

肽聚糖是绝大多数原核生物（古菌除外）细胞壁中的独特成分。它对维持细菌细胞的形态结构和正常的生理功能起到重要作用。同时，它又是许多抗生素如青霉素、头孢霉素、万古霉素、环丝氨酸和杆菌肽等的靶标物质，这些抗生素能阻断肽聚糖的生物合成而发挥抑菌作用。因此，了解肽聚糖的合成途径具有重要意义。

以金黄色葡萄球菌（*Staphylococcus aureus*）的肽聚糖生物合成为例。肽聚糖生物合成机制复杂，尤其是合成反应发生在细胞质中、细胞膜上和周质空间三个部位（见图 6-8）。肽聚糖的合成需要两种载体，其一是在细胞质中起作用的糖基载体——尿苷二磷酸（UDP）。反应首先由葡萄糖合成两种 UDP 衍生物，即 UDP-*N*-乙酰葡糖胺和 UDP-*N*-乙酰胞壁酸。随后，氨基酸有序地添加到 UDP-*N*-乙酰胞壁酸形成具有五肽尾的产物 UDP-*N*-乙酰胞壁酸五肽，它又叫 "Park" 核苷酸。UDP-*N*-乙酰胞壁酸五肽被转运到位于细胞质侧的细胞膜上的第二个类脂载体——磷酸细菌萜醇（bactoprenol phosphate），得到的中间产物为细菌萜醇-*N*-乙酰胞壁酸五肽复合物（类脂 I）。细菌萜醇是一种含 11 个异戊二烯单位的 C_{55} 类异戊二烯醇，它通过两个磷酸基与 *N*-乙酰胞壁酸分子键合，见图 6-9。

然后，UDP 转运 *N*-乙酰葡糖胺到类脂 I，生成类脂 II，这样就生成了肽聚糖重复单位（双糖肽亚单位）。这一重复单位通过细菌萜醇运送通过细胞膜并释放在周质空间，插入到细胞膜外的细胞壁生长点处。细胞在生长与分裂时产生的一些自溶素酶能攻击细胞中肽聚糖的多糖链或水解肽桥，解开细胞壁上的肽聚糖网套，原有的肽聚糖分子成为新合成分子的壁引物（最少 6~8 个肽聚糖单体的分子片段）。肽聚糖单体与壁引物分子间先发生转糖基作用（transglycosylation），即肽聚糖单体的 *N*-乙酰葡糖胺与壁引物分子 *N*-乙酰胞壁酸间通过 β-1,4-糖苷键连接，使

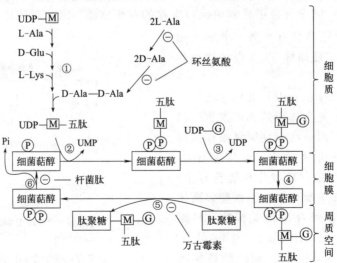

图 6-8 金黄色葡萄球菌肽聚糖合成的主要途径

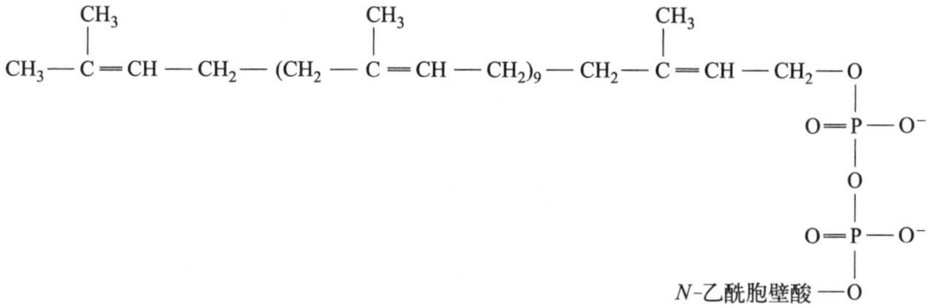

$$CH_3-\underset{\underset{CH_3}{|}}{C}=CH-CH_2-(CH_2-\underset{\underset{CH_3}{|}}{C}=CH-CH_2)_9-CH_2-\underset{\underset{CH_3}{|}}{C}=CH-CH_2-O$$

$$\underset{\underset{N\text{-乙酰胞壁酸}-O}{|}}{\underset{\underset{O}{\overset{\overset{O^-}{|}}{P}}}{\overset{\overset{O}{\|}}{|}}}-O-\underset{O^-}{\overset{O}{\overset{\|}{P}}}$$

图 6-9 肽聚糖合成途径中的脂质载体——细菌萜醇

多糖链延伸一个双糖单位。而细菌萜醇仍留在细胞膜内，焦磷酸细菌萜醇脱磷酸基后返回到细胞膜内侧，并在第二轮生物合成中发挥其运输作用。

肽聚糖的最后合成步骤是转肽酶的转肽作用（transpeptidation），它使两条多糖链之间形成"肽桥"（甘氨酸五肽）而发生纵向交联。在形成肽桥的同时，转肽酶移除了五肽尾末端的 D-Ala（见图 6-10）。转肽作用可被青霉素抑制，其原因是青霉素是五肽尾末端"D-Ala-D-Ala"二肽的结构类似物，两者可互相竞争转肽酶的活性中心。当青霉素存在时，转肽酶与青霉素结合，使前后两个肽聚糖单体不能形成肽桥，因此合成的肽聚糖缺乏机械强度，结果是形成原生质体或原生质球之类的细胞壁缺陷细胞，在不利的渗透压条件下，极易发生裂解死亡。青霉素的抑菌机制是在于抑制肽聚糖分子中肽桥的形成，因此只对生长繁殖旺盛阶段的革兰氏阳性细菌有明显的抑制作用，而对生长停滞的细胞（rest cell）不起作用。

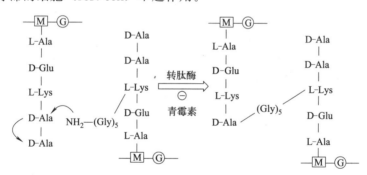

图 6-10 肽聚糖合成时的转肽作用

（2）菌体胞外多糖合成与应用

食品工业常用微生物胞外多糖见表 6-5。

表 6-5 食品工业常用微生物胞外多糖

多糖名称	主要生产菌	工业应用
细菌纤维素	木葡糖醋杆菌（*Gluconacetobacter xylinus*）	直接食用，膳食纤维
黄原胶	野油菜黄单胞菌（*Xanthomonas campestris*）	食品乳化剂、增稠剂、稳定剂等
热凝胶	粪产碱杆菌（*Alcaligenes faecalis*）	食用薄膜、食用纤维、食品保水剂
结冷胶	少动鞘氨醇单胞菌（*Sphingomonas paucimobilis*）	食品乳化剂、增稠剂、稳定剂等
威兰胶	产碱杆菌（*Alcaligenes* sp.）	食品增稠剂
普鲁蓝	出芽短梗霉（*Aureobasidium pullulans*）	食品增稠剂
右旋糖酐	肠膜明串珠菌（*Leuconostoc mesenteroides*）	食品增稠剂、稳定剂

以细菌纤维素的生物合成为例。细菌纤维素（bacterial cellulose，BC）指由葡糖醋杆菌属（*Gluconacetobacter*）、农杆菌属（*Agrobacterium*）、根瘤菌属（*Rhizobium*）和八叠球菌属（*Sarcina*）等属中菌株合成的纤维素的统称。细菌纤维素和植物纤维素一样都是由 β-1,4-葡萄糖苷键结合成直链，直链间彼此平行，无分支结构，又称 β-1,4-葡聚糖。

表面发酵法酿醋具有悠久的历史，醋酸菌在酒精溶液的表面形成一层薄菌膜。1886 年，英国的 Brown 最早确定这层膜状物的化学本质是纤维素，并命名其产生菌为木质细菌（*Bacterium xylinum*），经过多年的系统分类研究，现在该菌定名为木葡糖醋杆菌（*Gluconacetobacter xylinus*）。它具有最高的纤维素生产能力，被确认为研究纤维素合成、结晶过程和结构性质的模式菌株。BC 的合成过程是一个被精确的、特异性调节的多步反应过程。整个合成过程包括三个环节：首先是纤维素前体尿苷二磷酸葡萄糖（UDP-Glc）的合成，然后 UDP-Glc 上葡萄糖残基被转移并聚合形成 β-1,4-葡聚糖链，并穿过外膜分泌到胞外，最后成百上千个新生态葡聚糖单链缔合成典型的超微带状结构。由葡萄糖合成纤维素涉及 4 个酶促反应：①葡萄糖激酶催化葡萄糖转变为葡萄糖-6-磷酸；②磷酸葡萄糖变位酶催化葡萄糖-6-磷酸变为葡萄糖-1-磷酸；③尿苷二磷酸葡萄糖焦磷酸化酶催化葡萄糖-1-磷酸变为尿苷二磷酸葡萄糖；④纤维素合酶（cellulose synthase，CS）催化 UDP-Glc 通过形成 β-1,4-糖苷键合成 β-葡聚糖。最后在菌体外装配形成结晶纤维素。

6.3.3 氨基酸的生物合成

氨基酸的合成是各种氨基酸的碳骨架与氨基相结合的过程。微生物可以通过三种情况合成氨基酸：①氨基化作用。将同化吸收氨或生物固氮产生的氨合成新的氨基酸，例如可由 α-酮戊二酸在谷氨酸脱氢酶催化下发生氨基化生产谷氨酸。②转氨基作用。可以由小分子前体物质直接经过转氨基作用生成一些氨基酸，如以谷氨酸作为氨基供体，经氨基转移酶催化分别与丙酮酸或草酰乙酸可以合成丙氨酸或天冬氨酸。③前体转化。大部分氨基酸合成时，其小分子前体物质需要发生结构改变，如含硫氨基酸（半胱氨酸和甲硫氨酸）的碳骨架需要添加硫，其生物合成途径则比较复杂，步骤较多而且有分支途径。通过分支途径，同一种前体物质可以合成一类相关的氨基酸家族，例如以草酰乙酸为前体物质合成天冬氨酸族氨基酸的分支合成途径见图 6-11。

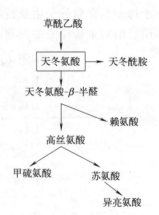

图 6-11 天冬氨酸族氨基酸的分支合成途径

按照前体物质的差异，20 种氨基酸的合成可分为 6 组：①甘油醛-3-磷酸（Ser、Cys、Gly）；②PEP＋赤藓糖-4-磷酸（Trp、Tyr、Phe）；③丙酮酸（Ala、Val、Leu）；④α-酮戊二酸（Glu、Gln、Pro、Arg）；⑤草酰乙酸（Asp、Asn、Lys、The、Met、Ile）；⑥核酮糖-5-磷酸＋ATP（His）。它们的生物合成途径见图 6-12。

氨基酸的合成需要提供足够的氮源、碳源和能源，通常其合成途径受到严谨的调节控制，包括变构调节和反馈机制。

6.3.4 脂类的生物合成

脂类是微生物细胞膜的主要组成成分，大部分细菌和真核细胞的脂类含有脂肪酸或其衍生物。脂肪酸是具有烷基长链的一元羧酸。大部分微生物的脂肪酸是直链形态，少数微生物有分支链，G^- 细菌的脂肪酸链中常含有环丙烷。脂肪酸的合成是由脂肪酸合成酶催化，乙酰 CoA 和丙二酰 CoA 作为底物，NADPH 作为电子供体。其中丙二酰 CoA 是由乙酰 CoA 与 CO_2 羧基产

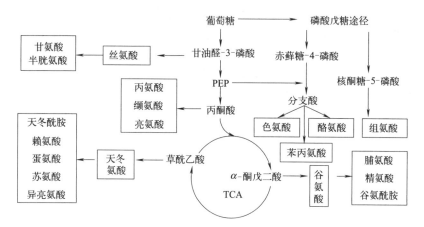

图 6-12 二十种氨基酸的前体及其合成途径

生。在脂肪酸合成过程中一种酰基载体蛋白（ACP）始终参与，由辅酶 A 转运的乙酰基和丙二酰基分别与 ACP 的巯基结合可形成乙酰 ACP 和丙二酰 ACP 复合物。乙酰 ACP 作为偶数碳原子脂肪酸合成的引物，每一次反应，生长链的羧基端添加由丙二酰 ACP 提供的两个碳原子（α-酮基），并释放 1 分子 CO_2。因此，脂肪酸的合成中脂肪酸链周期性地逐步延长。

甘油三酯是微生物细胞贮存碳源和能源的常见物质，它是由甘油与脂肪酸酯化反应产生。三磷酸甘油可由二羟基丙酮还原产生，也可由培养基来源的甘油吸收后经甘油激酶催化产生。三磷酸甘油在相应酶的催化作用下，进一步合成磷酸酯、磷酸酯衍生物或脂肪。

6.3.5 次级代谢物的生物合成

6.3.5.1 次级代谢与次级代谢物

微生物的代谢类型有初级代谢和次级代谢之分。初级代谢是指微生物从外界吸收各种营养物质，通过分解代谢与合成代谢，生成维持生命活动所必需的物质和能量的过程。初级代谢产物，如氨基酸、有机酸等，与微生物细胞的生长有密切的关系。

次级代谢是指微生物在一定的生长时期，以初级代谢产物为前体物质，通过支路代谢合成一些对自身的生命活动无明确功能的物质的过程。通常在微生物的活跃生长期以后，由于营养物质受限或废产物积累，次级代谢物积累起来。这些物质与细胞物质的合成和正常生长只有有限的关系。例如有些微生物代谢中产生抗生素、毒素、生物碱、色素等次级代谢产物。它们与食品加工或食品安全有密切关系。人们也可以通过对初级代谢途径的控制，让微生物过量产生初级代谢物，这种超出微生物生理需要的物质也认为是次级代谢物，例如柠檬酸、谷氨酸等广泛用于食品工业。

（1）抗生素

狭义上，指某些微生物在代谢过程中合成的，在低浓度下能选择性地抑制其它敏感微生物生长或杀死它们的一类天然物质。广义上，包括任何天然的、半合成的或全合成的在低浓度下有效应的抗微生物剂。乳酸乳球菌（*Lactococcus lactis*）产生的乳酸链球菌素（Nisin）、纳塔尔链霉菌（*Streptomyces natalensis*）产生的纳他霉素（Natamycin）等可用作食品防腐剂。

（2）毒素

从微生物学含义上，任何微生物产物或组分如果在低浓度时能通过特异的途径作用于高等（多细胞）生物的细胞或组织，并造成局部和（或）系统性损害或死亡，这种物质即为毒素。根据产生菌的来源，主要有细菌毒素和真菌毒素两大类。

细菌毒素有外毒素和内毒素。外毒素（exotoxin）是在某些微生物生命活动过程中释放或分泌到菌体外的毒性蛋白质。例如由肉毒杆菌产生的肉毒毒素、金黄色葡萄球菌产生的肠毒素。可能会因食入含有这类毒素的食物引起食物中毒。内毒素（endotoxin）是革兰氏阴性细菌细胞壁中最外层的脂多糖部分，平时不分泌到菌体外，只在菌体裂解时才被释放。能产生内毒素的食源性细菌有肠杆菌科细菌，如肠出血性大肠杆菌O157、沙门氏菌、志贺氏菌等具有强烈的内毒素。

真菌毒素指真菌产生的毒素。通常指由生长在食物上的霉菌产生，对人和（或）动物有毒的真菌代谢物。一些常见的曲霉、青霉或镰刀菌能产生霉菌毒素而污染食品或饲料。危害谷物饲料的六大霉菌毒素见表 6-6。

表 6-6　危害谷物饲料的六大霉菌毒素

毒素名称	产生霉菌
黄曲霉毒素	黄曲霉（A. flavus）、寄生曲霉（A. parasiticus）
赭曲霉毒素	赭曲霉（A. ochraceus）、黑曲霉（少数菌株）
烟曲霉毒素	烟曲霉（A. fumigatus）
呕吐毒素	禾谷镰刀菌（Fusarium graminearum）
单端孢霉烯族毒素 T2	拟枝镰刀菌（F. sporotrichioides）、梨孢镰刀菌（F. poae）
玉米赤霉烯酮	禾谷镰刀菌、三线镰刀菌（F. tricinctum）

（3）色素

许多微生物在生长过程中能合成带有颜色的代谢产物，分泌到细胞外或在细胞内积累起来。根据色素的溶解性质可分为水溶性色素和脂溶性色素。水溶性色素有绿脓菌色素、蓝乳菌色素、荧光菌的荧光素等；脂溶性色素有金黄色葡萄球菌的金黄色素、黏质沙雷氏菌的红色素、八叠球菌的黄色素。脉孢霉属（Neurospora）产生的类胡萝卜素是一种黄色脂溶性色素。一些色素既不溶于水，也不溶于有机溶剂，如酵母和霉菌的黑色素和褐色素等。产生色素的差异是对微生物进行分类鉴定的重要依据。有的色素可用作食用色素（食品着色剂），如红曲菌属（Monascus）产生的红曲色素具有悠久的食用历史。

6.3.5.2　微生物色素生物合成与应用

自然界中产天然色素的真菌、酵母、细菌和微藻相当常见，微生物产生的色素包括类胡萝卜素类、黑色素类、黄素类、醌类色素以及红曲霉素、紫色杆菌素或吲哚等。与从动植物中提取同样的色素比较，微生物的生长速率较高，易于工业化生产，因而筛选和利用微生物生产色素具有优势。经过广泛和长期的毒理学研究，以及微生物发酵工艺的摸索，由发酵生产的一些食品级微生物色素已经在市场上流通，例如紫色红曲菌（M. purpurus）和红色红曲菌（M. ruber）的红曲色素、红发夫酵母［Xanthophyllomyces dendrorhous（有性型）、Phaffia rhodozyma（无性型）］的虾青素、棉假囊酵母（Eremothecium gossypii）和阿舒假囊酵母（Ere. ashbyii）的核黄素（维生素 B_2）、三孢布拉霉（Blakeslea trispora）的 β-胡萝卜素和草酸青霉（Pen. oxalicum）的红色素。

红曲色素属于氮杂芬酮类（azaphilone）化合物，它是红曲菌典型的次级代谢物，基于红色或黄色色素产量的相对变化，紫色红曲菌的菌落颜色呈现柠檬黄或紫红色。红曲菌至少能产生6种色素：橙色的红曲玉红素（monascorubin，$C_{23}H_{26}O_5$）和红斑红曲素（rubropunctatin，$C_{21}H_{22}O_5$），黄色的安卡红曲黄素（ankaflavin，$C_{23}H_{30}O_5$）和红曲素（monascin，$C_{21}H_{26}O_5$），紫红色的红斑红曲胺（rubropunctamine，$C_{21}H_{23}NO_4$）和红曲玉红胺（monascorubramine，$C_{23}H_{27}NO_4$）。其中紫红色的色素最为重要，它们能够替代合成色素赤藓红，具有广泛的 pH 2～10

值稳定性和热稳定性（可高压灭菌），可以替代传统的食品添加剂（如亚硝酸和胭脂红）用于肉制品中。在中国南方及东南亚国家常用固态培养基培育红曲菌生产红色素。我国生产的"红曲米"常用作烹饪的佐料或食品添加剂。

红曲色素生物合成的一种推导假定的途径如图 6-13 所示。一分子乙酸和五分子丙二酸在聚酮合成酶的催化下形成六酮体生色团，然后一分子中等链长的脂肪酸，如辛酸与生色团发生酯化反应，连接生成橙色的红曲玉红素，或者己酸与生色团酯化生成橙色的红斑红曲素；这两种橙色的红曲色素被还原后分别生成相应的两种黄色的红曲色素，即安卡红曲黄素和红曲素；紫红色的红曲色素——红曲玉红胺和红斑红曲胺可以通过橙色的红曲色素与 NH_3 单位的氨基化作用合成。这 6 种色素都是疏水性色素，合成后保留在细胞内。当它们与氨基酸（如谷氨酸）的或葡萄糖胺的亚氨基（—NH_2）结合后转变为水溶性的衍生色素，最终分泌到培养基中。

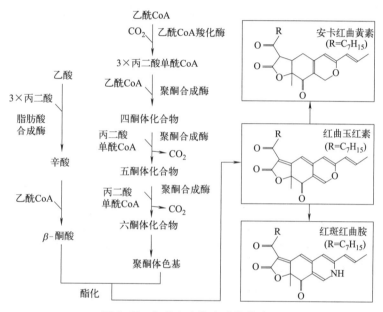

图 6-13 红曲色素的合成代谢途径

6.4 微生物的代谢调控

由于微生物生长在一个营养、能源和物理条件经常快速变动的环境之中，因此，微生物需要不断地检测其生长的外环境和内环境，并迅速作出反应。微生物必须通过激活或关闭一些代谢途径，以保持细胞内环境的相对稳定。假如某种能源不能再获得和利用，则与能源利用相关的酶系就不再需要，它们的进一步合成也是浪费碳源、氮源和能源。微生物细胞有一整套极灵敏和极精确的代谢调节系统以保障细胞的生长繁殖。代谢调节控制方式有很多，例如可调节细胞膜对营养物的透性，通过酶的定位以限制它与相应底物接触，以及调节代谢流等。参与代谢的物质在代谢网络的有关代谢途径中按一定规律流动，形成微生物代谢的物质流即是代谢流（metabolic fluxes）。因为代谢反应是在各种酶的催化作用下进行，细胞通过对影响酶促反应的两个主要因素，即调节有关酶的活性与酶量来控制代谢。酶活性的调节与酶合成的调节相互密切配合和协调，以达到最佳调节效果。在生产实践中，也可以人为地打破微生物原有的调节，选育一些能积累特定中间代谢物或末端产物的微生物，以满足人们生活和生产的需要。

6.4.1 酶活性调节

酶活性调节发生在酶化学水平上,是一种转录后调节机制。指通过改变现有酶分子的活性来调节新陈代谢的速率。对代谢途径中一个或数个关键性酶活性,能及时、迅速和有效地改变代谢反应速率。包括酶活性的激活或抑制。

6.4.1.1 调节酶

调节酶指对代谢途径的反应速率起调节功能的酶。位于一个或多个代谢途径内的一个关键部位。大部分调节酶是变构酶,少数为共价调节酶。变构酶(allosteric enzyme)的酶分子一般具有活性部位和调节部位。当效应物(常为最终产物)与调节部位结合后,酶的分子构象发生变化,底物与活性中心的亲和性受到影响,继而改变酶的催化活性。但终产物与酶分子调节部位的结合是可逆的,即当终产物降低后,这种结合自行解离,底物与活性中心的结合又会恢复。

6.4.1.2 酶活性的激活

常见为前体激活,在分解代谢途径中,后面的反应可被较前面的一个产物促进。例如在TCA循环中,粗糙脉孢霉的异柠檬酸脱氢酶的活性受柠檬酸促进。

6.4.1.3 酶活性的反馈抑制

任意代谢途径中至少有一种限速酶存在,它催化代谢途径中最慢的或限制反应速率的反应步骤。通常途径中的第一个酶促反应是限速步骤,由变构酶催化。反馈抑制(feedback inhibition)表现为在代谢途径中,当末端产物过量时,这个产物作为效应物直接抑制该途径中的限速酶的活性,促使整个反应过程减慢或停止,从而避免过度积累末端产物。

在无分支的直线式代谢途径中,如大肠杆菌合成异亮氨酸的反应过程(图6-14),当异亮氨酸过量时,可抑制苏氨酸脱氢酶的活性,从而使α-酮丁酸及其后的中间代谢物都不再合成,最后导致细胞内异亮氨酸的浓度降低。

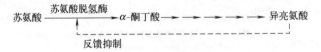

图6-14 大肠杆菌合成异亮氨酸的反馈抑制

最常见的是分支式的生物合成途径,它形成多种终产物。这时,必须精确协调地合成所有产物,否则一种产物过量则影响其它产物的缺失。分支合成途径通常由末端代谢产物调节分支点处调节酶的活性。同时每个末端产物又对整个途径的第一个酶有部分的抑制作用。分支代谢的反馈调节4种方式作用模式见图6-15。

(1) 同工酶反馈抑制

同工酶(isoenzyme)是一类催化同一反应,但酶的分子构型不同,并能分别受不同末端产物抑制的一组酶。其特点是在分支途径中的第一个酶为一组同工酶,每一种代谢产物只对一种同工酶具有反馈抑制作用,只有当几种终产物同时过量时,才能完全阻止反应的进行。典型例子是大肠杆菌的天冬氨酸族氨基酸中赖氨酸和苏氨酸合成的途径。天冬氨酸激酶有三种同工酶,即天冬氨酸激酶Ⅰ、Ⅱ和Ⅲ,催化途径的第一个反应,分别受苏氨酸、甲硫氨酸、赖氨酸的反馈抑制。

(2) 协同反馈抑制

在分支代谢途径中,几种末端产物同时过量,才对途径中的第一个酶具有抑制作用。若某一末端产物单独过量则对途径中的第一个酶无抑制作用。例如多黏类芽孢杆菌的天冬氨酸激酶只有

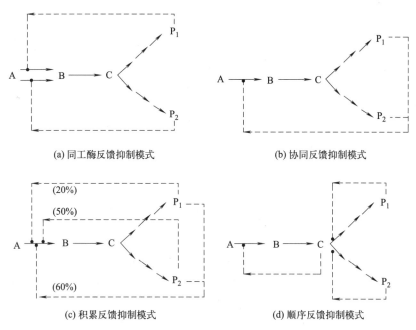

图 6-15 分支途径中酶的反馈抑制调节模式

苏氨酸与赖氨酸在胞内同时积累,才能抑制天冬氨酸激酶的活性。这种抑制在苏氨酸或赖氨酸单独过量时并不会发生。

(3) 积累反馈抑制

在分支代谢途径中,任何一种末端产物过量时都能对共同途径中的第一个酶起抑制作用,而且各种末端产物的抑制作用互不干扰。当各种末端产物同时过量时,它们的反馈抑制作用相累加。大肠杆菌的谷氨酰胺合成酶的调节属于这种方式。

(4) 顺序反馈抑制

分支代谢途径中的两个末端产物,分别抑制分支点后的反应步骤,造成分支点上中间产物的积累,这种高浓度的中间产物再反馈抑制第一个酶的活性。因此,只有当两个末端产物都过量时,才能对共同途径中的第一个酶起到抑制作用。例如枯草芽孢杆菌中芳香族氨基酸的合成代谢途径以这种方式进行调节。

6.4.2 酶合成调节

酶合成调节发生在遗传水平上,对转录和翻译过程调节来控制特定酶分子的合成量而调节代谢反应速率。这种水平上的调节相对较慢,但它会节省细胞相当多的能量和原料。包括酶合成的诱导和阻遏,"操纵子学说"可以解释酶合成的调节机制。

6.4.2.1 酶合成的诱导

根据酶的生成与环境中该酶的底物(或底物结构类似物)的关系,将酶划分为组成酶和诱导酶。组成酶是细胞固有的酶类,其合成不受底物(或其结构类似物)存在情况的影响,例如 EMP 途径的有关酶类。诱导酶是细胞为适应外来底物(或其结构类似物)而临时合成的一类酶,例如大肠杆菌转移到含乳糖培养基后产生 β-半乳糖苷酶和半乳糖苷渗透酶等能水解利用乳糖有关的酶系。能促进诱导酶生物合成的现象即为诱导。有诱导效应的物质称为诱导物,它可以是酶的底物(如乳糖),也可以是底物结构类似物(如异丙基-β-D-硫代半乳糖苷,亦即 IPTG)。

6.4.2.2 酶合成的阻遏

阻碍酶生物合成的现象即为阻遏作用（repression）。当代谢途径中某末端产物过量时，除反馈抑制外，还可以通过反馈阻遏（feedback repression）的方式阻碍代谢途径中包括关键酶在内的一系列酶的生物合成，彻底地控制代谢和减少末端产物的合成。反馈阻遏有如下两种形式：

（1）末端产物反馈阻遏

指由代谢途径末端产物的过量积累而引起的反馈阻遏。如精氨酸生物合成途径。精氨酸过量时，能对代谢途径中的氨甲酰基转移酶、精氨酸琥珀酸合成酶和精氨酸琥珀酸裂合酶进行反馈阻遏。

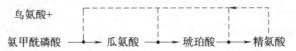

（2）分解代谢物反馈阻遏

指细胞内同时存在两种分解底物（碳源或氮源）时，利用快的一种碳源（或氮源）会阻遏利用慢的一种碳源（或氮源）的有关酶合成的现象。这种分解代谢物阻遏作用，并非由于快速碳源（或氮源）本身直接作用的结果，而是通过碳源（或氮源）在其分解过程中所产生的中间代谢物所引起的阻遏作用。例如，将大肠杆菌培养在含有乳糖和葡萄糖的培养基上，优先利用葡萄糖，待葡萄糖耗尽后才开始利用乳糖，出现在两个对数生长期中间隔开一个生长迟缓期的"二次生长现象"。其原因是葡萄糖分解的中间代谢产物阻遏了分解乳糖酶系的合成，这一现象又称为"葡萄糖效应"。

6.4.3 代谢的人工控制与应用

6.4.3.1 人工控制微生物代谢的策略

在了解清楚某种产物的代谢途径之后，常可以人为控制改变微生物细胞的代谢流，让微生物细胞大量产生和积累人们需要的代谢产物，提高发酵效率，这就是代谢的人工控制。所采用的最有效的策略是改变微生物遗传特性以控制微生物的生理特性，包括筛选营养缺陷型突变株、抗反馈调节突变株、抗分解阻遏突变株、组成型突变株、条件致死突变株和细胞膜透性突变株等多种类型的突变菌株，它们往往解除反馈抑制（或反馈阻遏）的代谢调节机制，能够积累大量的目标产物。其次是控制发酵培养条件，即优化控制营养物成分和浓度、溶氧量、pH值和温度等影响代谢产物合成的物质基础和理化条件。

6.4.3.2 人工控制在谷氨酸发酵调控中的应用

微生物的细胞膜对细胞内外物质的运输具有高度选择性。如果细胞内的代谢产物以很高的浓度积累，就会通过反馈阻遏限制它们的进一步合成。针对这种情况，采取提高细胞膜渗透性的遗传学或生理学方法，使细胞内的代谢产物不断分泌到细胞外，以解除末端代谢物的反馈抑制或反馈阻遏，就会提高发酵产物的产量。以谷氨酸发酵为例，提高谷氨酸发酵产率的途径很多，从菌种选育和优化培养基成分与发酵工艺两方面都可以达到目的。

（1）选育细胞膜缺陷突变株

油酸（十八碳烯酸）是一种不饱和脂肪酸，是细胞膜磷脂中的重要脂肪酸，油酸缺陷型菌株不能合成油酸，而使细胞膜缺损。应用油酸缺陷型菌株，在限量添加油酸的培养基中，也能因细胞膜渗漏而提高谷氨酸的产量。此外，甘油缺陷型突变株由于缺乏 α-磷酸甘油脱氢酶，不能合成甘油和磷脂，因此造成细胞膜缺损。在适量供给甘油的培养基中，这种谷氨酸产生菌突变株也能合成大量的谷氨酸。

(2) 构建代谢工程菌株

谷氨酸合成始于 TCA 循环中的 α-酮戊二酸与 CO_2，因此添补途径节点即 "PEP—丙酮酸—草酰乙酸"起重要作用。谷氨酸棒杆菌（*Corynebacterium glutamicum*）拥有这个添补途径中的 PEP 羧化酶（PPC）和丙酮酸羧化酶（PYC）作为添补酶。构建的 *pyc*-基因过量表达型菌株的谷氨酸产量是野生型菌株的七倍多。

(3) 发酵条件控制

可以采用影响膜透性的物质作为培养基成分，便于代谢产物谷氨酸分泌，避免末端产物的反馈调节。生物素是脂肪酸生物合成中乙酰 CoA 羧化酶的辅基，此酶可催化乙酰 CoA 羧化，并生成丙二酰单酰 CoA，进而合成细胞膜磷脂的主要成分——脂肪酸。因此，控制生物素含量就可以改变细胞膜成分，从而改变细胞膜渗透性。培养基中的生物素浓度对谷氨酸棒杆菌产生谷氨酸的影响见表 6-7，在培养基中生物素浓度维持在 1～2.5μg/mL 时，谷氨酸产量最高。因此，只有把生物素浓度控制在亚适量水平，才能分泌出大量的谷氨酸。如果原料（如糖蜜）本身含有过高浓度的生物素，细胞膜的结构会十分致密，它会阻碍谷氨酸分泌，进而引起反馈抑制。这时添加适量青霉素、乙胺丁醇或表面活性剂（吐温 40 或吐温 60）能提高谷氨酸产量。其中青霉素是通过抑制肽聚糖合成中转肽酶的活性，造成细胞壁缺陷，在细胞膨压下，有利于产物渗出，降低谷氨酸的反馈抑制并提高其产量。

表 6-7　生物素浓度对谷氨酸棒杆菌产生谷氨酸的影响

生物素/(μg/mL)	残糖/%	谷氨酸/(mg/mL)	酮戊二酸/(mg/mL)	乳酸/(mg/mL)
0.0	8.5	1.0	微量	微量
0.5	2.5	17.0	3.0	7.6
1.0	0.5	25.0	4.6	7.4
2.5	0.4	30.8	10.1	6.9
5.0	0.1	10.8	7.0	13.7
10.0	0.2	6.7	8.0	20.5
25.0	0.1	7.5	10.1	23.1
50.0	0.1	5.1	6.2	30.0

6.5　微生物与合成生物学

6.5.1　合成生物学概述

法国物理化学家史蒂芬·勒迪克（Stephane Leduc）在其 1910 年出版的《生命与自然发生的物理化学理论》一书首创"合成生物学"一词。一年以后，他在《生命的机制》（*The Mechanism of Life*）一书中对其进行了初步解释，即认为"合成生物学"可以归纳为形状和结构的合成，包括形态发生、功能的合成、技能发育以及活的有机体的组成、有机合成化学等。然而，当时化学与生命科学的交叉融合还极其初浅，该描述并不准确，被冷落了近半个世纪，跟目前人们理解的合成生物学有较大差距。

自 1953 年沃森（James Watson）和克里克（Francis Crick）率先提出了双螺旋 DNA 模型，1958 年克里克建立了生物遗传中心法则以来，随着胰岛素一级结构的确定，蛋白质和寡聚 DNA/RNA 的人工合成等一系列生命科学研究的进步为生物分子结构与功能研究的新时代奠定了基础。经过半个多世纪的发展，DNA 重组技术日益成熟。在此基础上，波兰遗传学家瓦克罗·斯吉巴尔斯基（Waclaw Szyblsiki）于 1974 年提出了合成生物学愿景，他认为"这将是一个拥有无限潜力的领域，几乎没有任何事能限制我们去做一个更好的控制回路。最终，将会有合成的有机生命体出现"。1980 年，德国生物学家芭芭拉·荷本（Barbara Hobom）在德文杂志《医疗诊所》（*Medizinische Klinik*）发表第一篇以"合成生物学"为标题的长篇论文《基因外科手术：站在合成生物学的门槛》（Gene surgery: on the threshold of synthetic biology），以"合成生物学"来描述通过工程化的重组基因组技术而得到的细菌。这是合成生物学（Synthetic Biology 或 SynBio）第一次作为文章标题出现在学术期刊上。随着分子系统生物学的发展，2000 年，Eric T. Kool 在旧金山举行的美国化学年会上再次提出"合成生物学"用以描述生物系统中非天然存在的功能性有机分子的合成。重新定义了合成生物学是基于系统生物学的遗传工程，标志着合成生物学学科的出现。因此，合成生物学是生物科学在 21 世纪刚刚出现的一个分支学科。2003 年，国际上定义合成生物学为基于系统生物学的遗传工程和工程方法的人工生物系统研究，从基因片段、DNA 分子、基因调控网络与信号传导路径到细胞的人工设计与合成，类似于现代集成型建筑工程，将工程学原理与方法应用于遗传工程与细胞工程等生物技术领域，合成生物学、计算生物学与化学生物学一同构成系统生物技术的方法基础。2004 年，美国麻省理工学院（MIT）主办的《技术评论》（*Technology Review*）杂志把合成生物学选为改变世界的十大技术之一。目前，学者认为合成生物学是一门新兴的并且不断扩张的学科，涵盖由基因和分子工程到电子和计算机工程。对合成生物学的定义有几种方式：①一个多学科交叉的研究领域，力图创造新的生物元件（biological parts）、生物组件（biological devices）和生物系统（biological systems），或对天然生物系统的重新设计。②汇集利用物理工程和遗传工程技术创造（合成）新的生命形式。③一个新兴研究领域，瞄准结合生物学、工程学与相关学科的知识和技术方法用以设计化学合成的 DNA，最终创造具有新的或改良特征和性能的生物体，即包括人类在内的合成生物。

合成生物学以生物学和工程学为基础，为生命科学研究、生物技术开发以及生物工程应用提供了全新的研究策略。一方面，合成生物学具有独特的工程学性质以及多学科交叉属性，在传统的基因工程、代谢工程、蛋白质工程等学科的研究方法基础上，借鉴了工程学、化学、系统生物学等多学科的研究思路，颠覆了以描述、定性、发现为主的生物学传统研究方式，转向可定量、可计算、可预测及工程化的模式。另一方面，合成生物学的研究策略侧重于"自下而上（bottom-up）"的理念，从元件、模块到系统，对已有的生物体进行改造或设计合成自然界不存在的人工系统，打破了传统"自上而下（top-down）"方法的诸多限制，具有广泛的应用潜力。

合成生物学在快速发展中出现了一系列的标志性科学发现和成果。2000~2022 年间合成生物学发展中的重要科学发现和重要节点见表 6-8。

表 6-8 合成生物学发展中的标志性科学发现和成果

关键技术	时间	概述
双稳态生物开关和压缩振荡子	2000 年	利用生物基因元件在大肠杆菌中构建逻辑（门）线路，Gardner 在大肠杆菌构建了基因开关（Toggle Switch）——一个合成的双稳态基因调控网络；Elowtz 构建了第一个合成的生物振荡器——压缩振荡子（Repressilator），标志着合成生物学的诞生
青蒿素前体生物合成	2003 年	在大肠杆菌底盘细胞中，采用异源基因元件，重构了青蒿素前体青蒿酸的合成途径
氨基酸代谢生物燃料	2008 年	通过改变大肠杆菌氨基酸生物合成途径，生产出生物原料异丁醇
蕈状支原体基因组合成	2010 年	人工合成蕈状支原体基因组，并在山羊支原体细胞中成功复制、翻译并传代，制造出第一个具有人造基因组的原核生物——辛西娅 1.0（Synthia V1）
酵母菌染色体片段合成	2011 年	首次人工合成酵母菌的两个染色体片段，并将其放入一个活酵母菌体内，酵母菌仍能正常存活
CRISPR-Cas9	2012 年	利用 CRISPR-Cas9 技术对目标 DNA 剪切，从而达到基因编辑的目的，成为基因编辑手段的里程碑

续表

关键技术	时间	概述
酵母菌染色体基因组合成	2014 年	首次组装起酵母菌基因组染色体,并在酵母细胞内正常发挥功能
人工合成原核生物细胞	2016 年	构建出只有 473 个基因的原核生物细胞(辛西娅 3.0),是地球上能独立生存的、最小基因组的细胞生命形式
人工合成酵母染色体	2017 年	Science 期刊以封面故事报道酿酒酵母基因组合成计划(Sc2.0),人工合成 5 条酿酒酵母染色体(2、5、7、10、12 号),其中 4 条由中国科学家领导完成
生物合成大麻类复合物	2019 年	首次在酵母菌中合成大麻素类及其非天然类似物
CO_2 人工合成淀粉	2021 年	中国首次实现二氧化碳到淀粉的从头合成
蓝藻/酿酒酵母的光合内共生系统	2022 年	将能进行光合作用的蓝藻的各种突变体设计为酵母细胞内的内共生体。工程化的蓝藻能提供通过光合磷酸化产生的 ATP 以支持呼吸作用缺陷表型的宿主酵母细胞在确定的光合作用条件下生长繁殖

合成生物学通过从头构建生物元件及基因线路（gene circuit），来实现一个工程学科预测新的复杂的细胞行为。作为一门综合各学科及工程思想的新学科，合成生物学与代谢工程的交叉相互作用为代谢工程的改造提供了新的思路和方法。在代谢途径的系统设计、构建以及基因线路的调控等方面发挥了重要作用。合成生物学中生物元件的设计和利用，可以提高代谢途径的构建效率，简化构建过程。

代谢工程主要是利用分子生物学手段，尤其是 DNA 重组技术对生化反应进行修饰，对已有的代谢途径和调控网络进行合理的设计与改造，以合成新的产物、提高已有产物的合成能力或赋予细胞新的功能。例如，通过表达不同来源的酶（包括内源基因或外源基因的表达），在微生物中构建全新的代谢途径，实现一些高附加值的天然产物及其衍生物的合成。而合成生物学的快速发展为代谢工程提供了更系统更有力的分子生物学工具，其在代谢工程中的应用表现如下：

① 改造代谢途径中的关键酶。在代谢途径的构建中，关键酶的活性和效率影响整个代谢途径的功能，通过优化关键酶的活性，可以提高整条代谢途径的效率。例如，代谢途径构建时常用的外源基因表达策略经常会遇到在不同宿主中酶活不同的问题，这往往是由密码子偏好性不同引起的，而密码子优化可以提高基因在特定宿主中的表达量和功能。

② 构建异源的代谢途径。代谢工程常用的途径构建手段是异源基因表达、细胞代谢反应的构建与调节。合成生物学的发展为代谢途径的构建提供了更多方法。例如，研究人员通过组合表达来自丙酮丁酸梭菌的乙酰辅酶 A 乙酰基转移酶、来自大肠杆菌的乙酰乙酰辅酶 A 转移酶、来自丙酮丁酸梭菌的乙酰乙酰脱羧酶，以及来自拜氏梭菌的乙醇脱氢酶，首次在大肠杆菌细胞中构建了异丙醇的代谢途径。

③ 调控表达代谢途径中的多基因。代谢途径一般是由多基因整合构建的，而合成生物学为多基因表达的调控提供了更多方法。启动子的改造是调控基因表达的常用手段，通过诱导型启动子可以粗略地进行表达调控，而通过合成生物学方法构建一系列强度不同的启动子可以根据宿主内的代谢水平实现对基因的精细调控以满足不同的需求。

④ 改造宿主细胞，如构建最小基因组、人工全基因组合成等。近年来，DNA 重组技术发展迅速，为人工合理设计与人工合成基因组提供了有力的技术支持。DNA 测序技术的不断更新换代，为基因组的解析与蛋白质功能的分析提供有利的条件。利用合成生物学工具研究宿主细胞的代谢途径，并进行重构或人工合成可以将宿主细胞按照应用目的改造为多种工程细胞工厂。更进一步，构建人工细胞可以实现对宿主细胞的工程化管理。其第一步是实现基因组的人工合成，通过人工合成基因组，可以实现按照需求对基因组进行改造，改变宿主细胞的一些功能。酵母基因组的合成证明人类能够合成真核生物基因组，这是合成生物学的重要突破。

6.5.2 主要底盘微生物

底盘生物（chassis）是能够忠实运行人工精心设计的代谢途径的生物体。底盘生物应该能够提供这些代谢途径需要的能量、底物，并尽可能少地干扰代谢途径本身。底盘生物细胞是基因组经过精简、优化或其基因线路被改变的细胞。通过在底盘细胞中置入功能化生物系统模块，使人工细胞能够具备人类所需要的特殊功能。目前在合成生物学中应用最广的主要底盘细胞是微生物细胞。底盘微生物细胞既包括重要模式微生物，如酿酒酵母（*Saccharomyces cerevisiae*）、大肠杆菌（*Escherichia coli*）、枯草芽孢杆菌（*Bacillus subtilis*）、谷氨酸棒杆菌（*Corynebacterium glutamicum*）和蓝细菌（*Cyanobacteria*）等，也包括部分非模式工业底盘细菌，如需钠弧菌（*Vibrio natriegens*）、拜氏不动杆菌（*Acinetobacter baylyi* ADP1）、运动发酵单胞菌（*Zymomonas mobilis*）、扬氏梭菌（*Clostridium ljungdahlii*）、产乙醇梭菌（*Clostridium autoethanogenum*）、乳酸菌、真氧产碱杆菌（*Alcaligenes eutrophus*）、贪铜钩虫菌（*Cupriavidus necator*）和蓝光卤单胞菌（*Halomonas bluephagenesis*）、链霉菌（*Streptomycetes*）和恶臭假单胞菌（*Pseudomonas putida*）等。底盘细胞是合成生物学的"硬件"基础。构建适应不同需要的高版本底盘微生物细胞和利用底盘细胞人工合成细胞工厂是合成生物学的重要组成部分。针对目标产物对底盘细胞改造以提高其适配性和高产性是合成生物系统的重要方向。底盘细胞的基因组精简化是对底盘细胞操作的重要手段，能使物质和能量代谢简单可控，外源DNA承载力更强大以及遗传操作简易。

（1）酿酒酵母

它具有培养条件简单、生长繁殖快、通常认为是公认安全的（generally regarded as safe, GRAS）、遗传操作工具多样以及遗传背景清晰等优势，是第一个基因组被完全测序的真核生物及广泛使用的真核模式生物之一。酿酒酵母在合成生物学研究领域不断取得突破性进展。2009年纽约大学布克提出人工合成酵母基因组计划（Sc2.0计划），由该课题组于2011年成功实现了酿酒酵母6号染色体左臂和9号染色体右臂的设计与合成，又相继完成6条酿酒酵母人工染色体（2、3、5、6、10、12号）的设计与合成工作。2016年，中国科学院上海植物生理生态研究所一研究团队开发出酵母内源同源重组方法CasHRA，并将Gibson组装与CasHRA结合，在酿酒酵母中成功组装了1.03 Mb的大片段。2018年该团队成功设计并完成了酿酒酵母16条天然染色体人工创建。

（2）大肠杆菌

它作为研究微生物遗传、生理和代谢的模式菌株，同样由于遗传操作工具多样以及遗传背景清晰等优势成为重要的底盘细胞之一。目前，大肠杆菌基因组已经能够减少38.9%。美国哈佛大学医学院乔治·丘奇（George Church）课题组重编码了大肠杆菌基因组，成功设计出一个包括57个密码子、基因组仅为3.97Mb的重组大肠杆菌。英国剑桥大学Jason Chin课题组人工合成并替换了大肠杆菌的全基因组，其中替换了两个丝氨酸密码子和一个终止密码子，最终重编程的合成菌株只含有61个密码子。2009年，Church课题组在大肠杆菌中开发一种多重自动化基因组工程（multiplex automated genome engineering, MAGE）方法，通过引入一个合成序列库，能够在细胞群的多个目标染色体位点快速持续地产生序列多样性，从而可用于大规模的细胞编程和进化。随后，这一技术与CRISPR-Cas9整合形成CRMAGE技术，将重组效率提高到90%，极大方便了对大肠杆菌基因组的编辑。匈牙利科学院生物研究中心Pósfai团队在大肠杆菌中将CRMAGE与基因组重排整合，删除了大肠杆菌中的9个前噬菌体（prophage）序列和50个插入元件（insertion elements），提高了其作为底盘细胞的稳定性。

(3) 枯草芽孢杆菌

它是革兰氏阳性菌芽孢杆菌的模式菌株，具有强大的蛋白质表达系统。枯草芽孢杆菌基因组大小约为 4.2Mb，随着其基因组编辑等遗传工具的完善，其基因组精简已提高到了 36.0%。

(4) 谷氨酸棒杆菌

因其高产谷氨酸的特性而受到关注，目前已对 53 株谷氨酸棒杆菌进行了基因组测序，且开发了完备的基因组编辑操作系统，包括同源重组介导的基因编辑体系、CRISPR-Cas9 和最新的 CRISPR-Cpf1/dCpf1 等技术。这些技术体系的建立推动了谷氨酸棒杆菌底盘细胞的优化改造，成功实现了赖氨酸、丝氨酸、缬氨酸等多种氨基酸的合成。

(5) 蓝细菌

一种可直接利用光能和二氧化碳转化为生物化学品的自养模式微生物。

通过对模式微生物底盘细胞的改造，构建了可以生产青霉素前体青蒿酸、紫杉醇前体紫杉二烯、β-胡萝卜素、维生素 B_{12}、类鸦片、大麻素类及其非天然类似物生产的细胞工厂，这些细胞工厂在工业应用领域拥有巨大价值。利用大肠杆菌实现了 1,3-丙二醇和 1,4-丁二醇的工业化生产。工程化改造大肠杆菌的生命周期，以扩大细胞尺寸和延长细胞寿命，用来提高微生物细胞工厂的性能，实现乳酸-羟基丁酸共聚酯和丁酸的高产。研究人员取得了通过基于理性设计的系统改造将酵母从产乙醇菌株改造为完全产油脂菌株、将大肠杆菌改造为利用 CO_2 生长的自养微生物或利用甲醇生长的甲基营养菌的突破性成果。

6.5.3 细胞工厂的构建策略

人工合成细胞（artificial cells）是合成生物系统构建的终极目标之一。细胞工厂的构建有"自上而下"式和"自下而上"式两种策略。

"自上而下"式策略是指利用合成基因组的方法，通过剔除或更换底盘生物细胞的基因组来实现。在 DNA 碱基组装成较大的 DNA 片段甚至全基因组后，需要实现对这些片段的移植和复活，才能最终完成合成生物系统的构建。原生质体融合可以减少操作过程中机械剪切力对大片段 DNA 的损伤破坏，实现合成基因组的快速移植。现有在酵母菌中组装完成的原核生物基因组，例如生殖支原体（*Mycoplasma genitalium*）、丝状支原体（*Mycoplasma mycoides*）和马里兰州 J. Craig Venter 研究所（JCVI）人造合成的最简化细胞 JCVI-syn3.0 都是通过原生质体融合来实现基因组的移植和复活的。另一种方法是利用目的生物体本身的同源重组系统，直接利用合成的序列替换原有的野生型序列。以酿酒酵母的基因组合成为例，通过带有遗传缺陷型标记基因（*LEU2* 或 *URA3*）的迭代替换，可以最终实现将整条染色体的序列替换成合成序列。一些高效的基因编辑系统，如多重自动化基因组工程（MAGE）和接合组装基因组工程（conjugative assembly genome engineering，CAGE）技术能够快速多位点替换大肠杆菌的基因组；CRISPR-Cas9 基因编辑系统实现了对高等生物细胞的原位合成基因组替换。这一策略是努力寻求基因组最小化以降低体内的复杂性。

"自下而上"式策略是指通过非生命组分的有序组装形成能够复制天然细胞的基本性质的有机整体。由自下而上的方法所构建的人工合成细胞将减轻合成生物系统对自然界原有细胞环境的依赖，有可能实现对自然界原有细胞环境的部分或者完全替代，但是这一领域发展得还不是很成熟。目前，自下而上的方法所构建的人工合成细胞有很多种不同的形式，它们既可以是具有细胞样结构并展现出活细胞的一些关键特征（比如进化、自我复制和新陈代谢）的整体生物细胞模仿物，也可以是仅模仿细胞的一些性质（例如表面特征、形状、形态或一些特定功能）的工程材料。自下而上的方法所构建的人工合成细胞必须具备三个最基本的元件：携带信息的分子（决定人工合成细胞的功能和性质）、细胞膜（为人工合成细胞内的分子提供栖息地，也是与外界进行物质交换的媒介）和代谢系统（提供能量）。以翻译过程的重新构建为例，通过在棕榈酰油酰磷脂酰胆碱（POPC）脂质体中加入核糖体亚基、信使RNA［poly（U）］、tRNA^{Phe}、苯丙氨酰-tRNA合成酶、一些翻译延伸因子以及底物苯丙氨酸，成功地实现了多聚苯丙氨酸肽链的合成。这一策略是基于无细胞系统，体外将基因转录和翻译的体系与细胞膜进行整合，以试图建立可以进行自我复制的生物系统。然而，即使是最简单的单细胞生物也是非常复杂的，实现人工合成细胞对自然界原有细胞的完全替代，目前仍非常困难。

合成生物学以工程化设计理念对生物体进行目标设计、改造乃至重新合成，是从理解生命规律到设计生命体系的关键技术。通过合成生物学，研究人员可以设计和构建新的生物分子成分、途径和网络，并使用这些结构重新编程有机体，以获得工程细胞工厂。随着合成生物学的发展，食品工业正在发生着巨大的变化。食品科学与合成生物学的交叉融合，既是解决食品安全与营养相关问题的重要技术，也是克服传统食品技术带来的不可持续性问题的重要手段。合成生物学允许通过使用程序化的单克隆细胞工厂、工程化的微生物联合体或无细胞生物合成平台来改进食品生产。将合成生物技术应用于未来食品生产，有可能在提高资源转化效率的同时，摆脱传统农牧业的弊端。

二维码21

知识归纳

新陈代谢是微生物生命现象的最基本特征之一。新陈代谢包括合成代谢和分解代谢两个过程。能量代谢是新陈代谢的核心内容，分解代谢过程能产生ATP，合成代谢过程需要消耗ATP，两者紧密关联，生命活动通用能源（ATP等）的产生与消耗贯穿新陈代谢全过程。

微生物的代谢过程是以生物酶的催化为基础的。根据酶的作用底物和催化反应的类型，通常分为六大类酶。生物酶的催化活性受温度、pH值、底物浓度、产物浓度、酶浓度和酶的抑制剂等影响。

生物氧化是能源物质在活细胞内经过一系列连续的氧化还原反应，逐步分解并释放能量的过程。化能异养微生物对葡萄糖等能源物质的生物氧化可通过EMP途径、HMP途径或ED途径等进行糖酵解，以及TCA循环进行，从中产生能量（ATP）、还原力［H］和各种小分子中间代谢物和末端代谢物。根据电子传递链和电子受体的差异，生物氧化分为发酵、有氧呼吸和无氧呼吸。其中发酵在食品工业中占有重要地位，常见发酵类型有醋酸发酵、柠檬酸发酵、乙醇发酵和乳酸发酵。一些微生物具有特别的酶系参与多糖、蛋白质和氨基酸、脂肪和脂肪酸的分解代谢，与食品的加工生产以及风味物质的形成有密切关系。

自养微生物通过固定还原CO_2以合成细胞中糖类等有机物的合成代谢过程，需要消耗大量能量和还原力。光能自养微生物可通过循环光合磷酸化、非循环光合磷酸化或紫膜光介导方式提供ATP和还原力。自养微生物的CO_2固定途径有4条，即卡尔文循环、厌氧乙酰CoA途径、还原性TCA循环途径和3-羟基丙酸途径。

以肽聚糖为例阐述菌体结构多糖的生物合成。以细菌纤维素的生物合成为例阐述菌体胞外多糖合成与应用。以二十种氨基酸的前体及其合成途径图解氨基酸的合成。以脂肪酸、甘油三酯为例阐述了脂类的生物合成。以抗生素、外毒素、内毒素和色素为例阐述次级代谢物的生物合成，尤其突出了红曲色素的微生物合成及其在食品工业中的应用。

微生物细胞中具有一套灵活高效的代谢调节系统，以适应复杂多变的外界环境，保证自身生命活动的正常进行。代谢调节控制方式包括调节细胞膜对营养物的透性，通过酶的定位以限制它与相应底物接触，以及调节代谢流等。其中代谢流的调节尤为重要，可通过对限速酶活性的反馈抑制调节，或是调节酶合成的诱导或阻遏等达到最佳的代谢调节效果。利用人工控制微生物代谢途径，筛选营养缺陷型突变株、抗反馈调节突变株、抗分解阻遏突变株、组成型突变株、条件致死突变株等，可明显提高发酵产物的产量，以谷氨酸发酵调控为例进行了深入阐述。

合成生物学是生物科学的一个新兴的分支学科和交叉学科，为生命科学研究、生物技术开发以及生物工程应用提供了全新的研究策略。合成生物学与食品科学的交叉融合，通过对底盘微生物的改造，将为未来食品生产提供无限可能。

思考题

1. 解释下列名词：
   新陈代谢，生物氧化，糖酵解，发酵，有氧呼吸，无氧呼吸，电子传递链，化学渗透假说，TCA 循环，氧化磷酸化，底物水平磷酸化，光合磷酸化，卡尔文循环，初级代谢，次级代谢，抗生素，代谢流，代谢调控，反馈抑制，反馈阻遏，合成生物学，底盘微生物，乳酸链球菌素。
2. 试述合成代谢与分解代谢的相互联系。
3. 微生物细胞中葡萄糖被降解的 EMP 途径有什么特点？
4. 试比较微生物的发酵、有氧呼吸与无氧呼吸之间的异同。
5. 简述微生物对淀粉、纤维素、果胶质、几丁质等多糖的分解过程，它们各需要哪些酶参与？产酶微生物的种类如何？
6. 微生物分解氨基酸的方式有哪几种？
7. 好氧醋酸发酵和厌氧醋酸发酵有什么特性？参与的微生物各有哪些？
8. 黑曲霉进行柠檬酸发酵的途径怎样？有什么特点？
9. 试述酵母菌酒精发酵和细菌酒精发酵的异同点。
10. 试比较同型乳酸发酵和异型乳酸发酵的差异。
11. 肽聚糖的生物合成分哪几个阶段？抑制细胞壁合成的抗生素有哪些？其作用机制是什么？
12. 试以细菌纤维素的生物合成为例，说明微生物胞外多糖的生物合成过程。
13. 试以红曲色素生物合成为例，说明微生物次级代谢物生物合成过程。
14. 试简述微生物代谢调控有哪些方式。
15. 试以谷氨酸的生物合成调控为例说明人工控制微生物代谢的基本方法。
16. 试述合成生物学发展中的重要科学发现。
17. 试述合成生物学在代谢工程中的应用。
18. 试述乳酸链球菌中 Nisin 的生物合成途径和调控机制。

应用能力训练

1. NADH 是比 H_2 更好的电子供体吗？NAD^+ 是比 H^+ 更好的电子受体吗？你如何检测它们？
2. 电子转移反应是如何产生质子推动力的？
3. 自养微生物的主要碳源有哪些？对人工合成淀粉有何启示？
4. 为什么绝大多数脂肪酸都是双碳骨架？

参考文献

[1] 沈萍，陈向东. 微生物学. 8 版. 北京：高等教育出版社，2016.
[2] 刘志恒. 现代微生物学. 2 版. 北京：科学出版社，2008.
[3] 黄秀梨，辛明秀. 微生物学. 3 版. 北京：高等教育出版社，2016.
[4] 周德庆. 微生物学教程. 4 版. 北京：高等教育出版社，2020.
[5] 江汉湖，董明盛. 食品微生物学. 3 版. 北京：中国农业出版社，2010.
[6] 蔡静平. 粮油食品微生物学. 北京：中国轻工业出版社，2018.
[7] 何国庆，贾英民，丁立孝. 食品微生物学. 4 版. 北京：中国农业大学出版社，2021.
[8] 刘慧. 现代食品微生物学. 2 版. 北京：中国轻工业出版社，2018.
[9] 杨生玉，王刚，沈永红. 微生物生理学. 北京：化学工业出版社，2007.
[10] 王卫卫. 微生物生理学. 北京：科学出版社，2016.
[11] Moat A G, Foster J W, Spector M P. Microbial Physiology. Fourth Edition. New York：Wiley-Liss Inc，2002.
[12] Cohen G N. Microbial Biochemistry. Second Edition. Heidelberg：Springer Science+Business Media B V，2011.
[13] Ray B, Bhunia A. Fundamental Food Microbiology. Fourth Edition. Boca Raton：Taylor & Francis Group

LLC，2008.
[14] Willey J M，Sherwood L M，Woolverton C J. Prescott's Principles of Microbiology. New York：The McGraw-Hill Companies Inc，2009.
[15] Michael T Madigan，Kelly S Bender，Daniel H Buckley，Matthew Sattley W，David A Stahl. Brock Biology of Microorganisms. Sixteenth Edition，Global Edition. United Kingdom：Pearson Education Limited，2022.
[16] Glazer A N，Nikaido H. Microbial Biotechnology — Fundamentals of Applied Microbiology. Second Edition. New York：Cambridge University Press，2007.
[17] Jeffrey C Pommerville. Fundamentals of Microbiology. Twelfth Edition. Burlington，Massachusetts：Jones & Bartlett Learning，2021.
[18] 李春. 合成生物学. 北京：化学工业出版社，2019.

第 7 章

微生物遗传

知识图谱

种瓜得瓜，种豆得豆，微生物遵循这个规律吗？微生物也有自己的生命周期，或寄生，或独立生存。在生命周期内，微生物可以从单一子细胞，或两个性细胞，或机体的几个部分，形成一个群体或更大的个体。群体形成的过程就是由母细胞遗传而形成大量的子代细胞，这些子细胞与母细胞既有相同的部分，亦有差异的部分，这种相同是如何形成的？差异又是什么造成的？微生物体内是如何协调子代细胞成长的？这些信息对高效利用微生物资源有哪些帮助？

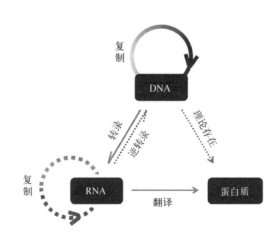

学习目标

○ 生物学家是如何设计证明生物的遗传物质是核酸的，这样的设计你是否可以胜任？
○ 什么是基因组学？高等生物基因组与低等生物基因组主要的差异是什么？人类基因组解码的意义有哪些？
○ 转基因食品有没有存在的道理？如何规避转基因食品的弊端？
○ 查阅资料详细了解基因编辑的方法有哪些，从伦理学上讨论基因编辑生物是否应该提倡。

微生物具有与高等生物一样的亲本传代现象，正常情况下，其传代时间较短暂。微生物因为种类繁多，其遗传的过程与高等生物又有很大的区别。但微生物在自然界遗传过程中发生变异的频率却与高等生物类似。

7.1 微生物遗传的物质基础

7.1.1 遗传物质基础的确定

遗传一般是指亲代的性状又在下代表现的现象，但在遗传学上指遗传物质从上代传给后代的现象。但对于什么是遗传物质，是蛋白质还是核酸，却争论了好长时间，直到 20 世纪中期，才通过生物学上三大著名的试验证实了遗传物质是核酸而不是蛋白质。

7.1.1.1 DNA 作为遗传物质

（1）细菌转化试验

转化（transformation）是一个品系的生物直接吸收了来自另一品系的生物的遗传物质，从而获得了后一品系的某些遗传性状的现象。进行这一试验的材料是肺炎链球菌。

肺炎链球菌（*Streptococcus pneumoniae*，过去叫作肺炎双球菌）中某些菌株产生荚膜，它们的菌落是光滑的，称为光滑型（O 型），光滑型菌株是有毒的，它可导致人体患肺炎、小鼠患败血症；另一些菌株则不产生荚膜，菌落是粗糙的，称为粗糙型（R 型），粗糙型细菌菌株是无毒的。光滑型和粗糙型菌株在一定条件下可以相互转换。

最早进行这一试验的是英国科学家格里菲思（Griffith），他分别将光滑型肺炎链球菌和粗糙型肺炎链球菌注入小鼠体内，结果注入光滑型肺炎链球菌的小鼠大量死亡，而注入粗糙型肺炎链球菌的小鼠仍能健康存活。他又将大量的经加热杀死了的光滑型（有毒）的细菌以及少量的粗糙型（无毒）活菌注入同一小鼠体内，结果意外地导致小鼠死亡，而且从死亡小鼠的心血中分离得到光滑型肺炎链球菌，将这一光滑型肺炎链球菌继续培养，性状仍保持不变。从这一结果中推测，粗糙型肺炎链球菌可能吸收了光滑型肺炎链球菌的什么物质，将部分粗糙型肺炎链球菌转化为光滑型肺炎链球菌，因而引起小鼠中毒死亡，但吸收了什么物质，仍然不清楚。

1944 年另一位科学家 Avery 在离体条件下证实了导致细菌转化的物质是核酸而不是多糖或蛋白质。决定肺炎链球菌型别的物质基础是构成荚膜的多糖。多糖的生物合成通过酶的作用，而酶是蛋白质。他从肺炎链球菌中分别获得比较纯的多糖、蛋白质和核酸，结果发现多糖和蛋白质都不能引起转化，只有 DNA 能引起转化，转化的效果随着 DNA 浓度的增加而增加。他又发现经 DNA 水解酶处理后的 DNA 失去转化作用。能起到转化作用的 DNA 称为转化因子。

（2）噬菌体感染试验

噬菌体感染细菌后它的核酸和蛋白质部分自然分开。噬菌体是专性感染大肠杆菌的病毒，种类多，最常用的感染大肠杆菌的是 T_2 噬菌体。它同其它病毒一样，仅由蛋白质外壳和 DNA 核心所构成。蛋白质中含硫而不含磷，核酸中含磷而不含硫，所以用 ^{32}P 和 ^{35}S 饲喂噬菌体，对蛋白质和核酸分别进行标记，并用这些标记噬菌体进行感染试验，分别探讨核酸和蛋白质的功能。试验过程如图 7-1 所示。

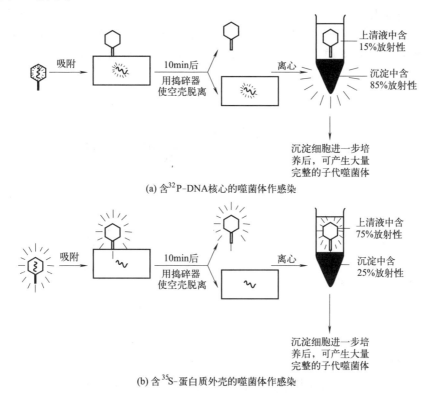

图 7-1　大肠杆菌的噬菌体感染试验

首先在分别含有 ^{32}P 和 ^{35}S 的培养液中用 T_2 噬菌体感染大肠杆菌，得到标记噬菌体，然后用标记噬菌体感染一般培养液中的大肠杆菌。经过短时间的保温以后，在组织捣碎器中捣碎并高速离心。已经知道这一短时间保温只给噬菌体以恰恰完成感染作用的时间。搅拌离心以后，分别测定沉淀物和上清液中同位素标记的含量。细菌都包含在沉淀物中，上清液只含有游离的噬菌体。测定结果表明，在用 ^{32}P 标记噬菌体的试验中大部分 ^{32}P 都和细菌在一起，而在 ^{35}S 标记噬菌体的试验中则几乎全部 ^{35}S 都在上清液中。这一结果说明，在感染过程中噬菌体的 DNA 进入细菌细胞中，它的蛋白质外壳并不进入细胞中。

电子显微镜观察证实了这一结论，在电子显微镜下可以看到噬菌体以它的尾部一端吸附在细菌表面，其蛋白质外壳始终不进入细胞。

噬菌体感染寄主细胞时，只把它的 DNA 注射到细胞中去，经过 20min 后，从细胞中释放出大约几百个噬菌体。这些噬菌体的蛋白质外壳的形状大小和留在细胞外面的外壳一模一样。这一试验结果同样说明，决定噬菌体蛋白质外壳特性的遗传物质是 DNA。

7.1.1.2　RNA 作为遗传物质

烟草花叶病毒（tobacco mosaic virus，TMV）由蛋白质外壳和核糖核酸（RNA）核芯所构成。可以从 TMV 病毒抽提分别得到它的蛋白质部分和 RNA 部分。把这两部分放在一起，可以得到具有感染能力的病毒颗粒。TMV 有不同的变种，组成各个变种的蛋白质的氨基酸有一定的区别。

病毒重建试验可以用图 7-2 予以说明。用一定的方法将病毒处理后，得到病毒的蛋白质和核酸部分，将这两部分放在一起可以得到具有感染能力的完整病毒。试验结果是用 TMV 核酸和其它病毒的蛋白质组成的完整病毒感染寄主后子代的病毒蛋白质是 TMV 病毒蛋白质，用杂种病毒的核酸和 TMV 病毒蛋白质混合组成的完整病毒感染寄主后获得的子代病毒的蛋白质是杂种病毒的蛋白质，这一试验结果说明，病毒蛋白质的特性由它的核酸所决定，而不是由蛋白质所决定。可见病毒的遗传物质是核酸而不是蛋白质。现代生物学的研究证实了朊病毒的遗传物质是蛋白质。

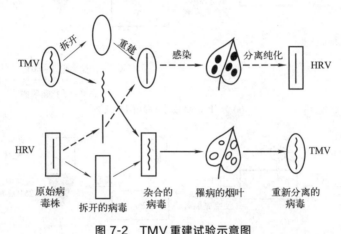

图 7-2 TMV 重建试验示意图
实与虚的粗线箭头表示遗传信息的去向

> **朊病毒的发现与思考：**
> 朊病毒的发现在生物学界引起了震惊，因为它与目前公认的"中心法则"，即生物遗传信息流的方向：DNA—RNA—蛋白质的传统观念相抵触；也引起了关于生命起源初期是否有过蛋白质作为遗传物质的一段时间的争论。

7.1.2 遗传的物质基础与基因工程

7.1.2.1 遗传的物质基础——DNA 分子的复制

目前常说的遗传的物质基础即是 DNA，即 DNA 是遗传信息的载体。在合成 DNA 时，决定其结构特异性的遗传信息只能来自其本身，因此，必须由原来存在的分子为模板来合成新的分子，即进行自我复制（self replication）。DNA 的互补双链结构对于维持生物遗传物质的稳定性和复制的准确性是极为重要的，因为两条互补链的遗传信息完全相同。细胞内存在极为复杂的系统，以确保 DNA 复制的正确进行，并纠正可能出现的误差。一般细菌细胞体内 DNA 的复制采取半保留复制（semi conservative replication）方式。

（1）DNA 的半保留复制

DNA 由两条螺旋的多核苷酸链组成，两条链的碱基通过腺嘌呤（A）和胸腺嘧啶（T）以及鸟嘌呤（G）和胞嘧啶（C）之间的氢键连接在一起，所以这两条链是互补的。一条链上的核苷酸排列顺序决定了另一条链上的核苷酸排列顺序。由此可见，DNA 分子每一条链都含有合成它的互补链所必需的完整遗传信息。根据这种核苷酸的连接方式，Watson 和 Crick 在提出 DNA 双螺旋结构模型时即推测，在复制过程中首先碱基间氢键破裂并使双链解旋和分开，然后以每条链作为模板在其上合成新的互补链。结果是新形成的两个 DNA 分子与原来 DNA 分子的碱基顺序完全一样。实际上，在每个新形成的子代分子双链中，一条链来自亲代 DNA，另一条链则是新合成的，故将这种复制方式称为半保留复制（图 7-3）。

1958 年 Meselson 和 Stahl 利用氮的同位素 ^{15}N 标记大肠杆菌 DNA，首先证明了 DNA 的半保留复制。它们让大肠杆菌在以 ^{15}NH$_4$Cl 为唯一氮源的培养基中生长，经过连续培养 12 代，从而使所有 DNA 分子标记上 ^{15}N。然后将 ^{15}N 标记的大肠杆菌转移到普通培养基（含 ^{14}N 的氮源）中培养，经过一代之后，将 DNA 抽提出来进行氯化铯密度梯度超速离心，发现所有 DNA 的密度都介于 ^{15}N-DNA 和 ^{14}N-DNA 之间，即新形成的 DNA 分子中的氮源一半含 ^{15}N，另一半含 ^{14}N。当把 ^{14}N-^{15}N 各占一半的杂合分子加热时，它们分开形成 ^{14}N 链和 ^{15}N 链单链。这就充分证明在 DNA 复制时新形成的 DNA 双链中，一条链为新合成，另一条为原来模板链。经过多代的复制，DNA 分子仍保持它的稳定性。

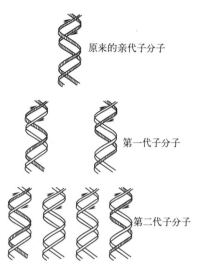

图 7-3　DNA 的半保留复制

半保留复制是维持遗传信息稳定传递的分子基础和保证，在半保留复制方式中要求亲代 DNA 的双螺旋链解开变成两条单链（局部），各自作为模板，通过碱基配对的法则合成另一条互补链。所谓模板即是能提供合成一条互补链所需精确遗传信息的核酸链。碱基配对是核酸分子间传递信息的结构基础。无论是复制、转录或逆转录，在形成双链螺旋分子时都是通过碱基配对来完成的。需要指出的是，碱基、核苷或核苷酸单体之间并不形成碱基对，但是在形成双链螺旋时由于空间结构的关系而构成特殊的碱基对。

DNA 的半保留复制机制可以说明 DNA 在代谢上的稳定性。经过许多代的复制，DNA 的多核苷酸链仍可保持完整和稳定，并存在于后代而不被分解，这是生物稳定遗传的前提和保证。

（2）复制的起点和单位

核酸链上能独立编码一定功能蛋白质合成的核酸结构称为基因，基因组上能独立进行复制的单位称为复制子（replicon）。每个复制子都含有控制复制起始的起点（origin），可能还有终止复制的终点（terminus）。核酸复制是在起始阶段进行控制的，一旦复制开始，它将继续下去，直到整个复制子完成复制。真核生物具有多个独立的复制起点，也就是说真核生物染色体是由若干复制子组成，复制时是在多个起点同时进行的，而不是从核酸链的起点开始的。

真核生物的细胞器 DNA 都是环状双链分子。实验表明，它们都在双链内部一个固定的起点解链，形成复制叉（replication fork）或生长点（growing point），复制方向大多是双向的（bi-directional）和对称的，分别向两侧进行复制；有一些是单向的（unidirectional），只形成一个复制叉或生长点，向一侧进行复制（图 7-4）。

利用放射自显影的方法可以判断 DNA 的复制是双向还是单向进行的。在复制开始时，先在含有低放射性的 ^{3}H-脱氧胸苷培养基中标记大肠杆菌，经数分钟后，再转移到含有高放射性的 ^{3}H-脱氧胸苷培养基中继续进行标记。这样，在放射自显影图像上，复制起始区的放射性标记密度比较低，感光还原的银颗粒密度就较低；继续合成区放射性标记密度较高，银颗粒密度也就较高，两端密度高。由大肠杆菌所获得的放射自显影图像都是两端密，中间稀，这就清楚证明大肠杆菌染色体 DNA 的复制是双向的。

但是有一些生物 DNA 的复制也有例外，例如枯草杆菌（*Bacillus subtilis*）染色体 DNA 的复制虽是双向的，但是两个复制叉移动的距离不同（不对称）。一个复制叉仅在染色体上移动 1/5 距离，然后停下来等待另一个复制叉完成 4/5 距离。

生物中还有一种单向复制的特殊方式，称为滚动环（rolling circle）式。噬菌体 φX174 DNA

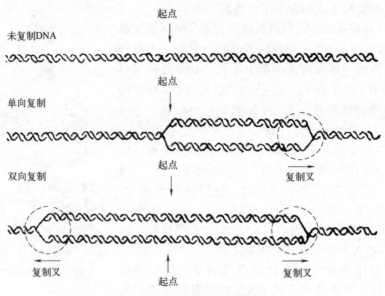

图 7-4 DNA 的单向复制和双向复制

是环状单链分子,它在复制过程中首先形成共价闭环的双链分子(复制型),然后其正链由核酸内切酶在特定位置切开,游离出一个 3′-OH 和一个 5′-磷酸基末端。此 5′-磷酸基末端在酶的作用下固着到细胞膜上,随后,在 DNA 聚合酶(DNA polymerase)催化下,以环状负链为模板,从正链的 3′-OH 末端逐个加入脱氧核糖核苷酸,使链不断延长,通过滚动而合成新的正链(正链实际上相当于 DNA 合成时的引物链)。试验证明,某些双链 DNA 的合成也可以通过滚动环的方式进行。例如,噬菌体 λ 复制的后期以及非洲蟾蜍卵母细胞中 rRNA 基因的扩增都是以这种方式进行的。

另一种单向复制的特殊方式称为取代环或 D 环(D-loop)式。线粒体 DNA 的复制采取这种方式(纤毛虫的线粒体 DNA 为线性分子,其复制方式与此不同)。双链环在固定点解开进行复制,但两条链的合成是高度不对称的,一条链先复制,另一条保持单链而被取代,在电镜下可以看到呈 D 环形状。待一条链复制到一定程度,露出另一链的复制起点,另一条链才开始复制。这表明复制起点是以一条链为模板起始合成 DNA 的一段序列,两条链的起点并不总在同一点上,当两条链的起点分开一定距离时就产生 D 环复制。

(3) DNA 的半不连续复制

生物体内 DNA 的两条链都能作为模板,同时合成出两条新的互补链。由于 DNA 分子的两条链是反向平行的,一条链的走向为 5′→3′,另一条链为 3′→5′。但是,已知所有 DNA 聚合酶的合成方向都是 5′→3′,而不是 3′→5′。这就很难解释 DNA 在复制时两条链如何能够同时作为模板合成其互补链。为了解决这个矛盾,日本学者冈崎等提出了 DNA 的不连续复制模型,认为新合成的 3′→5′走向的新 DNA 合成时实际上是先合成许多 5′→3′方向的 DNA 片段,然后在连接酶的作用下将这些片段连接起来组成完整的 DNA 链。

1968 年,冈崎等用 ^{3}H-脱氧胸苷标记 T_4 噬菌体感染的大肠杆菌,然后通过碱性密度梯度离心法分离标记的 DNA 产物,发现短时间内首先合成的是较短的 DNA 片段,接着出现较大的分子。最初出现的 DNA 片段长度约为 1000 个核苷酸,一般称为冈崎片段(Okazaki fragment)。用 DNA 连接酶变异的温度敏感株进行实验,在连接酶不起作用的温度下,便有大量 DNA 片段积累。这些实验都说明在 DNA 复制过程中首先合成较短的片段,然后再由连接酶连成 DNA 大分子。由此可见,当 DNA 复制时,一条链是连续的,另一条链是不连续的,因此称为半不连续复制（semi discontinuous replication）。以复制叉向前移动的方向为依据，其中一条模板链是 $3'→5'$ 走向，以这条链为模板在其上 DNA 能以 $5'→3'$ 方向连续合成，合成速度较快，通常称为先导链（leading strand）；另一条模板链是 $5'→3'$ 走向，DNA 不能连续进行 $5'→3'$ 方向的合成，只能先合成许多不连续的 DNA 片段，最后在连接酶的作用下才连成一条完整的 DNA 链，因此这条链的合成速度较慢，通常将该链称为后随链（lagging strand）（图 7-5）。

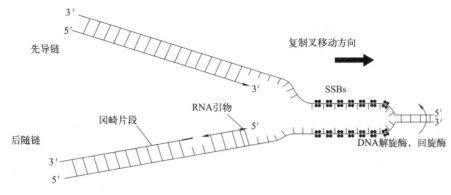

图 7-5　DNA 的半不连续复制

7.1.2.2　基因工程的定义与步骤

（1）基因工程的定义

基因工程又称遗传工程、DNA 重组技术、基因克隆，是现代生物技术的重要组成部分，也是培育新品种和新菌株最重要的手段。基因工程技术的出现是现代遗传学和育种学取得长足发展的结果。生物在漫长的进化过程中，基因重组从来未停止过。在自然力量作用下，通过基因突变、基因转移和基因重组等途径，推动生物界不断地演化，使物种趋向完善，出现了今天各具特性的繁多物种。但是自然界的物种在自然力量作用时，没有定向地突变或变异，这些突变都是随机的。自从基因工程技术出现后，人们可以按照自己的愿望，进行严格的设计，通过体外 DNA 重组和转移等技术，对原物种进行定向改造，获得对人类有用的新性状，而且可以大大缩短时间。例如好多人类日常使用的药物，就是利用改造后的"工程菌"进行发酵，然后对发酵产物分离、提取，获得有用的产品。

基因工程是一个复杂的 DNA 重组过程，概括起来主要有以下几点：

① 目的基因的筛选和制备。

② 选择合适的目的基因载体。

③ 在体外将目的基因和载体连接。

④ 将重组的 DNA 分子转入受体细胞，在受体细胞内进行扩增。

⑤ 筛选鉴定具有重组 DNA 的转化细胞。

⑥ 让重组基因进行表达，并鉴定重组基因的表达产物。

（2）基因操作步骤

① 含目的基因片段 DNA 的制备　目的基因的获得一般有三条途径：从供体生物获得，通过反转录由 mRNA 合成 cDNA，化学方法合成具有特定功能的基因。

从供体生物获得：基因在染色体 DNA 上呈有序的线状排列，基因之间不易区分，一个染色体上含有好多基因，如何在如此多的基因下将目的基因切割下来，这是基因工程操作的关键一步，目前常用的方法是利用限制性 DNA 内切酶。内切酶的种类很多，根据作用特点可以分为四类：限制性内切酶Ⅰ的分子量大，约 30 万，有特定识别位点，但产生 DNA 片段的随机性较大，对基因工程的作用不是太大；限制性内切酶Ⅱ的分子量小于10万，有特定识别位点，切口有规律，其切口位点大多为6个碱基序列和4个碱基序列，是非常重要的一个内切酶，共有100多种，常用的有20多种；限制性内切酶Ⅲ识别位点专一，但切点离识别位点有一定距离，因此切割形成的末端不尽相同；限制性内切酶Ⅳ对基因工程的作用不是很大，用于一些可动因子进行转座。

通过反转录由mRNA合成cDNA：通过转录和加工，每个基因转录出相应的一个mRNA分子，经反转录可产生相应的cDNA（complementary DNA，互补DNA）。这样产生的cDNA只含基因编码序列，不具启动子和终止子以及内含子。某生长基因组经转录和反转录产生的各种cDNA片段分别与合适的克隆载体连接，通过转导（转化）贮存在一种受体菌的群体中。把这种包含某生物基因组全部基因cDNA的受体菌群体称为该生物cDNA文库。随后通过分子杂交等方法从cDNA文库中找出含目的基因的菌株。用此方法获得的目的基因只有基因编码区，进行表达还需外加启动子和终止子等调控转录的元件。

化学方法合成具特定功能的基因：化学合成法主要是根据已经分离得到的目的基因的表达产物的氨基酸顺序与遗传密码之间的关系，反向推测该蛋白质的氨基酸顺序是由哪些核苷酸编码的，然后通过化学的方法合成这一段核酸。

有时因目的基因的量很少，不便于进行检测和拼接操作，可以利用已经广泛使用的PCR技术对目的基因进行扩增。PCR（polymerase chain reaction，聚合酶链反应）是以DNA的一条链为模板，在DNA聚合酶的作用下，通过碱基配对使寡核苷酸引物沿着$5'→3'$方向延长合成模板的互补链。PCR技术主要包括3个反应过程：双链DNA变性（90～95℃）成为单链DNA、引物复性（37～60℃）同单链DNA互补序列结合、DNA聚合酶催化（70～75℃）使引物延伸。如此反复，经过25～30次循环，产生大量待扩增的特异性DNA片段，足够用于进一步实验和分析。PCR是目前分离筛选目的基因的一种有效方法。若已知目的基因两侧的20个以上的核苷酸序列，则可设计和人工合成一对寡核苷酸引物，扩增出含目的基因的DNA片段。为了分离导致两品系性状明显差异的基因或导致不同发育时期性状不同的基因，即使不知目的基因两侧的核苷酸序列，也可以采用一系列随机引物，分别扩增出一系列的DNA片段，通过凝胶电泳图谱进行比较，差异片段可能含有目的基因。如果已知在某生物中存在目的基因，并且在某一发育时期或某组织中无转录相应的mRNA，则可以先提取不同组织或不同发育时期转录的总mRNA，反转录成cDNA，再以此为底物，用随机引物扩增cDNA，经凝胶电泳图谱比较，差异DNA片段可能是目的基因DNA。

② 载体 载体是指在克隆其它DNA片段时使用的运载工具。载体本身必须是复制子，即使与外源DNA片段共价连接也能在受体细胞中进行复制，它们容易和细菌分开，可以提纯，含有一些与细菌繁殖无关的DNA区段，插入这些区段位置的外源DNA，可以像正常载体组成一样地进行自我复制。用于基因工程的载体一般分为三类，即质粒载体、噬菌体载体和构建载体。

质粒载体：质粒（plasmid）是存在于细菌和某些真菌微生物的细胞质中、独立于核DNA的环状DNA，往往称为核外DNA。它不仅能进行自我复制和遗传，还赋予细胞以各种特性，如编码某些次级代谢产物、耐药性等。大肠杆菌的质粒是研究最清楚的质粒之一，常用于基因工程。

用于基因工程的质粒须满足以下要求：一是质粒不宜过大，当质粒超过15kb时，寄主细胞转化能力降低，运载外源遗传信息不稳定，难以进入寄主细胞等；二是要求质粒在宿主细胞中能自我复制和稳定地遗传；三是须具有多个单一限制的内切酶位点，切点不在DNA复制区；四是具有明显的筛选标记。

③ 目的基因和载体的连接 得到目的基因和载体后，就采取一定的方法将它们连接起来，目前采用的连接方法共有4种。

a. 黏性末端连接 将外源DNA和载体用同一种限制性内切酶处理，在载体和外源DNA链上即有互补的黏性末端存在,在退火的条件下,两种分子间的碱基互补,在连接酶催化下共价连接成一段完整的新 DNA 分子,这段 DNA 分子包含目的基因。

b. 平头连接(平齐末端连接) 由其它方法如机械切割、化学以及酶法合成的目的基因片段大多为平齐末端。常用 T_4DNA 连接酶催化平齐末端间连接,该酶也可以催化黏性末端及长片段 DNA 的连接,但平齐末端的连接效率只有黏性末端效率的 1%。

c. 同聚末端连接 加接头利用末端转移酶可在 DNA 片段以及载体断口上制造互补的同聚体尾部,从而形成黏性末端。本方法适用面广,形成的同聚末端长,结合较稳定,而且只有载体和基因片段才能连接。

d. 人工接头(人工黏性末端) 是指利用化学方法合成的较短的特定顺序的聚核苷酸或从病毒、质粒 DNA 经适当的一对酶进行双酶消化处理而取得的短顺序分子(双链寡核苷酸)。在 T_4DNA 连接酶作用下,连接到一个天然的或人工合成的片段的平齐末段上,然后再用相应的限制酶处理人工接头,获得黏性末端实现体外重组。

④ 目的基因导入受体细胞 目的基因有效地导入受体细胞,是形成基因工程细胞的关键条件之一,主要取决于选用合适的受体细胞、合适的克隆载体和合适的基因转移方法。

a. 受体细胞 所谓受体细胞,就是能接受目的基因和载体连接体的一个完整的细胞。从理论上讲,原核生物细胞、植物细胞和动物细胞都可以作为受体细胞,但从实验技术的观点看,好多细胞并不适宜作为受体细胞,原因是一方面目的基因难于进入受体细胞,另一方面,一些受体细胞难于培养和分化,导致目的基因不能很好地表达。原核生物细胞是一类很好的受体细胞,容易摄取外界的 DNA,增殖快,基因组简单,便于培养和基因操作,普遍被用作 cDNA 文库和基因组文库的受体菌,或者用来建立生产目的基因产物的工程菌,或者作为克隆载体的寄主。目前用作基因克隆受体的原核生物主要是大肠杆菌,蓝藻和农杆菌等也被广泛应用。真核生物细胞作为基因克隆受体已受到很大的重视,如酵母和某些动植物的细胞。由于酵母的某些性状类似原核生物,所以较早就被用作基因克隆受体。动物细胞也已被用作受体细胞,但由于体细胞不易再分化成个体,所以多采用生殖细胞、受精卵细胞或胚细胞作为基因转移的受体细胞,由此培养成转基因动物。植物细胞具有优于动物细胞的特点,一个离体体细胞在合适的培养条件下比较容易再分化成植株,意味着一个获得外源基因的体细胞可以培养成为转基因植物。由于这个原因,近年来植物基因工程发展非常迅速,也培育了许多各具特性的转基因植物,其中转基因大豆、棉花、玉米、番茄的栽培面积最大。

b. 重组 DNA 分子导入受体细胞 重组 DNA 只有进入受体细胞才可能实现扩增和表达,大肠杆菌是用得最广泛的基因克隆受体,可以通过转化、转导和三亲本杂交等途径,把重组 DNA 分子导入受体细胞。

ⅰ. 转化途径 供体菌携带的外源基因的 DNA 分子通过与膜结合进入受体细胞,并在其中进行繁殖和基因表达的过程,称为转化(transformation)。细菌细胞处于感受态时最容易发生转化。感受态是指细胞最易接受外界 DNA 分子的生理状态时期。已经知道,细胞处于对数生长期并经过一定的 $CaCl_2$ 处理可以大大提高细胞的感受能力。为制备感受态细胞,在最适培养条件下培养受体菌至对数生长后期,离心收获菌体,将其悬浮在含 $CaCl_2$(50~100mmol/L)的无菌缓冲液中,置冰浴中 15min 后,离心沉淀,再次悬浮在含 $CaCl_2$ 的缓冲液中,4℃下放置 12~14h,便成为可转化的感受态细胞。

向新制备的感受态受体细胞悬浮液中加入重组 DNA 溶液,使 $CaCl_2$ 终浓度为 50mmol/L,置于冰浴中 1h 左右,转移至 42℃水浴中放置 2min,促进受体细胞吸收 DNA,马上转移到 37℃水浴中培养 5min,加入适量 LB 培养基,37℃振摇培养 30~60min,就可以接种在选择培养基上筛选克隆子。

ⅱ. 转导途径　通过噬菌体（病毒）颗粒为媒介，把 DNA 导入受体细胞的过程称为转导（transduction）。含目的基因的 DNA 与噬菌体（病毒）的 DNA 连接形成重组 DNA 后，还必须形成完整的噬菌体才具有感染能力，所以必须进行体外包装，获得一个完整的噬菌体。为此，根据 λ 噬菌体体内包装的原理，获得了分别缺 D 蛋白和 E 蛋白 λ 噬菌体突变株的两种溶原菌。这两种溶原菌单独培养，因各缺一种包装必备的蛋白质，不能形成完整的噬菌体。如果在试管内混合两种溶原菌合成的蛋白质，D 蛋白和 E 蛋白互相补充，就可以包装 λDNA 或重组的 λDNA。其主要过程如下：

制备包装用蛋白质：培养溶原菌 1（D 蛋白缺失）和 2（E 蛋白缺失）至对数生长中期，诱导溶菌，混合两种培养物，离心沉淀，悬浮于合适的缓冲液中，快速分装（每管 50μL），置于液氮中速冻，贮存于 -70 ℃冰柜，6 个月内有效。

体外包装：取包装物（50μL）置于水浴中升温，当其正要融化时加入重组的 λDNA，边融边搅，充分混匀后，置于 37℃保温 60min，加入少量氯仿，离心沉淀杂物。上清液中含有新包装的噬菌体颗粒，就可用来感染受体细胞，筛选克隆子。

ⅲ. 通过三亲本杂交转移重组 DNA 分子　有些重组 DNA 分子难于转化受体菌，必须采用其它辅助办法帮助重组 DNA 的转化，这就是三亲本杂交法（triparental mating）。将要被转化的受体菌、含重组 DNA 分子的供体菌和含广泛寄主辅助质粒的辅助菌三者进行共培养。在辅助质粒的作用下，重组 DNA 分子被转移到受体菌细胞内，按照重组 DNA 分子携带的选择标记筛选克隆子。

(3) 基因工程重组体的筛选和表达产物的鉴定

受体细胞经转化（转染）或转导处理后，绝大部分仍是原来的受体细胞，或者是不含目的基因的克隆子。在完成上述的转化操作后，需要把转化子从混合菌中筛选出来。目前常用的方法主要有以下几种：

① 通过检测耐药性的变化　所用的质粒载体一般带有抗性基因，如 Amp^r（抗氨苄青霉素）、Cmp^r（抗氯霉素）、Kan^r（抗卡那霉素）、Tet^r（抗四环素）和 Str^r（抗链霉素）等抗性基因。当将混合菌群在含相应抗生素的培养基中培养时，只有获得载体抗性基因的受体细胞才能继续生长，其它细胞不能生长，这样便可筛选出含克隆载体的克隆子。要筛选含目的基因的克隆子，可选用具双抗选择标记载体，把含目的基因的 DNA 片段插入其中之一的选择标记基因区，导致该抗性基因的失活，转化细胞只对一种药物具有抗性，而对另一种药物变得极为敏感，很容易筛选出克隆子。

② 利用乳糖操纵 *lac Z* 基因筛选克隆子　具完整乳糖操纵子的菌体能翻译 β-D-半乳糖苷酶（Z）、透性酶（Y）和乙酰基转移酶（A）。当培养基中含有 X-gal（5-溴-4-氯-3-吲哚-β-D-半乳糖苷）和 IPTG（异丙基硫代-β-D-半乳糖苷）时，可产生蓝色沉淀，使菌落成蓝色。如含乳糖操纵子缺陷型（*lac Z*－）的载体转化互补型菌株，在含 X-gal 和 IPTG 的培养基中培养，克隆子是蓝色菌落，而未转化的互补型菌株是白色的。当含目的基因的 DNA 片段插入 *lac Z* 基因区，即使转化互补型菌株细胞，在含 X-gal 和 IPTG 的培养基中，也是长出白色的菌落。由此可以根据菌落的蓝、白颜色筛选出含目的基因的克隆子。

③ 利用双酶切片段重组法初筛克隆子　在无法利用克隆载体选择标记的情况下，可以采用双酶切片段重组法。选用两种限制性内切酶处理载体 DNA 分子，用凝胶电泳回收两端具不同黏性末端的线形载体 DNA，并经碱性磷酸酶处理，与此同时，用同样的两种限制性内切酶处理含目的基因的 DNA 片段，将两种处理产物连接，转化受体细胞，在含克隆载体选择标记药物的培养基中培养，长出的菌落绝大部分是含目的基因的克隆子。因为如此处理的克隆载体 DNA 不能自行环化，只有同具有相同黏性末端的含目的基因的 DNA 片段连接成环状 DNA 分子，才能有效地转化受体细胞。

④ 利用报告基因筛选克隆子　对于那些不宜用克隆载体选择标记筛选克隆子的受体细胞，

在含目的基因的 DNA 片段与克隆载体连接之前，先在目的基因上游或下游连接一个报告基因。这样的重组 DNA 导入受体细胞后，可根据报告基因的表达产物筛选克隆子。

⑤ 利用原位杂交和区带杂交筛选　将培养后的菌落转移至硝酸纤维素滤膜上，加热变性后与探针杂交，含目的基因克隆的菌落位置呈阳性斑点，这就是菌落的原位杂交。将培养后菌的重组质粒提取出来，经酶处理或直接进行电泳，用同位素标记的 mRNA 或 cDNA 作为探针进行分子杂交，以检测含目的基因序列的区带，这就是区带杂交。

⑥ 目的基因转录产物检测　目的基因在受体细胞内是否转录，可以通过检测是否有目的基因转录产物 RNA 存在获得证实，可以用核酸杂交法来验证，此法称为 RNA 印迹（northern blotting）法。根据转录的 RNA 在一定条件下可以同转录该种 RNA 的模板 DNA 链进行杂交的特性，制备目的基因 DNA 探针，变性后同克隆子总 RNA 杂交，若出现明显的杂交信号，可以认定进入受体细胞的目的基因转录出相应的 mRNA。

以上几种方法都是检测受体细胞中是否存在目的基因以及目的基因是否在体内转录，但进行基因工程最终目的是要获得目的基因的表达产物，基因的最终表达产物是蛋白质（酶），所以说，检测蛋白质的方法可用于检测目的基因的表达产物。最常用的是蛋白质印迹（western blotting）法。先提取克隆子总蛋白质，经 SDS-PAGE 电泳按分子大小分开后，转移到供杂交用的膜上，然后与放射性同位素或非放射性标记物标记的特异性抗体结合，通过一系列原抗抗体反应，在杂交膜上显示出明显的杂交信号，表明受体细胞中存在目的基因表达产物。也可以测定蛋白质的氨基酸顺序，与目的基因预期表达产物的蛋白质氨基酸顺序进行比较，得出是否有目的基因的表达产物存在。

7.1.2.3　基因工程新技术及其应用

（1）转基因食品

科学家发现 DNA 可以在不同物种间进行转移是在 1946 年，在 1983 年出现了第一株转基因植物，即抗生素抗性的烟草植株。1994 年 Monsanto 公司经美国 FDA 批准，上市了第一个转基因番茄——Flavr Savr。接着在 20 世纪 90 年代，重组凝乳酶也逐渐被多个国家允许在奶酪制作中使用。1995 年，美国陆续开放了以下产品市场：转基因菜籽油、转入 Bt 基因的玉米、抗溴草腈的棉花、Bt 棉花、Bt 西红柿、抗草甘膦大豆等。2000 年，科学家通过转基因技术增强了稻米的营养素，发明了转基因黄金大米。到 2011 年，美国已经带领多个国家生产了 25 类转基因作物，并进入商业市场流通。截至 2013 年，美国生产的玉米中的 85%、大豆中的 91%、棉花中的 88% 都为转基因产品。部分转基因农产品见图 7-6。

图 7-6　部分转基因农产品

（2）基因治疗

二维码22

自从1989年French Anderson进行了基因标记物在人体内的试验的准备后，于1990年9月进行了第一例应用腺苷脱氨酶基因（ADA），经反转录病毒导入人自身T淋巴细胞，经扩增后输回患者体内，获得了成功。患者5年后体内10%造血细胞ADA阳性，除了还须应用部分剂量的ADA蛋白外，其他体征正常。这一成功标志着基因治疗的时代已经开始。

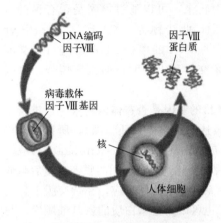

图7-7 基因治疗步骤示意

基因治疗为什么具有诱人的前景？它和基因工程有什么异同？

① 基因工程是将具有应用价值的基因，即"目的基因"，装配在具有表达所需元件的特定载体中，导入相应的宿主细胞，如细菌、酵母或哺乳动物细胞，在体外进行扩增，经分离、纯化后，获得其表达的蛋白质产物。基因治疗是将具有治疗价值的基因，即"治疗基因"，装配于能在人体细胞中表达所必备元件的载体中，导入人体细胞，直接进行表达（图7-7）。它无须对其表达产物进行分离纯化，因为人体细胞本身可以完成这一个过程。

② 正由于以上原因，在基因工程中耗资最大的一部分器材与材料及其费用，在基因治疗中可以省却，从而使今后工业化的成本明显降低。

③ 基因工程的"目的基因"产物迄今为止尚限于可分泌的蛋白质，如生长因子、多肽类激素、细胞因子、可溶性受体等。对于非分泌性蛋白质，如受体、细胞内酶、转录因子、细胞周期调控蛋白、原癌基因及抑癌因子等，由于不能有效地进入细胞而不能应用于基因工程。但基因治疗不受以上限制。几乎所有的细胞基因，只要它具有治疗作用，理论上均可应用于基因治疗。因此，基因治疗具有更巨大的潜力。当然，随着蛋白质结构与功能的研究，今后对非分泌性蛋白质，通过加上某些肽段或进行某些加工，使其同样能进入细胞。例如，应用HIV的N端十一肽，可使许多蛋白质能进入细胞就是一个例子。

④ 基因工程的操作全部在体外完成。基因治疗则必须将基因直接导入人体细胞。这不仅在技术上具有很大难度，而且对其有效性与安全性方面提出了苛刻的要求。基因工程技术比较成熟；基因治疗的不少技术依然不够成熟。

（3）基因芯片

基因芯片技术是20世纪90年代发展起来的分子生物学技术，是各学科交叉综合发展的新产物。它是采用原位光刻或显微印刷技术在载体材料上形成DNA微矩阵，与标记的样品核酸分子进行杂交反应，样品DNA/RNA在PCR扩增或转录的过程中被标记，与微矩阵的芯片上的DNA/RNA（探针）杂交后经仪器扫描及计算机分析即可获得样品中大量基因的遗传信息。该技术可应用于新基因的发现、高通量基因表达平行分析、大规模序列分析、基因多态性分析、基因组研究、病原微生物检验、食品安全性检验等，也是基因功能研究的主要工具。生物芯片的主要特点是高通量、自动化、微型化。芯片上密集排列的分子微矩阵，使人们能够短时间内分析大量的生物分子，快速而准确地获取样品中的生物信息，极大地提高了传统检测手段的效率。

基因芯片及其检测系统见图7-8。

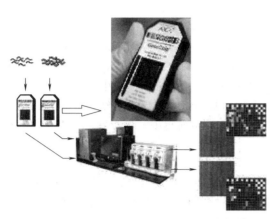

基因芯片在食品中的应用前景
a. 开发新型食品资源
b. 开发高效低毒的生物农药
c. 准确鉴别食品原料是不是转基因生物
d. 食品安全性检测
e. 为今后开发个性化食品提供科学依据
f. 人工智能制造与食品开发
g. ……?

图 7-8 基因芯片及其检测系统

7.2 微生物的基因结构

基因是生物体内一切具有自主复制能力的最小遗传单位，其物质基础就是一段特定核苷酸组成的核酸片段。基因的大小一般是 1000～1500bp，分子量约为 6.7×10^5。绝大多数基因附着在染色体上，但细菌除染色体上的遗传物质外，还有一个独立的遗传单位，通常称为质粒。原核生物的基因往往是通过一个操纵子（operon）和调节基因（regulatory gene）发挥功能的。每一操纵子又包括 3 种功能上密切相关的基因，即结构基因（structure gene）、操纵基因（operator gene）和启动基因（promoter，又称启动子或启动区）。结构基因实际上就是决定某一蛋白质多肽链氨基酸顺序的 DNA 模板，它是通过转录（transcription）和翻译（translation）过程来完成从 DNA 到蛋白质的合成任务的。转录就是将 DNA 上的遗传信息转移到 mRNA 的过程，而翻译则是将 mRNA 上的遗传信息按照遗传密码的规则合成蛋白质肽链。操纵基因是位于启动基因和结构基因之间的一段核苷酸序列，它与结构基因紧密联系在一起，能够与阻遏蛋白结合控制结构基因是否转录，这是基因调控的最有效方式，当细胞内蛋白质的合成量较多时，阻遏蛋白与结构基因结合，使结构基因上所携带的遗传信息不能指导蛋白质的合成。启动基因是一种依赖于 DNA 的 RNA 多聚酶所识别的核苷酸序列，它既是 DNA 多聚酶的结合部位，又是转录的起始位点，所以操纵基因和启动基因既不能转录出 mRNA，也不能产生任何基因产物。调节基因一般处于与操纵子有一定间隔距离处，调节基因的主要功能就是调节操纵子中结构基因的活性，这种调节活性的功能是通过产生阻遏蛋白的作用来实现的，阻遏蛋白可以识别并附着在操纵子上。当阻遏蛋白和操纵子相互作用时可使 DNA 的双链无法打开，使得 RNA 聚合酶无法沿着结构基因往前移动，结构基因上的遗传信息无法传出，从而关闭了结构基因的活性。

但是对于基因组，不同学者的定义有一定的差异。主要有三，第一，基因组是一种病毒、细菌或者一个细胞核、细胞器内的全部信息内容。第二，基因组是包含在一套单倍体染色体中的全套遗传因子。第三，基因组是一种生物的全部遗传组成，在细菌里，是指细菌环状染色体或者与其相关联的质粒上的全部基因；在真核生物里，是指一套单倍体染色体上的全部基因。尽管不同学者对基因组的定义稍有不同，但总括起来体现下列含义，即基因组是一种生物结构组成和生命活动所需遗传信息的总和，这些信息编码在细胞内的 DNA 分子中。对真核生物，例如人类来说，构成细胞核内全部染色体 DNA 分子的总和就是它们的基因组。

7.2.1 原核微生物基因组

原核微生物基因组仅由一条环状双链 DNA 分子组成，含有 1 个复制起点，其 DNA 虽与蛋白质结合，但并不形成染色体结构，只是在细胞内形成一个致密区域，即类核。类核中央部分由 RNA 和支架蛋白组成，外围是双链闭环的超螺旋 DNA。由于原核微生物细胞无核膜结构，因此基因的转录和翻译在同一区域进行。原核微生物的基因组具有操纵子结构，其编码序列约占基因组的 50%；多顺反子结构，无内含子；基因组中重复序列很少，但存在移动基因。

7.2.2 真核微生物基因组

真核微生物基因组的结构和功能远比原核生物复杂。真核微生物细胞具有细胞核，因此基因的转录和翻译在细胞的不同空间进行：转录在细胞核，翻译在胞浆。除了染色体基因组外，真核微生物还具有线粒体基因组，另外植物细胞中的叶绿体内也有遗传物质，这些都是真核微生物基因组的组成部分。其基因组包含多条染色体，两份同源的基因组（双倍体）。真核微生物基因组远远大于原核生物的基因组，结构复杂，基因数庞大，具有许多复制起点。真核微生物基因组都由结构基因与相关的调控区组成，转录产物为单顺反子，一分子 mRNA 只能翻译成一种蛋白质。真核微生物基因组中非编码的顺序占 90% 以上，基因组中非编码的顺序所占比例是真核微生物与细菌、病毒的重要区别，且在一定程度上也是生物进化的标尺。非编码顺序中，各种重复顺序占很大部分，它们也是真核微生物基因组的重要特点。大多数真核微生物的结构基因具有内含子结构，是断裂基因，存在着选择性剪接而产生两种或多种不同的 mRNA 序列。作为选择性剪接的一个极端例子，有一个人类的基因已经被证明，相同的原始转录物可以产生 64 种不同的 mRNA。真核生物中功能相关的基因构成各种基因家族，它们可串联在一起，亦可相距很远，但即使串联在一起的成簇的基因也是分别转录的。

7.2.3 特殊遗传结构

7.2.3.1 转座子

转座子是一类在很多生物中（包括线虫、昆虫和人）发现的可移动的遗传因子，即一段 DNA 可以从原位上单独复制或断裂下来，环化后插入另一位点，并对其后的基因起调控作用，此过程称转座。这段序列称跳跃基因或转座子（图 7-9）。

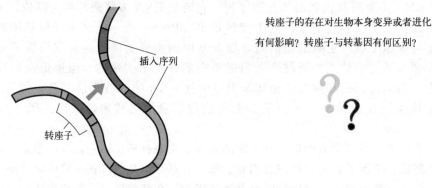

图 7-9 转座子

转座（因）子是基因组中一段可移动的 DNA 序列，可以通过切割、重新整合等一系列过程从基因组的一个位置"跳跃"到另一个位置。

复合型的转座因子称为转座子（trans-position，Tn）。这种转座因子带有同转座无关的一些基因，如耐药性基因，它的两端就是插入序列（IS），构成了"左臂"和"右臂"。两个"臂"可以是正向重复，也可以是反向重复。这些两端的重复序列可以作为 Tn 的一部分随同 Tn 转座，也可以单独作为 IS 而转座。Tn 两端的 IS 有的是完全相同的，有的则有差别。当两端的 IS 完全相同时，每一个 IS 都可使转座子转座；当两端是不同的 IS 时，则转座子的转座取决于其中的一个 IS。Tn 有抗生素的抗性基因，Tn 很容易从细菌染色体转座到噬菌体基因组或是接合型的质粒。因此，Tn 可以很快地传播到其他细菌细胞，这是自然界中细菌产生耐药性的重要来源。

两个相邻的 IS 可以使处于它们中间的 DNA 移动，同时也可制造出新的转座子。Tn10 的两端是两个取向相反的 IS10，中间有抗四环素（Tet^r）的抗性基因，当 Tn10 整合在一个环状 DNA 分子中间时，就可以产生新的转座子。当转座子转座插入宿主 DNA 时，在插入处产生正向重复序列，其过程是：先是在靶 DNA 插入处产生交错的切口，使靶 DNA 产生两个突出的单链末端，然后转座子同单链连接，留下的缺口补平，最后就在转座子插入处生成宿主 DNA 的正向重复。

7.2.3.2 质粒构建及其结构

现行通用的基因克隆载体，绝大多数是以质粒为基础改建而成的。一种理想的用作克隆载体的质粒必须满足如下几个方面的条件：①具有复制起点；②具有抗生素抗性基因；③具若干限制酶单一识别位点；④具有较小的分子量和较高的拷贝数。

天然质粒往往存在着这样或那样的缺陷而不适合用作基因工程的载体，必须对之进行改造构建。质粒的构建会因质粒的使用目的不同而存在一定的差异。基本上质粒构建主要包括以下几个部分：①加入合适的选择标记基因，如两个以上的抗生素或者蓝白斑筛选的基因，易于用做选择；②增加或减少合适的酶切位点，便于重组；③缩短长度，切去不必要的片段，以提高导入效率；④改变复制子，变严紧为松弛，变少拷贝为多拷贝；⑤根据基因工程的特殊要求加装特殊的基因元件。

一个完整的适合基因工程使用的质粒一般包括复制起点 Ori、多克隆位点（multiple cloning site，MCS）、选择标记基因三个主要部分。如 pUC18/19 质粒中 *lacZ* 与 *bla* 为选择标记基因，*rep* 为复制子等（图 7-10）。

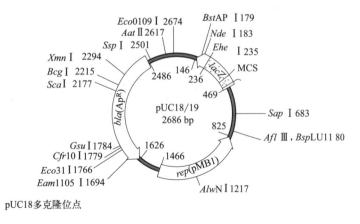

图 7-10　pUC18/19 质粒的结构与多克隆位点

7.3 微生物基因变异与遗传育种

7.3.1 基因突变

在微生物的基础研究和应用中，每一株理想的菌株都是由野生型经过诱变育种、杂交育种或基因工程等育种方法筛选得到的，这是冗繁而艰苦的工作。而获得的菌株在以后的使用与保藏过程中会始终存在变异的行为，这种行为的累积最终会导致菌种优良性状的退化甚至丧失。这种变异大部分是来自于自然的基因突变，而欲使菌种始终保持优良性状的遗传稳定性和活性，既要保证菌种不被其他杂菌污染，且在长期的保存过程中要降低其发生变异的可能性，不但要采取良好的保藏措施，还要进行定期或不定期的复壮，从而达到保持纯种及其优良性能的目的。

基因突变又称点突变，是指基因组 DNA 分子发生的突然的可遗传的变异。从分子水平上看，基因突变是指基因在结构上发生碱基对组成或排列顺序的改变。一定条件下基因可以从原来的存在形式突然改变成另一种新的存在形式，就是在一个位点上，突然出现了一个新基因，代替了原有基因，这个基因叫做突变基因。于是后代的表现中也就突然地出现祖先从未有的新性状（一般会有表型上的变化）。

7.3.1.1 基因突变的原理

基因突变在自然状况下一般是由于 DNA 复制水平上发生碱基的错配、插入或缺失而造成新链 DNA 与旧链 DNA 基因序列上的差异，但是这种差异得益于 DNA 聚合酶的修复功能，而发生的概率非常低，一般来说其概率低于 10^{-9}。但是微生物在自然界中存在是不能脱离外界联系的，环境中的理化因素往往会影响到 DNA 复制，甚至是转录，也会造成类似的碱基错配、插入或缺失，这样也会导致基因突变。基因突变是微生物变异的根本原因，其存在是绝对的。

7.3.1.2 基因突变的方式

① 形态突变型　这类突变改变生物的外观表现包括形态的改变，例如细菌、霉菌、放线菌等的菌落形态以及噬菌体的噬菌斑的改变。孢子颜色、鞭毛的有无、细菌菌落表面光滑或粗糙、噬菌斑的大小和清晰程度的改变等都是形态突变型的典型例子。

② 致死突变型　这类突变造成个体死亡或生活力下降，造成生活力下降的突变又称为半致死突变。一个稳性的致死突变基因可以在二倍体生物中以杂合状态保存下来，但是不能在单倍体生物中保存下来，所以致死突变在微生物中研究得不多。

③ 条件致死突变型　这类突变只有在某一条件下具有致死效应而在另一条件下无致死效应。广泛应用的一类是温度敏感突变型。这些突变型在一定温度条件下并不致死，可以在这样的温度下保存下来。它们在另一温度下是致死的，通过它们的致死作用，可以用来研究温度对基因的作用。

④ 生化突变型　是一类无形态改变效应而生理代谢发生一定变化的突变型，最为常见的是营养缺陷型。某一野生型菌株因发生基因突变而丧失合成一种或几种生长因子、碱基或氨基酸的能力，因而无法在基本培养基（minimum medium，MM）上正常生长繁殖的变异类型，称为营养缺陷型。它们可以在添加相应营养物质的基本培养基上生长。营养缺陷型在微生物遗传学研究中应用非常广泛，也常常利用这类代谢缺陷型进行工业发酵，生产对人们有用的有机物质。耐药性突变也是微生物遗传学中常用的一类生化突变型。

⑤ 产量突变型　由于基因突变而使某些菌株在代谢物产量上和原始菌株有明显差异的现象，称为产量突变型。若突变菌株代谢物产量显著高于原始菌株者，称为正突变（plus-mutant），否

则称为负突变（minus-mutant）。人们往往希望得到正突变，但因产量是由多个基因决定的，得到正突变并不是一件容易的事。

突变率是指菌株在每一世代中发生某一性状突变的概率。例如，突变率为 10^{-6} 即表示该细胞在一百万次的分裂过程中，会发生一次突变。这样表示突变率难以理解，为方便起见，突变率常用某一细胞群体分裂一次时，发生突变的细胞数占总细胞数的比例来表示。例如一个细胞数量为 10^6 的群体，当其分裂为 2×10^6 个细胞时，如有一个细胞发生突变，则其突变率就是 10^{-6}。

某一基因的突变一般是独立发生的，它的突变也不会影响别的基因的突变，因此在同一细胞中同时发生两个或两个以上基因突变的频率是极低的。由于突变率是如此之低，要测定某基因的突变率或在其中筛选突变株就显得十分困难，所幸的是可以成功地利用检出选择性突变株的手段尤其是可以采用检出营养缺陷型的回复突变株（back mutant，reverse mutant）或耐药性突变株（resistance mutant）的方法方便地达到目的。

上述几类突变型并不是彼此排斥完全独立的，某些营养缺陷型具有明显的形态改变，例如粗糙脉孢菌和酵母菌的某些腺嘌呤缺陷型分泌红色色素。营养缺陷型也可以认为是一种条件致死突变型，因为在没有补充某种物质的培养基上，营养缺陷型不能生长。所有的突变型都和生化突变有关。

7.3.2 遗传育种

遗传（inheridity，inheritancc）和变异（variation）是微生物最本质的属性之一，人们在生产实践和科学研究中为了有效地利用和控制微生物，就必须对微生物的遗传性和变异性有所了解。人们可以在了解微生物的遗传性和变异性的基础上，通过微生物的选育，来提高生产菌种的生产性能，提高产量、改进质量以及扩大产品品种和简化工艺条件等。

遗传性就是具有产生与自己相似后代的特性，世代相传，使亲代的种类能够长期保存下去并保持"种"的稳定性。然而遗传不是绝对的，随着环境的改变，遗传性也会发生变异，改变生物的代谢机制以及形态结构，这就是变异性。今天生物的一切形态或生理方面的遗传性状都是变异的结果。

遗传性和变异性是一对矛盾，矛盾的双方在一定条件下互相转化。遗传中有变异，变异中有遗传。在短期内看来是遗传的性状，从长远的观点来看又必然会发生改变，所以说遗传中必然包含着变异。另外，微生物发生了变异的形态或性状，有的会以相对稳定的状态遗传下去，所以说变异中又包含着遗传。遗传和变异矛盾的统一，推动了生物的发展。遗传是相对的，而变异是绝对的。

7.3.2.1 常用育种方法

（1）自然选育

自然选育，也称自然分离，是指对微生物细胞群体不经过人工诱变处理而直接进行筛选的育种方法，又称为单菌落分离。

自然选育的主要作用是对菌种纯化以获得遗传背景较为均一的细胞群体。一般菌种经过多次传代或长期保藏后，由于自然突变或异核体和多倍体的分离，使有些细胞的遗传性状发生改变，造成菌种不纯，严重者生产能力下降，称为菌种退化。因此在工业生产和发酵研究中要经常进行菌种纯化。微生物的自然突变率很低，因此通过自然选育来获得优良菌株的效果远不如诱变育种。

（2）诱变育种

诱变育种是利用物理、化学、生物等诱变因素处理微生物细胞群，促进其突变率大幅度提高,然后采用简便、快速和高效的筛选方法,从中挑选少数符合育种目的突变株,以供生产实践或科学研究用。诱变育种具有方法简单、快速和收效显著等特点,除能提高产量外,还可改善产品质量、扩大品种和简化生产工艺等,故仍是目前被广泛使用的主要育种方法之一,当前发酵工业所使用的高产菌株,几乎都是通过诱变育种选育出来的。

① 诱变育种的基本环节　诱变育种的具体操作环节很多,且常因工作目的、育种对象和操作者的安排而有所差异,但其中最基本的环节却是相同的。一般包括：出发菌株的选择,制备单孢子(细胞)菌悬液,诱变处理,分离筛选,菌种保藏。

② 一般性原则

a. 挑选优良的出发菌株　出发菌株是指用于诱变育种的原始菌株,它的选样是决定诱变效果的重要环节。在选择出发菌株时,可以综合考虑：选择具有一定生产能力和优良性状的菌株;选择纯种出发菌株;选择生产能力高、遗传性状稳定的菌株;选择对诱变剂敏感性较强的变异菌株;连续诱变育种过程中应选择每次处理后均有表型改变的出发菌株;采用多出发菌株。

二维码 23

b. 制作单细胞或单孢子悬液　在诱变育种中,待处理的细胞必须是均匀分散的单孢子或单细胞悬液,这样可以使每个细胞均匀接触诱变剂,又可避免细胞团中变异菌株与非变异菌株同时存在长出不纯菌落,给后续的筛选工作造成困难。

细胞的生理状态对诱变处理也会产生很大的影响,待处理的孢子或菌体要年轻、健壮。细菌在对数期诱变处理效果较好。霉菌或放线菌的分生孢子一般都处于休眠状态,所以培养时间的长短对孢子影响不大,但稍加萌发后的孢子则可提高诱变效率。

用于诱变育种的细胞应尽量选用单核细胞,如霉菌或放线菌的无性孢子、细菌的芽孢。这是因为某些微生物细胞在对数期是多核的,很可能发生一个核突变,而另一个核未突变,出现不纯的菌落。有时,虽然处理的是单核的细胞或孢子,但由于诱变剂一般只作用于 DNA 双链中的某一条单链,故某一突变无法反映在当代的表型上,而是要经过 DNA 的复制和细胞分裂后才在细胞表型表现出来,于是出现了不纯菌落,这就叫表型延迟(phenotype lag)。上述两类不纯菌落的存在,也是诱变育种工作中初分离的菌株经传代后很快出现生产性状"退化"的主要原因。

在实际工作中,一般采用选择法或诱导法使微生物同步生长获得适龄新鲜的斜面培养物,加入生理盐水(为了防止处理过程中因 pH 变化而影响诱变效果,采用化学诱变剂处理时要用相应的磷酸盐缓冲液)将斜面孢子或菌体刮下,用无菌的玻璃珠打散成团的细胞,然后再用脱脂棉过滤。一般处理真菌的孢子或酵母细胞时,其悬浮液的浓度大约为 10^6 个/mL,细菌和放线菌孢子的浓度大约为 10^8 个/mL。

c. 选择简便有效的诱变剂　诱变剂的选择主要决定于诱变剂对基因作用的特异性与出发菌株的特性。试验证明并非所有的诱变剂对某一出发菌株都是有效的,不同的微生物对同一诱变剂敏感性有很大区别,这不仅是细胞透性的差异,也与诱变剂进入细胞后相互作用不同有关。另外代谢产物的多少并非由基因控制,尤其是次生代谢产物,代谢机制复杂,其产量是由多基因决定的,诱变后产量的提高是多基因效应的结果,诱变引起生物的变异机制异常复杂。因此诱变剂的诱变作用,不仅取决于诱变剂种类的选择,还取决于出发菌株的特性及其诱变史,所以目前育种工作还无法做到用某种诱变剂来达到定向改变某一菌株某一性状的目的。

ⅰ. 根据诱变剂的特异性选择诱变剂。诱变剂主要对 DNA 分子上基因的某一位点发生作用。如紫外线的作用是形成嘧啶二聚体;亚硝酸主要作用于碱基,脱去氨基变成酮基;碱基类似物的主要作用是取代 DNA 分子上的碱基;烷化剂亚硝基胍对诱发营养缺陷型、移码诱变剂对诱发质粒脱落的效果最好。

ⅱ. 根据菌种特性和遗传稳定性选择诱变剂。对遗传稳定的菌株,最好采用以前未使用过的、突变谱较宽的、诱变率高的强诱变剂;对遗传性不稳定、遗传背景较复杂的菌株,首先进行自然选育，然后采用温和或对该类菌在诱变史上曾经是有效的诱变剂进行低剂量处理。

ⅲ. 参考出发菌株原有的诱变系谱选择诱变剂。诱变之前要考察出发菌株的诱变谱系，详细分析，总结规律性。既要选择一种最佳的诱变剂，又要避开长期多次使用某一诱变因子，以免出现对该诱变剂的"钝化"反应。

d. 选用合适诱变剂量　剂量一般指强度与作用时间的乘积，在育种实践中常采用致死率和变异率来作为各种诱变剂的相对剂量。剂量的选择受处理条件、菌种情况、诱变剂的种类等多种因素的影响。要确定一个合适的剂量，通常要进行多次试验。在实际工作中，突变率往往随剂量的增高而提高，但达到一定程度后，再提高剂量反而会使突变率下降。根据对紫外线、X 射线和乙烯亚胺等诱变效应的研究结果，发现在偏高的剂量中致死率高、负突变较多，但在少量的正突变菌株中有可能筛选到产量大幅度提高的菌株；在偏低的剂量中致死率低、正突变较多，但要筛选到产量大幅度提高的菌株可能性较小；还发现经多次诱变而提高产量的菌种中，更容易出现负突变。

因此，在目前诱变育种中，比较倾向于采用较低的剂量。例如，过去在用紫外线作诱变剂时，常采用杀菌率为 99% 的剂量，而近年来则倾向于采用杀菌率为 30%～75% 的剂量。总之在产量性状的诱变育种中，凡在提高诱变率的基础上，既能扩大变异幅度，又能促使变异移向正变范围的剂量，就是合适的剂量（图 7-11）。

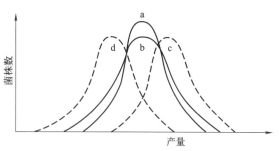

图 7-11　诱变剂的剂量对产量变异影响的可能结果
a—未经诱变剂处理；b—变异幅度扩大，但正负突变相等；
c—正突变占优势；d—负突变占优势

在诱变育种中有两条重要的实验曲线：① 剂量-存活率曲线，以诱变剂的剂量为横坐标，以细胞存活数的对数值为纵坐标而绘制的曲线；② 剂量-诱变率曲线，是以诱变剂的剂量为横坐标，以诱变后获得的突变细胞数为纵坐标而绘制的曲线。通过比较以上两曲线，可找到某诱变剂的剂量、存活率、诱变率三者的最佳结合点，最佳结合点是使所希望得到的突坐株在存活群体中占有最大的比例，这样可以提高筛选效率和减少筛选工作量。

e. 高产菌株筛选　一般诱变育种的目的在于提高微生物的生产量，但对于产量性状的突变来讲，一般不能用选择性培养方法筛选。因为高产菌株和低产菌株一般在培养基上同样地生长，也无一种因素对于高产菌株和低产菌株显示差别性的杀菌作用。

一般测定一个菌株的产量高低都采用摇瓶培养，然后测定发酵液中产物的数量。如果把经诱变剂处理后出现的菌落逐一用上述方法进行产量测定，工作量很大。如果能找到产量和某些形态指标的关联，甚至设法创造两者间的相关性，则可以大大提高育种的工作效率。因此在诱变育种工作中应该利用菌落可以鉴别的特性进行初筛，例如在琼脂平板培养基上，通过观察和测定某突变菌菌落周围蛋白酶水解圈的大小、淀粉酶变色圈的大小、色氨酸显色圈的大小、柠檬酸变色圈的大小、抗生素抑菌圈的大小、纤维素酶对纤维素水解圈的大小等，估计该菌落菌株产量的高低，然后再进行摇瓶培养法测定实际的产量，可以大大提高工作效率。

上述这一类方法所碰到的困难是对于产量高的菌株，作用圈的直径和产量并不呈直线关系。

为了克服这一困难，在抗生素生产菌株的育种工作中，可以采用耐药性的菌株作为指示菌，或者在菌落和指示菌中间加一层吸附剂吸去一部分抗生素。

一个菌落的产量愈高，它的产物必然扩散得也愈远。对于特别容易扩散的抗生素，即使产量不高，同一培养皿上各个菌落之间也会相互干扰。为了克服产物扩散所造成的困难，可以采用琼脂挖块法。方法是在菌落刚开始出现时就用打孔器连同一块琼脂打下，把许多小块放在空的培养皿中培养，待菌落长到合适大小时，把小块移到已含有供试菌种的一大块琼脂平板上，以分别测定各小块抑菌圈大小并判断其抗生素的效价。由于各琼脂块的大小一样，且该菌落的菌株所产生的抗生素都集中在琼脂块上，所以只要控制每一培养皿上的琼脂小块数和培养时间，或者再利用耐药性指示菌，就可以得到彼此不相干扰的抑菌圈。

摇瓶培养是在实验室条件下和发酵罐条件比较接近的培养方法。培养皿的培养条件则和发酵罐很不相同。所以为了证实以上这些初筛方法是否可行，应该把通过初筛和不通过初筛的两组菌落用摇瓶方法测定它们的产量分布来进行判断。

7.3.2.2 基因重组与杂交

凡把两个性状不同的独立个体内的遗传基因通过一定的方法转移到一起，经过遗传分子的重新组合后，形成新遗传型个体的方式，称为基因重组（gene recombination）或遗传重组或基因工程。杂交的狭义概念是两条单链 DNA 或 RNA 的碱基配对。遗传学中把通过不同的基因型的个体之间的交配而取得某些双亲基因重新组合的个体的方法称为杂交。此外在遗传学上，把通过生殖细胞相互融合而达到这一目的过程称为杂交；而把由体细胞相互融合达到这一结果的过程称为体细胞杂交。在微生物育种上，杂交与基因重组并没有明显的界限，在微生物中，基因重组与杂交育种的方式主要有转化、转导、接合、原生质体融合等几种形式。

(1) 转化 (transformation)

受体菌直接吸收了来自供体菌的 DNA 片段，通过交换，把供体菌的 DNA 片段结合到自己的基因组中并在后代中稳定表达，从而获得了供体菌部分遗传性状的现象，称为转化。获得供体菌部分遗传片段的受体菌，称为转化子 (transformant)。转化现象的发现，尤其是转化因子 DNA 本质的证实，是现代生物学发展史上的一个里程碑，并由此极大地促进了遗传学和分子生物学的发展。

两个菌种或菌株间能否发生转化，与它们在进化过程中的亲缘关系有着密切的联系。但即使在转化率极高的那些种中，其不同菌株间也不一定都可发生转化。能进行转化的细胞必须是感受态的。受体菌最易接受外源 DNA 片段并实现转化的生理状态，称为感受态 (competence)。处于感受态的细胞吸收 DNA 的能力有时可比一般细胞大 1000 倍。感受态的出现，受该菌的遗传性、菌龄、生理状态和培养条件等的影响。例如，肺炎链球菌的感受态在对数期的后期出现，而芽孢杆菌属则出现在对数期末及稳定期。在外界环境条件中，环腺苷酸（cAMP）及 Ca^{2+} 等影响最明显。有人发现，cAMP 可使嗜血杆菌细胞群体的感受态水平提高 1 万倍。处于感受态高峰时，群体中呈感受态的细胞数也随种而不同。如枯草杆菌不超过 10%～15%，而肺炎链球菌和流感嗜血杆菌（*Haemophilus influenzae*）则为 100%。

能进行转化的微生物相当普遍，在原核生物中，能进行转化的菌主要有 *Streptococcus pneumoniae*（肺炎链球菌）、*Haemophilus*（嗜血杆菌属）、*Bacillus*（芽孢杆菌属）、*Neisseria*（奈瑟氏球菌属）、*Rhizobium*（根瘤菌属）、*Staphylococcus*（葡萄球菌属）、*Pseudomonas*（假单胞菌属）、*Xanthomonas*（黄单胞菌属）；在真核生物中，能进行转化的种类相对少，如 *Saccharomyces cerevisiae*（酿酒酵母）、*Neurospora crassa*（粗糙脉胞菌）、*Aspergillus niger*（黑曲霉）可以进行转化。

用革兰氏阳性的肺炎链球菌作材料，发现转化过程大体上是这样的：①双链 DNA 片段与感受态受体菌的细胞表面特定位点（主要在新形成细胞壁的赤道区）结合，此时，一种细胞膜的磷脂成分——胆碱可促进这一过程；②在位点上的 DNA 发生酶促分解，形成平均分子质量为 $(4\sim5)\times10^6$ Da 的 DNA 片段；③DNA 双链中的一条单链逐步降解，同时，另一条单链逐步进入细胞，这是一个耗能过程，分子质量小于 5×10^5 Da 的 DNA 片段不能进入细胞；④转化 DNA 单链与受体菌染色体组上的同源区段配对，接着受体菌染色体组的相应单链片段被切除，并被外来的单链 DNA 所交换或取代，于是形成了杂种 DNA 区段（DNA 顺序不一定互补，故可呈杂合状态）；⑤受体菌染色体组进行复制，杂合区段（heterozygous region）分离成两个，其中之一类似供体菌，另一类似受体菌，当细胞分裂后，此染色体发生分离，于是就形成一个转化子。

如果用提取并纯化的噬菌体或其它病毒的 DNA（或 RNA）去感染感受态的寄主细胞，并进而产生正常的噬菌体或病毒后代的现象，称为转染（transfection）。转化和转染看起来似乎相似，但两者有明显的差异，需加以注意。

（2）转导（transduction）

以缺陷噬菌体（defective phage）为媒介，把供体细胞的 DNA 片段携带到受体细胞中，并与供体菌的基因进行交换与整合，从而使后者获得了前者部分遗传性状的现象，称为转导。由转导作用而获得部分新性状的重组细胞叫做转导子（transductant）。转导现象首先是在 *Salmonella typhimurium*（鼠伤寒沙门氏菌）中发现，以后又在 *E. coli*、*Bacillus*（芽孢杆菌属）、*Proteus*（变形杆菌属）、*Rhizobium*（根瘤菌属）、*Staphylococcus*（葡萄球菌属）、*Pseudomonas*（假单胞菌属）、*Shigella*（志贺氏菌属）、*Vibrio*（弧菌属）等原核生物中发现了转导现象。转导主要有以下几种方式。

① 普遍转导（generalized transduction）。完全缺陷噬菌体可误包供体菌中的任何基因（包括质粒），并将其遗传性状传递给受体菌的现象，称为普遍转导。普遍转导分以下两种：

a. 完全普遍转导。简称完全转导（complete transduction）。在鼠伤寒沙门氏菌的完全普遍转导实验中，用其野生型菌株作供体菌，营养缺陷型突变株为受体菌，P22 噬菌体作为转导媒介（agency）。当 P22 在供体菌内增殖时，寄主的染色体组断裂，待噬菌体成熟和包装之际，大约有 $10^6 \sim 10^8$ 个噬菌体的衣壳将与噬菌体头部 DNA 芯子相仿的供体菌 DNA 片段（在 P22 情况下，约为供体菌染色体组的 1%）误包入其中。因此，形成了完全不含噬菌体本身 DNA 的假噬菌体（一种完全缺陷的噬菌体）。当供体菌裂解时，如把少量裂解物与大量的受体菌群相混，务必使其感染复数小于 1，这种误包着供体菌基因的特殊噬菌体就将这一外源 DNA 片段导入受体菌内。由于一个细胞只感染了一个完全缺陷的假噬菌体（转导噬菌体），故受体细胞不会发生溶原化，更不会裂解。还由于导入的供体 DNA 片段可与受体染色体组上的同源区段配对，再通过双交换而重组到受体菌染色体上，所以就形成了遗传性稳定的转导子（transductant）。

除鼠伤寒沙门氏杆菌 P22 噬菌体外，能进行完全转导的噬菌体还有大肠杆菌的 P1 噬菌体和枯草杆菌的 PBS1、SP10 等噬菌体。

b. 流产普遍转导。简称流产转导（abortive transduction）。经转导噬菌体的媒介而获得了供体菌 DNA 片段的受体菌，如果转导 DNA 在受体细胞内既不进行重组、整合和复制，也不会迅速消失，其上的基因仅经过转录、翻译而得到表达，就称流产转导。当转导细胞进行分裂时，只能将这段 DNA 分配到一个子细胞中，而另一个细胞只获得供体菌基因经转录、翻译而合成的产物酶，因此仍可在表型上出现供体菌的特征，当细胞再次分裂时，供体 DNA 的量就受到一次稀释，多次分裂后，转导 DNA 就会消失。所以，能在选择性培养基平板上形成微小菌落就成了流产转导的特点。

② 局限转导（restricted 或 sepecialized transduction）。通过部分缺陷的温和噬菌体将供体菌的少数特定基因带到受体菌中，并与供体菌的基因组整合、重组，形成转导子的现象。1954 年在 *E. coli* K12 菌株中发现。已知当温和噬菌体感染受体菌后，其染色体会整合到细胞染色体的特定位点上，从而使寄主细胞发生溶原化。如果该溶原因诱导而发生裂解时，在前噬菌体插入位点两侧的少数寄主基因（如大肠杆菌的 λ 前噬菌体，其两侧分别为 *gal* 和 *bio* 基因）会因偶尔发生的不正常切割而连在噬菌体 DNA 上（当然噬菌体也将相应一段 DNA 遗留在寄主染色体上），两者同时包入噬菌体外壳中。

这样，就产生了一种特殊的噬菌体——缺陷噬菌体。它们除含大部分自身的 DNA 外，缺失的基因被几个原来位于前噬菌体整合位点附近的寄主基因取代，因此，它们无正常噬菌体的溶原性和增殖能力。如果将引起普遍转导的噬菌体称为"完全缺陷噬菌体"的话，则能引起局限转导的噬菌体就是一种"部分缺陷噬菌体"。

(3) 接合（conjugation）

通过供体菌性菌毛和受体菌完整细胞间的直接接触而将 F 质粒或其携带的大段 DNA 传递给受体菌，从而使受体菌获得若干新遗传性状的现象，称为接合，亦称"杂交"。通过接合而获得新遗传性状的受体细胞，叫做接合子（conjugant）。由于在细菌和放线菌等原核生物中出现基因重组的机会极为罕见（如大肠杆菌 K12 约为 10^{-6}），而且由于它们比较缺少形态指标，所以关于细胞接合的工作直至莱德伯格（Lederberg）等（1946 年）采用两株大肠杆菌的营养缺陷型进行实验后，才奠定了方法学上的基础。研究细菌接合方法的基本原理见图 7-12。

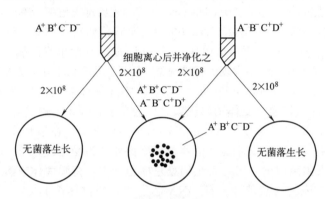

图 7-12　研究细菌接合的方法

接合主要发生在细菌和放线菌中，尤以 G^- 细菌为普遍，如 *E. coli*、*Salmonella*、*Shigella*、*Klebsiella*、*Serratia*、*Vibrio*、*Azotobacter*、*Pseudomonas* 等；在放线菌中，以 *Streptomyces*（链霉菌属）、*Nocardia*（诺卡氏菌属）最为常见。另外，不同属的一些菌种间也可以发生接合。

在细菌中，接合现象研究得最清楚的是大肠杆菌。通过研究发现大肠杆菌是有性别分化的。决定它们性别的因子称为 F 因子（即致育因子或称性质粒，fertility）。这是一种在染色体外的小型独立的环状 DNA 单位，一般呈超螺旋状态，它具有自主的与染色体进行同步复制和转移到其它细胞中去的能力。此外，在其中还带有一些对其生命活动关系较小的基因。F 因子的分子质量为 5×10^7 Da，在大肠杆菌中，F 因子的 DNA 含量约占总染色体含量的 2%。每个细胞含有 1～4 个 F 因子。如前所述，F 因子是一种属于附加体（episome）的质粒，它既可脱离染色体在细胞内独立存在，也可插入（即整合）到染色体组上。同时，也可经过接合作用而获得，或通过一些理化因素（如吖啶橙、亚硝基胍、溴化乙锭、环己亚胺和加热等）的处理，使其 DNA 复制受抑制后而从细胞中消失。

凡有 F 因子的菌株，其细胞表面就会产生 1～4 条中空而细长的丝状物，称为性散毛（sex pili 或性菌毛）。它的功能是在接合过程中转移 DNA。

根据 F 因子在大肠杆菌中的有无和存在方式的不同，可将其分成 4 种接合类型。

① F^+（"雄性"）菌株　细胞中存在着一个或几个游离的 F 因子，在细胞表面还有与 F^+ 因子数目相当的性散毛。当 F^+ 菌株与 F^- 菌株相接触时，前者通过性散毛将 F 因子转移到后者体中，并使 F^- 菌株也转变成 F^+（一般达到 100%）。

② F^-（"雌性"）菌株　细胞中无 F 因子，表面也不具性散毛。它可通过与 F^+ 菌株或 F' 菌株的接合而接受外来的 F 因子或 F' 因子，从而使自己成为"雄性"的菌株。同时，还可接受来自 Hfr 菌株的一部分或全部染色体信息。如果是后一种情况，则它在获得一系列 Hfr 菌株性状的同时，还获得了处于转移染色体末端的 F 因子，使自己从原来的"雌性"转变为"雄性"菌

株。有人统计，从自然界分离的 2000 个大肠杆菌菌株中，F^- 约占 30%。

③ Hfr（high frequency recombination，高频重组）菌株　在 Hfr 菌株中，因为 F 质粒已从游离态转变成在核染色体上特定位置的整合态，故它与 F^- 接合后的重组频率比 F^+ 与 F^- 接合后的重组频率高出几百倍以上。在接合时由于 Hfr 的染色体双链中的一条单链在 F 因子中断裂，遗传物质由环状变成线状，F 质粒中与性别有关的基因位于单链染色体末端。整段单链线状 DNA 以 5′端引导，通过性菌毛转移至 F^- 细胞中，时间大约 100min。所以必然要等 Hfr 的整条染色体组全部转移完成后，F 因子才能完全进入 F^- 细胞。事实上由于种种原因，这种线状染色体在转移过程中经常会发生断裂，所以 Hfr 的许多基因虽可进入 F^-，但越在前端的基因，进入的机会就越多，故在 F^- 中出现重组子的时间就越早，频率也高。而 F 因子位于最末端，故进入的机会最少，引起性别转化的可能性也最小。因此，Hfr 与 F^- 接合的结果重组频率虽高，但却很少出现 F^+。

Hfr 菌株的染色体转移与 F^+ 菌株的 F 因子转移过程基本相同。所不同的是，进入 F^- 的单链染色体片段经双链化后，形成部分合子（merozygote，又称半合子），然后两者的同源染色体进行配对，一般认为要经过两次或两次以上的交换后才发生遗传重组。

由于上述转移过程存在着严格的顺序性，所以，在实验室中可以每隔一定时间利用强烈搅拌（用组织捣碎器或杂交中断器）等措施，使接合中断，从而可以获得呈现不同数量 Hfr 性状的 F^- 接合子。根据这一实验原理，就可选用几种有特定整合位点的 Hfr 菌株，在不同时间使接合中断，最后根据在 F^- 中出现 Hfr 各种性状的时间早晚（用分钟表示）画出一幅比较完整的环状染色体图（chromosome map）。这就是 1955 年由伍尔曼（Wollman）和雅各布（Jacob）创造的中断杂交法（interrupted mating experiment）的基本原理。同时，原核微生物染色体的环状特性开始被认识。

④ F′菌株　当 Hfr 菌株内的 F 因子因不正常切割而脱离其染色体组时，可形成游离的但可携带整合位点临近的一小段（最多可携带 1/3 段染色体组）染色体基因的 F 因子，称 F′因子或 F′质粒。携带有 F′因子的菌株，其性状介于 F^+ 与 Hfr 之间，这就是初生 F′菌株（primary F′ strain）。通过初生 F′菌株与 F^- 菌株的接合，就可以使后者转变成 F′菌株，这就是次生 F′菌株（secondary F′ strain），它既获得了 F 因子，又获得了来自初生 F′菌株的原属 Hfr 菌株的遗传性状，故它是一个部分双倍体细胞。以 F′接合来传递供体菌基因的方式，称为 F 因子转导（F-duction）、性导（sexduction）或 F 因子媒介的转导（F-mediated transduction）。这时，受体菌的染色体和 F′因子携带的细菌基因通过同源染色体区（即双倍体区）的交换实现了重组。

（4）原生质体融合

通过人为方法使遗传性状不同的两细胞的原生质体发生融合，依此获得兼有双亲遗传性状并能稳定遗传的过程，称为原生质体融合或细胞融合。这种重组子称为融合子（fusant）。原生质体融合技术是 20 世纪 70 年代继转化、转导和接合之后发现的转移遗传物质的又一重要手段。

能进行原生质体融合的生物极为广泛，植物、微生物、动物细胞都可以进行原生质体融合（图 7-13）。

7.3.3　菌种分离与筛选

7.3.3.1　菌种分离

一般来说，菌种分离就是以无菌操作的方法将所需要的菌从混杂的微生物群体中单独分离出来的过程。常见菌种分离主要在培养皿上进行，常用的方法是稀释法和划线法。使用这两种方法的依据是微生物的一个个体通过繁殖，在固体培养基上长出肉眼能见的群体，然后根据培养特

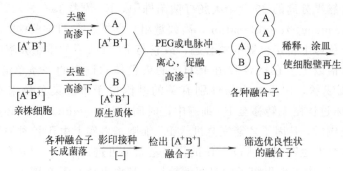

图 7-13 原生质体融合操作示意图

征，用接种针挑取所需菌种并在显微镜下检验，证明为单一形状的菌体。

大多数细菌和真菌，用平板法分离通常是满意的，因为它们的大多数种类在固体培养基上长得很好。然而迄今为止并不是所有的微生物都能在固体培养基上生长，例如一些细胞大的细菌、许多原生动物和藻类等，这些微生物仍需要用液体培养基分离来获得纯培养。

没有一种培养基或一种培养条件能够满足一切微生物生长的需要，在一定程度上所有的培养基都是选择性的。如果某种微生物的生长条件是已知的，也可以设计特定环境使之适合这种微生物的生长，从而能从混杂的微生物群体中把这种微生物选择培养出来，尽管在混杂的微生物群体中这种微生物可能只占少数。

7.3.3.2 菌种筛选

菌种筛选一般是指为获得某种已知性状的纯培养而进行的菌种分离。在实践中，菌种筛选大多是指菌种诱变而进行的选育，或直接在众多的微生物中针对已知性状的菌种进行筛选。菌种筛选主要有下述两种方式：

（1）根据形态筛选

即根据已知性状进行的菌种分离。

（2）根据平板菌落生化反应筛选

如透明圈法、变色圈法、生长圈法、抑菌圈法等。

① 透明圈法：在平板培养基中加入溶解性较差的底物，使培养基混浊，能分解底物的微生物便会在菌落周围产生透明圈，圈的大小初步反应该菌株利用底物的能力。该法在分离水解酶产生菌时采用较多，如脂肪酶、淀粉酶、蛋白酶、核酸酶产生菌都会在含有底物的选择性培养基平板上形成肉眼可见的透明圈。在分离某种产生有机酸的菌株时，也通常采用透明圈法进行初筛。在选择性培养基中加入碳酸钙，使平板成混浊，将样品悬浮液涂抹到平板上进行培养，由于产生菌能够把菌落周围的碳酸钙水解，形成清晰的透明圈，可以轻易地鉴别出来。分离乳酸产生菌时，由于乳酸是一种较强的有机酸，因此，在培养基中加入的碳酸钙不仅有鉴别作用，还有酸中和作用。

② 变色圈法：对于一些不易产生透明圈产物的产生菌，可在底物平板中加入指示剂或显色剂，使所需微生物能被快速鉴别出来。如筛选果胶酶产生菌时，用含 0.2% 果胶为唯一碳源的培养基平板，对含微生物样品进行分离，待菌落长成后，加入 0.2% 刚果红溶液染色 4h，具有分解果胶能力的菌落周围便会出现绛红色水解圈。在分离谷氨酸产生菌时，可在培养基中加入溴百里酚蓝，它是一种酸碱指示剂，变色范围为 pH6.2~7.6，当 pH 在 6.2 以下时为黄色，pH7.6 以上为蓝色。若平板上出现产酸菌，其菌落周围会变成黄色，可以从这些产酸菌中筛选谷氨酸产生菌。

③ 生长圈法：生长圈法通常用于分离筛选氨基酸、核苷酸和维生素的产生菌。工具菌是一些相对应的营养缺陷型菌株。将待检菌涂布于含高浓度的工具菌并缺少所需营养物的平板上进行

培养，若某菌株能合成平板所需的营养物，在该菌株的菌落周围便会形成一个混浊的生长圈。如嘌呤营养缺陷型大肠杆菌（如 E. coli P264）与不含嘌呤的琼脂混合倒平板，在其上涂布含菌样品保温培养，周围出现生长圈的菌落即为嘌呤产生菌。

④ 抑菌圈法：常用于抗生素产生菌的分离筛选，工具菌采用抗生素的敏感菌。若被检菌能分泌某些抑制菌生长的物质，如抗生素等，便会在该菌落周围形成工具菌不能生长的抑菌圈，很容易被鉴别出来。

7.3.4 菌种保藏

菌种保藏（culture preservation，culture collection）是指保持微生物菌株的生活力和遗传性状的技术。目的在于把从自然界分离到的野生型，或经人工选育得到的变异型纯种，使其存活、不丢失、不污染杂菌、不发生或少发生变异，保持菌种原有的各种特征和生理活性。基本原理是使微生物的生命活动处于半永久性的休眠状态，也就是使微生物的新陈代谢作用限制在最低范围内。干燥、低温和隔绝空气是保证获得这种状态的主要措施。有针对性地创造干燥、低温和隔绝空气的外界条件，就是微生物菌种保藏的基本技术。常用的方法有冻干保藏法、深低温保藏法、液氮保藏法、矿油封藏法、固体曲保藏法、沙土管保藏法、琼脂穿刺保藏法等。日常工作中，常选用 4℃ 冰箱进行短时间的菌种保藏。主要方法有：

(1) 传代培养保藏法

包括斜面培养、穿刺培养等，培养后于 4～6℃ 冰箱内保存。斜面培养法是将菌种接种在适宜的固体斜面培养基上，待菌充分生长后，棉塞部分用油纸包扎好，移至 2～8℃ 的冰箱中保藏。保藏时间依微生物的种类而有不同，霉菌、放线菌及有芽孢的细菌保存 2～4 个月，移种一次；酵母菌两个月；细菌最好每月移种一次。此法为实验室和工厂菌种室常用的保藏法，优点是操作简单，使用方便，不需特殊设备，能随时检查所保藏的菌株是否死亡、变异与污染杂菌等。缺点是容易变异，因为培养基的物理、化学特性不是严格恒定的，屡次传代会使微生物的代谢改变，而影响微生物的性状，污染杂菌的机会亦较多。

(2) 液体石蜡覆盖保藏法

液体石蜡覆盖保藏法能够适当延长保藏时间，它是在斜面培养物和穿刺培养物上面覆盖灭菌的液体石蜡，一方面可防止因培养基水分蒸发而引起菌种死亡，另一方面可阻止氧气进入，以减弱代谢作用。本方法的菌体与空气隔绝，使菌处于生长和代谢停滞状态，同时液状石蜡还防止水分蒸发，在低温下达到较长期保藏菌种的目的。

(3) 载体保藏法

载体保藏法是将微生物吸附在适当的载体，如土壤、沙子、硅胶、滤纸上，而后进行干燥的保藏法，例如沙土保藏法和滤纸保藏法应用相当广泛。

(4) 寄主保藏法

寄主保藏法用于尚不能在人工培养基上生长的微生物，如病毒、立克次氏体、螺旋体等，它们必须在生活的动物、昆虫、鸡胚内感染并传代，此法相当于一般微生物的传代培养保藏法。病毒等微生物亦可用其他方法如液氮保藏法与冷冻干燥保藏法进行保藏。

(5) 甘油管保存法

甘油管冷冻保藏法是利用微生物在甘油中生长和代谢受到抑制的原理达到保藏目的。其方法是将 80% 的甘油高压蒸汽灭菌待用。将培养好的斜面菌种用无菌水制成高浓度的菌悬液。取 1mL 灭菌甘油与菌悬液充分混匀，使甘油浓度约为 10%～30%，于 −70℃ 下冻存。−20℃ 保存时间较短。或采用体积比为 8∶2 的甘油-生理盐水，加入新鲜培养的菌体肉汤，混合均匀后至 −20℃ 冰箱保存。该方法适用于一般细菌的保存，同时也适用于链球菌、弧菌、真菌等需特殊方法保存的菌种，适用范围广，操作简便，效果好，无变异现象发生。甘油-生理盐水保存液保存菌种优于甘油原液，其原因可能是加入生理盐水适当降低了甘油的高渗作用，且有肉汤培养物适量增加保存液的营养成分，从而更好地保护了待保存的菌株。

（6）冷冻干燥保藏法

先使微生物在极低温度（-70℃左右）下快速冷冻，然后在减压下利用升华除去水分（真空干燥）。其中真空冷冻干燥法最常见。真空冷冻干燥保藏法是兼具低温、干燥、除氧三方面菌种保藏的主要因素，除不宜于丝状真菌的菌丝体外，对病毒、细菌、放线菌、酵母及丝状菌孢子等各类微生物都适用。不宜用冻干法保存的微生物不到2%。真空冷冻干燥法是在低温下快速将细胞冻结，然后在真空条件下干燥，使微生物的生长和酶活动停止。为了防止在冷冻和水分升华过程中对细胞的损害，要采用保护剂来制备细胞悬液，使菌在冻结和脱水过程中起到保护作用的溶质，通过氢键和离子键对水和细胞所产生的亲和力来稳定细胞成分的构型。即是使样品中的水分在冰冻状态下，抽真空减压，使冻结的冰直接升华为水蒸气，使样品达到干燥。干燥后的微生物在真空下封装，与空气隔绝，达到长期保藏的目的。

7.4 基因编辑原理与应用

基因编辑技术是指通过人工干预和调整生物体的基因组，实现对基因序列的精确修改和编辑的技术。通过基因编辑技术，研究人员可以添加、删除或修改生物体的DNA序列，以改变其遗传特征和表达。基因编辑技术的发展为研究人员提供了一种强大的工具，用于研究基因功能、疾病治疗和农业改良等领域。

基因编辑技术的核心原理是利用特定的酶系统来定向修改和编辑基因组中的特定DNA序列。目前最常用的基因编辑技术是CRISPR-Cas9系统。该系统包括CRISPR RNA（crRNA）和转录单元RNA（tracrRNA）组成的引导RNA（gRNA），以及Cas9蛋白。通过设计合适的gRNA序列，可以使Cas9蛋白与目标DNA序列结合，并引发DNA双链断裂。在细胞修复过程中，可以通过非同源末端连接（NHEJ）或同源重组（HDR）等机制实现对目标基因组的修复和编辑。

基因编辑技术在许多领域都具有广泛的应用潜力，主要有以下领域：

（1）基础研究

基因编辑技术为研究人员提供了一种强大的工具，用于研究基因功能和调控机制。通过对模式生物和细胞系的基因组进行编辑，可以揭示基因与表型之间的关联，进一步理解生命过程的基本原理。

（2）疾病治疗

基因编辑技术为疾病治疗提供了新的可能性。通过编辑患者体内的异常基因，可以纠正遗传性疾病的根本原因。例如，基因编辑技术可以用于修复单基因疾病、癌症治疗和免疫疗法等领域。

（3）农业品种改良

基因编辑技术对农业领域的应用具有重要意义。通过编辑作物的基因组，可以提高作物的抗病性、适应性和产量。此外，基因编辑技术还可以用于改良家畜的遗传特征，提高其生产性能和抗病能力。

（4）生物能源

基因编辑技术可以用于改良微生物，使其具有高效产生生物燃料的能力。通过编辑微生物的代谢途径和基因表达，可以提高生物燃料的生产效率和质量。

（5）遗传调控研究

基因编辑可用于研究基因在生物体发育和功能中的作用。通过删除、插入或改

二维码24

变特定基因的序列，科学家可以研究基因对个体发育、生理过程和疾病发展的影响。

知识归纳

生物遗传物质的确定：三大试验验证了核酸是遗传物质；但现有科学发现，朊病毒是没有核酸的。
基因工程基础知识：DNA 复制的规律
　　　　　　　　基因工程的定义，是如何出现的？
　　　　　　　　基因工程的基本步骤
基因工程的应用：转基因食品，是否有存在的意义？
　　　　　　　　基因治疗
　　　　　　　　基因芯片
微生物的基因结构：基因与基因组，基因组的功能
　　　　　　　　转座子与质粒，质粒的作用
微生物基因变异与遗传育种：基因突变
　　　　　　　　自然选育与诱变育种，诱变育种的重要性
　　　　　　　　基因重组与杂交，转导、转化与接合的操作基础
　　　　　　　　菌种筛选与保藏原理，菌种衰退与复壮
基因编辑的原理与应用

思考题

1. 遗传物质确定的三个试验分别是什么？其原理说明了什么？
2. 什么是反转录？
3. 何为转基因食品？其存在的争议是什么？
4. 基因突变的方式有哪些？
5. 人工育种的方法有哪些？
6. 什么是基因编辑？基因编辑在食品微生物上有何应用？

应用能力训练

1. 思考一下为何高等生物基因组有很大一部分是不用来翻译成蛋白质的？细菌或病毒却能高效利用其有限的基因翻译出对应的蛋白质。
2. 细菌是否比高等生物更容易发生基因突变？为何？
3. 如何让我们日常发酵面粉使用的酵母菌维持较高的活力？
4. 基因编辑与基因突变对物种的改造各有何优缺点？

参考文献

［1］董明盛. 食品微生物学. 北京：中国农业出版社，2024.
［2］江汉湖，董明盛. 食品微生物学. 3 版. 北京：中国农业出版社，2022.
［3］沈萍，陈向东. 微生物学. 8 版. 北京：高等教育出版社，2016.
［4］布鲁克斯 G. 基因治疗——应用 DNA 作为药物. 北京：化学工业出版社，2007.
［5］韦宇拓. 基因工程原理与技术. 北京：北京大学出版社，2017.
［6］彭宜红，韩德银. 医学微生物学. 北京：人民卫生出版社，2024.
［7］李凯，沈钧康，卢光明. 基因编辑. 北京：人民卫生出版社，2016.
［8］董明盛，贾英民. 食品微生物学. 北京：中国轻工业出版社，2018.

第 8 章

微生物分类

知识图谱

我们每个人都有一个名字，按照姓＋名的方式来命名。如何给众多不同的微生物一个合适的名字？让人们分离出来的微生物各归其位。即使是再像的双胞胎，人们也有办法将他（她）们区分开来。消消乐游戏是将具有相同特征的图像连到一起就能得分闯关，如何区分不同的微生物？如何将具有共同特性的微生物聚为一类？以便更好地了解其特性，更有效地加以充分利用。

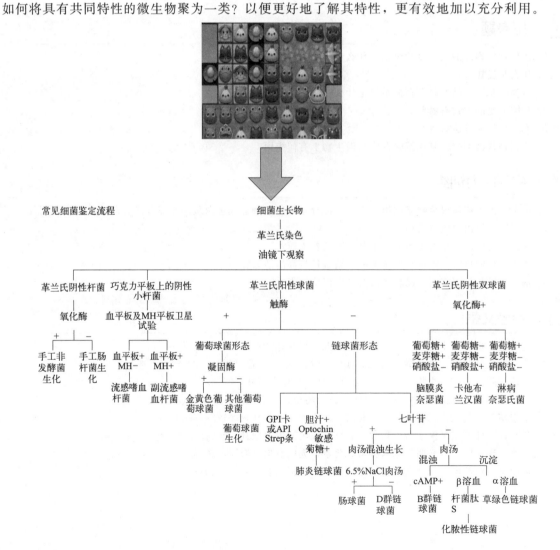

学习目标

- 掌握微生物的分类单元与命名法则，能够区分不同类别的微生物并正确命名。
- 明晰古细菌、真细菌和真核生物的主要区别，并能解释其分类依据。
- 掌握细菌的主要分类方法，能够根据形态、代谢方式及遗传信息进行细菌分类。
- 理解真菌的分类原理，能够区分酵母菌、霉菌等主要类型的真菌。
- 熟悉微生物分类鉴定的常用技术方法及其原理。
- 与小组成员合作，讨论1~2个与微生物学分类鉴定及其在食品中应用情况的议题，并提出科学问题和解决方案。

8.1 微生物分类概述

迄今为止，地球上生物物种的总量尚无确切定论。据科学推测，全球生物多样性可能高达3000万种。目前已被描述、分类并记录的生物物种约150万种，其中微生物占15万~20万种。值得关注的是，随着微生物学研究方法的革新，尤其是高通量培养技术和非培养依赖型分子生物学技术（如环境基因组学与宏基因组分析）的广泛应用，所揭示出的微生物种类数量呈现快速增长态势。面对如此丰富多样的微生物，掌握微生物分类学（microbial taxonomy）的理论体系和研究方法显得尤为重要，这不仅是认识、研究和应用微生物的基础，也是深入挖掘微生物资源、探索人类健康领域的关键。

分类（classification）是认识客观事物的一种基本方法。要认识、研究和利用各种微生物资源则必须对它们进行分类。研究微生物分类理论和技术方法的学科称为微生物分类学（taxonomy）。分类学涉及三个相互关联而又有区别的内容：分类（classification）、命名（nomenclature）和鉴定（identification 或 determination）。分类是根据一定的原则对微生物进行分群归类，根据相似性或相关性编排成系统，并对各个类群的特征进行描述，以便考查和对未被分类的微生物进行鉴定；命名是根据命名法规，给每一个分类单位一个专有的名称；鉴定是指通过特征测定，确定未知的或新发现的或未明确分类地位的微生物的归属类群的过程。可见，分类是从特殊到一般或从具体到抽象的过程，鉴定则与其相反。

当前，微生物分类主要内容包含形态特征、生理生化特征、代谢特征、化学分类特征、遗传或分子特征、全基因组序列特征等。微生物分类涵盖的内容非常广泛，当涉及具体的微生物分类时还需参阅相关分类书目、分类学网站及其相关应用工具。

8.1.1 微生物分类单元

分类单元或分类群是指分类系统中具体的某级分类地位，如原核生物界（Procaryotae）、红螺菌科（Rhodospirillaceae）、金黄色葡萄球菌（*Staphylococcus aureus*）等都分别代表一个具体的分类单元。

8.1.1.1 种以上的分类单元

1990年 Woese 提出了"域"的概念，建议在分类系统中将"域"置于"界"之上，为分类的最高等级。与其他生物分类一样，最基本的微生物分类单元也是种，种以上的系统分类单元从高到低依次分为8个基本分类等级或分类阶元（rank 或 category），即域、界、门、纲、目、科、属、种。在生物系统分类单元中，性质相似的低级分类单元组成更高一级的分类单元。比如，性质相似、相互关联的种组成属，相近的属又合成科，以此类推，形成含有不同等级分类单元的完整分类系统。为更好地理解生物的系统分类，以发酵工业（如乳制品的发酵、肉制品发酵和啤酒发酵）中得以广泛应用的德氏乳杆菌为例说明其分类等级。

域 Domain　　　细菌域（Bacteria）
界 Kingdom　　原核生物界（Procaryotae）
门 Phylum　　　厚壁菌门（Firmicutes）
纲 Class　　　　杆菌纲（Bacilli）
目 Order　　　　乳杆菌目（Lactobacillales）
科 Family　　　 乳杆菌科（Lactobacillaceae）
属 Genus　　　　乳杆菌属（*Lactobacillus*）
种 Species　　　德氏乳杆菌（*Lactobacillus delbrueckii*）

必要时每一级可有辅助单元，如每个分类阶元下还可增加亚级，例如亚界、亚门、亚种，用以更进一步反映相邻阶元之间的差异（表 8-1）。也有微生物学家提出在"域"下取消"界"这一分类等级。另外，需要注意的是分类等级或分类阶元只是系统分类单元级别或水平的概括，并不代表具体的分类单元。

表 8-1　微生物各级分类单元及其词尾

分类阶元	细菌	真菌	藻类	原生动物	病毒
门		-mycota	-phyta	-a	
亚门		-mycotina	-phytina	-a	
超纲①				-a	
纲		-metesyc	-phyceae	-ea	
亚纲		-mycetidae	-phycidae	-ia	
超目②				-idea	
目	-ales	-ales	-ales	-ida	
亚目	-ineae	-ineae	-ineae	-ina	
超科③				-oidea	
科	-aceae	-aceae	-aceae	-idae	-viridae
亚科	-oideae	-oideae	-oideae	-inae	-virinae
（族）④	-eae	-eae	-eae	-ini	
（亚族）	-inae	-inae	-inae		
属					-virus

①Superclass；②Superorder；③Superfamily；④Tribe。

属和种是微生物分类鉴定的必须属性。属是科与种之间的分类单元，通常包含具有某些共同特征和关系密切的种。在上述分类单元中，种是最基本和重要的单元，也是分类系统中最常用和最受关注的单元。种以下的亚种，以及亚种以下的等级则是针对特定属性或目的的分类单元。

8.1.1.2　种的概念

种是分类等级的基本单元，所指就是物种。但目前对于微生物尤其是原核微生物，种的概念尚没有完全统一认识。之所以如此，是因为定义高等生物"种"的几个主要性状并不适用于微生物，例如，微生物个体小而不能提供足够的形态学上的分类证据；原核微生物中只有少数存在接合现象，而绝大多数缺乏严格意义上的有性杂交，从而不能像高等生物那样用"生殖隔离"来区分物种等。Bergey 等认为种是以某个"标准菌株"为代表的十分类似的菌株的总体，是以群体形式存在的。1986 年 Stanier 提出"一个种是由一群具有高度表型相似性的个体组成，并与其他具有相似特征的类群存在明显的差异"。但这个定义仍无量化标准。1987 年，国际细菌分类委员会颁布，当 DNA 同源性≥70%，且其 ΔT_m≤5℃ 的菌群为一个种，并且其表型特征应与这个定义相一致。1994

年 Embley 和 Stackebrandt 认为当 16S rRNA 的序列同源性大于或等于 97% 时可认为是一个种，目前则普遍接受 16S rRNA 的序列同源性大于或等于 98.5% 时可认为是一个种。以上关于种的定义虽给出了量化标准，但似乎衡量标准过于单一，多相分类研究认为，物种的划分应基于 DNA 序列信息（主要是 DNA 同源性分析），并结合常规的表型特征。然而，无论选择何种鉴定指标或标准，在进行"种"的具体分类之前，须确定能代表种群的模式菌株或典型菌株（type strain）作为该群的模式菌种（type species）。一般情况下，最早分离鉴定的"原始"菌株，或是那些常见的且研究较为深入的"新"菌株，通常被选为其所在种群的代表，并以其为标准来判断其他菌株是否可归类为同种。同种的标准必须是被研究对象的每一个鉴定特征都与已知模式菌的相同。

过去由于缺乏统一标准，在微生物种的划分上比较混乱。随着新技术的发展和认识的深入，分类系统的具体分类单元可能需要作出调整，甚至是分类阶元本身。实际上，在《伯杰氏细菌鉴定手册》的第一版到第九版更新改版中，就可以明显观察到一些代表属和更高分类单元的变化和调整。总之，种可以简单理解为一组分类特征高度相似，而又与同属内的其他种存在明显差异的菌株群。

8.1.1.3 亚种以下的分类单元

在对微生物种进行分类时，当大部分鉴定特征与模式菌株相同，而仅有某一特征存在着明显而稳定差异时，为了更准确将其定位在系统分类中，往往将其确定为模式菌株的同一个种下的不同亚种、变种、型或菌株等分类单元。亚种以下的分类单元名称并没有在《国际细菌命名法规》中规范和限制，是非法定的分类，而一般采用的是习惯用语，且其含义直观而明确，所以在实际分类中成了默认的分类方法。

（1）亚种或变种

亚种（subspecies，简称 subsp）或变种（variety，简称 var）是种进一步细分的分类单元，是正式分类系统中级别最低的分类单元。当被鉴定物的大部分鉴定特征与模式菌株的一致，但又存在可稳定遗传的明显的特征上的差异，而这些差异又不足以使得它成为一个新种时此研究对象就可确定为相关种的一个亚种。如人们常用的德氏乳杆菌保加利亚亚种（*Lactobacillus delbrueckii* subspecies *bulgaricus*）就是用于酸奶生产的主要乳酸菌菌种之一。变种是亚种的同义词。在 1975 年之前，亚种是种的亚等级，为避免引起词义上的混淆，1976 年《国际细菌命名法规》修订后，不再主张使用"变种"这一名词。

（2）型

型（form）是亚种以下的细分。常用以区分不同亚种之间某些特殊性状上存在差异的菌株，而这些差异又不足以使其分为新的亚种。如根据抗原结构的差异，可将紧密相关的菌株分为不同的血清变异型，按出现的特殊形态可分为形态变异型。型作为菌株的同义词，曾用以表示细菌菌株，目前已停用。尚在使用的型已不再对应于早先的-type（form），而对应于-var，而作为变异型的后缀使用，如生物变异型（biotype—biovar）、形态变异型（morphotype—morphovar）等。常用型的名称和适用对象见表 8-2。

表 8-2 变种以下的常用型

推荐使用名称	同义名称	适用有如下特殊性状菌株
血清变异型（servar）	血清型（serotype）	不同的抗原特性
噬菌变异型（phagovar）	噬菌变异型（phagotype）	被噬菌体裂解特性上的不同
生物变异型（biovar）	生物型（biotype）、生理型（physiological type）	特殊的生理或生化性状
形态变异型（morphovar）	形态变异型（morphotype）	特殊的形态特征
致病变异型（pathovar）	致病型（pathotype）	对宿主致病上的差异
培养变异型（cultivar）		特殊的培养性状

(3) 菌株或品系

菌株或品系（strain）（在病毒中称株或毒株）是单个生物个体或纯培养分离物的后代组成的纯种群体，至少在某些性状上与其所在特定的分类单元种内的其他菌株群存在明显区别。不同来源如来自不同地区、不同生境下的同种微生物，它们在某些非定种或界定亚种鉴定特征方面总会存在一些差异，这种差异即可用菌株来区分。菌株是纯一遗传组成的群体，通过物理或化学诱变等人工实验方法导致遗传组成改变，最终获得的某菌种的一个变异个体后代，也应称为一个新的菌株。因此，菌株几乎是无数的。概括地说，一种微生物的不同来源的纯培养物均可称之为该种的不同菌株。虽然菌株并不是一个正式分类单位，但在生产、科研和学术交流的实际应用中，除必须标明菌种的名称外，同时也需要标明菌株的名称。菌株的名称通常置于学名之后，可根据实际情况使用任意字母、数字、字母与数字的组合，或特殊符号来表示。如枯草芽孢杆菌的两个菌株 AS1.398（*Bacillus subtilis* AS1.398）和 BF 7658（*Bacillus subtilis* BF 7658），AS1.398 和 BF 7658 分别为这两个菌株的编号，前者可产蛋白酶，而后者可产 α-淀粉酶。

在微生物分类中，亚种以下分类单元除上述以外，尚有一些其他非正式的单元，如群（group）、相（phase）、态（state）和小种（race）等。这些名词使用频率虽不高，但在一些特定领域内使用由来已久，要注意它们在不同的环境下不尽相同的含义。

8.1.2 微生物在生物界中的地位

8.1.2.1 生物的界级学说

一个多世纪以来，以一些形态、细胞结构或一些生理生化特征为根据，生物分类经历了最初分为植物和动物的两界系统；随着认识的深入，逐渐从两界出现了三界系统、四界系统、五界系统、六界系统；由于现代分子技术在分类学上应用，出现三原界的生物分类系统。

(1) 两界系统

人类很早就已在生产实践活动中观察到动物和植物的区别。1753 年，有"分类学之父"之称的瑞典植物学家 Linné 出版了其著名的《植物种志》，在此著作中首次科学地根据形态和生理特征，将生物分为植物界和动物界两界。在古老的 Linné 两界分类系统中，基于细菌和真菌都有细胞壁但不能运动的形态特征，将它们归入了植物界，并称之为原叶体植物。此后，一直到 20 世纪 50 年代，两界系统分类学说基本没有变化，一直都在沿用。其间虽有新系统产生，但并未得到广泛一致的认可。

(2) 三界系统

Hogg（1860）和 Haeckel（1866）先后将单细胞生物、藻类、真菌和原生动物组成低等生物界——原生生物界（Protista），与原植物界和动物界合称生物分类的三界系统。Haeckel 注意到了生物核有无的区别，并由此将细菌和蓝藻单独划入称为"无核类"（Monera）的一类，但仍置于原生生物界内。

(3) 四界系统

早在 1938 年 Copeland 就提出了四界系统的设想，进一步将"无核类"地位分出升级至"界"，并于 1955 年最终提出完善的"四界系统"——菌界（含细菌和蓝藻）、原生生物界（真菌和部分藻类）、植物界和动物界。Whittaker（1959）和 Leedale（1974）先后对此四界系统作了修改。Whittaker 修改的四界系统由原生生物界（细菌、蓝藻和原生动物）、真菌界、植物界和动物界组成；而 Leedale 将真菌界、植物界和动物界以外的生物归入原核生物界，细菌和蓝藻因缺乏细胞核也被划入此界。

(4) 五界系统

1969 年，Whittaker 在以往工作的基础上进一步将四界系统发展成了五界系统。此系统包括原核生物界（细菌和蓝藻等）、原生生物界（原生动物、单细胞藻类和黏细菌）、真菌界（真菌和酵母菌）、植物界和动物界。五界系统是一个较完善的纵横统一的系统，在传统分类学上得到了最广泛的支持和认可，极具影响力。五界系统在纵向上显示了生物从低等向高等进化，即无核细胞—真核单细胞—真核多细胞三大进化阶段；而在横向上显示了自然生态系统中的营养类型，即光合作用的植物、吸收营养的真菌和摄食的动物生物演化三大方向。然而，也有许多的生物学家并不接受五界系统，一个主要的原因就是五界系统没有将古细菌和细菌区分开来；另外，原生生物界所包含的种类繁多，实际分类应用很难；还有，对原生生物界、植物界和真菌界的界定也不尽合适，如在五界系统中褐藻被归入了植物界，但褐藻和其他植物的关系并不是很密切。

(5) 六界系统

1949年，Jahn等提出将生物分成后生动物界（Metazoa）、后生植物界（Metaphyta）、真菌界、原生生物界、原核生物界和病毒界（Archetista）的六界系统。1977年，中国学者王大耜等在五界系统的基础上，也提出应增加一个病毒界（Vira）的六界系统，即植物界、真菌界、动物界、原生生物界、原核生物界、病毒界。之后也有提出过其他六界系统，在1990年，Brusca等提出，由原核生物界、古细菌界（Archaebacteria）、原生生物界、真菌界、植物界和动物界组成六界系统；1996年Raven也提出一个六界系统，在这个系统中具体分为古细菌界、真细菌界、原生生物界、真菌界、植物界和动物界。

(6) 三总界五界系统

1971年，Moore建议在界上增设"域"，实际上等于"总界"。他提出将生物分为三个域，即病毒域、原核域和真核域（包括植物界和动物界，植物界中又分植物亚界和真菌亚界）。1979年，中国学者陈世骧等曾提出，根据生命进化的三个阶段历程（无细胞阶段——→原核阶段——→真核阶段），应将生物分为三个总界；三总界下，再按生态系统的差别分为五个界。其所建议的三总界和五界具体如下：

Ⅰ. 非细胞总界（Superkingdom Acytonia）
Ⅱ. 原核总界（Superkingdom Procaryota）
   1. 细菌界（Kingdom Mycomonera）
   2. 蓝藻界（Kingdom Phycomonera）
Ⅲ. 真核总界（Superkingdom Eucaryota）
   3. 植物界（Kingdom Plantae）
   4. 真菌界（Kingdom Fungi）
   5. 动物界（Kingdom Animalia）

这个系统的最大优点是三个总界的层次分明，没有含糊不清的中间类型存在。非细胞总界仅包含病毒界。原核总界根据是否存在放氧的光合作用为依据而分成两界：细菌界（含不产氧光合细菌，如光合紫细菌等）和蓝藻界。而真核总界中以细胞壁和叶绿体的有无为标准分成三界：植物界，细胞既有细胞壁又含有叶绿体；真菌界，细胞虽有细胞壁但无叶绿体；动物界，细胞无壁又无叶绿体。然而，此系统也存在明显的缺陷，就是简单地将非细胞生物病毒列为单独的总界之一，与有细胞形态的生物区分开，但从进化的角度考虑，病毒并不是比原核生物和真核生物更低级的生物。尽管当前的微生物学教材中普遍涵盖了病毒的相关内容，但由于病毒缺乏典型的细胞结构和独立的生命新陈代谢特征，通常被认为并不是一种生命形式。因此，病毒在生物分类系统中的确切位置仍是一个悬而未决的问题。

(7) 三原界系统

20世纪70年代后期由美国伊利诺伊大学的Woese等对大量微生物和其他生物进行16S rRNA（或18S rRNA）的寡核苷酸测序，并比较其同源性水平后，首次发现了一种新的生命形式——古细菌，从而将以往混杂在细菌中的古细菌单独分出来。并于 1990 年在英国科学院杂志 *PNAS* 上正式提出了一个与以往各种界级分类不同的新系统——三域系统。"域"（Domain）是一个比界更高的界级分类单元，三域系统过去曾称三原界系统（原界：Urkingdom）。三原界系统包括古细菌（Archaebacteria）原界、真细菌（Eubacteria）原界和真核生物（Eukaryotes）原界。为了避免把古细菌当作是细菌的一种，Woese 后来又把三域（界）改为古细菌域（Archaea）、细菌域（Bacteria）和真核生物域（Eukarya）。

（8）八界系统

1989 年 Cavalier Smith 提出八界系统。八界包括真细菌界（Eubacteria）、古细菌界（Archaebacteria）、古真核生物界（Archezoa）、原生动物界（Protozoa）、植物界（Plantae）、动物界（Animalia）、真菌界（Fungi）和藻界（Chromista）。八界系统得到了许多真菌学研究者的支持。

8.1.2.2 三域学说和分类

在三域系统之前，在分析生物间的亲缘关系时，传统的五界和其他界级系统基本都是依照 Linné 的系统方法。它们主要依据的是生物的整体形态、细胞结构、地理生化或生态特性、生活史特点以及少量的化石资料。然而，由于微生物缺乏显著的形态结构特征，多数没有有性繁殖且化石资料稀缺，微生物之间或与其他生物之间的亲缘关系变得难以判断。而 Woese 提出的三域系统则以核糖体小亚基的碱基序列为基础，这一序列是所有生物必不可少的"看家基因"。以此可以从系统发育和进化的角度来判断生物的亲缘关系，讨论生物的分类。三域系统除了获得 rRNA 数据的支持外，也得到了其他一些特征的佐证，如古细菌与其他生物相比，其存在组成和结构特殊的细胞壁等。因此，现在生物界的三域观点已被广泛接受。

Woese 创立了三域学说，此学说是依据对 rRNA 序列测序数据的比较分析而建立的生物分子发育系统。分子测序揭示了一个以往从未设想过的生物系统发育，它与以前基于表型的生物发育系统有很大的区别，明显存在三个发育不同的基因谱系。这三个进化谱系即古细菌、细菌和真核生物，它们有一类共同的祖先，几乎是在同一时间从其祖先分成三条路线进化而来的。古细菌域包括产甲烷菌、极端嗜盐菌和嗜热嗜酸菌；细菌域包括除古细菌以外的所有原核生物，如蓝细菌和革兰氏阳性（G^+）细菌等；而真核生物域由原生生物、真菌、动物和植物组成。

三域学说还支持了真核生物是起源于原核生物间的"内共生学说"（1970 年，由 Margulis 在《真核细胞起源》中系统地提出）。分子测序表明，真核生物的线粒体和叶绿体起源于内共生细菌。三域学说指出地球上的生物有共同祖先——一种小细胞，原核生物细菌和古细菌首先从这个祖先进化分化出来；后来古细菌的一分支细胞吞噬了一种小型的好氧细菌，这些细菌或许在几次不同的时间与核系世代细胞建立稳定的关系，形成可世代传递的内共生物，导致线粒体的起源。而当吞噬了蓝细菌后就导致了叶绿体的起源。最终这些宿主演化发展成了各类真核微生物。

8.2 原核微生物的分类系统概要

在低等生物中细菌的分类系统最不完善，这主要是由于细菌的细胞学和形态学的特征简单，又缺乏化石资料，因此，要对它取得深刻而全面的认识，有一定的困难。这样，就很难建立一个像高等生物那样统一的分类系统原则，也很难根据细菌之间的亲缘关系，提出一个比较全面的分类系统，而只能根据一个生物种的性状特征，进行人为归纳，制定检索表，便于鉴定菌种。细菌的分类原则，仅依形态特性来分类是不现实的，也是不合理的。近代细菌的分类，除形态特征作为依据外，还必须以生理生化特性结合生态、血清反应和细胞化学组分分析以及分子分类分析等多方面的性状指标进行综合分析,来划分各级分类单位,从而更好地反映微生物的自然分类体系。

8.2.1 细菌的分类原则与层次

分类是依据一定的分类原则进行的。分类的方法和原则不是一成不变的,它是随着科学的发展而不断深化和科学化的。细菌的分类原则上可分为传统分类和种系分类。

8.2.1.1 传统分类

传统分类是建立在表型基础上的,故也称为表型分类。它以微生物的表型特征如细菌的形态(菌体的大小、形状、排列方式或分枝的情况等)、特殊结构(观察有无鞭毛及鞭毛着生的部位及数目,有无芽孢和荚膜,有芽孢的细菌要注意观察芽孢的形状、着生的位置以及形成芽孢后芽孢囊膨大与否,观察细胞内有无贮存聚 β-羟基丁酸颗粒或硫黄颗粒等贮藏物)、染色性(观察细菌的革兰氏染色反应及抗酸性染色特性)、培养特性[固体培养基上观察菌落的大小、形态、颜色、光泽度、黏稠度、隆起形状、透明度、边缘特征,是否产生水溶性色素及菌落的质地、迁移性等;在液体培养基中要注意观察表面生长情况(是否形成菌膜、环、岛)、混浊度及沉淀的特征;在半固体培养基上经穿刺接种后的生长及运动情况]、生化反应(碳源和氮源的利用,代谢产物的测定,在牛乳培养基中生长的反应)、抗原性等作为分类依据。经典《伯杰氏细菌鉴定手册》及微生物学教科书大量的分类都是建立在传统分类的基础之上。这种分类方法具有可操作性与适用性,但有时它不能反映物种之间在遗传、进化上的相互关系。20 世纪 60 年代开始借助计算机建立了数值分类法(numerical taxonomy),该方法将细菌的各种性状分别赋予数字,再进行数学统计和聚类分析,从而按相似程度进行归类(一般种的水平相似度>80%)。这种方法本质上仍然属于传统分类范畴。

传统分类中的生理生化鉴定工作量大,耗时长,还需要大量重复,甚至出现人为判别误差。早期的数值分类在细菌分类中也具有一定的应用,但由于其分类的理化指标多,且结果的可靠性不强,至今已经很少在细菌分类中使用。为此,许多商业公司开发了一些商业化的自动化鉴定系统,如 API 系统、Biolog 系统等,极大地缩短了时间,降低了成本,提高了准确率。

API 细菌鉴定系统由生物梅里埃公司(BioMérieux SA)研发,其产品涵盖 16 个鉴定系列,覆盖范围为 600 余种临床环境可发现的细菌,微机鉴定、全屏中文软件配套。API 系统中适用于放线细菌生理生化实验分析的产品有 API Staph、API Coryne、API 20NE、API 50CH。API 自动鉴定系统已在国际上得到广泛应用,成了细菌鉴定的"金标准"。

Biolog 全自动微生物鉴定系统是美国安普科技中心(ATC US)研发的一套系统。此系统适用于动、植物检疫,临床和兽医的检验,食品、饮水卫生的监控,药物生产,环境保护,发酵过程控制,生物工程研究,以及土壤学、生态学和其它研究工作等。此系统的商品化,开创了细菌鉴定史上新的一页。特点是自动化、快速(4~24h)、高效和应用范围广。"Biolog"鉴定系统中的关键部件是一块有 96 孔的细菌培养板。在细菌鉴定中,常用的是 BIOLOG GenⅢ板。其中 71 孔中各加有氧化还原指示剂和不同的发酵性碳源的培养基干燥底物,A1 孔为空白对照,A10 孔为阳性对照。鉴定前,先把待检纯种制成适当浓度的悬液,用排枪接种。在菌株生长最适温度下培养 40~48h。可以把此培养板放进检察室内直接培养并实时检测,再通过计算机统计即可鉴定该样品属何种微生物(图 8-1);也可根据显色反应人工判读结果。

近年来,人们应用电泳、色谱、质谱等方法,对细菌菌体成分、代谢产物进行分析,如细胞壁脂肪酸分析、全细胞蛋白质分析、多点酶电泳分析、细胞壁化学组分分析、甲基萘醌分析、全细胞水解糖分析等,从而建立了分析分类法或化学分类法。分析分类法本质上仍属传统分类,

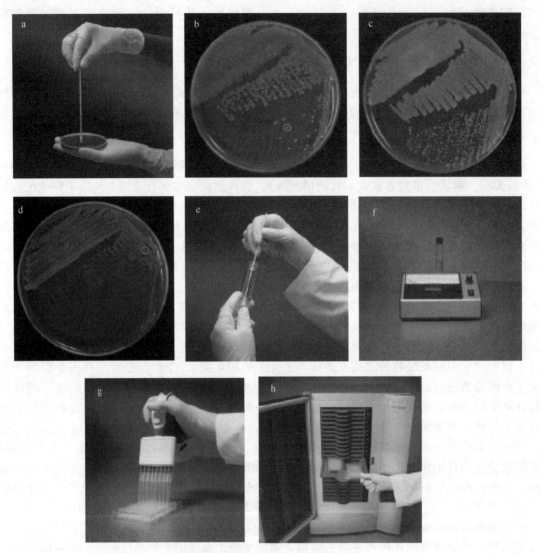

图 8-1 Biolog 鉴定系统操作过程

它只是为细菌的传统分类提供了更有力的手段。如细胞磷脂组分分析，由于不同的细菌磷酸类脂组分有所不同，它也成为鉴别细菌属之间的重要指标之一，也是化学分类项目中不可缺少的分类指征。细胞磷脂组分分析主要参照 Komagata 等（1987）的方法，使用 1 至 4 块 TLC 硅胶板即可完成鉴定。阮继生先生等（1990）在国内建立了磷酸类脂的 TLC 分析方法，该方法将单相展层后的 TLC 板分成 4 个区域（每个区域对应 1 个样点）分别喷不同的显色剂，根据每种磷酸类脂 R_f 值及显色的不同进行鉴定。2006 年，阮继生先生对磷酸类脂的提取及鉴定方法进行了改进，该法不但减少了菌体的用量，而且极大地简化了鉴定步骤。与前一方法的最大不同在于通过 TLC 双相展层使得样品中的磷酸类脂得到较好的分离。

8.2.1.2 种系分类

种系分类法试图反映物种之间在遗传、进化上的相互关系。分子生物学分类法，如 G+C 含量分析、DNA 指纹分析、DNA-DNA 杂交、DNA-RNA 杂交、16S rRNA/rDNA 序列分析、rDNA 转录间区分析、多位点序列分析、全基因组序列分析等为种系分类提供了技术手段。近年来又提出了"基于序列的分类（seqence-based classification）"。在微生物基因组测序逐步深入、扩大的今天，病原微生物的主要类群中基本都有代表株被测序，使得核酸和蛋白质序列的聚类分析（cluster of orthologous groups of protein）得以引入分类系统，这种以全序列比较为基础，揭示细菌遗传、进化关系的种系分类法正在逐步形成。

2019年系统发育基因组学已经被广泛用于原核微生物分类鉴定中，并且也有研究依据全基因组数据对已分类的物种进行了重新分类。目前权威的分类学杂志 *International Journal of Systematic and Evolutionary Microbiology*、*Antonie van Leeuwenhoek*、*Archives of Microbiology* 等，均要求新物种鉴定必须提供菌株的全基因组数据。由国家微生物科学数据中心（世界微生物数据中心）建立的模式微生物基因组数据库（gcType），是为分类学家进行基因组研究、新种鉴定的一个非常有价值的工具平台。平台不仅集成了目前所有公共来源的模式微生物物种和基因组数据，还发布了大量自测模式微生物基因组数据，是目前国内外模式微生物基因组数据最为丰富的平台。并且集合了数据搜索下载、新种鉴定、基因组拼接与注释等在线分析工具，为全球各个保藏中心和广大分类学家提供了一个分类学研究的利器。

8.2.2 细菌的分类系统

在当代比较有影响力的细菌分类系统有三个。第一个是曾在苏联和东欧地区普遍使用的，由苏联的克拉西里尼科夫（H. A. Красильников）所著的《细菌和放线菌的鉴定》（1949），在此系统中所有的细菌被归入植物界原生植物门下的裂殖菌类，下面又分为4个纲：放线菌纲、真细菌纲、黏细菌纲和螺旋体纲。第二个是在许多法语国家或地区使用的，由法国的 Prevot 提出的《细菌分类学》（1961），该系统将细菌归入了原核生物界，下分4个门8个纲，即真细菌门（无芽孢菌纲、芽孢杆菌纲）、分枝杆菌门（放线菌纲、黏细菌纲和固氮细菌纲）、藻杆菌门（铁杆菌纲、硫杆菌纲）和原生动物细菌门（螺旋体纲）。《伯杰氏鉴定细菌学手册》（*Bergey's Manual of Determinative Bacteriology*，也有译作《伯杰氏细菌鉴定手册》）是继上述两个分类体系后的第三个分类系统，也是最重要的一个细菌分类系统，是于20世纪70年代后提出的。

《伯杰氏细菌鉴定手册》最初是由美国宾夕法尼亚大学的细菌学教授 Bergey（1860—1937）和他的四个同事为细菌的鉴定而编著的。后来由美国细菌学家协会所属的细菌鉴定和分类委员会的 Breed 等负责主编。继1923年出版了第1版后，其内容经过不断的扩充和修订，分别于1925年、1930年、1934年、1939年、1948年、1957年、1974年出版了第2版至第8版。手册从1984年到1989年分4卷出

二维码25

版，并改名为《伯杰氏系统细菌学手册》（*Bergey's Systematic Bacteriology*）（以下简称《系统手册》）（第1版）。在1994年又对《系统手册》1~4卷中属以上的单元进行了一些补充修订后，汇集成一册，并又恢复使用早先的名称，称之为《伯杰氏鉴定细菌学手册》（第9版）。与过去的伯杰氏手册相比，《伯杰氏鉴定细菌学手册》第9版具有以下3个特点：①手册精炼了《系统手册》第1版有关表型信息的内容，并尽可能多地收录新的分类单元；②手册的目的是鉴定已经被描述和培养的细菌，并未把系统分类和鉴定信息结合起来；③手册严格按照表型特征编排，选择实用的排列，方便细菌的鉴定，并没有试图提供一个自然分类系统。《系统手册》的历年版本都吸收了许多分类学家的经验，使其内容得到不断扩充和修改，体现了各时期细菌分类学的发展趋势。20世纪70年代以后，随着新方法和新技术的发展和应用，使得细胞学、遗传学，特别是分子生物学方面有了很大的发展和进步，这极大地促进了细菌分类学的发展，使主要基本表型特征的传统分类逐渐过渡到了可以真正反映微生物系统发育和进化或亲缘关系的现代分类体系。

8.3 真菌分类系统概要

真菌是生物界的一大类群，种类繁多，分布广泛。人类认识和利用真菌的历史在西方已有3500多年，在中国更长达6000年之久，而比较完善的真菌分类学的产生和发展只有200多年的历史。真菌分类单位划分是以形态、细胞结构、生理生化、生殖和生态等方面的特征为主要依据，结合系统发育的规律进行分类。现代生物分类最明显的趋势是利用分子生物学方法和技术研究生物间的亲缘关系，揭示其系统发育。真菌的分类也不例外，基于表型特征的分类逐渐融入了分子鉴定和分类的理论和方法。真正按亲缘关系和客观反映系统发育的分类方法对真菌进行"自然分类"，是真菌分类学中追求的最高目标。以分子生物学方法研究真菌各类群之间的亲缘关系，从而揭示它们之间系统发育的本质和进化关系，是解决当前真菌分类纷繁复杂问题的理想途径。然而，从目前真菌学科的发展水平来看，这仍然只是分类学发展的一个方向。

8.3.1 真菌分类学的主要历史发展时期

真菌分类整体发展经过可大致概括为5个时期。

第1个时期为大形态时期（公元前400—公元1700年）。在此发展阶段，真菌的鉴别依据容易识别的宏观形态，给予特定的名称、加以简单的描述并整理成一定的系统以方便查考。

第2个时期为小形态时期（1700—1860年）。Leeuwenhoek发明了显微镜后，真菌形态学由宏观形态步入微观形态的观察。随着新的形态学资料的获得，这一时期揭示了酵母菌等许多小型真菌及其他微生物的存在。

第3个时期为进化论时期（1860—1900年）。达尔文的巨著《进化论》的发表推动了真菌系统学的研究和发展，DeBary首先将进化概念引入真菌分类，推动了在系统发育研究的基础上的许多真菌分类系统的产生。

第4个时期为细胞遗传学时期（1900—1960年）。利用细胞遗传学的丰富资料，改写系统分类，进入了细胞水平的研究，也称实验生物学时期。

第5个时期为分子生物学时期（1970年至今）。近年来随着分子生物学的迅速发展以及其他方法技术的进步，如DNA的碱基比率的测定、核酸杂交、氨基酸序列测定、氨基酸合成途径的研究、血清学反应等，极大地促进了真菌分类学的研究。

8.3.2 真菌分类系统

真菌的分类系统较多，其中影响最大、普遍使用的是1973年的Ainsworth真菌分类系统。Ainsworth（1971、1973）的分类系统，在真菌界下设立两门：黏菌门和真菌门。与以往不同的是，他将藻状菌进一步划分为鞭毛菌和接合菌，将原来属于真菌门的几个大纲升级至亚门，共有五亚门：鞭毛菌亚门、接合菌亚门、子囊菌亚门、担子菌亚门和半知菌亚门。而在Ainsworth系统发表后的30年中，又有十几个重要的分类系统相继发表。在这些分类系统中，仍然是以生态环境、形态特征、细胞结构、生殖特性为主要分类依据，结合系统发育的规律来分类的。表8-3列举了近代6个比较有代表性的真菌分类系统。

Whittaker于1969年建立的五界系统中，将真菌从植物界中独立出来成为真菌界。在1989年Cavalier Smith提出生物的八界系统中，又对五界系统中的真菌界进行了调整，从而使八界系统中的真菌界仅包括壶菌、接合菌、子囊菌和担子菌，这就是人们常说的纯真菌。国际真菌学研究权威机构——英国国际真菌研究所（International Mycological Institute）出版的《真菌字典》（*Ainsworth & Bisby's*: *Dictionary of the fungi*）第8版中，吸收了生物八界系统的思想，根据

rRNA 序列、DNA 碱基组成、细胞壁组分以及生物化学反应分析等结果，将原来的真菌界划分为原生动物界、藻界和真菌界。在此系统中，真菌界仅包括了四个门，即壶菌门、接合菌门、子囊菌门和担子菌门，将原来的半知菌改称为有丝分裂孢子真菌。Margulis（1974）的分类系统把黏菌排除在真菌界之外，将地衣包括进来，在界下直接设接合菌门、子囊菌门、担子菌门、半知菌门和地衣菌门。Alexopoulos（1979）将真菌界分为裸菌门（即黏菌门）和真菌门，后者又分为鞭毛菌门（分单鞭毛菌亚门、双鞭毛菌亚门）和无鞭毛菌门（分接合菌亚门、子囊菌亚门、担子菌亚门、半知菌亚门）。在此基础上，1996 年又作了些调整（表 8-3）。Arx（1981）把鞭毛菌亚门（纲）中的一些种类独立提出，将其升级至门，设立了黏菌门、卵菌门和真菌门；在真菌门划出六纲：接合菌纲、内孢霉纲、黑粉菌纲、子囊菌纲、担子菌纲和半知菌纲。

表 8-3 代表性的真菌分类系统

Whittaker (1969)	Ainsworth (1973)	Margulis (1974)	V. Arx (1981)	《真菌字典》(1995)	Alexopoulos (1996)
	真菌界				
	黏菌门				
	集孢菌纲				
	网黏菌纲			原生动物界	
	黏菌纲			集孢菌门	真菌界
	根肿菌纲			网柄菌门	壶菌门
真菌界	真菌门	真菌界	真菌界	黏菌门	接合菌门
裸菌亚界	鞭毛菌亚门	接合菌门	黏菌门	黏菌纲	接合菌纲
黏菌门	壶菌纲	子囊菌门	集孢菌纲	原柄菌纲	毛菌纲
集孢菌门	丝壶菌纲	半子囊菌纲	网黏菌纲	根肿菌纲	子囊菌门
网黏菌门	卵菌纲	真子囊菌纲	根肿菌纲	藻界	半知菌
双鞭毛亚界	接合菌亚门	腔菌纲	卵菌门	丝壶菌纲	古生子囊菌
卵菌门	接合菌纲	虫囊菌纲	卵菌纲	网黏菌纲	丝状子囊菌
真菌亚界	毛菌纲	担子菌纲	丝壶菌纲	卵菌纲	担子菌门
后鞭毛菌分支	子囊菌亚门	异担子菌纲	真菌门	真菌界	担子菌类
弧菌分支	半子囊菌纲	同担子菌纲	接合菌纲	子囊菌门	腹菌类
无鞭毛分支	不整囊菌纲	半知菌门	内孢霉纲	担子菌门	卵菌门
接合菌门	核菌纲	地衣菌门	黑粉菌纲	担子菌纲	丝壶菌纲
子囊菌门	盘菌纲	囊衣菌纲	子囊菌纲	冬孢菌纲	网黏菌纲
担子菌门	腔菌纲		担子菌纲	黑粉菌纲	根肿菌纲
	虫囊菌纲	担衣菌纲	半知菌纲	壶菌门	网柄菌门
	担子菌亚门	半衣菌纲		接合菌门	集孢菌门
	冬孢菌纲			毛菌纲	黏菌门
	层菌纲			接合菌纲	
	腹菌纲				
	半知菌亚门				
	芽孢纲				
	丝孢纲				
	腔孢纲				

产生多个真菌分类系统，是因为生物学家在考虑真菌的亲缘关系时，对一些相关的标准评价不同。一个好的分类系统应该能正确反映真菌的自然亲缘关系和进化趋势，这是分类学发展的趋势。在众多分类系统中，至今还没有一个被普遍接受的最佳分类系统。多数人认为 Ainsworth 的分类系统较为全面。而《真菌字典》是在以往系统基础上建立的，并结合了近年来的深入研究，反映了新进展的内容，具有一定的权威性。所以，Ainsworth 和《真菌字典》被认为是两个较为

理想的真菌分类系统。

8.3.2.1 Bessey 分类系统

E. Bessey 于 1935 年出版了美国第一本真菌学教科书，于 1950 年出版了《真菌的形态与分类》，书中介绍了他创建的"三纲一类"分类系统，即藻状菌纲（Phycomyceteae）、子囊菌纲（Ascomyceteae）、担子菌纲（Basidomyceteae）和半知菌类（imperfect fungi），"三纲一类"分类系统为真菌分类系统的发展奠定了基础。

8.3.2.2 以 Martin 为代表的分类系统

Martin 在他的《真菌大纲》（1950）和 Ainsworth 等编著的《真菌字典》（1954 & 1961）中，将真菌归属于植物界的菌藻植物门，下分黏菌和真菌 2 个亚门。

真菌亚门根据其营养体的形态特征和繁殖方式，分为 4 纲，即藻状菌纲（Phycomycetes）、子囊菌纲（Ascomyetes）、担子菌纲（Basidiomycetes）和半知菌纲（Deuteromycetes）。主要区别是：

藻状菌纲：菌丝体无分隔，或者不形成真正的菌丝体。

子囊菌纲：菌丝体有分隔，有性阶段形成子囊孢子。

担子菌纲：菌丝体有分隔，有性阶段形成担孢子。

半知菌纲：菌丝体有分隔，未发现有性阶段。

藻状菌纲主要根据营养体的性质及有性繁殖形成的孢子类型，将它分为 3 个亚纲，即：

古生菌亚纲（Archimycetidae）：营养体非真正的菌丝体，或者是原生质团，无性繁殖产生游动孢子。

卵菌亚纲（Oomycetidae）：营养体为无隔的菌丝体，有性生殖形成卵孢子，无性繁殖产生游动孢子。

接合菌亚纲（Zygomycetidae）：营养体为无隔菌丝体，有性生殖形成接合孢子，无性繁殖不产生游动孢子。

有人以藻状菌能形成游动孢子及游动孢子鞭毛的特点作为系统发育上的主要标志，将藻状菌分为单鞭毛菌、双鞭毛菌和无鞭毛菌 3 个组。单鞭毛菌和双鞭毛菌 2 个组相当于古生菌和卵菌 2 个亚纲的真菌，而无鞭毛菌组则类似于接合菌亚纲。这样，似乎更加合理。

子囊菌纲和担子菌纲的真菌，其有性繁殖分别产生子囊孢子和担孢子，有它们各自的系统发育关系。半知菌纲是一类不形成或未发现有性阶段的真菌，为了便于鉴定人为地把它们归在这一纲中，这并不表示它们有什么亲缘关系。这一分类系统自 19 世纪末到 20 世纪 70 年代中期，曾被世界各国的真菌学者广泛地接受和采用。但是，这个分类系统又存在着一些问题，尤其是将藻状菌纲分得太杂乱。因此，自 1965 年以后分类系统的变动主要在这一纲。

8.3.2.3 Alexopoulos 分类系统

Alexopoulos 对混乱的分类单元名称进行了规范，他在 1952 年提出的分类系统仍沿袭"三纲一类"系统，1962 年才放弃该系统，将真菌设为最高的独立的分类单元"门"。1979 年，Alexopoulos 将真菌门（Mycota）提升到真菌界（Myceteae），形成"一界三门"的真菌分类系统，即真菌界（Myceteae）、裸菌门（Gymnomycota）、鞭毛菌门（Mastigomycota）、无鞭毛菌门（Amastigomycota）。

8.3.2.4 Ainsworth 分类系统

Ainsworth 的分类系统是 1966 年提出的，又在他的 1971 年《真菌字典》（第 6 版）和 1973 年《真菌进展论文集》第 4 卷作了进一步说明和发挥。根据其营养方式、细胞壁成分和形态等特点,将真菌归属于真菌界的真菌门,下设 5 亚门。

真菌门的 5 个亚门包括鞭毛菌亚门、接合菌亚门、子囊菌亚门、担子菌亚门和半知菌亚门。其中,有游动细胞如游动孢子,且有性阶段产生典型卵孢子的是鞭毛菌亚门(Mastigomycotina);无游动细胞,具有有性阶段的,产生接合孢子的是接合菌亚门(Zygomycotina),产生子囊孢子的是子囊菌亚门(Ascomycotina),产生担孢子的是担子菌亚门(Basidiomycotina);无有性阶段的是半知菌亚门(Deuteromycotina)。

真菌界(the fungi)分门、亚门的检索表

1. 原生质团或假原生质团存在……黏菌门(Myxomycota)
    1. 原生质团或假原生质团缺乏,营养阶段为典型的丝状体……真菌门(Eumycota)……2
2. 有游动细胞(游动孢子),有性阶段孢子为典型的卵孢子……鞭毛菌亚门(Mastigomycotina)
    2. 无游动细胞……3
3. 具有性阶段……4
    3. 无有性阶段……半知菌亚门(Deuteromycotina)
4. 有性阶段孢子为接合孢子……接合菌亚门(Zygomycotina)
    4. 无接合孢子……5
5. 有性孢子为子囊孢子……子囊菌亚门(Ascomycotina)
    5. 有性孢子为担孢子……担子菌亚门(Basidiomycotina)

在上述检索表中,鞭毛菌亚门按照鞭毛的数目和位置分为三纲,接合菌亚门根据其生活习性或生态特征分为两纲,子囊菌亚门根据其子囊果的有无、形态和性质以及子囊排列情况和壁的层数分为六纲,担子菌亚门根据担子果的有无和开裂与否分为三纲,半知菌亚门依菌丝体的有无和发育程度以及分生孢子产生场所等特征分为三纲。

由此可见,Ainsworth 的分类系统是在传统的三纲一类(或四纲)分类基础上发展而来,单独成立了真菌界。分类单元均相应地升了一级,把传统的分类系统中的纲作为亚门,如子囊菌纲则作为子囊菌亚门,把亚纲都提升为纲,并且还增加了一些纲。这样,纲的界限就较为明确。改动较大的是藻状菌纲,藻状菌纲的真菌根据其能否形成游动孢子,分别归入鞭毛菌亚门和接合菌亚门,取消了藻状菌纲,这样就能反映一定的系统发育关系。子囊菌亚门、担子菌亚门和半知菌亚门,则相当于传统的子囊菌纲、担子菌纲和半知菌纲。亚门以下的纲、目等分类单元的划分也有些更改。

8.3.2.5 21 世纪以来《真菌词典》的分类系统

英国国际真菌研究所基于 rDNA 测序等技术对真菌分类系统进行了修订,编写了《真菌词典》第 9 版(2001 年出版),将子囊菌门分为 6 纲、55 目、291 科,担子菌门从原来的 32 目合并为 16 目,担子菌类酵母归到 3 个不同的类群中。

2008 年出版的《真菌词典》第 10 版,对第 9 版的分类系统作出很大调整,将真菌界分为 7 门、36 纲、140 目、560 科、8283 属和 97861 种。纲以上的分类如下:

真菌界 Fungi
    壶菌门 Chytridiomycota
        壶菌纲 Chytridiomycetes
        单毛壶菌纲 Monoblepharidomycetes
    芽枝霉门 Blastocladiomycota

芽枝霉纲 Blastocladiomycetes
新美鞭菌门 Neocallimastigomycota
　　新美鞭菌纲 Neocallimastigomycetes
球囊菌门 Glomeromycota
　　球囊菌纲 Glomeromycetes
接合菌门 Zygomycota
　　接合菌纲 Zygomycetes
地位未定 Incertae sedis（亚界）
　　虫霉菌亚门 Entomophthoromycotina
　　梳霉亚门 Kickxellomycotina
　　毛霉菌亚门 Mucoromycotina
　　捕虫霉菌亚门 Zoopagomycotina
　　子囊菌门 Ascomycota
　　盘菌亚门 Pezizomycotina ＝ 子囊菌亚门 Ascomycotina
　　　　星裂菌纲 Arthoniomycetes
　　　　座囊菌纲 Dothideomycetes
　　　　散囊菌纲 Eurotiomycetes
　　　　虫囊菌纲 Laboulbeniomycetes
　　　　茶渍菌纲 Lecanoromycetes
　　　　锤舌菌纲 Leotiomycetes
　　　　异极菌纲 Lichinomycetes
　　　　圆盘菌纲 Orbiliomycetes
　　　　盘菌纲 Pezizomycetes
　　　　粪壳菌纲 Sordariomycetes
　　酵母菌亚门 Saccharomycotina
　　　　酵母菌纲 Saccharomycetes
　　外囊菌亚门 Taphrinomycotina
　　　　新床菌纲 Neolectomycetes
　　　　肺炎菌纲 Pneumocystidomycetes
　　　　裂殖酵母菌纲 Schizosaccharomycetes
　　　　外囊菌纲 Taphrinomycetes
担子菌门 Basidiomycota
　　伞菌亚门 Agaricomycotina
　　　　伞菌纲 Agaricomycetes
　　　　花耳纲 Dacrymycetes
　　　　银耳纲 Tremellomycetes
　　柄锈菌亚门 Pucciniomycotina
　　　　伞型束梗孢菌纲 Agaricostilbomycetes
　　　　小纺锤菌纲 Atactiellomycetes
　　　　经典菌纲 Classiculomycetes
　　　　隐菌寄生菌纲 Cryptomycocolacomyctes
　　　　囊担子菌纲 Cystobasidiomycetes

　　　　微球黑粉菌纲 Microbotryomycetes
　　　　混合菌纲 Mixiomycetes
　　　　柄锈菌纲 Pucciniomycetes
　　黑粉菌亚门 Ustilaginomycotina
　　　　黑粉菌纲 Ustilaginomycetes
　　地位未定 Incertae sedis（亚门）
　　　　节担菌纲 Wallemiomycetes

8.3.3 酵母菌的分类系统

　　尽管从系统分类上看，酵母菌是分属于真菌的有关亚门中，但由于研究酵母的分类方法较研究一般丝状真菌特殊，更多地采用生理性状，因而逐渐形成了自己独特的分类系统。

　　丹麦酵母菌学家 Emil Christian Hansen 花了 30 年的时间，对酵母菌的形态学和生理学作了比较详细的研究，并鉴别了许多酵母菌的种。在 1896 年他提出了第一个酵母菌分类学系统，因此被公认为酵母菌分类学研究的创始人。

　　在 1920 年和 1928 年，在 Guilliermond 的专著中，除接受了 Hansen 提出的酵母菌的系统亲缘关系和生活史的看法外，还补充了许多关于酵母菌生理学、繁殖特征和酵母间的系统发育关系的内容，并提出了鉴定酵母种的二叉式检索表。在 1931 年到 1970 年期间，由荷兰 Delft 技术大学的 Kluyver 授意写成了 5 篇关于酵母菌的分类学专著。第 1 篇是由 Stelling-Dekker 于 1931 年制定的生孢子酵母分类表。1934 年 Lodder、1941 年 Deddens 和 Lodder 发表了 2 卷关于无孢子酵母菌方面的专著。上述 3 篇专著的发表澄清了酵母菌分类领域内混乱现象，简化了一般微生物学家对酵母菌种的分类鉴定工作。1952 年 Lodder 和 Kreger-Van Rij 发表了生孢子酵母和无孢子酵母的分类学专著。该书是对收藏在荷兰 Delft 技术大学微生物实验室的霉菌培养物保藏中心酵母组（The Yeast Division of The Centraalbureau Voor Schimmelcultures）的 1307 株酵母菌重新进行验证和评定后写成的，这些菌株被归成 26 个属 164 个种和 17 个变种。同时，美国的 Wickerham（1951）介绍了若干酵母菌分类的新技术和原理。

　　1954 年苏联 Kudriavzev 发表了关于酵母菌分类学的专著，他对生孢子酵母菌的亲缘关系方面有着与众不同的观点，也使酵母菌分类学工作者对他的分类系统感兴趣。

　　1970 年经来自不同国家的 14 个分类学家共同努力，由 J. Lodder 主编重新修订了酵母菌的分类，在详细验证和鉴定 4300 多株酵母菌的基础上，在专著中将它们归成 39 属 349 种；1983 年 Barnett 等发表了《酵母菌的特征和鉴定》一书，该书主要根据生理生化特征，按字母顺序共描述了 347 个种；1984 年 Kreger-Van Rij 发表了《酵母菌分类学研究》第 3 版专著，该书对碳源同化测试项目进行了简化，增加了 DNA 的 (G+C) mol% 值和 DBB 颜色反应等指标，共描述了 60 属 500 个种。由于科学技术的飞速发展，加上酵母菌分类学工作者的努力，新的属种在不断发现，目前酵母菌的总数已远远超过上述数据。

8.4 微生物分类鉴定

　　微生物分类鉴定是指识别微生物在系统进化中具体分类的技术方法。不同种类的微生物及不同层次的鉴定分类要求通常对应着不同的鉴定指标和鉴定方法。微生物的分类鉴定可分为以下 5 个水平：一是细胞的形态和习性水平，如微生物的形态学特征、生理生化反应特征、生态学特征等；二是细胞组分化学水平，包括细胞壁、脂质、醌类和光合色素等成分分析，通常涉及红外光谱、气相色谱、高效液相色谱和质谱等新技术；三是蛋白质水平，包括氨基酸序列分析、凝胶电泳和免疫标记技术等；四是核酸水平，包括（G＋C）mol％值的测定、核酸分子杂交、16S rRNA 或 18S rRNA 寡核苷酸序列分析、重要基因序列分析和全基因组测序等；五是数学统计或计算生物学水平。

在微生物分类学发展的早期，主要的鉴定方法局限于最经典、最常规的微生物细胞形态学、生理生化特征等表型指标的水平上。从 20 世纪 60 年代开始，随着细胞组分化学、蛋白质及核酸等相关理论的丰富及发展，一些新兴的现代分类鉴定理论和方法也逐渐建立和发展，为微生物的分类探索和精确鉴定开创了新局面。下面介绍微生物分类鉴定中的传统经典方法、化学特征方法以及分子生物学方法。

8.4.1 传统经典方法

微生物鉴定工作中的经典方法是针对各种细胞类型的微生物最常用、最方便、最重要的方法，主要根据微生物的形态学、生理生化、生态学以及血清学反应、对噬菌体敏感性等表型特征进行分类。上述表型指标也是现代化鉴定方法中的基本依据和重要参数。

8.4.1.1 形态学特征

（1）细胞形态

在显微镜下观察细胞形状、大小、排列、运动性、特殊构造等，显色反应（如革兰氏染色反应），鞭毛的着生部位和数目，是否有芽孢及芽孢形状、大小、着生位置，细胞内含物、荚膜、菌鞘、菌毛和色素等；放线菌和真菌的菌丝长短、粗细、分支情况、有无横隔和颜色，繁殖器官的形状和构造，孢子的种类、数目、形状、大小、着生状态、颜色和表面特征等。

（2）群体形态

固体培养基培养的菌落特征：外形、大小、边缘、表面及质地（光泽、润湿/干燥、光滑/粗糙、褶皱、颗粒状与凹凸不平等）、透明度、隆起程度、黏稠度或易挑取性、正反面颜色、气味、是否分泌水溶性色素等。斜面培养基培养的菌苔特征：生长程度、外形、边缘、隆起、颜色等。液体培养基培养的特征：生长量、分布、混浊度、是否产生菌膜、是否有沉淀物、有无气泡、培养基的颜色和气味变化等。还包括在半固体培养基上经穿刺接种的生长情况。

8.4.1.2 生理生化反应特征

（1）对营养物质或生长基质的要求（物质利用能力）

对各种碳源的利用能力（能否以 CO_2 作为唯一碳源、对各种糖类的利用能力等），对各种氮源的利用能力（能否固氮、硝酸盐及铵盐利用能力等），所能利用的能源（光能/化能、氧化无机物/氧化有机物等），对生长因子的要求（是否需要及需要何种生长因子等）。

（2）代谢产物

代谢物的种类、产量、颜色及显色反应等。例如，水解大分子的能力（淀粉水解、油脂水解和明胶液化等），能否利用硝酸盐、柠檬酸盐或丙酸盐等，是否产生吲哚、H_2S、醇、有机酸、色素、抗生素等。

（3）酶

产酶种类和反应特性等。如氧化酶、过氧化酶、凝固酶、脲酶、氨基酸脱羧酶、精氨酸双水解酶、苯丙氨酸脱氨酶及 β-半乳糖苷酶等。

（4）抗逆性

对药物的敏感性，对抗生素和化学试剂等抗微生物因子的反应。微生物对不同抗生素的敏感程度具有一定种属特异性。抗生素敏感性实验常用的方法有圆盘滤纸法和酶联免疫法。圆盘滤纸法：将待测菌涂布在平板上，并将含标准浓度抗生素的滤纸片轻放在平板表面，置于合适条件培养,测定滤纸片周围抑菌圈的大小,从而确定待测菌株的抗性谱。

8.4.1.3 生态学特征

生态学特征主要包括生长温度、与氧气的关系(专性好氧/兼性好氧/微好氧/专性厌氧等)、pH、渗透压(是否嗜盐、耐高渗透压),以及与其他生物间的相互关系(寄生/共生、宿主种类、致病性等)。

8.4.1.4 抗原特征:血清学反应

在某些微生物类群中,单纯按形态和生理生化特征难以对亲缘关系接近的成员进行区分,例如,不少细菌具有十分相似的外表结构(如鞭毛)或作用相同的酶(如乳酸杆菌属的乳酸脱氢酶),在电子显微镜或生化反应等普通技术下无法分辨它们。然而,它们在抗原结构(蛋白质、脂蛋白或脂多糖等)或血清学上具有明显差异,利用生物体外的抗原-抗体高度敏感特异性反应(血清学试验),可对同种微生物分型或鉴别相似的菌种。该类技术通常是利用全细胞或细胞壁、鞭毛、荚膜或黏液层,通过凝集反应、沉淀反应(凝胶扩散、免疫电泳)、补体结合、免疫荧光、酶联免疫及免疫组织化学等方法,对微生物的抗原特征进行比较分析,常用于肠道菌、噬菌体和病毒的分类鉴定。抗原检测技术常用于检测难培养、生长慢或高危险的感染原,尤其适用于诊疗机构、医院急诊室或实验中心进行快速诊断。

8.4.1.5 对噬菌体的敏感性

在原核生物中已普遍发现相应的噬菌体,噬菌体有其严格的宿主范围,其对宿主的感染和裂解作用通常具有高度特异性(即一种噬菌体往往只能感染和裂解某种细菌或某些菌株),利用这一特性可进行细菌鉴定。

8.4.1.6 其他

生活史、有性生殖情况等。如黏细菌常以其生活史作为分类鉴定的依据。

采用传统经典方法对未知微生物培养物进行鉴定,其工作量大、耗时长,且对实验操作人员的熟练程度要求甚高,往往容易出现人为误差,这推动了传统经典方法相关仪器设备的产生。目前已出现了多种相对简便、快速、自动化的鉴定设备,并发展为系列化、标准化和商品化的鉴定系统,其中具有代表性的设备有 API 系统、Enterotube 系统、Biolog 系统和 VITEK 全自动分析系统。上述鉴定系统的出现,大大提高了微生物鉴定的工作效率,在食品、医疗等安全事件突发处置中意义重大。

8.4.2 化学特征方法

化学分类学起初用于动物和植物分类,后来被引入到微生物系统学中。化学分类学以分析细胞的化学组分为基础,根据其相似性,结合其他特性对生物进行分类与鉴定。常用于微生物化学特征方法鉴定的物质有细胞壁组分、脂肪酸、磷酸类脂、分枝菌酸、胞外多糖、醌类及多胺、蛋白质或酶(同工酶和分子伴侣)等,部分物质已成为确定微生物种属定位的关键指征。利用电泳、红外光谱、色谱和质谱等技术,分析微生物的细胞组分、代谢产物组成,进而分类鉴定,已成为鉴定微生物的重要途径。

8.4.2.1 细胞壁组分

原核生物细胞壁的组分分析,对菌种的鉴定工作有一定贡献。革兰氏阳性菌细胞壁肽聚糖层较厚且类型较多,其结构表现出种属的相关性或特异性;而革兰氏阴性菌肽聚糖层则较薄,不适合用作分类鉴定的指征。例如,根据放线菌细胞壁中所含氨基酸和肽聚糖的种类,可将其分为不同类型，目前常用形态学与细胞壁组分相结合的方法来划分放线菌目中不同的属。通常根据肽聚糖结构中与聚糖联结的短肽氨基酸位置将细胞壁结构分为A、B两大类群，再根据间肽的联结有无氨基酸及氨基酸的种类与数量进一步分型。糖类组成包括鼠李糖、棉子糖、木糖、阿拉伯糖、甘露糖、葡萄糖、半乳糖和马杜拉糖。具有分类学价值的氨基酸则仅限于天冬氨酸、甘氨酸、丙氨酸、赖氨酸、谷氨酸和二氨基庚二酸（DAP，尤为重要）。此外，革兰氏阳性菌的细胞壁还含有大量磷壁酸，也可作为革兰氏阳性菌的分类指标。

细胞壁组分可通过薄板色谱（TLC）进行定性，或通过高效液相色谱（HPLC）进行定性定量，从而确定细胞壁类型。在此基础上，可结合形态特征，参考对应的科属检索表对微生物进行鉴定。

8.4.2.2 细胞脂类组分

细胞膜上的脂类结构差异，可间接影响细胞的形态、生理特性及对环境的适应性，因此脂类组分提供了有价值的分类学信息。可用于微生物分类鉴定的脂类有磷酸类脂（极性脂）、脂肪酸、分枝菌酸和醌类等。

（1）磷酸类脂

位于细菌细胞膜上的磷酸类脂成分在不同属中有所不同，可用作鉴别属的指标。磷酸类脂为极性脂，种类繁多，但并非所有磷酸类脂都具有分类价值。可作为分类鉴定指征的主要有磷脂酰胆碱（phosphatidyl cholines，PC）、磷脂酰乙醇胺（phosphatidyl ethanolamine，PE）、磷脂酰甘油（phosphatidyl glycerel，PG）、磷脂酰丝氨酸（phosphatidyl serines，PS）、甘油磷脂酸（phosphatidic acid，PA）、磷脂酰甲醇乙醇胺（phosphatidyl methyl ethanolamine，PME）和一种含葡萄糖但结构未知的磷脂等10种左右。磷酸类脂可通过色谱法（如双层薄层色谱）进行定性检测。

（2）脂肪酸

脂肪酸主要存在于生物膜脂质双分子层及游离的磷脂、糖脂和脂蛋白等分子中，只要培养条件与分析方法（前处理、衍生化、提取与测试）标准化，脂肪酸谱是相对稳定且可重复的。此外，原核生物中不同种属的细胞脂肪酸组分的质有很大区别，且同种不同菌株的细胞脂肪酸组分的量不同，因此微生物的脂肪酸组分分析可用于部分细菌的分类鉴定。通过对比相关种属的细胞脂肪酸组分，进行聚类分析，构建树状谱，可清楚显示物种间的亲缘关系。气相色谱技术是脂肪酸成分分析的重要手段，美国MIDI公司研发的商品化Sherlock微生物鉴定系统建立了包含2000多种微生物脂肪酸的数据库，通过图谱比对可快速准确地对微生物种类进行鉴定。目前灵敏度、精确度更高的气相色谱-质谱联用技术已广泛运用于脂肪酸成分的分析。

（3）分枝菌酸

分枝菌酸可用于种属的鉴别。例如，*Nocardia*、*Mycobacterium*和*Corynebacterium*三个属同为诺卡氏菌形放线菌（放线菌科中的一个亚群），其在形态、构造和细胞壁组分上难以区分，但三者所含分枝菌酸的碳链长度差异明显，故可用于分属。

（4）醌类

醌是位于某些细菌细胞膜中的非极性类脂，参与电子传递和氧化磷酸化。每种微生物都有一种主要的醌类成分，醌类结构中的异戊二烯侧链长度和氢饱和度具有重要分类学意义。用作细菌分类鉴定的醌主要有：甲基萘醌（即维生素K），用于放线菌与革兰氏阳性菌；泛醌（即辅酶Q），用于假单胞菌。一般采用高效液相色谱法检测各种醌类，将待测样品与标准品图谱比对而进行鉴定。

（5）其他

多胺、醇类等代谢产物分析。全细胞水解液的糖型分析，放线菌全细胞水解液主要分为4类糖型：阿拉伯糖、半乳糖；木糖、阿拉伯糖；马杜拉糖；无糖。红外光谱：每种物质的化学结构一般被认为具有特定的红外光谱，但借助红外线光谱区分属内的种和菌株通常比较困难，因此该法只能作为属的分类特征，常用于初步了解各属菌细胞成分的化学物质组成，协助探索微生物间系统发育关系，该方法已应用于芽孢杆菌、乳酸菌、大肠杆菌、酵母菌和放线菌的分类中。

8.4.3 分子生物学方法

分子生物学是从分子水平阐明生命现象和本质的科学，其发展为微生物分类和鉴定的研究提供了新的生物技术和方法。

8.4.3.1 蛋白质分析

微生物系统学中，具有分类学意义的蛋白质主要有全细胞蛋白质、细胞外壳蛋白质、核糖体蛋白质、重要酶类、分子伴侣和细胞色素等。

(1) 全细胞蛋白质

通过高度标准化的 SDS-聚丙烯酰胺凝胶电泳（SDS-PAGE）蛋白质谱图可对密切相关菌株的全细胞蛋白质进行比较和分类研究，该技术已成功应用于细菌、真菌和放线菌的分类鉴定。全细胞蛋白质组分析和 DNA-RNA 杂交具有高度相关性，对种和种以下的分类单位研究可行。

(2) 核糖体蛋白质

核糖体在细胞中具有重要的生物学功能，其蛋白质高度保守，利用核糖体蛋白质可进行以下3个水平的鉴定：① 单向凝胶电泳——比较核糖体蛋白质种类；② 双向凝胶电泳（二维电泳）——测定 AT-L30 蛋白的相对电泳迁移率；③ 核糖体蛋白质的氨基酸序列分析。

(3) 重要酶类、分子伴侣等

一些在细胞中执行生命必需功能的酶类、辅酶或关键性基因调控蛋白是研究系统发育和分类进化的重要依据。例如，与 DNA 复制和修复相关的酶和蛋白质（DNA 旋转酶、DNA 聚合酶 B、光修复酶、RecA 蛋白等），与转录相关的酶和蛋白质（RNA 聚合酶亚基、TATA 结合蛋白、转录因子等），与翻译相关的酶和蛋白质（延伸因子、氨酰 tRNA 合成酶等），与中心代谢相关的酶（甘油醛-3-磷酸激酶、甘油醛-3-磷酸脱氢酶、苹果酸脱氢酶等）。

分子伴侣是一类协助细胞内分子组装和蛋白质正确折叠的保守蛋白质，因此可用于分类学鉴定。

(4) 常见的蛋白质分析手段

电泳是用凝胶基质分离带电分子的技术。DNA、RNA 和蛋白质均是带电荷的分子，可在电流作用下在凝胶基质中移动。最常用的凝胶类型是琼脂糖和聚丙烯酰胺。电泳可分为一维电泳和二维电泳。一维电泳只有一个方向的电流，主要用于最常规的蛋白质分离。其中一维聚丙烯酰胺凝胶可通过特异性抗体与蛋白质带杂交来鉴别微生物。二维电泳则在一维电泳的基础上，在第一电泳电流 90°角的方向加载第二电流，能更有效地分离蛋白质分子。二维电泳是蛋白质组学中的经典技术，结合质谱技术和基因组数据库，可确定蛋白质的种类、丰度及其相互作用信息，用于微生物的鉴定以及病原体致病特点和机制研究。

基质辅助激光解吸电离飞行时间质谱（matrix-assisted laser desorption/ionization time of flight mass spectrometry，MALDI-TOF MS）的出现掀起了微生物鉴定的革命。MALDI-TOF MS 可检测细菌中高度丰富的蛋白质，通过产生的质谱图与数据库进行比较，该技术已被广泛应用于种属鉴定，也可将细菌鉴定到亚种甚至单克隆水平，是快速、灵敏、可靠的细菌鉴定工具。

8.4.3.2 核酸分析

核酸是决定生物表型的遗传物质，核酸分析能客观地反映微生物之间的亲缘关系，是可信度最高的微生物分类鉴定方法,尤其在正式确定为新属或新种时应用广泛。

(1) DNA碱基比分析

DNA碱基比通常指DNA分子中鸟嘌呤(G)和胞嘧啶(C)所占的摩尔分数比值,即(G+C) mol%= (G+C)(mol)/(A+T+C+G)(mol)×100%,简称GC值(或GC比)。生物体遗传物质DNA中A、T、C、G四种碱基的排列顺序决定着生物的种类和特性,对于某一特定生物而言,其DNA的GC值是相对恒定的。原核生物的GC值在20%~80%之间,真核微生物GC值则在30%~60%之间。微生物的GC值通常可总结为以下规律:①亲缘关系密切且表型高度相似的微生物通常具有接近的GC值,GC值差距大的两种微生物的亲缘关系也必然较远;②具有相同或相近GC值的微生物不一定有接近的亲缘关系,此时它们的核苷酸序列差异较大,例如 *Saccharomyces cerevisiae*(酿酒酵母)和 *Bacillus subtilis*(枯草芽孢杆菌)的GC值相当接近;③GC值是建立微生物新分类单元的基本特征和可靠指标,对种、属甚至科的分类单元鉴定有重要指导意义,一般GC值相差小于2%时有分类学上的意义且可能为测定误差,种内各菌株GC值差异在2.5%~4.0%之间,当GC值相差超过5%,可认为属于不同种,相差超过10%可考虑为不同的属。

测定DNA中GC值的常用方法有解链温度法(热变性温度法)、浮力密度法(密度梯度离心法)和高效液相色谱法等。其中最为常用的方法是操作简便、所需设备简单、重复性好的解链温度法。该法的原理为双链DNA在一定离子强度和pH环境下逐步加热变性,解开碱基对间的氢键,从而使其在260nm处紫外吸收明显升高(此为DNA的增色效应),当温度达到一定值时DNA双链被完全分离为单链,紫外吸收不再升高,上述DNA热变性引起的增色效应是在一个狭窄的温度范围发生的,紫外吸收增加的中间点所对应的温度即为该DNA的熔解温度或热变性温度(即T_m值);由于打开G-C碱基对间的三个氢键比打开A-T碱基对间的两个氢键所需温度更高,因此在一定离子浓度pH条件下,DNA的T_m值与DNA的G+C含量成正比,根据T_m值可算出GC值。浮力密度法是借助超速离心机进行浮力密度离心进而测定GC值的方法,准确性高但所需设备昂贵,应用受限。高效液相色谱法则具有准确性高、重复性好的特点。值得注意的是不同方法测得的GC值略有差异,所以在描述GC值时须说明方法。

(2) 核酸分子杂交

微生物间的亲缘关系主要取决于其碱基对排列顺序的相似或相同程度,因此对比微生物间碱基对序列的相似或相同程度可确定它们的亲缘关系。按碱基互补配对原则以人工方法对两条来源不同的单链核酸进行复性(退火),从而重新构建一条新的杂合双链核酸的技术,即为核酸杂交技术,包括DNA-DNA分子杂交、DNA-rRNA分子杂交和rRNA-rRNA分子杂交。对于GC值相差5%以内的菌株,可通过核酸杂交鉴定它们是否属于同一物种。

① DNA-DNA分子杂交:一定条件下,将不同来源的DNA双链变性解离成单链,并在合适的退火条件下使单链中的互补碱基配对重新结合,形成双链DNA(复性),最终测定杂交百分率。同种微生物的杂交百分率高,亲缘关系接近的微生物杂交百分率居中(有同源性),无亲缘关系的微生物不能杂交(无同源性)。

② DNA-rRNA分子杂交:在生物进化过程中,rRNA碱基序列比其他部分序列更保守,因此当两个菌株的DNA-DNA杂交率很低或不能杂交时(DNA配对碱基少于20%时,DNA-DNA分子杂交往往不能形成双链),用DNA-rRNA杂交仍可能出现较高的杂交率,可进一步进行属和属以上等级分类单元的分类。DNA-rRNA杂交和DNA-DNA杂交的原理和方法基本相同,结果以T_m值来表示,T_m值越高表示亲缘关系越近。

核酸分子杂交的具体测定方法按杂交反应环境可分为液相杂交法和固相杂交法,前者在溶液中进行,后者在固体支持物上进行。常用的固相杂交法是将未标记的各微生物菌株的单链DNA

预先固定在硝酸纤维素微孔滤膜或琼脂等固相支持物上，再以含同位素标记、酶切并解链的参考菌株的单链 DNA 小分子片段在最适复性温度条件下与膜上的 DNA 单链杂交（复性），洗去膜上未结合的标记 DNA 片段后，测定留在膜上的放射性强度。以参考菌株自身复性结合的放射性强度值为 100%，即可计算出其他菌株与参考菌株杂交的相对百分数，该值可代表其他菌株与参考菌株的同源性或相似性水平，以此判断各菌种间的亲缘关系。

（3）基因序列分析

① rRNA 寡核苷酸编目分析　rRNA 寡核苷酸编目分析是一种通过测定、对比原核细胞或真核细胞中最稳定的 rRNA 寡核苷酸序列同源性程度，以确定不同生物间亲缘关系和进化谱系的方法。rRNA（核糖体 RNA）是与核糖体蛋白结合的 RNA 分子，在蛋白质翻译中起重要作用。原核生物核糖体有 23S、16S 和 5S rRNA，真核生物则有 28S、18S 和 5.8S rRNA。美国学者 C. R. Woese 曾对多种微生物的 16S rRNA 和 18S rRNA 序列进行测定分析，并提出 16S rRNA 和 18S rRNA 序列是用于微生物分类学及系统发育学研究最适宜的指标。目前 16S rRNA 和 18S rRNA 被认为是比较客观、可信度较高的分类指征，其寡核苷酸编目分析已成为微生物鉴定中应用广泛且非常重要的手段，主要原因有：①普遍存在于原核生物或真核生物中，其生理功能重要且恒定，某些核苷酸序列非常保守，但同时又含有可变区域；②含量较高，较易提取，分子量适中（16S rRNA 和 18S rRNA 核苷酸数分别约为 1540 个和 2300 个），信息量大，易于分析。

16S rRNA 和 18S rRNA 寡核苷酸编目分析的大致过程是：以 T1 RNA 酶水解事先用 ^{32}P 标记的 rRNA，得到一系列以 G 为末端的核苷酸片段，经双向电泳分离后，利用放射自显影技术获得 rRNA 寡核苷酸群的指纹图谱，然后对其中链长在 6 个核苷酸以上的寡核苷酸进行序列分析，把获得的结果按长度编为分类目录，最后通过对比分析各菌株间的亲缘关系。随着高通量测序技术、大数据分析方法的应用，16S rRNA 和 18S rRNA 序列分析对不同种属间和亲缘关系接近的微生物鉴定方面具有更大的优越性。

② 核心基因组分析　核心基因组为菌株基因组中较为稳定、不易发生水平转移的基因，是包括管家基因在内的基因集。这类基因大多具有种属特异性，进化缓慢且受种内重组的影响小，可用于鉴定细菌菌株之间的亲缘关系，可通过 BLAST 构建核心基因组并进行相似性分析。

管家基因是一组生物体内普遍存在的典型组成型基因，在所有细胞中均表达，编码生物主要代谢功能的蛋白质，是进化速度较慢的保守基因，因其具有普遍性、功能性和保守性被广泛用于微生物分类单元的界定和分型。多位点序列分型（multilocus sequence typing，MLST）是一种利用管家基因对微生物菌株进行分型的分子分类方法，尤其适用于食品致病菌的检测及流行病的调查。多位点序列分析（multilocus sequence analysis，MLSA）是使用多个管家基因和非管家基因序列进行分类学研究的方法，与 MLST 相似。MLSA 可用于微生物分型及微生物分类单元的界定。基于 MLST 和 MLSA 方法发展的多位点可变数目串联重复序列分析（multiple locus variable-number tandem repeat analysis，MLVA）具有更高的分辨率，是微生物系统学中有效的技术。

③ DNA 指纹图谱　DNA 指纹图谱又称遗传指纹图谱，从基因组部分位点反映生物个体间的差异，具有高变异性、多位点性等特点，常用于微生物的分类鉴定。DNA 指纹图谱的技术包括：限制性片段长度多态性（restriction fragments length polymorphism，RFLP）、随机扩增多态性 DNA（randomly amplified polymorphism DNA，RAPD）、脉冲电场凝胶电泳（pulsed field gel electrophoresis，PFGE）、扩增核糖体 DNA 限制性分析（amplified ribosomal DNA restriction analysis，ARDRA）和扩增片段长度多态性（amplified fragments length polymorphism，AFLP）等，主要用于区分种、亚种以及分型。

④ 全基因组序列分析　目前国际生命科学领域中，掌握某微生物全部遗传信息的最佳途径，是对该微生物的全基因组进行测序。通过多种方式对全基因组数据分析，可构建、阐述生物进化关系，预测基因功能，以及预测或追溯横向基因转移。微生物全基因组测序的发展，使某些微生物领域的概念被更新甚至颠覆。

知识归纳

微生物的命名方法：林奈氏双名法、基本原则。
微生物鉴定方法：形态学、生理生化、细胞结构、遗传信息。
微生物分类系统：细菌系统、真菌系统、病毒分类。

思考题

1. 为什么蛋白质和核酸可作为衡量进化的分子时钟，而糖、脂肪等物质却不可以？
2. 相比其他分子，16S rRNA 用于分子系统发育有何优势和不足之处？
3. 微生物分类学有哪些内容？它们之间的相互关系如何？
4. 微生物分类最基本的分类单位是什么？其是如何命名的？
5. 历史上具有代表性的微生物分类学说主要有哪些？当今主流学说的主要内容是什么？
6. 简述微生物的主要分类方法和技术有哪些，它们的基本原理是什么？
7. 用于微生物鉴定的方法主要有哪些？如何使用这些方法？
8. 阐述不同微生物鉴定方法的区别和联系。

应用能力训练

1. 假如你要设计一个关于细菌分类的公众科普讲座，你会如何介绍革兰氏染色法的原理及其在细菌分类中的作用？
2. 你认为目前的微生物分类命名法是否能够应对快速发展的微生物基因组学研究？请尝试从分类学和命名法的角度加以讨论。
3. 设想你是一名微生物学家，需鉴定新发现的微生物种群。请简要描述你会采用哪些步骤和工具进行分类和鉴定。
4. 假如一种病原菌对常规抗生素产生了耐药性，你会如何利用细菌分类知识来设计出新的抗生素或寻找替代治疗方法？

参考文献

[1] 布坎南 R E，吉本斯 N E．伯杰细菌鉴定手册．中国科学院微生物研究所《伯杰细菌鉴定手册》组译．9版．北京：科学出版社，1994.
[2] 蔡信之，黄君红．微生物学．北京：高等教育出版社，2002.
[3] 岑沛霖，蔡谨．工业微生物学．北京：化学工业出版社，2000.
[4] 卢振祖．细菌分类学．武汉：武汉大学出版社，1994.
[5] 东秀殊，蔡妙英．常见细菌系统鉴定手册．北京：科学出版社，2001.
[6] 韦革宏，王卫卫．微生物学．北京：科学出版社，2005.
[7] 江汉湖，董明盛．食品微生物学．3版．北京：中国农业出版社，2010.
[8] 徐丽华，李文均，刘志恒，等．放线菌系统学：原理、方法及实践．北京：科学出版社，2007.
[9] 关统伟．微生物学．北京：中国轻工业出版社，2021.
[10] 周德庆．微生物学教程．4版．北京：高等教育出版社，2020.
[11] 辛明秀，黄秀梨．微生物学．4版．北京：高等教育出版社，2020.

第 9 章

微生物生态学

知识图谱

如果有人告诉你,你身上携带的微生物比组成你身体的细胞数还要多,你信吗?在我们生活的环境中,什么环境下微生物最为丰富?如果地球上没有微生物,人类会怎样?

任何生物都处在某个生态系统中,与环境、其他生物有着千丝万缕的联系,微生物也不例外,其无处不在,是生态系统中不可或缺的重要组成部分。那微生物在什么环境下栖居?微生物与动物、植物、其他微生物之间存在怎样的关联作用?人类又是如何利用它们之间的关联作用制作食品、改善环境、指导生产生活服务人类社会的?

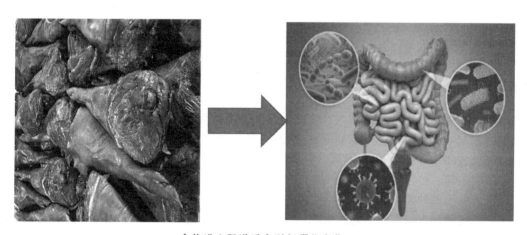

食物进入肠道后会引起哪些变化?

学习目标

○ 了解生态学、微生物生态学研究的主要内容，掌握生态系统、微生物生态系统的组成及相关概念。
○ 掌握微生物种群的相互作用关系，并能列举实例说明中立作用、偏利作用、协同作用、互惠共生、竞争作用、偏害作用、捕食作用和寄生作用。
○ 理解开菲尔粒多种生态关系共存的现象。
○ 掌握微生物生态学的传统研究方法，了解微生物生态学的分子生物学研究方法的原理和步骤，掌握组学时代微生物生态研究方法的现状。
○ 了解人体肠道微生物的分布，明晰肠道微生物与健康、饮食与肠道微生物之间的关系，学会发掘肠道微生物资源，掌握群体感应和生物被膜的原理。
○ 与小组成员一起讨论1~2个食品微生物生态相关的议题，并就讨论结果凝练出相关的科学问题，培养关联思维能力。

微生物是生物圈中广泛存在的一类成员，由于它们的个体小、繁殖快、适应能力强，能在环境条件相差极大的空间中存在。微生物生态学与微生物学、生态学、环境科学、生物工程学等学科有非常密切的关系，是研究微生物与周围环境条件（包括生物和非生物环境条件）之间的关系及其在自然界中的分布和作用的一门学科。食品可以看成是一个特殊的微生物生态系统，食品原料生产的安全控制、微生物发酵食品的生产、人体肠道健康维护都是微生物生态学关注的重点领域与方向。通过对微生物生态的研究，了解微生物的分布和活动规律，可为人类开发利用微生物资源提供依据，更好地发挥微生物对人类的有益作用。本章从生态学角度，结合食品特殊的生境（habitat）来讨论微生物群落之间、微生物与食品生境之间相互作用的某些规律。

9.1 生态学基本概念

9.1.1 生态学与生态系统

生态学（ecology）是研究生物与环境之间相互关系的科学。生态学自1866年德国学者海克尔（全名恩斯特·海因里希·菲利普·奥古斯特·海克尔，Ernst Heinrich Philipp August Haeckel）提出以来，得到了很大发展，目前已形成一个庞大的学科群。仅按生物类型分类，可分为：动物生态学、植物生态学、昆虫生态学、微生物生态学等。生态学研究的具体内容包括：①一定地区内生物的种类、数量、生活史及空间分布；②该地区营养物质和水等非生命物质的质量和分布；③各种环境因素对生物的影响；④生态系统中的能量流动和物质循环；⑤环境对生物的调节和生物对环境的调节等。生态学的基本原理既可应用于生物，也可应用于人类自身及人类所从事的各项生产活动，其已深入到许多自然科学和社会科学领域。由于环境污染日趋严重，自然生态平衡受到破坏，威胁着人类生活和健康，解决这些问题的迫切性，推动了生态学的发展，使其成为当代最活跃的前沿学科之一。而生态系统（ecosystem）是现代生态学的主要研究对象，当前全球所面临的重大资源与环境问题的解决都依赖于对生态系统结构与功能、生态系统的平衡与调节、多样性与稳定性、受干扰后的恢复能力和自我调节能力等问题的研究。

生态系统（ecosystem）是指在一定空间中共同栖居着的所有生物（即生物群落）与其环境之间不断地进行物质循环、能量流动和信息传递而形成的统一整体。系统由许多彼此联系、相互作用的成分组成，并具有独立的、特定的功能。生态系统不仅包括生物复合体，而且还包括全部物理因素的复合体,两种复合体有机组合成的生态系统不但表现出两种复合体的特征,更具有整合后的功能特征,而且主要作为一个功能单位。

生物圈(ecosphere)构成一个范围最大的生态系统,它是地球表面全部生物以及与之相关的自然环境的总称,包括水生物圈(hydrosphere)、地上岩石生物圈(lithosphere)、大气生物圈(atmosphere)。由于水土和大气中只有出现生物后才能构成生物圈,因此,生物圈的范围大致可以说是地球外壳34km厚度(即23km的高空加11km深的海沟)(图9-1)。在这一范围内,生物与自然环境之间相互作用、相互渗透,进行着巨大的生物地球化学变化。

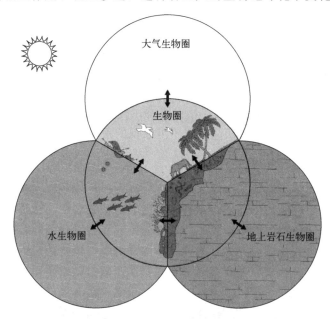

图 9-1 生物圈范围示意图

生物圈内包含许多大小不等的生态系统,生态系统的范围大小没有严格的限制,小至动物体内消化道,大至湖泊、森林、海洋,甚至整个地球生物圈,其范围和边界随研究问题的特征而定。食品可以看作是一个特殊的生态系统,因为自然加工的食品总是存在着多种微生物区系(microbial flora)。这些微生物与食品环境相互作用构成了一个具有特定功能的生态系。例如,酱油酿造过程中,酱醅中有霉菌、酵母、细菌并各自组成群落(community),它们依附在以豆饼和小麦为原料的酱醅上生长,与酱醅的水分、含盐量、湿度、发酵容器的形状和大小、保湿方式以及环境状况等都有密切的关系,形成一个人工生态系统。系统内微生物与酱醅环境相互作用的结果,促进了酱醅中物质转化及能量流动,最终酿造出色味俱佳的酱油产品。由此可见,食品是一种特殊的功能生态系统。

生态系统包括4种主要组成成分:非生物环境、生产者、消费者和分解者。

非生物环境(abiotic environment)包括参加循环的无机元素(如 C、N、P、O_2、CO_2、Fe)和化合物,联系生物和非生物成分的有机物质(如蛋白质、糖类、脂类和腐殖质)、气候或其他物理因素(如温度、光照)。

生产者(producer)是能利用简单的无机物质制造食物的自养生物,主要是各类绿色植物,也包括蓝绿藻和一些进行光能自养、化能自养的细菌。

消费者(consumer)是异养生物,它们不能从无机物质制造有机物质,而是直接或间接依赖于生产者所制造的有机物质。消费者按其营养方式又可分为食草动物、食肉动物和大型食肉动物或顶极食肉动物。食草动物是直接以植物体为营养的动物,如水体中的浮游动物和某些底栖动物、陆地上的食草动物,它们可以统称为一级消费者。食肉动物是以食草动物为食的动物,如水体中以浮游动物为食的鱼类、陆地上以食草动物为食的捕食鸟兽,它们又称为二级消费者。大型食肉动物或顶极食肉动物是以食肉动物为食者,如水体中的黑鱼或鳜鱼,草地上的鹰等猛禽,它们也被称为三级消费者。

分解者(decomposer)也是异养生物,其作用是把系统中生物残体的复杂有机物分解为生产者能重新利用的简单化合物,并释放出能量。主要是存在于生态系统的细菌、真菌、软体动物、蠕虫、蚯蚓、螨等低等动物。

在水域生态系统(aquatic ecosystem)如淡水湖中,微生物是生产者(producer)。在晴天,表层水光线充足,蓝细菌和绿藻利用阳光和二氧化碳进行光合作用产生碳水化合物。消费者(consumer)如动物和人则利用光合作用中产生的生物量作为食物。当动植物死亡时,细菌和浮游生物等分解者(decomposer)将有机物分解为简单的组成单元,供给水生植物所需要的营养物质。由此可见,生物就是这样与环境结合在一起,彼此之间相互依赖,形成一个有组织的完整的综合生态系统(integrated ecosystem)。相对而言,微生物生态系统只不过是综合生态系统的一个组成部分,但对综合生态系统的功能有着不可忽视的重要影响。

9.1.2 微生物生态学与微生物生态系统

微生物生态学(microbial ecology)是研究微生物与环境之间相互作用的科学,是生态学的一个分支,在一定意义上也可称作环境微生物学(environmental microbiology)。所谓环境是指生物赖以生存的空间,由非生物环境(abiotic environment)和生物环境(biological environment)两大部分组成。非生物环境是除生物以外的环境,由一系列物理、化学、生物因素所构成,如温度、水分、光线及 pH 等,是生物生存的场所。生物环境是指来自研究对象以外的其它生物的作用和影响,如营养竞争、空间竞争和互利共生等。微生物生态学研究的主要内容是微生物在自然界中的分布、种群组成、数量和生理生化特性,非生物环境对微生物生态系统的影响以及微生物之间及其与动植物之间的相互关系和功能。微生物生态学根据研究环境特点之不同,又有诸多分支学科,如土壤微生物生态学、水微生物生态学、食品微生物生态学、水处理微生物生态学等。

微生物生态学自 1960 年前后开始成为一门独立的学科,在自然环境中,有机物的矿化以及重要物质元素的周转循环,微生物往往是关键环节。在修复改善环境或破坏环境中微生物也具有重要作用。各类不同的环境因素影响微生物的生长繁殖,决定着微生物的分布类群,而微生物通过增殖或代谢等活动也对环境产生影响。微生物生态学的目的主要是通过研究,充分了解和掌握微生物生态系统的结构和功能,更好地发挥微生物的作用,更充分地利用微生物资源,为解决人口膨胀、资源匮乏、能源短缺和环境污染等问题,特别是为解决环境污染问题提供生态学理论基础、方法和技术手段等。研究微生物生态学有助于进一步认识微生物在土壤、水、空气、食品等环境中消长的情况,分布的种类,对各类环境的影响,以及对人体可能造成的危害。

微生物生态学的研究起步较晚。与动植物相比,微生物个体微小,种群数量庞大,因此,微观性和群体性成为微生物生态学研究的显著特点。正是这些特点,给微生物生态学研究在技术上带来了较大困难,这是微生物生态学一直落后于动植物生态学的主要原因。

微生物生态系统(microbial ecosystem)是微生物系统及其环境(包括动植物)组成的具有一定结构和功能的开放系统。自然界中任何环境条件下的微生物,都不是单一的种群,微生物之间及其与环境之间有着特定的关系,它们彼此影响,相互依存,呈现着系统关系,这就是微生物系统。由于环境限制因子的多样性,使各微生物系统表现出很大的差异,从而导致了微生物生态系统的多样性和复杂性。根据自然界中主要环境因子的差异和研究范围的不同,微生物生态系统大致分为如下类型:陆生微生物生态系统、水生微生物生态系统、大气微生物生态系统、根系微生物生态系统、肠道（消化道）微生物生态系统、极端环境微生物生态系统、活性污泥微生物生态系统、"生物膜"微生物生态系统等。

9.1.3 种群和群落

在自然环境中，同种微生物的许多个体常常生活在同一生境中，以群体的方式存在。在一定时间里生活在同一生境的同一个体细胞生长形成的生物群体，在生态学上称之为种群（population），而把代谢上相关的群体组成的种群称之为共位群（guilds）。种群通常是由一个亲代细胞经过连续的有丝分裂而形成的相似个体所构成（图9-2）。一个种群通常生活在一定的范围内，并占据着一定空间。生态学上，把一个种群生活的环境称之为该种群的栖息地（habitat），或称之为生境。

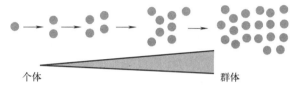

图 9-2　一个亲代细胞发育成种群示意图

多种不同种群的生物生活在一起称为群落（community）。在地球上几乎没有一种生物是可以不依赖于其它生物而独立存在的，往往是多种生物共同生活在一起，形成占有一定空间的生物种群集合体，这个集合体包括动物、植物、微生物等分类物种。所以，群落既可以广义地理解为生态系统中各类生物成分的总和；也可以狭义地指某一物种数目的总和，如植物群落、动物群落、微生物群落等。仅就微生物群落而言，也都是由一定的微生物种群组成。群落中种群与种群之间，以及群落与环境之间存在着复杂的关系。群落中的各成员所起的作用不同，所以各种群在群落中的重要性也不一样，其中有部分种群在群落中起主要作用，称为优势种（dominants）。在不同群落中由于结构及组成不同，优势种也是不相同的。群落并不是任意物种的随意组合，生活在同一群落中的各个物种是通过长期历史发展和自然选择而保存下来的，它们之间彼此的相互作用不仅有利于它们各自的生存和繁殖，而且也有利于保持群落的稳定性。

9.1.4 环境梯度和耐受限度

植物生态学上，环境梯度（environmental gradients）一词是用来阐明生物种或生物群落沿着经度或纬度或是从海平面到山顶的分布。对于食品来讲，如在一杯浓糖浆的上面加上一层稀糖浆，这样兼性嗜渗微生物选择在上层稀糖浆内生活，而专性渗压微生物则生活在底层浓浆糖中，就如同喜湿植物生长在水边，而喜干植物生长在山顶的情形一样。

微生物在一个环境中存活与生长不但取决于营养因素，而且与环境中各种物理化学因素如湿度、pH、糖度、盐度、水分活度等有关。美国生态学家谢尔福德（全名维克托·欧内斯特·谢尔福德，Victor Ernest Shelford）认为一种生物只能在对环境中生态因子能够耐受的范围之内生长和繁殖，某一因子在数量上和质量上不能满足或过多均会影响生物的存亡。生物对这些生态因子所能耐受的最大量和最少量之间的范围称之为耐受限度（limits of tolerance）。在耐受限度内存在一个最适范围，在此范围内，微生物能够繁殖。随着条件逐渐偏离最适范围，虽然微生物可以生长，但对于繁殖已是过于受胁迫了。当条件达到或超过个体能够存活的上下极限环境时，微生物就再也无法生长（图9-3）。

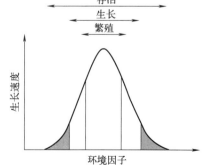

图 9-3　微生物对环境因子的反应示意图

一般来讲，一种微生物对某一因子的耐受范围较宽，而对另一种因子的耐受范围就可能较窄。但是，如果某一微生物对多种生态因子均有耐受性，那么，这一微生物常常分布广泛，如霉菌的 pH 生长极限在 1.5~10 之间，对水分活度适应性强，故霉菌在自然界中广泛分布。

9.2 微生物种群的相互作用

9.2.1 种群内的相互作用

单一种群中的相互作用有正相互作用和负相互作用，正相互作用是使种群生长速率增加，而负相互作用则使生长速率降低（图 9-4）。一般正相互作用（协同作用）主要发生在低种群密度，而负相互作用（竞争）发生在高种群密度。在合适的低种群密度条件下种群密度增加直至达到某一临界值，然后高种群密度又导致强烈的负相互作用而减慢生长速率（图 9-5）。

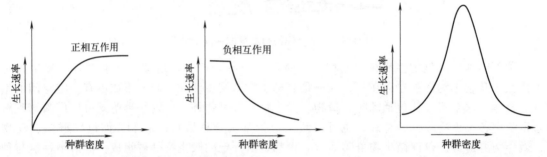

图 9-4　一个种群中正和负相互作用的综合效应　　　图 9-5　生长速率指示种群密度的适合性

正相互作用的实质是一种协同作用。在微生物培养和工业发酵中具有适宜的初始种群密度的培养物的生长明显优于初始种群密度较低的培养物。较低种群密度时会有较长的迟缓期，如果密度很低微生物可能不能生长。这对于在合成培养基上不易生长，有复杂生长生理需要的微生物尤其如此。中间密度种群一般要比单个生物在自然生境中更易成功定殖，微生物感染中的"最小感染剂量"也说明了这个问题，一般成千成万个病原体才能引起疾病，而单个病原体是不能够克服宿主的防御的。微生物生长对协同作用的需要主要源于微生物生长过程中的相互需要，微生物半透性的细胞膜需要不断把分解代谢产物排出，又要不断吸收代谢产物进行新的合成，而一个细胞或非常低浓度的种群是做不到的。

正相互作用有助于微生物利用营养资源、适应和抵抗恶劣环境以形成菌落。种群的协同相互作用对微生物利用不易利用的基质（如纤维素、木质素等）尤其重要，在很低种群密度条件下，微生物产生的胞外酶和酶解基质的产物会迅速在环境中稀释，不能为种群所利用，而较高种群密度则可以使基质被高效利用。生物膜中的微生物种群对抗微生物剂的抗性比悬浮的高出一个数量级。微生物种群之间的遗传信息交换也被看成是一个协同相互作用，微生物对抗生素、重金属的抗性，利用不常见有机物的能力可以从种群中的一个个体转移到其他个体中，但这种遗传交换需要较高的种群密度（大于 10^5 个/mL）才能进行，低密度条件下的遗传交换是很罕见的。

负相互作用的实质是一种竞争关系。微生物种群占据同样的生态位，利用同样的基质。在自然生境中，由于可利用的基质的低浓度，增加种群密度对可利用资源的竞争增加，寄生微生物会对可利用宿主产生竞争。除了对可利用基质的直接竞争外，广泛意义的竞争还包括其他负相互作用，例如种群产生的毒物、代谢产物积累到一定浓度对种群产生的作用。微生物的生理遗传特性中也提供明显的负相互作用的例证。在一些细菌中有质粒编码切割 DNA 的限制性酶和使敏感

DNA 位点甲基化以阻碍切割的 DNA 甲基化酶。限制性酶比 DNA 甲基化酶更加稳定。在去除质粒后，DNA 甲基化酶衰减，不受保护的 DNA 被限制性酶切割，造成细胞死亡，说明了这种负相互作用。

9.2.2 种群间的相互作用

众多微生物种群之间存在方式多样的相互作用。传统上共生的概念被用于描述两个种群之间的密切关系。总体上所有的共生关系都可以看成是有益的，因为这种共生关系可以维持生态平衡。微生物种群之间的相互作用和种群内一样也可以区分为负相互作用、正相互作用、中立作用等。正相互作用可使微生物更有效利用资源，并占领原先所不能占领的生境，提高生长速率、增加存活时间和抗环境压迫能力；负相互作用则会降低某些种群的生长速率、存活数量，但负相互作用作为一种反馈调控调整种群密度，从长远看也有利于种群的生长和存活。

种群之间的相互作用是群落结构形成的基础，也是推动群落演替的动力。在成熟的群落结构中，多种种群之间的关系十分复杂，多种方式的相互关系共存。为了便于分析，这里把多种群多边的复杂关系简化为两个种群之间的相互关系加以阐述，从两种群间的相互关系出发进而能剖析更加复杂的群落中种群之间的复杂关系。按照相互作用的特点，可以把两种群间的相互作用概括为八种类型（表 9-1）。

表 9-1　微生物种群之间相互作用类型

相互作用类型	相互作用效应	
	种群 A	种群 B
中立作用(neutralism)	○	○
偏利作用(commensalism)	○	＋
协同作用(synergism)	＋	＋
互惠共生(mutualism)	＋	＋
竞争作用(competition)	－	－
偏害作用(amensalism)	＋	－
捕食作用(predation)	＋	－
寄生作用(parasitism)	＋	－

注：○无效应；＋正效应；－负效应。

9.2.2.1 中立作用

中立作用是两个微生物种群之间互不干扰、互不影响的相互关系。空间上相互隔离是使两个种群之间表现出中立现象的主要原因。空间上的相互隔离在自然生境中普遍存在，如种群密度极低的寡营养水体（指水体营养物质缺乏且含有种类较多而数量较少的水生生物的水体，这种水体的特征是透明度高），不同种群占据不同微生境的土壤环境。但空间上的隔离也不能绝对排除两种群之间的联系，例如植物根病原体造成的植物死亡也对以叶为生境的微生物造成影响。此外极低的代谢活性（如冷冻和大气中的微生物）、休眠状态（如抗环境压力产生的芽孢、胞囊等）也是中立作用产生的条件。

9.2.2.2 偏利作用

偏利作用是一种种群因另一种群的存在或活性而得利，而后者没有从前者受益或受害。在自然生境中偏利作用是极普遍的相互作用，是导致群落演替的重要因素。通过改变生境条件，产生可利用基质或生长因子，移走有毒物质，降低可产生抑制作用的物质和共代谢作用等都导致产生偏利作用。例如嗜高渗酵母菌在高浓度糖溶液中生长时能降低糖浓度，改变生境的水分活度，使那些不能耐受高渗透压的微生物能够生长。某些真菌产生的纤维素酶转化复杂的多聚化合物（如纤维素）成为简单化合物，如葡萄糖，而葡萄糖则可为缺乏纤维素分解能力的微生物所利用。

9.2.2.3 协同作用

协同作用是非专一性的松散联合的两种种群都从这种联合中受益的相互关系。联合双方可以单独存在，而且任何一方都可以被另外的种群所替代。具有协同作用的两种群联合它们的代谢活性，使它们能更好进行单个种群所不能完成（或不能很好完成）的化合物分解转化过程。协同作用，是互生关系中的一种，互生指两种生物可以独立生活，也可以形成相互的联合，对一方有利，或双方都有利。这是一种可分可合、合比分好的松散的相互关系。

有的两种种群协同作用使有机物被彻底分解，两者都从分解过程中获得能量和生物合成的代谢产物（图9-6）。有时两个种群可以促进物质循环、相互提供营养物质（图9-7）。

化合物 A $\xrightarrow{\text{种群1}}$ 化合物 B $\xrightarrow{\text{种群2}}$ 化合物 C $\xrightarrow{\text{种群1和2}}$ 能量＋末端产物

图9-6　交互利用的协同作用

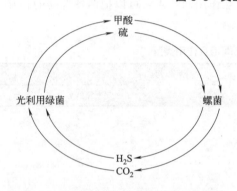

图9-7　建立在C和S循环基础上的绿菌和螺菌的协同作用

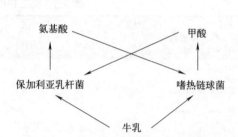

图9-8　嗜热链球菌和保加利亚乳杆菌的代谢互利作用图

在食品发酵工业中，利用微生物之间的这种相互关系，可以进行混菌发酵，如图9-8所示。在酸奶生产中采用两菌共同发酵比采用单菌发酵好，其发酵时间短、产酸快、产酸量大、凝固状态好、品质高。根际微生物（分布在根际的微生物称为根际微生物，一般是指根面上和离根面5mm范围内的微生物）与高等植物之间也存在这种互生关系。植物根在生长过程中，向周围土壤中分泌各种有机物质，并有些脱落物，从而为微生物提供所需的营养物质，植物发达的根系改善了土壤结构、水分和空气条件，有利于微生物的生长。

9.2.2.4 互惠共生

互惠共生是专一性紧密结合的两种种群都从这种联合中受益的相互关系。互惠共生是协同作用的进一步延伸和完善，联合的种群可以单独存在，但在一定条件下趋向于结合成一个共生体，共生体可以表现出独特的特性，有单个种群所没有的代谢活性、生理耐受性和生态功能，有利于它们占据限制单个种群存在的生境。互惠共生关系是专一性的，共生体中的一种成员通常不能被另外相应的种群所替代。互惠共生也被称为共生，两种种群紧密地生活在一起，彼此依赖，相互为对方创造有利的生存条件；其在生理上相互分工，互换代谢活动的产物；在组织上形成了新的结构，一旦彼此分离，新的结构不复存在。

微生物与微生物之间可以紧密结合，形成互惠共生关系。如地衣是互惠共生的典型例子，自然界中存在各种不同形态的地衣，如图 9-9 所示。地衣的微生物组成是藻类和真菌，其由藻类（包括蓝细菌）和真菌形成异层型结构，包括上下皮层、藻层（藻类）、髓层（真菌）。组合而成的共生体无论在功能上还是形态上都已整合成一个新的完整整体。藻类利用空气、水，通过光合作用产生有机物，其中部分供真菌作为营养；而真菌为藻类提供保护，并固定在固体表面，真菌可以供给藻类所需要的矿物质营养及生长因子。地衣中藻类包括蓝藻、绿藻和黄藻，绿藻中共球藻属（*Trebouxia*）和蓝藻中的念球藻属（*Nostoc*）是地衣中的常见藻类。而子囊菌纲（Ascomycete）、担子菌纲（Basidiomycete）、接合菌纲（Zygomycetes）中的真菌是地衣中的主要真菌种。地衣中的藻类和真菌的专一性是相对的，一种藻类可以和几种相容的真菌相结合，一种真菌也可以和几种相容的藻类相结合，在某些地衣中可以有多种藻类、真菌共存。

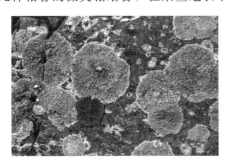

图 9-9 不同形态的地衣

地衣生长非常缓慢，但能稳定定殖在其他生物不能生长的严峻生境中，如低温、干燥的岩石表面。地衣也能产生有机酸以溶解岩石矿物质，有助于它们在岩石上的生长。一些地衣能固定大气中的氮供应地衣作氮源，森林中的地衣固定的氮也供给那里的植物。地衣共生体也有非常脆弱的一面，易于受到环境改变的影响，大气污染，特别是 SO_2，可以抑制地衣中藻类的生长，降低光合作用活性，甚至使地衣消亡。

除地衣外，原生动物和藻类、细菌的内共生也是重要的互惠共生关系。粪肠球菌（*Enterococcus faecalis*）和阿拉伯乳酸杆菌（*Lactobacillus arabinosus*）互相供给所需的营养情形：粪肠球菌生长需要叶酸，阿拉伯乳酸杆菌生长需要苯丙氨酸，此二者均为营养需求菌，若将两菌混合于没有叶酸和苯丙氨酸的培养基中，两菌可生长，单独则无法生长。粪肠球菌需要阿拉伯乳酸杆菌产生的叶酸，而作为交换，阿拉伯乳酸杆菌需要粪肠球菌产生的苯丙氨酸，形成了互利共生的模式，也称互惠共生。

此外，有的学者也把温和噬菌体和细菌种群所建立的溶原状态看成一种互惠共生关系。噬菌体的 DNA 整合到细菌的基因组而得以遗传保存，而携带有溶原噬菌体的细菌具有更大的抗感染能力，有的甚至可以产生新的酶。

微生物与植物之间也可以形成紧密的互惠共生关系。豆科植物被特定的根瘤菌感染后，植物和根瘤菌的生理都发生变化，形成新的共生组织根瘤（root nodules），如图 9-10 所示。根瘤是根瘤菌和植物根彼此单独存在时所没有的形态结构，也具有彼此单独存在时所没有的固氮功能。根瘤菌和豆科植物的共生固氮作用是微生物和植物之间最重要的互惠共生关系之一，共生固氮对保持土壤肥力、提高农作物产量有重要作用。此外，菌根是一些真菌和植物根以互惠关系建立起来的共生体。植物形成菌根是一种正常现象。自然界中大部分植物都具有菌根。在菌根中，真菌和植物根的关系比根际更密切，更具专一性。根据形态学和解剖学的特征，菌根分为外生菌根（ectomycorrhizae）和内生菌根（endomycorrhizae），如图 9-11 所示。

微生物与动物之间也存在互惠共生关系，如反刍动物是食草哺乳动物，其特殊的消化器官——瘤胃（rumen）内含有大量的微生物，包括细菌、原生动物和真菌。反刍动物和其瘤胃中

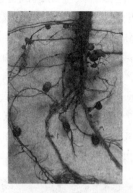

图 9-10 豆科植物的根瘤

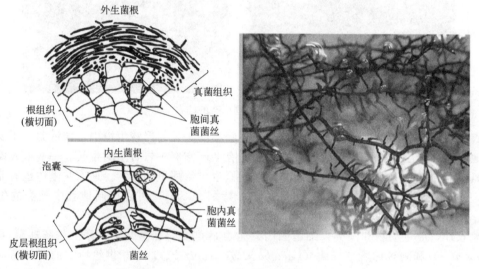

图 9-11 植物的菌根

的微生物间存在互惠共生关系。某些以植物性材料为食物的昆虫和生长在植物性材料上的微生物存在着一种互惠共生的关系，如切叶蚁和丝状真菌、钻木昆虫和真菌以及以木材为生的高等白蚁和其培养的体外真菌等。微生物酶解植物组织，酶解产生的蛋白质和小分子糖等可成为昆虫的食物源，而昆虫为微生物提供源源不断的植物材料和繁殖的良好环境。有些昆虫（如低等白蚁）的肠道内共生有大量种类繁多的微生物，昆虫从共生微生物处获取营养。专以植物汁液或脊椎动物血液为食的昆虫和微生物也存在互惠共生关系。微生物被贮放在昆虫细胞的细胞质中，这些细胞称含菌细胞（mycetocytes），许多含菌细胞聚集在一起，形成称为含菌体（mycetome）的特殊结构。共生微生物存在于昆虫的肠道和组织里，有助于昆虫的生存、生长和繁殖。昆虫为微生物提供生境，而微生物则为昆虫提供固醇、B族维生素以及必需氨基酸等食物中缺乏的生长因子。如果从昆虫中移去微生物，昆虫不能正常生长繁殖。

总的来说，微生物同昆虫的共生有内共生（endosymbioses）和外共生（ectosymbioses）两种方式，前者指微生物生活在昆虫体内，后者则指微生物生活在昆虫的生境中。内共生的微生物多存在于昆虫消化道或昆虫细胞的细胞质中，而在其他地方很少见，这主要是因为微生物会被昆虫的防御系统破坏。如从含菌细胞释放到蚜虫的血腔中的细菌，很快就被溶解。但也有例外，如少数昆虫细胞内有"客座"（guest）细菌，一些蝉的身体细胞间有酵母等。

9.2.2.5 竞争作用

竞争是需要相同生长基质、环境因子、占据同一生态位的两种种群在一定条件下产生的负相互关系。这种关系对两个种群的存活和生长都产生有害效应。竞争的结果因竞争双方的不同遗传生理特性及环境条件会有不同的结果,但一般都会使紧密相关的种群产生生态分离,这被称为竞争排除原理。一种种群将在竞争中胜出,而另一种种群将被削弱甚至被排除。然而如果种群在不同时间使用同一资源,那么绝对的直接竞争可以避免。微生物在恒化器中的培养也可以说明竞争排除原理。在有限条件下,一个单一的细菌种群存在于一个恒化器中,而其他的竞争主要资源的种群将会被从系统中排除。试验条件下,具有最高内禀增长率(指在给定的物理和生物条件下,具有稳定的年龄组配的种群的最大瞬时增长率)的种群将成为存活的种群,而较低者将被排除消失。但存在吸附效应时,则较低者仍然可留存在系统中。在一定条件下,竞争将导致优势种群的建立和对资源的更合理利用,竞争是生物生存和进化的基础。

9.2.2.6 偏害(拮抗)作用

一种种群可以通过产生代谢产物或修饰生境造成不利于另一种群生长的环境条件,从而取得竞争优势,这种阻碍一种种群生长,而对另一种群无影响的相互关系就是偏害作用。代谢产物对微生物的抑制作用是最具代表性的例子。许多细菌可以产生抗生素、生物毒素、细菌素,可以对其他细菌产生直接的毒性效应。其中,细菌素(bacteriocins)是由革兰氏阳性菌和革兰氏阴性菌产生的蛋白质化合物。1928年研究人员首次发现了乳酸菌产生的细菌素,1971年细菌素结构被鉴定,命名为乳酸链球菌素(Nisin),其作为生物防腐剂已经在食品中广泛应用。Nisin表现了对革兰氏阳性菌的抑制作用,包括腐败和食源性病原体,如金黄色葡萄球菌(图9-12)、肉毒梭菌、单核细胞增生李斯特氏菌和多种耐药性细菌。

某些微生物产生的醇类(主要是低分子量醇,如乙醇)、挥发性脂肪酸可以对许多不能耐受的微生物产生抑制作用。氨化微生物产生的氨、蛋白质分解产生的氨基酸积累到一定浓度则可以抑制硝化细菌对亚硝酸盐的氧化。对

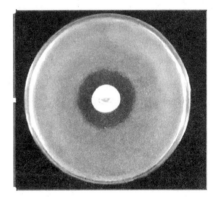

图 9-12 使用 Nisin 抑制金黄色葡萄球菌生长效果图

生境的修饰也是较典型的偏害作用的例子,许多微生物产生的弱酸(如乙酸、乳酸)可以修饰生境,从而抑制其他微生物生长。硫氧化菌产生的酸矿水(主要是硫酸)可使 pH 值降低到 1~2,这种条件下大部分微生物都不能生长。

偏害作用可以导致某些种群在生境中优先定殖。一种生物确定了在一个生境中的地位,它就可以阻碍其他种群在那个生境中的存活。皮肤表面的土生微生物产生的脂肪酸可以防止其他微生物的定殖。偏害作用也可以导致多种微生物的共存。新西兰刺猬皮肤上的须发癣菌(*Trichophyton mentagrophytes*)可以产生青霉素类的抗生素,这对青霉素敏感菌是偏害的,但这种偏害作用也导致了抗性菌的产生。如耐甲氧西林金黄色葡萄球菌(methicillin-resistant *Staphylococcus aureus*,MRSA)被称为超级细菌。MRSA是在刺猬皮肤上为了生存而进化过来的,随后通过直接接触传播给牲畜和人类而致病。导致人类感染的细菌对抗生素产生耐药性,以前被认为是一种现代现象,是由抗生素的临床使用引起的,其实它们的耐药性很可能在自然界早已广泛存在,人类使用抗生素正在加速细菌抗生素耐药性上升的进程。

9.2.2.7 寄生作用

寄生是一种种群对另一种群的直接侵入,寄生者从寄主生活细胞或生活组织中获得营养和生

存环境,而对寄主产生不利影响。根据寄生部位可有内寄生、外寄生,根据寄生关系又有专性寄生、非专性寄生。在寄生过程中寄主细胞常被裂解。噬菌体与细菌、放线菌之间的寄生关系是微生物间寄生关系的最典型例子,噬菌体侵入被感染菌后利用胞内的条件复制出新的噬菌体,导致寄主被裂解。真菌之间的寄生现象比较普遍。细菌间的寄生现象比较少见,但蛭弧菌的寄生引人注目,蛭弧菌可寄生在细菌胞内,一般侵入革兰氏阴性细菌。在微生物中还可出现连环寄生的现象,蛭弧菌寄生在细菌胞内,而噬菌体又寄生在蛭弧菌胞内,在蛭弧菌裂解寄主细胞时,它自身也会被裂解。

寄生是控制种群密度的一种机制,对寄主种群具有长远的利益。可以利用寄生来控制农业病原菌,利用噬蓝藻体来控制蓝藻的生长,达到控制水体水华(指淡水水体中藻类大量繁殖的一种自然生态现象,是水体富营养化的一种特征)的目的。

9.2.2.8 捕食作用

捕食是一种群被另一种群完全吞食,捕食者种群从被食者中取得营养,而对被食者种群产生不利影响。在微生物中,原生动物之间和原生动物与细菌之间的捕食关系最为典型。前者如环栉毛虫对大草履虫的捕食,后者如纤毛虫、鞭毛虫和阿米巴等对细菌的捕食。捕食关系的理论模式是两种种群的数量表现出有规律的周期性波动,捕食者的数量高峰要比被食者的数量高峰稍后一些(图9-13)。但在实际的捕食关系中两种种群的大小都受到负反馈调控,被食者也可以躲避和产生抗捕食能力(如产生荚膜,有利于附着),所以捕食者和被食者都不会完全从系统中排除,而是以一个相对稳定、大小不同的种群共存于系统中。在限制蔗糖的连续培养中,四膜虫(*Tetrahymena pyriformis*)(捕食者)和肺炎克雷伯氏菌(*Klebsiella pneumoniae*)(被食者)的共培养试验(图9-14)就说明了这一点。共存依赖于被食者的躲避能力。

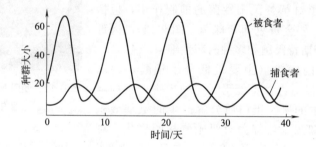

图 9-13 理论上的捕食者-被食者的波动

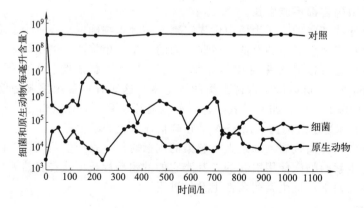

图 9-14 四膜虫和肺炎克雷伯氏菌种群之间相互作用显出的捕食者-被食者种群周期波动

不同的种占据分离的生态位，由此可见生态环境的异质性、生态位的多样性实际上为这种共存提供了基础。此外捕食者和被食者的物理隔离可以保护被食者免受捕食，研究证明黏土颗粒可以起到保护被食者的隔离作用。纤毛虫等原生动物的个体大小是被食者细菌（如肠杆菌）的 $10^3 \sim 10^4$ 倍，它们对细菌捕食的策略是滤食（filter feeding），以便消耗最少的能量获取最大的能量。如被食者密度太低，滤食过程处于能量赤字，这样原生动物就会停止滤食。捕食也是控制种群的一种机制，对生态平衡有重要意义。在污水处理中原生动物大量捕食游离的细菌，对于提高污水处理厂出水的水质有重要作用。虽然被食者被捕食者捕食而被消耗，但被食者作为一个整体可从加速营养循环中得到好处。通过捕食者死亡分解后产生的基本物质促使被食者的生长，从而补偿由被捕食造成的种群数量降低。

世界上成熟的群落结构，多种种群之间的关系往往十分复杂，出现多种生态关系的共存。如开菲尔粒（Kefir grains，KG）是由数种乳酸菌、酵母菌、醋酸菌等微生物之间的共生作用而形成的特殊粒状结构，如图 9-15 所示。开菲尔粒形状比较有规则，多数呈花椰菜状，也有少量的薄片状和旋涡状或纸卷样等结构，表面卷曲、不平整或高度扭曲，直径大多在 1~15mm 不等，最高可达 20mm 以上，多为白色或淡黄色，富有弹性的菌块。开菲尔（Kefir）是一种黏性、酸性和轻度酒精的乳饮料，使用开菲尔粒作为发酵剂，通过牛乳发酵生产的饮品。开菲尔中的微生物之间存在复

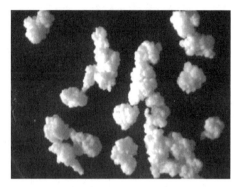

图 9-15 开菲尔粒形态

杂稳定的相互关系，如图 9-16 所示。随着培养条件和培养阶段的变化，一方面存在密切的共生关系，另一方面也存在一定的拮抗关系。共生关系体现在，开菲尔粒在分解蛋白胨生成维生素的条件下，乳酸菌被酵母菌和醋酸菌激活，乳酸菌可分解乳糖产生半乳糖和葡萄糖，以供酵母利用，酵母则为细菌提供生长因子等；乳酸菌产生胞外多糖，有利于菌株凝聚，形成开菲尔粒。它们在牛乳中发酵、代谢产生的乳酸、乙醇、CO_2 等物质，形成开菲尔乳品良好的口感和风味。拮抗关系主要体现为开菲尔发酵过程中代谢物的积累对微生物的生长产生影响。例如酵母和醋酸

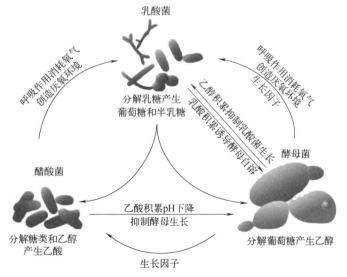

图 9-16 开菲尔中乳酸菌、酵母菌和醋酸菌之间的相互作用

(引自，黎世威，内蒙古农业大学)

菌发酵积累乙醇、乙酸等，乙醇和乙酸浓度不断增加后会对细菌的生长繁殖产生抑制作用。乳酸可诱导马克斯克鲁维酵母（*Kluyveromyces marxianus*）的生长和自溶，释放蛋白质和肽。在开菲尔中，随着发酵的不断进行，乳酸菌代谢过程中不断积累的乳酸也会使得酵母菌发生自溶。

二维码 27

目前，研究者不仅研究开菲尔的营养功效、其中微生物的相互关系，也探究开菲尔粒形成的机制。部分研究者认为开菲尔粒的形成分为两个阶段，第一阶段生物膜形成，在酵母的共聚集作用下，乳酸菌、醋酸菌和酵母菌结合到一起，黏附在醋酸菌产生的生物膜上，进而形成开菲尔基质生物膜；第二阶段为开菲尔粒形成，开菲尔基质生物膜形成后由于胞外多糖的作用折叠成封闭的囊泡结构，最终形成开菲尔粒。

9.3 现代微生物生态学研究方法

9.3.1 微生物生态学的传统研究方法

传统的微生物分子生物学方法是基于微生物培养技术形成的，为微生物分类、生理、遗传等微生物学各个领域的发展奠定了基础。但是，迄今为止，自然界中绝大多数的微生物不能被现有的传统微生物培养技术分离出来。目前的研究结果表明，海洋中可培养的微生物仅占其中总微生物数量的 0.001%~0.1%，淡水中约为 0.25%，土壤中约为 0.3%。自然界中存在许多制约因素影响微生物的分离培养。

二维码 28

当微生物从自然环境转移至营养丰富的人工培养基中，低营养甚至寡营养生活方式的微生物会因为高浓度营养基质的抑制而停止生长，这是专性寡营养微生物。在人工培养环境的好氧条件下，快速生长的微生物产生过氧化物、自由基和超氧化物，使其他的微生物受到毒害抑制。由于客观条件的限制，目前不可能人为全面地还原其真实的生长环境。此外，人们对微生物生长环境的复杂性、微生物生长条件及其规律性的了解有所限制，是造成微生物不可培养或难培养的原因。

针对上述缺陷，科研工作者在以往传统微生物培养方法的基础上，研发出一系列改善微生物培养的新方法。改良的微生物培养方法大致分为两类：第一类是对传统培养基组成和培养方式进行改良，包括添加微生物相互作用的信号分子，供应新型的电子供体和受体，降低营养基质浓度，改善微生物培养条件，促进低营养及寡营养微生物种类的分离培养等；第二类是设计原生境的高通量微生物培养技术和装置，如应用于海洋和陆生环境的扩散盒技术、土壤基质膜技术以及高通量微生物分离芯片等。

9.3.1.1 稀释培养法（dilution culture）

自然环境中的微生物大多处于低营养或寡营养状态。环境中占主体的寡营养微生物在人工培养时，受到少数优势生长微生物的竞争而不能正常生长。针对这种缺陷，研究者提出把环境微生物稀释至痕量，则寡营养微生物可以不受到少数优势微生物竞争作用的干扰，被培养的可能性会大大提高。目前，稀释培养法已经广泛应用于海洋微生物生态学、淡水湖泊微生物生态学、土壤微生物生态学以及动物肠胃微生物生态学等多个研究领域，为发现微生物新物种提供了良好的技术支撑。

9.3.1.2 高通量培养技术（high-throughput cultivation）

为提高分离效率，在稀释培养法的基础上提出了高通量培养技术：将样品浓度稀释至 10 个/L 后，采用 48 孔细胞培养板结合流式细胞仪检测分离培养微生物。利用高通量培养技术可以分离培养 14% 的海洋微生物，远高于传统分离培养技术中微生物数量，并发现了多种未培养海洋微生物。此后高通量测序技术通过与分子生物学中的荧光原位杂交技术结合，不仅提高了微生物的可培养性，还可在短时间内监测大量的培养物，大大提高了工作效率。

9.3.1.3 模拟自然环境的培养技术

模拟自然环境的培养技术包括扩增盒培养技术（diffusion chamber growth technique）和细胞微囊包埋技术（microencapsulation technique）两种。

扩增盒培养技术是利用培养仪器——扩增盒将环境微生物在原位条件下进行富集生长，最终得到纯培养的微生物的方法。以海洋微生物原位富集为例，扩增盒由一个环状的不锈钢垫圈和两侧胶连的孔径为 $0.03\mu m$ 的滤膜组成，滤膜只允许培养环境中的化学物质流通，而细胞不能通过；扩增盒内加入稀释底泥与琼脂的混合物，封闭后置于天然海洋底物上，并不断注入新鲜海水循环流动；培养一周后获得40%的接种微生物，并能够分离得到新的微生物物种。此后，这种方法应用于研究土壤和水体、污泥环境中的难培养微生物。扩增盒技术初次培养获得的微小菌落多数为混合培养，通常需要再次分离才能获得纯培养菌落。该方法可以模拟自然环境，不同细胞间经过互喂，形成独立的菌落。

细胞微囊包埋技术是一种将单细胞包埋培养与流式细胞仪检测结合为一体的高通量分离培养技术。双包埋培养技术将微生物包装在琼脂球内，外面再用一层多羧基高分子膜包裹。将这种双层包裹的小球放在珊瑚表面黏液进行培养，获得新的微生物。此后，这一技术进一步发展，设计了一种高通量的微生物分离芯片，每个扩散孔只含一个微生物细胞。采用这种芯片装置，分离到大量的海水和土壤微生物，其中有30%左右新物种。细胞微囊包埋法在接近于天然生长环境中有效提高了微生物的可培养性。但是该方法建立时间短，还存在一些如包埋基质机械强度低、渗透性差、微生物热敏感等技术难题，且成本高，仍需进一步改进。

9.3.1.4 改良微生物培养基组成和培养条件

微生物的多样性体现在其生理代谢的多样性和复杂性上。不同微生物的生长代谢类型各异，对底物的需求也存在差异。因此，在传统培养方法的基础上，通过选择性地添加微生物生长所需的营养成分，使原先难以培养的微生物得以培养。目前已经报道的改良方法包括以下几种。①改良条件包括非传统的碳源、电子供体或电子受体：采用这种方式改善难培养微生物的前提是对目标微生物的生理特性有一定了解。②根据微生物自身特性的培养方法：一些微生物具有独特的代谢途径，可以通过纯培养的方式将其分离出来。③添加信号分子或类似物调节促进微生物生长：自然环境中，微生物群体之间通过信息传递来调节生长代谢。因此，在人工培养时，可以向培养系统中添加促进细胞间沟通的信号分子，从而改善微生物的培养状态。④添加细菌实施仿生原生境共培养：根据自然环境中细菌依靠共生关系维系生长的原理，设计双层培养基。首先在平板上倒入培养基，涂布已知细菌菌液；接着再倒入一层培养基，涂布环境样品稀释液。这种方法可以提高微生物的分离效率，同时模拟原生境菌群的生长关系，有助于促进同类甚至不同类细菌的生长代谢。⑤添加具有解毒功效的化合物或酶抑制剂：环境中某些优势微生物在生长过程中会产生过氧化物及其他有毒物质。为了减轻这些毒性作用，可以在培养基中添加具有解毒功能的化合物或酶抑制剂。

9.3.2 微生物生态学的分子生物学研究方法

许多分子生物学方法和理论逐渐被应用于微生物生态学研究中，为研究难培养微生物和不可培养微生物提供了可靠的技术手段。分子生物学和微生物生态学的有效结合，弥补了传统微生物生态学的不足，使人们可以避免纯培养过程而直接探讨自然界微生物种群结构与环境的关系，在微生物多样性、微生物种群动力学、重要基因定位、表达调控等方面取得了进展，极大地推动了微生物分子生态学的发展。分子生物学技术的引入，使传统微生物生态学的研究领域由自然界中可培养微生物种群扩展至包括可培养、不可培养、难培养微生物在内的所有微生物，由微生物细胞水平的生态学扩展至各种生态学现象的分子机制研究水平，提出了微生物分子进化和分子适应等全新概念，使微生物生态学理论研究更接近于自然本质。

9.3.2.1 基于核糖体RNA基因的微生物生态学研究方法

在微生物分子生物学领域，采用核糖体RNA基因（ribosomal RNA gene，rRNA基因）作为标志物，进行微生物鉴定以及系统分类学研究。rRNA是目前应用最广泛的分子标记，在功能上高度保守，存在于除病毒以外的所有生物体中，其序列上的不同位置具有不同的变异速率，通过可变区域序列的对比，进行微生物系统进化分析或是对特定环境微生物进行群落结构分析。

（1）rRNA基因的特点

① 原核生物的rRNA基因：原核生物的rRNA包括5S rRNA、16S rRNA和23S rRNA。5S rRNA基因序列较短（120bp左右），包含的遗传信息不具有代表性；23S rRNA基因长度约2900bp，序列过长，对其分析存在一定难度；16S rRNA基因长度约1500bp，在分子生物学中应用最为广泛。

原核生物的16S rRNA基因分子大小适中，种类少，含量大（占细菌RNA总量的80%），在生物进化过程中的变化非常缓慢，在结构与功能上具有高度保守性，因此用来标记生物的进化距离和亲缘关系。通过对16S rRNA基因的序列进行分析，确定了9个可变区的位置和长度，不同的可变区适合不同菌群的鉴定分析（图9-17）。其中V3区可以分开大多数细菌，V2、V5、V6、V7、V9由于序列变异程度等原因不适合群落分析和细菌鉴定。

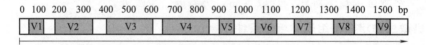

图9-17 原核生物16S rRNA基因可变区V1~V9的位置分布

16S rRNA基因作为原核生物分子生物学研究中的重要标记基因，具有以下优点。a. 多拷贝，提高检测的灵敏性：细菌中一般含有5~10个16S rRNA基因的拷贝，易获得，提高检测敏感性。b. 序列信息量大：16S rRNA基因由保守区和可变区组成，保守区存在于所有细菌中，序列结构差别不显著；可变区在不同细菌中存在不同程度的差异，具有种属特异性。可变区和保守区交错排列，因此可以根据保守区设计细菌通用引物扩增可变区，根据可变区研究细菌种间差异。c. 序列长度适中：基因长度约为1500bp，包含50个左右的功能域，遗传信息具有代表性。

② 真核微生物的rRNA基因：真核微生物存在更复杂的rRNA基因，包括5S rRNA基因、5.8S rRNA基因、18S rRNA基因和28S rRNA基因，其中18S rRNA基因、5.8S rRNA基因和28S rRNA基因组成一个转录单元。与原核微生物相比，真核微生物进化时间较短，因此相近物种间的rRNA基因序列内部缺少相应变化。真菌rRNA基因序列中不同区域的进化速率存在显著差异。真菌18S rRNA基因和28S rRNA基因进化速率较慢，保守性高，因此一般作为属水平以上的生物群体间的系统分析。28S rRNA基因的D1/D2区是目前酵母菌分类鉴定中常用的分子标识之一，这些序列在酵母菌种内和种间具有足够的差异性。

与编码rRNA的基因簇相比，非编码的转录间隔区（internal transcribed space，ITS）由于进化速度迅速且具多态性，因此真菌种间差异性更加明显。真菌全长ITS序列包含其两端的18S rRNA基因和28S rRNA基因的部分序列和中间的ITS1区，5.8S rRNA基因ITS2区的完整序列，拥有相对丰富的微生物信息。同时由于ITS序列两端的18S rRNA基因和28S rRNA基因序列高度保守，便于进行引物设计（图9-18）。基于rRNA基因ITS长度多态性和序列多态性分析，从核酸序列获得足够的遗传信息研究真核微生物亲缘关系与分类情况，已经广泛应用于真菌的属种间及种内组群水平的系统学研究。

图 9-18　真核微生物 rRNA 重复单位结构

（2）rRNA 基因序列分析技术的基本原理

基于 rRNA 基因的分子生物学分析技术就是从环境样品提取微生物总核酸，获得 rRNA 基因可变区片段或全长 rRNA 基因，通过克隆、酶切、高通量测序、探针杂交等分子生物学技术，获得基因序列信息，并与 rRNA 基因数据库序列信息进行比较，确定其在系统发育中的地位，对微生物进行分类分析。

① 环境样品微生物总核酸提取：不同环境样品中，提取微生物核酸的难易程度不同，因此提取方法存在一些差异。为满足后续分子生物学操作，提取的微生物核酸需要满足以下要求：微生物基因组提取过程中尽量避免断裂，保持完整；微生物核酸纯度高，应去除小分子和有机质等污染；尽量破碎微生物细胞，提高核酸回收率，有利于后续分子生物学操作。

② 研究 rRNA 基因的分子生物学方法：研究 16S rRNA 基因的常用分子生物学方法有多种，主要有变性梯度凝胶电泳法、末端限制性长度多态性、DNA/RNA 印迹杂交（Southern blot/Northern blot）、基因芯片技术（gene chip）和高通量测序技术等。

③ rRNA 基因序列分析方法：通过对获得的 rRNA 基因进行序列分析以及同源性比较，可以绘制系统发育树，计算不同属、种微生物的遗传进化距离，判断菌种间的遗传关系。采用的系统发育分析方法包括距离矩阵法（distance matrix methods）、聚类分析法（cluster analysis）等。目前使用的序列对比软件有 Mega、MicroSeq、Phylip、Mothur 等。这些软件使用的计算方法不同，因此结果可能会存在稍许差异。检索 rRNA 基因数据的网站有 NCBI、RDP、EMBL 等。

9.3.2.2　基于 PCR 技术的基因图谱技术

在分子生物学技术发展的初期，主要是通过直接分析某些低分子质量 rRNA 基因的电泳图谱，研究微生物群落结构的多样性。但是，低分子质量 rRNA 基因相对较小，携带的遗传信息较少，因而揭示微生物多样性的能力有限。因此，目前主要针对携带信息量较多的 16S rRNA 基因或 18S rRNA 基因进行扩增，甚至针对某些微生物种类特有的功能基因进行 PCR 扩增，进而进行基因图谱分析，来研究微生物群落结构的多样性。广泛应用于微生物生态学中的基因指纹图谱技术主要包括以下几种方法：克隆文库法（clone library）、变性梯度凝胶电泳法（denaturing gradient gel electrophoresis，DGGE）、限制性片段长度多态性（restriction fragment length polymorphism，RFLP）、单链构象多态性（single-stranded conformation polymorphism，SSCP）、随机扩增多态性 DNA（randomly amplified polymorphism DNA，RAPD）、高通量测序技术（high-throughput sequencing）等。目前，克隆文库法和高通量测序技术因其高效性和准确性，在微生物生态学研究中应用最为广泛。

（1）克隆文库法

克隆文库法使得分析不可培养微生物成为可能，是微生物生态学常用的研究方法之一。构建文库的基本过程包括以下几步：以环境样品中的总 DNA 或 cDNA 为模板，通过特异引物扩增目的基因；将 PCR 扩增产物插入合适的克隆载体，转入载体细胞，建立克隆文库；挑选培养基上的单克隆，使用载体引物或 PCR 引物对序列进行测序。克隆文库法可以针对不可培养微生物进行分析鉴定，提高了对微生物群落结构的认识。

(2) 高通量测序技术

目前，基因测序技术发展迅速，已经从第一代 Sanger 测序技术发展到第三代单分子测序技术。Sanger 测序法在测序量和微量化方面具有一定的局限性，第二代高通量测序技术与第三代单分子测序技术的出现，为大规模测序应用提供了技术支持，是 DNA 测序技术革命性的创新，可以同时对上百万条 DNA 分子进行测序，具有速度快、准确率高、成本低等特点。目前，第二代高通量测序技术是基因测序中最常用的技术；新兴的第三代测序技术有许多优势，但是仍然存在许多不完善的地方。

① 第一代测序技术　第一代测序技术基于 Sanger 的双脱氧末端终止法和 Giber 的化学降解法。

二维码 29

② 第二代测序技术　随着后基因组时代的到来，第一代测序技术无法满足基因测序的要求，诞生了第二代测序技术，即高通量测序技术，其特点是边合成边测序。高通量测序技术运行数据量大，可以同时检测数百万个 DNA 分子。测序平台主要包括 Roche 公司的 454 焦磷酸测序、Illumina 公司的 Solexa 聚合酶合成测序以及 ABI 公司的 SOLID 连接酶测序。高通量测序技术利用 4 种颜色的荧光标记不同的 dNTP，在 DNA 聚合酶的作用下合成互补链，每增加一种 dNTP 会释放出不同的荧光信号，通过计算机处理荧光信号，获得待测 DNA 序列的信息（图 9-19）。

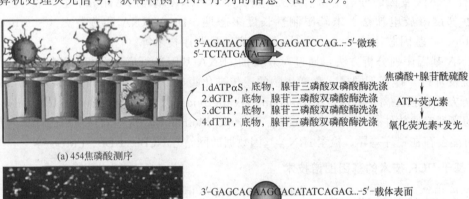

(a) 454 焦磷酸测序

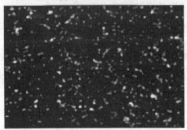
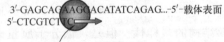

(b) Solexa 聚合酶合成测序技术

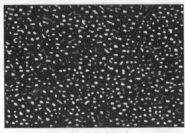

(c) SOLID 连接酶测序

图 9-19　三种高通量测序技术示意（Shendure & Ji，2008）

a. 454 焦磷酸测序的基本原理：在测序过程中，设计带有标签的引物进行 PCR 扩增，每个样品扩增产物对应一个标签，一次可以完成上百个样品的测序，并根据标签抽取样品序列，进行数据分析。DNA 单链 PCR 扩增时引物杂交，杂交后产物与 ATP 硫酸化酶、DNA 聚合酶、荧光素酶及 5′-磷酸硫腺苷（腺苷酰硫酸）进行反应，dNTP 依次加入引物上。加入的 dNTP 与模板配对会释放相同数量的焦磷酸基团，ATP 硫酸化酶催化焦磷酸基团生成 ATP，ATP 驱动荧光素酶催化荧光素向氧化荧光素转化，发出与 ATP 含量呈线性关系的可见光信号。ATP 与未反应的 dNTP 被及时降解，再生反应进入下一个 dNTP 循环，根据所得信号峰值图获得 DNA 序列信号。这项技术读取序列长度最长（400bp），但是数据通量低；遇到多聚核苷酸序列时，碱基数量与荧光信号强度不呈线性关系，因此不适合检测具有重复序列的 DNA 片段。

b. Solexa 聚合酶合成测序技术：其核心是通过桥式 PCR 产生可逆性末端终结和 DNA 簇，基于边合成边测序的原理，每个核苷酸的 3′末端带有能够封闭 dNTP 的 3′端黏性基团，恢复 3′端基团的黏性后接着合成下一个 dNTP，直到测序完成。每个循环只插入一个碱基，这是 Solexa 技术与 454 焦磷酸测序技术的差异之一。获得数据通量高，高度自动化，适合小片段 DNA 的测序。但是读长较短，从头测序具有困难。

c. SOLID 连接酶测序：与前两种测序技术相比，SOLID 连接酶测序具有双碱基校正的特点。测序反应通常进行 5 轮，编码区通过碱基编码矩阵定义 4 种荧光信号和 16 种碱基对的对应关系。每轮反应含有多个连接反应，测序反应由 5 种含有磷酸基团且位置上只相差一个碱基的连接引物作为介导连接。已知起始位点的碱基且每次反应后都会产生相应的颜色信号，根据双碱基校正原则和颜色信号即可推断碱基序列。此技术每个碱基读取两次，准确性高，适合检测参考碱基序列；但是测序长度最短（约 50bp），读取长度受反应次数的限制。

上述几种测序方法中，454 焦磷酸测序所得到的序列可达 400bp，为三种测序技术中读长最长者，但是费用高，重复序列出错率高；与 454 焦磷酸测序技术相比，Solexa 聚合酶合成测序读长短，导致后续的拼接工作比较复杂；SOLID 连接酶测序技术的序列通量高，准确度最高，但是测序片段读长短、费用高。

③ 第三代测序技术　即单分子测序技术，最大特点是不依赖于 PCR 扩增，避免 DNA 在扩增过程中出现错误。大致过程为：将待测 DNA 随机打碎成约 200bp 的片段，在 3′末端加上 50bp 带有荧光标记的 poly A 尾巴；退火形成单链，在芯片上与 Oligo dT 探针结合，利用 poly A 上的荧光标记进行精确定位；依次加入 4 种荧光染料标记的单核苷酸，在 DNA 聚合酶的作用下与模板互补配对并延伸一个碱基，采集荧光信号；剪切去除荧光基团，清洗后进行后续实验。单分子测序技术不再局限于边合成边测序的思想，而是把 ssDNA 的末端利用外切酶切割成单碱基进行后续实验及检测，这一技术读长更长，并且后续拼接工作简单。但是，测序的错误率较高，结果不够精确，需要进一步改进。

a. Pacific BioScience SMRT 技术：基于边合成边测序的原理。每种脱氧核苷酸由不同颜色的染料标记，被荧光标记的核苷酸与模板链结合在聚合酶活力位点上，激发出不同荧光，荧光脉冲结束后被标记的磷酸基团被切割释放，聚合酶转移至下一个位点，下一个脱氧核苷酸连接到位点上进行荧光脉冲，进入下一测序过程。

b. Helico BioScience TRIM 技术：是基于全内反射显微镜的测序技术，也是基于边合成边测序的原理进行的。基本操作过程为：将待测序列随机打断成小分子片段，用末端转移酶在小片段的 3′末端添加 poly A，在 poly A 末端实施阻断及荧光标记，将小片段与带有 poly T 的平板杂交，加入聚合酶和被荧光标记的脱氧核苷酸进行 DNA 合成，每一循环一次加入一种 dNTP，之后洗脱去除未合成的 DNA 聚合酶和 dNTP，之后检测模板位点上的荧光信号，将核苷酸上的染料裂解释放，加入下一种 dNTP 和聚合酶，进行下一轮循环。

9.3.2.3　核酸分子杂交技术

核酸分子杂交技术的基本原理是具有一定同源性的两条核酸单链在一定的条件下（适宜温度

及离子强度条件等），可按碱基互补配对成双链，用特异性探针与待测样品的 DNA 或 RNA 形成杂交分子。主要包括以下几种：Southern 印迹杂交、Northern 印迹杂交、原位杂交（ISH）、荧光原位杂交（FISH）和芯片杂交。核酸杂交技术具有高度特异性、灵敏性、快速等特点。

(1) Southern 印迹杂交

① 基本原理：自 1975 年英国科学家 E. M. Southern 创立以来，Southern 印迹杂交（Southern blot）技术已经成为分子生物学的一种常用的 DNA 检测技术。此方法具有快速、灵敏、准确等优点。Southern 技术的基本原理是：具有一定同源性的两条核酸单链在一定条件下，可按碱基互补配对的原则形成双链，此杂交过程是高度特异的。

② 操作过程：将待测核酸结合到尼龙膜、硝酸纤维素等固相支持物上，然后与存在于液相中已标记的核酸探针进行杂交，探针分子的显示位置及其量的多少，反映出待测核酸的分子质量与大小。

(2) Northern 印迹杂交

Northern 印迹杂交用于研究特定类别的 RNA 分子的表达模式（丰度和大小），是一种将 RNA 从琼脂糖凝胶转印到硝酸纤维素膜上的方法。RNA 印迹技术与 DNA 杂交相对应，因此被称为 Northern 印迹杂交。Northern 印迹杂交的原理和方法与 Southern 印迹杂交相似，但是操作对象不同。Northern 印迹杂交的 RNA 吸印与 Southern 印迹杂交的 DNA 吸印方法相似。利用甲基氢氧化银、乙二醛或甲醛使 RNA 变性。RNA 变性后有利于在转印过程中与硝酸纤维素膜结合。可在高盐过程中进行转印，烘烤前用低盐溶液进行洗脱，染色后在紫外光下成像。Northern 印迹杂交实验应注意以下问题：①保证 RNA 的完整性。RNase 极其顽固，操作过程中易降解 RNA，因此应抑制 RNase 活性。②印迹过程中要降低背景，可以重复进行探针剥离与重探，提高工作效率。③根据 G+C 含量及同源性计算杂交温度，一般在 58～60℃，同源性高的杂交温度较高。适当延长杂交后的洗膜时间及阻断剂处理时间，可降低背景污染。

(3) 荧光原位杂交技术

原位杂交（in situ hybridization，ISH）技术发明于 20 世纪 60 年代，通过在环境样品上直接原位杂交，可以测定不可培养微生物的形态特征及丰度，并原位分析群落结构组成。ISH 技术的发展经历了放射性标记探针和荧光标记探针两个阶段。1988 年，ISH 技术被首次引入细菌学研究，利用放射性标记的 rRNA 寡核苷酸探针检测细菌。1989 年，采用荧光标记的 16S rRNA 序列上特异的寡核苷酸探针来探测独立的微生物细胞，不同的探针使用不同的荧光染料，可以同时鉴定不同类型的微生物细胞。这项技术被命名为荧光原位杂交（fluorescent in situ hybridization，FISH）。FISH 技术不需要进行核酸提取及 PCR 扩增，无需破坏细胞结构，可以展示原位条件下微环境中完整细胞的信息，精确性高，广泛应用于微生物生态学研究。

① 基本原理：FISH 技术是通过双链 DNA 变性后和带有互补序列的同源单链（探针）退火配对形成双链结构，通过特定分子的标记探针与染色体原位杂交和荧光显色，直接显示特定细胞核或染色体上 DNA 序列间相互位置的关系。通过将双链 DNA 变性成为单链结构，带有荧光标记的探针与固定在玻片或纤维素膜上的核苷酸序列进行杂交，探测其中所有的同源核苷酸序列，并通过共聚焦激光扫描显微镜或荧光显微镜进行观察。

FISH 技术无需核酸提取和 PCR 扩增等步骤，可以通过荧光标记的探针特异地与互补核苷酸序列在完整的细胞内结合；与放射性标记探针相比，荧光标记探针更安全，分辨率更好，无需额外检测步骤；可以利用不同波长的荧光染料标记探针，一次可以检测多个目标序列。

FISH 技术也存在着一些不足：(a) FISH 检测的假阳性。FISH 检测技术的精确性是由寡核苷酸探针的特异性决定的，设计的探针序列检测需要与最常规、最新版本现有的序列数据库进行校对，确保探针序列的特异性。但是，对某些不可培养微生物，没有现成的探针数据库，只能利用点杂交的方法分析探针的特异性。非特异性探针会导致假阳性现象。此外，某些微生物本身具有荧光性，会掩盖特异的荧光信号，干扰 FISH 检测。(b) FISH 检测的假阴性。微生物目标基因丰度过低或者微生物细胞壁渗透性差导致探针无法进入细胞与核酸进行杂交等，导致荧光探针的杂交信号较弱，引起假阴性的产生。可采用优化渗透性、使用高强度荧光染料和多重探针标记等增强杂交信号。

② 操作过程：包括探针设计、固定标本与预处理样品、探针特异性杂交样品、漂洗去除未结合的探针、检测杂交信号等操作。关键环节为探针标记、荧光染料、FISH 的靶序列和杂交。

a. 探针标记：FISH 探针长度一般为 15～30bp，具备特异性强、灵敏度高、组织穿透力强等特点。常用的探针根据序列特点可以分为 3 类。染色体特异重复序列探针杂交的目标序列常大于 1Mb，不含散在重复序列，与目标位点紧密结合，杂交信号强，易于检测，用于监测细胞间期非整倍染色体。全染色体或染色体区域特异性探针由一条染色体或其上某一区域特异性高的核酸片段组成，用于中期染色体重组和间期核型分析。特异位置探针由一个或几个克隆序列组成，主要用于基因克隆、DNA 序列定位和检测靶 DNA 序列拷贝数及其结构变化。

探针的标记方法一般包括直接荧光标记法和间接荧光标记法两种。直接荧光标记法是通过化学合成的方法将荧光染料分子以氨基连接于寡核苷酸的 5′端或者用末端转移酶将荧光标记的核苷酸连接于寡核苷酸的 3′端。可以通过下述方法增强信号强度：将异硫氰酸盐荧光素偶联于寡核苷酸；在寡核苷酸两端进行标记，3′端加 1 个荧光分子，5′端加 4 个荧光分子。间接荧光标记法是将地高辛或生物素等与探针连接，利用偶联有荧光染料的亲和素或抗体进行结合，可以通过酶促信号放大提高敏感性。

b. 荧光染料：不同的荧光具有不同的激发和散射波长，可以利用不同的荧光染料（表 9-2）同时观察多种微生物。采用不同的荧光素探针同时检测两种以上微生物时，为避免不同探针之间光谱重叠，荧光染料需要具备狭窄的散射峰。使用荧光染料的基本原则为最明亮的染料要用来检测丰度最低的对象。

表 9-2　微生物 FISH 技术常用的荧光染料

荧光染料	英文缩写	激发波长/nm	发射波长/nm	颜色
氨甲环酸	TXA	351	450	蓝
异硫氰酸盐荧光素	FITC	492	528	绿
5-(6)羧基-N-羟琥珀酰亚胺荧光素	FluoX	488	520	绿
四亚基异硫氰酸盐若丹明	TRITC	557	576	红
得克萨斯红	Texas Red	578	600	红
花青 3	Cy3	500	570	橙/红
花青 5	Cy5	651	674	红

c. 探针与同源序列杂交：FISH 技术在保持完整细胞形态的条件下，进行细胞内杂交与显色分析 DNA 或 RNA，主要包括以下几个步骤。(a) 细胞固定与预处理：常用的固定液包括低聚甲醛、戊二醛、多聚甲醛等。一般采用蛋白酶 K、HCl 等进行预处理，目的是增加细胞组织的渗透性，以及减少非特异性目标序列的结合。(b) 探针特异性杂交样品：这是 FISH 杂交技术的核心步骤，时间和温度根据探针及样品序列而不同，杂交温度一般在 37～50℃，杂交时间 30min 至若干小时不等。(c) 漂洗未杂交的探针：利用 48℃水浴的清洗液及冰浴的超纯水进行清洗。(d) 封片观察：通常需要结合通用的寡核苷酸探针对微生物样品进行区域界定及不同分类级别的区分。例如，利用细菌通用探针进行杂交时，DAPI 染色可作背景界定生物体细胞的区

域，并结合其他特异性探针，选择不同颜色的荧光标记，同时进行荧光原位杂交。利用共聚焦激光扫描显微镜或荧光显微镜进行观察。

(4) 基因芯片技术

随着分子生物学的迅速发展，大量细菌、真菌等微生物基因组测序得以完成，丰富的基因序列信息为微生物的研究提供了重要原始数据库，同时也为基因芯片技术（gene chip technique）的发展和成熟奠定了基础。基因芯片（gene chip）又称为DNA芯片（DNA chip）、DNA阵列（DNA array），是在20世纪90年代中期发展起来的一种新兴的分子生物学技术，综合了生物学、化学、材料学、计算机学等多学科的优势。基因芯片技术可以一次检验上万个微生物或基因，具有通量大、灵敏度高、特异性强等优点，在微生物学领域广泛应用。

① 基本原理：基因芯片实际上是一个硅晶体片或玻璃片的固相载体。将DNA探针固定在载体上。固定在载体上的核酸序列与样品核酸序列互补结合，通过核酸杂交的信号获得样品中相应核酸的信息。基因芯片将大量的DNA探针固定在固相基质上，与待测的标记DNA样品进行杂交，一次可以记录上千万种基因表现的形式。

基因芯片的工作原理与Southern、Northern等经典的核酸杂交方法一致，利用已知的核酸序列作为探针与互补的靶核苷酸序列杂交，并通过信号检测进行定性与定量分析。基因芯片在微小的基片（硅片、玻片、塑料片等）表面集成了大量分子识别探针，能同时分析成千上万种基因，进行大信息量的筛选与检测分析。

与传统的核酸杂交技术相比，基因芯片技术具有高通量、自动化、微型化等特点，其优势主要表现在：(a) 高通量和并行检测。传统的Southern blot技术将待测样品固定在尼龙膜上，与标记DNA探针杂交，每次只能检测一个目标序列；而基因芯片技术将大量的DNA探针固定在固相基片上，与待测DNA进行杂交，每次可以检测上万种基因。(b) 高度自动化。基因芯片阵列中某一特定位置的核苷酸序列是已知的，对微阵列每一位点的荧光强度进行检测，即可对样品遗传信息进行定性与定量分析。可以利用激光共聚焦扫描显微镜检测杂交信号，利用软件记录分析后直接得出检测结果。(c) 操作简单快速。传统方法检测时间一般需要4~7天，而基因芯片技术整个检测过程仅需4h左右。(d) 特异性强，灵敏度高。

虽然与传统核酸杂交技术相比，基因芯片技术具有很大的优势，但是在实际操作过程中依然会存在一些问题：(a) 检测低拷贝基因时，DNA芯片的灵敏度较低，需要对样品进行PCR扩增以提高检测灵敏度。(b) 芯片上的探针进行杂交时，自身会形成二级甚至三级结构，使靶序列难以被检测，降低灵敏性。(c) 基因芯片技术上还有一些问题了解不清楚，有待深入研究，例如，探针序列对杂交体稳定性的影响，探针最佳固定方式，探针与载体之间连接臂与探针分子之间的间距对杂交的影响等。

针对目前基因芯片的不足及研究趋势，未来基因芯片技术可能向以下几个方面发展：(a) 高自动化、标准化、简单化，成本降低。目前基因芯片技术的价格较昂贵，这是推广这项技术的主要障碍，但是随着实验技术的更新，基因芯片价格会大大降低。(b) 进一步提高探针阵列的集成度。目前基因芯片阵列的集成度可以达到1.0×10^5，而绝大多数生物体的基因数量低于1.0×10^5，因此一张芯片可以研究绝大多数生物体的基因表达情况。(c) 提高检测的灵敏度和特异性。通过检测系统的优化组合和采用高灵敏度的荧光标记进行改良，通过多重检测来提高特异性，减少假阳性。(d) 提高探针的稳定性。DNA探针和RNA探针都不稳定，容易降解。肽核酸探针稳定性较强，可以用来取代普通的DNA/RNA探针。(e) 基因芯片技术与其他技术相结合。将基因芯片与蛋白质芯片等其他生物芯片综合使用，可以了解蛋白质与基因间相互作用的关系。将基因芯片技术与生物信息学联合发展，利用生物信息学研制新的基因芯片检测系统和分析软件，构建基因芯片标准数据库，促进芯片数据的存储、分析和交流，以便更有效地利用和共享资源。

芯片数据库包括 DNA 序列和芯片测试结果的基因数据库。这些将大大推动基因组学研究和生物信息学的发展。(f) 建立微缩芯片实验室。通过微细加工工艺制作的微滤器、微反应器、微电极等对生物样品从制备、生化反应到检测和分析的整个过程实现全集成,实验过程自动化,缩短了检测和分析时间,节省了实验材料,降低了人为的主观因素,大大提高了实验效率。

② 操作过程:主要技术流程包括芯片的设计与制备、靶基因标记、芯片杂交与杂交信号检测。基因芯片的分类方法很多:按照载体上所点探针的长度划分为 cDNA 芯片和寡核苷酸芯片,根据芯片功能划分为基因表达谱芯片和 DNA 测序芯片,根据载体可分为液相芯片和固相芯片。虽然基因芯片的种类很多,但是主要操作过程基本一致。

9.3.3　组学时代的微生物生态学研究

微生物是生物地球化学循环中的关键驱动者,蕴含着丰富的功能基因资源,进行各种代谢过程。传统的纯培养技术仅能获得 1% 左右的微生物资源,现代分子生物学技术大大推动了微生物生态学的发展。1998 年首次提出宏基因组的概念,将研究范围扩大到环境中所有微小生物的遗传物质总和。宏基因组学直接针对从环境中提取的微生物遗传物质进行分析研究,不必进行纯培养步骤,可以直接根据不同的

二维码 30

研究目的对样品中的所有 DNA 序列进行分析。宏基因组学研究极大地扩展了对于环境微生物群落的基因组成、意义以及遗传变异等方面的知识,其结合宏转录组学技术研究可以了解复杂微生物群落中的代谢和功能等方面的信息。

9.3.3.1　宏基因组学技术

1998 年,乔·汉德尔斯曼(Jo Handelsman)正式提出了"宏基因组"(metagenome)的概念,即环境中所用微生物基因组的总和。宏基因组学又称元基因组学、环境基因组学,主要研究从环境样品获得的基因组中所包含微生物的遗传组成及其群落功能,克服了传统微生物学基于纯培养研究的缺陷,为充分研究和开发利用未培养微生物,并从完整的群落水平认识微生物活动提供了可能。2007 年,美国科学家联合会(National Academies)发表了以"环境基因组学新科学——揭示微生物世界奥秘"为题的报告。报告指出,宏基因组学为探索微生物世界的奥秘提供了新方法,这可能是继发明显微镜以来研究微生物方法的最重要进展,将对认识微生物世界带来革命性突破。报告同时呼吁建立全球宏基因组学研究计划,对自然环境生物群落(海水或土壤等)、寄生微生物群落(人体肠胃或口腔等)、人为控制环境微生物群落(污水处理厂或水产养殖场)等开展研究。

(1) 宏基因组学技术的基本原理

宏基因组学最初是用来定义土壤细菌的混合基因组,现在则指环境中全部微小生物体遗传物质的总和,并且主要针对环境样品中细菌和真菌基因组的总和。这项技术以基因组学技术为依托,直接从环境样品中提取微生物总 DNA,将 DNA 克隆到载体并转化到宿主细胞,建立环境基因组文库,并对环境基因组文库进行分析和筛选。

(2) 宏基因组学技术的基本操作过程

宏基因组学技术涉及环境样品总 DNA 的提取、载体和宿主菌选择、文库筛选策略等多方面内容。前端关键性的技术是环境微生物总 DNA 的提取,提取方法的精确程度直接影响文库中微生物信息的精确度;下游关键性技术是文库的分析与筛选技术(图 9-20)。

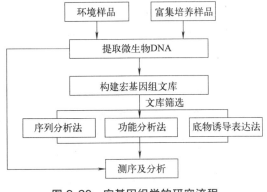

图 9-20　宏基因组学的研究流程

（3）宏基因组学与其他技术联用

宏基因组文库筛选策略的优化是该领域的发展重点。新方法的发明与运用均以提高筛选频率及更充分地发掘文库资源为目的。环境宏基因组学技术是与多种先进技术交叉的综合性现代前沿技术，对于微生物学的发展发挥了极大的推动作用；在世界范围"生物探矿热"中，其本身也在不停地发展与完善，新型技术的发明与应用已经取得了明显的效果。在微生物生态学基础研究领域，应加强不同方法的科学结合，以减少单一研究方法造成的偏差。

① 与稳定性同位素标记方法联用　稳定性同位素标记技术与分子生物学技术相结合，形成了稳定性同位素探测技术。利用该技术不需要常规培养来研究环境中的功能微生物群落，强化了对不同环境中微生物功能及其参与的特定生物地球化学过程的认识。从宏基因组文库中找到特定的目的基因，需要筛选和测序上万个克隆，工作量较大。利用同位素标记底物对环境微生物进行富集，使参与特定代谢过程的微生物被同位素标记，从而构建一个环境中执行特定代谢功能的微生物宏基因组文库，极大减少了需要筛选的克隆数量。

② 与荧光原位杂交技术联用　FISH 技术可以进行样品的原位杂交，应用于环境中特定微生物种群鉴定、数量分析等，是目前分子生物学领域应用较为广泛的方法之一。为了将特定微生物细胞的多态性与放射性物质的吸收量联系起来，通常将微生物放射技术与荧光原位杂交基因多态性特异探针和荧光显微镜联合起来研究环境微生物群落。结合显微技术的发展，环境基因组学将在基因检测、表达和环境变化上提供更微观的世界，用于窥探微生物群落的变化。

③ 与传统分离培养方法联用　根据研究目的，在构建文库前对样品进行预富集培养，提供一个从整体细胞富集到目的基因富集的范围。宏基因组学技术与传统的富集培养方法联用，可以明显提高阳性克隆的比例，是一种从复杂样品中分离大量新型目的基因的高效方法。

④ 与新型微生物培养方法联用　根据宏基因组文库提供的线索，通过新的培养方法，获得具有重要生态功能的未培养微生物，进一步推动微生物地球化学循环的研究，丰富微生物生态学内容。

9.3.3.2　宏转录组学技术

宏基因组学研究极大地扩展了对于环境微生物群落的基因组成、意义以及遗传变异性等方面的知识，但是缺乏对基因活性和功能等方面的信息。宏转录组学技术的出现可以克服宏基因组学的缺陷，有助于了解复杂微生物群落中的代谢和功能等方面的信息。

（1）基本原理

宏转录组学是在宏基因组之后兴起的一门新学科，研究特定环境、特定时期群体细胞在某功能状态下转录的所有 RNA（包括编码 RNA 和非编码 RNA）的类型及拷贝数，是一门在整体水平上研究细胞基因转录情况及转录调控规律的学科。简而言之，宏转录组学是从 RNA 水平研究基因表达情况，研究整个微生物群落在某一功能状态基因组产生的全部转录物的种类、结构和功能，不同微生物构成的群落及其相互关系。

与宏基因组学相比，宏转录组学研究中存在时间和空间的限定。不同生长时期和生长环境下的同一细胞，基因表达情况是不完全相同的。转录组学的研究是功能基因组学研究的重要手段，从信使 RNA 的表达模式上鉴定功能相关的基因簇，并在蛋白质水平提供特殊的蛋白质积累信息。宏转录组学是一种宏观的整体论方法，改变了以往选定单个基因或少数几个基因的研究模式，将基因组学研究带入一个全新的高速发展时代。宏转录组学技术具有宏基因组学技术的全部优点，而且能将特定条件下的生物群落及其功能联系起来，对群体整体进行各种相关功能的研究。

(2) 基本操作过程

宏转录组学研究一般包括采集纯化 RNA、分离富集 mRNA、反转录 cDNA、测序及数据分析等几个步骤，其中 RNA 采集以及数据处理是关键步骤（图 9-21）。

9.3.3.3 宏基因组学与宏转录组学的对比

宏基因组学研究的是一个特殊有机体或微生物群落的基因潜力；宏转录组学研究的是在特定环境下被转录的基因亚群，是快速捕获存在于特殊生态位基因的有力工具。宏基因组学描述了研究总基因组 DNA 的途径及方法，进而揭示微生物群落所包含的代谢潜能。宏基因组文库中的目的克隆筛选主要采用功能筛选和序列筛选的方法，但是这两种方法都存在一定的缺陷。序列筛选法的缺陷主要在于其测定的速度和费用；功能筛

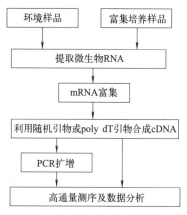

图 9-21 宏转录组学研究的基本步骤

选法主要是效率问题。由于存在着基因在转录水平上的剪切修饰等加工过程，从几万或几十万个克隆只能筛选到几个活性基因。因此，基因组 DNA 的微生物结构分析没有考虑微生物的活力和代谢状态。

在"组学"研究中，宏转录组学是宏基因组学发展的下一个阶段。通过 cDNA 直接克隆的方法研究环境样品中 RNA 转录的组成，能够直接检测转录的活性基因，最重要的是聚焦于样品活性群落，降低群落的复杂程度，这是宏转录组学的优势。RNA 的表达与细菌的活性直接相关，因此基于 RNA 的群落分析更能准确地描述微生物群落中的代谢活性成员。宏转录组学旨在研究微生物群落功能基因的表达，为鉴定和分析微生物群落特异性变种的关键基因提供了新方法。与宏基因组分析相比较，宏转录组学只需要对较少量的转录本进行测序。随着第二代、第三代高通量测序技术的发展，宏基因组学和宏转录组学已经广泛应用于海洋、土壤等复杂生态系统的微生物群落的结构分析和功能研究，在发现新基因、微生物群落分析、微生物和环境的相互作用、碳氮等物质循环研究中逐渐成为热点。

9.3.3.4 组学技术在微生物生态学研究中的应用

传统的微生物生态学研究依赖于纯培养的方式，根据形态学和生理学特征鉴定微生物。但是面对庞大的微生物群体以及观察的主观性，传统的研究技术远远无法满足微生物生态学研究的需求。分子生物学技术为全面深入地了解微生物生态提供了可能。宏基因组学和宏转录组学同样是研究微生物群落结构和功能的重要手段。大规模测序技术促进了生物信息学数据库的发展，更好地应用于大规模微生物基因组和转录组序列的分析。数据库之间相互联系，并借助网络形成复合、开放性的多功能数据库，同时整合多种数据分析软件，为使用者提供了方便。此外，大量基因注释工作极大丰富了数据库，为宏基因组学和宏转录组学技术的发展提供了有利的新途径。

宏基因组学和宏转录组学可以应用于研究微生物与环境、寄主及其他微生物之间的关系，并通过分析宏基因组中不同基因群研究微生物群体中的代谢网络。由于受到测序及分析技术的限制，宏基因组学和宏转录组学技术面临着许多挑战。首先，将两种方法结合使用可以有限监测微生物的基因表达，揭示不同环境中微生物群落结构的关系，但是目前将两种方法结合使用的研究还较少。其次，宏基因组学技术和宏转录组学技术都需要高通量测序技术支撑，对样品的质量和纯度要求较高，因此样品提取是一个关键步骤。针对不同环境的样品探索出能够最大限度提取样品 DNA 和 RNA 的方法，提高 mRNA 的富集程度，是有效发挥组学研究潜力的重要前提。再次，高通量测序技术降低了测序成本，缩短了测序时间、提高了准确度，但是宏基因组和宏转录组测序对测序通量要求更高，需要多达几十万条的序列，成本相对较高。宏转录组学和宏基因组

学研究起步较晚，共享数据库还不够完善，限制了深入分析测定数据，因此需要降低测序成本，进一步完善数据库。最后，宏基因组测序 DNA 来源广泛，不易检测到丰度较低的基因。单细胞基因组测序技术将对未来微生物生态学研究带来新的机遇。单细胞基因组测序技术是近几年迅速发展的技术，通过细胞分选，将难以培养的单细胞从环境样品中分离出来进行基因组测序，可以拼接成完整的基因组序列，解析其代谢功能。这些基因组信息将促进在种群水平上解释生态系统的功能。

9.4 肠道微生物与人体健康

9.4.1 人体微生物分布

人体器官表面一般为无侵袭力的"土著"微生物所占据。皮肤、口腔、胃肠道和呼吸道有各具特色的微生物群落，占据不同生境的微生物表现出各自的群落特征，有不同的生理功能。人体环境与微生物分布密切相关，微生物的组成也影响着人体健康。

人体微生态学研究表明，人的体表及与外界相通的腔道中都有一层微生物附着，在正常情况下对人无害，有些还是有益的或不可缺少的，称为正常菌群（normal flora）。但是，在器官内部以及血液和淋巴系统内部是没有微生物存在的，一旦发现即为感染状态。

人体为许多微生物的生长提供了适宜的环境，有异养型微生物生长所需的丰富有机物和生长因子，有较稳定的 pH、渗透压和恒温条件。但是，人体各部位生境条件不是均一的，而是形成非常多样的微环境，在其中，不同的微生物呈有选择性地生长，所以在皮肤、口腔、鼻咽腔、肠道、泌尿生殖道正常菌群分布的种类和数量也有所不同（图 9-22）。另一方面，机体的防御机制会协同行动，以防止或抑制微生物的入侵和生长。因此，最后能够成功定居下来的微生物已有了适应这些防御机制的能力。

9.4.1.1 皮肤微生物

皮肤表面温度适中（33～37℃），pH 值稍偏酸（pH4～8），可利用水一般不足，大多数皮肤上的微生物是直接或间接地与汗腺有关，汗液中有无机离子和其他有机物（尿素、乳酸及脂类），是微生物生长的合适生境。表面的脂类物质和盐度对微生物组成有重要影响。不能在皮肤上生存的微生物通常是由于不适应皮肤上比较低的含水量和比较低的 pH 值。

外分泌腺与毛囊无关，而且相当不均衡地分布在体表，主要密集在手掌、手指垫和足底，它们主要是负责出汗的腺体。外分泌腺的微生物相对缺乏，也许是因为有大量的液体流出。顶泌腺的分布更有限，仅仅主要在腋下和外生殖器区域、乳头及脐周。顶泌腺在儿童期是无活力的，仅在青春期才变得充分发挥功能。相对光滑、干燥的皮肤表面，在这种温暖、湿润的皮肤表面细菌数较多。作为细菌在顶泌腺活动的结果，在腋下产生气味。研究表面，无菌性收集顶泌腺的分泌物无异味，但在接种细菌后就产生气味。每个毛囊都与分泌润滑液的皮脂腺有关，毛囊为微生物提供一个有吸引力的生境，多种好氧菌、厌氧菌和真菌寄居在这些部位。这些区域大部分在皮肤表层以下。

皮肤正常微生物群落既有流动群落也有土著群落。皮肤作为外部器官不停地被流动的微生物接种。土著群落不仅在皮肤上寄居，而且能不断繁殖。皮肤正常的菌群主要是革兰氏阳性菌，包括葡萄球菌属、微球菌属、棒杆菌属等。丙酸杆菌通常是无害的土著群落，但在某些情况下它能刺激皮肤反应，形成痤疮。革兰氏阴性菌较少见于皮肤，可能是它们没有能力与革兰氏阳性菌竞争，后者能更好地适应皮肤干燥的环境；如果以抗生素除去皮肤表面的革兰氏阳性菌，革兰氏阴性菌就可能活跃于肤表。真菌也不常见于皮肤表面，主要是瓶形酵母属，亲脂性的酵母菌卵状糠秕孢子菌（*Malassezia furfur*，旧称 *Pityrosporum ovale*）常在头发中被发现。

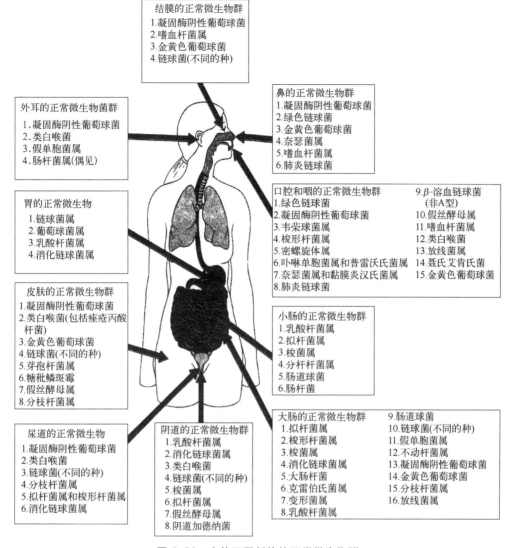

图 9-22 人体不同部位的正常微生物群

皮肤表面正常栖息的微生物对外来微生物具有排斥作用，可以防止外来微生物和病原微生物的侵染，对皮肤有保护作用。尽管土著微生物群落在皮肤上保持或多或少的常数，但是多种因素可能影响正常群落的性质和范围：

① 气候可能引起体温升高，因而增加皮肤微生物群落的密度。

② 年龄的作用：婴幼儿比成人的微生物群落有更多的改变，并携带更多的有潜在致病性的革兰氏阴性菌。

③ 个人卫生影响土著微生物群落，不洁净个体的皮肤表面往往微生物群落密度很高。

病原菌通过皮肤进入下皮组织几乎都是通过伤口发生的，只有为数很少的致病菌可以通过未破损的皮肤进入人体。病原菌侵入人体后，再寄居并繁殖，最终导致人体器官功能性改变，从而造成机体病变。

9.4.1.2 口腔的正常群落

口腔是人体中最具复杂性和最具微生物多样性的生境之一。口腔内温度稳定，水分充足，营养丰富，高低不平的表面为微生物提供多样的微生境，好氧的大环境和厌氧的微环境并存，所以同时存在好氧和厌氧的微生物，主要群落包括细菌、放线菌、酵母菌、原生动物，以细菌数量为最多。口腔微生物主要分布于软组织黏膜（脱落与未脱落）表面、牙齿表面和唾液中。

唾液的 pH 值主要由重碳酸盐缓冲系统（$H_2CO_3 \longrightarrow H^+ + HCO_3^-$）控制，并在 pH5.7~7.0 之间变化，平均 pH 值接近 6.7。唾液提供大量微生物生长因子，唾液中含有约 0.5% 溶解了的固体，这些固体中一半是无机物，包括氯化物、重碳酸盐、磷酸盐、钠、钙、钾和微量元素等；有机成分主要是唾液酶、糖蛋白、一些免疫血清蛋白和少量的碳水化合物、尿素、氨、氨基酸和维生素等。唾液中也含有抗微生物物质，其中最重要的是酶（溶菌酶和氧化物酶）。溶菌酶能切断细菌细胞壁内肽聚糖中的糖苷键，从而导致细菌细胞壁变薄及细胞破碎。氧化物酶存在于牛奶和唾液中，该酶通过 Cl^- 和 H_2O_2 的反应杀死细菌。唾液的成分是可以改变的，甚至在同一个体内，由于食物或者心理状况等原因都会引起生理变化。尽管唾液中存在活性抗菌物质，但是由于食物微粒和脱落的上皮细胞使得口腔非常适合微生物生存。

牙齿由磷酸盐结晶矿物组成，内有活的牙组织存在。当牙齿尚未萌发时，在口腔内发现的细菌主要是耐氧菌。当牙长出来后，微生物群落主要转变为以厌氧菌为主，它们特别适合在牙表面及牙缝生长。单个细菌细胞牢固地附着在光滑的牙表面，接着以微克隆的形式生长，从而形成牙表面的细菌克隆。唾液中的糖蛋白在新鲜牙表面形成几微米厚的有机薄膜，这种膜为细菌克隆的栖息和生长提供了一个较牢固的附着点。这种酸性糖蛋白是高度专一的，仅涉及少数特殊的链球菌（*Streptococcus*）（主要有 S. sanguis，S. sobrinccm，S. mutans 和 S. mitis）。细丝状细菌通过链球菌垂直延伸到牙齿表面，形成不断增厚的细菌层。与丝状细菌有联系的除了链球菌外，还有螺旋菌、革兰氏阳性杆菌及革兰氏阴性球菌。兼性菌在口腔中的有氧生长可能产生缺氧，因此牙齿表面菌斑的累积效果就形成一种缺氧的微生境。这样牙斑的微生物群落就存在于它们自己形成的部分厌氧微生境中，并能在口腔多样化大生境中保持相对稳定。

因为菌斑堆积和酸性产物形成，导致龋齿，因此龋齿实际上是由微生物造成的一种感染性疾病。龋齿通常发生在能嵌留食物微粒的牙表面间隙处，所以，牙的形态很重要。高糖饮食特别易导致龋齿形成，因为乳酸菌使糖发酵产生乳酸，使口腔 pH 值急剧下降，而唾液尚不足以中和其酸度，使牙齿表面 pH 值甚至下降到 4。而酸能使牙釉质脱钙，一旦坚固的牙釉质崩溃，细菌释放的蛋白水解酶就会将牙釉质基质的蛋白质水解，然后细菌进一步水解牙基质，当然这个过程的后期可能是非常缓慢而且复杂的。钙化的组织结构在龋齿的程度上同样起着重要的作用。氟化物可结合到磷酸钙结晶状的基质内，使得基质对酸性物质的脱钙作用更具抵抗力。这样，氟化物可用于饮用水和牙膏中以预防龋齿。

与龋齿形成相关的两种重要微生物都是产乳酸的链球菌 S. sobrinus 和 S. muntans。前者与唾液糖蛋白有特殊亲和力，在牙表面大量克隆，可能是涉及龋齿发生的主要生物体。后者主要在牙间隙及小裂缝处生殖，这种菌产生具有强大带黏性的右旋糖酐多聚糖而贴在牙齿表面，不过它只能在蔗糖存在时依靠右旋糖酐蔗糖酶才能产生。据统计，美国和西欧 80%～90% 人的牙齿都有 S. muntans 栖居，而且龋齿也较普遍；相反，坦桑尼亚的儿童很少有龋齿发生，因为他们饮食中蔗糖缺乏，牙斑中缺乏 S. muntans。

除龋齿外，口腔中的微生物还能引起其他感染。沿着牙齿周围的黏膜或以下的齿龈间隙区域，可以产生多种微生物污染，导致发炎（牙龈炎）和更严重的组织炎症及牙槽骨破坏的牙周疾病。

9.4.1.3 胃肠道微生物

人类的胃肠道由胃、小肠和大肠组成，胃肠道微生物研究的主要是大肠内的微生物。

胃的特点是酸度高，pH 值大约为 2，并含有大量的消化酶，因此这种生境不适合微生物生长，因此胃内仅有数量较低的附在胃壁上的抗酸微生物，包括酵母、链球菌、乳杆菌等。当胃酸度降低时，寄居的细菌数量也会增加。

小肠连接胃和大肠，主要功能是消化食物和吸收营养，表面多腺体，含有消化酶，强烈蠕动。小肠分为两部分：十二指肠和回肠，其间由空肠连接。十二指肠邻近胃，在缺乏微生物群落这一点上与胃相似。从十二指肠到回肠，pH 值逐渐增加，正常环境下稍偏碱，细菌数量也随之增加，微生物数量从近胃端的低量（10^3 CFU/mL）到近大肠端的高量（10^8 CFU/mL）。

大肠的主要功能是吸收粪便中的水分，也吸收少量的营养。其正常环境 pH 值偏碱到中性，表面多腺体，温和蠕动。微生物数量巨大（10^{11} CFU/mL），区系组成包括拟杆菌、真杆菌、双歧杆菌、肠球菌、乳酸菌、梭菌、酵母等。兼性厌氧菌，如大肠杆菌比其他细菌数量少，兼性厌氧菌总数通常少于 10^7/g 肠容量。兼性厌氧菌的活动消耗几乎所有的氧，使得大肠内的环境严格厌氧，并适于专性厌氧菌大量生长，数量惊人。其中很多厌氧的革兰氏阴性杆菌，细长，锥形末端呈棒状（纺锤状），也可呈锯齿状附着在肠壁。另外一些厌氧菌包括梭形芽孢杆菌属和类杆菌属的种类。此外也存在相当数量的链球菌。

胃肠道的土著微生物群落在种类之间变化很大，比如在几种猪的胃肠道菌落中乳酸菌占 80%，而在人的胃肠道中却仅是次要部分。人体内胃肠道群落依饮食的不同也有很大的差异。消费相当数量肉类的人相比习惯吃蔬菜的人，类杆菌较多而大肠菌和乳酸菌少。

人和胃肠道微生物存在着对双方都有利的共生关系。微生物合成的维生素、蛋白质，产生的能源可以为人体吸收利用。值得注意的是肠道群落在类固醇代谢上的意义。类固醇在肝脏产生并以胆酸的形式分泌，可促进食物中的脂肪乳化，使其有效分解。肠道微生物能引起胆酸侧链形成，以致排泄物中的胆酸性质与原始胆酸完全不同。

食物从胃肠道最终形成粪便，其中细菌大约占了排泄物质量的 1/3。生活在大肠内腔的微生物随物质流动不断向下转移。其间，有效的细菌数量被保留，失去的细菌数量很快被新生细菌所替代。对人而言，食物从整个胃肠道通过的时间大约 24h，细菌在肠腔内的生长率是每天 1~2 倍。

肠道微生物因饮食和疾病等原因而变化，也因此可能影响人体。低水平的肠道区系（通常在使用抗生素后的第二天）会导致叶酸和维生素 K 缺乏。口服抗生素时，可能在抑制致病菌的同时抑制正常菌落的生长，肠内容的持续移动导致原有细菌减少。正常群落缺乏时，一些原来竞争力差而很难在肠道内寄居但对抗生素有一定抗性的微生物，如金黄色葡萄球菌、变形菌属等就可能定居。有时，这些条件致病菌就会对消化功能产生不利影响。在停止服用抗生素以后，正常群落将再次定居，但通常需要相当长的时间。

肠道内产生的气体叫肠道胀气，是微生物发酵和产甲烷菌作用的结果。一些食物经肠道内有发酵能力的微生物代谢，产生 H_2 和 CO_2。产甲烷菌在 1/3 以上的正常人肠道内都有寄居，它将其他肠道微生物产生的 H_2 和 CO_2 转化为甲烷。正常成人每天从肠道排出几百毫升气体，其中一半是能被空气吞没的 N_2。

胃肠道易于受到外来微生物或病原微生物的侵染。能侵染胃的微生物有细菌（幽门螺杆菌）、病毒（细胞巨化病毒）、酵母、寄生虫。幽门螺杆菌可以在胃壁上生存，并且是潜在的致病菌，可能与人类 B 型胃炎、消化性溃疡及胃癌等有着密切关系，备受临床医学、微生物学工作者关注。

9.4.1.4 身体其他部位的正常群落

身体各个部位的黏膜适合特殊微生物群落生长，这些微生物都是正常的局部环境的一部分，并且是健康组织的特征。在许多部位,因为正常居住的微生物土著群落存在,潜在致病菌就不能在这些黏膜寄居。在这部分介绍两个黏膜环境及它们所寄居的微生物。

(1) 呼吸道

在上呼吸道(鼻、口腔、咽喉),微生物主要存活于有黏膜的腔道中。细菌在呼吸时从空气进入上呼吸道,它们大部分从鼻腔通过时都被止住并随鼻腔分泌物再排出。在这部分寄居的微生物中常见的大部分是金黄色葡萄球菌、链球菌、类白喉菌及革兰氏阴性菌。潜在的致病菌,如金黄色葡萄球菌、肺炎球菌及白喉棒杆菌,通常也是健康人群鼻咽腔的正常群落。这些个体所携带的病原菌正常情况下不发病,大概是因为其他寄居的微生物成功地竞争资源,并限制了病原菌的生长。同时,局部免疫系统在黏膜表面特殊的活动也抑制了病原菌的生长。

下呼吸道(气管、支气管和肺)基本无菌。当空气通过下呼吸道时,气流的速度明显降低,少量微生物在通道壁上定居。整个呼吸道壁由有纤毛的上皮组成,这些纤毛不停地向上运动,推动细菌和其他微生物向上呼吸道运动,然后在唾液和鼻腔分泌物中排出,只有极少数一部分小于直径 $10\mu m$ 的微粒能进入肺。

(2) 泌尿生殖器官区域

膀胱通常是无菌的,但尿道可被兼性好氧的革兰氏阴性棒状杆菌和球菌寄居,包括埃希氏菌属、变形菌属等。这些微生物正常存在于体内或固定的局部环境中,在正常情况下不致病。身体的变化,如局部 pH 值的改变或免疫功能下降,会使得微生物繁殖并变为致病菌,如微生物常引起尿路感染。

乳酸杆菌是成年妇女阴道的土著群落,可使糖原发酵产生乳酸,使阴道的 pH 值较低。其他有机体——酵母菌、链球菌属及大肠杆菌可能存在。青春期以前,女性阴道是碱性的,并不能产生糖原,乳酸杆菌缺乏,土著群落由金黄色葡萄球菌、类白喉菌及大肠杆菌占优势。在绝经期以后,糖原消失,pH 值增高,土著群落又和青春期以前相似。

9.4.2 肠道微生物与健康

人体有四大菌库:消化道、呼吸道、泌尿道、皮肤。其中肠道是人体最大的菌库,在全长 $8\sim10m$ 的消化道内生存着 300~400 种、数量 100 万亿以上的微生物(主要是细菌)。在肠道的自然菌群中,既有对人体有致病作用的细菌(有害菌),它们约占 1%,也有对健康有好处的有益菌(益生菌),约占 99%。如果按质量计算,人体内和体表的各种微生物,总质量约 1.5~2.0kg,其中肠道内的微生物约 1kg,皮肤约 200g,呼吸道 20g,口腔 20g,阴道 20g,鼻孔 10g,眼睛 1g。

胃肠作为人体的消化道,是一个通过食物与外部环境频繁接触的器官,自胃部至直肠都有大量的微生物存在。胃的酸性环境对多数微生物有破坏作用,由于食物带来氧气,因此胃中的优势菌为耐酸菌和兼性厌氧菌,以革兰氏阳性的链球菌、乳杆菌和酵母菌为主,也有少量酸敏感菌和严格厌氧菌。进入十二指肠后,由于消化液的增加以及停留时间短,十二指肠的环境非常不利于各种微生物的生存,十二指肠的微生物数量比较少。此时微生物的组成不稳定,仅以极低的限数存在。进入空肠和回肠后,随着肠段的延伸,微生物的数量开始增加(10^8 CFU/g),而且种类也在不断增加。在小肠末端,除了乳酸菌,尤其是双歧杆菌以数量级增长外,其他一些革兰氏阴性兼性厌氧菌如大肠菌科的细菌以及专性厌氧菌群如拟杆菌和梭杆菌也开始出现,甚至在回盲部之前严格厌氧微生物已开始出现,此后盲肠和结肠因是食物停滞的主要部位,也是细菌最多的部位,严格厌氧的微生物在数量上超出兼性厌氧的微生物 100~1000 倍,成为优势菌,此时细菌的数量可达到 10^{12} CFU/g。

研究表明,成年人的肠道微生物生态系统菌由七个门的细菌组成,含有 300~400 种不同类型，这些细菌主要寄居于远端小肠、盲肠、结肠等部位，其中90%～99.9%是专性厌氧菌，兼性厌氧菌和需氧菌约为0.1%～10%。专性厌氧菌主要有双歧杆菌、类杆菌、真杆菌等，属肠道原籍菌；兼性厌氧菌主要为乳酸杆菌、肠杆菌科细菌及肠球菌等。在诸多细菌共存情况下，不同菌种之间的拮抗作用，宿主与细菌之间借助对营养物质的吸收和利用，在消化道中形成相互作用的关系，维系着消化道微生物生态系统的平衡。这种构成是肠道微生物群与其宿主（人）共同并且双向进化的结果。其中，宿主因自然选择压力要求肠道微生物群趋于稳定，这些压力包括宿主在生理方面的存活压力，外界生存条件（如饮食条件）形成的肠道环境压力等。因此，人体成年后肠道中菌群的门类正常情况下都是相对稳定的，只是优势菌种存在个体差异。

肠道微生物的多样性可能是宿主和肠道微生物之间强烈选择和协同进化的结果。宿主通过两种手段即肠道切应力和肠道免疫应答对肠道微生物菌群进行选择。肠道运动和食物流动产生切应力，可将肠道内容物排出体外，对肠道各种微生物进行选择，肠道微生物通过黏附在食物颗粒或脱落的上皮细胞及肠道表面抵御一定强度的切应力。另外，肠道通过建立一系列抗原识别、捕获、传递和加工处理等免疫应答机制，有效地将异体抗原排出体外，对肠道微生物进行选择，使肠道正常微生物通过上述策略逃避肠道免疫应答，在宿主肠道内建立起固定的生态学格局，最终形成稳定的肠道微生物菌群。

肠道微生物这种适应能力归因于这些肠道微生物进化出多种改变自身基因组的"工具"如质粒、转座酶、整合酶和转座子的同源序列等，这些基因转运和突变机制赋予肠道微生物"全能性"，以抵御肠道切应力和对付肠道免疫应答的选择作用，使其免遭从肠道内淘汰出去。在宿主对肠道微生物进行选择的同时，肠道微生物并不总是处于被动地位，也在不断地对宿主进行选择。肠道微生物的选择作用体现在两个层次上。首先，从肠道微生物角度看，肠道微生物新陈代谢方式如生长速度和底物利用方式影响到整个肠道微生物菌群在竞争环境中的适合度；其次，从宿主角度看，肠道微生物影响到宿主的适合度，如果这种选择作用对宿主有利，就会增加数量，随之带来了生存环境的扩大，反之亦然。协同进化的结果带来了宿主获益和肠道微生物菌群多样性，其中生态系统中物种的多样性通常被认为是该生态系统正处于最佳稳定状态的一个标志，因为物种多样性可以向系统提供应付外界应激的弹性和缓冲力。肠道微生物在亚种和株水平上体现出多样性与在门水平上体现的稀疏性形成鲜明对比，说明这些微生物之间存在相对较高的亲缘关系，间接地说明了宿主仅仅强烈地选择那些对宿主健康有利的少数物种。尽管人类在研究宿主和肠道微生物之间协同进化关系上已经取得了很大的成绩，但仍需进一步考证现有的证据和探索其他的证据，并借鉴其他宿主-微生物之间协同进化的研究模型，以获得更确凿的证据和更合理的推论，进一步揭示宿主与肠道微生物在进化过程中怎样有机地结合在一起，形成现存互惠共生的复合体。

胃肠道中的各种微生物存在着动态平衡，一旦打破这种平衡就可能会引起多种疾病。因此，胃肠道微生物与人类的健康生活息息相关。

在正常情况下，肠道菌群宿主与外部环境建立起一个动态的生态平衡，而肠道菌群的种类和数量亦是相对稳定的，但它们易受饮食和生活环境等多种因素的影响而变动，引起肠道菌群失调，从而引发疾病或加重病情。由肠道菌群失调引发的疾病包括多种肠炎、肥胖、（结）肠癌甚至肝癌。有数据显示，肠道菌群失调而导致临床患病的概率约为2%～3%。而肠道细菌也产生对人体健康有益的物质，如肠道中的一些细菌能合成硫胺素、核黄素、烟酸等多种维生素及氨基酸，分泌许多酶类，能增强营养，促进食物消化和吸收，维持人体正常代谢。

9.4.3 饮食与肠道微生物

食物的营养价值受宿主肠道菌群结构的影响，但同时食物也会影响肠道微生物组成。食物经小肠消化后，不能被小肠吸收的食物成分进入大肠后会被细菌代谢，生成不同代谢物，不同代谢底物的优势菌群有显著差异，进而也会影响肠道菌群结构。

饮食组成会影响宿主肠道微生物组成。一方面饮食模式（dietary pattern）会影响肠道微生物组成，另一方面食品的主要组成成分脂肪、蛋白质和糖类也对肠道菌群结构有着较大的影响。

(1) 饮食模式

饮食模式又称膳食结构，与地域物产密切相关，影响着人体肠道菌群结构。对比俄国人、美国人、丹麦人以及中国人的肠道菌群结构，发现人群差异显著，俄国人肠道中拟杆菌属和普氏菌属的含量相对其他国家居民较低。对比素食者和喜食肉者，其肠道菌群结构差异明显，素食者的肠道菌群是由产气荚膜梭菌（*Clostridium coccoides*）和多枝梭菌（*Clostridium ramosum*）为主，而长期高水平食肉者的肠道优势菌为普拉氏梭杆菌（*Feacalibacterium prausnitzii*）。纯母乳喂养的婴儿，肠道菌群中主要为双歧杆菌和乳酸菌；母乳配合奶粉喂养的婴儿，肠道菌群组成更多样化，有双歧杆菌、拟杆菌属、梭菌属和兼性厌氧菌。

(2) 脂肪

脂肪对肠道菌群结构的影响研究主要集中在高脂饮食上。对比饲喂了不同脂肪含量饲料的大鼠肠道微生物，发现脂肪引起大鼠肠道微生物结构发生了显著性变化，相对正常饮食，高脂饮食会降低拟杆菌门和双歧杆菌数量，增加厚壁菌门和变形菌门数量。膳食中脂肪酸组成也会影响肠道菌群结构，富含高饱和脂肪酸的膳食会改变肠道微生物组成，且促进了原本较低丰度的亚硫酸盐还原菌和沃氏嗜胆菌（*Bilophila wadsworthia*）的增殖。高脂肪含量的食物富含磷脂酰胆碱及胆碱，肠道微生物能将其转化成三甲胺，氧化的三甲胺进入血液会造成动脉粥样硬化，从而引发心血管疾病。高脂低膳食纤维饮食的小鼠肠道微生物产短链脂肪酸能力远远低于低脂高膳食纤维饮食的小鼠。

(3) 蛋白质

针对蛋白质对肠道菌群结构的影响研究主要集中在高蛋白质水平和不同蛋白质种类上。高蛋白质日粮会增加肠道中大肠杆菌和梭菌的数量。用不同蛋白质作为唯一蛋白质来源配制日粮饲喂大鼠14 d，发现不同来源蛋白质对雄性大鼠盲肠内容物中微生物组成有影响，与大豆蛋白和玉米蛋白相比，酪蛋白显著提高了大鼠肠道中乳酸菌和双歧杆菌数量。肠道微生物发酵蛋白质/氨基酸，不仅会产生有利于肠道的代谢物，同样也会生成对人体健康不利的物质，不同蛋白质对菌群发酵产物会产生影响。使用不同方式烹饪不同肉类，用人体排泄物中的微生物进行体外发酵实验，结果发现无论是肉的种类还是肉的烹调方式都对微生物构成与发酵状况有影响。发现肠道细菌发酵氨基酸和肽类物质的主要产物是乙酸、丙酸和丁酸，但同时会产生酚类和吲哚类等有害物质。用土豆蛋白代替酪蛋白，会增加肠道中支链脂肪酸的含量。

(4) 糖类物质

无论是低糖饮食还是高糖饮食，均会影响肠道微生物结构。低糖饮食会改变肠道微生物结构，减少突变小鼠的肠道肿瘤数量，同时降低产丁酸微生物的水平；而高脂/高糖饮食会改变小鼠肠道菌群结构，促使小鼠发生肥胖。此外，膳食纤维在膳食中所占比例显著影响肠道微生物结构，高纤维饮食会增加肠道中双歧杆菌数量，而低纤维饮食会增加普氏菌属数量。肠道微生物发酵糖类物质的产物主要是短链脂肪酸，包括乙酸、丁酸和丙酸。与以蛋白质和脂肪为主要膳食成分的人群比较，在长期以糖类物质为主要膳食的人群中，其肠道微生物代谢产物中短链脂肪酸含量相对较高。以膳食纤维为主食的非洲儿童肠道细菌代谢产物中短链脂肪酸含量相对以高脂肪高蛋白质为主食的欧洲儿童高。另外，有些碳水化合物不被人体分泌的消化酶所消耗，直接进入肠道，可以特异性地刺激对宿主健康有益的细菌生长或代谢活动，这些碳水化合物被称为"益生元"，如菊粉、抗性淀粉、寡聚糖等。

9.4.4 肠道微生物资源开发

2006 年美国基因组研究所首次对肠道微生物的基因功能进行了研究，发现肠道微生物基因组中富含参与碳水化合物、氨基酸、维生素等营养物质代谢的基因，其中大部分都是人体自身所不具备的，因此，肠道微生物资源值得深入发掘。

9.4.4.1 益生菌

益生菌又称益生素、促生素、利生素、生菌素、益康素和活菌制剂等，国际上（FAO/WHO 2002）将益生菌定义为：由单一或多种微生物组成的活菌制剂，当摄入一定剂量时有益于宿主健康，益生菌对宿主的益生性作用机制因菌而异，并且表现出菌株特异性。多年来，益生菌的发掘和筛选主要集中于乳酸菌和双歧杆菌，这两类菌都可以在健康成年人正常肠道菌群中出现。随着益生菌相关研究的不断深入，益生菌种类正在进一步扩大，一些链球菌（*Streptococcus* sp.）、肠球菌（*Enterococcus* sp.）、拟杆菌（*Bacteroides* sp.）、芽孢杆菌（*Bacillus* sp.）、丙酸菌（*Propionbacterium* sp.）及真菌等也被用作益生菌。

益生菌生理活性功能的研究一直是国际研究热点。益生作用是指宿主（人或动物）摄入后通过改善宿主肠道菌群生态平衡而发挥有益作用，达到提高宿主（人或动物）健康水平和健康状态。而成为益生菌的标准包括：无致病性，高度耐受胃酸和胆汁，能黏附于肠黏膜而阻止病原微生物的黏附，有益于人体免疫及其他功能。益生菌对肠道菌群的作用主要体现在：①益生菌的定植拮抗作用；②抑制病原菌作用；③益生菌营养作用。目前世界上研究的功能最强大的产品主要是以上各类微生物组成的复合活性益生菌，其广泛应用于生物工程、工农业、食品安全以及生命健康领域。

目前为止大部分的科研仍然停留在动物与菌体之间的分析水平，很少能从人体肠道水平进行分析和作用机制探讨。益生菌要在肠道内发挥其应有的各种生理功能，黏附、定植并达到一定剂量是必要条件，且研究证明黏附和定植的数目越多、时间越长，对宿主的健康越有益。而目前关于益生菌定植的研究一直是个世界性的难题。黏附是细菌黏附因子与宿主细胞相应黏附受体之间特异性结合过程，相对于病原性细菌的定植的研究，益生菌表面吸附及其受体的研究要少得多，因为这些益生菌既没有较强的类似于真核生物纤维结合素的表面物质，也没有一些致病菌所特有的黏附构件。乳酸菌黏附因子主要有黏多糖、糖蛋白类物质和 S-层蛋白，这些黏附因子与益生菌益生功能之间的联系，与肠道上皮细胞的作用都是目前研究的热点。

9.4.4.2 益生元

益生元的概念由国际"益生元之父"——格伦·吉布索（Glenn R. Gibson）于 1995 年提出，益生元是一种不被肠道酶消化的食物成分，它能够选择性刺激结肠中一种或一些特定细菌生长和（或）活性，使少数有益于机体健康的细菌成为优势菌。2017 年，国际益生菌和益生元科学协会（International Scientific Association for Probiotics and Prebiotics，ISAPP）在最新科学研究的基础上，对益生元的定义和范围重新进行阐述，提出益生元是指能够被宿主体内的肠道菌群选择性利用并转化为有益于宿主健康的物质。绝大部分益生元是短链脂肪酸、乙酸盐、丁酸盐等的来源，这些物质能够为肠黏膜提供能量，促进黏膜的生长，刺激肠内的免疫防御。膳食纤维、果胶、低聚果糖是几种比较常见的益生元，胃肠道内的益生菌群可以将其氢化和发酵。低聚糖作为益生元，一方面直接抑制病原菌生长，直接保护外源性益生菌进入肠道，在被有益菌利用的同时，释放出外源性益生菌并产生挥发性脂肪酸和二氧化碳，使肠道 pH 值下降，对大肠杆菌、沙门氏菌等有害菌有抑制作用，并能把病原菌带出体外和充当免疫刺激因子等作用。既增加了肠道内有益菌的数量又促进有益菌定植增殖。另一方面使肠道还原电势降低，具有调节肠道正常蠕动的作用，间接阻断病原菌在肠道中定植，从而起到有益菌的增殖因子作用。使用益生元，消除了黏附在小肠上的微生物对营养物的利用。相较于益生菌，益生元在某些方面具有优势，包括：益生元不需要考虑活性问题，在食品或药品中具有长期的稳定性。

9.4.4.3 合生元

益生菌与益生元结合即为合生元，也称作益生合剂。在欧洲，合生元是一种食品。合生元的特点是同时发挥益生菌和益生元的作用。通过促进外源性活菌在动物肠道内定植增殖，集益生菌的速效性和慢效应物质益生元（双歧因子）的刺激生长保护作用于一体。它不仅能发挥益生菌的生理活性和双歧因子促生长的双重作用，并可能最大限度发挥益生菌和双歧因子的相似作用，从而更好地促进动物健康生长。此外合生元还具有纠正菌群失调、防止细菌易位的作用。还有使益生菌在肠道内处于绝对优势后，形成微生物屏障，一方面可以阻止外来细菌与肠壁特异性受体结合，抑制消化道黏附病原菌，另一方面也可防止毒素以及废物等有毒成分的吸收。

益生菌、益生元、合生元作为微生态制剂，其作用方式主要体现在 3 个方面：①有益微生物促进低聚糖消化。②低聚糖促进有益菌定植增殖。③益生菌和益生元均可提高机体对病原性物质的抵抗力，提高机体免疫力，从而有助于动物消化道内建立正常的微生物区系，使肠道微生态达到相对动态平衡，让机体发挥正常的生理功能。

9.4.4.4 后生元

后生元最初被定义为对宿主健康有益的灭活微生物和/或微生物菌体成分，包含其发酵过程中产生的代谢物、分解发酵底物释放的活性小分子、死亡的细胞及裂解后的细胞组分。在 2021 年，国际益生菌和益生元科学协会重新定义了后生元的范围，后生元也被称为后生素，是指对宿主产生有益影响的物质，包括代谢产物、生物源素或去细胞上清液。其中去细胞上清液指活菌代谢活动分泌或细菌死亡溶解后释放的可溶性因子。可溶性因子包括短链脂肪酸、多肽类、脂磷壁酸、多糖肽复合物、多糖、细菌外膜蛋白、酶类、维生素、胆汁酸、缩醛磷脂及长链脂肪酸等。

9.5 群体感应和生物被膜

9.5.1 群体感应

细菌菌群密度达到一定值时，细菌间通过传递化学信号分子以协调控制整个菌群基因表达的现象被称为细菌群体感应（quorum sensing，QS）。在 QS 系统中，承担信号传递和调控职责的化学小分子被称为群体感应信号分子（quorum sensing signaling molecule，QSSM）。细菌通过分泌、识别、摄取环境中不同类型的信号分子构建了多条信息传递通路，形成 QS 系统来监控菌群密度，感知外周环境，调控细菌生物膜的形成、产生毒力因子和耐药性等群体行为。细菌生物膜是指黏附在细菌表面上，分泌多种蛋白质和多糖基质，将自身包裹在其中，并形成大量高度系统化和有组织的膜聚合物。由于生物膜通常含有高浓度的细胞，群体感应细胞密度依赖的基因表达调控是生物膜生理形成的重要组成部分。据美国国家卫生研究院统计，大约 80% 的微生物感染与群体感应介导的生物膜有关。因此，QS 系统与细菌致病性和耐药性密切相关，大量研究对 QS 的调控机制进行了探索，以深入了解和解析其与毒素分泌、感染发展进程等的关联性。

多数细菌可分泌和感知不同种类的 QS 信号分子，利用多条 QS 通路间的协调作用形成 QS 系统来调节其基因的表达，从而适应多变的环境。目前常见的细菌 QS 系统有哈氏弧菌 QS 通路、沙门氏菌/大肠杆菌的 AI-2 型 QS 通路、革兰氏阳性菌 QS 系统以及铜绿假单胞菌 QS 系统，如图 9-23 所示。更多潜在的 QS 信号通路作用机制仍在进一步探索。QS 信号分子通常可正向调节其自身的合成,又被称为自诱导物(autoinducer,AI),其与受体结合以激活目标基因的表达,是 QS 系统主要的组成部分。QS 信号分子主要分为五类:①自诱导物-1(autoinducer-1,AI-1)——多数革兰氏阴性菌合成和识别的酰基高丝氨酸内酯(acylhomoserine lactones,AHLs)类信号分子;②自诱导物-2(autoinducer-2,AI-2)——革兰氏阴性菌和革兰氏阳性菌用于种间交流的信号分子;③自诱导物-3(autoinducer-3,AI-3)——细菌与真核细胞间交流的信号分子;④自诱导多肽(auto-inducing peptides,AIP)——革兰氏阳性菌合成和识别的多肽类信号分子;⑤其他类,如铜绿假单胞菌喹诺酮信号(pseudomonas quinolone signal,PQS),吲哚等。

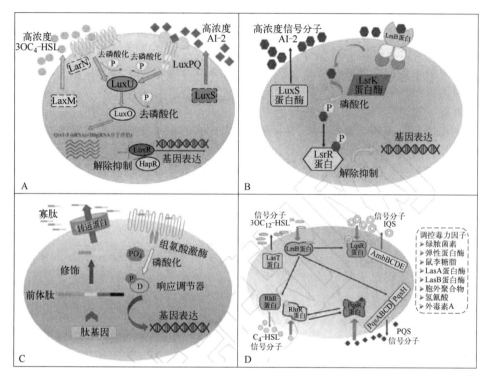

图 9-23 常见的细菌 QS 系统

A—哈氏弧菌 QS 通路;B—沙门氏菌/大肠杆菌的 AI-2 型 QS 通路;
C—革兰氏阳性菌 QS 系统;D—铜绿假单胞菌 QS 系统

9.5.2 生物被膜及其有关机理

"生物被膜(biofilm)"是由各种微生物种群构成的特殊的微生物生态系统,其结构复杂(图 9-24),一般至少有两层结构,外层由各种好氧异养微生物种群组成,可降解各种有机污染物;内层由各种兼性厌氧或厌氧的化能异养或化能自养微生物种群组成,可进行各种氧化还原反应,特别是可以进行硫酸盐还原和反硝化作用。

"生物被膜"与活性污泥一样,在环境污染的生物处理方面,特别是生活污水和各种工业废水的生化处理以及空气污染的控制和处理等具有广泛的用途。因

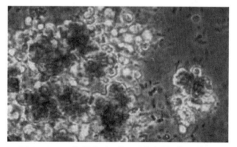

图 9-24 真菌与细菌通过生物膜形成的生态系统

此研究并阐述"生物膜"微生物生态系统的组成、结构与功能，对于提高其对有机污染物的降解能力进而提高废水的生化处理效率等具有重要的理论和实践意义。在工业界、医学界和兽医学界，生物被膜被用在废水处理、酸性矿物排泄物的生物修复以及生物被膜疫苗的形式免疫动物等。

当细菌黏附于接触物表面，分泌多糖基质、纤维蛋白、脂质蛋白等，将其自身包绕其中，并通过非常精细的方式聚集形成大量细菌的生物被膜。黏附现象是生物被膜形成过程的初始阶段，藻酸盐是黏附活动所必需的物质。细菌黏附时，AlgC、AlgD 基因被激活，大量表达，从而使藻酸盐合成所必需的磷酸甘露变位酶等合成增加。而当大量藻酸盐包裹细菌后，AlgC、AlgD 基因常停止表达。细菌黏附发生后，表达某些酶，从而产生了大量的组成细菌生物被膜结构的基质物，即胞外多糖。胞外多糖通常是指多糖蛋白复合物，也包括由周边沉淀的有机物和无机物等。胞外多糖包裹细菌，形成特定的微环境，这样逐渐形成了具有复杂结构的成熟膜状物，维持生物被膜的结构。细菌生物被膜由蘑菇样或柱样亚单位组成，亚单位可分根部、茎部、头部三部分。根部固定于固体表面，亚单位茎部与茎部、头部与头部、茎部与头部之间形成水通路，水以对流的方式通过通路，输送营养物质，满足细菌生存的需要，同时带走细菌代谢产生的废物。当大量液体流动时，水通路内液体流动常维持同一方向，因此有人把水通路看成类似于高级生物的循环系统。

生物被膜厚度不一，厚者可达数百毫米，最薄者须用电子显微镜才能观察到。除了水和细菌外，生物被膜还含有细菌分泌的大分子多聚物、吸附的营养物质和代谢产物及细菌裂解产物等。大分子多聚物如蛋白质、多糖、DNA、RNA、肽聚糖、脂和磷脂等物质。其中胞外多糖纤维和多糖/蛋白复合物形成膜的结构骨架，它富含阴离子，高度亲水。这种基质的黏稠度很大，存在多种弱作用力，如疏水力、静电作用力、氢键等。因此细菌生物被膜这一特殊结构坚实稳定，不易破坏，大大提高了细菌的存活能力。研究生物被膜胞外多糖有助于理解生物被膜的形成机制，从而有针对性地开发治疗手段，解决生物被膜相关的问题。

9.5.3 表面环境与生物被膜

表面作为微生物环境来说十分重要，因为环境中的养料可以吸附到它的表面，这样一个表面微环境的营养水平要比溶液中的营养水平高许多。这种情况势必会影响微生物的代谢速度。由于吸附效应，表面的微生物数量和活动强度通常比在自由水中还要大很多。有一个小试验可以验证这一点：将一片载玻片浸在有微生物环境中，停留一段时间后取出，在显微镜下观察，可能看到微生物发育成菌落（见图 9-25）。

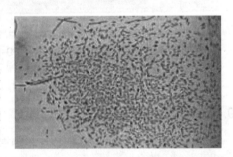

图 9-25 在浸没载玻片上培养的微生物

通过研究表面的微生物集群现象，显示出大多数微生物生长在被生物膜覆盖的表面上，细菌细胞的小菌落附着在表面是由于细胞分泌黏性多糖。生物膜可诱捕营养，使附着的微生物群体生长，同时还可帮助阻止表面上的细胞在流动的系统中脱离。生物膜在医学和商业上有显著的作用。在人体内，包在生物膜中的细菌细胞可免受免疫系统的攻击。例如医学上的移植，它可作为含有病原及微生物的生物膜发育的部位。生物膜在口腔卫生上也很重要。齿斑是一个典型的生物膜，含有细菌产生的酸性物质，使牙形成龋齿。在工业上，生物膜使管道中的水或油流速减慢，加速管道的腐蚀，同时也可使被水浸没的物体腐朽，如岸边的打油井机、船和沿岸的设施等。

当我们考查液态发酵中微生物生态环境时，表面环境是一个不可忽视的因素。因为微生物和营养通常都被吸附在表面，表面微生物利用营养进行生长繁殖，逐步形成表面生物膜。这个过程大致分为三个阶段：第一阶段，是有机质附着在表面，凡是与水接触的物体表面都能很快地形成这一层。第二阶段，开始有细菌膜初步吸附在表面上，起先是醪液中正常游离的细菌群体，因物理和化学作用而暂时附着于表面，运动着的细菌也可以因营养物质的引诱而朝着它做定向运动，进而附着在表面上。这时细菌只是以一端附着，使菌体与表面呈直角，因而附着往往不很牢固。这一阶段大约需要几小时。第三阶段，当初步吸附在表面的细菌分泌出胞外聚合物时，就使细菌和表面黏在一起，形成较为牢固的吸附层，此即微生物表面膜（图9-26，图9-27）。

图9-26 茶汤表面由真菌和细菌形成的共生体系

图9-27 木醋杆菌在液-气界面上生长形成纳塔

 知识归纳

生态学基本概念包括：生态学、生态系统、生物圈、微生物生态、种群、群落、环境梯度、耐受限度、优势种。

生态系统的组成成分：非生物环境、生产者、消费者和分解者。

微生物种群内的相互作用：正相互作用和负相互作用。

微生物种群间相互作用：中立作用、偏利作用、协同作用、互惠共生、竞争作用、偏害作用、捕食作用、寄生作用和多种生态关系共存。

微生物生态学的传统研究方法：稀释培养法、高通量培养技术、模拟自然环境的培养技术、改良微生物培养基组成和培养条件。

微生物生态学的分子生物学研究方法：一是基于核糖体RNA基因的微生物生态学研究方法；二是基于PCR技术的基因图谱技术，包括克隆文库法、高通量测序技术；三是核酸分子杂交技术，包括Southern印迹杂交、Northern印迹杂交、荧光原位杂交技术、基因芯片技术。

组学时代的微生物生态学研究：包括宏基因组学技术及其与其他技术联用，宏转录组学技术及其与宏基因组学技术的对比，组学技术在微生物生态学研究中的应用。

人体微生物分布：包括皮肤微生物、口腔正常菌群、胃肠道微生物、呼吸道微生物、泌尿生殖器官区域微生物等。

肠道微生物与健康：肠道微生物中各种微生物存在动态平衡，与宿主形成互惠共生的复合体，一旦平衡打破，肠道菌群失调会引发各种疾病。

饮食与肠道微生物：饮食模式、脂肪、蛋白质、糖类化合物都对肠道微生物产生相应的影响。

肠道微生物资源开发：包括益生菌、益生元、合生元和后生元的开发。

细菌群体感应定义：细菌菌群密度达到一定值时，细菌间通过传递化学信号分子以协调控制整个菌群基因表达的现象被称为细菌群体感应（quorum sensing，QS）。

群体感应信号分子：在QS系统中，承担信号传递和调控职责的化学小分子被称为群体感应信号分子（quorum sensing signaling molecule，QSSM）。

生物被膜的两层结构：外层由各种好氧异养微生物种群组成，可降解各种有机污染物；内层由各种兼性厌氧或厌氧的化能异养或化能自养微生物种群组成，可进行各种氧化还原反应，特别是可以进行硫酸盐还原和反硝化作用。

表面生物膜形成过程大致分为三个阶段：第一阶段是有机质附着在表面，凡是与水接触的物体表面都能很快地形成这一层；第二阶段，开始有细菌膜初步吸附在表面上，起先是醪液中正常游离的细菌群体，因物理和化学作用而暂时附着于表面，运动着的细菌也可以因营养物质的引诱而朝着它做定向运动，进而附着在表面上。这时细菌只是以一端附着，使菌体与表面呈直角，因而附着往往不很牢固。这一阶段大约需要几小时。第三阶段，当初步吸附在表面的细菌分泌出胞外聚合物时，就使细菌和表面黏在一起，形成较为牢固的吸附层，此即微生物表面膜。

思考题

1. 试述生态学、生态系统、生物圈、微生物生态学、微生物生态系统的概念。
2. 什么是种群、群落？如何理解环境梯度、耐受限度？
3. 人体微生物分布情况怎样？
4. 什么是互生关系？请举与食品相关的例子说明其相互关系。
5. 什么是共生关系？有几种不同的共生关系？分别举例说明。
6. 什么是拮抗关系？请举例说明。
7. 什么是寄生关系？请举例说明。
8. 什么是益生菌？益生菌对肠道菌群的作用主要体现在哪几个方面？
9. 什么是细菌群体感应、生物被膜？
10. 试述几种发酵食品中的微生物生态情况。
11. 微生物处理食品废水的必要条件有哪几种？

应用能力训练

1. 如何避免抗抗生素超级细菌的形成或杀灭这种细菌？
2. 如何在食品中利用微生物的拮抗作用进行食品保藏？
3. 解释白酒酿造不同阶段的优势微生物的代谢作用。
4. 应用现代微生物生态学研究方法解析火腿生产过程中微生物群落变迁和风味物质形成之间的关联。
5. 如何利用微生物群体感应信号分子预报食品的货架期？
6. 生活中如何利用生物被膜？

参考文献

[1] 李宗军. 食品微生物学：原理与应用. 北京：化学工业出版社，2014.
[2] 江汉湖，董明盛. 食品微生物学. 3 版. 北京：中国农业出版社，2010.
[3] 董明盛，李平兰. 食品微生物学. 4 版. 北京：中国农业出版社，2024.
[4] Prescott, Harley, Klein. Microbiolgy. fifth edition. Published by McGram-Hill, Higher Education Press, 2002.

第 10 章

发酵食品微生物学

知识图谱

开门七件事,柴米油盐酱醋茶,这七件事中,与微生物有什么关系?人们在长期的实践中积累了丰富的经验,利用微生物制造了种类繁多、营养丰富、风味独特的传统中华美食。面包、美酒、酸奶、Cheese、酱油、食醋、泡菜、腐乳、豆瓣酱等日常生活中食品与哪些微生物有关?现代科学该如何解析这些微生物?传统发酵食品流传数千年,还有没有生命活力?传统发酵食品加工和贮藏过程中有哪些微生物的参与?如何实现传统发酵食品生态系统的微生物功能可控、生产过程可控和产品品质可控?

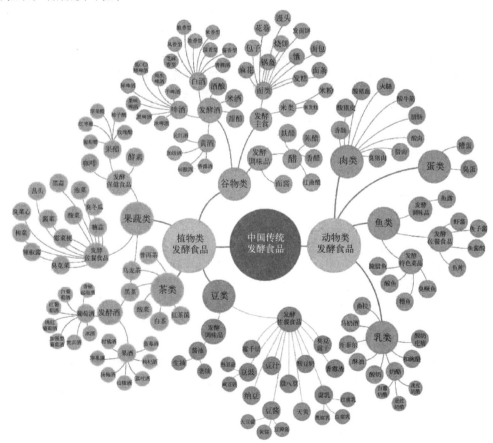

学习目标

○ 以 1~2 种传统发酵食品为例，说明酵母菌在食品的应用。
○ 以 1~2 种传统发酵食品为例，说明霉菌在食品的应用。
○ 以 1~2 种传统发酵食品为例，说明细菌在食品的应用。
○ 了解在食品制造中主要微生物的特征及其作用。
○ 举至少 3 种传统发酵食品，明确微生物协同作用在食品工业生产中的应用现状与原理。
○ 识记 5 种以上益生菌，并明确益生菌的作用与功效。
○ 了解微生物与传统发酵食品之间的关系，中国传统酿造食品微生态研究的基本策略。
○ 学生以小组为单位，围绕微生物与传统中华美食这一主题，自主选择调研内容，以 PPT 演讲、微信推送等的方式深入收集并分析微生物在传统中华美食中的作用相关资料，了解中华传统食品背后所蕴含的中华传统文化以及工匠精神。
○ 树立正确的国家观、民族观、历史观、文化观，让世界品味中国美食，让中国美食走向世界，积极推介饮食领域的非物质文化遗产，提振学生的文化自信。

发酵食品是指在特定条件下，通过自然传播或人工接种，利用可食用有益微生物对食品基质进行深入转化而形成的具有独特品质特性的一类食品。其历史悠久，可追溯至新石器时代，最初起源于保存易腐败的食物，经过数千年的发展，现如今发酵食品种类繁多，根据微生物所利用原料的不同，发酵食品主要包括豆粮发酵食品、乳类发酵食品、果蔬发酵食品、肉类发酵食品和水产品类发酵食品等。

发酵食品不仅可以为人们提供丰富的营养，而且与发酵食品相关的微生物还能赋予产品特殊的风味、质地、品质和生理功能。此外，许多发酵食品还能为人们提供多种保健功能，如乳品发酵食品含有乳酸菌成分，可以刺激人体免疫系统，增强机体免疫力，同时还能促进肠蠕动，调节人体肠道菌群，预防肠癌；粮谷发酵食品中的米酒富含多种氨基酸，特别是苏氨酸，可预防记忆力减退。因此，发酵食品具有巨大的发展潜力和广阔的市场，与国民经济发展密切相关，在食品工业中占有重要的地位。

10.1 发酵食品概述

10.1.1 发酵食品与微生物

发酵食品具有风味独特、营养丰富和保质期长等特点，在发酵过程中，微生物不仅可以分解食品原料中某些对健康不利的成分，如牛奶中的乳糖，豆类食品中的豆腥味成分和胀气因子，而且还保留了食品原有的保健功能成分，主要包括有益的微生物（如乳酸菌和酵母菌）和多糖、多酚类化合物、多肽、氨基酸以及纤维素等具有功能性的成分。发酵食品的生产是在内源酶的作用下，利用微生物将食品原料中的碳水化合物、脂质、蛋白质和其他大分子营养物质经发酵降解为单糖、游离脂肪酸和游离氨基酸等初级代谢产物，或进一步代谢产生丙酮酸、醇类、羰基化合物和短链有机酸等多种次级代谢产物，从而产生新的食品类型或饮料。因此，决定发酵食品生产成败最关键的因素就是其所利用的微生物，根据发酵过程所利用微生物种类的不同，将发酵食品分为细菌发酵食品、真菌发酵食品和细菌/真菌混合菌发酵食品。

10.1.1.1 发酵食品与细菌

细菌在自然界中分布广泛，在发酵食品领域也同样有着广泛应用，应用于发酵食品中的细菌根据革兰氏染色法分为革兰氏阴性细菌和革兰氏阳性细菌,其中革兰氏阳性细菌最为常用。

(1) 生产发酵食品常用的革兰氏阴性细菌

与发酵食品相关的革兰氏阴性细菌主要是大肠埃希氏菌（Escherichia coli,大肠杆菌）和醋酸杆菌,前者主要作为基因工程的受体菌生产多种氨基酸和酶类,大肠杆菌能够发酵多种糖类产酸和产气,是人和动物肠道中的寄生菌,其繁殖周期短、培养条件简单、生长旺、繁殖快、易于诱发变异,是常用的基因工程模式菌,可以通过人工改造携带目的基因进入细菌体内,并在细菌体内表达,产生所需的酶类和氨基酸等；后者主要用于生产醋酸、有机酸和山梨酸等,醋酸杆菌能够将乙醇氧化成醋酸,并能够将醋酸进一步氧化成二氧化碳和水,也能够氧化其他醇类和糖类生成相应的醛和酮,该菌是酿醋工业的常用菌种之一,某些菌株耐醋酸和耐乙醇能力强,但不耐食盐,因此可以通过添加食盐来终止醋酸发酵,防止醋酸杆菌将醋酸氧化成二氧化碳和水。

(2) 生产发酵食品常用的革兰氏阳性细菌

与发酵食品相关的革兰氏阳性细菌种类较多,主要包括乳杆菌属、双歧杆菌属、葡萄球菌属、魏茨曼氏菌属和链球菌属等。

① 乳杆菌属　乳杆菌属是在食品领域应用较多的乳酸菌的主要菌属之一。发酵食品生产中常用的乳杆菌属主要包括德氏乳杆菌乳亚种、德氏乳杆菌保加利亚亚种和嗜酸乳杆菌等。这些菌种主要被应用于乳酸、发酵乳制品、发酵肉制品、发酵蔬菜、发酵饮料、发酵谷物、乳酸菌制剂和微生态制剂等发酵食品的生产中。如德氏乳杆菌乳亚种是生产乳酸的主要菌种；德氏乳杆菌保加利亚亚种和嗜酸乳杆菌是生产酸奶和干酪的主要菌种,其中嗜酸乳杆菌也能够用于生产乳酸菌制剂和微生态制剂,在调节肠道微生物平衡,预防和治疗胃肠道疾病,以及生产保健食品等方面也起着重要作用。

② 双歧杆菌属　双歧杆菌属也是在食品领域应用较多的乳酸菌的主要菌属之一。双歧杆菌是人和动物肠道菌群的重要组成成员之一,一些双歧杆菌的菌株也可以用于生产微生态制剂来调节肠道微生态平衡和胃肠功能紊乱,如长双歧杆菌婴儿亚种、短双歧杆菌、长双歧杆菌长亚种、动物双歧杆菌动物亚种和动物双歧杆菌乳亚种等。此外,将双歧杆菌与其他菌种,如低聚糖双歧杆菌与乳酸杆菌混合还能够制成效果更好的复合微生态制剂；将双歧杆菌与唾液链球菌嗜热亚种和德氏乳杆菌保加利亚亚种等菌种混合发酵,也能生产保健食品或功能性食品。

③ 葡萄球菌属　葡萄球菌属是一类革兰氏阳性球菌,因其常堆积成葡萄串状而得名。葡萄球菌在自然界分布广泛,如土壤、水和某些食品中等。根据其产生凝固酶的能力分为凝固酶阳性葡萄球菌和凝固酶阴性葡萄球菌。前者多具有致病性或产毒性,或两者兼具；而后者多不具致病性,可作为有益微生物菌群用于生产发酵食品,赋予其良好的风味、色泽和质地,如肉葡萄球菌、木糖葡萄球菌和腐生葡萄球菌等均是参与发酵香肠、奶酪、咸鱼和酱油等发酵食品生产的优势菌群,其中肉葡萄球菌已被完全确认为食品级菌株,是发酵肉制品风味形成的关键菌种。肉葡萄球菌和木糖葡萄球菌也早已被作为商业发酵剂用于发酵香肠的生产中。2022 年,国家卫健委公布的《可用于食品的菌种名单》中也含有葡萄球菌属的肉葡萄球菌和木糖葡萄球菌。此外,凝固酶阴性葡萄球菌还常与乳酸菌一起被用于肉制品和乳制品的生产中。

④ 魏茨曼氏菌属　魏茨曼氏菌属（原芽孢杆菌属）在自然界中分布较广,特别是在土壤和水中较为常见。应用于发酵食品生产中的魏茨曼氏菌属主要是枯草芽孢杆菌、纳豆芽孢杆菌、嗜热脂肪芽孢杆菌和丁酸梭状芽孢杆菌等。枯草芽孢杆菌可以生产各种酶制剂,如 α-淀粉酶、蛋白酶、脂肪酶和纤维素酶等十几种酶,也因其能够分泌多种蛋白酶和豆豉纤溶酶,赋予产品独特的风味和鲜味,可以用于生产细菌型豆豉。在《伯杰氏细菌鉴定手册》中将发酵过程中用到的纳

豆芽孢杆菌（纳豆菌）归于枯草芽孢杆菌，但纳豆芽孢杆菌对生物素敏感，接种煮熟后的黄豆能够产生拉丝样的黏性物质，而枯草芽孢杆菌却不能。同时纳豆芽孢杆菌还可以分泌多种蛋白酶和淀粉酶来分解大豆蛋白和淀粉，通过产生多种营养物质和风味物质来生产纳豆和豆豉。嗜热脂肪芽孢杆菌可以生产 α-半乳糖苷酶；丁酸梭状芽孢杆菌可以生产赋予传统大曲酒浓香型香味成分的丁酸。

⑤ 链球菌属　链球菌也是革兰氏阳性细菌，排列方式为链状，发酵食品常用的链球菌为唾液链球菌嗜热亚种（原嗜热链球菌），它是乳制品生产中的常用菌，其与布氏乳杆菌都能够产生乳糖酶，是制作酸奶的必需材料，其也常与德氏乳杆菌保加利亚亚种混合用于生产酸奶和干酪，为产品提供特殊的香味和良好的质地。

此外，乳杆菌属、链球菌属和片球菌属作为发酵肉制品中最常用的微生物，在肉制品的发酵和成熟过程中也起着至关重要的作用：它们利用碳水化合物产酸，通过降低肉品 pH 来抑制致病菌和腐败菌的生长；有助于形成 NO，促进肉品发色；通过释放游离氨基酸和降解多肽、游离脂肪酸和多种次级代谢产物影响发酵肉制品的风味。另外，黏液乳杆菌属中的发酵黏液乳杆菌作为异型发酵乳酸杆菌，是传统乳制品、肉制品、豆制品和蔬菜制品等发酵食品生产中的优势菌群，产酸能力强、遗传稳定，对于传统食品的风味形成具有重要作用；干酪乳酪杆菌作为一种益生菌，能够发酵多种糖类产酸，具有耐酸、耐胆盐、改善肠道菌群和提高机体免疫力等多种益生功能，主要被用于功能性食品，特别是牛奶、酸乳、豆奶和干酪等乳制品的生产中。

10.1.1.2　发酵食品与真菌

真菌在食品加工和发酵食品中扮演着重要角色，它们对食品的风味、质地和营养价值有显著影响。在传统发酵食品中，如酒、醋、酱油和腐乳等，真菌通过其代谢活动产生独特的风味物质和生物酶，同时有助于改善食品的质构和长期储存。

（1）酵母菌

酵母菌泛指能够发酵糖类的各种单细胞真菌，其在自然界分布很广，主要存在于偏酸的含糖环境，特别是水果和蜜饯表面以及果园土壤中。已知的酵母菌约有几百种，它也是人类的"第一种家养微生物"。酵母菌富含多种维生素、矿物质和酶类，还含有麦角固醇、谷胱甘肽、超氧化物歧化酶和辅酶 A 等活性物质。发酵食品常用的酵母菌主要有酿酒酵母、球拟酵母、卡尔斯伯酵母和异常汉逊酵母等。

酿酒酵母，又称面包酵母，是酵母菌中最主要的菌种，其用途广泛，不仅可以以淀粉质为原料，经糖化曲的作用将淀粉转化为葡萄糖，再经酵母菌的发酵作用生产啤酒、白酒、各种果酒和酒精等，而且还可以发酵糖类生产面包、馒头、包子、饼干和糕点等。此外，酿酒酵母还能够用于生产饲用、药用和食用的单细胞蛋白。

球拟酵母具有酒精发酵能力，还能够用于生产有机酸。球拟酵母的某些种能够将葡萄糖转化为多元醇生产甘油。

卡尔斯伯酵母也是啤酒酿造中的典型酵母，国内啤酒酿造过程中多使用卡尔斯伯酵母及其变种；它本身也可以被当作药用、食用和饲料来使用；还可以作为维生素测定菌，用于测定泛酸、吡哆醇和肌醇等。

（2）霉菌

霉菌是丝状真菌的俗称，意为"引起物品霉变的真菌"，种类多、数量大，在自然界中分布极其广泛，只要存在有机质的地方就有霉菌，容易引起食品、工农业产品的霉变或植物的真菌病害。但它也是自然界中有机质的分解者，可以分解数量巨大的、其他生物难以分解的复杂有机物，如纤维素和木质素等，因此对于促进地球生态圈的发展起着重要作用。同时，霉菌的大量生长繁殖不仅能够抑制某些有害微生物，特别是抑制某些引起食物中毒和食品腐败的细菌的生长繁殖，改善产品的贮藏特性，而且对于发酵食品，如发酵香肠、酱油、豆腐乳、豆豉和干酪的风味形成发挥着重要作用。发酵食品生产过程中常用的霉菌主要有毛霉属、犁头霉属、根霉属、曲霉属、红曲属和青霉属等。

① 毛霉属　毛霉是较低等的单细胞真菌，毛霉中的许多种具有较强的分解蛋白质的能力，如鲁氏毛霉和总状毛霉，前者可以用于生产霉菌型的豆腐乳，后者可以在自然制曲的情况下生产四川潼川豆豉和永川豆豉，这主要是利用其分解蛋白质的能力来保证产品的鲜味。毛霉中的某些种也具有很强的糖化能力，这使得其能够被用于生产酒精和有机酸等。此外，毛霉还可以被用于生产多种酶类，如生产淀粉糖化酶、凝乳酶、脂肪酶和蛋白酶等。

② 犁头霉属　犁头霉广泛存在于土壤、酒曲和粪便中，是酿酒生产中的污染菌，但可以利用犁头霉生产糖化酶，如蓝色犁头霉，该霉可以用于生产酒曲和酿酒；犁头霉也能生产用于提高制糖产率的α-半乳糖苷酶，如灰色犁头霉；此外，犁头霉还可以用于甾体化合物的生物转化来生产甾体激素类药物。

③ 根霉属　根霉的形态结构与毛霉相似，它在酿酒业中具有重要的作用，这主要是因为我国的酿酒业多以淀粉含量较高的粮食作物为原料来生产酒和酒精，而酵母只能发酵糖类，却不能直接利用淀粉，因此需要对淀粉进行糖化，使淀粉降解为简单糖类，根霉能够产生丰富的、活力很强的淀粉糖化酶，故可以利用根霉产生的淀粉糖化酶来降解淀粉。酿酒业中常用的制曲的根霉主要有米根霉、中国根霉和白曲根霉等。根霉可以单独被应用制成甜酒曲，用于生产甜酒和黄酒；根霉还可以与酵母菌混合制成小曲，用于生产小曲米酒，这不仅利用了根霉糖化淀粉的作用，也利用了根霉能够产生少量乙醇和乳酸，乙醇和乳酸发生的酯化作用能够产生乳酸乙酯，赋予小曲米酒（白酒）独特的风味。此外，根霉还能生产葡萄糖、酶制剂（淀粉糖化酶、脂肪酶和果胶酶等）、有机酸和发酵食品，其中用于生产发酵食品的根霉主要有米根霉、匍枝根霉和少孢根霉，生产的发酵食品主要是发酵豆类食品和发酵谷类食品，如发源于印尼的发酵大豆食品安可豆豉（又名丹贝、天贝、天培）。

④ 曲霉属　曲霉属中的米曲霉和黑曲霉是发酵食品中应用较多的菌种。米曲霉既具有较强的产生淀粉酶的能力，用于将淀粉降解为发酵糖供酵母菌利用，也具有较强的产生蛋白酶的能力，用于分解蛋白质产生多种氨基酸和形成盐类物质，因此，米曲霉也可以用于酿酒和生产酱油。在发酵初期以米曲霉制曲，该曲的β-淀粉酶活力很强，能够将原料中的淀粉转化为糖，这些糖再经酵母菌、霉菌和细菌的共同作用，产生酒精、有机酸、酯和醛等物质。米曲霉也能产生多种有机酸，如柠檬酸、抗坏血酸、没食子酸和葡萄糖酸等。我国利用米曲霉来生产发酵食品的历史悠久，传统的发酵大豆食品，如豆豉、豆酱和酱油等都是利用米曲霉来生产的，米曲霉主要影响发酵速度、产品色泽和产品的鲜味，湖南浏阳豆豉和广东阳江豆豉都是曲霉型豆豉的典型代表。黑曲霉在自然界中广泛存在，也能产生淀粉酶，主要是α-淀粉酶和糖化型淀粉酶。黑曲霉产生的糖化酶的活性最强，可以用于淀粉的糖化和液化，生产葡萄糖、淀粉水解酶和酒精；黑曲霉还能产生果胶酶用于果汁的澄清，产生耐酸性的蛋白酶用于制作食品，产生柚苷酶和橙皮苷酶用于橘子汁、橘果酱、柑橘类罐头的去苦和防止白浊。

⑤ 红曲属　红曲霉是腐生真菌，具有耐酸和耐高温的特性，它的菌丝体初期为无色，渐变为红色，因其能够产生大量的红曲色素而备受国内外学者的关注。红曲霉产生的红曲色素已经被毒性试验证明是安全无毒的，同时红曲色素对温度、pH、金属离子和氧化/还原剂都较为稳定，

是一种优良的天然食用色素，可以被作为着色剂应用于糕点、糖果和肉制品中。值得一提的是，将红曲色素添加到肉制品中能够部分替代亚硝酸盐发色，这对于降低肉制品中的亚硝酸盐含量，降低亚硝酸盐引起的食物中毒和亚硝酸盐残留导致的亚硝胺类致癌物出现的概率具有重要意义。同时，红曲霉还能酿造黄酒、红露酒、红曲醋和玫瑰醋，以及生产红曲和红腐乳等传统发酵食品。此外，红曲霉也能产生淀粉酶、麦芽糖酶、蛋白酶、柠檬酸、琥珀酸和乙醇等。其中红曲霉的糖化型 β-淀粉酶活性较强，可以用来生产红色麦芽糖；红曲霉生产的蛋白酶活性较高，可将红曲用于腌渍鱼、肉和豆腐等高蛋白质食品。红曲霉还可以药用，制中药神曲，用于消食、健脾胃和治疗赤白痢等。

⑥青霉属 青霉在自然界中分布广泛，青霉的许多种可以生产有机酸，如产黄青霉、点青霉和产紫青霉的菌种都能够生产葡萄糖酸，产黄青霉和点青霉的菌种还能产生柠檬酸和抗坏血酸等。青霉属中还有生产延胡索酸和草酸等有机酸的菌种。青霉也能生产多种酶类，如葡萄糖氧化酶、蛋白酶、产纤维素酶、青霉素酰化酶、凝乳酶和脂肪酶等。此外，青霉对于改善发酵肉制品品质和贮藏特性也具有重要作用，如萨拉米香肠的制作中就用到了 9 种青霉和 7 种曲霉，它们的存在既能够促进香肠中某些风味物质的形成，又能够抑制某些有害微生物的产生，延长发酵香肠的贮藏期。

10.1.2　发酵食品的发酵形态

发酵食品的形成是一个极其复杂的生物化学过程，一般都不是单一菌株独立完成的，需要两种及以上微生物参与，在同一发酵阶段或不同发酵阶段共同完成对原料的转化，主要包括 4 大类型：联合发酵、顺序发酵、共固定化细胞混菌发酵和混合固定化细胞混菌发酵。其中联合发酵是将两种及以上微生物同时接种和培养，如发酵乳生产是同时接种唾液链球菌嗜热亚种和德氏乳杆菌保加利亚亚种。顺序发酵，顾名思义就是不同菌发酵的时间不同，某种菌发酵完毕，再接种另外的菌株进行发酵，如食醋的酿造就是先接种酵母菌进行酒精发酵，再接种醋酸菌进行醋酸发酵。常见的混菌发酵食品主要包括细菌/酵母菌混合生产的果醋、马奶酒和腌菜等发酵食品。酵母菌/霉菌混合可以生产酒类发酵食品，如酒精、小曲米酒（白酒）和日本清酒等。又如醋酸菌/酵母菌/曲霉菌混合可以生产酿造食醋，这首先是利用曲霉菌使淀粉糖化，同时曲霉菌还能产生蛋白酶使蛋白质水解为氨基酸，再利用酵母菌使单糖和双糖发酵转化为酒精，最后利用醋酸菌使酒精氧化成醋酸。细菌/酵母菌/霉菌混合可以生产食醋、大曲酒、酱和酱油等发酵食品。也可以利用多种细菌或者多种霉菌联合生产发酵食品，如发酵乳的生产过程中涉及干酪乳酪杆菌、德氏乳杆菌保加利亚亚种、唾液链球菌嗜热亚种和嗜酸乳杆菌等。山西老陈醋的大曲表面和边角也以毛霉和犁头霉为主。混合菌生产发酵食品比较复杂，下文会根据不同种类的发酵食品进行详细论述。

10.2　豆粮发酵食品与微生物

10.2.1　酱油与微生物

酱油俗称豉油，主要由大豆、小麦、食盐经过制油、发酵等程序酿制而成。酱油中含有多种氨基酸、糖类、有机酸、色素及香料等成分，以咸味为主，也有鲜味、香味等，它能增加和改善菜肴的味道，还能增添或改变菜肴的色泽。

酱油以及酱类调味品的酿制是一个极其复杂的生物化学过程。酱油酿造过程中制曲的目的是使米曲霉在基质中大量生长繁殖，发酵时即利用其所分泌的多种酶，其中最重要的是蛋白酶和淀粉酶，前者分解蛋白质为氨基酸，后者分解淀粉为糖类物质。在制曲和发酵过程中从空气中或通过其他媒体落入酵母和细菌，并进行繁殖，也分泌多种酶，例如酵母菌在发酵过程中产生酒精、乳酸菌发酵生成乳酸等，因此，可以说酱油是曲霉、酵母和乳酸菌等微生物综合作用的产物。在影响酱和酱油质量的诸多因素中，参与发酵的微生物是至关重要的，不仅与不同的菌种有关，同种的不同菌株，其生产性能也往往影响发酵过程和产品的质量。而对发酵速度、成品色泽、味道鲜美程度影响最大的是米曲霉（*Aspergillus oryzae*）和酱油曲霉（*A. sojae*），而影响其风味的是酵母菌和乳酸菌。乳酸菌可以抑制有害微生物生长并产生酯类的前体物，酵母菌能够产生大量乙醇和相当数量的有机酸和酯类，可以提高产品的风味。米曲霉含有丰富的蛋白酶、淀粉酶、谷氨酰胺酶和果胶酶、半纤维素酶、酯酶等。涉及酱油发酵的酵母菌有 7 个属的 23 个种，其中影响最大的是鲁氏酵母（*Saccharomyces rouxii*）、易变圆酵母（*Torulopsis versatilis*）等。而乳酸菌则以酱油四联球菌（*Tetrcoccus soyae*）、嗜盐片球菌（*Pediococcus halophilus*）和酱油片球菌（*P. soyae*）等与酱油风味的形成关系最为密切。因为它们利用糖形成乳酸，再与乙醇反应形成特异香味的乳酸乙酯。也已发现某些芽孢杆菌是影响酱油风味的主要微生物。

在发酵初期，利用米曲霉、黄曲霉制成曲，这些曲的 β-淀粉酶特别强，将原料中所含有的淀粉转化为糖，这些糖再经曲霉、酵母和细菌的协同作用产生乙醇、有机酸、醛等多种物质。同时，曲霉具有分解蛋白质的能力，把原料中的蛋白质分解成多种氨基酸并形成盐类物质。乙醇与有机酸化合生成的酯具有香味，糖的分解产物与氨基酸结合产生褐色。乳酸杆菌和酱油的风味有很大关系，乳酸杆菌的作用是利用糖产生酸。乳酸和乙醇生成的乳酸乙酯的香气很浓。酱油在不同的发酵时期有不同的微生物菌落结构。魏斯氏菌属在整个发酵周期具有明显的菌群优势；类肠膜魏斯氏菌、发酵乳杆菌、弗氏柠檬酸杆菌、肠杆菌属，它们的数量随发酵时间的增长而有逐渐减少的趋势；嗜盐四联球菌和一种不可培养的细菌，在进入发酵期后才出现，并且菌群优势有增强的趋势；其余 8 个菌种进入发酵期就逐渐死亡。因此，整个酱油发酵过程微生物群落结构的演变规律是由复杂到简单。并且此微生物群落的变化规律与氨基态氮、总酸、NaCl 含量、pH 值随发酵时间的变化规律具有一定的相关性。

事实上，酱醪的生态环境很特殊，是一种高盐环境，因不同的酱醪发酵法，盐浓度也有高有低，但一般均在 15% 以上，这样只有耐盐或嗜盐微生物才能生长增殖，一些不耐盐的微生物，如微球菌、芽孢杆菌和野生酵母停止生长，逐渐死亡。相反耐盐细菌和酵母迅速生长与代谢，构建了特殊的微生物群落演替和菌群优势，其演替的顺序为：曲霉菌→耐盐乳酸菌→耐盐酵母。

演替过程微生物群落互为关联，例如，片球菌分解糖产生乳酸，乳酸本身是风味物质，又是另一类风味物质的中间体，乳酸使酱醪 pH 下降至 5，这种环境有利于酵母菌的增殖，特别是鲁氏酵母，酱油的风味与鲁氏酵母的增殖息息相关。片球菌生长的结果，由于酱醪 pH 下降，这不利于曲霉的中性、碱性蛋白酶分解蛋白质产生氨基酸，从而影响蛋白质的利用率。这一方面控制片球菌繁殖速度，也可以在酱油曲下缸用的盐水中加碱调整 pH 使偏碱，有利于提高蛋白质利用率。球拟酵母的增殖，也产生风味物质，其所分泌的酸性蛋白酶可以将未分解的部分肽切断，生成氨基酸。

总之，这种酱醪中的微生物群落演替关系是饶有兴趣的微生态现象，相互协调，先生者为后序者创造条件，促进生长，形成酱油特有的香气和风味。同时由于菌群的优势可能抑制野生和腐败微生物的生长，这一方面表明优势菌的"自我保护"，也有利于这类食品的安全性。酱油酿造中的核心微生物见图 10-1。

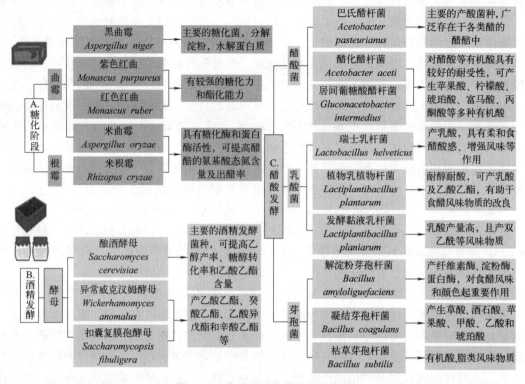

图 10-1 酱油酿造中的核心微生物

> **"精雕细琢、精益求精、追求极致"工匠精神：**
> 　　食业界匠人"无盐酱油之父"张仲安的传奇故事：2019 年 3 月，《中国食品报》以《四川翠微食品张仲安发明无盐酱油填补世界空白》为题，报道了共产党员、高级酿造师、高级检验师、一等伤残军人张仲安创新创业故事。该项成果不但填补了世界无盐酿造技术的空白，而且对全民减盐行动提供了有力支持，对促进人类健康具有重大的现实意义。早在二十世纪八九十年代，张仲安就抱着要生产出绿色健康、环保无污染良心酱油的信念，全国拜师学艺。张仲安曾经说：中国微生物发酵无盐酱油是世界领先的，这不但是一个老兵的自信，更是对中国传统文化、对中国工匠精神的自信。

10.2.2　酒类与微生物

　　中国白酒是以曲类、酒母为糖化发酵剂，利用淀粉质（糖质）原料，经蒸煮、糖化、发酵、蒸馏、陈酿和勾兑酿制而成的各类酒。与酒精发酵有关的微生物主要有糖化菌和酒精发酵微生物两大类。用淀粉质原料生产酒精时，在进行乙醇发酵之前，一定要先将淀粉全部或部分转化成葡萄糖等可发酵性糖，这种淀粉转化为糖的过程称为糖化，所用催化剂称为糖化剂。糖化剂可以是由微生物制成的糖化曲（包括固体曲和液体曲），也可以是商品酶制剂。无机酸也可以起糖化剂作用，但酒精生产中一般不采用酸糖化。能产生淀粉酶类水解淀粉的微生物种类很多，但它们不是都能作为糖化菌用于生产糖化曲，在实际生产中主要用的是曲霉和根霉。另外，许多微生物都能利用己糖进行酒精发酵，但在实际生产中用于酒精发酵的几乎全是酒精酵母，俗称酒母。利用淀粉质原料的酒母在分类上叫啤酒酵母（*Saccharomyces cerevisiae*），是属于子囊菌亚门酵母属的一种单细胞微生物。该种酵母菌繁殖速度快，发酵能力即产酒精能力强，并具有较强的耐酒精能力。常用的酵母菌株有南阳酵母（1300 及 1308）、拉斯 2 号酵母（RasseⅡ）、拉斯 12 号酵母（RasseⅫ）、K 字酵母、M 酵母（Hefe M）、日本发研 1 号、卡尔斯伯酵母等。利用糖质原料的酒母除啤酒酵母外，还有粟酒裂殖酵母（*Schizosaccharomyces pombe*）和克鲁维酵母等。

酒类的发酵生产主要是利用酵母菌在厌氧条件下将葡萄糖发酵为酒精的过程。不同酒类的发酵工艺不同，不同的酒类酿造所选用的酵母菌不同。对糖质原料，可直接利用酵母将糖转化成乙醇。对于淀粉和纤维质原料，首先要进行淀粉和纤维质的水解（糖化），再由酒精发酵菌将糖发酵成乙醇。所选用的原料、水质甚至环境都会影响酒类的品质和风味。同时，摘酒的温度不同，酒的品质也会有所变化，比如传统酱香型酒就采用高温制曲、高温堆积发酵和高温摘酒的工艺。

虽然各大香型白酒的酿造工艺不同，但其过程实质上等同于体系微生态的变化，此微生物区系与同体系内的能量转换及物质传递紧密结合，共同作用，从而完成酿酒。因此对"酿酒微生物"的研究一直是行业的热点问题。对于白酒微生物，研究者们大多集中于对细菌、酵母、丝状真菌进行研究，这三大类微生物各自扮演着重要的角色（图 10-2），比如细菌在产香、生香方面作用明显，酵母具有较强的产酒精能力兼具产香功能，而霉菌则具有调节糖化、发酵和生香的作用。

视频——摘酒

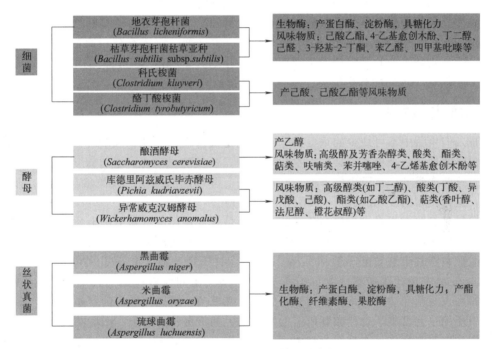

图 10-2 酿酒过程中的核心微生物

酱香型白酒和浓香型白酒是中国白酒的两大主要香型，它们各自具有独特的风味特征，这些特征的形成与酿造过程中的微生物多样性和代谢过程密切相关。酱香型白酒以其酱香突出、幽雅细腻、丰满味长和空杯留香持久等特点著称。酱香型白酒的风味物质来源多样，包括有机酸、酯类化合物、醇类、酮类和羰基类化合物等。酱香型白酒中的微生物主要包括细菌、霉菌、酵母和放线菌，它们在酿造过程中发挥着不同的作用。以贵州茅台酒为例，有其独特的芬芳风味，与其酿酒厂环境中存在的微生物区系有关。发酵过程中微生物区系的构成及演替呈动态消长的变化趋势。入窖时，上中层酒醅中以酵母菌为主，下层各种菌的含量均在 10^3 数量级以下；发酵第一周，上中层酒醅中酵母菌、好氧细菌、兼性厌氧细菌都实现了迅速增殖，下层中的好氧细菌、兼性厌氧细菌也实现了迅速增殖；发酵 14d 以后，酵母菌、好氧细菌和兼性厌氧细菌以及霉菌均急剧减少；发酵 21d 以后，各种菌的含量都下降到 10^4 数量级以下，兼性厌氧细菌逐渐占据主体地位。上中层霉菌在入窖后的第一周保持在一个较高的水平，后逐渐下降，中期上层有所回升，而后又下降；下层霉菌在入窖后的第一周急剧上升，后又急剧减少，14d 以后，数量稳定在 10^2 左右。酒醅不同层面的微生物区系在数量及类别构成上存在一定差异，嗜温、嗜湿的微生物类群主要存在于中下层，而好氧微生物主要存在于上层以及周边区域；而同一层面，不同区域的微生物区系在数量及类别构成上的差异却并不太大。浓香型白酒酒醅发酵过程中，下层酒醅微生物代谢活性呈先下降后上升趋势。微生物群落的功能多样性呈先增加后降低趋势，出窖酒醅在酸性环境下无论是群落活性还是功能多样性均高于中性环境，pH 值的显著降低与酒醅微生物功能多样性增加之间存在着重要联系。目前，从典型酱香型酒酿造环境和过程中已经发现 1946 种微生物，其中 1063 种细菌，酵母菌和丝状真菌类微生物 883 种，并完成了乳酸杆菌、芽孢杆菌、酿酒酵母、拟青霉等 17 种功能微生物代谢途径解析，涉及 1200 余种代谢产物。完成了果香、花香、酸香等主要风味表征物质微生物及其代谢途径解析工作。此外，研究人员还发现典型酱香大曲、酒醅中含有环状肽、槲皮素、麦甾醇、抑菌素、生物酚等 27 种活性物质，这为下一步功能微生物研究及工程菌转化应用指出了方向。

浓香型白酒以其浓郁的香气和复杂多样的风味化合物为特点。浓香型白酒的风味化合物包括乙酯类、酸类、醇类和醛类等。微生物在浓香型白酒的酿造过程中同样起着关键作用。其中，梭菌属（*Clostridium*）和芽孢杆菌属（*Bacillus*）能产生己酸，对浓香型白酒的风味有重要贡献。乳酸菌（LAB）则是大曲和酒醅中的主要产乳酸微生物，影响浓香型白酒的酸度和风味。另外，放线菌（*Actinomycetes*）能产生酯类、醇类等重要的呈香成分。

10.2.3 食醋与微生物

食醋是人们生活中不可缺少的重要调味品，也是最古老的利用微生物生产的食品之一。食醋酿造是一个极其复杂的生物化学过程，从发酵类型上，它涉及厌氧发酵和好氧发酵两大类型；从微生物方面，它由霉菌、酵母菌和细菌三大类参与；从酶的角度，更是由相当多的酶进行一系列的生化反应。

视频——
酿酒车间

食醋发酵是有关微生物进行生命活动的过程，是微生物代谢过程中产生的一系列生物化学反应的结果。简单来说，食醋生产是利用醋酸菌在充分供氧的条件下将乙醇氧化为醋酸。能用于食醋生产的醋酸菌有纹膜醋酸菌（*Acetobacter aceti*）、许氏醋酸菌（*A. schutzenbachii*）、恶臭醋酸菌（*A. rancens*）和巴氏醋酸菌（*A. pasteurianus*）等。不同原料还需加入不同的微生物。以淀粉为原料时加入霉菌和酵母菌，糖类为原料时加入酵母菌获得风味迥异的食醋品种。浙江玫瑰醋生产过程中所用草盖富集了食醋酿制所需的微生物，如霉菌、酵母菌、醋酸菌。所含菌类多，酶系全，代谢和降解产物多，在酿醋过程中，不仅产生多种有机酸，还派生出许多有益风味物质。经过生产以前的草盖晾晒以后，草盖形成了相对稳定的微生物生态，形成了浙江玫瑰醋风格特异的传统酿造制品的微生物基础。山西老陈醋大曲具有独特的微生物分布，不同位置菌群种类和数量有差异。山西老陈醋大曲中心毛霉为主，多达 $1.4 \times 10^8 \mathrm{CFU/g}$，有少量红曲霉，假丝酵母和汉逊酵母较多；山西老陈醋大曲边角犁头霉和毛霉为主，假丝酵母、汉逊酵母、拟内孢霉也较多；山西老陈醋大曲表面毛霉、犁头霉为主，分别为 $2.23 \times 10^8 \mathrm{CFU/g}$、$2.19 \times 10^8 \mathrm{CFU/g}$，假丝酵母较多，为 $1.33 \times 10^8 \mathrm{CFU/g}$，醋酸菌在表面最多，可达 $7.83 \times 10^7 \mathrm{CFU/g}$。大曲由里向外，微生物群体死亡率呈下降趋势，有害霉菌污染程度呈上升趋势，乳酸菌、芽孢细菌呈下降趋势。发花阶段是整个玫瑰醋酿造工艺中微生物活动最剧烈、最复杂的阶段。前期以霉菌为主，中后期以酵母菌和细菌为主。表面和内部醋酸微生物差异大，霉菌在整个阶段都是表面多于内部；细菌、酵母菌前期表面比内部多，中后期内部比表面多，霉菌最多达到 10^6 CFU/g，酵母菌 10^7 CFU/g，细菌 10^8 CFU/g。可见在发花阶段，细菌和酵母的作用不容忽视，尤其是发花时期的细菌应该引起重视。霉菌在发花阶段的主要作用是产生分解淀粉、蛋白质等物质的多种酶。在霉菌的分解作用下，最主要的是淀粉被水解为多种可发酵性糖，为酵母菌的生长繁殖提供物质基础。对于根霉来说，除了上述作用外，还有产生乳酸等有机酸和直接产酒性能。在对发花阶段酸度和酒精度的测定中发现，表面醋酸的酸度比内部高得多。尤其是在发花前期，表面酸度上升快，这时正是霉菌活动最剧烈的时期。通常认为发花阶段存在乳酸菌，但乳酸菌是厌氧菌，并不能说明表面酸度的变化情况。通过多种菌混合发酵，互相利用相互的产物或代谢物，从而共生达到人们需要的发酵效果。

淀粉原料必先借助霉菌的糖化酶的作用，将其中的淀粉转化为可发酵性糖，否则酵母菌就不能进行酒精发酵。酵母增殖的最适温度一般是 28～30℃，也有少数酵母是 30～33℃。前期霉菌大量繁殖，品温较高，不利于酵母菌增殖。随着霉菌达到峰值并开始下降，品温降低，各种物质条件也利于酵母菌的快速增殖，并且醋缸内部逐渐形成厌氧环境，更加适合酵母菌的增殖。后期在霉菌分泌的各种酶的作用下，低分子糖类物质增多，对酵母菌产生了底物抑制；并且在酵母菌作用下酒精度升高，对酵母菌产生了产物抑制。此外，酵母增殖 pH 值适宜范围是 pH 4～6，如果低于 pH 3 则酵母的繁殖受到严重影响，同时影响酒精发酵的进行。发花后期 pH 值降到 4 以下，第 12 天时约为 pH 3.5，也不利于酵母增殖。所以应该根据发花情况及时冲缸放水，解除酵母增殖受到的底物抑制和产物抑制，并且使 pH 值回升到 pH 4.0 左右，有利于酒精发酵继续进行。

虽然中国醋的固态发酵工艺不是无菌操作，但由于具有高度选择性的材料和操作条件，特定的真菌（如曲霉、根霉）、酵母（如酿酒酵母、异常汉逊酵母）和细菌（如醋酸菌、乳酸菌）分别主导了淀粉糖化、酒精发酵和醋酸发酵的过程，从而降低了染菌的风险。由于特定的自然条件，曲中形成的微生物群落并未完全被人了解，因此大规模工业化生产的醋的品质远不如传统固态发酵酿制的食醋，如传统中国醋中的有机酸和多酚含量便远高于工业化规模生产的醋，传统中国醋清除自由基的能力也更强。醋的发酵过程大致上可以分两步：第一步，糖在酵母酒化酶作用下转化为酒精。第二步，乙醇转化为乙醛，是由一种酶（或多种酶），即乙醇脱氢酶进行的；乙醛再转化为乙酸，是通过乙醛脱氢酶完成的。

"曲是骨，水是血"，山西特有的水土是老陈醋独特风味的关键，空气和土壤中诸多有益于发酵的微生物是山西老陈醋色浓味清的基础。曲中独特的微生物有助于形成醋独特的风味与香味。

曲中的优势微生物是各种霉菌，包括曲霉、根霉、毛霉和青霉。根据制备方法，曲可分为大曲、小曲、麸皮曲、小麦曲、草本曲、红米曲等。草本曲是一种特殊的曲，只用于四川药醋的生产。不同类型的曲有不同的微生物区系。大曲、小曲、草本曲、红米曲的微生物来源于自然环境，而麸皮曲、小麦曲的微生物则来源于培养的曲霉或根霉。大曲的主要微生物是曲霉，小曲中主要微生物是根霉。

老陈醋"酿"出新味道：传承与创新，品尝历史的美食滋味

醋的酿造生产在我国已有两千多年的历史。历史上最早称醋和其他各种酸性调味品为"醯"，《周礼·天官》中即有"醯人主作醯"的记载。我国的四大名醋包括江苏镇江香醋、山西老陈醋、四川保宁醋、福建永春老醋。山西开始酿醋于周，山西老陈醋，一个"老"字，说的是历史；一个"陈"字，说的就是工艺。

> 酿制技艺"入古出新"——为了把非物质文化遗产的保护传承和开发利用有机结合起来，山西清徐县培育出国家级、省级非遗产传承人4名，编撰了国内首部醋类百科全书《中华醋典》，深入食醋酿造机理解析、食醋智能酿造关键科学技术研究，科技创新让传统酿醋工艺"活起来"。
>
> 醋品质量"守底创新"——2023年7月，《清徐陈醋》团体标准发布，制定实施统一的工艺流程，率先将食品真实性指标纳入出厂的品质控制，推动清徐陈醋质量高质量发展。
>
> 食醋产业"焕发新机"——作为山西老陈醋的发源地，清徐县设立醋产业发展基金、组建醋产业发展联盟，食醋年产量近80万吨，醋产业链实现产值65亿元，辐射带动近10万劳动力就业。

10.2.4 面包与微生物

面包是最古老的食品之一，早在古埃及时代就有利用酵母发酵面包的详细描述。面包制作过程主要涉及酵母菌的有氧和无氧作用。酵母在发酵酶的帮助下将葡萄糖转化为二氧化碳和酒精。发酵产生的二氧化碳使面团膨胀，体积增大。而酒精有一部分会成为醋酸菌的食物，另一部分则在烘烤过程中挥发。

通过使用更复杂的复合微生物，能生产各种特色面包。如旧金山酸面包的酵母通常包括酵母菌和乳酸杆菌。其中旧金山酸杆菌（*Lactobacillus sanfranciscensis*）是关键的细菌，它能更好地发酵麦芽糖，发酵时需要新鲜的酵母提取物和未饱和脂肪酸的加入。此外，还有发酵乳杆菌（*L. fermentum*）、夫拉克特沃拉丝乳杆菌（*L. fructivorans*）等细菌，这些细菌代谢产生的酸，构成了面包的酸度，酵母菌只进行发酵作用。

黑绿豆米饼是由黑绿豆和稻米蒸制而成的发酵面包类食物。其发酵20～22h后，总细菌数量为$10^8 \sim 10^9$CFU/g。微生物中绝大部分是革兰氏阳性的球菌或短杆菌，肠膜明串球菌（*L. mesenteroides*）数量最多，其次是粪肠球菌（*E. faecalis*）。米饼的发酵作用是由肠膜明串球菌完成的，也是目前已知的唯一一例乳酸菌在自然发酵面包中起关键作用的情况。乳酸菌更喜欢以黑绿豆为营养源。

10.3 乳类发酵食品与微生物

近年来，乳品质量安全的有效保障、品类的丰富和品质的提高，有效提升了消费者信心，也为人们追求更加多元化的产品提供了空间。相比于纯牛乳和风味乳，发酵乳制品因其易消化吸收、口味丰富、零食属性强和缓解"乳糖不耐症"等特点，渐渐融入了人们的日常生活中。

利用乳酸细菌进行发酵，使成为具有独特风味的食品很多。如酸制奶油、干酪、酸乳、嗜酸菌乳（活性乳）、马奶酒、黄油、开菲尔等。这些乳制品不仅具有良好而独特的风味，而且由于易于吸收而提高了其营养价值。有些乳制品还有抑制肠胃内异常发酵和其他肠道病原菌的生长，因而具有疗效作用，受到人们的喜爱。

发酵乳制品的主要乳酸菌（LAB）有干酪乳杆菌（*Lactobacillus casei*）、保加利亚乳杆菌（*L. bulgaricus*）、嗜酸乳杆菌（*L. acidophilus*）、瑞士乳杆菌（*L. heltyieus*）、乳酸乳杆菌（*L. lactis*）、乳链球菌（*Streptococcus lactis*）、乳脂链球菌（*S. cremoris*）、嗜热链球菌（*S. thermophilus*）、嗜柠檬酸链球菌（*S. citrovorus*）、副柠檬酸链球菌（*S. paracitrovorus*）等许多种。嗜柠檬酸链球菌还可以把柠檬酸代谢为具有香味的丁二酮等，使乳制品具有芳香味。不同的乳制品往往需要由不同的乳酸菌发酵，以保证不同的口味和质量。而且常由两种或两种以上的菌种配合发酵，既可使风味独特多样，又可防止噬菌体的危害。

10.3.1 酸乳与微生物

酸乳，即以乳或乳制品为主要原料，添加或者不添加其他成分，在微生物发酵剂的作用下发酵而成的酸性凝乳状产品。GB 19302—2010《食品安全国家标准 发酵乳》当中，对酸乳产品类型的四个专业术语进行了明确的定义，乳品企业所生产的酸乳产品，必须严格按照国家标准的要求进行分类与标识。专业术语的具体定义如下。

发酵乳（fermented milk）：以生牛（羊）乳或乳粉为原料，经杀菌、发酵后制成的pH降低的产品。

酸乳（yoghurt）：以生牛（羊）乳或乳粉为原料，经杀菌、接种嗜热链球菌和保加利亚乳杆菌（德氏乳杆菌保加利亚亚种）发酵制成的产品。

风味发酵乳（flavored fermented milk）：以80%以上生牛（羊）乳或乳粉为原料，添加其他原料，经杀菌、接种嗜热链球菌和保加利亚乳杆菌（德氏乳杆菌保加利亚亚种）发酵前或后添加或不添加食品添加剂、营养强化剂、果蔬、谷物等制成的产品。

两种可以单独生活的生物，当它们在一起时，通过各自的代谢活动而有利于对方，或偏利于一方的一种生活方式，是一种"可分可合，合比分好"的相互关系。它也可以理解为一种松散或原始的共生关系，称为原始协作。在食品发酵工业中，利用微生物之间的这种相互关系，可以进行混菌发酵。保加利亚乳杆菌（*L. bulgaricus*）和嗜热链球菌（*S. thermophilus*）（图10-3）是目前酸奶生产最常用的混菌发酵菌种，保加利亚乳杆菌产酸，嗜热链球菌增黏，最终形成酸奶特有的味道和黏稠感。在酸奶生产初期，嗜热链球菌开始生长发育，随着抑制保加利亚乳杆菌生长发育的氧气的消耗，生乳产生稀奶油或奶油样的芳香成分。发酵后期由于保加利亚乳杆菌的产酸量增加和产酸速度增快，嗜热链球菌停止生长，最终形成酸奶的质感和风味。发酵完成后，酸奶要低温贮藏，从而降低乳酸菌的活力，保持酸奶的口感和风味。事实上，*L. bulgaricus*与*S. thermophilus*的混合发酵更有利于*S. thermophilus*菌株的生长，第一，*L. bulgaricus*比*S. thermophilus*有更高的营养需求，这使得初期阶段*S. thermophilus*较*L. bulgaricus*生长快，使*S. thermophilus*在争夺乳中有限营养物质上占据了优势；第二，混合发酵温度一般为42℃，与*L. bulgaricus*的最适生长温度（45～50℃）相比更接近*S. thermophilus*的最适生长温度（40～45℃），从而更加有利于*S. thermophilus*的生长，此时呈现偏利于一方的状态。同时，当两种菌按一定比例接种混菌发酵时，保加利亚乳杆菌产生氨基酸，特别是亮氨酸、缬氨酸，能为嗜热链球菌的生长提供必需营养，而嗜热链球菌生长时产生的甲酸物质又可刺激保加利亚乳杆菌的生长，而这种情况就是一种双方互利的过程。

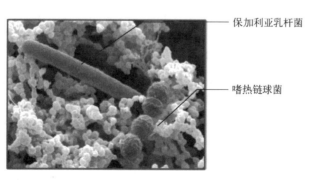

图10-3 电镜下观察保加利亚乳杆菌和嗜热链球菌

市面上酸奶种类很多，如优酪乳、发酵乳、风味发酵乳等，但这些并不是真正有活性益生菌的酸奶。为了保证最终到达大肠的益生菌数量，我国乳酸菌标准明确规定酸奶中活菌的数量要达到每毫升100万个。益生菌酸牛乳一般是指在发酵菌的基础上再另外添加益生菌的酸乳产品，常用的益生菌主要来自乳杆菌属和双歧杆菌属，也可能是芽孢杆菌属、肠球菌属、链球菌属、片球菌属、明串球菌属等。目前，益生菌酸牛乳的有益作用已被广泛报道，如消除病原体、抑制肿瘤发展、改善肠易激综合征患者的症状、快速改善轻微消化道症状等。发酵酸牛乳中还有多种生物活性代谢产物，如生物活性肽、共轭亚油酸、胞外多糖等，可保护宿主免受菌群失调和炎症的影响。含有益生菌的发酵乳也被用于缓解便秘。

10.3.2 干酪与微生物

干酪也称奶酪、芝士、起司，是以乳、稀奶油、脱脂乳或部分脱脂乳、酪乳或这些原料的混合物为原料，经凝乳酶或其他凝乳剂凝乳，并排出部分乳清而制成的新鲜或经发酵成熟的乳制品。干酪的加工与成熟是一个复杂的过程，不同的工艺阶段涉及不同的微生物，并且同一产品的不同部位之间的微生物分布也可能具有明显差异，综合起来构成了一个复杂的、动态的干酪微生态系统。根据微生物在干酪生产和成熟阶段所发挥作用的不同，可以将干酪中的微生物分为两类，即发酵剂和非发酵剂乳酸菌（nonstarter lactic acid bacteria，NSLAB）。

干酪中的微生物可分为一级发酵剂、二级发酵剂和非发酵剂乳酸菌（NSLAB），三者在不同的时期发挥着不同的作用。一级发酵剂的主要功能是在加工前期发酵产酸，在30~37℃的条件下，数小时内迅速生长达至10^8CFU/g甚至更高，把乳糖转化为乳酸，使牛乳pH降至5.3以下。它们在干酪成熟期间自溶释放的多种蛋白酶、肽酶也会参与到蛋白质的水解过程中，并使氨基酸进一步转化为风味物质。商业乳酸菌发酵剂主要有嗜温菌中的乳酸乳球菌、明串珠菌属，嗜热菌中的嗜热链球菌、保加利亚乳杆菌、瑞士乳杆菌等。当干酪从前期加工阶段进入成熟阶段，内部的环境条件也逐步发生了变化，水分活度降低、pH降低、成熟温度远远低于发酵温度，作为发酵剂的链球菌和乳球菌会因为自溶现象在干酪成熟期快速下降，而非发酵剂乳酸菌则会在干酪成熟期快速上升，进而成为优势菌群，对干酪的品质特性和风味特性起到决定性的作用。

二级发酵剂是应用在表面成熟干酪中的发酵剂，通常为好氧微生物，其作用是改善干酪的外观、风味和组织结构，加快干酪成熟过程。表面成熟干酪主要有两种类型，即霉菌成熟干酪和细菌表面涂抹干酪。二级发酵剂在使用时可同一级发酵剂一起添加到乳中，或者先接种在无菌盐水中再喷洒、涂抹至干酪表面。此外，二级发酵剂可赋予干酪产品某种特定的性质，如瑞士干酪的气孔主要是由谢氏丙酸杆菌费氏亚种产气形成，而干酪表面的着色主要归功于娄地青霉、沙门柏干酪青霉和扩展短杆菌。

非发酵剂菌群主要是一类在干酪成熟过程中处于优势并对风味的形成具有重要作用的乳酸菌群，它们通常来自生乳或者工厂环境，不能产酸或者几乎不产酸，对干酪成熟过程中的蛋白质水解、脂类水解以及酶类的释放起促进作用，能够加速干酪的成熟，主要由嗜温型乳杆菌组成。常见的非发酵剂菌群通常包括肠球菌、乳酸杆菌、乳酸乳球菌、明串珠菌、片球菌属和链球菌等。从成熟期干酪天然存在的NSLAB中精心筛选出来的性能优越的菌株，可作为辅助发酵剂，添加至干酪中用于提高产品的感官品质，加快成熟、降低生产成本。

二维码31

干酪在发酵过程中细菌的菌落结构发生了很大的变化，以手工制作的西西里岛干酪为例，一些嗜温乳酸菌包括明串珠菌、乳酸乳球菌和解酪蛋白巨大球菌的一些种在生奶中是优势菌群；然而嗜热链球菌在乳酸发酵过程中占据优势，其它的嗜热乳酸菌，特别是德氏乳杆菌、发酵乳杆菌在干酪的成熟过程中生长得也很旺盛。干酪作为一类具有悠久历史的传统发酵乳制品，如何用现代组学技术解析其品质控制

10.3.3 开菲尔与微生物

作为一种最古老的发酵制品,开菲尔(Kefir),起源于俄罗斯北高加索山区一带,是以牛乳、羊乳或山羊乳为原料,添加含有乳酸菌和酵母菌的开菲尔粒发酵剂,经发酵酿制而成的一种具有一定的起泡性,味微酸的传统酒精发酵乳饮料,深受人们的喜爱。开菲尔中,乳酸菌同酵母菌协同发酵,赋予产品独特的酒香味和爽快的酸感。一般来说,开菲尔中通常含乳酸约为0.8%,乙醇约为1%,二氧化碳则是开菲尔的另一种主要发酵副产物。在俄罗斯和欧美国家,开菲尔的现代化生产已较为成熟,涉及发酵的微生物菌群复杂多样。

事实上,开菲尔粒(Kefir grains)是开菲尔(Kefir)乳品的发酵剂,可用于家庭或工业化的开菲尔生产。开菲尔粒是一种黏性粒状的物质,由蛋白质、脂质和黏性多聚糖等物质组成。它上面含有复杂的微生物生态,各种微生物通过共生关系存在于开菲尔粒的表面或者内部,共同协作促进开菲尔粒的成长和形成开菲尔的独特风味。在开菲尔粒基质上栖息着乳酸球菌、乳杆菌、醋酸菌和酵母菌等微生物,其

二维码32

菌相极为复杂。不同来源的开菲尔粒由于在某些性质上存在着一些差异而使其菌相有所不同,但如控制条件进行培养,菌相会变得很相似,人们已经在不同地域的开菲尔粒中共发现了10多种微生物。根据不同的功能作用可以将其分为基质微生物和表面微生物。其中,基质微生物对开菲尔粒的形成有很大贡献,而表面微生物对于开菲尔中营养物质、风味物质的形成起决定作用。目前开菲尔粒基质微生物、表面微生物、菌相构成和微生物相互之间的关系是研究的热点。采用新的微生物学技术与手段解析自然发酵乳制品的微生物成为食品微生物学领域关注的焦点之一。

10.4 果蔬发酵食品与微生物

水果和蔬菜营养价值丰富,是多种维生素、膳食纤维、微量元素和有机酸等营养物质的重要来源,特别是维生素C含量较高,同时水果和蔬菜中还含有黄酮类物质、酚类物质、多糖类物质和有机酸等生物活性成分,具有一定的医疗保健功能。我国是水果和蔬菜的种植大国和消费大国,但水果和蔬菜种植和采收具有较强的季节性和区域性,储存会导致果蔬水分的流失和新鲜程度的降低,同时采后贮藏技术尚不成熟,新鲜果蔬在贮藏过程中极易发生腐败变质和霉变。因此,将水果和蔬菜精深加工是长期保存果蔬和延长果蔬货架期最普遍的加工储藏方法,而制成发酵产品是水果和蔬菜深加工的重要方法之一,这不仅能够保持果蔬中绝大部分的营养物质、保健功能成分和果蔬的风味,而且某些营养物质,如维生素、有机酸和酮类物质等还能得到强化,发酵产品风味和组织状态多样,能够保留果蔬中大部分的膳食纤维和矿物质等营养物质,从而延长水果和蔬菜的保质期。

10.4.1 发酵水果制品

发酵水果制品是以新鲜水果、果汁或水果下脚料为原料,添加或不添加酵母菌发酵糖类制成的营养丰富、风味优良的产品,主要代表是果酒(发酵型)、果醋(发酵法酿制)和发酵果汁。

10.4.1.1 果酒与微生物

果酒是经酒精发酵而制成的营养丰富且风味优良的含醇饮料。果酒历史悠久,可追溯至一万多年前的采集渔猎时代,当时的果酒主要是以采集的野果为原料,经自然发酵获得的,属于人们偶然间发现的。河南舞阳贾湖遗址也曾出土了新石器时代用陶器盛放的以稻谷、蜂蜜和水果为原

料，经发酵制成的饮料。很多文献和历史事件也表明了果酒的存在，明代的《蓬拢夜话》和唐朝的陆柞蕃在《粤西偶记》中都记叙过两广猿猴采花果酿酒的故事。目前，我国的果酒工业逐渐发展起来，尤以葡萄酒业发展最为迅猛，销量也最高，也已打造了以"张裕"和"长城"为代表的国产葡萄酒品牌。

果酒酿造主要是经过酒精发酵、苹果酸-乳酸发酵（二次发酵）以及酒精与酒精发酵副产物形成后的一系列的生物化学反应，赋予发酵果酒独特的风味和色泽。酒精发酵过程中的主要微生物是酵母菌，酵母菌将醪液中 92%～95% 的糖发酵产生酒精、CO_2、副产物和热量；同时酵母菌还能够利用醪液中另外 5%～8% 的糖产生许多酒精发酵副产物，如辛酸和癸酸，参与果酒风味物质的形成，影响果酒的风味和口感。酵母菌分为酿酒酵母和非酿酒酵母两类，非酿酒酵母主要是一些产香酵母和产酯酵母，不耐高浓度酒精，能够产生多种胞外酶（如果胶酶、纤维素酶和蛋白酶等）代谢果酒中的某些香气前体物质，有利于香气物质的释放，产生醇类、酯类和酸类等，主要包括有孢汉逊酵母属、假丝酵母属和毕赤酵母属等。酿酒酵母是酒精发酵的主要菌株，不仅能够将糖发酵产生酒精，而且能够通过一系列复杂的生物化学反应将其他物质转化为醇类、酮类和酯类等风味物质，主要包括葡萄酒酵母、巴氏酵母和尖端酵母等。其中葡萄酒酵母最为重要，被誉为"果酒酵母"，既能够用于酿造葡萄酒，也能用于酿造苹果酒和柑橘酒等其他果酒，它能够将醪液中绝大部分的糖，包括葡萄糖、蔗糖、麦芽糖和果糖等转化为酒精，酒精含量一般为 12%～16%，同时葡萄酒酵母抗 SO_2 能力和生香性均较强，产酒率高，是优良的果酒酿造菌株。而巴氏酵母主要是在发酵后期将残糖进一步转化为酒精。

在果酒发酵初期发挥主要作用的是非酿酒酵母，在发酵几天后，随着营养物质的消耗、酒精含量的增加和代谢产物的积累，非酿酒酵母逐渐被抑制，酿酒酵母逐渐占主导地位，成为优势菌株。酿酒酵母是酒精发酵的主要菌株，既能抑制有害微生物和其他酵母的生长繁殖，也具有很强的发酵能力，使发酵速度加快，发酵更加完全，果酒内的含糖量降低，酒精含量增加，酒体协调。酒精发酵过程复杂，涉及许多生物化学反应、多种中间产物和其他副产物的生成，需要一系列酶的参与，一般来说主要涉及酒精发酵和苹果酸-乳酸发酵过程。酵母菌分解葡萄糖进行酒精发酵总的反应式为：

$$葡萄糖 + 2Pi + 2ADP + 2H^+ \longrightarrow 2CH_3CH_2OH + 2ATP + 2H_2O$$

在酒精发酵过程中，要注意控制温度、氧气、pH 和 SO_2 等影响酵母菌酒精发酵的因素。

(1) 温度

液态酵母菌的最适温度为 20～30℃，发酵的危险温度区为 32～35℃，要注意避免进入危险温度区，根据不同的酒类选择不同的酵母菌，选择适合的发酵温度。

(2) 氧气

酵母菌属于兼性厌氧真菌，在氧气充足时能够大量繁殖，并只产生极少量的酒精，而在缺氧条件下繁殖缓慢，并产生大量的酒精，因此在果酒发酵初期，应给予充足的空气（一般来说，果实破碎和压榨的过程中溶解的氧气已足够）供酵母菌生长繁殖以产生大量的酵母细胞，随后隔绝空气，使酵母菌在缺氧条件下分解糖类进行酒精发酵，产生大量的酒精。

(3) pH

酵母菌的耐酸能力较强，最低可耐受 pH 2 的酸性环境，其生长的最适 pH 为 4～6，但此 pH 范围也适合很多细菌的生长，因此实际生产中往往根据酵母菌的耐酸能力强，将 pH 控制在 3.3～3.5。

(4) SO_2

SO_2 在果酒中具有杀菌、增酸、抗氧化和澄清等作用，葡萄酒酵母耐 SO_2 能力较强，当发酵液中 SO_2 含量达到 10mg/L 时对酵母菌无明显作用，但能够抑制杂菌的生长，进一步增大

SO_2 浓度，虽然会对杂菌的抑制作用增强，但也会延迟发酵进程，如当 SO_2 浓度为 50mg/L 时，杂菌会被完全杀死，发酵进程将延迟 18~20h。

苹果酸-乳酸发酵是果酒中酒精发酵后，在乳酸菌，尤其是最适应果酒低 pH、高酒精环境的酒类酒球菌（Oenococcus oeni）在苹果酸-乳酸酶作用下将 L-苹果酸转化为 L-乳酸，并释放 CO_2 的过程。其反应式为：

$$L\text{-苹果酸} \xrightarrow{NAD \to NADH_2} L\text{-乳酸} + CO_2$$

苹果酸-乳酸发酵是果酒发酵过程中的重要环节，也被称为二次发酵，该过程对于降低果酒酸度（可使果酒总酸降低 1~3g/L，以酒石酸计）、提高果酒生物稳定性和改善果酒的风味等都具有重要作用。经苹果酸-乳酸发酵后果酒的酸涩口感降低，口感变得醇厚柔和。葡萄酒酿造中的一条重要原则就是葡萄酒未经两次发酵是不稳定的和未完成的，酿造过程中在完成酵母菌酒精发酵后，立即进行苹果酸-乳酸发酵，并在果酒中的糖和苹果酸被消耗尽后，立即采用无菌过滤除去或杀死乳酸菌，促进葡萄酒微生物稳定，避免在储存过程中发生细菌再发酵，影响酒品质。

10.4.1.2 果醋与微生物

果醋是以水果、果酒或果汁为原料，经酒精发酵，并采用醋酸发酵技术酿造而成的营养丰富且风味优良的酸性调味品，兼具水果和食醋的营养物质和保健功能。尤以苹果醋和葡萄醋最为常见。我国果醋酿造历史悠久，早在夏朝就有记载，几乎与果酒是同时代产物，但我国果醋产量较小，欧美国家果醋消费远远高于亚洲国家。果醋的酿造根据其原料的不同，酿造原理也不同，以水果或果汁为原料制醋，需要先经酒精发酵，再进行醋酸发酵，而以果酒为原料制醋只需要经过醋酸发酵。酒精发酵在果酒酿造中已经述及，这里不再赘述。

醋酸发酵是在醋酸菌的作用下，将酒精氧化成乙醛，并进一步氧化成醋酸，主要是醋酸菌的酶作用，先是在乙醇脱氢酶的作用下将酒精氧化成乙醛，然后乙醛吸水形成乙醛水合物，乙醛水合物在乙醛脱氢酶的作用下被氧化成醋酸。醋酸发酵的总反应式为：

$$C_2H_5OH + O_2 \xrightarrow{酶} CH_3COOH + H_2O + ATP$$

醋酸菌是一类能够在低 pH 环境下进行新陈代谢活动的革兰氏阴性细菌，在自然界中分布广泛，古代人主要依靠空气中的醋酸菌酿造食醋。常见的用于果醋发酵的醋酸菌都是食醋酿造的菌种，主要有 AS1.41（A. rancens L.）恶臭醋酸杆菌浑浊变种、沪酿 1.01 醋酸杆菌（A. lovaniens L.）、许氏醋酸杆菌（A. schuenbachii L.）和奥尔兰醋酸杆菌（A. orleanense L.），其产酸能力和耐酒精能力都不是很理想，生产的果醋风味也不佳，这也是制约我国果醋工业发展的重要原因之一。目前关于果醋专用醋酸菌菌种的研究较少，多是研究不同原料和不同发酵方式的果醋生产，其中某些研究采用的是从国外选育的菌种，如陈伟等人以美国加州大学的苹果醋酸发酵母液为菌源酿造苹果醋，但异域的菌种并不一定适合我国的水果和我国的气候环境，有待选育其他优良菌种替代。

10.4.1.3 发酵果汁与微生物

发酵果汁是以新鲜水果为原料，经乳酸发酵作用后，并经糖、甜味剂和食盐等辅料调配而制成的果汁饮料，主要包括单一菌种发酵果汁和混菌种发酵果汁。常见的用于果汁发酵的菌种主要是益生菌，包括乳酸菌、醋酸菌和酵母菌等。这些益生菌在果汁发酵中不仅能够最大限度地保留水果的营养物质，也能产生乳酸，赋予产品独特的风味，同时还能释放水果中的酚类物质，合成多种维生素、酶类和胞外多糖等多种生物活性物质，赋予产品独特的香气成分和保健功能。其中乳酸菌发酵果汁研究得最多。

乳酸菌是一类能够利用碳水化合物进行发酵产生大量乳酸的细菌的统称。在自然界中发现的这种细菌在分类学上至少有 23 个属,而食品领域应用较多的乳酸菌主要有 7 个属,包括乳杆菌属、双歧杆菌属、链球菌属、肠球菌属、乳球菌属、片球菌属和明串珠菌属。乳酸菌可以通过糖酵解和磷酸戊糖途径产生大量的乳酸,为维持维生素不被氧化提供有利的酸性环境,而乳酸菌自身也能产生一定量的维生素,增加果汁中的维生素含量,提高其新陈代谢的能力。同时在发酵果汁生产过程中,植物乳植杆菌和肠膜明串珠菌等乳酸菌能够产生某些酚酸酯酶(如阿魏酸酯酶)水解一些结合酚类物质,释放水果中的游离酚和有机酸,使果汁中酚类物质增加,增强其抗氧化能力和抑菌能力。其中,植物乳植杆菌还能产生酚酸脱羧酶用于酚类物质之间的转化,改变其抗氧化活性。此外,乳酸菌(如德氏乳杆菌保加利亚亚种、干酪乳酪杆菌和乳酸乳球菌乳亚种等)在适宜的培养条件下还能以水果中的单糖为碳源产生大量的胞外多糖,胞外多糖是重要的生物活性物质,具有抗肿瘤、抗癌、抗溃疡和免疫活性等生理功能。乳酸菌发酵产生的糖苷酶和纤维素酶也能降解水果中一些结构简单的多糖生成能够合成胞外多糖的单糖,并催化这些单糖合成胞外多糖,赋予发酵果汁保健功能。

10.4.2 发酵蔬菜制品

蔬菜腌制是我国最传统和应用最广泛的蔬菜加工保藏方法,我国的蔬菜腌制历史悠久,可追溯到 2100 年前。1971 年湖南长沙马王堆西汉古墓出土的豆豉姜是迄今为止发现最早的证据。全国蔬菜腌制产地众多,知名品种繁多,风味多样,如扬州酱菜、乌江榨菜、铜钱桥榨菜、重庆涪陵榨菜、北方的酸菜、酸黄瓜和全国各地的泡菜等。根据保藏的机理不同,蔬菜腌制品分为发酵蔬菜腌制品和非发酵蔬菜腌制品两大类。发酵蔬菜腌制品是以蔬菜为原料,腌制时食盐用量较少,腌制过程中发生显著的乳酸发酵现象,产生大量的乳酸,并伴随轻度的酒精发酵和极微弱的醋酸发酵,主要利用加入的食盐、微生物发酵产生的乳酸和蔬菜原料自身的蛋白质,与或者不与各种香辛料作用,达到综合防腐、长期保藏和产生特殊风味目的的一类具有明显酸味的产品,主要代表是泡菜和酸菜等。

泡菜是发酵蔬菜腌制品的典型代表之一,尤以四川泡菜驰誉全国。原始社会时期因蔬菜在收获期过剩,蔬菜被丢弃在天然露天盐卤池,后被人们发现经盐卤池浸泡后的蔬菜具有独特的风味。原始社会后期,部落之间争夺剩余物品的现象时有发生,一些部落为了保护自己的腌渍蔬菜,用土封的方法保存腌渍蔬菜,战争结束后发现与天然盐卤池浸泡的蔬菜相比,经土封的腌渍蔬菜味道更加鲜美,于是人民开始了有意识地制作土封腌渍蔬菜,这也就是泡菜制作的雏形。泡菜具有酸鲜纯正、色泽美观、脆嫩芳香和解腻爽口等特点,深受世界各地消费者的喜爱。泡菜腌制中发挥主要作用的乳酸菌是肠膜明串珠菌(*Leuconostoc mesenteroids*)、植物乳植杆菌(*Lactobacillus plantarum*)和短乳杆菌(*L. brevis*)。泡菜的制作过程主要就是利用好氧菌和兼性厌氧菌发酵,消耗掉体系内的氧气,为肠膜明串珠菌、短乳杆菌和植物乳植杆菌等厌氧菌的生长繁殖提供厌氧环境,并通过这些细菌产生乳酸抑制其他杂菌的生长。在发酵初期,肠膜明串珠菌生长代谢活跃,产生乳酸、醋酸和乙醇等对腌制品风味起改善作用的物质,并释放出来 CO_2。由于肠膜明串珠菌耐酸能力相对较差(最适 pH 5.5~6.2),随着泡菜酸度的增加,其生长繁殖逐渐停止,此时短乳杆菌大量生长并产生乳酸,它在 pH 6.0 附近生长良好,但在 pH 3.0 的环境中也能够表现出良好的耐酸性。随着发酵的进一步进行,短乳杆菌逐渐停止活动,而植物乳植杆菌(最适 pH 3.5~4.2)仍能生长继续产生大量的乳酸,同型乳酸发酵最终由植物乳植杆菌完成。乳杆菌属、明串珠菌属、片球菌属和乳球菌属等乳酸菌与四川泡菜的风味形成密切相关,它们不仅能够代谢糖类产生有机酸(乙酸和乳酸等),而且能够产生肽酶分解蛋白质生产多种氨基酸,还能够在发酵后期促进酯类、醇类、酮类、醛类和杂环化合物的形成,而这些有机酸、氨基酸和发酵后期产生的多种挥发性小分子物质都是风味物质的主要组分。

10.5 肉类发酵食品与微生物

10.5.1 发酵香肠与微生物

发酵香肠是普遍受到很多国家人们喜爱的一种传统食品，其加工历史至少已经有2000多年。目前，发酵香肠是发酵肉制品中产量最大的一类产品，它是选用正常屠宰的健康的猪、牛、羊等畜肉，经过绞碎后与糖、盐、香辛料等混合均匀后灌入肠衣，经过微生物发酵、风干而制成的有稳定的微生物特性和典型发酵风味的肉制品。发酵香肠的加工方法似乎再简单不过，肥瘦肉混合后充填入肠衣内，放置干燥后食用，如此而已。然而这一看似简单的加工却伴随着极为复杂的微生物及理化进程，特别是发酵过程中有益微生物的生长代谢对产品防腐及特有风味的形成极为重要。这些益生菌主要为乳酸杆菌、葡萄球菌、微球菌，以及少量酵母和霉菌。

发酵香肠通常为干或半干制品。它们的加工工艺为在原料肉中加入腌制剂和香辛剂，搅碎混合后灌入肠衣，在27～35℃下培养不同的时间。若加入发酵剂，培养时间可相应缩短，产品质量更稳定，更安全。着色剂若采用硝酸盐，则必须添加细菌到香肠中，将硝酸盐还原为亚硝酸盐。这类微生物通常是存在于香肠生物群中的微球菌或人工添加的微生物制剂。使用发酵剂的香肠产品，最终pH值在4.0～4.5；而不使用发酵剂的产品，pH值为4.6～5.0不等。发酵过程在相对湿度为55%～65%的房间中培养10～100d不等。对于匈牙利咸腊肠（Hungarian salami），发酵时间达6个月之久，而热那亚（Genoa）和米兰（Milano）咸腊肠则是干香肠中其他类型。黎巴嫩大红肠是一种典型的半干香肠，制备包括腌制牛肉在5℃熟化10d，高相对湿度下35℃烟熏4d，可以利用原料肉中自然存在的微生物发酵，也可以添加商业化的发酵剂，如加入啤酒片球菌（*Pediococcus cerevisiae*）和乳酸片球菌（*P. acidilactici*）。加工香肠时，乳酸杆菌产生氨基肽酶有助于香肠中的蛋白质分解为氨基酸，氨基酸体现了干香肠的整体风味。沙克乳酸杆菌（*Lactobacillus sakei*）产生脱羧酶，导致生物胺的产生。这种复合物能够抑制氨基肽酶，从而减少了干发酵香肠中丰富的风味。加入发酵剂时还加入橙黄色微球菌（*Micrococcus aurantiacus*）或葡萄球菌，尤其是肉葡萄球菌（*S. carnosus*）加到乳酸菌培养物中。非乳酸菌成员将硝酸盐还原为亚硝酸盐，并产生有益于乳酸菌培养物的过氧化氢酶。

霉菌对香肠品质和贮藏特性有益，有助于提高欧式干香肠的品质，如意大利萨拉米香肠中有9种青霉菌和7种曲霉菌，它们的存在有利于香肠的贮藏。在香肠加工过程中，添加沙门柏干酪青霉（*Penicillium nalgiovensis*）可以防止产生毒枝菌素的住宅霉菌，效果比山梨酸钾更好。青霉和曲霉是乡村腌制香肠中两种主要的霉菌。霉菌的大量生长抑制了可以引起食物中毒和食物腐败的细菌的活性。霉菌的大量生长有益于香肠某些风味的形成。

10.5.2 发酵火腿与微生物

发酵火腿是选用带皮、带骨、带爪的鲜猪后腿肉作为原料，经修割、腌制、洗腿、晾晒（或风干）、发酵、整形、后熟等工艺加工而成的，具有独特风味的肉制品。发酵火腿在欧洲被奉为"欧洲九大传奇食材之首"，与奶酪、红葡萄酒并称为"世界三大发酵美食"。按加工工艺的特性，发酵火腿亦可称为干腌火腿，可分为中国传统发酵火腿和西式发酵火腿两种。在干腌火腿加工过程中，火腿中的蛋白质和脂肪发生了复杂的生物化学变化，其水解和氧化等反应过程中生成的产物形成了干腌火腿独特的风味。我国的金华火腿（南腿）、宣威火腿（云腿）、如皋火腿（北腿）以及宣恩火腿均属于发酵火腿，并称为我国的"四大名腿"，此外还有诺邓火腿（云南大理）、老蒲家火腿（云南宣威）、贵州威宁火腿、四川冕宁火腿等。

国外著名的发酵火腿如意大利帕尔玛火腿、西班牙伊比利亚火腿、美国乡村火腿等，生产工艺先进，质量上乘，举世闻名。

火腿发酵过程中优势微生物的生长影响着火腿的风味、香气及品质。由于地域环境的不同使得微生物的种类存在差异，工艺的不同导致不同火腿中的优势微生物不尽相同，进而导致不同种类的火腿品质各具特色。发酵火腿中的微生态系统是由乳酸菌、微球菌、葡萄球菌、酵母菌、霉菌等微生物群构成的，比发酵香肠微生物种类更丰富，它们在肉制品的发酵和成熟过程中发挥了各自独特的作用。

金华火腿现代化工艺发酵过程中内部的优势细菌是乳酸菌，其次是葡萄球菌。经鉴定乳酸菌主要是戊糖片球菌、马脲片球菌和戊糖乳杆菌等，葡萄球菌主要是马胃葡萄球菌、鸡葡萄球菌和木糖葡萄球菌等。微球菌和葡萄球菌在肉制品的发酵过程中通常会发生有益的反应，如分解过氧化物，降解蛋白质和脂肪。

长期以来人们普遍认为火腿上的霉菌与火腿质量和色香味的形成有直接关系。在金华火腿传统生产工艺中，习惯上在发酵阶段有意识地让火腿上长满各种霉菌，并把它作为检查火腿质量好坏的感官标志之一，火腿外表显"青蛙花"色（指多种霉菌）的质量较好，显黄朽色（指细菌）的则往往为三级腿或等外品级。火腿上所生长的霉菌对那些污染的腐败细菌的生长有抑制作用。在火腿腌制阶段，随着腌制时间的延长，霉菌的检出株数逐渐减少，而腐败细菌的检出株数则逐渐增多。在发酵阶段，随着发酵时间的延长，霉菌的检出株数逐渐增多，而腐败细菌的检出株数则逐渐减少。

酵母是火腿发酵成熟的重要条件，在无霉菌的条件下，宣威火腿照样能够完成发酵、成熟和风味的形成。在我国的发酵火腿中，腿内优势菌种多是酵母菌。金华火腿现代化工艺发酵过程中内部优势酵母菌主要是欧诺比假丝酵母、红酵母、赛道威汉逊酵母、白色布勒掷孢酵母、多形汉逊酵母和汉逊德巴利酵母等。研究人员从宣威火腿中分离到100株以上真菌、放线菌，30株细菌，腿体内酵母含量高达 $10^6 \sim 10^7$ CFU/g。酵母不但是宣威火腿全发酵中的优势有益菌群，而且对成熟火腿中维生素 E、脯氨酸、色氨酸等香甜成分的增加及风味的形成起重要作用。酵母主要存在于发酵肉的表面，能形成肉眼可见的菌落。球拟酵母的大量存在，赋予了产品特有的酱香味，与产品的感官评价相吻合。

10.5.3 传统风吹肉与微生物

风吹肉香味浓郁、色泽金黄或红棕、咸鲜适口，是中国南方冬季长期贮藏的腌肉制品。风吹肉制品制作过程中，微生物发酵是影响风吹肉制品成熟度、口感风味的重要环节。发酵不成熟的产品在贮藏过程中极易发生腐败变质，不仅造成经济损失，滋生的一些腐败微生物更是会对消费者的健康构成威胁。

在传统风吹肉生产过程中，料泡引起微生物大量死亡后，风吹肉样品中的各类微生物总数在风吹前10d持续上升，在中后期达到稳定。以乳酸乳球菌（*Lactococcus lactis*）为主的乳酸菌是川味风吹肉风吹过程中的主要优势菌群，其次是以巴氏葡萄球菌（*Staphylococcus pasteuri*）为主的葡萄球菌，汉逊德巴利酵母（*Debaryomyces hansenii*）和解脂耶氏酵母（*Yarrowia lipolytica*）次之。此外，芽孢杆菌（*Bacillus* spp.）和水生拉恩菌（*Rahnella aquatilis*）为川味风吹肉制作过程中的主要腐败菌，但随着风吹过程显著减少。乳酸菌在改变产品风味的同时，一定程度上抑制了其他微生物的生长。虽然在风吹肉制作前期有一定数量的腐败菌芽孢杆菌和条件致病菌水生拉恩菌随着料泡和风吹过程的进行逐渐降低，但仍然需要在加工过程中引起重视，加强生产过程中各个关键控制点的管理，采取相应手段控制腐败微生物的生长，避免对消费者的身体健康造成伤害。

10.5.4 发酵酸肉与微生物

酸肉是我国西南地区普遍存在的发酵肉制品，距今已有两千多年的食用历史。其主要以新鲜猪肉为原料，加入大米、糯米、玉米粉、辣椒、盐和糖等调味品，利用肉表面以及发酵环境中存在的天然菌种进行厌氧发酵，利用微生物和内源酶产生的风味以及调味品的香气融合赋予酸肉独特风味。传统酸肉多为自然发酵，自然发酵可以网罗多种多样的微生物，赋予酸肉独特风味。酸肉生产所采取的工艺、环境条件和地区差异可以筛选和富集不同类型和代谢特征的菌群，但受气候、人为操作等因素影响，酸肉的品质稳定性难以得到保证。目前，大多数传统酸肉依然是根据家庭传统和当地的地理条件小规模自然发酵生产，由于季节性限制以及发酵条件难以控制等问题，导致酸肉品质差异明显，质量不稳定，存在一定的安全隐患。目前，国内外对于酸肉的研究主要集中在微生物多样性、风味物质、生物活性等方面。

研究者们对传统发酵酸肉的微生物群落与风味进行研究，发现癸酸乙酯、丁酸乙酯等酯类物质含量在酸肉发酵过程中快速增加，*Lactobacillus*、*Weissella*、*Staphylococcus* 等是传统酸肉发酵过程中的核心微生物，风味物质的变化与核心微生物有关。酸性蛋白酶能够降低真菌丰度，增加酸肉中游离氨基酸和部分挥发性风味物质含量。另外，适宜的发酵温度也可以增加挥发性化合物的数量和含量，并提高酸肉的可接受度。同时，从安全性研究来看，有害微生物的生长繁殖是酸肉腐败变质的重要原因。发酵肉制品的保质期比普通肉制品的保质期长，一部分原因是发酵能够抑制肉制品中有害微生物的增长。摄入有害微生物超标的食品会影响人体健康，而通过接种 *Lactobacillus curvatus* LAB26 和 *Pediococcus pentosaceus* SWU73571 可以降低酸肉中的大肠菌群数、亚硝酸盐、生物胺、总挥发性碱性氮和丙二醛的含量，因此，采用优良发酵剂进行发酵，是保证发酵酸肉安全性和品质的关键。

10.6 水产品类发酵食品与微生物

10.6.1 发酵鱼露与微生物

鱼露是一种类似于酱油的调味料，褐色液体，风味独特，不同的原料和发酵过程产生了不同气味和颜色的产品。我国广东、福建等很多地区均有鱼露生产。在泰国，鱼露是最受欢迎的酱料，几乎每个家庭都用它作为调味品或烹饪调味料。在汤、卤汁和饺子中加入鱼露不仅能够增加风味，还能增加烟熏味、丰富度等。鱼露风味化合物的形成与其中耐盐微生物密切相关，主要通过对蛋白质、脂肪和碳水化合物的代谢形成鱼露特殊的风味。在鱼露的整个发酵过程中存在着大量微生物菌群，经过无氧高盐环境的驯化，各发酵阶段呈现出不同的优势菌群，如我国传统鱼露发酵前期优势菌种多以酵母菌属为主，发酵中后期以乳酸菌属为主。为了获得更高品质的鱼露，明确鱼露中的微生物与其风味形成的关系至关重要。

在中国传统鱼露的发酵中，鱼盐混合初期，由于盐分还没有充分浸入鱼体以及环境中还存在空气，霉菌大量生长繁殖，它主要参与蛋白质的初步降解，其所含蛋白酶能将蛋白质分解为氨基酸和多肽等风味前体物质，为后续风味形成做准备。

酵母菌作为一种天然的发酵剂，被广泛应用于食品发酵中。在鱼露发酵前期，待盐分逐渐浸入鱼体以及发酵环境中氧气消耗，霉菌数量减少至无，酵母菌和乳酸菌开始竞争，引起酒精发酵生成醇类物质如乙醇。此外，有研究表明酵母菌不仅参与碳水化合物的发酵和芳香族化合物的产生，而且具有蛋白酶和脂肪酶活性。采用酿酒酵母单一发酵鱼露，酵母菌参与了 6 种有机酸（柠檬酸、丙酮酸、苹果酸、琥珀酸、乳酸、乙酸）的形成，且酵母菌对甜味氨基酸（苏氨酸、丝氨酸等）和鲜味氨基酸（谷氨酸、天冬氨酸等）具有积极影响。此外，从鲭鱼鱼露中分离出的增香酵母有助于醛类（辛醛、3-甲硫基丙醛、3-甲基丁醛等）、酮类（丙酮、丁酮、戊酮等）、醇类（2-甲基-1-丁醇、乙醇、苯甲醇等）、酯类（乙酸乙酯、氨基甲酸酯等）、烃类（戊烷、苯甲烷等）、酸类（苯甲酸、3-甲基丁酸、有机酸等）和杂环类（2-乙基呋喃、2-乙烷基吡啶等）物质的形成。由此可见，酵母菌是鱼露风味形成过程中必不可少的发酵微生物。

乳酸菌是传统鱼露发酵中后期的优势菌种，对其风味形成有着重要的影响。乳酸菌主要参与酸类物质的形成，如乳酸、柠檬酸和苹果酸等有机酸以及乙酸、丁酸、丙酸和戊酸等挥发性酸，而乙酸、乳酸可以在发酵过程中与乙醇形成乙酸乙酯、乳酸乙酯等特征香味物质。有研究表明，乳酸菌参与了蛋白质代谢和脂质代谢，促进了游离氨基酸和游离脂肪酸的形成，且接种乳酸菌发酵的鲭鱼鱼露中醇类（1-辛烯-3-醇、辛醇等）、醛类（正己醛、糠醛等）物质含量增加。嗜盐四联球菌是一类耐高渗和嗜盐的乳酸菌，是重要的食品腐败性细菌。此外，添加四联球菌的三文鱼鱼露相较于未添加组，氨基酸态氮、总酸含量和游离氨基酸总量更高，鲜味氨基酸如谷氨酸和天冬氨酸含量也高于未添加组，表明四联球菌的加入显著改善了鱼露的风味。

芽孢杆菌含有蛋白酶，主要参与蛋白质代谢，对鱼露中醇类、醛类、酯类、呋喃类、含硫化合物的形成具有积极影响。研究表明芽孢杆菌属 *Virgibacillus* sp. SK37 分解出大量蛋白酶，加快了蛋白质水解，增加了芳香活性化合物 2-甲基丁醛和 3-甲基丁醛的含量。此外，接种了贝莱斯芽孢杆菌 SW5 的鱼露中醇类（苯乙醇、正己醇等）、醛类（苯甲醛、2-甲基丙醛、3-甲基丁醛、2-甲基丁醛等）、酯类（戊酸甲酯、甲酸庚酯等）、呋喃类（2-乙基呋喃、2-戊基呋喃等）、含硫化合物（三甲胺、羟胺、2-甲基-吡啶、2-乙酰基吡嗪等）含量显著增加。

除了上述几种常见微生物外，国内外已有学者在研究中发现了其他影响鱼露风味的微生物。根据鱼露样品的不同发酵时期，研究细菌群落与代谢产物之间的相关性时，发现弧菌、假单胞菌、假交替单胞菌等均对氨基酸积累产生正向作用，其中假单胞菌和假交替单胞菌的相关性较高，说明这些微生物对鱼露风味的形成具有积极影响，但其中的风味形成机理仍有待探究。

10.6.2 发酵虾酱与微生物

虾酱是中国沿海地区及东南亚地区常用的调味酱料，是一种传统发酵食品。制作方法是将虾加入盐后磨成黏稠状，在自然环境中经过长时间的发酵后制成。其味道一般较咸，制成罐装调味品后出售。也有将虾酱干燥成块状制成虾膏后出售，味道更为浓郁。质量较好的虾酱颜色紫红，呈黏稠状，气味鲜香，腥味较低，酱质感较为细腻，没有杂质，咸度适中。因为虾酱具有独特的风味和营养特性，深受人们的喜爱。

虾酱的发酵过程是一个复杂的化学变化，由于虾酱中微生物菌群的多样性，使得微生物体系和菌群之间形成相互作用关系，通过代谢作用，使虾酱在发酵过程中产生风味物质，并形成了相对稳定的内部环境和产品状态。研究者对侗族虾酱的微生物种类进行分析发现，一些乳酸菌具有蛋白酶、脂肪酶及其他酶类活性，且具有较强的耐盐性，不仅能够利用原料中的各类物质产生风味化合物及特殊酸味，改善虾酱风味，还能提高产品的贮藏性。此外，虾酱中还存在大量的产香酵母，赋予了虾酱特有的酱香味。

微生物群落是影响虾酱品质的关键因素，有研究发现虾酱中的优势菌群是变形菌门、变形菌纲、弧菌目、弧菌科、发光杆菌属和弧菌属，就门水平来说，变形菌门是最占优势的菌群门，占到 92.02%，在虾中广泛存在，且与虾的养殖环境密切相关。此外，有研究表明分离菌株如乳杆菌属（*Lactobacillus*）、交替假单胞菌（*Pseudoalteromonas*）和葡萄球菌属（*Staphylococcus*）促进蛋白质分解形成呈味氨基酸，增加虾酱鲜味；调节产酸细菌如腐生葡萄球菌（*S. saprophyticus*）、木糖葡萄球菌（*S. xylosus*）和格氏乳球菌（*Lactococcus garvieae*）相对丰度能够抑制虾酱腥臭和氨味形成。然而，自然发酵虾酱中微生物群落复杂多样，通过纯培养识别的微生物种类仅占实际种群总量的极少部分，且目前仅针对短期发酵虾酱中的细菌多样性进行探索，对于长期发酵过程中细菌群落演替规律尚不清楚。此外，发酵食品中普遍存在脱羧酶阳性菌群，它们能够转化食品中的游离氨基酸，降解为腐胺、尸胺、组胺、精胺和亚精胺等生物胺。消费者误食过量的生物胺，产生头痛、恶心和痉挛等症状，造成严重的食品安全隐患。研究发现，肠球菌属（*Enterococcus*）、乳杆菌属和乳球菌属是豆腐乳中组胺合成菌群，假单胞菌（*Pseudomonas*）、弧菌（*Vibrio*）和葡萄球菌与腌制海鲈鱼中尸胺积累密切相关。通过探讨虾酱中的微生物群落组成，可以把握虾酱中优势菌群的分布情况，了解到优势菌群会对虾酱的质量与安全以及品质产生一定的影响。其中变形菌门、弧菌和发光杆菌在某种程度上都对虾酱具有潜在的危害性，因此为控制这些安全隐患，可以从虾的处理、虾酱的发酵环境、罐装温度等生产工艺条件进行改进，将生产标准化、规范化以降低风险，这对于保证虾酱的质量与安全，提高虾酱的品质和营养价值具有重要意义。

10.6.3 发酵酸鱼与微生物

酸鱼是中国少数民族中具有民族特色的传统美食之一，特别是在苗族、侗族、土家族等民族中非常流行。其是微生物利用原料中营养物质蛋白质、碳水化合物、脂肪等发酵之后形成营养丰富、风味独特、香味浓厚的发酵型产品。其一般以新鲜淡水鱼为原料，经宰杀、洗净、沥干，拌入谷类物质、食盐、香辛料等辅料密闭发酵而成。在发酵过程中产生了大量的乳酸菌，使酸鱼既具有独特的风味，又具有一定的保健作用。

酸鱼是一种发酵型产品，自然发酵时间长短不等，夏天大约15d，冬天至少要30d才能食用，因此研究发酵过程中微生物的构成具有重要意义。有研究从湘西传统酸鱼4个不同发酵阶段分离出196株乳酸菌种，其中包括植物乳杆菌、戊糖片球菌、食品乳杆菌、明串珠菌、肠球菌及干酪乳杆菌等，揭示了酸鱼在发酵过程中主要是以乳酸菌种为主，其中耐酸的植物乳杆菌和戊糖片球菌是酸鱼产生独特的风味和较长的保质期的优势菌群，同时发现植物乳杆菌（Lp-7、Lp-10、Lp-21）和1株戊糖片球菌（Pp-27）相比其他的乳酸菌种具有产酸速率快、耐盐、耐酸、耐胆盐、无氨基酸脱羧酶活性等特性，优势菌这些特性可能与盐浓度和酸度有关。有学者从傣家酸鱼通过$CaCO_3$溴甲酚紫产酸平板、摇瓶发酵、色谱分析等技术筛选，筛选出乳酸发酵菌株SY1、SY3、SY4，经《伯杰氏细菌鉴定手册》有关菌种的鉴定方法结合16S rDNA序列分析，3株菌均鉴定为植物乳杆菌，初步推断植物乳杆菌是傣家酸鱼发酵的优势乳酸菌群。有人从酸鱼样品中共分离出6株乳酸菌，通过生化试验，发现SY1、SY3-1、SY3-2能进行乳糖发酵，通过DNA测序和16S rRNA比对，成功鉴定出菌株SY3-1为清酒乳杆菌（*Lactobacillus sakei*），菌株SY3-2为清酒乳杆菌亚种（*Lactobacillus sakei* subsp. *carnosus*），清酒乳杆菌是酸鱼在发酵过程中的优势菌种之一。由此可知，不同种类的酸鱼在发酵过程中的优势乳酸菌群不同，可能是由制作工艺、制作环境和配料的不同而导致的。另外，有研究从酸鱼产品中分离得到乳酸菌疑似菌株16株，经生理生化鉴定，初步确定为消化乳杆菌（8株）、植物乳杆菌（4株）、草乳杆菌（2株）和发酵乳杆菌（2株）。分别选取1株（ZZY-6、CJY1-1、ZZY-3和CJY2-3）进行16S rDNA基因序列分析，构建系统发生树，经分析可知，ZZY-6为消化乳杆菌（*Lactobacillus alimentarius*），菌株CJY1-1为植物乳杆菌（*Lactobacillus plantarum*），菌株ZZY-3为草乳杆菌（*Lactobacillus graminis*），菌株CJY2-3为发酵乳杆菌（*Lactobacillus fermentum*）。通过蛋白酶活性与脂肪酶活性测定实验，发现只有菌株CJY1-1具有蛋白酶活性，都没有脂肪酶活性。对发酵酸鱼中葡萄球菌进行研究，从酸鱼成品中纯化获得葡萄球菌疑似菌株14株，经生理生化初步鉴定，7株为木糖葡萄球菌（*Staphylococcus xylosus*），4株为松鼠葡萄球菌（*Staphylococcus sciuri*），3株为肉葡萄球菌（*Staphylococcus carnosus*）。样品中分离得到的菌株ZYS-1、CYS1-1和CYS2-3

分别为木糖葡萄球菌、松鼠葡萄球菌和肉葡萄球菌，都具有耐盐性，木糖葡萄球菌拥有较好的蛋白酶以及脂肪酶活性，而松鼠葡萄球菌和肉葡萄球菌具有较好的蛋白酶活性以及较弱的脂肪酶活性。说明酸鱼中乳杆菌可能不分泌脂肪酶，少量分泌蛋白酶，而葡萄球菌可能分泌大量蛋白酶。有研究对酸鱼产品中硝酸盐还原菌进行探究，通过对其形态观察、革兰氏染色、生理生化与分子生物学鉴定，筛选出两株菌具有硝酸盐还原性，菌株 F-1 为嗜冷杆菌（*Psychrobacter glacincola*），菌株 F-2 为粪嗜冷杆菌（*Psychrobacter faecalis*），说明在酸鱼的腌制过程中，产生了硝酸盐还原菌种，随着时间的延长，硝酸盐还原菌种繁殖，酸鱼产品中硝酸盐慢慢降低至安全水平。现阶段，虽然在酸鱼发酵过程中微生态变化、菌株、接种发酵方面有一定的研究并取得了较多的成就，但是，酸鱼依然面临发酵时间长、发酵条件难控制、质量标准不统一等问题。研究酸鱼快速加工方法，以及研究酸鱼产业化关键技术将成为以后的研究方向之一。

10.7 食品微生物资源开发与利用

随着全球资源环境问题的日益突出，当前人类社会面对着如何稳步地从依赖有限的矿物能源和资源时代到利用可再生生物能源和资源新时代的过渡，可持续发展仍然是我国 21 世纪发展战略的主旋律，而解决该问题的关键是保证自然资源的可持续供给和生态环境的良性循环。微生物作为可再生资源，是国家战略资源之一，主要包括微生物的生物资源、生物遗传资源和生物信息资源等，具有种源丰富、原料广泛、繁殖周期短、不易受季节和地域影响，物种、生物、代谢、遗传和生态类型多样性等优点，因此开发与利用微生物资源对于解决人类面临的粮食危机、能源短缺、资源耗竭、生态恶化等危机和发展生物经济具有重要的战略意义。目前，微生物资源的开发与利用主要包括微生物菌体的利用、微生物代谢产物的利用和微生物废物资源的再利用等。

微生物食物资源主要包括三类：食品微生态制剂、微生物发酵生产的食物和微生物菌类食物（食用菌），其中微生物发酵生产的食物中以单细胞蛋白研究最多，也最具应用价值。

10.7.1 食品微生态制剂

微生态制剂是运用微生态学原理，利用从天然环境中选育出来的有益微生物，经特殊工艺制成含菌制剂。通过添加有益微生物及其代谢产物或有益微生物的生长促进因子等制剂以调节动物、植物和人的微生态平衡，促进其生长繁殖和提高健康水平。国外关于微生态制剂研究开始较早，可追溯到 20 世纪 70 年代美国开始使用饲用微生态产品，日本和欧美国家的研究规模较大，发展迅速，主要应用在保健食品（表 10-1）、普通食品和婴儿食品中。日本是生产微生态制剂最早、品种最多的国家，其食品类型主要是酸奶、发酵乳、乳酸菌饮料、乳制品、甜品、面包、饼干和益生菌颗粒制剂等，如养乐多（Yakult）、Miru Miru、Mil Mil E 和甜嗜酸双歧乳等，旨在调理肠道、提高免疫力、预防高血压和糖尿病以及抗过敏反应等。欧美国家的食品类型主要是嗜酸乳、双歧乳和双歧酸奶等，如英国的 BA live 和酸奶风味两歧奶等益生菌制品。国内关于微生态制剂的研究开始较晚，产品种类也较少，多以药品和保健品为主，如昂立一号、北斗双歧活菌粉，主要的益生菌食品类型是保健食品、发酵乳和乳饮料，如奶酪、双歧豆奶、冰淇淋、奶粉和饮料等。根据制剂主要成分的不同可分为四类：益生菌、益生元、合生元和后生元，其中益生菌是目前使用最广泛的。这几类微生态制剂作用机制相似，都能促进有益菌群在肠道内大量定植和生长，形成有利于肠道的保护屏障，抑制有害菌群在肠道黏膜上定植和生长，调节肠道菌群生态系统恢复正常或处于更佳状态，进而促进机体免疫系统修复。此外，益生菌还能通过调节肠道菌群代谢产物，如短链脂肪酸、胆汁酸、脂质和神经递质等发挥益生作用。

表 10-1 部分国外微生态保健食品

益生菌制品	国家	有益菌株
乳制品（发酵型）		
Yakult	日本	干酪乳酪杆菌
Miru Miru	日本	嗜酸乳杆菌和干酪乳酪杆菌
Mil Mil E	日本	两歧双歧杆菌和酸奶菌种
甜嗜酸双歧乳	日本	嗜酸乳杆菌和长双歧杆菌长亚种
BA live	英国	嗜酸乳杆菌、双歧杆菌和酸奶菌种
ACO-酸奶	瑞士	唾液链球菌嗜热亚种、德氏乳杆菌保加利亚亚种和嗜酸乳杆菌
酸奶风味两歧奶	英国	两歧双歧杆菌、长双歧杆菌长亚种或长双歧杆菌婴儿亚种
Biogarde	德国	嗜酸乳杆菌和两歧双歧杆菌
Bifighurt	德国	长双歧杆菌长亚种和唾液链球菌嗜热亚种
甜双歧乳	日本和德国	双歧杆菌属
Gefilac	芬兰	干酪乳酪杆菌
Yoplus	澳大利亚	嗜酸乳杆菌、酸奶菌种和双歧杆菌属
Philus	瑞典	唾液链球菌嗜热亚种、嗜酸乳杆菌和双歧杆菌属
Progurt	智利	嗜酸乳杆菌和两歧双歧杆菌
Ofilus	法国	德氏乳杆菌保加利亚亚种、嗜酸乳杆菌、唾液链球菌嗜热亚种、两歧双歧杆菌和长双歧杆菌长亚种
Biokyr	捷克	两歧双歧杆菌、嗜酸乳杆菌和乳酸片球菌
乳制品（不发酵型）		
雀巢婴儿成长奶粉		双歧杆菌属
Nu-trish a/B milk	美国	嗜酸乳杆菌和双歧杆菌属
Milky	意大利	嗜酸乳杆菌和双歧杆菌属

10.7.1.1 益生菌

益生菌又称益生素，是一类由单一或多种有益菌及其代谢产物和生长促进因子组成的，能够定植于人体肠道和生殖系统中，当摄入足够量时能够维持肠道微生物菌群平衡，改善机体健康状态，有益于宿主健康的活菌制剂。益生菌一词最先是由 Lilly 和 Stillwell 于 1965 年提出用于描述微生物对其他微生物的促进生长的作用。1974 年 Parker 将益生菌定义为有助于调控肠道微生物结构平衡。2020 年中国食品科学技术学会益生菌分会发布了《益生菌的科学共识（2020 年版）》，就益生菌的概念提出了益生菌的三个核心特征为足够数量、活菌状态和有益健康功能，这也符合 2014 年国际益生菌与益生元联盟发表的共识。益生菌作为市场上微生态制剂的主要产品，其效能与活菌数和肠道定植率密切相关，一般来说即食型益生菌食品的活菌数不得低于 10^7CFU/g。

益生菌主要是用于改善动物肠道黏膜表面酶活微生物的平衡或者刺激（非）特异性免疫反应，具有维持肠道菌群平衡、提高机体免疫力、降低胆固醇和抗肿瘤等作用。肠道菌群在转化食物、调节免疫和影响脂肪贮存等方面发挥重要的功能，人体肠道内的菌群数量和种类是衡量机体健康状况的重要指标，婴儿时期的肠道菌群以双歧杆菌为主，由于后期环境、饮食和生活方式等因素的影响，肠道菌群的数量和种类会发生变化，即人体肠道菌群的数量和种类随着年龄变化而保持动态变化（图 10-4）。研究表明，肠道菌群失调会影响大脑、肝脏和肺部等多种相关疾病的发生和发展，而益生菌在辅助治疗糖尿病、胃肠道疾病和神经系统疾病中具有较好的疗效。临床试验和动物实验表明益生菌作为一种微生态制剂，具有良好的益生功效和安全性，可以通过调节肠道菌群及其代谢、影响机体免疫功能和改善肠道屏障等途径，发挥益生作用。

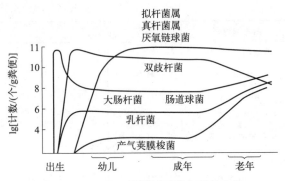

图 10-4　人体肠道菌群随着年龄的变化

益生菌的筛选具有严格的评定原则，不是所有具有优良特性的菌株都是益生菌。目前，

二维码 33

美国食品与药品管理局（Food and Drug Administration，FDA）认定的益生菌大约有 40 种。2018 年国家食品药品监督管理总局发布允许用于食品的益生菌有 30 多种，允许用于婴幼儿食品的益生菌有 8 种以上。根据 2022 年国家卫健委《可用于食品的菌种名单》和《可用于婴幼儿食品的菌种名单》更新的公告（2022 年第 4 号），可用于食品的微生物菌种包括 17 个菌属、38 个菌种，其中研究最为广泛的是乳杆菌属和双歧杆菌属，这两种益生菌又被称为"传统益生菌"。随着益生菌相关研究的深入，其种类范围也在扩大，部分链球菌属、肠球菌属和酵母菌属等也属于益生菌。这些菌种多数是从健康动物或者人体肠道的正常菌群分类筛选出来的，已被大量临床试验证明是安全菌种，且对人体是有益的，已经在世界范围内长期广泛使用。

（1）乳杆菌属

乳酸杆菌是一种兼性厌氧的革兰氏阳性细菌，属于人体的正常菌群之一，广泛存在于人体的肠道和生殖道内，也是健康机体肠道内的优势菌群，通过吸附在肠细胞壁黏膜上发挥维持肠道菌群平衡的作用。使用乳酸杆菌中的肠道菌种生产产品开始较早，可追溯到 20 世纪 30 年代，但并不是所有的乳酸杆菌都是益生菌，只有具备益生特性（如具备抗胃酸、胆汁盐和定植肠道的能力等）的乳酸杆菌才属于益生菌。乳杆菌属益生菌主要包括嗜酸乳杆菌和德氏乳杆菌保加利亚亚种等。这些益生菌均具有较好的安全性，其益生特性也逐渐被挖掘。

（2）双歧杆菌属

双歧杆菌属主要包括长双歧杆菌婴儿亚种、长双歧杆菌长亚种、短双歧杆菌和青春双歧杆菌等。双歧杆菌在代谢过程中会产生共轭亚油酸、胞外多糖和短链脂肪酸等多种生物活性物质，具有调节和改善人体肠道微生物菌群平衡、增强免疫、降低胆固醇、缓解乳糖不耐、预防便秘、抗肿瘤、抵制有害微生物侵入和增强免疫力等多种生理功能。

10.7.1.2　益生元

益生元又称化学益生素和双歧增殖因子，是一种不被肠道消化酶所消化，但是能够选择性刺激结肠内某一种或一些特定有益菌生长或增强其活性，而不被或者很难被有害菌利用，从而调节和改善肠道微生物菌群，有益于机体健康的无生命的食物成分。益生元是由 Gibson 和 Roberfroid 于 1995 年提出，并将其定义为"有选择性地刺激益生菌的生长或激活其代谢，从而能够为宿主健康带来益处的非消化性膳食组分，具有预防和治疗疾病，维持机体健康的功能"。绝大多数的益生元在大肠内降解成短链脂肪酸（醋酸盐和丁酸盐等）的原料，这些短链脂肪酸能够为肠黏膜提供能量，促进黏膜生长，刺激肠内的免疫防御。常见的益生元主要包括膳食纤维、低聚糖（低聚果糖、低聚木糖、低聚半乳糖和低聚异麦芽糖等）、果胶和菊粉等，这些物质已经被证明能够刺激内源性双歧杆菌的生长。益生元的作用机制主要是肠道内的有益菌以益生元为原料，经发酵释放出外源性益生菌，并产生挥发性短链脂肪酸，如乳酸、乙酸、丙酸和丁酸等，以及 CO_2，降低肠道 pH，抑制有害菌的生长，并充当免疫刺激因子和有益菌的增殖因子，增加肠道内有益菌的数量，促进其定植和生长，延长其在机体内的存活时间，改善肠道菌群，促进营养物质的吸收，间接阻断病原菌在肠道中的定植，消除黏附在小肠上的微生物对营养物质的利用，从而起到益生和保健作用。

10.7.1.3 合生元

合生元被定义为"由活微生物和底物组成的混合物"，是益生菌和益生元同时使用的制剂，也称为合生素、共生元和益生合剂，并将其定义为"对宿主产生有益影响的益生菌和益生元的混合物"。1995 年，Gibson 提出合生元的概念，即对宿主健康产生有益影响的益生菌和益生元的混合物。2019 年国际益生菌和益生元科学协会（International Scientific Association for Probiotics and Prebiotics，ISAPP）重新定义了合生元的概念，将其定义为"由活微生物和能够被宿主微生物选择性利用的底物组成，有益于宿主健康"。合生元是集益生菌的速效性和益生元的慢效性（刺激有益菌生长或增强其活性）于一体，通过促进外源性活菌在肠道中定植和增殖，既发挥益生菌的生理性细菌活性和益生元的促进有益菌生长代谢的双重作用，还能使益生菌和益生元的相似作用发挥到最大（1+1>2），给胃肠道建立一个良好的微生态环境，促进有益菌的存活、定植和生长，抑制有害菌的生长，通过调节肠道微生物及其代谢产物或直接与免疫细胞的受体相互作用，从而提高机体免疫功能，促进机体健康。

合生元分为互补型合生元和协同型合生元两类，其中大部分用于临床试验或商业化的合生元均为互补型合生元。常用的合生元组分使用最广泛和最重要的益生菌组分是乳酸菌，包含 18 个以上属。合生元具有维持肠道微生物菌群平衡、改善机体免疫功能和肝硬化患者肝功能，抗癌、抗肿瘤，提高机体免疫力，并在术后及类似的干预措施中具有预防细菌移位、降低感染风险的作用。常见的合生元产品主要有合生元益生菌粉、合生元益生菌冲剂、益力多益生菌饮品和益生元奶粉等。自 1999 年，健合集团在中国内地、中国香港和中国台湾注册了合生元商标，近几年，关于合生元的 SCI 论文数量也逐年上升，合生元正逐渐成为微生物学、营养学和食品科学等领域的研究热点。

10.7.1.4 后生元

研究发现不仅活菌能够发挥益生作用，某些没有生命特征的死菌（益生菌死菌）及其组分也表现出与活菌类似的促进宿主健康的功能，由此产生了后生元一词。后生元一词最先是 2013 年由西班牙人 Katerina 正式提出，2021 年 5 月国际益生菌和益生元科学协会将合生元定义为"对宿主健康有益的无生命微生物和/或其成分的制剂"。后生元是指通过特定的灭活方式（水浴灭活、热灭活钝化、喷雾干燥和巴氏灭活等）使原本具有生物活性的微生物失去活性和生长繁殖能力，但在一定程度上保留微生物的结构、特性和功能，其主要包括灭活微生物细胞、菌体成分（菌毛、鞭毛和肽聚糖等）及其代谢产物（酶、多糖、胆汁酸、蛋白质、脂质和肽等），具有调节免疫和肠道菌群、改善便秘、抗炎、抗肿瘤、降压以及降血脂等功能。后生元分为副益生菌和副生元，前者是益生菌的灭活菌体细胞（包括裂解和未裂解的菌体），主要包括肽聚糖、菌毛、鞭毛、细胞表面蛋白、细胞壁碎片和菌体细胞等大分子物质；后者是益生菌培养的无细胞上清液，主要包括细菌发酵过程中产生的代谢产物，如短链脂肪酸、酶、多肽、胆汁酸、多酚、多糖和氨基酸代谢产物等小分子活性物质。与益生菌相比，后生元具有稳定性高、对 pH 和温度不敏感、安全性好和无需定植等优点，已经被有目的地用于食品、保健品、特殊医学食品和婴幼儿食品等领域。如生产以乳链球菌素（Nisin）作为防腐剂的食品（婴儿食品、焙烤食品、蛋黄酱和乳制品等);将酵母提取物加到食品或饲料中,能够降低玉米赤霉烯酮引起的生殖毒性;将 L. plantarum YML 07 上清液的后生元作为生物防腐剂添加到大豆中,能够将大豆的货架期提高到 2 个月。1972 年,中国乳业泰斗骆承庠教授从传统酸奶中分离出来嗜酸乳杆菌,并将菌种及其发酵物干燥制得乳酸菌素产品,即早期的后生元产品。后生元制剂不含活菌,这有助于降低感染的风险和降低耐药性基因传播的风险,也易于运输和储存;同时,后生元具有明确的健康作用成分和特定的作用机制,且无需定植,直接以活性成分的形式发挥作用,起效更快,能够更好地发挥靶向作用。

近年来的研究表明后生元在预防和治疗某些疾病,如肥胖、急/慢性腹泻、过敏炎症性疾病、神经退行性疾病、代谢性疾病和癌症等疾病中发挥益生作用,其中的一个原因是分子小的后生元能够通过肠道屏障更快和更直接地作用于人体,无生命特征的后生元中很多成分具有生物活性,如细菌素(属于细胞外抗菌肽)和乳酸,能够抑制某些致病性微生物,通过维持肠道微生物多样性和平衡肠道微生物菌群起到益生作用,同时,肠道中的微生物也能够利用后生元中的乳酸成分生产有益短链脂肪酸和丁酸盐。某些灭活后的后生元中还含有菌毛和凝集素等黏附素成分,这些成分能够通过为某些常驻微生物提供黏附位点起到调节肠道微生物稳态的作用。此外,后生元还能够分泌蛋白质,介导和增强上皮屏障功能,用于抵御某些导致肠易激综合征的有害细菌和毒素;后生元也能够通过微生物相关的分子与免疫细胞的特定识别受体相互作用来调节机体局部和全身的免疫活动;后生元中的某些代谢产物和酶(如胆盐水解酶)还可以调节机体的全身代谢。

10.7.2 单细胞蛋白与食品微生物

早在第一次世界大战期间,德国科学家就曾提出和成功实施大规模培养酵母菌生产微生物蛋白来解决食物短缺的问题。单细胞蛋白(single cell protein,SCP)又称微生物蛋白,是一类利用不同原料对非致病和非产毒的真菌(酵母菌和霉菌等)、细菌(乳酸菌、双歧杆菌和粪链球菌等)或微藻(螺旋蓝藻和小球藻等)等进行大规模系统培养而生产的微生物菌体蛋白。一般提及 SCP 已经不限于单细胞微生物,而是泛指单细胞和多细胞微生物的菌体蛋白,其中工业上多采用酵母菌进行生产。

单细胞蛋白生产的实质是利用微生物的发酵技术,以工业的方式培养微生物,使其生长繁殖,从而产生大量的优质微生物菌体蛋白。用于单细胞蛋白生产的微生物是一些不产生毒素的非致病菌,主要有酵母菌(啤酒酵母、产朊假丝酵母和石油酵母等)、霉菌(曲霉、根霉和青霉等)、细菌(乳酸菌、双歧杆菌和粪链球菌等)或微藻(螺旋蓝藻和小球藻等)等,其中酵母菌菌体大,易于分离回收,且蛋白质含量高,分离的蛋白质较易消化,是生产上的常用菌株。目前,生产单细胞蛋白的方式已经趋向于由单一菌种发酵向复配菌种协同发酵转变,多数采用的复配菌种是乳酸菌、酵母菌和霉菌,这主要是利用霉菌的糖化作用,将淀粉和纤维素等结构复杂的碳水化合物降解为单糖和二糖等结构简单的碳水化合物,使其能够被酵母菌的生长繁殖所利用,同时,乳酸菌发酵产生乳酸也能够改善产品的适口性。

单细胞蛋白蛋白质含量高,为 40%~80%,还含有碳水化合物、脂肪、维生素、核酸、酶类和氨基酸(特别是蛋氨酸和赖氨酸等人体必需氨基酸)等。其原料来源广泛,一般以价格低廉的工农业废物、废水、石油和天然气及其衍生物等为原料,生产周期短,生产效率高,且可以进行工业化生产。单细胞蛋白可以作为动植物蛋白替代来源,还可以生产功能性食品和保健品,或作为增味剂用于生产酱汁和肉汁等食品。同时,单细胞蛋白还具有乳化性、凝胶性和组织成型性,可以用于生产"人造肉",或者作为食品添加剂应用于肉饼、汉堡和香肠等食品的生产中。

目前,商业化生产的单细胞蛋白主要有好氧甲烷氧化菌单细胞蛋白、真菌单细胞蛋白和一些微藻单细胞蛋白等。

(1) 好氧甲烷氧化菌单细胞蛋白

目前食品蛋白质以动植物蛋白为主,其中动物蛋白不仅生产周期长、生产效率低,需要耗费大量的人力和物力,而且反刍动物饲养过程中还会产生大量的 CH_4 和 CO_2 等温室气体,而好氧甲烷氧化菌能够利用大气中的 CH_4,对于减缓温室效应具有积极作用。好氧甲烷氧化菌是革兰氏阴性细菌,在自然界中分布广泛,能够利用 CH_4 生产高蛋白质含量的单细胞蛋白,这些单细胞蛋白富含支链氨基酸,其品质能够与高质量的动物蛋白相媲美,可以作为动植物蛋白质替代品应用于食品生产中。

(2) 真菌单细胞蛋白

酵母细胞中含有蛋白质、脂肪、维生素、各种氨基酸和无机盐等,其中蛋白质的含量特别丰富,如啤酒酵母的蛋白质含量占细胞干重的 42%~53%,产假丝酵母的蛋白质含量占细胞干重的 50% 左右,可以作为蛋白质来源应用于食品工业中,尤其是酿造和焙烤食品中。酵母菌是生产单细胞蛋白的微生物中应用最为广泛的一类,常用于生产单细胞蛋白的酵母菌主要有啤酒酵母和假丝酵母,其生产单细胞蛋白所利用的原料种类也非常广泛,可以利用工农林渔业资源和下脚料,如糖蜜酒精糟、白酒糟、果渣、玉米浆渣、秸秆、菜粕、蔗渣、废糖蜜、稻草、树叶、木屑、畜禽的粪便和鱼类加工废液等;还可以利用工业废液,如食品和轻工业产生的废液和废渣、造纸业中的亚硫酸盐纸浆、酒精废液、啤酒废水和药厂废水等。酵母菌菌体大、易于分离回收,且分离的蛋白质较细菌蛋白易于被动物消化,但酵母菌和细菌类似,蛋白质中核酸含量较高,尤其是 RNA 含量高,细菌蛋白中 RNA 含量约为 13~22g/100g,酵母菌中 RNA 含量约为 6~41g/100g,核酸在人体内代谢后形成尿酸,当形成的尿酸过多时,这些尿酸会随着血液循环在人体的关节处沉淀或结晶,从而引起痛风、风湿性关节炎和机体代谢紊乱。

(3) 微藻单细胞蛋白

微藻是原核/真核的单细胞/简单多细胞结构的光合生物,可以在各种条件下生存,均属于光能自养微生物,具有较高的固定 CO_2 的能力,能够在光照下利用 CO_2 迅速生长繁殖,合成大量营养丰富的菌体。微藻富含叶绿素、维生素和不饱和脂肪酸等,而核酸含量较低,且其蛋白质含量高达 70%,是单细胞蛋白的另一个重要来源,可用于生产功能性或保健性高蛋白质食品。微藻种类较多,主要包括小球藻、螺旋藻和绿藻等,其中小球藻蛋白质含量较高,能够用于生产功能性食品;杜氏盐藻和雨生红球藻蛋白质含量较低,能够用于生产富含胡萝卜素、虾青素和维生素等高附加值的产品或者保健食品。但是微藻大多具有细胞壁,不易被人体消化,还可富集重金属,因此微藻单细胞蛋白作为食品应用时需要对其进行破壁处理来提高单细胞蛋白的消化率。

 知识归纳

发酵食品　定义:在特定条件下,通过自然传播或人工接种,利用可食用有益微生物对食品基质进行深入转化而形成的具有独特品质特性的一类食品。
　　　　　种类:粮谷发酵食品、乳品发酵食品、果蔬发酵食品、畜禽肉发酵食品和水产品类发酵食品。
细菌与微生物　与发酵食品相关的革兰氏阴性细菌主要是大肠埃希氏菌和醋酸杆菌。
　　　　　　　与发酵食品相关的革兰氏阳性细菌种类较多,主要包括乳杆菌属、双歧杆菌属、葡萄球菌属、魏茨曼氏菌属和链球菌属等。
真菌与微生物　酵母菌(酿酒酵母、球拟酵母、卡尔斯伯酵母和异常汉逊酵母等)
　　　　　　　霉菌(毛霉属、犁头霉属、根霉属、曲霉属、红曲属和青霉属等)
发酵食品的发酵形态　联合发酵、顺序发酵、共固定化细胞混菌发酵和混合固定化细胞混菌发酵。
粮谷发酵食品与微生物
　　酱油与微生物　微生物群落演替和菌群优势,其演替的顺序:曲霉菌→耐盐乳酸菌→耐盐酵母。
　　酒类与微生物　酱香型白酒和浓香型白酒是中国白酒的两大主要香型。

酱香型白酒　特点：酱香突出、幽雅细腻、丰满味长和空杯留香持久。
　　　　　　微生物：细菌、霉菌、酵母和放线菌。
　　　　　　代　　表：茅台（端午制曲，重阳下沙；高温堆积发酵）。
浓香型白酒　特点：浓郁的香气和复杂多样的风味化合物。风味化合物包括乙酯类、酸类、醇类和醛类等。
　　　　　　微生物：主要包括细菌、霉菌、酵母等。
　　　　　　代　　表：五粮液（元明古窖池群）。
食醋与微生物　微生物：曲霉，酵母菌，醋酸杆菌
　　　　　　代表：山西老陈醋（磨、蒸、酵、淋、陈）。
面包与微生物　微生物：酵母菌

乳类发酵食品与微生物
　酸乳与微生物　混菌发酵：保加利亚乳杆菌（*L. bulgaricus*）和嗜热链球菌（*S. thermophilus*）
　干酪与微生物　分为一级发酵剂、二级发酵剂和非发酵剂乳酸菌（NSLAB）
　开菲尔与微生物　添加含有乳酸菌和酵母菌的开菲尔粒发酵剂

果蔬发酵食品与微生物
　果酒与微生物　经过酒精发酵、苹果酸-乳酸发酵（二次发酵）以及酒精与酒精发酵副产物形成后的一系列的生物化学反应，赋予发酵果酒独特的风味和色泽。
　发酵果汁与微生物　用于果汁发酵的菌种主要是益生菌，包括乳酸菌、醋酸菌和酵母菌等。
　发酵蔬菜与微生物　泡菜腌制中发挥主要作用的乳酸菌是肠膜明串珠菌（*Leuconostoc mesenteroids*）、植物乳植杆菌（*Lactobacillus plantarum*）和短乳杆菌（*L. brevis*）。

畜禽肉发酵食品与微生物
　发酵香肠与微生物　主要为乳酸杆菌、葡萄球菌、微球菌，以及少量酵母和霉菌。
　发酵火腿与微生物　金华火腿发酵过程中内部的优势细菌是乳酸菌，其次是葡萄球菌。
　发酵酸肉与微生物　核心微生物：*Lactobacillus*、*Weissella*、*Staphylococcus* 等。

水产品类发酵食品与微生物
　发酵鱼露与微生物　发酵前期优势菌种多以酵母菌属为主，发酵中后期以乳酸菌属为主。
　发酵虾酱与微生物　优势菌群分别是变形菌门、变形菌纲、弧菌目、弧菌科、发光杆菌属和弧菌属。
　发酵酸鱼与微生物　以乳酸菌种为主，其中耐酸的植物乳杆菌和戊糖片球菌是酸鱼产生独特的风味和较长的保质期的优势菌群。

食品微生态制剂　益生菌、益生元、合生元和后生元。
单细胞蛋白与食品微生物　商业化生产的单细胞蛋白主要有好氧甲烷氧化菌单细胞蛋白、真菌单细胞蛋白和一些微藻单细胞蛋白等。

 思考题

1. 什么是传统发酵食品？传统发酵食品加工和贮藏过程中有哪些微生物的参与？
2. 简述发酵食品中的微生物的种类，并举例说明。
3. 试叙述微生物在食品工业生产中的应用。
4. 简述酵母菌特征及其在食品工业中的应用情况。
5. 酵母菌在面包制造过程中起哪些作用？
6. 简述霉菌特征及其在食品工业中的应用情况。
7. 什么是益生菌？益生菌的作用与功效有哪些？
8. 简述发酵蔬菜腌制的基本原理。
9. 为什么说食醋生产是多种微生物参与的结果？常用的菌种有哪些？
10. 说明微生物酶制剂在食品加工制造中的应用情况。
11. 什么是混菌发酵？
12. 简述酱油色、香、味物质形成的机理。

13. 什么叫曲？简述酒曲对我国白酒酿造的微生物学和生物化学的意义。
14. 什么是发酵剂？常用的乳品发酵剂有哪些类型？
15. 以我国传统白酒的生产为例，讲述我国传统发酵食品形成的一般生物化学过程。
16. 讲述酸奶发酵菌种之间的关系及其对酸奶发酵生产的意义。
17. 简述传统自然发酵肉制品中的微生物生态关系。
18. 微生物转化在食品生产中有哪些优点？
19. 简述益生菌、益生元、合生元和后生元之间的关系。

 应用能力训练

1. 查阅资料文献，讨论并列表说明微生物在食品制造方面的作用。总结以细菌、酵母菌、霉菌为主体的发酵食品。
2. 对超市出售的益生菌酸奶和活性乳酸菌饮料进行对比，观察它们的包装，分析其他的营养成分、发酵菌种、菌种数量、消费者选择的原因等。思考传统风味酸奶、莫斯利安酸奶、冠益乳和养乐多有什么不同。买酸奶挑哪种"菌"好？
3. 亲手制作简单的传统发酵食品1~2款，如酸奶、面包、豆酱或腐乳，通过实践来加深对微生物发酵作用的理解。
4. 如何鉴别化学酱油和酿造酱油、化学醋和酿造醋？深入思考传统发酵食品安全问题。
5. 以小组为单位，围绕微生物与传统中华美食这一主题，自主选择调研内容，以PPT演讲、微信推送等的方式深入收集并分析微生物在传统中华美食中的作用相关资料，了解中华传统食品背后所蕴含的中华传统文化以及工匠精神。

 参考文献

[1] 徐莹. 发酵食品学. 郑州：郑州大学出版社，2011.
[2] 肖静. 发酵食品原理与技术. 北京：中国农业出版社，2021.
[3] 刘素纯，刘书亮，秦礼. 发酵食品工艺学. 北京：化学工业出版社，2018.
[4] 刘爱民. 微生物资源与应用. 南京：东南大学出版社，2014.
[5] 李宗军. 食品微生物学：原理与应用. 北京：化学工业出版社，2014.
[6] 陶兴无. 发酵食品工艺学. 2版. 北京：化学工业出版社，2016.
[7] 牛广财，姜桥. 果蔬加工学. 北京：中国计量出版社，2010.
[8] 孟宪军，乔旭光. 果蔬加工工艺学. 2版. 北京：中国轻工业出版社，2020.
[9] 徐凤花，孙冬梅，宋金柱. 微生物制品技术及应用. 北京：化学工业出版社，2007.

第 11 章

食品原料中的微生物与腐败变质

知识图谱

　　一粒瓜子表面可以长满大量的微生物，这些微生物的生长会给食物原料带来怎样的改变？微生物引起的食物腐败对于有效的食物供给链会产生什么样的影响？长期以来，人们为了保存食物、防止腐败运用了哪些方法？如何区分引起食物腐败的主要微生物？

学习目标

- 掌握食品原料中微生物的主要来源及其特点。
- 掌握大宗食品原料中主要腐败微生物及其控制技术。
- 掌握肉奶蛋、果蔬、水产品及其加工品腐败变质的机理及控制措施。
- 列举5个食品腐败中的微生物的特点,并能结合实际进行简要分析。
- 列举至少5种影响食品腐败变质的因素。
- 兴趣小组自选一组食品,观察其腐败变质的过程,并提出必要的测试方案。
- 树立正确的价值观,培养科学思辨能力与创新思维。

仓廪实而知礼节,衣食足而知荣辱。食品有效供给是文明社会建设的基础,是兼具环境、经济、气候、粮食安全的复合型问题,食物浪费不单是粮食本身的浪费,也意味着对其投入的人力、土地、水资源与能源的巨大消耗。

食品原料因为生产环境、收获方式、采后贮藏等存在差异,从原料到加工成产品,均有大量的、种类繁多的微生物存在(图11-1)。这些微生物对食品的色、香、味、营养价值、食品卫生及食用安全等方面有着非常重要的影响。

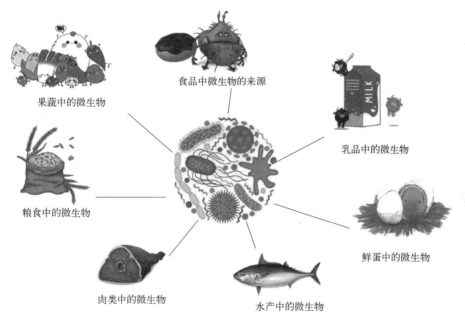

图 11-1　食品中的微生物

乳、肉、蛋、水产、果蔬、粮食等各类食品原料的 a_w 值差别很大,它们的营养成分和组织结构也各具特点,所以生长在各类食品中的微生物也不同。同时在各类食品的加工、储藏、运输以及销售中,微生物的活动规律、引起的腐败变质现象也各有特点。

11.1　食品生境中微生物的来源与途径

食品可以看成是一个特殊的微生物生态系。自然加工的食品总是存在着多种微生物区系(microbial flora)。这些微生物与食品环境相互作用构成了一个具有特定功能的生态系。

食品中微生物污染的途径概括起来可分为两大类：凡是动植物体在生活过程中，由于本身带有的微生物而造成的食品污染，称之为内源性污染；食品原料在收获、加工、运输、贮藏、销售过程中使食品发生污染称为外源性污染。一般微生物污染就是指食品所受外来多种微生物的污染，这些微生物主要有细菌、霉菌以及它们产生的毒素等，它们可直接或间接地通过各种途径使食品受污染，有些还有致病性。

11.1.1 从土壤生境进入食品

土壤中含有一定的矿物质，各类有机物，水分和 CO_2、O_2、N_2 等气体，具备微生物进行生长繁殖及生命活动的各种条件，因此是微生物最理想的天然生境。土壤中微生物数量大，种类繁多且多变化，但每克土壤的微生物含量（CFU/g）大体上有 10 倍系列的递减规律：细菌（10^7）＞放线菌（10^6）＞真菌（10^5）＞藻类和原生动物（10^4）。此外土壤中还存在着一些动植物病毒和细菌病毒。土壤中也含有一部分动植物的病原体。

土壤中的微生物一方面可污染水源和空气，另一方面通过受到污染的动植物性食品原料进入食品中。

11.1.2 从水生境进入食品

水是一种很好的溶剂，溶解有 O_2 及 N、P、S 等无机营养元素，还含有不少的有机物质。虽不及土壤丰富，但也足以维持微生物的生存。此外水环境中的温度、pH、渗透压等也适合微生物生长繁殖。因此，天然水体也是微生物广泛分布的自然环境，生长着大量的各种微生物，特别是在富营养化的水体中，微生物含量更高，由于厌氧微生物的作用，常可引起水体黑臭等。

微生物一般在水体上层及底部沉积物中含量最高。任何水体都代表一个复杂的生态系统，其中微生物的种类、数量、分布差别极大。在洁净的湖泊和水库中，有机物浓度很低，故微生物数量很少，可在 $10\sim10^2\,CFU/mL$，以化能自养微生物和光能自养微生物为主。流经城市的河水，由于流入大量人、畜排泄物，生活污水及工业污水，有机物含量增加，腐生微生物大量繁殖，污水中含菌量可达 $10^7\sim10^8\,CFU/mL$，同时也有一些致病性微生物流入污染的水体。海洋环境中盐浓度高，有机物含量少，温度低，深海静水压力大，所以海洋微生物多具嗜盐、嗜冷和耐高静水压等特点。

水是食品生产中不可缺少的原料之一，也是微生物污染的媒介。水中的微生物主要来自土壤、空气、动物排泄物及工厂、生活的污物等。由于水中有机质的存在，微生物能够在水中大量存在、生长繁殖。微生物在水中的分布受水体类型、有机质含量、温度、酸碱度、含盐量、溶解氧、深浅度等诸多因素的影响。水体受到土壤和人畜排泄物的污染后，肠道菌和病原菌的数量增加。在海洋生活的微生物主要是细菌，它们具有嗜盐的特性，能够引起海产动植物的腐败，有些种类还可引起食物中毒。矿泉水、深井水含菌很少。

生产食品的过程，如果使用了未经净化消毒的天然水，尤其是地面水，则会使食品污染较多的微生物，同时还会将其它污染物和毒物带入食品。在原料清洗过程中，特别是在畜禽屠宰加工中，即使是应用洁净自来水，如方法不当，自来水仍可能成为污染的媒介。

11.1.3 从大气生境进入食品

空气是多种气体的混合物，其中没有可被微生物直接利用的营养物质和足够的水分，不是微生物生长繁殖的场所，因此空气中没有固定的微生物种类。空气中的微生物主要来自土壤、水以及人和动植物体表的脱落物和呼吸道、消化道的排泄物。空气中的微生物主要为霉菌、放线菌的孢子和细菌的芽孢及酵母。不同环境空气中微生物的数量和种类有很大差异。公共场所、街道、畜舍、屠宰场及通风不良处的空气中微生物数量较高。空气中的尘埃越多，所含微生物的数量也就越多，空气中的微生物随尘埃的飞扬会沉降到食品上。室内污染严重的空气中微生物数量可达$10^6 CFU/m^3$，海洋、高山等空气清新的地方微生物的数量较少。一般食品厂不宜建立在闹市区或交通主干线旁。

11.1.4 从人体微生态系进入食品

人和动物在食品微生物的来源中是不容忽视的一个方面。健康人体的皮肤、头发、口腔、消化道、呼吸道均有许多微生物，由病原微生物引起疾病的患者体内有大量病原微生物，它们可通过呼吸道和消化道向体外排出。人体接触食品，特别是人手造成的食品污染最为常见。

人体微生态学研究表明，人的体表及与外界相通的腔道中都有一层微生物附着，在正常情况下对人无害，有些还是有益的或不可缺少的，称为正常菌群（normal flora）。但是，在器官内部以及血液和淋巴系统内部是没有微生物存在的，一旦发现即为感染状态。

人体为许多微生物的生长提供了适宜的环境，有异养型微生物生长所需的丰富有机物和生长因子，有较稳定的pH、渗透压和恒温条件。但是，人体各部位生境条件不是均一的，而是形成非常多样的微环境，不同的微生物在其中呈现选择性生长，所以在皮肤、口腔、鼻咽腔、肠道、泌尿生殖道正常菌群分布的种类和数量也有所不同。另外，机体的防御机制会协同行动，以防止或抑制微生物的入侵和生长。因此，最后能够成功定居下来的微生物已有了适应这些防御机制的能力。

二维码 34

11.1.5 其他

各种加工机械和工具本身没有微生物所需的营养物，但当食品颗粒或汁液残留在其表面，微生物就得以在其上生长繁殖。这种设备在使用中会通过与食品的接触而污染食品。

各种包装材料，如果处理不当也会带有微生物，一次性包装材料比循环使用的微生物数量要少。塑料包装材料，由于带有电荷会吸附灰尘及微生物。

原料和辅料本身带有微生物是影响食品品质的主要原因。健康的动植物原料表面及内部都不可避免地带有一定数量微生物，如果在加工过程中处理不当，容易使食品变质，有些来自动物原料的食品还有引起疾病传播的可能。辅料如各种佐料、淀粉、面粉、糖等，通常仅占食品总量的一小部分，但往往带有大量微生物。原辅料中的微生物一是来自生活在原辅料表面与内部的微生物，二是在原辅料的生长、收获、运输、贮藏、处理过程中的二次污染。

11.2 乳品中的微生物

随着社会的进步和生活水平的不断提高，乳制品已逐渐成为人类生活的基本需要。"一杯牛奶，强壮一个民族"，即是乳制品营养作用在人类生活中地位的最好体现。同时正是因为乳及乳制品营养丰富、配比合理，使之成为各种微生物生长的良好基质。微生物在乳及乳制品中的生长发育，既有可能改善这些食品的质量，也可造成其腐败变质，甚至可能传播某些疾病，对人类的健康造成危害。因此，微生物在乳及乳制品中的作用，成为乳品微生物学研究的基本对象。

11.2.1 乳中微生物的来源及类群

11.2.1.1 乳中微生物的来源

（1）挤乳前的污染

从乳腺分泌出来的乳汁本来是无菌的，但乳头前端容易被外界细菌侵入，这些细菌在挤乳时被冲洗下来。在最初挤出的少量乳液中会含有较多的细菌,而在后来挤出的乳液中,细菌数目会显著减少。可见从乳牛乳房挤出的乳液并不是无菌的,但微生物数量在不同个体的乳牛和同一乳牛的不同季节里是不同的。

正常情况下,乳房内的微生物只是一些无害的小球菌或链球菌。只有当污染严重或乳房呈病理状态时,细菌数目和种类才会增多,甚至有病原菌。

(2) 挤乳过程中的污染

牛乳中微生物主要来源于挤乳过程中的污染,在严格注意环境卫生的良好条件下进行挤乳,可得到含菌数量低、质量好的牛乳。但如果操作的环境卫生条件差,则非常容易污染微生物。牛舍内的饲料、牛体表面和牛的粪便、地面上的土壤,均可直接或通过空气间接污染乳液。蝇、挤乳用具、挤乳工人或其他管理人员也可造成微生物的污染。在挤乳过程中,污染的微生物可能有细菌、霉菌和酵母菌。从乳液中含有的细菌数量来看,一般可见在挤乳过程中有明显增多的现象;污染情况不同,含有的细菌数量也不相同。据对我国一些地区牧场的调查,卫生状况属于一般的牧场,挤出的乳液中含细菌数为 $10^4 \sim 10^5 \mathrm{CFU/mL}$;卫生条件相当差的牧场,乳液中含细菌数达 $10^6 \sim 10^7 \mathrm{CFU/mL}$。

(3) 挤乳后的污染

挤出的乳应进行过滤并及时冷却,使乳温下降至10℃以下。在这个过程中,乳液所接触的用具、环境中的空气等都可能造成微生物的污染。乳液在储藏过程中,也可能再次污染环境中的微生物。

总之,牛乳可以被不同来源的微生物所污染。污染的微生物数量及种类变化很大,并且取决于与每一批牛乳有关的具体条件。

11.2.1.2 鲜乳中微生物的类型

(1) 鲜乳中的细菌

细菌是鲜牛乳中微生物的主要类群,鲜乳中的细菌种类较多、数量较大。常见的细菌有链球菌属、乳杆菌属、假单胞菌属、魏茨曼氏菌属、大肠菌群、产碱杆菌属、无色杆菌属、变形杆菌属、黄杆菌属、微球菌属、微杆菌属、梭状芽孢杆菌属、丙酸杆菌属等。除上述细菌外,还可能含有多种病原菌,如结核分枝杆菌、沙门氏菌、流产布鲁氏杆菌(*Brucella abortus*)、金黄色葡萄球菌、炭疽杆菌、溶血性链球菌(*Streptococcus hemolyticus*)、痢疾志贺氏菌(*Shigella dysenteriae*)等。但对于具体的某批鲜乳,可能只含有上述细菌中的一些种类。

链球菌属和乳杆菌属是鲜牛乳中十分常见的乳酸菌,它们能对乳中的乳糖进行同型或异型乳酸发酵,产生乳酸等产物,使牛乳变酸;并且随乳酸的产生而使乳中蛋白质凝固,称为酸凝固。有的也能分解乳中的蛋白质。常见的链球菌有乳酸链球菌、唾液链球菌嗜热亚种、乳脂链球菌(*S. cremoris*)、粪链球菌、液化链球菌(*S. lique faciens*)等,其中的乳酸链球菌是牛乳中最普遍存在的乳酸菌,几乎所有的鲜乳中都能检出这种菌,它适宜生长温度为30~35℃,在乳液中产酸量可达1.0%。常见的乳杆菌有嗜酸乳杆菌(*Lactobacillus acidophilus*)、嗜热乳杆菌(*L. thermo philus*)、干酪乳杆菌(*L. casei*)、德氏乳杆菌保加利亚亚种(*L. lgbukaricus*)等。乳酸菌在乳中的繁殖比其他微生物早,引起变质也比其他微生物早,产生的乳酸能够抑制其他腐败细菌的生命活动。与乳链球菌相比,乳杆菌在乳中的繁殖较慢,但在耐酸性方面较乳链球菌强。

芽孢杆菌、一些假单胞菌、变形杆菌等是鲜乳中常见的胨化细菌,它们能分解乳中的蛋白质,可使不溶解状态的蛋白质变成溶解状态的简单蛋白质(称为胨化),并有腐败的臭气产生。经乳酸菌等的产酸作用,牛乳中蛋白质发生酸凝固;或由于细菌的凝乳酶作用使乳中酪蛋白(含量 2.5%）凝固，称为甜凝固。胨化细菌能产生蛋白酶，使这种凝固的蛋白质消化成为可溶性状态的蛋白质。生乳中的芽孢杆菌有枯草芽孢杆菌、地衣芽孢杆菌（Bacillus licheniformis）、蜡状芽孢杆菌（B. cereus）等。芽孢杆菌的许多菌种既能产生蛋白酶，又能产生凝乳酶。有胨化作用的假单胞菌有荧光假单胞菌、腐败假单胞菌（Pseudomonas putrefaciens）等。胨化细菌在鲜乳中会被乳酸菌产生的乳酸和乳链球菌产生的抗生素即乳酸链球菌素所抑制，引起变质作用较乳酸菌迟，一时不会表现出有害作用。

假单胞菌不仅能分解牛乳蛋白质，还能分解乳中的脂肪，是牛乳中典型的脂肪分解菌。此外，无色杆菌、黄杆菌、产碱杆菌等也能分解脂肪，也是鲜乳中的脂肪分解菌。

大肠菌群（大肠杆菌和产气肠杆菌）能分解乳糖而产生乳酸、醋酸，使鲜牛乳变酸并引起酸凝固；同时产生二氧化碳和氢气，使牛乳凝块具有多孔气泡；并使乳产生不快臭味。

微球菌、微杆菌也可发酵乳糖产生乳酸等，但产酸量不如乳链球菌和乳杆菌的多。代表性的微球菌有藤黄微球菌（Micrococcus luteus）、变异微球菌（M. varians）、弗氏微球菌（M. freudenreichii）等，代表性的微杆菌有乳微杆菌（Microbacterium lactioum）。微球菌和微杆菌的一些种能耐高温。微球菌也有较弱的分解蛋白质和脂肪的作用。

产碱杆菌能使牛乳中含有的柠檬酸盐分解而形成碳酸盐，从而使牛乳变为碱性。牛乳中常见的产碱杆菌有粪产碱杆菌（Alcaligenes faecalis）、黏乳产碱杆菌（A. viscolactis），其中黏乳产碱杆菌能使牛乳黏稠。

牛乳中有代表性的梭状芽孢杆菌有韦氏梭菌、丁酸梭菌（Clostridium butyricum）等，它们可使牛乳中的乳糖分解产生酪酸、二氧化碳和氢气。

(2) 酵母菌和霉菌

鲜乳中经常见到的酵母菌有脆壁酵母（Saccharomyces fragilis）、红酵母、假丝酵母、球拟酵母等；常见的霉菌有多主枝孢霉、丛梗孢属如变异丛梗孢霉（Monilia variabilis）、节卵孢属如酸腐节卵孢霉（Oospora lactis）和乳酪节卵孢霉（Oospora casei）、乳酪青霉（Penicilium casei）、灰绿青霉、灰绿曲霉、黑曲霉等，而根霉和毛霉较少发现。

酵母菌和霉菌能利用乳中的乳糖，乳酸菌等发酵作用产生的乳酸也能被它们所利用。有的还能分解利用乳中的蛋白质和脂肪。如有的红酵母能分解利用酪蛋白，热带假丝酵母可以分解利用蛋白质和脂肪，解脂假丝酵母可分解脂肪；青霉和曲霉也能分解利用蛋白质和脂肪。

11.2.1.3 乳品的净化和消毒杀菌

净化的目的是除去鲜乳中被污染的非溶解性的杂质和草屑、牛毛、乳凝块等。杂质总是带有一定数量的微生物，杂质污染牛乳后，一部分微生物可能扩散到乳液中去。因此，除去杂质就可减少微生物污染的数量。净化的方法有过滤法和离心法。过滤的效果取决于过滤器孔隙的大小。我国多数牧场采用3~4层纱布结扎在乳桶口上过滤。离心净化是将乳液放到一个分离罐内，使之受强大离心力的作用，大量杂质和细菌留在分离钵内壁上，乳液得到净化。但无论过滤或离心都无法达到完全除菌的程度，即不能达到消毒的效果，只能降低微生物的含量，对鲜乳消毒起促进作用。

为了延长贮藏期，鲜乳必须消毒，以杀灭鲜乳中可能存在的病原微生物和其他大多数微生物。在实际中，选择合适的消毒方法，除了首先要考虑病原菌外，还要注意尽量减少由于高温带来的鲜乳营养成分的破坏。目前在乳品工厂中，具有代表性的消毒方法有以下三种：

① 低温长时（low temperature long time，LTLT）杀菌法：又称为保持式杀菌，将牛乳加热到63~65℃，在这一温度下保持30min。这是一种分批间歇式的杀菌方法，过去牛乳消毒都采用这种方法，但由于其杀菌效率低，目前已不太采用，而逐渐被高温短时杀菌和超高温瞬时杀

菌所取代。

② 高温短时（high temperature short time，HTST）杀菌法：杀菌条件为 72~75℃，15~16s；或者 80~85℃，10~15s。

③ 超高温瞬时（ultrahigh temperature，UHT）杀菌法：杀菌条件为 130~150℃，保持 0.5~2s。

由于鲜牛乳中含有大量微生物甚至含有病原菌，所以供消费者饮用之前要进行消毒，加工成乳粉和炼乳等乳制品之前也要经过消毒。消毒牛乳的微生物学标准是：不含有病原菌，杂菌数不得超过 $2.5 \times 10^4 \sim 3.0 \times 10^4$ CFU/mL，大肠杆菌每 3mL 中无或 1mL 中无。消毒能杀死包括病原菌在内的绝大多数微生物，但仍可能残留少部分微生物，因而也有变质的可能。

上述所采用的消毒或灭菌方法都可以保证牛乳中存在的病原菌完全杀死，但有的方法仍可残留一些微生物。残留的微生物种类和数量依原乳的污染状况和杀菌方法的不同而不同。用三种不同方法消毒的牛乳的细菌生存数和热致死率如表 11-1 所示。

表 11-1　牛乳不同的消毒方法的消毒效果举例

消毒方法	细菌数量测定时的培养温度/℃	细菌生存数/($\times 10^4$ 个/mL)		热致死率/%
		消毒前	消毒后	
低温长时杀菌法	30	299	3	97.3
	35	160	0.4	99.7
	37	26	0.2	99.4
	37	7	0.2	97.7
高温短时杀菌法	30	299	6	96.7
	37	26	0.2	99.1
	35~37	1150	3	99.6
	35~37	5~530	0.2~93	82.5~99.8
	35~37	1300	0.00005~0.0001	约 100
超高温瞬时杀菌法	35~37	6~245000	0	100
	30	0.09*	0~0.0003*	约 100
	30	0.5000*	0.00000025*	约 100

注：* 每升乳液的芽孢数。

低温长时杀菌一般可杀死 97% 以上的微生物。残存的微生物为耐热性的，多为乳杆菌属、链球菌属、魏茨曼氏菌属、微球菌属、微杆菌属、梭状芽孢杆菌属中的一些耐热菌种，例如嗜热乳杆菌、德氏乳杆菌保加利亚亚种、唾液链球菌嗜热亚种、粪链球菌、牛链球菌（*Streptococcus bovis*）、枯草芽孢杆菌、地衣芽孢杆菌、蜡状芽孢杆菌、嗜热脂肪芽孢杆菌（*Bacillus stearothermophilus*）、变异微球菌、凝聚微球菌（*Micrococcus conglomeratus*）、乳微杆菌等。经过低温长时杀菌的消毒乳，由于有耐热性微生物的存在，在室温下只能存放 1d 左右，存放过久仍会发生变质。变质现象有耐热乳酸菌引起的酸败凝固现象，也可能出现由芽孢杆菌等引起的甜凝固、蛋白质腐败和脂肪腐败现象。在 10℃ 以下储存，所存在的耐热细菌生长极为缓慢，变质作用也缓慢。因而消毒后乳还应及时冷却至 10℃ 以下，并于 10℃ 以下的温度中进行冷藏，这样可以保持一段时间而不出现变质。

72~75℃，15~16s 的高温短时杀菌，其杀菌效果与低温长时杀菌的相当，所残存的微生物与低温长时杀菌的相似，即也可能残存耐热性较强的链球菌、乳杆菌、芽孢杆菌、微球菌、微杆菌、梭状芽孢杆菌等。故消毒乳的变质现象也与低温长时杀菌的相似。高温短时杀菌采用80～85℃，10～15s时，其杀菌效果要比低温长时杀菌和72～75℃，15～16s的高温短时杀菌的好。所残存的微生物主要是具有芽孢的芽孢杆菌和梭状芽孢杆菌，其他微生物几乎不再存在。因而该消毒乳的变质主要由芽孢杆菌所引起，出现甜凝固、蛋白质腐败等现象。

超高温瞬时杀菌的微生物致死率几乎可达到100%，即可达到近似灭菌的效果。可能残存的仅是芽孢杆菌和梭状芽孢杆菌的芽孢，残存的芽孢也是极少的。经过130～150℃加热2s的鲜乳中，芽孢菌数可减少至原来的1%以下，其他非芽孢菌可全部被杀死；杀菌温度更高时，残存的芽孢菌更少。超高温瞬时杀菌乳经过良好包装后，在冷藏下可以存放20d而不变质；经过无菌包装，则可以在不冷藏下存放3～6个月，所以很适合于气候热的地区生产和销售。

经过低温长时杀菌、高温短时杀菌的消毒乳，其大部分的物理、化学性质如色泽、风味可保持不变。超高温瞬时杀菌虽杀灭微生物的效果良好，但对牛乳风味、色泽等有一定的影响，如出现褐变、焦煮味、乳清蛋白变性，储藏一段时间后会有变性蛋白质的沉淀物产生等不良现象。

综上所述，鲜牛乳是十分容易变质的，变质的表现形式有变酸、凝固、蛋白质分解、脂肪分解、产气、变黏稠、产碱、变色、变味等。引起变质现象的主要微生物总结于表11-2中。

表11-2 牛乳变质方式与引起变质的常见微生物

变质方式	常见微生物
变酸及酸凝固	链球菌属、乳杆菌属、大肠杆菌属、微球菌属、微杆菌属等
蛋白质分解	假单胞菌属、魏茨曼氏菌属、变形杆菌属、无色杆菌属、黄杆菌属、产碱杆菌属、微球菌属、粪链球菌液化亚种等
脂肪分解	假单胞菌属、无色杆菌属、黄杆菌属、产碱杆菌属、微球菌属、魏茨曼氏菌属等
产气	大肠杆菌属、梭状芽孢杆菌属、魏茨曼氏菌属、酵母菌、异型发酵作用的乳酸菌、丙酸菌等
变黏稠	黏乳产碱杆菌、肠杆菌属、乳酸菌、微球菌等
变色	类蓝假单胞菌产生蓝灰色到棕色，如同时有乳链球菌，这两种菌产生深蓝色；类黄假单胞菌在奶油层产生黄色；荧光假单胞菌产生棕色；黏质沙雷氏菌产生红色；红酵母可使牛乳变红
产碱	产碱杆菌属、荧光假单胞菌
变味	蛋白质分解菌产生蛋白质腐败味，脂肪分解菌产生脂肪酸败味，荧光假单胞菌使牛乳带鱼腥味，鱼变形杆菌（*Proteus ichthyosmius*）产生鱼臭味，某些球拟酵母使牛乳带苦味，大肠菌群产生臭味
甜凝固	魏茨曼氏菌属

11.2.1.4 乳粉中的微生物

乳粉有全脂乳粉、脱脂乳粉、速溶乳粉、奶油粉等多种。我国目前生产的乳粉以全脂乳粉和脱脂乳粉为主，这里仅以它们为例说明乳粉中的微生物情况。

全脂乳粉和脱脂乳粉是由全脂乳液或脱脂乳液，经过杀菌、浓缩、喷雾干燥、密封包装等工艺过程制成的呈干燥粉末状的乳制品。

由牛乳加工成乳粉，乳液中的微生物、加工过程的污染、乳粉包装材料中带有的微生物都可能是乳粉中微生物的来源。乳液经过杀菌，可以杀死包括病原菌在内的绝大多数微生物，但可能残留有链球菌属、乳杆菌属、芽孢杆菌属、微球菌属、微杆菌属、梭状芽孢杆菌属中的一些耐高温的菌种，这部分残留的微生物可能被带到乳粉中，此为乳粉中微生物的主要来源。杀菌后的乳液中微生物越多，乳粉中的微生物就越多。在乳液浓缩和喷雾干燥阶段，一般不会造成微生物的污染，微生物数量在浓缩和喷雾干燥前后不会有较大的改变。乳粉采用金属罐装、玻璃瓶装、塑料袋装及其他软包装，一般在严格无菌条件下进行包装不会造成微生物的污染，但若包装材料杀菌不彻底，可造成微生物的污染。

乳粉中的微生物一般不能进行繁殖。因乳粉含水量为2%～3%，而且经过密封包装，包装时还抽去空气或充以氮气，这些条件都不适合微生物进行生命活动。乳粉中微生物不但不增殖，相反，在储藏过程中随着时间的延长，微生物不断死亡。瓶装乳粉储于室温下，几个月后细菌死亡50%以上，一年后死亡率可达90%以上。所以凡是正常的乳粉，不会出现微生物引起的变质。

乳粉包装打开之后放置，如果日期过长，则会逐渐吸收水分，当水分达到5%以上时细菌便能繁殖，可出现变质。

11.2.2　乳品中微生物的活动规律

11.2.2.1　常温下乳中微生物的活动规律

乳静置于室温下，可观察到乳所特有的菌群交替现象。这种有规律的交替现象分为以下几个阶段，如图11-2所示。

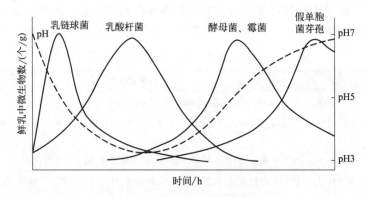

图11-2　生鲜乳中微生物活动曲线

① 抑制期（混合菌群期）：在新鲜的乳液中含有溶菌酶、乳素等抗菌物质，对乳中存在的微生物具有杀灭或抑制作用。在杀菌作用终止后，乳中各种细菌均生长繁殖，由于营养物质丰富，暂时不发生互联或拮抗现象。这个时期持续12h左右。

② 乳链球菌期：鲜乳中的抗菌物质减少或消失后，存在于乳中的微生物如乳链球菌、乳酸杆菌、大肠杆菌和一些蛋白质分解菌等迅速繁殖，其中以乳酸链球菌生长繁殖占优势，分解乳糖产生乳酸，使乳中的酸性物质不断增加。由于酸度的增高，抑制了腐败菌、产碱菌的生长。随着产酸增多乳链球菌本身的生长也受到抑制，数量开始减少。

③ 乳杆菌期：当乳链球菌在乳液中繁殖，乳液的pH值下降至4.5以下时，由于乳酸杆菌耐酸力较强，尚能继续繁殖并产酸。在此时期，乳中可出现大量乳凝块，并有大量乳清析出。这个时期约有2d。

④ 真菌期：当酸度继续升高至pH值3.0～3.5时，绝大多数细菌生长受到抑制或死亡。而霉菌和酵母菌尚能适应高酸环境，并利用乳酸作为营养来源开始大量生长繁殖。由于酸被利用，乳液的pH值回升，逐渐接近中性。

⑤ 腐败期（胨化期）：经过以上几个阶段，乳中的乳糖已基本上消耗掉，而蛋白质和脂肪含量相对较高，因此，此时能分解蛋白质和脂肪的细菌开始活跃，凝乳块逐渐被消化，乳的pH值不断上升，向碱性转化，同时并伴随有魏茨曼氏菌属、假单胞杆菌属、变形杆菌属等腐败细菌的生长繁殖，于是牛奶出现腐败臭味。

在菌群交替现象结束时，乳亦产生各种异色、苦味、恶臭味及有毒物质，外观上呈现黏滞的液体或清水。

11.2.2.2 生牛乳冷藏中微生物的变化及变质

由于牛乳中总是存在微生物,挤乳后必须立即放入冷藏,以抑制微生物的繁殖。

在冷藏温度下,中温微生物和嗜热微生物生命活动受到限制。但在乳中存在的嗜冷微生物如假单胞菌属、无色杆菌属、产碱杆菌属、黄杆菌属、微球菌属、变形杆菌属等中的一些菌种,在低温下能进行生长活动和代谢活动,从而引起冷藏乳的变质。

冷藏乳变质时,出现脂肪酸败、蛋白质腐败现象,有时还产生异味、变色和形成黏稠乳。多数假单胞菌能产生脂肪酶,而且脂肪酶在低温时的活性很强;某些假单胞菌在低温下也能分泌蛋白酶,例如荧光假单胞菌,其蛋白酶产量在0℃最大,它还使牛乳带鱼腥味和产生棕色色素。其他几种嗜冷菌在低温下也能分解蛋白质和脂肪,其中黄杆菌产生黄色色素,黏乳产碱杆菌可形成黏稠乳。

低温下微生物生长繁殖速度慢,引起变质速度也较慢。含菌数 4×10^6 CFU/mL 的生乳,于2℃冷藏,经5~7d后出现变质。乳液在加热即发生凝固,酒精试验呈阳性,同时由于脂肪分解产生的游离脂肪酸含量增加,因蛋白质分解乳液中氨基酸含量也增加,乳液风味发生恶变。0℃储存生乳有效期一般在10d以内,10d过后即会变质。

嗜冷微生物主要来源于水和土壤。乳牛场或乳品厂内清洗设备和管道时,使用杀菌水或含有效氯 $(5\sim10)\times10^{-6}$ 的氯水可以防止嗜冷微生物污染牛乳。

11.2.3 乳品的腐败变质

(1) 奶油(又称黄油、白脱油)的变质

奶油是指脂肪含量在80%~83%、含水量低于16%,由乳中分离的乳脂肪所制成的产品。奶油由于加工方法不当、消毒不彻底或储藏条件不良,都会污染有害微生物而引起不同程度的变质。奶油的变质有下列几种:

① 发霉:因霉菌在奶油的表面生长而引起,特别是在潮湿的环境中易发生。

② 变味:有些微生物如酸腐节卵孢(*Oospora lactis*)能分解奶油脂肪的卵磷脂,导致三甲胺的生成,使呈鱼腥味。乳链球菌的一些变种也可以产生麦芽气味。

③ 酸败:荧光假单胞菌、沙雷氏菌、酸腐节卵孢等微生物,能将奶油中的脂肪分解成甘油和有机酸,尤其是丁酸和己酸,使奶油发生酸败,散发出酸而臭的气味。

④ 变色:紫色杆菌(*Chromobacterium vioiaceum*)可使奶油变为紫色,玫瑰红球菌引起红色,产黑假单胞菌使奶油变黑。

(2) 干酪的变质

干酪是用皱胃酶或胃蛋白酶将原料乳凝集,再将凝块进行加工、成型和发酵成熟而制成的一种营养价值高、易消化的乳制品。在生产时,由于原料乳品质不良、消毒不彻底或加工方法不当,往往会使干酪污染各种微生物而引起变质。干酪变质常有以下现象出现:

① 膨胀:这是由于有害微生物利用乳糖发酵产气而使干酪膨胀,与此同时还伴随产生不良的味道和气味。干酪成熟初期发生膨胀现象,常常是由大肠产气杆菌之类微生物引起的。若在成熟后期发生膨胀,多半是由某些酵母菌和丁酸菌引起,并有显著的丁酸味和油腻味。

② 腐败:干酪表面形成液化点,有时整块干酪变成黏液状并产生难闻的气味。

③ 苦味:苦味酵母(*Torula ameri*)、液化链球菌(*Streptococcus liquefaciens*)、乳房链球菌(*S. uberis*)等能强力分解蛋白质,使产生不快的苦味。

④ 色斑:干酪表面出现铁锈样红色斑点,可能由植物乳杆菌红色变种(*Lactobacillus plan-*

tarum var. *rudensis*）或短乳杆菌红色变种（*L. brevis* var. *rudensis*）所引起。黑斑干酪、蓝斑干酪也是由某些细菌和霉菌所引起。

⑤ 发霉：干酪容易污染霉菌而发霉。

(3) 淡炼乳的变质

淡炼乳又称蒸发乳，它是将牛乳浓缩到原料乳质量的50%~40%后装罐密封，经加热灭菌而成的具有保存性的乳制品。淡炼乳虽然经115~117℃高温蒸汽灭菌15min以上，但如果灭菌不完善或漏气，那么也会因微生物作用而导致淡炼乳变质。淡炼乳变质主要有以下几种现象：

① 生成凝块：常由于枯草杆菌及凝结魏茨曼氏菌（*Bacillus coagulans*）所引起，此外，也曾发现蜡状芽孢杆菌（*B. cereus*）、简单芽孢杆菌（*B. simplex*）、巨大芽孢杆菌（*B. megaterium*）、嗜乳芽孢杆菌（*B. calidolactis*）等能使淡炼乳产生凝块。

② 产气胀罐：一些厌氧芽孢杆菌能在淡炼乳中产生大量气体和凝块，引起胀罐，使淡炼乳产生不良气味和腐败。

③ 产生苦味：苦味常伴随凝块而发生，主要是由苦味芽孢杆菌（*Bacillus amarus*）和面包芽孢杆菌（*B. panis*）分解蛋白质，产生苦性物质（醛类和胺）所引起。枯草杆菌的某些菌株也能产生苦味。

(4) 甜炼乳的变质

甜炼乳是牛乳中加入约16%的蔗糖，并浓缩到原容积的40%左右的一种乳制品。由于成品中蔗糖含量为40%~45%，所以增大了渗透压，延长了保藏期。甜炼乳与淡炼乳的不同之处，除了淡炼乳不加糖以外，淡炼乳装罐后还要进行高温灭菌；而甜炼乳封罐后，不再进行灭菌，而是凭借高浓度糖分所产生的高渗环境，迫使许多微生物无法生长。鉴于上述原因，如果原料鲜乳或蔗糖在杀菌时不彻底，或在装罐后工序重新污染微生物，那么也会引起甜炼乳的变质。在甜炼乳中，由微生物引起的变质现象有如下数种：

① 产气：某些酵母菌如炼乳球拟酵母（*Torulopsis lactis-condensi*）、球拟圆酵母（*T. globosa*）等能在甜炼乳中生长繁殖，分解蔗糖产生大量气体，发生胀罐。糖的浓度降低以后，又有利于大肠产气杆菌类细菌的生长发育，发酵产气。另外，有时也会由于丁酸菌、乳酸菌或葡萄球菌的繁殖而引起产气胀罐。

② 变稠：甜炼乳变稠凝固，是由于炼乳中含有芽孢菌、葡萄球菌、链球菌或乳酸杆菌等。它们在甜炼乳中生长繁殖，分解蔗糖，产生乳酸等有机酸和类似凝乳酶的酶类，使甜炼乳变稠凝固。

③ 形成"纽扣"状凝块：开罐后，有时在炼乳表面发现白色、黄色或红褐色的形似纽扣的颗粒凝块。形成"纽扣"状颗粒凝块的原因是污染霉菌的结果。霉菌之所以能在罐内生长，主要是罐内有空气存在。已发现的霉菌有：葡萄曲霉（*Aspergillus repens*）、灰绿曲霉（*A. gloucus*）、烟煤色串孢霉（*Catenularia fuliginea*）、黑丛梗孢霉（*Monilia nigra*）等。

11.3 肉类中的微生物

肉中含有较多的蛋白质、脂肪、水、碳水化合物、含氮浸出物、无机盐，维生素含量也很丰富。肉类产品不仅是人们营养丰富的食品，也是微生物良好的天然培养基，很适宜于微生物生长繁殖。

肉中的微生物可因微生物污染来源、食品基质条件（营养组成、水活性度、pH值等）、环境条件（温度、气体等）以及微生物共生与拮抗等因素的影响而不同。大量微生物在肉、乳、蛋等食品上生长繁殖，必然引起腐败变质。

11.3.1 肉类中微生物的来源及类群

几种常见肉类的平均化学组成如表 11-3 所示。肉类蛋白质、脂肪含量比较高，因而肉类中的微生物主要是能分解利用蛋白质的微生物，肉类腐败变质以蛋白质腐败、脂肪酸败为基本特征。

表 11-3　几种常见肉类的平均化学组成

组成成分	水/%	蛋白质/%	脂肪/%	糖/%	灰分/%
肥猪肉	47.70	14.54	37.34	—	0.72
瘦猪肉	72.55	20.08	6.63	—	1.10
肥牛肉	56.74	18.30	21.40	—	0.97
中等肥度牛肉	72.52	20.58	5.33	0.06	1.2
肥羊肉	51.19	16.36	21.07	—	0.93
中等肥度羊肉	66.80	21.00	10.00	0.50	1.70

11.3.1.1　肉类中微生物的来源

健康牲畜的组织内部是没有微生物的。但身体表面、消化道、上呼吸道、免疫器官有微生物存在。如未经清洗的动物毛皮，其表面微生物 $10^5 \sim 10^6 \mathrm{CFU/cm^2}$，如果毛皮粘有粪便，微生物的数量将更多。

肉类的表面总是存在微生物，有时肉的内部也有微生物存在。肉类的这些微生物主要是在牲畜宰杀时和宰杀后从环境中污染的，宰杀时放血、脱毛、去内脏、排酸、分割等过程中，可污染牲畜胴体。如放血所使用的刀有污染，则微生物可进入血液，经由大静脉管而侵入胴体深处，如外国的"酸味火腿"即由此种原因造成。再如开膛时刺破胃肠、胴体用脏水冲淋、胴体用污染的布揩抹等，均可造成微生物的污染。动物垂死时，细菌也可能从肠道侵入各种组织内，尤其是生前过分疲劳、受热、受内伤的动物。肉块分割时，每被切一次，就增加一个新的表面，暴露的组织就增加一些微生物。

不健康的牲畜，其组织内部可能有病原微生物存在。因而病畜肉不仅有环境中污染的微生物，还可含有本身带有的病原微生物。

11.3.1.2　肉类中微生物的类型

动物被屠宰后 2h 内，肌肉组织是活的，组织中含有氧气，这时厌氧菌不能生长，但屠宰之后肌肉组织的呼吸活动很强，消耗组织中的氧气放出 CO_2。随着氧气的消耗，厌氧菌开始活动。厌氧菌繁殖的最适温度在 20℃ 以上，在屠宰后 2~6h 内，肉温一般在 20℃ 以上，所以可能有厌氧菌生长。肉类中微生物的类型如下：

（1）腐生微生物

肉类腐生微生物有细菌、霉菌、酵母菌，其中细菌是主要的腐生微生物。细菌常见的有假单胞菌属、无色杆菌属、黄杆菌属、微球菌属、不动杆菌属（Acinetobacter）、莫拉氏菌属（Moraxella）、魏茨曼氏菌属、变形杆菌属、产碱杆菌属、梭状芽孢杆菌属、埃希氏菌属、链球菌属、乳杆菌属、微杆菌属等。

霉菌有枝孢属、枝霉属、毛霉属、青霉属、链格孢霉、根霉属、丛梗孢属、曲霉属和侧孢霉属（Sporotrichum）等。霉菌的生长通常是在空气不流通、潮湿、污染较严重的部位发生，如颈部、腹股沟褶皱处或肋骨肉表面等部位，侵入的深度一般不超过 2mm。霉菌虽然不引起肉的腐败，但能引起肉的色泽、气味发生严重恶化。

酵母菌有假丝酵母属、球拟酵母属、隐球酵母属、红酵母属、丝孢酵母属等。

（2）病原微生物

肉中含有的病原微生物依病畜所患疾病的不同，以及具体环境条件不同而不同。有些微生物仅对某些牲畜有致病作用，但对人体无致病作用；而有些是对人、畜都有致病作用的微生物。可能存在的病原微生物有沙门氏菌、炭疽杆菌、布鲁氏杆菌、结核分枝杆菌、猪丹毒杆菌、李氏杆菌、假结核耶辛氏杆菌、韦氏梭菌、猪瘟病毒、口蹄疫病毒、猪水疱疹病毒、鸡新城疫病毒等，其中沙门氏菌最为常见，而对人类的安全威胁最大的是炭疽杆菌。

11.3.1.3 低温肉制品中微生物的活动规律

低温可以抑制中温微生物和嗜热微生物的生长繁殖，但低温环境中嗜冷微生物仍可能进行生命活动，因而低温保存的肉类仍可能变质。

1~3℃下可在肉中生长的嗜冷微生物有假单胞菌属、无色杆菌属、产碱杆菌属、黄杆菌属、微球菌属、不动杆菌属、莫拉氏菌属、变形杆菌属等中的一些细菌，枝孢属、枝霉属、毛霉属、青霉属、丛梗孢属等中的一些霉菌，以及一些嗜冷酵母菌如假丝酵母属、红酵母属、球拟酵母属、隐球酵母属、丝孢酵母属中的一些种。良好操作规范生产的鲜肉放在0℃左右的环境中一般保存10d以上，若肉体表面比较干燥，则逐渐出现嗜冷性霉菌生长；若肉体表面湿润，则嗜冷性细菌生长活动并占优势，而细菌中又以假单胞菌为优势菌。由于嗜冷微生物的生命活动，0℃左右保存的肉也会变质。在低温下微生物生长繁殖速度较慢，因而变质的发生和发展也较慢。为防止肉腐败变质，保存肉类采用冷冻、盐腌、烟熏、罐藏等方法。但在保持鲜肉本来特性方面，采用冷冻方法是比较好的，因而肉类常用冷冻保藏。冷冻采用-20~-18℃温度，在此温度下，一般不会出现腐败性微生物的生长，肉类长期保藏而不会变质。

肉类的冷冻保鲜也不是绝对有效的，在-2℃以下，一般不会出现腐败性细菌的生长，病原细菌也不能生长，能生长的是少数耐低温和低水分活度的霉菌和酵母菌。耐低温和低水分活度的霉菌，主要有多主枝孢霉、芽孢状枝孢霉、枝霉、总状毛霉、多毛青霉、顶青霉等。

新西兰肉品工业研究所把几只羔羊腿放在-5℃冷冻储藏，每隔4周检查一次细菌和真菌的生长情况。结果发现，污染的细菌在储藏过程中只死不生，特别是在储存的开始时期可杀死大量细菌。储存8个月后，针尖大小的黑色霉斑出现了。储存过程中还可观察到隐球酵母的生长。

冷冻可杀死肉中存在的大量微生物，特别是细菌。但很多微生物仍不死亡只是在冷冻下不生长而已。这些未死亡的微生物可继续引起解冻肉的腐败变质。冻肉在解冻过程中和解冻后的储存等过程中还可污染环境中的微生物，所以冻肉解冻后应尽快食用或加工，以免变质。

11.3.2 肉的腐败变质

11.3.2.1 影响肉腐败的因素

鲜肉腐败变质与环境及肉本身的生理生化特性有关，主要因素包括：

（1）污染状况

肉类卫生条件越差，污染的微生物越多，越容易变质；污染的微生物不同，变质情况也不相同。

（2）水分活度 a_w

肉的表面湿度越大，越容易变质。

（3）pH值

动物活着时，肌肉pH为7.1~7.2；放血后1h，pH下降至6.2~6.4；24h后pH为5.6~

6.0。pH 的降低主要是由于肌肉组织中存在的糖酵解，酶把糖原转化成葡萄糖，再由葡萄糖变成乳酸，乳酸使 pH 下降。肉的这种 pH 变化可在一定程度上抑制细菌的生长。pH 越低，抑制作用越强。若牲畜宰杀前处于应激或兴奋状态，则消耗体内的糖原，使宰后的肉的 pH 接近 7.0，这种肉容易变质。

(4) 温度

温度越高越容易变质。低温可以抑制微生物生长繁殖，但 0℃下肉类也只能保存 10d 左右，10d 过后也会变质。刚宰杀的牲畜，肉的温度正适合大多数微生物的生长，因而应尽快使肉表面干燥、冷却并冷藏。

11.3.2.2 微生物活动规律

肉的变质，以细菌性变质为主。肉的污染常是表面污染，因而变质常先发生在肉表面。一般来说，常温下放置的肉，早期的微生物以需氧的假单胞菌、微球菌、芽孢杆菌等为主，它们先出现于肉类表面。经过在表面上繁殖后，肉即发生变质，并逐渐向肉内部发展，这时以一些兼性厌氧微生物如枯草杆菌、粪链球菌、大肠杆菌、普通变形杆菌等为主要菌。当变质继续向深层发展时，即出现较多的厌氧微生物，主要为梭状芽孢杆菌，如溶组织梭菌、腐败梭菌、水肿梭菌、生孢梭菌等。细菌向肉深层入侵的速度与温度、湿度、肌肉结构及细菌种类有关。由于具体条件的不同，除有细菌活动引起变质外，还可能有霉菌和酵母菌的活动。

肉的腐败常是表面腐败，但有时出现深层腐败。深层腐败常见于对牲畜的胴体处理不当，致使腐败细菌于牲畜死后从肠道侵入组织，或在放血时从刀口进入循环系统，再转入肌肉组织内。此外也可能是栖居于组织内的微生物如病原微生物、淋巴结的微生物引起。深层腐败细菌是一类能分解蛋白质、厌氧和生长温度范围广的细菌，因而能在未适当预冷的胴体上发生深层腐败。比如猪腿肉沿股骨部位，可能由于冷藏前腐败细菌生长而出现腐败，称为"酸斑"(sour spots)。腌制猪腿也可出现酸斑，系由于腌制辅料不能穿透于猪腿肉的全部，因而不能防止肉内腐败细菌的生长所致。在牛股肉的深部组织处也可发生细菌性深层腐败，称为"酸股"(sour hip)。

11.3.2.3 变质现象

鲜肉可出现多种变质现象，凭感官可以判别的有发黏、变味、色斑等。

(1) 发黏

初期的腐败作用主要由细菌引起，肉体表面有黏液状物质产生，拉出时如丝状，并有较强的臭味。这种黏液状物便是微生物繁殖后形成的菌落。这些微生物主要是革兰氏阴性腐生菌如假单胞菌、无色杆菌、黄色杆菌、变形杆菌、产碱杆菌、大肠杆菌等，以及乳酸菌、酵母菌。有时芽孢杆菌、微球菌也会在肉体表面形成黏状物。但厌氧微生物如梭状芽孢杆菌不在肉表面引起发黏现象。当肉体表面有发黏现象时，其表面含有的细菌数一般达 $10^7 CFU/cm^2$。霉菌在肉体表面生长时，先有轻度的发黏现象，后来则出现霉斑。

(2) 变味

鲜肉变质往往伴随着变味现象，最明显的是肉类蛋白质被分解产生恶臭味。

蛋白质分解菌都可分解利用蛋白质产生不同的分解产物，产生的氨、硫化氢、吲哚、甲基吲哚、硫醇、粪臭素等都具有特殊可厌的臭气。尸胺、腐胺、组胺还具有毒性。能使氨基酸脱羧而产生胺的微生物有埃希氏菌、沙门氏菌、变形杆菌、微球菌、链球菌、乳杆菌、梭状芽孢杆菌等。

除蛋白质分解菌分解蛋白质产生恶臭味外，某些脂肪分解菌可分解脂肪，使脂肪酸败并产生不良气味。分解脂肪的微生物有假单胞菌、无色杆菌、黄杆菌、产碱杆菌、微球菌、魏茨曼氏菌属中的一些细菌以及解脂假丝酵母 (Aandida lipolytica)、脂解毛霉 (Mucor lipolyticus)、爪哇毛霉（*M. javanicus*）、灰绿青霉、娄地青霉（*Penicillium roqueforti*）、少根根霉（*Rhizopus arrhizus*）等。脂肪被微生物分解形成脂肪酸和甘油等产物，例如卵磷脂被酶解，形成脂肪酸、甘油、磷酸和胆碱，胆碱可被进一步转化为三甲胺、二甲胺、甲胺、蕈毒碱和神经碱，三甲胺可再被氧化成带有鱼腥味的三甲胺氧化物。

肉中含有的少量糖也可被乳酸菌和某些酵母菌分解，产生挥发性的有机酸，具有酸败味。

(3) 色斑

鲜肉变质出现色斑有多种情况。蛋白质分解产生的硫化氢与肉中的血红蛋白相结合形成硫化氢血红蛋白（H_2S-Hb），这种化合物积累在肌肉和脂肪表面，呈现暗绿色斑点。某些微生物产生色素，它们在肉表面生长可引起肉表面出现多种色斑。例如类蓝假单胞菌（*Pseudomonas syncyanea*）和类黄假单胞菌（*P. synxantha*）可分别产生蓝色和黄色，黄杆菌可产生黄色，黄色微球菌（*Micrococcus flavas*）、红色微球菌（*M. rubens*）和玫瑰色微球菌（*M. roseus*）可分别产生黄色、红色和粉红色。酵母菌可产生白色、粉红色、红色、灰白色斑点，例如红酵母可产生红色斑点。

霉菌菌丝体呈现一定的颜色和形态，因而当霉菌在肉表面生长时便出现霉斑。枝孢霉可产生蓝绿色至棕黑色霉斑，如多主枝孢（*Cladosporium herbarum*）和芽枝状枝孢（*C. cladosporides*）产生黑色霉斑。顶青霉、扩展青霉（*P. expansum*）和草酸青霉（*P. oxalicum*）产生蓝绿斑，枝霉（*Thamnidium elegans*）和刺枝霉（*Thamnidium chactocladioides*）在肉体表面产生茸毛状菌丝，总状毛霉（*Mucor racemosus*）也可产生茸毛。

11.3.3 肉类中微生物的控制

11.3.3.1 肉类屠宰过程中微生物的控制

肉类营养丰富，富含微生物生长所必需的糖、蛋白质和水分，当条件控制不当时，肉就会受到微生物的污染而腐败变质。肉中的微生物主要来自屠宰加工过程中胴体表面所带的灰尘、污垢以及肠道内容物和粪便等。动物皮毛中，每克可含有50亿个细菌（大肠杆菌、腐败菌、丁酸菌等），这些有害微生物在屠宰过程中不可避免地造成胴体污染。为了尽量减少细菌对胴体、分割部位和最终产品的影响，现代化屠宰工厂必须对进场畜禽进行宰前检查，健康并符合卫生质量和商品规格的畜禽，方准予屠宰，并且采取胴体清洗、烫毛、喷淋和其它消毒措施。

为了尽可能降低胴体的初始菌数，我国许多屠宰企业已经将传统的大池烫毛改为蒸汽烫毛。在应用大池烫毛的时候，烫过几十头猪以后，每毫升水中就会含有百万个细菌，极容易发生交叉感染。而蒸汽烫毛，在快速进行高温燎毛和带电压的热水冲淋下，这样就可以极大地降低微生物在胴体上的附着力并且杀死部分微生物。另外，开膛劈半后的清洗是减少胴体微生物污染的又一个重要步骤，特别是带压的热水可以冲洗掉胴体表面的杂毛、粪便、血污等，从而减少微生物的数量。

在生产过程中，应对胴体采用两段快速冷却法（$-20℃$，$1.5\sim2h$；$0\sim4℃$，$12\sim16h$），在规定的时间内使胴体中心温度降到4℃以下，这样仅仅会有部分嗜冷菌缓慢生长，并且可以降低酶的作用和化学变化，有利于产品保质期的延长。严格控制分割和包装环境的温度和时间，结合其他卫生控制措施（如良好的空气、水质等），可以使胴体和分割产品的初始细菌总数保持在$10^2\sim10^3$ CFU/g之间，从而延长产品的货架期，保证肉品的卫生质量和安全。

11.3.3.2 冷鲜肉的减菌控制技术

冷鲜肉的减菌控制技术主要包括屠宰环节的减菌、排酸分割环节的减菌以及贮运包装环节的控菌。屠宰前清洗，动物的毛发以及附着物是胴体的重要污染源，这里面包括动物的粪便、尿液、泥巴等，在屠宰前将动物进行彻底冲洗可以明显减少动物体表的微生物及杂物。宰后猪酮体冲淋，生猪经过屠宰前冲洗之后，在刺杀、烫毛、吊挂等生产过程中，胴体会与设备直接接触，生产过程中工器具不卫生就可能会被微生物污染。规模化的生猪屠宰场在加工时，存在生产车间环境污染和其他外来的交叉污染。为最大程度减少微生物的污染，屠宰加工车间做到用82℃的热水对刀具进行"一头一消毒"来降低微生物的交叉污染，在屠宰工序后半段进行人工刮毛和除去胴体表面的污物，最后在进入快冷间前，对胴体进行2%的乳酸冲淋，抑制微生物的繁殖，确保肉品的安全。化学控菌主要是利用有机酸对微生物的生长进行抑制，生产中常用的有机酸，如乳酸、柠檬酸、抗坏血酸等，一定浓度的有机酸溶液喷雾在胴体表面，能有效减少微生物数量。在冷鲜肉生产过程中同时采用"多栅栏"技术能够起到较好的控菌效果，例如控制加工厂的环境卫生，减少交叉污染的环节，减少胴体表面微生物的初始细菌数等，再结合热水除菌、辐照除菌等技术手段，可以对微生物起到很好的控制作用。

目前，在冷鲜肉贮藏保鲜研究中常用的物理保鲜技术有真空包装、气调包装、超高压处理、辐射保鲜等。通过这些方式，以减弱微生物生命活动、降低自身干耗、延缓脂肪和蛋白质氧化降解等方式来延缓新鲜肉类的腐败变质速度，从而达到维持冷鲜肉品质的目的。其中气调包装比较常见，气调包装是对食品包装抽真空去除气态环境或改变空气正常成分，并充入所需的气态气氛作为代替，通常所充入的是混合气体而不是单一类型的气体，来抑制微生物呼吸，降低微生物的活性进而减缓其生长繁殖，降低肉品氧化的速度，从而保证肉品的品质。气调包装材料需要阻挡水分和气体渗透以在储存期间保持恒定的包装环境，然后主要通过使用不同浓度的不同气体来创造肉类所需的特定储藏环境，从而达到延长肉类保鲜时间的效果。常用的气体主要有氧气、氮气、二氧化碳。还有，在混合气体中加入低浓度 CO 能够使冷却肉有诱人的樱桃红色。冷鲜肉气调包装保鲜效果受多方面因素的影响，其主要因素有各种气体的配合比例、冷却肉在包装前的预处理、贮藏温度以及包装材料的选择等。

11.4 禽蛋中的微生物

禽蛋的蛋白质和脂肪含量比较高，还含有少量的糖。以鸡蛋为例，其营养组成见表11-4。禽蛋中虽有些抗微生物侵入和生长的因素，但还是容易被微生物所污染并发生腐败变质。禽蛋中以能分解利用蛋白质的微生物种类为主要类群。禽蛋腐败变质以蛋白质腐败为基本特征，有时还出现脂肪酸败和糖类酸败现象。

表 11-4 鸡蛋营养组成

组成成分	水/%	蛋白质/%	脂肪/%	糖/%	灰分/%
全蛋	73.7	12.9	11.5	0.9	1.0
蛋白	87.6	10.9	痕量	0.8	0.7
蛋黄	51.1	16.0	30.6	0.6	1.7

11.4.1 禽蛋中微生物的来源及类群

11.4.1.1 鲜蛋中微生物的来源

正常情况下，家禽的卵巢是无菌的，家禽的输卵管也具有防止和排除微生物污染的机制，如果禽在无菌环境中产蛋，一般来说刚刚产下的蛋是无菌的。但实际上鲜蛋中经常可发现有微生物存在，即使刚产下的蛋也可能有带菌现象。鲜蛋中微生物一方面来自家禽本身。在形成蛋壳之前,排泄腔内细菌向上污染至输卵管,可导致蛋的污染。另一方面来自外界的污染。蛋从禽体排出时温度接近禽的体温,若外界环境温度较低,则蛋内部收缩,周围环境中的微生物即随着空气穿过蛋壳而进入蛋内。蛋壳外黏膜层易被破坏失去屏障作用。蛋壳上有 7000~17000 个 4~40μm 大小的气孔,外界的各种微生物可从气孔进入蛋内,尤其是储存期长的蛋或洗涤过的蛋,微生物更易侵入。蛋壳表面的微生物很多,整个蛋壳表面有 4×10^6 ~ 5×10^6 个细菌;污染严重的蛋,表面的细菌数更高,可达数亿个。蛋壳损伤是造成各种微生物污染蛋的很好机会。

微生物进入蛋内的速度与储藏的温度、蛋龄以及污染的程度有关。相对于常规方法冷却,利用 CO_2 气体快速降低蛋的温度可减少进入蛋内的细菌,但即使如此,在7℃条件下储存30d后,两种处理方法的蛋内带菌量差别基本不大。

细菌进入蛋内后再到达蛋黄的速度与储藏的温度和污染的程度有关。一项研究表明,采用人工感染的方法试验肠炎沙门氏菌(S. enteritidis)从蛋白进入蛋黄的速度,在30℃条件下,1d即可在蛋黄中检测到试验菌;而在7℃条件下,14d之后,蛋黄中仍没有检出试验菌。另外的研究还发现,细菌进入蛋黄的速度还与蛋龄有关,如1日龄蛋的蛋黄被染菌速度明显低于储藏4周的蛋,并且蛋黄染菌的速度与染菌数量呈正相关。

禽蛋中的微生物主要是从环境中污染的,但禽蛋中带有的某些病原微生物如沙门氏菌等则主要来源于卵巢。禽类吃了含有病原菌的饲料被感染,病原菌通过血液循环侵入卵巢,在形成蛋黄时可混入其中。

11.4.1.2 鲜蛋中微生物的类群

引起鲜蛋腐败变质的微生物主要是细菌和霉菌,酵母菌则较少见。

(1) 鲜蛋中常见的微生物

常见的细菌有假单胞菌属、变形杆菌属、产碱杆菌属、埃希氏菌属、微球菌属、魏茨曼氏菌属、肠杆菌属、不动杆菌属、沙雷氏菌属等,其中前四属细菌是最为常见的腐生菌。

霉菌有枝孢属、青霉属、侧孢霉属、毛霉属、枝霉属、链格孢属等,以前三属最为常见。

鲜蛋中偶然能检出球拟酵母,其他酵母菌较少发现。

(2) 鲜蛋中的病原微生物

禽蛋中最常见的病原微生物是沙门氏菌,如鸡沙门氏菌(Salmonella gallinarum)、鸭沙门氏菌(Sal. anatum)等。与食物中毒有关的病原菌如金黄色葡萄球菌、变形杆菌等在蛋中也有较高的检出率。

11.4.2 鲜蛋的天然防卫机能及腐败变质

11.4.2.1 鲜蛋的天然防卫机能

蛋本身对菌体先天即拥有机械性及化学性的防卫能力,鲜蛋具有蛋壳、蛋壳内膜(即蛋白膜)、蛋黄膜,在蛋壳外表面还有一层胶状膜,这些因素在某种程度上可阻止外界微生物侵入蛋内,其中蛋壳内膜对阻止微生物侵入起着较为重要的作用。鸡蛋蛋白中含有溶菌酶、伴白蛋白、抗生物素蛋白、核黄素等成分,均具有抵抗微生物生长繁殖的作用。其中溶菌酶较为重要,它能溶解革兰氏阳性细菌的细胞壁,蛋白的高 pH 性质对溶菌酶活力无影响,其杀菌作用在37℃可保持6h,在温度较低时保持时间较长。若把蛋白稀释至5000万倍之后,仍能杀死或抑制某些敏感的细菌。伴白蛋白可螯合蛋中 Fe^{2+}、Cu^{2+}、Zn^{2+} 等,抗生物素蛋白与生物素相结合,核黄素螯合某些阳离子。这些情况都能限制微生物对无机盐离子及生物素的利用,因而能限制某些微生物的生长繁殖。此外,蛋在刚排出禽体时,蛋白的 pH 为 7.4~7.6,经过一段时间后,pH 上升至 9.3 左右，这种碱性环境也极不适宜一般微生物的生存和生长繁殖。蛋白的这些特点使蛋能有效地抵抗微生物的生命活动，包括对一些病原微生物如金黄色葡萄球菌、炭疽芽孢杆菌、沙门氏菌等均具有一定的杀菌或抑菌作用。由于蛋有上述抵抗微生物侵入和生长繁殖的因素，所以被称为半易腐败食品。

蛋黄包含于蛋白之中，因而蛋白对微生物侵入蛋黄具有屏蔽作用。与蛋白相比，蛋黄对微生物的抵抗力弱，其丰富的营养和 pH（约 6.8）适宜于大多数微生物的生长。

11.4.2.2 鲜蛋的腐败变质

鲜蛋容易发生腐败变质，温度是一个重要因素。在气温高的情况下，蛋内的微生物就会迅速繁殖。如果环境中的湿度高，有利于蛋壳表面的霉菌繁殖，菌丝向内蔓延生长，也有利于壳外的细菌繁殖并向壳内侵入。鲜蛋发生变质的主要类型如下。

（1）腐败

这是细菌引起鲜蛋变质最常见的一种形式。细菌侵入蛋内后，先将蛋白带分解断裂，使蛋黄不能固定而发生移位。其后蛋黄膜被分解，蛋黄散乱，与蛋白逐渐相混在一起，这种蛋称为散黄蛋，是变质的初期现象。散黄蛋进一步被细菌分解，产生硫化氢、氨、吲哚、粪臭素、硫醇等蛋白质分解产物，因而出现恶臭气味。同时蛋液可呈现不同的颜色，如假单胞菌可引起黑色、绿色、粉红色腐败；产碱杆菌、变形杆菌、埃希氏菌等使蛋液呈黑色，其中产碱杆菌和变形杆菌使蛋变质的速度较快而且常见；沙雷氏菌产生红色腐败；不动杆菌引起无色腐败。有时蛋液变质不产生硫化氢等恶臭气味而产生酸臭，蛋液变稠成浆状或有凝块出现，这是微生物分解糖或脂肪形成的酸败现象，称为酸败蛋。

（2）霉变

这主要由霉菌引起。霉菌菌丝通过蛋壳气孔进入蛋内，一般在蛋壳内壁和蛋白膜上生长繁殖，靠近气室部分，因有较多氧气，所以繁殖最快，形成大小不同的深色斑点，斑点处有蛋液黏着，称为黏壳蛋。不同霉菌产生的斑点不同，如青霉产生蓝绿斑，枝孢霉产生黑斑。在环境湿度比较大的情况下，有利于霉菌的蔓延生长，造成整个禽蛋内外生霉，蛋内成分分解，并有不愉快的霉味产生。

有些细菌也可引起蛋的霉臭味，如浓味假单胞菌（*Pseudomonas graveolens*）和一些变形杆菌属的细菌，其中以前者引起蛋的霉臭味最为典型。当蛋的储藏期较长后，蛋白逐渐失水，水分向蛋黄内转移，从而造成蛋黄直接与蛋壳内膜接触，使细菌更易进入蛋黄内，导致这些细菌快速生长繁殖，产生一些蛋白质和氨基酸代谢的副产物，出现霉臭味。鲜蛋在低温储藏的条件下，有时也会出现腐败变质现象。这是因为某些嗜冷微生物如假单胞菌、枝孢霉、青霉等在低温下仍能生长繁殖造成的。

腐败变质的蛋首先是带有一定程度使人难以接受的感官性状，如具有刺激性的气味、异常的颜色、酸臭味道、组织结构破坏、污秽感等。化学组成方面，蛋白质、脂肪、碳水化合物被微生物分解，它的分解和代谢产物已经完全成为没有利用价值的物质；维生素受到严重破坏，因此腐败变质的蛋已失去了营养价值。

11.4.2.3 禽蛋腐败变质的控制

禽蛋腐败变质主要是由蛋中的微生物引起的，当禽蛋处于微生物容易生长繁殖的环境下，便会促进其腐败变质。如果将蛋放在良好的环境条件下，则禽蛋腐败变质的可能性便大大降低，由此可见禽蛋的腐败变质与其所处的环境因素有着密切的关系。

（1）环境的清洁度

母鸡产蛋和存放鲜蛋的场所清洁，则鲜蛋被微生物污染的机会减少，有利于禽蛋的保鲜。

(2) 气温

气温是影响禽蛋腐败变质的一个极为重要的环境因素,鲜蛋在较高的气温下容易腐败变质。因为蛋壳内、外的细菌大部分属于嗜温菌,其生长所需温度为 10～45℃（最适温度为 20～40℃),因此较高的气温是细菌生长繁殖的适宜温度,使在蛋壳外的微生物容易进入蛋内,在蛋内的微生物迅速生长繁殖,分解蛋液内的营养物质,导致禽蛋迅速发生化学和生物化学的变化,使蛋腐败变质。所以在炎热的夏季最易出现腐败蛋。

高温增加蛋内的水分从蛋壳气孔向外蒸发的速度,增加蛋白水分向蛋黄渗入,使蛋黄膜过度紧张失去弹性,崩解而成散黄蛋。蛋内酶的活动加强,加速了蛋中营养物质的分解,促进了蛋的腐败变质。

(3) 湿度

禽蛋在高湿环境下,容易腐败变质,这是因为微生物的生长和繁殖,除需要适宜的温度外,还必须有一定的湿度。例如大肠杆菌在适宜的温、湿度下,每 20min 繁殖一代,经过 24h 就可以繁殖亿万个后代,如果微生物处于只有适宜的温度,而没有适宜的湿度环境,则微生物的生长和繁殖就要停止,甚至死亡。因此,禽蛋在适合微生物活动的温、湿度环境中,蛋壳上的微生物活跃,繁殖力增强,必然易于侵入蛋内,并在蛋内大量繁殖,使蛋迅速腐败变质。

霉菌的生长、繁殖与湿度的关系最密切,只要湿度适宜,即使在低温下,甚至零下的温度中也能生长繁殖,蛋壳上正在繁殖的霉菌同样能向蛋内侵入,因此在湿度较高的环境下,最易使蛋发生霉菌性的腐败变质。空气温、湿度对霉菌发育的影响见表 11-5。

表 11-5 空气温、湿度对霉菌发育的影响（出现霉菌的天数）

温度/℃	湿度/%			
	100	98	95	90
0	14	19	24	77
5	10	11	12	26

从表 11-5 可见,在气温相同的条件下,湿度愈高,蛋内出现霉菌的天数愈少,愈适合霉菌的繁殖;在湿度相同的条件下,气温愈高,蛋内出现霉菌的天数愈少,愈适合霉菌的繁殖。

(4) 壳外膜的变化

壳外膜的作用主要是保护禽蛋不受微生物侵入,所以壳外膜是禽蛋防止微生物入侵的第一道防线。壳外膜很容易消失或脱落。壳外膜消失或脱落后,外界的细菌、霉菌等微生物便通过气孔侵入蛋内,加速蛋的腐败变质。鸡蛋经水洗和雨淋后微生物侵入的情况如表 11-6 所示。

表 11-6 雨淋和水洗鸡蛋侵入微生物的情况

蛋质	实验板数	处理情况	贮存温度/℃	贮存时间/d	蛋液内检出的微生物	
					板数	百分率/%
新鲜	14	雨淋	20～30	15	6	42.8
新鲜	14	水洗	20～30	15	4	28.6
新鲜	14	对照	20～30	15	1	7.1
新鲜	10	雨淋	22～28	30	10	100
新鲜	10	水洗	22～28	30	10	100
新鲜	10	对照	22～28	30	1	10

从表 11-6 可知,禽蛋受雨淋或经水洗后,是造成微生物侵入的重要因素。

（5）蛋壳的破损

蛋壳具有使蛋液不受微生物入侵的保护作用，如果蛋壳破损，那么微生物更容易侵入，加速禽蛋的腐败变质。破壳蛋腐败变质的速度与气温有密切的关系，如表 11-7 所示。

二维码 35

表 11-7 破壳蛋与未破壳蛋在不同温度下开始腐败变质的时间

项目	温度/℃				
	35	20	10	5	0
破壳蛋	10h	22h	37h	124h	较长时间
对照蛋	半个月	2个月	4个月	8个月	长时间

从表 11-7 看出，破壳蛋比未破壳蛋（对照蛋）容易腐败变质，开始腐败变质所需的时间随气温的升高而减少。

11.5 水产品中的微生物

水产品在微生物的作用下，其中的蛋白质、氨基酸以及其他含氮物质被分解为氨、三甲胺、吲哚、硫化氢、组胺等低级产物，使水产品产生具有腐败特征的臭味，此过程就是细菌腐败。

11.5.1 新鲜水产品的腐败

当鱼死后，细菌会从肾脏、鳃等循环系统和皮肤、黏膜、腹部等侵入鱼的肌肉。特别当鱼死后僵硬结束后，细菌繁殖迅速。细菌的繁殖可使水产品腐败，发生变质，并可能产生组胺等有毒物质。

鱼贝类的肉组织，比一般畜禽肉容易腐败，据 Schonberg 研究其原因是：

① 鱼贝类含水量多，含脂肪量比较少，适合细菌繁殖要求。

② 鱼肉组织脆弱，细菌较易分解。

③ 鱼死后，其肉很快便呈微碱性，适合细菌繁殖。

④ 鱼肉附着细菌多，尤其鳃及内脏附着的细菌特别多。

⑤ 鱼肉所附细菌大部分是中温细菌，在常温下生长很快。

⑥ 鱼肉所含天然免疫素少。

新鲜鱼的腐败主要表现在鱼的体表、眼球、腮、腹部、肌肉的色泽、组织状态以及气味等方面。鱼体死后的细菌繁殖，从一开始就与死后的生化变化、僵硬以及解僵等同时进行。但是在死后僵硬期中，细菌繁殖处于初期阶段，分解产物增加不多。因为蛋白质是大分子，不能透过微生物的细胞膜，因而不能直接被细菌所利用。当微生物从其周围得到低分子含氮化合物，将其作为营养源繁殖到某一程度时，即分泌出蛋白酶分解蛋白质，这样就可以利用不断产生的低分子成分。另外，由于僵硬期鱼肉的 pH 下降，酸性条件不宜细菌生长繁殖，故对鱼体质量尚无明显影响。当鱼体进入解僵和自溶阶段，随着细菌繁殖数量的增多，各种腐败变质现象即逐步出现。

鱼体所带的腐败细菌主要是水中的细菌，多数为需氧细菌，有假单胞菌属、无色杆菌属、黄色杆菌属、小球菌属等。鱼贝类的腐败微生物如表 11-8 所示。这些细菌在鱼类生活状态时存在于鱼体表面的黏液、鱼鳃及消化道中。细菌侵入鱼体的途径主要有两条：

① 体表污染的细菌，温度适宜时在黏液中繁殖，使鱼体表面变得混浊，并产生难闻的气味。细菌进一步侵入鱼的皮肤，使固着鱼鳞的结缔组织发生蛋白质分解，造成鱼鳞容易脱落。当细菌

从体表黏液进入眼部组织时，眼角膜变得混浊，并使固定眼球的结缔组织分解，因而眼球陷入眼窝。鱼鳃在细菌酶的作用下，失去原有的鲜红色而变成褐色乃至灰色，并产生臭味。

② 腐败细菌在肠内繁殖，并穿过肠壁进入腹腔各脏器组织，在细菌酶的作用下，蛋白质发生分解并产生气体，使腹腔的压力升高，腹腔膨胀甚至破裂，部分鱼肠可能从肛门脱出。

表 11-8　鱼贝类的腐败微生物

鱼贝类	腐败微生物
淡水鱼类	假单胞菌、无色杆菌、黄杆菌、芽孢杆菌、棒状杆菌、八叠球菌、沙雷氏菌、梭菌、弧菌、摩氏杆菌、肠杆菌、变形杆菌、气单胞菌、短杆菌、产碱菌、乳杆菌、链球菌等
海水鱼类	假单胞菌、无色杆菌、黄杆菌、芽孢杆菌、棒状杆菌、八叠球菌、沙雷氏菌、梭菌、弧菌、肠杆菌等
贝壳类	黏球菌、红酵母、假丝酵母、球拟酵母、丝孢酵母、Pullularia、Caffkya 等，与海水鱼类的相似，并混有土壤细菌

腐败过程向组织深部的推移，是沿着鱼体内结缔组织和骨膜，不断波及新的组织，其结果使鱼体组织的蛋白质、氨基酸以及其他一些含氮物被分解为氨、三甲胺、吲哚、硫化氢、组胺等腐败产物。

当上述腐败产物积累到一定程度，鱼体即产生具有腐败特征的臭味而进入腐败阶段。与此同时，鱼体肌肉的 pH 升高，并趋向于碱性。当鱼肉腐败后，它就会完全失去食用价值，误食后还会引起食物中毒。例如鲐鱼、鲹鱼等中上层鱼类，死后在细菌的作用下，鱼肉汁液中的主要氨基酸——组氨酸迅速分解，生成组胺，超过一定量后如给人食用，容易发生荨麻疹。

由于鱼的种类不同，鱼体带有腐败特征的产物和数量也有明显差别。例如，三甲胺是海产鱼类腐败臭味的代表物质。因为海产鱼类大多含有氧化三甲胺，在腐败过程中被细菌的氧化三甲胺还原酶作用，还原生成三甲胺，同时还有一定数量的二甲胺和甲醛存在。三甲胺是海鱼腥臭味的主要成分。

$$(CH_3)_3NO + 2[H] \longrightarrow (CH_3)_3N + H_2O$$

又如鲨鱼、鳐鱼等板鳃鱼类，不仅含有氧化三甲胺，还含有大量尿素，在腐败过程中被细菌的尿素酶作用分解成二氧化碳和氨，因而带有明显的氨臭味。

$$(NH_2)_2CO + H_2O \longrightarrow 2NH_3 + CO_2$$

此外，多脂鱼类因含有大量高度不饱和脂肪酸，容易被空气中的氧氧化，生成过氧化物后进一步分解，其分解产物为低级醛、酮、酸等，使鱼体具有刺激性的酸败味和腥臭味。

11.5.2　水产制品的腐败

（1）冷冻水产品的腐败

水产品在冷冻（$-30 \sim -25$℃）时，一般微生物均不能生长，不发生腐败。但是，在冷冻时，一些耐低温的腐败细菌并未死亡，当解冻后，又开始生长繁殖，引起水产品的腐败。冷冻鱼的腐败细菌，以假单胞菌Ⅲ/Ⅳ-H型、摩氏杆菌以及假单胞菌Ⅰ型和Ⅱ型占优势。

残存于冷冻鱼肉上的细菌，由于冷冻的温度时间和冷冻状态不同，其中大部分发生死亡，特别是病原性细菌在冷冻时易发生死亡。冷冻温度与水产品的腐败具有密切关系。在 -5℃冷冻时，部分嗜冷菌仍可繁殖，在数月的繁殖后，仍可使水产品变成接近腐败的状态而不能食用。在 -18℃冷冻时，最初细菌数减少，但经较长时间后仍可从这种状态的鱼中检出微球菌、假单胞菌、黄杆菌和无色杆菌等。但在外观上，鱼体不见异常变化。冷冻鱼的贮藏温度如在 -20℃以下时，一般细菌均处于冻结状态，不发生腐败。表 11-9 所示为主要水产品在不同冷冻温度下的保藏期。

表 11-9　主要水产品在不同冷冻温度下的保藏期

种类	保藏期/个月		
	−18℃	−25℃	−30℃
多脂鱼	4	8	12
中脂鱼	8	18	24
少脂鱼	10	24	>24
蟹	6	12	15
虾	6	12	12
虾(真空包装)	12	15	18
蛤、牡蛎	4	10	12

（2）水产品干燥和腌熏制品的腐败

干制品常因为发霉而变质，一般是由于干燥不够完全或者是干燥完全的干制品在贮藏过程中吸湿而引起劣变现象。

咸鱼腌制不能抑制所有微生物的生长，因此会出现变质。出现腐败变质常有两种现象：

① 发红，盐渍鱼或盐干鱼的表面会产生红色的黏性物质，产红细菌主要有两种嗜盐菌：八叠球菌属和假单胞菌属。它们都分解蛋白质，而后者则主要使咸鱼产生令人讨厌的气味。

② 褐变，在盐渍鱼的表面产生褐色的斑点，使制品的品质下降，这是一种嗜盐性霉菌的孢子生长在鱼体表面，其网状根进入鱼肉内层。

（3）鱼糜制品的腐败

鱼糜制品是鱼肉擂溃，加入调味料，经煮熟、蒸熟或焙烤而成，例如鱼丸、鱼糕、鱼香肠等。鱼糜制品通过加热杀死了绝大多数的细菌，但还残存耐热的细菌，此外可能由于包装不良或贮存不当而遭受微生物污染，在贮存过程中出现变质现象。

鱼糜制品表面腐败形式，可根据腐败现象分为以下 3 类：

① 最初在鱼糜制品表面生成透明黏稠性水珠样物质，外观像发汗一般，时间一长，渐渐扩大到整个制品，但不会发生臭味。应特别注意是，只有一点酸臭味道，初期时可用热水洗涤，仍可食用。其主要原因是附着在制品表面的链球菌、明串珠菌和微球菌等具有糖酵解作用的细菌生长繁殖所致。

② 最初生成像牛油或果酱般点状不透明物，渐渐扩大。扩大后互相连接融合，会发生异臭，到点状物扩大到整个表面时，气味相当恶臭。是微球菌、沙雷氏菌、黄杆菌和气杆菌等蛋白质腐败分解菌的作用所致。

③ 表面长霉不能食用，是霉菌引起的霉变，主要是青霉菌、曲霉菌和毛霉菌的生长繁殖所致。

11.5.3　污染

水产品的微生物污染，可分为渔获前的污染（原发性污染）和捕获后的污染（继发性污染）。

（1）渔获前的污染

鲜活鱼贝类的肌肉、内脏以及体液本来应是无菌的，但皮肤、鳃等部位与淡水或海水直接接触，沾染了许多水体中的微生物，特别是细菌。渔获前污染的微生物有引起腐败变质的细菌和真菌，如假单胞菌、无色杆菌、黄杆菌等，以及水霉属、绵霉属、丝囊霉属等；也有能引起人致病的细菌和病毒，如沙门氏菌、致病性弧菌以及甲型肝炎病毒、诺夫克病毒等。

(2) 捕获后的污染

主要是指从捕获后到销售过程所遭受的微生物污染。据 Shewan 的调查，鱼被捕获到船上后，因渔船甲板通常每平方厘米带有 $10^5 \sim 10^6$ 的细菌，所以鱼体表面的细菌数增加。分级分类后用干净的海水洗涤，细菌数会减少到洗涤前的 1/10～1/3。但之后冻结或加冰，装入鱼舱时，鱼箱、鱼舱、碎冰中附着许多细菌，因而鱼的带菌数再次增加。运入销售市场或加工厂，受到人手、容器、市场环境或工厂环境的污染。受到污染的微生物大部分为腐败微生物，以细菌为主，其次为霉菌和酵母，主要引起水产品的腐败变质。另外，还会污染能引起人食物中毒的细菌，如沙门氏菌、葡萄球菌、大肠杆菌等。

11.5.4 控制

水产品的腐败变质是由于其本身酶的作用、细菌的作用和以氧化为主的化学作用的综合作用结果。要保持水产品的状态和鲜度，就需抑制酶的活力和细菌的污染与繁殖，使自溶和腐败延缓发生。根据酶、细菌的特征和活动所需条件，有效的保质措施不外乎低温、低水分活度、低氧气含量、使用保鲜剂等方法。微生物引起的腐败既是水产品变质的主要原因，又可能引起食品安全问题，因此微生物的控制对于水产品质量甚为重要，常采用低温、低水分活度等方法。

(1) 低温保鲜贮藏

Bremmer 等认为，在冷却温度范围内腐败微生物的生长 (r) 遵循这样一个规律：$\sqrt{r}=1+0.1\times t$，t 为温度（℃）。这表示如果贮藏温度是 10℃，腐败细菌的生长是 0℃时的 4 倍 ($\sqrt{r}=1+0.1\times 10$，$r=4$)。降低水产品的温度能抑制微生物的生长、发育，还能抑制与变质有关的化学反应、与自溶有关的酶的作用。

① 冷却保鲜　鱼类的冷却是将鱼体的温度降低到液汁的冰点。鱼类液汁的冰点依鱼的种类和组织液中盐类浓度而不同。在 -0.5～-2℃ 的范围内，鱼体液汁的平均冰点可采用 -1℃。

a. 碎冰冷却保鲜：碎冰保鲜法是运输途中或在批发、零售时应用最广的方法。此法是将冰轧成 3～4cm³ 的方块，按照一层冰一层鱼、薄冰薄鱼的方法装入容器内，以达到短期保鲜贮存的目的。碎冰保鲜应注意将冰一次加足，要尽量与外界热源隔离；使用的天然冰或人造冰应符合国家卫生标准和有关要求；存放地点和容器要清洁干净，鱼体上脏物需清洗干净，腐败变质鱼要及时挑出来。

b. 冷海水冷却保鲜：冷海水保鲜是将刚捕上来的鱼浸渍在混有碎冰的冷海水（冻结点为 -2～-3℃）中，使鱼遇到冷却即死亡，以减少压挤鱼体的损伤。

另外还有冷空气冷却保鲜、微冻保鲜等冷却保鲜法，此类保鲜温度接近 0℃，是短期保鲜使用的主要方法，该温度还不能完全抑制微生物的生长。冰鱼腐败主要由嗜冷的革兰氏阴性杆菌引起，这些细菌也出现在肉类的腐败中，尤其是腐败桑瓦拉菌（*Shewanella putrefaciens*）及假单胞菌属。

② 冻结保鲜　鱼类冻结保鲜是将鱼温从初温降低至中心温度为 -15℃ 或更低温度的贮藏方法。冷却或微冻保鲜一般用于鲜鱼运输和加工、销售前的暂时贮藏，而冻结保鲜可延长贮藏期。冻结保鲜是目前最佳的保藏手段。

冻结保鲜一般有强制送风冻结、平板冻结和沉浸式冻结 3 种。

整条鱼的冻结工艺流程为：

新鲜原料鱼→挑选→清洗→理鱼→定量装盘→冻结→脱盘→包冰衣和包装→成品冻藏

在保质操作上关键要求是经预冷后的鱼体应进行快速冷冻（宜用 -25℃ 以下低温），这样可使鱼体内形成的冰晶小而均匀，组织内汁液流失就较少，亦利于冷空气进入鱼体中心。在 -15~-18℃的冷藏条件下，贮存期不应超过 6~9 个月。

(2) 水分活度（a_w）

水产品中的水分对微生物的生长亦具有重要作用。微生物的生长繁殖与水分活度具有直接关系。所谓水分活度是指食品中游离水的比例，即水分活度＝食品的水蒸气压/纯水的水蒸气压。水分活度越高，说明食品中所含游离水的比例越高；水分活度越低，食品中游离水越少。微生物的生长，一般有其最适水分活度范围。水分活度越低，微生物越不易生长。即使在可生长的水分活度范围内，其生长速度也随着水分活度的降低而减慢。

微生物的生长与水分活度的关系以及相应的食盐浓度如表 11-10 所示。新鲜水产品的水分活度为 0.98 或以上，腌制品或干品的水分活度在 0.80~0.88 之间。

表 11-10 各种微生物生长的最低水分活度与相应的食盐浓度

微生物种类	生长最低水分活度	食盐溶液的浓度/%
大多数腐败细菌	0.90	13.0
大多数腐败酵母	0.88	16.2
大多数腐败霉菌	0.80	23.0
嗜盐细菌	0.75	饱和
耐干燥霉菌	0.65	
耐渗透压酵母	0.60	

腌熏水产制品在一定程度上能抑制细菌的生长，但不能完全抑制细菌的作用，有时也会发生腐败分解，腐败的细菌种类与新鲜鱼一样。产生腐败与食盐浓度、食盐种类、盐渍温度以及空气接触等因素有关。高盐、低温、低空气含量有利于产品保存。

干制加工属于脱水性加工，目的在于减少鱼体内所含的水分，使细菌得不到繁殖所必需的水分条件。常用的煮后晒干方法除具有脱水作用外，还能降低酶的活力，并使细菌处于体液外渗状态的不利环境。

(3) 氧浓度

水产品自身携带的微生物和污染的微生物大多数都是需氧的。水产品在贮藏过程中，最初出现的变化是由于细菌的生长，在制品表面出现发黏。但在制品的内部，由于氧浓度很低，细菌尚未繁殖。即制品表面和内部的细菌繁殖速度不一致，表面细菌的繁殖比内部快。这种差异主要是由于制品表面经常与空气接触，氧的供给充足，有利于需氧菌的快速增殖；而内部经常处于厌氧状态，需氧菌难以繁殖。

为了防止氧侵入制品的内部，应对制品进行包装，隔断制品与空气的接触，以防止制品内部氧浓度的上升，维持厌氧状态，阻止需氧芽孢细菌的生长，从而提高水产制品的贮存性。

鱼类的气调是利用人为控制的不同气体混合物如 N_2、O_2、CO_2、CO 等作为介质，并在冷藏条件下做较长时间的贮藏。

11.6 果蔬中的微生物

水果和蔬菜的主要成分是碳水化合物和水，如表 11-11 所示，其特点是水的含量比较高，适合于微生物的生长繁殖，容易发生微生物引起的腐败变质。引起水果和蔬菜变质的微生物以能分解利用碳水化合物的为主要类群。

表 11-11　蔬菜和水果的平均化学组成及 pH

项目	水/%	碳水化合物/%	蛋白质/%	脂肪/%	灰分/%	pH
蔬菜	88	8.6	2.0	0.3	0.8	5.0～7.0
水果	85	13	0.9	0.5	0.5	一般 4.5 以下

11.6.1　新鲜果蔬中微生物的来源及类群

新鲜果蔬表面都附着有大量微生物，一般每平方厘米有几百个或几千个乃至几百万个。例如，经过充分洗涤过的番茄表面，微生物数量有 $400\sim700\mathrm{CFU/cm^2}$；如果是没有洗涤过的番茄，每平方厘米至少有几千个。再如花椰菜，在没有洗涤过的表层组织上，微生物数量达到 $1\times10^6\sim2\times10^6\mathrm{CFU/g}$；虽经过洗涤，且认为达到清洁程度的花椰菜，其表层组织微生物数量也有 $2\times10^5\sim5\times10^5\mathrm{CFU/g}$。

微生物可通过种种途径污染果蔬。一般来说，正常的果蔬内部组织是无菌的，但有时在水果内部组织中有微生物存在。例如一些苹果、樱桃的组织内部可分离出酵母菌，番茄中分离出球拟酵母、红酵母和假单胞菌，这些微生物在开花期即已侵入并生存在植物体内，但这种情况仅属少数。另外，果蔬在田间因遭受植物病原菌的侵害而发生病变，这些病变的果蔬即带有大量植物病原微生物，这些植物病原微生物可在果蔬收获前从根、茎、叶、花、果实等处侵入果蔬，或者在收获后的包装、运输、销售、储藏等过程中侵入果蔬。在收获前或收获后，由于接触外界环境如土壤、水、空气等，果蔬表面可污染大量的腐生微生物，同时也能被人、畜病原微生物所污染。

11.6.2　微生物引起的果蔬变质

水果和蔬菜的表皮及表皮外覆盖的一层蜡质状物质有防止微生物侵入的作用，但果蔬的表皮有自然孔口（气孔、水孔），而且当果蔬表皮组织受到昆虫的刺伤或其他机械损伤出现伤口时，微生物就会从这些孔口、伤口侵入果蔬内部，有的微生物也可突破完好无损的表皮组织侵入果蔬内部，结果导致果蔬溃烂变质。

成熟度高的果蔬，因更容易受损伤而更易发生溃烂变质。另外温度高、湿度高有利于微生物的生长繁殖，因而使果蔬也更容易变质。与水果相比，蔬菜带的泥土较多，污染的微生物数量大、种类多，同时蔬菜的表皮组织也较水果薄，容易受到损伤，造成微生物的侵入，因而蔬菜更容易发生腐烂变质。

不同果蔬经微生物作用后可出现不同的腐烂变质症状，如出现各种深色斑点，组织变得松软、凹陷、变形，逐渐变成浆液状乃至水液状，并产生各种不同的酸味、芳香味、恶臭味等。

11.6.2.1　微生物引起新鲜果蔬的变质

（1）细菌引起新鲜蔬菜的变质

蔬菜上常见的细菌有欧文氏菌属、假单胞菌属、黄单胞菌属（*Xanthomonas*）、棒杆菌属（*Corynebacterium*）、魏茨曼氏菌属、梭状芽孢杆菌属等，但以欧文氏菌属、假单胞菌属为最重要。

欧文氏菌属、某些假单胞菌（如边缘假单胞菌，*Pseudomonas marginalis*）、芽孢杆菌以及梭状芽孢杆菌可引起蔬菜发生细菌性软化腐烂。它们能分泌果胶酶，分解果胶，使蔬菜组织软化，有时有水渗出。引起蔬菜发生软化腐烂的细菌中，以欧文氏菌最为常见，这类菌可危害多种蔬菜（如表 11-12 所示），其代表性的菌种有胡萝卜软腐欧文氏菌、软腐病欧文氏菌

（*E. aroideae*）等，可使块根类作物、十字花科植物、葫芦、茄科蔬菜、洋葱和花椰菜等产生一种软化、有恶臭气味的湿性腐烂。大部分欧文氏菌在低温下也能生长，因而它们也能危害低温储藏中的蔬菜。

表 11-12 引起蔬菜变质的常见微生物

微生物种类	感染的蔬菜	病害
欧文氏菌属	甘蓝、白菜、萝卜、花椰菜、番茄、茄子、辣椒、黄瓜、西瓜、豆类、洋葱、大蒜、芹菜、胡萝卜、莴苣、马铃薯等	细菌性软化腐烂
假单胞菌属	甘蓝、白菜、花椰菜、番茄、茄子、辣椒、黄瓜、西瓜、甜瓜、豆类、芹菜、莴苣、马铃薯等	细菌性软化腐烂、枯萎、斑点
黄单胞菌属	甘蓝、白菜、花椰菜、番茄、辣椒、莴苣、生姜等	枯萎、斑点、溃疡
灰葡萄孢	甘蓝、白菜、萝卜、花椰菜、番茄、茄子、辣椒、黄瓜、南瓜、豆类、洋葱、大蒜、芹菜、胡萝卜、莴苣等	灰霉腐烂
白地霉	甘蓝、萝卜、花椰菜、番茄、豆类、洋葱、大蒜、胡萝卜、莴苣等	酸腐烂或出水性软化腐烂
黑根霉	甘蓝、萝卜、花椰菜、番茄、黄瓜、西瓜、南瓜、豆类、胡萝卜、马铃薯等	根霉软化腐烂
疫霉属	番茄、茄子、辣椒、瓜类、洋葱、大蒜、马铃薯等	疫霉腐烂
刺盘孢属	甘蓝、白菜、萝卜、芜菁、芥菜、番茄、辣椒、瓜类、豆类、葱类、莴苣、菠菜等	黑腐烂
核盘菌属	甘蓝、白菜、萝卜、花椰菜、番茄、辣椒、豆类、葱类、芹菜、胡萝卜、莴苣、马铃薯等	菌核性软化腐烂或黑腐烂
链格孢属	甘蓝、白菜、萝卜、芹菜、芜菁、花椰菜、番茄、茄子、马铃薯等	链格孢霉腐烂或黑腐烂
镰孢霉属	番茄、洋葱、黄花菜、马铃薯等	镰孢霉腐烂
白绢薄膜革菌	甘蓝、白菜、萝卜、花椰菜、番茄、茄子、辣椒、瓜类、豆类、葱类、芹菜、胡萝卜等	白绢病

某些假单胞菌、黄单胞菌、棒杆菌可引起蔬菜发生其他类型的病害，例如使蔬菜发生细菌性枯萎、溃疡、斑点、环腐病等。芹假单胞菌（*Pseudomonas apii*）使莴苣发生枯萎，栖菜豆假单胞菌（*P. phaseoilcola*）使蚕豆枯萎，边缘假单胞菌可使莴苣叶出现斑点，疱病黄单胞菌（*Xanthomonas vesicatoria*）可使番茄、辣椒产生细菌性斑点，菜豆黄单胞菌（*X. phaseoli*）使蚕豆枯萎，豇豆黄单胞菌（*X. vignicola*）可使豇豆发生溃疡，密执安棒杆菌（*Corynebacterium michiganense*）可使番茄发生溃疡，坏腐棒杆菌（*C. sepedonicum*）可使马铃薯发生环腐病。假单胞菌、黄单胞菌可危害多种蔬菜。

（2）霉菌引起新鲜蔬菜的变质

引起新鲜蔬菜变质的霉菌种类繁多，常见并广泛分布于蔬菜中的霉菌有灰葡萄孢、白地霉、根霉属、疫霉属、刺盘孢属、核盘菌属、链格孢属、镰孢霉属、白绢薄膜革菌等，它们可感染很多种类的蔬菜，如表 11-12 所示。

灰葡萄孢可从未损坏的表皮侵入蔬菜，也可由伤口、自然孔口等处侵入，使蔬菜发生灰霉腐烂，即在患处表面覆盖一层灰色绒毛状菌丝，使组织变软而腐烂。气温和湿度较高时，有利于该菌形成很多分生孢子，因而有利于灰霉腐烂的发生和传播，可造成严重的、大面积的感染和腐烂。

白地霉由伤口、自然孔口侵入蔬菜，可使很多蔬菜发生酸腐烂或出水性软化腐烂。

以黑根霉（*Rhizopus stolonifer*）为代表的根霉菌可从伤口、自然孔口侵入蔬菜，使蔬菜发生根霉软化腐烂，被害组织软化，出现黑色斑点。

疫霉属的一些菌株使蔬菜发生疫霉腐烂或称为疫病。例如，致病疫霉可侵染马铃薯、番茄、茄子，辣椒疫霉（*P. capsici*）可侵染番茄、茄子、辣椒、瓜类，葱疫霉（*P. polti*）可侵染葱类。马铃薯在储藏期间容易发生疫霉腐烂，即在附有疫霉的地方，颜色呈灰色，而且很软，很容易用手按出一个手指印来；切开该处，可以看到灰色或暗褐色的受病害的组织；在储藏过程中，这块组织会慢慢扩大到整个块根；若存储的地方比较潮湿，还能传染给没有病害的马铃薯块茎。在染有疫霉病菌的地方，常有其他霉菌和细菌出现，使马铃薯加速腐烂。

刺盘孢属使蔬菜发生黑腐烂或称为炭疽病，即在患处产生暗黑色的凹陷，病斑上面有鲑鱼肉色的黏质物（分生孢子堆）。可使蔬菜发生炭疽病的刺盘孢很多，例如，葫芦科刺盘孢（*Colletotrichum lagenarium*）可侵染瓜类，希金斯刺盘孢（*C. higginsianum*）可侵染白菜、萝卜、芜菁、芥菜等十字花科蔬菜，黑刺盘孢（*C. nigrum*）侵染辣椒，葱刺盘孢（*C. circinans*）侵染葱类，果腐刺盘孢（*C. phomoides*）可侵染番茄。除刺盘孢属可引起蔬菜发生炭疽病外，另一属于半知菌的盘长孢属（*Gloeosporium*）及子囊菌小丛壳属（*Glomerella*）、假盘菌属（*Pseudopeziza*）、囊孢壳属（*Physalospora*）等也可引起蔬菜发生炭疽病。盘长孢属与刺盘孢属在亲缘上有密切联系，可认为是一个大属而人为按孢子盘有无刚毛划分的两个属，刺盘孢属分生孢子盘具有黑色刚毛，盘长孢属则没有刚毛。刺盘孢属的一些种有有性阶段的即为小丛壳属。

核盘菌属中的一些菌种如核盘菌（*Sclerotinia sclerotiorum*）、大豆核盘菌（*S. libertiana*）等可引起蔬菜发生菌核病或菌核性软腐病。发病适温在 20℃左右，当 25℃时发病则显著减少。甘蓝、大白菜被感染时，叶柄或叶片上出现水渍状淡褐色至褐色病斑，并在病部长出白色棉毛状菌丝及黑色鼠粪状菌核。该菌可使低温储藏（10℃以下）的蔬菜发病。

链格孢属中的一些菌可使蔬菜发生链格孢霉腐烂。如番茄链格孢（*Alternaria tomato*）可感染番茄，芸苔链格孢（*A. brossicoe*）可感染甘蓝、白菜、萝卜、芥菜、芜菁等。

镰孢霉可使蔬菜发生镰孢霉腐烂。如使马铃薯发生干腐烂，即在患处表面长出灰色绒毛状的凸起小块，同时马铃薯干枯；如果空气湿度高时，则发生湿腐烂。

白绢薄膜革菌可使多种蔬菜发生白绢病。该菌为担子菌，适宜在 30~35℃的高温环境中生长。病斑表面出现白绢丝状菌丝，以后便形成菜子粒大小的白色菌核，并逐渐变为褐色，患处组织软化，有恶臭味产生。

（3）微生物引起新鲜水果的变质

水果与蔬菜的不同在于含较少的水，但含较多的糖。水果中蛋白质、脂肪和灰分的平均含量分别为 0.9%、0.5%和 0.5%。像蔬菜一样，水果也含有维生素和其他的有机化合物。从营养组成上看，这些物质很适合细菌、酵母菌和霉菌的生长，但水果的 pH 低于细菌的最适生长 pH，这一事实足以解释在水果的变质初期很少发现细菌。霉菌和酵母菌的宽范围生长 pH，使它们成为引起水果变质的主要微生物。

引起水果变质的霉菌常见的有青霉属、灰葡萄孢、黑根霉、黑曲霉、枝孢属、木霉属、链格孢属、疫霉属、核盘菌属、镰孢霉属、小丛壳属、刺盘孢属、盘长孢属、粉红单端孢（*Trichothecium roseum*）等，如表 11-13 所示。

表 11-13 引起水果变质的常见微生物

微生物种类	感染水果	病害
青霉属	柑橘、梨、苹果、桃、樱桃、李、梅、杏、葡萄、黑莓等	青霉病、绿霉病
灰葡萄孢	柑橘、梨、苹果、桃、樱桃、李、梅、杏、葡萄、黑莓、草莓等	灰霉腐烂
黑根霉	梨、苹果、桃、樱桃、李、梅、杏、葡萄、黑莓、草莓等	根霉软化腐烂
黑曲霉	柑橘、苹果、桃、樱桃、李、梅、杏、葡萄等	黑腐烂
枝孢霉、木霉属	桃、樱桃、李、梅、杏、葡萄等	绿霉腐烂

微生物种类	感染水果	病害
链格孢霉	柑橘、苹果	链格孢霉腐烂
疫霉属	柑橘	棕褐色腐烂
核盘菌属	桃、樱桃	棕褐色腐烂
镰孢霉属	苹果、香蕉	镰孢霉腐烂
小丛壳属	梨、苹果、葡萄	炭疽病或黑腐烂
刺盘孢属	柑橘、梨、苹果、葡萄、香蕉	炭疽病或黑腐烂
盘长孢属	柑橘、梨、苹果、葡萄、香蕉	炭疽病或黑腐烂
粉红单端孢	苹果	粉红腐烂

青霉属可感染多种水果，如意大利青霉（Penicillium italicum）和指状青霉（Penicillium digitatum）可分别使柑橘发生青霉病和绿霉病。柑橘果实在运输、储藏期间发生腐烂，除少数系生理或冻害等原因引起外，绝大多数系由某些真菌侵害所致，其中以由青霉引起的青霉病、绿霉病所占比重最大。发病时，果皮软化，呈现水渍状，病斑为青色或绿色霉斑，病部扩展很快，几天内就可以扩展到整个果实，最后全果腐烂，病果表面被青色或绿色粉状物（分生孢子梗及分生孢子）所覆盖。扩展青霉（P. expansum）也可使苹果发生青霉病，病斑近圆形、下陷，果肉软腐。

11.6.2.2 果汁的腐败变质

果汁是以新鲜水果为原料，经压榨后加工制成的。前面已经提到水果常常带有微生物，因此，加工的果汁也不可避免地会有微生物污染。微生物在果汁中能否繁殖，主要取决于果汁的pH值和果汁中糖分的含量等情况。果汁的pH值一般偏酸，在pH2.4（柠檬汁）至pH4.2（番茄汁）之间，糖度也较高，有的浓缩果汁甜度甚至可达60~70°Brix，因而在果汁中生长的微生物主要是酵母菌，其次是少数几种霉菌和极少数的细菌。

(1) 果汁中的细菌

果汁中生长的细菌主要是乳酸菌，是一些能利用糖和有机酸的乳酸菌，如乳明串珠菌（Leuconostoc lactis）、植物乳杆菌和链球菌中的乳酸菌，这些乳酸菌可利用果汁中的糖以及柠檬酸、苹果酸等有机酸，这些物质被细菌分解以后产生乳酸、二氧化碳等，在果汁中还会产生少量丁二酮、醋酸和乙偶烟（3-羟基丁酮）等物质。明串珠菌在果汁中生长，还由于形成多糖而使果汁变得黏稠。含糖量较高的果汁，也容易发生黏稠状变质。除乳酸菌外，其他细菌一般不容易在果汁中生长，即使具有芽孢的细菌也不能长时间生存。肉毒梭状芽孢杆菌在冰冻的浓缩柑橘汁中能生活较长一段时间。当果汁的pH值高于4.0时，酪酸菌容易生长，则有发生酪酸发酵的可能。

(2) 果汁中的酵母菌

酵母菌是果汁中所含的微生物数量和种类最多的一类微生物，它们往往从鲜果中带来，或是压榨过程中从环境中污染。发酵果汁也可能在发酵过程中污染。

苹果汁中的主要酵母有假丝酵母属、圆酵母属、隐球酵母属和红酵母属。当苹果汁置于低二氧化碳气体中保存时，常常可以观察到汉逊氏酵母生长，它在繁殖过程中可以产生一些具有水果香味的酯类物质。

葡萄汁中的酵母主要是柠檬形克勒克氏酵母（Kloeckeria apiculata）、葡萄酒酵母、卵形酵母（Sacch. oviformis）和路氏酵母（Sacch. ludwigii）等。

柑橘汁中发现的酵母往往与鲜柑橘表皮上常有的酵母菌不同,柑橘汁中常常发现越南酵母(Sacch. anamemsis)、葡萄酒酵母和圆酵母属、醭酵母属等。这些酵母主要是在加工时从环境中污染的。

浓缩果汁由于糖度高（为 60~70°Brix）,酸度也高,细菌生长受到抑制,只见一些耐渗透性酵母菌和霉菌生长,如鲁氏酵母（Sacch. rouxii）和蜂蜜酵母（Sacch. mellis）等。这些酵母生长的最低 a_w 值是 0.65~0.70,比一般普通酵母生长的 a_w 值 0.85~0.90 要低得多。据报道这些酵母细胞由于密度比它所生活的浓糖液的密度小,所以往往浮于浓糖液的表层,当果汁中糖被酵母转化后,密度下降,酵母就开始沉降至下层。一般酵母在浓缩果汁中繁殖会引起酒精发酵。当这些浓缩果汁置于低温（4℃左右）条件下保藏,酵母的发酵作用就减弱,甚至停止。因此,一般高浓度的果汁置于低温条件下保藏,可以防止变质。

(3) 果汁中的霉菌

霉菌引起果汁变质会产生难闻的臭味。刚榨的果汁,经常可以检出交链孢霉属、芽枝霉属、粉孢霉属和镰刀霉属中的一些霉菌,但这些霉菌在贮藏的果汁中往往很少检出。果汁中发现的霉菌以青霉属最为多见,一般青霉属在有极小量的二氧化碳存在时,生长就会受到抑制,只有一些个别种如扩张青霉（Penicillium expansum）和皮壳青霉（Pen. crustaceum）等能较迅速生长。果汁中另一类常见霉菌是曲霉属,曲霉的孢子有较强的抵抗力,可以生存较长时间,曲霉属中较多见的是构巢曲霉（Aspergillus nidulans）和烟曲霉（Asp. fumigatus）等。霉菌一般都较易受到二氧化碳的抑制,充有二氧化碳的果汁有防止霉菌的作用。

(4) 微生物引起果汁变质的表现

① 混浊：除化学因素引起的变质外,果汁混浊的原因大多数是由酵母菌产生酒精发酵造成的,有时也可因霉菌的生长造成。引起混浊的酵母菌常见圆酵母属中的一些种,它们往往是由于容器清洗不净而造成污染。造成混浊的霉菌是一些耐热性霉菌,如雪白丝衣霉菌（Byssochlamys nivea）、宛氏拟青霉（Paecilomqces uarioti）等,当它们少量在果汁中生长时并不发生混浊,因为这些霉菌能产生果胶酶,对果汁有澄清作用,但可使果汁风味变坏,产生霉味或臭味；当大量生长时就会变混浊。

② 产生酒精：引起果汁产生酒精而变质的微生物主要是酵母菌,酵母菌能耐受二氧化碳的作用,当果汁中含有较高浓度的二氧化碳时,酵母菌虽然不能明显生长,但仍然保持有活力,一旦二氧化碳浓度降低,即可恢复生长繁殖的能力,引起贮存果汁产生酒精。发生酒精发酵的酵母菌种类很多,如啤酒酵母、葡萄汁酵母等。除此之外还有少数细菌和霉菌也能引起果汁产生酒精发生变质。如甘露醇杆菌（Bacterium mannitopoeum）,可使 40% 的果糖转化为酒精,有些明串珠菌属可使葡萄糖转变成酒精。霉菌中的毛霉、镰刀霉,曲霉中的部分菌种在一定条件下,也能促使果汁产生酒精发酵。

③ 有机酸的变化：果汁中主要含有酒石酸、柠檬酸和苹果酸等有机酸,这些有机酸以一定的含量形成了果汁的特有风味。当微生物在果汁中生长繁殖时,分解了这些有机酸或改变了它们的含量比例,就使得果汁原有风味遭到破坏,甚至产生一些不愉快的异味。

酒石酸是一种比较稳定的有机酸,一般酵母菌不对其发生作用,但有极少数的细菌却能将其分解,例如,解酒石杆菌（Bacterium tartarophorum）、琥珀酸杆菌（Bacterium succinicum）、肠细菌属和埃希氏杆菌属等；霉菌中也有个别菌种能分解酒石酸。青霉、毛霉和葡萄孢霉等能分解柠檬酸,分解后往往产生二氧化碳气体和醋酸等。果汁中醋酸含量增加意味着果汁质量下降。乳酸杆菌、明串珠菌等一些乳酸菌能分解苹果酸,分解产物有乳酸和丁二酸等。苹果酸的分解往往可能由于有氨基酸的存在而减弱。霉菌中也有个别菌种能分解苹果酸,例如灰绿葡萄孢霉。但有些菌种,如黑根霉(*Rhizopus uigricans*)在其代谢过程中又可以合成苹果酸。有的霉菌在代谢过程中可以合成柠檬酸,如橘霉属(*Citromyces*)、曲霉属、青霉属、毛霉属、葡萄孢属、丛霉属(*Dematium*)和镰刀霉属等。

酵母菌对果汁中有机酸的作用是微弱的。

11.7 粮食中的微生物

11.7.1 粮食中微生物的来源及类群

粮食是世界上储藏量最大的食品。由于粮食上带有种类繁多的微生物,加上粮食中含有丰富的碳水化合物、蛋白质、脂肪及无机盐等营养物质,是微生物良好的天然培养基,一旦条件合适,粮食中的微生物就会活动,不但影响粮食的安全储藏,导致粮食品质的劣变,而且还可能产生毒素污染,严重影响人类食用的安全性。

粮食上存在的主要微生物类群包括细菌、放线菌、酵母菌、霉菌、病毒等,它们存在于粮食籽粒的外部和内部。微生物侵染粮食的途径很广,它们可以从粮食作物的田间生长期、收获期及储藏、运输和加工各个环节上感染粮食。感染到粮食上的各类微生物构成了粮食的微生物区系。

11.7.1.1 粮食中微生物的主要来源

粮食微生物的主要来源是土壤。因为土壤是自然界中微生物生存和繁殖的主要场所。粮食的种植离不开土壤,土壤中的微生物可以通过气流、风力、雨水、昆虫的活动以及人的操作等方式被带到正在成熟的粮食籽粒或已经收获的粮食上,它们中有的可以直接侵入籽粒的皮层,有的黏附在籽粒表面,有的混杂在籽粒中。所以粮食微生物与土壤微生物之间存在着渊源的关系。

当粮食收获入库后,仓库中害虫和螨类的活动也影响粮食微生物区系。各种害虫身体表面常常带有大量的霉菌孢子,借助它们的活动,孢子可以到处传播。有些害虫以霉菌孢子为食料,如长角谷盗、赤拟谷盗和锯谷盗可吃杂色曲霉的孢子,在这些害虫排泄物中会有大量的活孢子存在;同时害虫咬损粮粒造成伤口,有利于微生物的侵染;害虫大量繁殖,使粮食水分增加,粮温升高,也有利于微生物的生长繁殖。

在粮食仓库和加工厂的各种机器、包装、器材和运输工具上沾有大量的微生物,尤其在缝隙中尘埃杂质和粮食碎屑粉末积聚,可导致微生物大量滋生,从而使粮食在加工或运输过程中受到污染。

11.7.1.2 微生物在粮食上的存在部位与数量

微生物如附着在粮粒的表皮或颖壳上,称为外部微生物;也可以侵入到粮粒表皮内部,称为内部微生物。通常以每克粮食及粮食食品上微生物的个数来表示。每克粮食中的细菌数量从一万个到一亿个以上,一般为几万到几百万个。每克粮食中的霉菌数量从几百个到几万个,霉变的粮食多达几十万到几千万个。尘埃杂质多、土粒多的不干净粮食上微生物数量也多。破碎粮粒营养物质外露更易遭受微生物侵染,所以破碎粮粒上微生物也很多。对于一个粮食样品,不仅要从微生物总的带菌量多少,而且要从菌相的组成和消长上来分析粮食的品质及变化的趋势。一般粮食外部带菌量比内部多。粮食霉变发热后由于霉菌侵入粮粒内部而使内部带菌量增加。

11.7.1.3 粮食中的细菌

新收割的粮食上,细菌在个体数量上占优势,通常可占总带菌量的90%以上。类群上主要是一些寄生性的细菌及一些利用禾本科植物生长分泌物为营养的细菌,前者一般为植物病原菌,后者一般对植物生长无害，也被称为"附生细菌"。如草生欧文氏菌、荧光假单胞杆菌、黄杆菌、黄单胞杆菌等均为谷物类粮食中常检出的细菌类群。

细菌在粮食上的数量虽多，但对储粮安全的重要性远不及霉菌。因为细菌的生长一般需要有游离水存在，粮食在进入常规储藏阶段后水分含量均较低，远远达不到细菌生长的水分条件；另外，细菌对大分子物质的分解能力相对较弱，而粮食大都有外壳包裹，细菌难以侵入完整的粮粒，对粮食品质的破坏性较霉菌低。通常粮食在受到霉菌破坏、变质、发热后，细菌有可能利用霉菌对粮食的降解产物而大量生长，导致粮食温度继续升高，但这类情况在储粮上发生得很少。

11.7.1.4 粮食中的放线菌

粮食上经常可分离到放线菌，但一般其数量远少于细菌，类群方面以链霉菌属的放线菌为主，如白色链霉菌、灰色链霉菌等。因为土壤中存在着大量放线菌，因此放线菌在粮食上的存在数量与粮食中尘、杂质的含量有关。

放线菌对储粮稳定性的影响与细菌类似，其危害一般也是在粮食受到霉菌破坏而发热的后期才表现出来。

11.7.1.5 粮食中的酵母菌

粮食上酵母菌数量一般较少，而且常见酵母菌对粮食大分子物质的分解能力较弱，由酵母菌导致粮食变质的情况很少发生。粮食上检出的酵母菌一般为比较耐干燥的酵母类群，常见的有假丝酵母及红酵母等。在某些特殊的生态条件下酵母菌可能会成为需要关注的微生物类群，例如当粮食处于密闭的条件下储藏，粮堆整体或由于粮堆水分转移导致局部粮食水分增高时，由于密闭可能产生的缺氧环境会抑制霉菌等好氧微生物的活动，使得进行兼性厌氧生长的酵母菌繁殖而产生酒精味，从而影响粮食的正常品质。

11.7.1.6 粮食中的霉菌

霉菌是引起粮食变质的主要微生物类群，不管粮食储藏的品种、条件、期限等方面有多大的不同，其储藏的安全性都将受到霉菌的威胁。这是因为霉菌的种类非常庞杂，适应性强，难以进行有效防范。

从与粮食的相互关系上看，霉菌有寄生菌、腐生菌和兼寄生菌。寄生菌一般都是植物病原菌，它们可引起粮食作物的病害，如麦类赤霉病的孢子可沾附在粮食籽粒表面，菌丝可潜伏在皮层下；稻曲病的厚垣孢子可散布在籽粒表面；小麦矮腥黑穗病的菌瘿可混杂在粮堆中等。虽然在粮食储藏阶段寄生菌不会危害粮食的品质，但如果作为种子粮，寄生菌的携带是非常有害的。腐生菌在粮食上数量最多，包括各类可对粮食品质产生严重危害的青霉、曲霉等，是粮食储藏期间需要重点关注的微生物类群。兼寄生菌是一类粮食储藏的条件危害菌，如链格孢霉、蠕孢霉、枝孢霉、镰孢霉、弯孢霉、黑孢子霉等，当粮食处于较高的温度和较高的水分含量条件下时，这些霉菌可以在粮食上生长并危害粮食品质，在粮食常规储藏条件下这类霉菌的生长受到抑制。

从生态类群上，可将粮食上的霉菌分为田间型和储藏型，通常也称为"田间真菌"和"储藏真菌"。田间型霉菌一般指作物在田间生长期间侵染到粮食上的霉菌，主要为寄生和兼寄生的；储藏型霉菌一般指谷物在收获到储藏期间污染到粮食上的霉菌，即各类腐生型霉菌。当然，这种划分带有人为的色彩，因为粮食上感染霉菌的途径不可能有截然的界限，例如黄曲霉应该属储藏型霉菌，但长江以南夏季前后收获的稻谷、玉米等在田间生长期间就可以被感染。

根据微生物对环境的适应性，霉菌的类群非常齐全。表 11-14 列举了可适应各种环境的霉菌，从而进一步说明霉菌对粮食储藏的危害性。

表 11-14　可在各种环境下生长的典型霉菌

环境条件	生态类型	典型霉菌
$a_w<0.8$	干生型	灰绿曲霉（*Aspergillus glaugus*） 局限曲霉（*Aspergillus restrictus*）
$a_w\ 0.8\sim0.9$	中生型	黄曲霉（*Aspergillus flavus*） 棕曲霉（*Aspergillus ochraceus*） 大多数青霉（*Penicillium* sp.）
$a_w>0.9$	温生型	黑根霉（*Rhizopus nigricans*） 高大毛霉
$T<20℃$	低温型	枝孢霉（*Cladosporium* sp.）
$T\ 20\sim40℃$	中温型	大多数青霉（*Penicillium* sp.） 大多数曲霉（*Aspergillus* sp.）
$T>40℃$	高温型	烟曲霉（*Aspergillus fumigatus*）
正常 O_2 含量（21%）	好氧型	大多数青霉（*Penicillium* sp.） 大多数曲霉（*Aspergillus* sp.）
低 O_2 含量（<1%）	耐低氧型	灰绿曲霉（*Aspergillus glaugus*）

11.7.2　粮食储藏中微生物区系变化的一般规律

粮食收获后经干燥、清杂除秕，水分被控制在安全标准以下，粮粒比较饱满，尘埃杂质较少；用于储粮的粮仓有一定的气密条件和防潮、防渗漏性能，配有一定的通风、粮情检测等设备；为防止储藏期害虫危害，粮堆一般用磷化铝等杀虫剂进行必要的熏蒸处理，然后日常进行必要的储粮状态检测和管理，这种储粮管理方法即为粮食的常规储藏。国家粮库的储粮基本上属于这种类型。随着农业体制改革的发展，农村出现许多种粮大户和专业储粮户，它们的储粮方式也正在朝正规化的方向发展。

11.7.2.1　细菌量变化的一般规律

在常规储粮的环境下，粮食外部的微生物区系将会发生一系列的变化。一般随着储藏时间的延长，细菌数量将迅速减少，尤其以附生型的细菌下降速度更快，而芽孢菌的数量基本保持不变（如图 11-3 所示）。当用平板活菌计数检测细菌时会发现新粮上几乎检不出芽孢菌，而陈粮中则基本上均为芽孢菌，即通常认为常规储粮条件下细菌的区系由附生菌向芽孢菌演替。实际上，在常规储藏条件下细菌数量和类群增加的可能性极小，只是在新粮上芽孢菌的比例太小，不能被正常检出，当附生菌大大减少后芽孢菌才显露出来，而且附生菌数量降低的速率与储藏条件有相关性。因此，粮食中附生细菌的含量变化在一定程度上可反映粮食储藏的年限和粮食储藏的条件，也与粮食的新鲜程度有一定的关联。

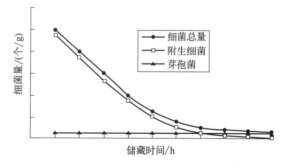

图 11-3　常规储粮中细菌数量的变化

11.7.2.2　粮粒外部霉菌量变化的一般规律

利用平板菌落计数法检测常规储粮条件下粮食外部霉菌数量的变化，通常可以发现，在储藏初期，链格孢霉、镰刀菌、蠕孢霉等田间型霉菌的数量下降速率较快，使这类霉菌在霉菌总量中所占的比例迅速减少。随着储存期的延长，田间型霉菌数量下降的速率才趋于平缓。储藏型霉菌在储粮条件（包括粮质、粮仓、管理等条件）较好的常规储藏期间一般数量基本维持稳定。粮仓中的某些部位，如近表面的粮层、靠近仓墙、门窗等处的粮食，在储藏初期（如半年）由于粮食本身的后熟呼吸及受外界温、湿的影响，可能出现储藏型霉菌少量增加的情况，但随着储存期的继续延长，这类霉菌的数量也将呈下降趋势。所以在常规储藏中，随着储藏时间的延长，粮粒外部携带的霉菌总的数量是呈下降的趋势。当然，在储藏的初期，总带菌量下降速率较快，然后逐渐趋于稳定（如图11-4所示）。

11.7.2.3 粮粒内部霉菌量变化的一般规律

粮粒内部的田间型霉菌一般是在粮粒形成期间侵染的，当粮食收获后即保留在粮粒内部；储藏型霉菌有些在田间就已被侵染，有些则在储藏期间被侵染。检查粮粒内部霉菌状况一般采用下述方法：粮粒分别用一定浓度的乙醇、次氯酸钠等杀菌剂表面消毒，然后用无菌水充分洗涤，在培养基平板上种植100粒粮粒，培养一周左右，镜检记录某种霉菌在100粒粮粒上出现的粒数，即为该菌的感染率。

一些检测结果表明，常规储藏下的粮食粮粒内部霉菌感染率的变化相对比较平缓，但其基本的变化趋势与粮粒外部霉菌变化的趋势相似，即储藏型霉菌保持稳定或短期有增加的可能，随储存期的延长而逐渐减少；田间型霉菌及霉菌总量在整个常规储存期均逐渐下降。由于粮粒内部受外界因素的影响较少，可以排除受大气、昆虫、储粮设备等所带霉菌污染而导致出现较大检测误差的可能性，因此储粮霉菌内部感染率的检测结果在判断储粮安全性方面有较好的参考价值（如图11-5所示）。

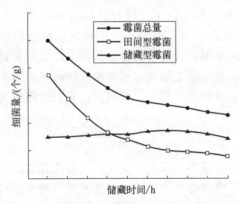

图11-4 常规储粮中粮食外部霉菌数量的变化

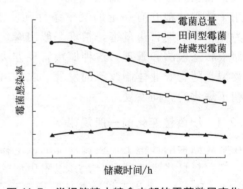

图11-5 常规储粮中粮食内部的霉菌数量变化

11.7.3 粮食的腐败变质

11.7.3.1 粮食霉变带来的负面影响

粮食发热霉变，不仅影响粮食容重，而且严重影响粮食的品质，甚至使粮食丧失使用价值。它的危害表现在以下几个方面。

① 影响粮食容重　按粮食的干物质转换为热量的公式计算，当粮食发热时水分为18%的粮食每升高10℃时的损耗约为0.02%。如有粮食5000kg，粮温由19℃升高到28℃，就会损耗掉粮食9kg，影响容重。

② 影响种用品质　粮食的胚部保护组织薄弱，粮食在发热霉变过程中，微生物通常首先从胚部侵染粮粒，使胚部受到损害，造成种子发芽率下降或全部丧失，影响种用。

③ 影响营养价值　粮食中的主要营养成分有各种糖、脂肪和蛋白质，这些营养物质也是粮食微生物的营养基质。发生霉变的粮食，由于其营养物质已被储粮微生物消耗，粮食营养价值自然大为降低。

④ 影响食用　由于微生物的大量繁殖，菌体本身及其代谢产物与粮食坏死组织混杂在一起，使粮食变色，同时产生霉味等不良气味。霉变严重的粮食，除重量损失外，即使经加工、烘晒、水洗、蒸煮后不良气味也难以消除，以致失去食用价值。有些粮食上的微生物能产生毒素，污染粮食，人、畜食后，会导致各种疾病，甚至危及生命。如黄曲霉毒素是肝毒素，也可以引起其他器官如肾、支气管、皮下组织的病变，发生癌肿。另外，杂色曲霉、灰绿青霉、橘青霉、镰刀菌等，也都是产毒菌，被它们侵害的粮食都带有毒素，威胁人类健康。

⑤ 影响加工工艺品质　发热霉变程度较轻的粮食油料，加工后的出米率、出粉率以及出油率均低于正常的粮食、油料。经过发热霉变的稻谷变得松脆易碎，加工时碎米率高，不出饭，黏度降低，成饭后的适口性差。经过发热霉变的小麦因蛋白质变性和微生物分解的影响，面筋的含量减少，品质下降，制作面食时，面团很黏，发酵不良，烤出的面包或蒸出的馒头体积小，外观色泽不良。经过发热霉变的油料，不仅出油率低，而且加工出来的油品酸价高，品质差。被微生物严重侵蚀的粮食，甚至无法加工。

11.7.3.2　粮食霉变的控制

① 提高粮食储藏品质　粮食储藏品质的好坏，储藏稳定性如何，是由粮食含杂率、水分、完整粒度、饱满度和微生物含量等因素决定的。新收获的粮食一定要晒干扬净并符合国家标准后方可入仓保管。因为干净的粮食黏附的微生物较少，水分低则不利微生物生长，这样的粮食就不容易发热霉变。新粮入仓前利用风车和清理筛机械，清除混在粮食中的各种杂质，以及破损粒和不成熟粒，保持粮食清洁卫生和粮粒完整。使用日晒的方法将粮食水分降低到安全水分范围以内，给微生物造成一个不利的环境，对粮食安全保管和抑制发热霉变有重要作用。

② 改善储藏条件　储粮发热霉变，主要都是由于受潮引起。改善仓储条件，给粮仓创建一个良好的防潮条件，粮仓等设备建好防潮地坪和防潮墙，修好屋顶，使之不漏雨，是一项根本的措施。仓房地坪如果没有防潮层，就应铺设防潮物，以隔离湿气，防止粮食吸湿返潮。秋、冬季节，气温较低时，应经常打开仓库的门窗进行通风，以降低粮食温度。春暖之后，气温开始上升，应根据具体情况，加强密闭隔热，尽量保持粮食低温。在对粮食仓库进行通风或密闭操作的过程中，要避免粮食温度突然下降或突然上升，以防止粮食水分转移和结露，造成发热霉变。

③ 做好日常检查工作　粮食入仓以后，应加强检查，特别是要及时掌握粮温和水分的变化情况，可用眼看、口尝、鼻闻、手捏等办法，检查粮食的色泽、气味以及粮粒的硬软程度。要做到经常进仓检查、比较，尽早发现粮食发热霉变的早期变化，只有这样才有可能及时采取处理措施，达到减少储粮损失的目的。

知识归纳

食品生境中微生物的来源与途径有土壤、水、大气、人体及其他。

乳中微生物的来源包括挤乳前的污染、挤乳过程中的污染、挤乳后的污染。

鲜奶中微生物种类和乳粉中微生物种类，常温下乳中微生物的活动规律包括抑制期、乳球菌期、乳杆菌期、真菌期和腐败期。

生牛乳冷藏中的微生物变化及变质，嗜冷菌中有引起冷藏乳脂肪酸败和蛋白质腐败等变质情况，生产中有有效的消毒方式防治嗜冷菌。

乳制品的腐败变质包括奶油、干酪、淡炼乳、甜炼乳等产品的变质。

乳品的消毒灭菌和防腐，包括净化、消毒、灭菌和防腐。

肉中微生物的来源主要包括屠宰前污染和屠宰后污染，主要微生物类型包括腐生微生物、病原微生物。

低温肉制品中微生物的活动规律主要是嗜冷微生物的活动。

与鲜肉腐败有关的因素有肉的污染情况、水分活度、pH、温度。

肉的变质以细菌性变质为最重要，肉制品中可能出现酸斑、酸股等情况，变质现象分为发黏、变味、色斑。肉类中微生物的控制主要是通过规范屠宰控制肉中的初始菌数、生产过程中采用合适的分段快速冷却。

禽蛋中的微生物来源一是来自家禽本身，二是来自外界污染。鲜蛋中的微生物主要是细菌和霉菌，酵母菌较少。

鲜蛋的腐败变质有多种原因，可以提高环境清洁度，控制气温和湿度，避免外壳和外膜的损伤，注意陈蛋和新鲜蛋分别储藏。

水产品中的微生物来源一是渔获之前的污染，二是捕获之后的污染。

水产品的微生物类群大部分是革兰氏阴性菌的无芽孢杆菌，主要分布在表皮、消化器官和鳃，数量多少受到环境因素的影响。

鱼肉比一般的畜禽肉更容易腐败的原因。

水产品的腐败有冷冻产品的腐败和干燥、烟熏类产品的腐败，通过低温保鲜贮藏、控制水分活度和氧气浓度来实现腐败控制。

果蔬中微生物来源包括采摘前和采摘后的污染，有细菌、酵母和霉菌，它们均会引起不同程度的果蔬变质。

危害果蔬的微生物的特性以及对应的保鲜方法，果汁的腐败变质现象和原因。

粮食中的微生物来源主要是采收前和采收后的污染，种类有细菌、放线菌、酵母菌和霉菌。

粮食中的主要霉菌种类及其在粮粒内外部的菌数变化规律，粮食中微生物的危害表现及其控制手段。

 ## 思考题

1. 食品生境中微生物的来源与途径有哪些？
2. 简述乳品的灭菌方法。
3. 如何控制原料肉和肉制品中的微生物？
4. 怎样控制禽蛋腐败变质？
5. 试述水产品中的微生物来源。
6. 控制水产品中微生物的主要方法有哪些？
7. 危害果蔬微生物的特性有哪些？
8. 简述微生物引起果汁变质的表现。
9. 简述粮食储藏中微生物区系变化的一般变化规律。
10. 简述粮食霉变带来的负面影响。

 ## 应用能力训练

1. 举例说明如何鉴定引起某类食品腐败的特定微生物。
2. 科研过程中，发现干制的蔬菜出现了霉味，但用普通的培养基没有分离到霉菌，分析这是什么原因？要分离到这类微生物，该如何改进试验方案？
3. 臭鳜鱼、螺蛳粉、臭豆腐等是发酵还是腐败？如何甄别？

 ## 参考文献

[1] 蔡静萍. 粮油食品微生物学. 北京：中国轻工业出版社，2002.
[2] 成岩萍. 浅析微生物与粮食储藏的关系. 粮食科技与经济，2003，3：49-51.
[3] 郭本恒. 乳品微生物学. 北京：中国轻工业出版社，2001.
[4] 何国庆，贾英民，丁立孝. 食品微生物学. 2版. 北京：中国财政经济出版社，2009.
[5] 孔保华，韩建春. 肉品科学与技术. 2版. 北京：中国轻工业出版社，2011.
[6] 孙长颢，王舒然. 营养与食品卫生学. 6版. 北京：人民卫生出版社，2007.
[7] 肖克宇，陈昌福. 水产微生物学. 北京：中国农业出版社，2004.
[8] 杨洁彬，李淑高，张簇，等. 食品微生物学. 2版. 北京：中国农业大学出版社，1995.
[9] 殷蔚申. 食品微生物学. 北京：中国财政经济出版社，1990.
[10] Jacquelyn G Black. 微生物学原理与探索. 蔡谨，译. 6版. 北京：化学工业出版社，2007.

第 12 章

微生物与食物中毒

知识图谱

春夏之交，雨水充沛，气温适宜，是采食蘑菇的好时节，但每年都有因为食用蘑菇而中毒甚至死亡的事件报道。前面我们已经学到，蘑菇属于大型真菌，蘑菇中毒为真菌性食物中毒。那细菌能引起食物中毒吗？食物中毒有哪些特点？与哪些因素有关？该如何防控？

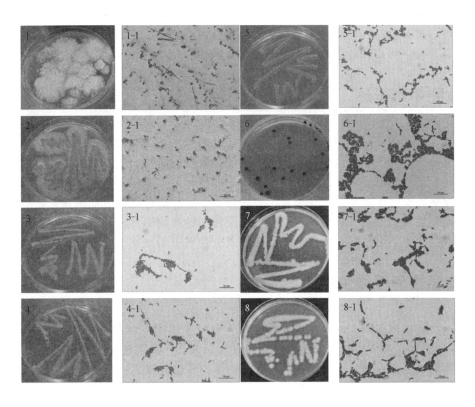

分离自食物的食源性病原微生物形态（1号菌株为地衣芽孢杆菌；2号菌株为解淀粉芽孢杆菌；3号菌株为克雷伯氏菌；4号菌株为植生拉乌尔菌；5号菌株为解鸟氨酸拉乌尔菌；6号菌株为产气荚膜梭菌；7号菌株为枯草芽孢杆菌；8号菌株为蜡样芽孢杆菌）

学习目标

○ 列举近几年引起食物中毒的微生物有哪些？中毒的症状差异是什么？
○ 掌握食源性致病性微生物的概念，并清楚什么是毒力。
○ 清晰食物中毒的处置流程。
○ 成立谈论小组，开展食品安全对于国家稳定的重要性，并就讨论的结果总结出引起食品安全的主要因素有哪些？

食品在种植、生产、加工、运输、贮藏、销售、烹饪过程中被生物本身及其毒素污染称为食品的生物性污染。主要包括细菌及细菌毒素、霉菌及霉菌毒素、寄生虫及虫卵、病毒和昆虫的污染，其中微生物的污染所占比例最大。这些污染会造成食品的腐败变质，并对消费者的健康构成危害。

微生物对食品的污染从卫生学角度来看可分为三类。
（1）致病菌，如致病性细菌、人畜共患病原菌、产毒霉菌。
（2）条件致病菌：正常状态不致病，但当某些条件如定居点改变或宿主发生转换时具有致病性，如条件致病性大肠杆菌、表皮葡萄球菌、白假丝酵母菌等。
（3）非致病性微生物：主要包括非致病菌、不产毒的霉菌与常见酵母菌。

食品中的微生物大部分是非致病菌，它们污染食品的程度是间接估测食品腐败变质以及评价食品卫生质量的重要指标，研究并发现食品的生物性污染特点、来源和传播途径，对于控制污染源、切断污染途径、防止食品腐败变质以及预防食物中毒发生有着至关重要的意义。

12.1 食物中毒概述

食物中毒，依据国家标准中界定的食物中毒，是指摄入了含有生物性、化学性有毒有害物质的食品或把有毒有害物质当做食品摄入后出现的非传染性的急性、亚急性疾病。食物中毒属食源性疾病的范畴，是食源性疾病中最常见的疾病，一般潜伏期较短，来势急剧，在短时间内可能有很多人同时发病，发病率高，症状相似，不存在传染性。一般可以分成细菌性食物中毒、真菌性食物中毒、动物性食物中毒、植物性食物中毒以及化学性食物中毒。其中细菌性食物中毒是比较常见的一种食物中毒类型，根据中毒的原因可将其分为感染型食物中毒和毒素型食物中毒。

12.2 食源性病原微生物

实际上，给我们带来困扰的是那些少数存在于自然界的致病性微生物（pathogenic microorganism），即能引起生物体病变的微生物，例如可以起人类、禽类流感的流感病毒。另外有一部分是条件致病菌（opportunists），即在常驻微生物菌群和暂驻微生物菌群中存在的几种只在特定情况下利用某些特定条件而致病的微生物。这些致病条件可能是宿主正常防御功能受损，微生物进入异常部位，正常微生物菌群被破坏等。例如，大肠杆菌是人类大肠中的正常常驻菌，但是它们一旦进入手术创口等非正常区域，就会致病。致病性微生物经适当的途径进入机体后，在一定的部位生长、繁殖，与宿主发生斗争，这个过程称为感染。

致病性微生物引起疾病的能力即致病性（病原性，pathogencity），是指病原体感染或寄生使机体产生病理反应的特性或能力。致病性微生物的致病性是对宿主而言的，有的仅对人有致病性，有的仅对某些动物有致病性，有的兼而有之。微生物的致病性取决于它侵入宿主的能力、在宿主体内繁殖的能力以及躲避宿主免疫系统攻击的能力。此外，侵入体内的微生物数量也是影响致病性的一个重要因素。如果仅有少量微生物入侵，宿主免疫系统就可在微生物致病前将其消灭。如果大量微生物侵入，它们就可胜过宿主抵抗力而引起疾病。但是，如志贺氏菌等微生物，其致病性非常强，只要摄入极少量的病菌就能引起非常严重的疾病。

致病性微生物致病性的强弱程度称为毒力（virulence），毒力不同，病原微生物造成疾病的严重程度也不同。毒力是病原微生物的个性特征，表示病原微生物病原性的程度，可以通过测定加以量化。不同种类病原微生物的毒力强弱常不一致，并可因宿主及环境条件不同而发生改变。例如蜡样芽孢杆菌（*Bacillus cereus*）只引起轻微的肠胃炎，而疯牛病朊病毒（BSE prions）将引起人类致死性神经系统疾病。同种病原微生物也可因型或株的不同而有毒力强弱的差异。如同一种细菌的不同菌株有强毒、弱毒与无毒菌株之分。病原体的毒力可以通过减毒（attenuation）而减轻，从而降低其致病能力。

食源性致病性微生物（food-borne pathogenic microorganism）是导致食源性疾病的微生物，包括细菌、病毒、朊病毒、真菌、原生动物和某些多细胞动物寄生虫等。这些微生物的身影无处不在，土壤和水源、植物和植物产品、食物器皿、用具、人与动物的肠道、食物生产者、动物饲料、畜皮等都是它们的藏身之所。当人类食入含有致病性微生物的食物或者被致病性微生物产生的毒素污染的食物后，即可能引起食源性疾病的发生。

世界卫生组织（World Health Organization，WHO）将食源性疾病（food-borne diseases）定义为通过摄食方式进入人体内的各种致病因子引起的通常具有感染或中毒性质的一类疾病。即指通过食物传播的方式和途径致使病原物质进入人体并引发的中毒或感染性疾病。常见的食源性疾病有食物中毒、肠道传染病、人畜共患传染病和寄生虫病等。美国疾病预防与控制中心（美国CDC）公布的九大食源性疾病分别为沙门氏菌中毒、弯曲杆菌病、志贺氏菌中毒、大肠杆菌O157感染、隐孢子虫病、小肠结肠炎耶尔森氏菌感染、弧菌病、单核细胞增生李斯特氏菌中毒和环孢子虫感染。根据世界卫生组织的报告，近几十年来，许多或大多数新出现的人类传染病都起源于动物，往往是通过食品和食品加工进行传播。这方面的实例包括严重急性呼吸道综合征、牛海绵状脑病和新型克雅氏病、高致病性禽流感以及裂谷热等出血热疾病（WHO，2011）。

综上所述，食源性致病性微生物包括原核微生物、病毒和朊病毒、一些真核生物如真菌、原生动物和多细胞寄生虫等。前两者是人类大部分疾病的病原体，而真核病原体存在于宿主体内时，有时可不引起任何症状，但有时可以造成严重疾病。

12.2.1 食源性致病细菌

12.2.1.1 细菌引起的食源性疾病

（1）概述

细菌及其毒素是引起食源性疾病最重要的致病因子。当人体摄入了被致病菌或其毒素污染的食品后所出现的非传染性急性、亚急性疾病即细菌性食源性疾病（bacterial food-borne diseases），主要分为细菌性肠道传染病和细菌性食物中毒。细菌性肠道传染病属我国法定传染病，主要包括霍乱、痢疾、伤寒、副伤寒及由肠出血性大肠埃希氏菌O157引起的出血性肠炎等。细菌性食物中毒包括各种致病菌引起的食物中毒，如变形杆菌食物中毒、葡萄球菌食物中毒等。

尽管食品安全与疾病的监控、控制和预防都在不断进步，食源性细菌感染仍然是一个主要的公共安全问题。食源性致病菌通常暴露于多种环境压力，诸如低pH值和抗生素，专门的进化机制促使其能在恶劣环境中继续生存。据统计，细菌性食源性疾病的发病率占到了食源性疾病总发病率的66%以上。我国细菌性食源性疾病的负担也依然较重，细菌性食源性疾病每年发病人数可达9411.7万人次，其中2475.3万患者曾就诊，335.7万患者曾因病住院，8530例患者死亡，病死率0.0091%。而在欧美国家，由弯曲杆菌、大肠杆菌O157：H7、李斯特氏菌、沙门氏菌、志贺氏菌、霍乱弧菌和小肠结肠炎耶尔森氏菌引起的食源性疾病发病率也依然保持不变（Mohamed A. Farag，2021）。

(2) 致病机理

细菌性病原体常有特别的结构和生理特性，使其更容易侵入和感染宿主。毒力因子（致病因子，virulence factor）指有助于微生物引起感染等疾病的特殊结构或生理特性，可分为侵袭力和毒素。

侵袭力（invasiveness）是指致病性微生物突破机体的防御体制，侵入机体而获得在体内一定部位生长、繁殖和伤害机体的能力，包括微生物的某些结构和毒性酶。如利于细菌黏附与细胞核组织的菌毛，有利于致病菌在机体内生长繁殖的荚膜等；有助致病菌躲避宿主防御系统或保护致病菌不被宿主防御系统所杀伤的某些酶，如有利于致病菌感染的血浆凝固酶，有利于致病菌向周围组织扩散的透明质酸酶、链激酶、胶原酶和脱氧核糖核酸酶，使组织细胞坏死或红细胞溶解的卵磷脂酶和溶血素等。

毒素（toxin）可以直接致病，在细菌细胞内合成，按其释放的方式分为外毒素和内毒素。外毒素（exotoxins）是某些致病菌在其生命活动过程中分泌到体外环境中的一种代谢产物。能产生外毒素的主要是革兰氏阳性菌，例如霍乱毒素、百日咳毒素、白喉毒素和肉毒毒素等，通常有特异性和剧毒。内毒素（endotoxins）是许多革兰氏阴性菌细胞壁的组成部分，一般在细菌死亡或分解时大量释放到宿主组织。相比之下，内毒素毒性较弱，由脂多糖（lip polysaccharide，LPS）复合体构成；外毒素毒性较强，大部分是多肽（polypeptide）。

食源性致病菌的致病机理可分为感染型、毒素型和混合型三种。

① 感染型　由致病菌侵袭力和内毒素共同发挥作用引起的疾病，其发病机理为感染型。致病菌随食物进入肠道后继续生长繁殖，附于肠黏膜或侵入黏膜及黏膜下层，引起肠黏膜的充血、水肿、渗出和白细胞浸润等炎性病理变化即致病菌直接作用。当细菌侵入肠黏膜固有层后受到免疫系统如巨噬细胞等作用后，细菌死亡，其内部的毒素会释放出来、入血并作用于中枢神经系统的温度调节中枢，引起发热反应。另外，内毒素亦可作用于肠黏膜，引起肠蠕动加快，从而出现呕吐、腹泻、腹痛等症状，即为内毒素作用。

② 毒素型　单独由外毒素作用引起的中毒，其发病机理为毒素型。某些致病菌，如葡萄球菌污染食品后，可在食品大量繁殖并产生外毒素，引起肠道病变。

③ 混合型　某些致病菌进入肠道后，除侵入黏膜引起肠黏膜的炎性反应外，还产生引起急性胃肠道症状的肠毒素，如副溶血性弧菌；另外，细菌死亡之后可释放出内毒素。这类病原菌引起的食物中毒是致病菌的侵袭力和其产生的外毒素以及内毒素共同作用的结果，因此其发病机理是混合型。

(3) 细菌性食源性疾病的流行病学

细菌污染食品后导致人类食源性疾病的发生，常见于食品生产、运输、贮存、销售及烹调过程中的各个环节，主要有以下三方面原因：①食品原料本身被致病菌污染。食品在生产、运输、贮存、销售及烹调过程中受到致病菌的污染，而食用前又未经过充分的高温处理或清洗，直接食用后出现机体反应。②致病菌大量繁殖。加工后的熟食品受到少量致病菌污染，但由于在适宜条件下，如在适宜温度、适宜pH及充足的水分和营养条件下存放时间较长，从而使致病菌大量繁殖或产生毒素，而食用前又未加热处理，或加热不彻底，食用后导致疾病。③交叉污染。熟食受到生熟交叉污染或食品从业人员中带菌者的污染，以致食用后引起中毒。

细菌性食源性疾病全年皆可发生，但绝大多数发生在气温较高的夏秋季节。这与细菌在较高温度下易于生长繁殖或产生毒素的生活习惯相一致；也与机体在夏秋季节防御功能降低、易感性增高有关。动物性食品是引起细菌性食源性疾病的主要食品，其中主要有肉、鱼、奶、蛋类及其制品；植物性食品如剩饭、糯米凉糕等曾引起葡萄球菌肠毒素中毒；豆制品、面类发酵食品也曾引起肉毒梭菌毒素中毒。在各类原因引起的食源性疾病中，虽然细菌性食物中毒无论在发病次数还是发病人数均居首位，但除李斯特氏菌、肉毒梭菌、小肠结肠炎耶尔森氏菌等引起的食物中毒有较高的病死率外，大多数细菌性食物中毒病程短、恢复快、预后好、死亡率低。

12.2.1.2 食品中常见的致病细菌

食品中常见的引起食源性疾病的致病菌有沙门氏菌、副溶血弧菌、葡萄球菌、变形杆菌、肉毒梭菌、蜡样芽孢杆菌、空肠弯曲菌、致病性大肠杆菌、小肠结肠炎耶尔森氏菌、李斯特氏菌、溶血性链球菌和痢疾杆菌等。其中，沙门氏菌感染一直是工业化国家的一个主要问题，而霍乱弧菌引起的霍乱是发展中国家的主要卫生问题，造成了极大的损失。根据发生起数的统计，我国食源性疾病的主要致病菌为沙门氏菌、变形杆菌、葡萄球菌和副溶血弧菌等。美国 2011 年引起食源性疾病的五大致病因子依次为诺沃克病毒、非伤寒沙门氏菌、产气荚膜梭菌、弯曲杆菌和金黄色葡萄球菌（美国 CDC，2011）。

(1) 沙门氏菌属

沙门氏菌属（*Salmonella*）广泛分布于自然界，被证实是引发食品中毒的致病菌已有百年以上历史，是古老的、常见的肠道致病菌。因美国病理学家 D. E. 沙门于 1884 年发现本属菌中的猪霍乱杆菌而得名。世界各地的食物中毒事件中，沙门氏菌食物中毒均居前列。美国 CDC 表示，自 2006 年以来，沙门氏菌的发病率一直在增长，美国每年约有 120 万人感染，2010 年沙门氏菌发病率较 1996 年提高了 3%，几乎是当年国家卫生目标的三倍。本属菌是一群抗原构造和生物学性状相似的革兰氏阴性杆菌。菌型繁多，已发现有 2000 种以上的血清型。能对人和少数温血动物致病。鉴于沙门氏菌重要的卫生学意义，它常作为进出口食品和其它食品的致病菌检验指标。

据《公共科学图书馆·病原体》杂志 2012 年刊登的一项研究显示，科学家从人类和动物体内新发现了 14 种剧毒沙门氏菌菌株（图 12-1）。据了解，本次研究由美国加州大学圣塔芭芭拉分校（UCSB）牵头，加州大学研究人员称，他们利用一种特殊手段从 184 个临床沙门氏菌菌株中分离出了 14 种剧毒菌株，这些剧毒菌株仅限于部分血清类型。科学家还表示，他们正在研究快速检测这些剧毒沙门氏菌的方法，并探索相应的方法将其杀灭。

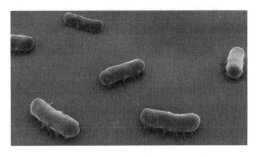

图 12-1　新发现的剧毒沙门氏菌菌株

① 生物学特性

a. 形态与染色　沙门氏菌属属于肠道菌科，是一群寄生在人和动物肠道并多具致病性的兼性厌氧革兰氏阴性无芽孢杆菌。该菌属细胞多呈两端钝圆的短杆状，大小为 (0.7~1.5) μm×(2.0~5.0) μm，菌落直径 2~4mm，无芽孢、无荚膜，除鸡沙门氏菌和雏沙门氏菌等个别菌种外，都具有鞭毛，能运动。

b. 培养特性　该属菌生长温度为 10~42℃，最适生长温度为 37℃，最适 pH 为 6.8~7.8。对营养要求不高，在普通培养基上均能良好生长。

c. 生化特性　沙门氏菌属各成员的生化特性较一致，其一般生化特性为发酵葡萄糖、麦芽糖、甘露醇和山梨醇产酸产气；不发酵乳糖、蔗糖和侧金盏花醇；不产生吲哚，V-P 反应阴性；不水解尿素和对苯丙氨酸不脱氨（表 12-1）。

表 12-1 沙门氏菌基本生化特性

试验项目	结果	试验项目	结果	试验项目	结果
葡萄糖发酵试验	+	卫矛醇发酵试验	d	尿素酶试验	−
乳糖发酵试验	−/×	甲基红试验	+	赖氨酸脱羧酶试验	+
蔗糖发酵试验	−	V-P 试验	−	苯丙氨酸脱氨酶试验	−
麦芽糖发酵试验	+	丙二酸钠试验	−/+	鸟氨酸脱羧酶试验	+
甘露醇发酵试验	+	靛基质试验	−	精氨酸水解酶试验	+/(+)
水杨苷发酵试验	−	明胶液化试验	d	KCN 试验	−
山梨醇发酵试验	+	H_2S 试验	+/−		

注:+表示阳性;(+)表示迟缓阳性;×表示迟缓不规则阳性或阴性;—表示阴性;d 表示有不同的生化型。

生化特性对沙门氏菌属细菌的鉴别具有重要意义。根据生化特性,可将沙门氏菌属分为Ⅰ、Ⅱ、Ⅲ、Ⅳ、Ⅴ5 个亚属。亚属Ⅰ是生化特性典型且常见的沙门氏菌,亚属Ⅱ和Ⅳ是生化特性不典型的沙门氏菌,一般检出率较低。5 个亚属的生化特性见表 12-2。

表 12-2 沙门氏菌属各亚属生化特性

试验项目	Ⅰ	Ⅱ	Ⅲ	Ⅳ	Ⅴ
乳糖	−	−	+/(+)	−	−
卫矛醇	+	+	−	−	+
山梨醇	+	+	+	+	+
水杨苷	−	−	−	+	+
ONPG	−	−	+	−	+
丙二酸盐	−	+	+	−	−
KCN	−	−	−	+	+

注:+表示阳性;—表示阴性;(+)表示迟缓阳性。ONPG 试验为测定 β-半乳糖苷酶活性试验。

d. 抵抗力 沙门氏菌对热、消毒药及外界环境的抵抗力不强,在粪便中可存活 1~2 个月,在冰雪中可存活 3~4 个月,在水、乳及肉类中能存活数月。加热到 100℃ 时立即死亡,70℃ 经 5min、65℃ 经 15~20min、60℃ 30min 可被杀死。5% 石炭酸或 1∶500 的氯化汞(升汞)于 5min 内即可将其杀灭。

e. 抗原 沙门氏菌具有复杂的抗原结构,有体抗原 O (somatic antigen),鞭毛抗原 H (flagella antigen),荚膜抗原 K、Vi (Capsular antigen),纤毛抗原 (cilium antigen)。依其体抗原 O 及鞭毛抗原 H 的不同,可以划分成多种血清型 (serotype)。目前已检出沙门氏菌血清型 2500 余种,我国已有 292 个血清型报道,它们在形态结构、培养特性、生化特性和抗原构造方面都非常相似。

② 沙门氏菌食源性疾病

a. 流行病学 沙门氏菌食源性疾病主要是通过食用被活菌污染的食物引起感染与传播,见图 12-2。好发食物多见于动物性食品,如肉类、禽类、蛋类和奶类等,2012 年美国 8 个州的 40 人因食用未熟牛肉而感染肠炎沙门氏菌株导致沙门氏菌食物中毒。近年也出现了多起植物性食品引起的沙门氏菌食物中毒。第一个已知沙门氏菌污染的植物性食品为谷类早餐,该案例发生在 1998 年 5 月的美国,其污染的食品是烤燕麦谷物。随后又出现了水果和蔬菜导致沙门氏菌食物中毒的例子,包括沙拉用的洋葱、生菜和花生以及西瓜、西红柿等常见的果蔬类食品中。豆制品和糕点也时有发生。

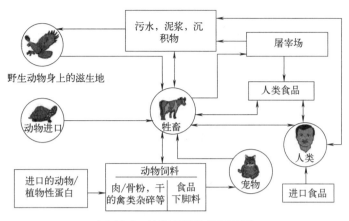

图 12-2　沙门氏菌传播循环图

根据沙门氏菌的致病范围，可将其分为三大类群。第一类群专门对人致病，如伤寒沙门氏菌、甲型副伤寒沙门氏菌、乙型副伤寒沙门氏菌、丙型副伤寒沙门氏菌。第二类群能引起人类食物中毒，称之为食物中毒沙门氏菌群，如鼠伤寒沙门氏菌（$S.typhimurium$）、猪霍乱沙门氏菌（$S.cholerae$）、肠炎沙门氏菌（$S.enteritidis$）、纽波特沙门氏菌等。致病性最强的是猪霍乱沙门氏菌，其次是鼠伤寒沙门氏菌和肠炎沙门氏菌。根据国内外的资料分析，沙门氏菌属中引起食品中毒最多的也是鼠伤寒沙门氏菌、猪霍乱沙门氏菌和肠炎沙门氏菌。第三类群专门对动物致病，很少感染人，如马流产沙门氏菌、鸡白痢沙门氏菌，此类群中尽管很少感染人，但近年也有感染人的报道。

b. 致病机理与症状　沙门氏菌食源性疾病是由活菌侵袭力、内毒素和外毒素协同作用引起的，需要感染大量细菌才能致病。沙门氏菌进入消化道后，在小肠和结肠里繁殖，侵入黏膜下组织，使肠黏膜发炎，抑制水和电解质的吸收，引起水肿、出血等。随后再通过肠黏膜上皮细胞之间侵入黏膜固有层，在固有层内引起炎症。未被吞噬细胞杀灭的沙门氏菌，经淋巴系统进入血液，而出现一时性菌血症，引起全身感染，同时活菌在肠道或血液内崩解时，释放出毒力较强的大量的菌体内毒素，从而引起全身中毒症状。有些沙门氏菌还能产生肠毒素，如肠炎沙门氏菌在适合的条件下可在牛奶和肉类中产生达到危险水平的肠毒素。该毒素为蛋白质，在 50~70℃ 时可耐受 8h，不被胰蛋白酶和其他水解蛋白酶破坏，并对酸碱有抵抗力。

沙门氏菌食源性疾病的疾病谱可因细菌毒力和宿主反应的不同而异，轻者仅表现腹泻，重者可呈现系统感染如伤寒、败血症、迁徙性病灶等。大多数感染沙门氏菌的人可在受到感染后的 12~72h 出现腹泻、发热和腹痛等急性胃肠炎症状，病程 3~7d，一般预后良好。但老人、少儿和体弱者，如不及时进行急救处理，也可导致死亡，死亡率约为 1%。

c. 预防与控制危害的措施　引起人类沙门氏菌感染的主要途径为食物传播，预防和控制沙门氏菌的危害，应着眼于以下两个方面：

控制传染源：对急性期患者应予隔离，恢复期患者或慢性带菌者应暂时调离饮食或幼托工作，并消毒环境；饲养的家禽、家畜应注意避免沙门氏菌感染，饲料也不能受该菌污染；妥善处理患者和动物的排泄物，保护水源；不进食病畜、病禽的肉及内脏等。

切断传播途径：注意饮食、饮水卫生；炊具、食具必须经常清洗、消毒，生熟食要分容器，切割时要分刀、分板；食用时要煮熟煮透，不喝生水；注意食品的加工管理，对牲畜的屠宰要定期进行卫生检查，屠宰过程要遵守卫生操作规程，以避免肠道细菌污染肉类；在肉类、牛奶等加工、运输、贮藏过程中必须注意清洁、消毒。

（2）葡萄球菌属

葡萄球菌属（Staphylococcus）在空气、土壤、水中皆可存在，人和动物的鼻腔、咽、消化道等处带菌率也较高。多数为非致病菌，少数可导致疾病，是最常见的引起创伤化脓的致病性球菌。1974年《伯杰氏细菌鉴定手册》第八版，根据生化特性将其分为金黄色葡萄球菌（Staphylococcus aureus，简称金葡菌）、表皮葡萄球菌（Staphylococcus epidermidis）和腐生葡萄球菌（Staphylococcus saprophyticus）三种。其中以金黄色葡萄球菌致病力最强，是与食物中毒关系最密切的一种葡萄球菌，是美国2011年五大引起食源性疾病最多的致病菌之一，其排名第五，也是我国比较常见的一种食源性疾病致病因子。表皮葡萄球菌为条件致病菌，腐生葡萄球菌一般不致病。

① 生物学特性

a. 形态与染色　该菌属为革兰氏阳性菌，球形或稍呈椭圆形，直径约 $0.8 \sim 1.0 \mu m$，呈葡萄状排列。葡萄球菌无鞭毛，不能运动。无芽孢，除少数菌株外一般不形成荚膜。易被常用的碱性染料着色。其衰老、死亡或被白细胞吞噬后，以及耐药的某些菌株可被染成革兰氏阴性。

b. 培养特性　大多数葡萄球菌为需氧或兼性厌氧菌，少数专性厌氧。在 $20\%CO_2$ 环境中，有利于毒素产生。在 $28 \sim 38℃$ 均能生长，致病菌最适温度为 $37℃$，pH 为 $4.5 \sim 9.8$，最适 pH 为 7.4。

对营养要求不高，在普通培养基生长良好，在肉汤培养基中24h后呈均匀混浊生长，在含有血液和葡萄糖的培养基中生长更佳。在普通琼脂平板上培养形成圆形、凸起、边缘整齐、表面光滑、湿润、不透明的菌落，直径为 $1 \sim 2mm$。不同种的菌株产生不同的色素，如金黄色、白色、柠檬色，使菌落呈不同的颜色。在 Baird-Parker 培养基上菌落为圆形、光滑、湿润，直径为 $2 \sim 3mm$，颜色呈灰色到黑色，边缘为淡色，菌落周围有一混浊带，在其外围有一透明带。在血琼脂平板上形成的菌落较大，有的菌株有溶血现象发生，即菌落周围形成明显的全透明的溶血环（β溶血）。凡溶血性菌株大多具有致病性。

c. 生化特性　葡萄球菌属细菌大多能分解葡萄糖、麦芽糖、乳糖、蔗糖产酸不产气，致病菌株多能分解甘露醇产酸；甲基红试验阳性，V-P试验不定，靛基质试验阴性；许多菌株可分解精氨酸，水解尿素，还原硝酸盐；凝固牛乳或被陈化、能产氨和少量的 H_2S。

d. 抵抗力　在不形成芽孢的细菌中，葡萄球菌的抵抗力最强。加热到 $70℃$ 1h、$80℃$ 30min 被杀死。在干燥的脓汁和血液中能存活数月。在含有 $50\% \sim 60\%$ 的蔗糖或含食盐 15% 以上的食品中可被抑制。在冷冻贮藏环境中不易死亡，因此在冷冻食品中经常可以检出。在 5% 石炭酸、0.1% 升汞水溶液中 $10 \sim 15min$ 死亡。对某些染料比较敏感，如（1∶100000）～（1∶200000）稀释的龙胆紫溶液能抑制其生长。对磺胺类药物敏感性较低。

e. 抗原　葡萄球菌抗原构造复杂，主要有蛋白质抗原和多糖抗原两种。蛋白质抗原是存在于菌细胞壁的一种表面蛋白，位于菌体表面，与胞壁的黏肽相结合，称为葡萄球菌A蛋白（staphylococcal protein A，SPA），是完全抗原，具属特异性。所有来自人类的菌株均有此抗原，动物源株则少见。多糖抗原存在于细胞壁，为半抗原，具有型特异性。几乎所有金黄色葡萄球菌菌株的表面有荚膜多糖抗原的存在。表皮葡萄球菌仅个别菌株有此抗原。

② 葡萄球菌食源性疾病

a. 流行病学　葡萄球菌属细菌引起的疾病较多，主要有化脓性感染、全身感染和食物中毒等。食物中毒主要是由金黄色葡萄球菌产生的肠毒素引起的，常发生在夏秋季节，这是因为较高的气温有利于毒素的产生。通常是患有化脓性疾病的人接触食品，将葡萄球菌污染到食品上，或是患有葡萄球菌症的畜禽，其产品中含有大量葡萄球菌，这些污染菌在适宜条件下大量繁殖产生毒素，人类摄食含有毒素的食品后发生食物中毒。食品加工者通常是引发食物中毒的食品污染的主要来源，但是设备和环境表面也可以是葡萄球菌的污染源。引起葡萄球菌食物中毒的食物包括肉类、奶、鱼、家禽和蛋类及其制品。如含有鸡蛋、金枪鱼、鸡肉、马铃薯和通心粉的沙拉，奶和奶制品以及奶制品做的冷饮和奶油糕点等。此外，剩大米饭、米酒等也曾引起过中毒。

b. 致病机理与症状　葡萄球菌的致病力强弱主要取决于其产生的毒素和酶。致病性葡萄球菌菌株产生的毒素和酶主要有溶血毒素、杀白细胞毒素、血浆凝固酶、肠毒素、溶纤维蛋白酶、透明质酸酶、脱氧核糖核酸酶等，这些致病性物质可引起化脓性炎症、毒素性疾病及葡萄球菌性肠炎。

血浆凝固酶（coagulase）和葡萄球菌的毒力有关，该酶是能使含有枸橼酸钠或肝素抗凝剂的人或兔血浆发生凝固的酶类物质。大多数致病菌株能产生此酶，而非致病菌一般不产生，因此，血浆凝固酶常作为鉴别葡萄球菌有无致病性的重要标志。

导致食物中毒的常为金黄色葡萄球菌所产生的肠毒素（enterotoxin），该毒素是引起肠道病变的一种细菌外毒素，为可溶性蛋白质，耐热，经100℃煮沸30min不被破坏，也不受胰蛋白酶的影响。金黄色葡萄球菌在20℃以上经8～10h培养即可产生大量的肠毒素。按抗原性和等电点等不同，肠毒素分A、B、C_1、C_2、C_3、D、E和F八个血清型。肠毒素引起食物中毒的机制可能是刺激交感神经、双侧迷走神经在内脏的神经受体，信号传入中枢，刺激呕吐中枢，引起剧烈呕吐；并作用于肠黏膜受体，使肠黏膜细胞中环磷酸腺苷（cAMP）和环磷酸鸟苷（cGMP）浓度升高，从而抑制肠黏膜细胞对钠和水的吸收，促进肠液与氯离子的分泌，因而引起腹泻等急性胃肠炎症状。潜伏期一般为1～5h，最短为5min左右，很少有超过8h的。儿童对肠毒素比成人敏感，因此儿童发病率较高，病情也比成人严重。一般病程较短，发病1～2d可恢复，预后良好，很少有死亡病例。

c. 预防和控制葡萄球菌的危害　防止金黄色葡萄球菌污染食品。防止带菌人群对各种食物的污染，如定期对生产加工人员进行健康检查，患局部化脓性感染（如疥疮、手指化脓等）、上呼吸道感染（如鼻窦炎、化脓性肺炎、口腔疾病等）的人员要暂时停止其工作或调换岗位。

减少原料带来的污染。肉制品加工厂要将患局部化脓感染的禽、畜尸体除去病变部位，经高温或其他适当方式处理后再进行加工生产。乳及乳制品加工场要防止金黄色葡萄球菌对生奶的污染，不能挤用患有化脓性乳腺炎奶牛的乳汁；健康奶牛的奶挤出后，要迅速冷却至10℃以下，抑制细菌繁殖和肠毒素的产生。

防止金黄色葡萄球菌肠毒素的生成。应在低温和通风良好的条件下贮藏食物，以防肠毒素形成；在气温高的春夏季，食物置冷藏或通风阴凉地方也不应超过6h，并且食用前要彻底加热。

(3) 致病性大肠杆菌

1885年，当时27岁的德国儿科医生和细菌学家Theodor Escherich从新生儿的粪便中分离鉴定到一种细菌，将其命名为 *Bacterium coli commune*。1911年此菌被更名为 *Escherichia coli*，以追授荣誉给其发现者，这就是我们今天所知的大肠杆菌（*Escherichia coli*，*E. coli*），也称大肠埃希氏菌。

大肠杆菌主要寄居于人和动物的肠道内，可随粪便排出体外，在环境卫生不良的情况下，常随粪便散布在周围环境中。若在水和食品中检出此菌，可认为是被粪便污染的指标，从而可能有肠道病原菌的存在。在相当长的一段时间内，该菌一直被当作正常肠道菌群的组成部分，认为是非致病菌。直到20世纪中叶，才认识到在一定条件下某些血清型菌株的致病性较强，可引起腹泻、肠炎等疾病，此类菌即称为致病性大肠杆菌。包括肠产毒性大肠杆菌（enterotoxingenic *E. coli*，ETEC）、肠侵袭性大肠杆菌（enteroinvasive *E. coli*，EIEC）、肠致病性大肠杆菌（enteropathogenic *E. coli*，EPEC)、肠黏附性大肠杆菌（enteroaggregative *E. coli*，EAEC）和肠出血性大肠杆菌（enterohemorrhagic *E. coli*，EHEC）。EHEC又常被指为产志贺毒素大肠杆菌（STEC）或产Vero毒素大肠杆菌（VTEC）。

致病性大肠杆菌常见的血清型较多，其中较为重要的是EHEC O157：H7，这是一个在新闻中最常听到的与食源性疾病暴发有关的致病因子。该血清型属于肠出血性大肠杆菌，能引起出血性或非出血性腹泻、出血性结肠炎（hemorrhagic colitis，HC）和溶血性尿毒综合征（hemolytic uremic syndrome，HUS）等全身性并发症。自1982年暴发的出血性结肠炎经证实与食用被此血清型大肠杆菌污染的未熟牛肉有关后，致病性大肠杆菌作为当今工业国家一个重要的食源性疾病致病因子而备受关注。引起的食物中毒事件近年来不仅在日本，而且在美国、澳大利亚以及欧洲、非洲等地也发生过。据美国疾病控制和预防中心估计，每年有26万人感染EHEC，其中大约36%的感染由EHEC O157造成，其余的感染由EHEC非O157型（non-O157 STEC）造成，包括O26、O111、O103和O145等血清型。公共卫生专家估计，实际感染人数可能更多。若能预防此菌引起的感染，美国每年将能节省约700万美元。

① 生物学特性

a. 形态与染色　大肠杆菌为革兰氏阴性短杆菌，大小（0.5～0.7）μm×（1～3）μm，多数菌株有5～8根周生鞭毛，能运动，无芽孢。

b. 生长要求与培养特性　该菌为需氧或兼性厌氧菌，对营养的要求不高，在普通培养基良好生长。在普通培养基培养18～24h，形成凸起、光滑、湿润、乳白色、边缘整齐、直径2～3mm的圆形菌落。在血琼脂培养基上形成的菌落，其形态与普通琼脂上的菌落相似，稍大，部分菌株在菌落周围产生β型溶血环。

c. 生化特性　大部分菌株能分解葡萄糖、麦芽糖、乳糖、甘露醇产酸产气，不分解蔗糖，不产生靛基质，甲基红试验、V-P试验、尿素酶试验及硫化氢试验阴性；IMViC试验结果为"+、+、-、-"。

d. 抵抗力　该菌对热的抵抗力较其他肠道杆菌强，55℃经60min或60℃加热15min，仍有部分细菌存活。在自然界的水中和土壤中可存活数周至数月，在温度较低的粪便中存活更久。在含氯的水中不能生存。胆盐、煌绿等对大肠杆菌有抑制作用。对磺胺类、链霉素、氯霉素等敏感，但易耐药。

e. 抗原　大肠杆菌的抗原成分复杂，主要有菌体抗原（O）、鞭毛抗原（H）、表面抗原（K），至少有167种O抗原、53种H抗原和74种K抗原被证实。大肠杆菌血清型的方式是按O：K：H排列，例如，O111：K58（B4）：H2。根据O抗原的不同，可将大肠杆菌分为多个血清型，其中有16个血清型为致病性大肠杆菌，例如O157：H7。

② 致病性大肠杆菌引起的食源性疾病

a. 流行病学　大肠杆菌食源性疾病全年均可发病，中毒多发生在3～9月。通常传播大肠埃希氏菌的途径有三个：受污染的水、污染的食物及带菌人员。主要是通过肉类、蛋及蛋制品、水产品、豆制品、蔬菜等食物进入人体。特别是熟肉类和凉拌菜等食物常导致人们的感染与中毒。如饮用生水，进食未熟透被大肠埃希氏菌污染的食物（特别是未熟牛肉、汉堡扒及烤牛肉），饮或进食未经消毒的奶类、芝士、蔬菜、果汁及乳酪均可感染大肠杆菌。此外，食品加工和饮食行业工作人员健康带菌，或食品工业用水遭受污染，也是该菌引起食物中毒不可忽视的原因。

b. 致病机理与症状　大肠杆菌具有侵袭力、内毒素和外毒素多种毒力因子，例如K抗原和菌毛，K抗原具有抗吞噬作用，菌毛能帮助致病性大肠杆菌黏附于宿主肠壁，以免被肠蠕动和肠分泌液清除，两者均能侵犯肠道黏膜引起炎症。大肠杆菌能产多种外毒素，如肠产毒性大肠杆菌在生长繁殖过程中可释放肠毒素，分为耐热肠毒素（heat stable enterotoxin，ST）及不耐热肠毒素（heat labile enterotoxin，LT）。ST可激活小肠上皮细胞的鸟苷酸环化酶，使胞内cGMP增加，在空肠部分改变液体的运转，使肠腔积液而引起腹泻。不耐热肠毒素由A、B两个亚单位组成，A又分成A1和A2，其中A1是毒素的活性部分。B亚单位与小肠黏膜上皮细胞膜表面的GM1神经节苷脂受体结合后，A亚单位穿过细胞膜与腺苷酸环化酶作用，使胞内ATP转化cAMP。当cAMP增加后，导致小肠液体过度分泌，超过肠道的吸收能力而出现腹泻。肠产毒性大肠杆菌的有些菌株只产生一种肠毒素，有些则两种均可产生。有些致病大肠杆菌还可产生大量的Vero毒素（VT），也称作类志贺毒素（Shiga like toxin type，SLT），其作用与志贺毒素相似，具有神经毒素、细胞毒素和肠毒素性。溶血素在致病性大肠杆菌所致疾病中也发挥重要作用。例如，感染上大肠杆菌O157：H7的患者往往都伴有剧烈的腹痛、高烧和血痢，病情严重者并发溶血性尿毒综合征，危及生命。

大肠杆菌食物中毒的症状可分为毒素型中毒和感染型中毒两种类型，这与大肠杆菌的致病性和毒力密切相关。肠产毒性大肠杆菌可通过产生毒素引起急性胃肠炎的症状，主要为食欲缺乏、腹泻和呕吐等，一般2～3d即愈，属于毒素型中毒。肠侵袭性大肠杆菌和肠致病性大肠杆菌不产生外毒素，通过侵袭、黏附等致病，或是通过菌体死亡后产生的内毒素致病，其症状主要为水样腹泻和腹痛，病程为7～10d，预后一般良好，属于感染型中毒。

c. 预防与控制危害的措施　控制大肠杆菌污染，关键是做好粪便管理，防止动物粪便污染食品。此外，餐饮业和医疗护理工作人员应严格遵循本行业的手卫生条例，处理食品和检查患者前，一定要做到手卫生，防止致病菌的交叉污染。个人一定要注意饮食卫生，饭菜食用前要充分加热，饭前便后要洗手，避免生食蔬菜尤其不要生吃黄瓜、西红柿和通常用来做色拉的生菜等带叶蔬菜，水果要洗净削皮再吃，食物煮熟后应尽快食用，易变质的食物应冷藏存放，食用前应彻底加热。只有这样才能切断大肠埃希氏菌通过水、食物和密切接触三大传播途径，预防肠出血性大肠埃希氏菌的感染。

（4）变形杆菌属

变形杆菌属（*Proteus*）属于肠杆菌科，包括普通变形杆菌（*P. vulgaris*）、奇异变形杆菌（*P. mirabilis*）和产黏变形杆菌（*P. myxofaciens*）等。变形杆菌属为革兰氏阴性杆菌，无芽孢，无荚膜，有周生鞭毛，运动性强。为需氧或兼性厌氧菌，对营养要求不高，在普通培养基生长良好。变形杆菌在固体普通营养琼脂培养基上呈扩散生长，以间距性环形运动形成不同层次的同心环，使琼脂表面形成一层波形薄膜，称为迁徙现象（migration phenomena），这是该菌生长的重要特征。变形杆菌不分解乳糖，能分解葡萄糖产酸产气。苯丙氨酸脱氨酶试验为阳性，能迅速分解尿素。抵抗力中等，与沙门氏菌类似，对巴氏灭菌及常用消毒药敏感，对一般抗生素不敏感。

变形杆菌食物中毒是我国较常见的食物中毒之一，奇异变形杆菌是引起细菌性食源性疾病的常见致病菌。全年均可发生，夏秋季节常见。食品中的变形杆菌主要来自外界污染，中毒食品以动物性食品为主，其次是豆制品、剩饭菜和凉菜等。大量的变形杆菌进入人体后，在体内大量繁殖，并产生肠毒素，从而引起人体上腹部刀绞样痛和急性腹泻，伴有恶心、呕吐、头痛、发热，严重者发生脱水。潜伏期为3～20h，病程较短，一般1～3d可恢复，很少有死亡。预防变形杆菌食物中毒的工作重点在于加强食品卫生管理，注意饮食卫生，防止污染、控制繁殖和食品食用前彻底加热。

（5）副溶血性弧菌

副溶血性弧菌（*Vibrio parahaemolyticus*）是弧菌属的一种嗜盐杆菌，主要存在于海水和海产品中。该菌为革兰氏阴性弯曲的球杆菌,或成弧菌,两端有染色现象。大小为 0.7~1.0μm,有的菌丝体可长达 15μm。需氧性很强,对营养的要求不高,但在无盐的环境中不能生长,在 3%~3.5% 盐水中繁殖迅速,每 8~9min 为一周期。该菌对酸较敏感,pH 值为 7.4~8.5,当 pH 值在 6 以下即不能生长,在普通食醋中 1~3min 即死亡。对高温抵抗力小,最适培养温度为 37℃,56℃时 5~10min 即可死亡。该菌对常用消毒剂抵抗力很弱,可被低浓度的酚和煤酚皂溶液杀灭。副溶血性弧菌能分解发酵葡萄糖、麦芽糖、甘露醇、淀粉和阿拉伯胶糖,产酸不产气。不能发酵乳糖、蔗糖、纤维二糖、木糖、卫矛醇、肌醇、水杨苷。该菌不是所有菌株都能致病,通常只有产生耐热直接毒素(TDH)和直接溶血相关毒素(TRH)的菌株才具有致病性。TDH 和 TRH 具有溶血活性、细胞毒、心脏毒、肝脏毒和致腹泻作用等。TDH 可在 Wagatsuma 琼脂平板上产生一种特殊的溶血现象,即"神奈川现象"。

副溶血性弧菌是沿海地区食物中毒暴发的主要病原菌,如自二十世纪六十年代以来,该菌就一直是日本的一种重要的食源性致病菌,1997 年到 2001 年具有传染性的血清型 O3:K6 副溶血弧菌曾导致了大规模的疫情;在美国每年约有 4500 例弧菌感染发生,2010 年的弧菌病发病率较 1996 年提高了 11.5%。副溶血性弧菌食源性疾病主要发生在夏秋季,尤其是 7~9 月,多因进食含有该菌的海产品,如墨鱼、海鱼、海虾、海蟹、海蜇等引起;另外,含盐分较高的腌制食品,如咸菜、腌肉等也曾引起中毒。当摄入副溶血性弧菌后,会引起腹泻、腹部绞痛、恶心、呕吐、发热等急性肠胃炎症状。通常这些症状出现在摄入的 24h 内。该疾病一般是自限性的,持续时间约 3d,严重的疾病较为罕见。

(6)李斯特氏菌

李斯特氏菌(*Listeria*,*Listeriosis*)感染是工业化国家一个重要的公共健康问题。国际上公认的李斯特氏菌共有七个菌株:单核细胞增生李斯特氏菌(单增李斯特氏菌,*L. monocytogenes*)、绵羊李斯特氏菌(*L. iuanuii*)、英诺克李斯特氏菌(*L. innocua*)、威尔斯李斯特氏菌(*L. innocua*)、西尔李斯特氏菌(*L. seeligeri*)、格氏李斯特氏菌(*L. grayi*)和默氏李斯特氏菌(*L. murrayi*)。其中单增李斯特氏菌是唯一能引起人类疾病的。

李斯特氏菌广泛存在于自然界中,在绝大多数食品中都能找到,肉类、蛋类、禽类、海产品、乳制品、蔬菜等都已被证实是该菌的感染源。而且它在 2℃ 的环境中仍可生长繁殖,是冷藏食品威胁人类健康的主要病原菌之一。主要通过食入软奶酪、未充分加热的鸡肉、未再次加热的热狗、鲜牛奶、巴氏消毒奶、冰激凌、生牛排、羊排、卷心菜色拉、芹菜、西红柿、法式馅饼和冻猪舌等而感染,约占 85%~90% 的病例是由被污染的食品引起的。李斯特氏菌比常见的沙门氏菌和某些大肠杆菌更为致命,中毒严重的可引起血液和脑组织感染。目前很多国家都已经采取措施来控制食品中的李斯特氏菌,并制定了相应的标准。

(7)肉毒梭状杆菌

肉毒梭状芽孢杆菌(*Clostridium botulinum*)是一种革兰氏阳性杆菌,无荚膜,有鞭毛,能运动。产生的芽孢呈卵圆形,位于菌体近端而成球拍状。严格厌氧,在罐头食品及密封腌渍食物中具有极强的生存能力。在胃肠道内既能分解葡萄糖、麦芽糖及果糖,产酸产气,又能消化分解肉渣,使之变黑,腐败恶臭。繁殖型菌体抵抗力一般,但产生的芽孢抵抗力很强,可耐煮沸 1~6h,高压蒸汽灭菌 121℃需 30min 才被杀灭,干热 180℃需 5~15min。10% 盐酸需 60min 才能破坏芽孢。在酒精中可存活 2 个月。

肉毒梭状芽孢杆菌在生长繁殖过程中能分泌一种强烈的外毒素——肉毒神经毒素(botulinum neurotoxin,BoNT),是目前已知的化学毒物和生物毒物中毒性最强的毒素之一,可引起人类肉毒中毒。该毒素能引起特殊的神经中毒症状,致残率、病死率极高。肉毒神经毒素对酸的抵抗力特别强，胃酸溶液24h内不能将其破坏，故可被胃肠道吸收，损害身心健康。我国自1958年报道首例肉毒中毒以来，肉毒中毒病死率居全国各疾病前列。因此，肉毒杆菌也常被看作是一种致命病菌。根据所产生毒素的抗原性不同，肉毒杆菌分为A、B、C_α、C_β、D、E、F、G 8个型，能引起人类疾病的有A、B、E、F型，其中以A、B型最为常见。

肉毒中毒是一种发生不多但后果极为严重的疾病，可以通过多种形式导致疾病发生，如婴儿肉毒中毒是因为摄食了含有肉毒梭状杆菌的芽孢，然后其在肠道生长繁殖并释放毒素。成人肠毒血症肉毒中毒的发生原因与婴儿肉毒中毒几乎相同，通常是由于摄食了含有肉毒梭状芽孢杆菌或肉毒神经毒素的食品而导致的。常见的易感染食物有发酵豆制品、面粉制品及火腿、鱼制品罐头等食品。此外，医源性肉毒神经毒素中毒的事件也有过报道。总之，所有形式的肉毒梭状杆菌都可能是致命的，中毒事件都被视为医疗紧急情况和公共卫生突发事件。

二维码36

（8）弯曲菌属

弯曲菌属（*Campylobacter*）在美国是一种引起腹泻疾病最常见的因子。在大多数情况下只发生孤立的、零星的事件，而不是公认的暴发。通过美国的监测网主动监测表明，每年每10万人口中有13人确诊，许多案例没有确诊或没有报告，估计每年有超过240万人或0.8%的人口受到弯曲菌属的感染。弯曲菌属在夏季比冬季更经常出现。

空肠弯曲菌（*Campylobacter jejuni*）为弯曲菌属中的一个种，广泛存在于家禽、鸟类、狗、猫、牛、羊等动物体中，是引起散发性细菌性肠炎最常见的菌种之一。在感染组织中成弧形、撇形或S形，常见两菌连接为海鸥展翅状，偶尔为较长的螺旋状。在培养物中，幼龄菌较短，大小（0.2～0.5）μm×（1.5～2.0）μm；老龄菌较长，一般可达8μm，有的其长度可超过整个视野。不形成芽孢或荚膜，但某些菌株特别是直接采自动物体病灶的细菌，具有菌膜。这种细菌其实是脆弱的，它不能忍受干燥，为微需氧菌，可被过量的氧气杀死，只生长在氧气含量低于空气的环境中，而绝对无氧环境中也不能生长。生长温度范围37～43℃，但以42～43℃生长最好，25℃不生长。冻结可使生肉中弯曲菌的数量减少。在固体培养基上经过48h培养后出现两种菌落：一种为透明或半透明、扁平、光滑、有光泽、边缘整齐的菌落，在湿润的培养基上多见；另一种为灰白色、圆形、边缘整齐、光滑、隆起、有光泽、水滴状菌落。在液体培养基上呈混浊生长，底层可见沉淀。

空肠弯曲菌引起的急性肠道传染病称为空肠弯曲菌肠炎，可引起人类的腹泻和血性腹泻。其致病机制尚未完全清楚，可能与其侵袭力、内毒素及外毒素有关。此菌可通过被污染的饮食、牛奶、水源等经口进入人体，尤其是鸡肉及其内脏和未经巴氏消毒的牛奶。由于此菌对胃酸敏感，通常食入10^2～10^6个以上细菌才有可能致病。也可通过与动物直接接触被感染。由于动物是空肠弯曲病最重要的传染源，因此，防止动物排泄物污染水和食物至关重要。

（9）小肠结肠炎耶尔森氏菌

耶尔森氏菌属（*Yersinia*）属于肠杆菌科，这是一类革兰氏阴性小杆菌，有荚膜，无鞭毛，无芽孢。兼性厌氧，最适生长温度为27～30℃，最适pH为6.9～7.2。包括鼠疫耶氏菌、小肠结肠炎耶氏菌与假结核耶氏菌等十余个菌种。

耶尔森氏菌病是耶尔森氏菌属细菌所造成的一种传染性疾病。引起人类食物中毒的主要病原菌是小肠结肠炎耶氏菌与假结核耶氏菌。假结核耶氏菌以啮齿动物和鸟类为其宿主，人接触感染动物或食用污染食物可以感染，常见感染有肠炎、肠系膜淋巴腺炎及败血症等。大多数人的疾病由小肠结肠炎耶尔森氏菌（*Yersinia enterocolitica*）造成。此菌是在国际上引起广泛重视的人畜共患疾病的病原菌之一，也是一种非常重要的食源性致病菌，曾多次引起北欧及美国食物中毒暴发。小肠结肠炎耶尔森氏菌为短小、卵圆形或杆状的革兰氏阴性杆菌，单在、短链或成堆排列，22～25℃幼龄培养物主要呈球形，无芽孢，无荚膜。30℃以下培育有鞭毛，37℃则无鞭毛。该菌为需氧和兼性厌氧菌，生长温度范围为0～45℃，最适生长温度25～30℃。对营养要求不高，在普通培养基上均能生长，但生长缓慢，对胆盐、煌绿、结晶紫、孔雀绿及氯化钠均有一定耐受性，所以常见的肠道选择培养基上均能生长。小肠结肠炎耶尔森氏菌在自然界存在广泛，常存在于牛、羊、马、猪、犬、鸡、鸭、虾、蟹的肠道中，猪为主要带菌者。人往往由于食用污染的食物或饮用污染的水而感染，人感染后为多器官受损，临床以胃肠炎居多，且多见于学龄前儿童。成年人及儿童则多为回肠炎、阑尾炎及肠系膜淋巴结炎，且多以急腹症出现。此外该菌可致关节炎、中枢神经系统感染以及败血症等。

（10）霍乱弧菌

二维码37

霍乱是一种古老且流行广泛的烈性传染病之一。曾在世界上引起多次大流行，主要集中在19世纪，波及世界各国。主要表现为剧烈的呕吐、腹泻、失水，死亡率甚高。属于国际检疫传染病。霍乱弧菌（*Vibrio cholerae*）共分为139个血清群，其中O1群和O139群可引起霍乱。该菌为革兰氏阴性菌，菌体弯曲呈弧状或逗点状，菌体一端有单根鞭毛和菌毛，无荚膜与芽孢。营养要求不高，在pH 8.8～9.0的碱性蛋白胨水或平板中生长良好。能还原硝酸盐为亚硝酸盐，靛基质反应阳性，当培养在含硝酸盐及色氨酸的培养基中，产生靛基质与亚硝酸盐，在浓硫酸存在时，生成红色，称为霍乱红反应（cholera red reaction）。霍乱弧菌对热、干燥、日光、化学消毒剂和酸均很敏感，用0.1%高锰酸钾浸泡蔬菜、水果也可达到消毒目的，在正常胃酸中仅生存4min。耐低温，耐碱。湿热55℃经15min，100℃经1～2min可被杀死。

人类在自然情况下是霍乱弧菌的唯一易感者，主要是通过污染的水源或未煮熟的食物如海产品、蔬菜经口摄入。居住拥挤，卫生状况差，特别是公用水源是造成暴发流行的重要因素。人与人之间的直接传播不常见。在一定条件下，霍乱弧菌进入小肠后，依靠鞭毛的运动，穿过黏膜表面的黏液层，其菌毛作用黏附于肠壁上皮细胞上，在肠黏膜表面迅速繁殖，经过短暂的潜伏期后便急骤发病。该菌不侵入肠上皮细胞和肠腺，也不侵入血流，仅在局部繁殖和产生外毒素——霍乱肠毒素。霍乱肠毒素本质是蛋白质，不耐热，56℃经30min即可破坏其活性。对蛋白酶敏感而对胰蛋白酶抵抗。此毒素作用于黏膜上皮细胞与肠腺使肠液过度分泌，从而患者出现上吐下泻，泻出物呈"米泔水样"并含大量弧菌，是本病典型的特征之一。

12.2.2 食源性致病真菌

真菌广泛分布于自然界，种类多，数量庞大，与人类关系十分密切。真菌包括多种异养生物，属于真菌学的研究领域。大多数真菌为多细胞，如霉菌和蘑菇；少数为单细胞，如酵母和少量的霉菌。真菌及其代谢产物与人们的生活息息相关，人们常利用其发酵性能、菌体蛋白、酶类等造福于人类，如抗生素药物的生产，酒、酱油、醋的酿造，广泛用于食品、医药工业的果胶酶、蛋白酶、纤维素酶及人们所食用的木耳、蘑菇等食用菌。但另一方面，一些真菌在其生长发育过程中，可破坏食物结构，造成食物营养损耗，形成有毒有害产物，常引起人类的急慢性食物中毒，甚至导致恶性肿瘤。本节将介绍几种常见的食源性致病真菌及其有毒代谢产物。

12.2.2.1 曲霉属

曲霉属（*Aspergillus*），丛梗孢目（Moniliales）丛梗孢科中的一属，产毒曲霉菌主要包括黄曲霉、寄生曲霉、杂色曲霉、构巢曲霉和棕曲霉。这些霉菌常见的有毒代谢产物为黄曲霉毒素、杂色曲霉毒素和棕曲霉毒素。

(1) 黄曲霉、寄生曲霉与黄曲霉毒素

黄曲霉（Aspergillus flavus）在自然界分布十分广泛，是一种常见腐生真菌。多见于发霉的粮食、粮制品及其它霉腐的有机物上。菌落生长较快，初为淡黄色，后变为黄绿色，老熟后呈褐绿色。分生孢子头疏松，放射形，后变为疏松柱形。分生孢子梗极粗糙，有些菌丝产生带褐色的菌核。菌体由许多复杂的分枝菌丝构成。营养菌丝具有分隔；气生菌丝的一部分形成长而粗糙的分生孢子梗，顶端产生烧瓶形或近球形顶囊，表面产生许多小梗（一般为双层），小梗上着生成串的表面粗糙的球形分生孢子。分生孢子梗、顶囊、小梗和分生孢子合成孢子头，可用于产生淀粉酶、蛋白酶和磷酸二酯酶等，也是酿造工业中的常见菌种。其中有30%～60%的菌株能够产生毒素，这些菌株主要在花生、玉米等谷物上生长。其生长繁殖和产毒的适宜温度为25～30℃，湿度为80%～90%。

寄生曲霉（Aspergillus parasiticus），其分生孢子梗单生，不分枝，末端扩展成具有1～2列小梗的顶囊，小梗上有成串的3.6～6μm球形分生孢子。分生孢子梗长300～700μm，延伸向头状物方向，扩宽到10～14μm。顶囊直径16～25μm。显微镜观察分生孢子梗光滑或粗糙。该菌在察氏培养基上生长缓慢，于24～26℃培养8～10d菌落直径2.4～4.0cm，呈浅黄绿色、短羊毛状。一般扁平或稍具有放射沟状。

黄曲霉毒素（aflatoxins，AFT）是由黄曲霉、寄生曲霉和少数集峰曲霉产生的一类化学结构类似、致毒基团相同的代谢产物，均为二氢呋喃香豆素的衍生物。在我国，黄曲霉毒素的产毒菌种主要为黄曲霉。1993年黄曲霉毒素被世界卫生组织（WHO）的癌症研究机构划定为1类致癌物，是一种毒性极强的剧毒物质，其毒性为氰化钾的10倍、砒霜的68倍，远远高于砷化物和有机农药的毒性，仅次于肉毒毒素，是目前已知霉菌中毒性最强的；其致癌力也居首位，其致癌能力，是二甲基硝胺的70倍，是目前已知最强致癌物之一。

黄曲霉毒素目前已分离鉴定出十多种，主要是黄曲霉毒素 B_1、B_2、G_1、G_2、M_1 和 M_2 等，其中黄曲霉毒素 M_1、M_2 主要存在于牛奶中，黄曲霉毒素 B_1 为毒性及致癌性最强的物质，在天然污染的食品中也以黄曲霉毒素 B_1 最为多见。一般烹调加工温度不能将黄曲霉毒素破坏，其裂解温度为280℃。在水中溶解度较低，溶于油及一些有机溶剂，如氯仿和甲醇中，但不溶于乙醚、石油醚及乙烷。

黄曲霉毒素以污染农产品为主，是迄今发现的污染农产品毒性最强的一类生物毒素，其污染范围广泛，常见于动植物食品、坚果及各种粮油产品，如玉米、花生、大米、小麦、燕麦、大麦、棉籽和豆类，以花生和玉米污染最为严重，小麦、面粉污染较轻，豆类很少受到污染。污染普遍发生于世界范围，但在热带和亚热带地区，食品和饲料中黄曲霉毒素的检出率比较高。

黄曲霉毒素的致病性分为毒性和致癌性，对人体危害严重，对肝脏剧毒，并有致畸、致突变和致癌作用。这与黄曲霉毒素抑制蛋白质合成有关，黄曲霉毒素分子中的双呋喃环结构，是产生毒素的重要结构。研究表明，黄曲霉毒素的细胞毒作用是干扰mRNA和DNA的合成，进而干扰细胞蛋白质的合成，影响细胞代谢，导致动物全身性伤害，特别是对人及动物肝脏组织有破坏作用，严重时可导致肝癌甚至死亡。当人摄入量大时，可发生急性中毒，出现急性肝炎、出血性坏死、肝脂肪变性和胆管增生。当微量持续摄入，可造成慢性中毒，生长障碍，引起纤维性病变，致使纤维组织增生。

预防黄曲霉毒素危害人类的主要措施在于防止毒素对食品的污染，并尽量减少人类随食品摄入黄曲霉毒素的可能性。为此，根本问题就是加强对食品的防霉去毒。

(2) 杂色曲霉、构巢曲霉与杂色曲霉毒素

杂色曲霉（Aspergillus versicolor）属于杂色曲霉群。分生孢子呈粗糙半球形，放射性，直径100～125μm，有不同颜色，但一般为绿色或蓝绿色。分生孢子梗无色或略带黄色。顶囊半椭

圆形至半球形。无菌核，有些菌株可产生球形壳细胞。广泛分布于自然界，存在于空气、土壤、腐败的植物体和贮存的粮食如玉米、小麦、花生和面粉等中。

图 12-3　构巢曲霉
（Aspergillus nidulans）

构巢曲霉（Aspergillus nidulans）属于构巢曲霉群。形状如图 12-3，具有长柱形分生孢子，类似粉笔或卷烟状。分生孢子梗和分生孢子类似杂色曲霉，但分生孢子柄和泡囊为棕色，有性阶段的闭囊壳被泡状细胞包围，外围再绕亮红的子囊孢子。构巢曲霉菌落生长较快，在察氏培养基上，27℃培养 14d 直径达 5～6cm。菌落开始为光滑绒毛状，绿色，平铺，菌落渐变暗绿色，边缘有绒毛状菌丝。常污染大米，污染的一部分或全部呈橙红色至赭色，叫做"茶米"。

杂色曲霉毒素（sterigmatocystin，ST）是 1954 年日本人 Tirabosehi 从杂色曲霉菌丝中首次分离到的。该毒素主要是由曲霉属杂色曲霉和构巢曲霉菌产生的一组化学结构近似的有毒化合物，目前已确定结构的有十多种。纯品为淡黄色针状结晶，分子式为 $C_{18}H_{12}O_6$，耐高温，在 246℃才分解。不溶于水，微溶于多数有机溶剂，易溶于氯仿、乙腈、吡啶和二甲亚砜。

ST 在自然界广泛存在，结构与 $AFTB_1$ 相似，且可以转换为 $AFTB_1$。因此，该毒素在刚发现时并未受到重视，直到 AFT 的强烈毒性和致癌性发现后，其对人及动物的急性、慢性毒性和致癌性才备受世界各国高度关注。ST 常见的污染食品为多种粮食作物、饼粕、饲草、麦秸和稻草等。可通过污染的食品使人发生中毒，杂色曲霉毒素毒性较大，主要影响肝、肾等脏器，有强致癌作用。有学者认为它是非洲某些地区肝癌的主要致癌因子。

12.2.2.2　青霉属

青霉属（Penicillium）种类多，分布广，其中许多菌株均能引起食品的霉烂，也有不少菌株能产生强烈的毒素。主要包括黄绿青霉、橘青霉、圆弧青霉、展青霉、灰绿青霉、红青霉、产紫青霉、冰岛青霉和皱褶青霉等。这些霉菌的代谢产物为黄绿青霉素、橘青霉素、圆弧青霉偶氮酸、展青霉素、红青霉素、黄天精、环绿素和褶皱青霉素，它们的毒性作用各异。

（1）黄绿青霉

黄绿青霉（Penicillium citreoviride），又名毒青霉（P. toxicarum），最初是由"黄变米"中分离出来的，当稻米的水分含量在 14.6% 时，最适宜黄绿青霉生长繁殖，并使米霉变发黄。该菌分生孢子梗自紧贴于基质表面的菌丝生长，壁光滑，一般为（50～100）μm×（1.6～2.2）μm。小梗密集成簇，有 8～10 个。分生孢子呈球形，直径 2.2～2.8μm，壁薄，光滑或近于光滑。

黄绿青霉的代谢产物黄绿青霉素（citroviridin），深黄色针状结晶，具有神经毒、肝毒性和血液毒，是一种很强烈的神经毒素，其神经毒具有嗜中枢性，主要损害神经系统，使中枢神经麻痹；其慢性毒性主要表现于肝细胞萎缩和多形性，引起动物的肝肿瘤和贫血。

（2）橘青霉

橘青霉（Penicillium citrinum）属于不对称青霉群、绒状青霉亚群、橘青霉系。自然界分布广泛，是污染粮食常见的霉菌之一。该菌分生孢子梗大部分自基质上产生，也有自菌落中央气生菌丝上生出的。一般为（50～200）μm×（2.2～3.0）μm，壁光滑，一般不分枝。分生孢子呈球形或近似球形，直径一般为 2.2～3.2μm，壁光滑或近似光滑，产生分生孢子链。

橘青霉素（citrinin，CIT）是由橘青霉、展青霉、灰绿青霉和疣孢青霉等霉菌产生的一种次生代谢产物，其中，橘青霉是最常见的产生菌。近几年的研究表明，红曲霉发酵后期阶段也能产生该毒素。玉米、小麦、大麦、燕麦及马铃薯都有被橘青霉素污染的记载。当稻谷的水分含量大于14%时，就可能滋生橘青霉，其黄色的代谢产物橘青霉素渗入大米胚乳中，引起黄色病变，形成有毒的"黄变米"。

橘青霉素具有很强的肾脏毒，主要引起肾脏功能和形态学改变，包括肾脏肿大，肾重增加，肾小管上皮细胞增生变性脱落，并可堵塞肾小管管腔，导致肾小管扩张、变性和坏死；此外还具有致癌、致畸和致突变作用。因此，橘青霉素虽是一种能杀灭革兰氏阳性菌的抗生素，因其毒性太强，未能用于治疗。

(3) 圆弧青霉

圆弧青霉（*Penicillium cyclopium*）是许多地区粮食上常见的一种污染霉菌。属于不对称青霉组、束状青霉亚组、圆弧青霉系。菌落生长较快，经12～14d培养后直径可达4.5～5cm，略带放射状皱纹，老后或显现环纹，暗蓝绿色，在生长期有宽1～2mm的白色边缘，质地绒状或粉粒状，但在较幼区域为显著束状，渗出液无或较多，色淡。反面无色或初期带黄色，继变为橙褐色。

圆弧青霉可产生多种有毒代谢产物，如圆弧青霉毒素（cyclopenin）、圆弧菌醇（cyclopenol）、圆弧青霉偶氮酸（cyclopiazonic acid）、青霉酸（penicillic acid）和圆弧青霉肽（penicillium cyclopium peptide）等。这些毒性物质具有对肝、肾、肠道、脾的毒性作用。

12.2.2.3 镰刀菌属

镰刀菌属（*Fusarium*）又称镰孢霉属，在分类学上，镰刀菌属无性时期属于半知菌亚门、瘤座菌目；有性时期为子囊菌亚门，有性态常为赤霉属（*Gibberella*）。镰刀菌属霉菌菌丝有隔，分枝。分生孢子梗分枝或不分枝。分生孢子有两种形态：小型分生孢子卵圆形至柱形，有1～2个隔膜；大型分生孢子镰刀形或长柱形，有较多的横隔。

镰刀菌能产生植物刺激素，可使农作物增产；有些种可产生纤维素酶、脂肪酶、果胶酶等；镰刀菌也能侵染多种经济作物，引起水稻、小麦、玉米、蚕豆、蔬菜等赤霉病，棉花的枯萎病，香蕉枯萎病等；还有些种可产生毒素，污染粮食、蔬菜和饲料，人畜误食会中毒。镰刀菌属的产毒霉菌主要包括禾谷镰刀菌、串珠镰刀菌、雪腐镰刀菌、三线镰刀菌、梨孢镰刀菌和尖孢镰刀菌等。这些霉菌代谢产物为单端孢霉烯族化合物、玉米赤霉烯酮和丁烯酸内酯等。

(1) 禾谷镰刀菌

禾谷镰刀菌（*Fusarium graminearum* Schw.）属变色组中唯一一个产毒种。菌丝分枝，有隔、透明、玫瑰色，直径1.5～5μm。大型分生孢子近镰刀形、纺锤形、披针形，稍弯，两端稍窄细，顶端细胞末端稍尖或略钝，脚胞有或无，大多数3～5隔，极少数1～2隔或6～9隔。

该菌主要寄生在禾本科植物上，一般侵染大米、麦类、玉米，并产生玉米赤霉烯酮、T-2毒素、雪腐镰刀菌烯醇和镰刀菌烯酮-X等有毒物质。禾谷镰刀菌是赤霉病麦的主要病原菌，主要引起小麦、大麦和元麦的赤霉病。禾谷镰刀菌在粮食中生长产毒，从而引起人、动物的中毒。

(2) 梨孢镰刀菌

梨孢镰刀菌（*Fusarium poae*）属于枝孢镰刀菌组。分生孢子梗呈树枝状分枝，在其端部密枝多生，上面着生大分生孢子。大分生孢子甚少，为镰刀形、纺锤-椭圆形、新月形、窄瓜子形，稍弯曲或稍直，通常有1～3个隔、光滑、透明，生于气生菌丝中，无分生孢子梗座。

在燕麦、甜瓜、小麦和玉米上分布，亦可从少数饲料中检出。可产生梨孢镰刀毒素、T-2毒素、新茄病镰刀菌烯酮、乙酰T-2毒素、单端孢霉烯族化合物等有毒物质。如梨孢镰刀毒素引起食物中毒、动物饲料中毒，消化道如食管、胃的恶性肿瘤；单端孢霉烯族化合物可引起食物性白细胞缺乏症。

12.2.2.4 麦角菌属

麦角菌属（*Claviceps*）属于子囊菌纲、麦角菌科。它是一种植物病原菌，一般寄生在黑麦、大麦、小麦、杂草及其它禾谷牧草的子房内，将子房变为菌核，形如麦种，比麦粒大一些，故称为麦角（frgot）。麦角中含有多种生物碱，一般分为麦角胺（ergotamine）、麦角新碱（ergometrine）和麦角毒（ergotoxine）三类。

人若误食用有麦角的面粉制成的面制品，会发生呕吐、腹痛、腹泻以及头晕、头痛、耳鸣、乏力的急性中毒症状，重症者知觉异常、抽搐、四肢坏疽、流产等，亦可发生死亡。慢性中毒有不同症状，如家畜误食后可呈现耳尖、尾部、乳房及四肢末端的皮肤性坏疽。

12.2.2.5 毒蕈

蕈菌，为担子菌亚门层菌纲伞菌目真菌，俗称蘑菇。蕈菌在自然界分布很广，种类繁多，现已知约有三千多种。其中毒蕈有几百种，其大小、形态、颜色、花纹千变万化，容易误食中毒。有些毒蕈含有多种类型的剧毒毒素，即使是微量吸入也很危险。其毒素主要损害肝脏、肾脏、心脏和大脑，比其他食物中毒来势凶猛，甚至导致死亡。

毒蘑菇中毒的类型有不同的划分方法，常按其引起的中毒症状分为胃肠类型、神经精神型、溶血型、肝脏损害型、呼吸与循环衰竭型和光过敏性皮炎型等6个类型。胃肠炎型是最常见的中毒类型，其中毒潜伏期较短，一般多在食后10min～6h发病。主要表现为急性恶心、呕吐、腹痛、水样腹泻或伴有头昏、头痛、全身乏力。引起神经精神型中毒的毒素有多种，有些毒素可引起类似吸毒的致幻作用。从中毒症状可以分为神经兴奋、神经抑制、精神错乱、以及各种幻觉反应。肝脏损害型是引起毒蘑菇中毒死亡的主要类型，其产生的毒伞肽可直接作用于肝脏细胞核，使细胞迅速坏死，是导致中毒者死亡的重要原因。导致光过敏性皮炎型中毒的毒素为光过敏感物质卟啉（porphyrins）类，当毒素经过消化道被吸收，进入体内后可使人体细胞对日光敏感性增高，凡日光照射部位均出现皮炎，如红肿、发烧疼及针刺般疼痛。

12.2.3 食源性致病藻类

藻类和人类有密切的关系，大气中50%的氧是由藻类行光合作用放出的。而且藻类也和高等植物一样，在生态系中扮演初级生产者（primary producer）的角色，尤其在水生生态系（aquatic ecosystem）中，藻类为其他初级消费者（primary consumers）如鱼、虾等的主要食物来源。

藻类亦给人类带来困扰，如贝类是人类的美餐，但贝类的毒素让人望而却步。贝类中毒是由一些浮游藻类合成的多种毒素引起的，这些藻类（在大多数病例中为腰鞭毛虫）是贝类的食物。贝类滤食有毒藻类后，其毒素在贝类中蓄积或代谢，藻毒素会在贝体内发生一些转化，毒素组分会有一些变化。因此，贝类毒素又称藻毒素。

人类摄入被毒化的鱼、贝等水产品后可导致急性食物中毒，即藻毒素中毒。根据中毒的症状，贝类中毒的类型有麻痹性贝类中毒（PSP）、腹泻性贝类中毒（DSP）、神经毒性贝类中毒（NSP）和失忆性贝类中毒（ASP）。所有的贝类（滤食性软体动物）都有潜在的毒性。PSP一般与贻贝（海虹）、蛤蜊、扇贝和干贝有关，NSP与从佛罗里达海岸和墨西哥湾捕捞的贝类有关，DSP与贻贝、牡蛎和干贝有关，ASP与贻贝有关。在贝类中毒的四种类型中，从公共卫生的角度来看，最严重的是PSP。过去，PSP的强烈毒性已导致非常高的死亡率。但是，贝类中毒的病例常常被误诊为其它疾病，而且一般很少被报告，因此对贝类中毒的发生及其严重性没有完整的统计学资料，所以目前得到这类疾病的发病率也并不准确。

所有人都对贝类中毒易感。老年人更易发生 ASP 引起的严重神经反应。此外,在有毒贝类捕捞区域,游客与当地人发生 PSP 的病例相差悬殊。这可能是因为当地人重视贝类的卫生检疫并且按照传统的较为安全的方法食用,而游客们却忽视了。

预防贝类中毒的措施主要如下:

① 在海藻大量繁殖期及出现"赤潮"(图 12-4)时,禁止采集、出售、贩运和食用贝类。

② 在贝类生长的水域采取藻类进行显微镜检查,如有毒的藻类大量存在,即有发生中毒的危险,有关部门应定期预报,有关人员应注意收听。

③ 贝类的毒素主要积聚于内脏,应注意去除。

二维码 38

(a) 显微镜下的腰鞭毛虫　　(b) 腰鞭毛虫导致新西兰一海域出现赤潮

图 12-4　腰鞭毛虫与赤潮

12.2.4　食源性病毒

食源性病毒也应受到高度关注,如甲型肝炎病毒、诺沃克病毒、疯牛病朊病毒、禽流感病毒、轮状病毒等(参见第 4 章)。

12.3　微生物食物中毒的处置

食物中毒中微生物食物中毒是非常常见的中毒因素。食源性致病菌污染是导致食源性疾病的主要原因,尽管许多食源性微生物是病原菌,但并不是摄入每种病原菌都会导致感染和相应的疾病,微生物感染和人类易感程度都存在差异。

12.3.1　食物中毒调查

食物中毒的调查、处理与管理,是医学诊断、处理过程,也是食品卫生案例的调查处理过程。食物中毒调查处理的具体任务首先是在调查现场及时正确地抢救和处置患者;其次是通过现场调查确定是否为食物中毒,查明引起中毒的可疑食物和中毒的原因,采样进行实验室检验;最后采取现场处理措施,预防食物中毒继续发生。

(1) 食物中毒现场调查的目的

① 确定中毒事件是否是食物中毒,大致属于何种类型及其严重程度。

② 查明食物中毒事件发生的原因,并给抢救治疗提供依据。

③ 找出引起中毒事件发生、发展的因素,以便向有关部门提供意见,防止今后类似事件的发生。

(2) 食物中毒现场调查处理的基本任务和要求

尽快查明食物中毒暴发事件发病原因。

① 确定食物中毒病例。
② 查明中毒食品。
③ 确定食物中毒致病因素。
④ 查明中毒原因（致病因素来源及其污染残存或增殖的原因）。

(3) 食物中毒现场调查的内容和方法

① 现场调查中应首先询问单位负责人、医务人员、炊事员、伙食管理人员以及患者等，了解有关食物中毒的经过和简要情况、可疑食品、中毒人数、发展趋势以及采取的具体措施。

② 与在场医务人员一起询问中毒经过和检查患者中毒表现的特点以及与食物的关系，以便确定是否为食物中毒，并初步判断可能是何种类型的食物中毒。此时必须根据食物中毒的特点和当时当地的疫情，注意与其有关的疾病，特别要与肠道传染病区别开。

③ 确定潜伏期。潜伏期对确定是否是食物中毒以及何种类型的食物中毒具有重要意义。在判断潜伏期时，要注意多数患者的发病时间。

④ 确定中毒现场。调查全部中毒人数的分布，即工作、居住、就餐地点，从而找出患者与进餐地点的关系。

⑤ 确定中毒餐次和中毒食物。询问全部患者发病前 24~48h 各餐所吃的食物，并力争查明所有同时进餐人员所吃食物的情况。特别应注意发病最早的患者，其发病时间对推测毒餐次是重要的线索。了解患者共同吃的食物以及这些食物的来源、贮存、加工和食用方法有关情况，还要了解同时进餐人员中没有吃该种食物的人有无发病。这样就把可疑的中毒食物逐渐推测到某一餐的几种甚至某一种食物上，再进行综合分析确定中毒食物。

⑥ 确定何种类型的食物中毒。应根据中毒的特点进行分析，如有发热和急性胃肠炎症状，可能是细菌性中毒的感染型；无发热而有急性胃肠炎症状，可能是细菌性食物中毒的毒素型。亚硝酸盐中毒时所表现的青紫症、肉毒中毒时特有的神经症状特点以及有机磷中毒的瞳孔缩小、呕吐、特有大蒜味等特点，均有助于迅速作出初步判断。但食物中毒类型很多，症状也错综复杂，应结合现场的调查情况进行具体分析。

⑦ 封存剩余一切可疑食物。可疑食物确定后对已售出的零散同批食物应全部查清并立即追回。

⑧ 对现场进行卫生学调查。为控制和预防食物中毒的发生，应对现场环境卫生及加工场所的卫生条件、食物来源和生产过程逐步调查，如原料来源、加工前存放场所、存放温度及时间、卫生状况、加工前食品性状、烹调方法及加热温度和时间、食物加工后有无再污染的可能性、有无接触化学毒物可能、炊事员有无带菌的可能性等。

⑨ 对封存食物作相应的处理。对引起中毒食物的处理，要本着保证食物中毒不再发生的原则，持客观慎重的态度来对待。调查中应作好详细记录，必要时应查明或索取有关资料和证件。

⑩ 通过全面调查，针对中毒原因、存在问题，提出控制食物中毒发生的预防措施。

12.3.2　食物中毒报告

食物中毒经过调查后，食物中毒的法定报告人，如单位负责人、接诊医生及其他所在医疗单位负责人等要及时向卫生监督部门报告，规定法定报告人的报告方式、时间要求和报告内容，申明报告人应承担的责任，并落实食物中毒报告制度。食物中毒管理的依据是《中华人民共和国食品安全法》以及地方有关法律文件。食品卫生监督机构在食物中毒的监督管理方面应做好以下几点：

(1) 一般报告制度

① 发生食物中毒或者疑似食物中毒事故的单位和接收食物中毒或者疑似食物中毒患者进行

治疗的单位，应当及时向所在地人民政府卫生行政部门报告食物中毒事故的单位、地址、时间、中毒人数、可疑食物等有关内容。具体为：

a. 对报告食物中毒的发病情况应详细记录。应使用全国统一的专门表格——食物中毒报告登记表登记有关内容，应尽可能包括发生食物中毒的单位、地点、时间（日、时、分）、可疑及中毒患者的发病人数、进食人数、可疑中毒食品、临床症状及体征、患者就诊地点、诊断、抢救治疗情况等。

b. 通知报告人采取保护现场，留存患者粪便、呕吐物及可疑中毒食物，以备取样送检。

c. 立即向主管领导汇报食物中毒报告登记情况。

发生食物中毒或者疑似食物中毒事故的单位在向所在地人民政府卫生行政部门报告的同时，应立即停止其生产经营活动；协助卫生机构救治患者；保留造成食物中毒或者可能导致食物中毒的食品及其原料、工具、设备和现场；配合卫生行政部门进行调查，按卫生行政部门的要求如实提供有关材料和样品；落实卫生行政部门要求采取的其他措施。

② 县级以上地方人民政府卫生行政部门接到食物中毒或者疑似食物中毒的报告，应当及时填写"食物中毒报告登记表"，并报告同级人民政府和上级卫生行政部门。

③ 每次引起食物中毒都应在接到食物中毒报告后一个月内填报"食物中毒调查报告表"，分别上报上级、省级卫生行政部门和国家卫生健康委员会指定机构。一个月内未调查终结的要继续进行补报。

(2) 紧急报告制度

县级以上地方人民政府卫生行政部门对发生在管辖范围内的下列食物中毒或者疑似食物中毒事故，实施紧急报告制度：

① 中毒人数超过30人时，应当于6h内报告同级人民政府和上级人民政府卫生行政部门。

② 中毒人数超过100人或死亡1人以上的，应当于6h内上报国家卫生健康委员会，并同时报告同级人民政府和上级人民政府卫生行政部门。

③ 中毒发生在学校、地区性或者全国性重要活动期间，应当于6h内上报国家卫生健康委员会，并同时报告同级人民政府和上级人民政府卫生行政部门。

④ 其他需要实施紧急报告制度的食物中毒事故。

《突发公共卫生事件应急条例》要求，发生或者可能发生重大食物中毒事件的省、自治区、直辖市人民政府应当在接到报告1h内，向国务院卫生行政主管部门报告。

突发事件监测机构、医疗卫生机构和有关单位发现发生或者可能发生重大食物中毒事件的，应当在2h内向所在地县级人民政府卫生行政主管部门报告；接到报告的卫生行政主管部门应当在2h内向本级人民政府报告，并同时向上级卫生行政主管部门和国务院卫生行政主管部门报告。县级人民政府应当在接到报告后2h内向上一级人民政府报告；上一级人民政府应当在接到报告后2h内向省、自治区、直辖市人民政府报告。

(3) 食物中毒报告的管理

① 县级以上地方各级人民政府卫生行政部门接到跨辖区的食物中毒事故报告，应当通知有关辖区的卫生行政部门，并同时向共同的上级人民政府卫生行政部门报告。

② 县级以上地方人民政府卫生行政部门应当在每季度末，汇总和分析本地区食物中毒事故发生情况和处理结果，并及时向社会公布。

③ 省级人民政府卫生行政部门负责汇总分析本地区全年度食物中毒事故发生情况，并于每年11月10日前上报国家卫生健康委员会及其指定的机构。

④ 地方各级人民政府卫生行政部门应当定期向有关部门通报食物中毒事故发生的情况。

⑤ 任何单位和个人不得干涉食物中毒或者疑似食物中毒事故的报告。

⑥ 在水灾、地震等自然灾害情况下，应按照国家卫生健康委员会重大疫情报告制度进行报告。

12.3.3 食物中毒处置

（1）食物中毒处理总则

① 及时报告当地卫生行政部门　发生可疑食物中毒事故时，卫生行政部门应按照《食物中毒事故处理办法》《食物中毒诊断标准及处理总则》《食品卫生监督程序》的要求及时组织和开展对患者的紧急抢救、现场调查和对可疑食品的控制、处理等工作，同时注意收集与食物中毒事故有关的违反《中华人民共和国食品卫生法》的证据，做好对肇事者追究法律责任的证据收集工作。

② 对患者采取紧急处理

a. 停止食用中毒食品。

b. 采取患者血液、尿液、吐泻物等样本，以备送检。

c. 进行急救处理，包括催吐、洗胃和清肠。

d. 对症治疗和特殊治疗，如纠正水和电解质失衡，使用特效解毒药，防止心、脑、肝、肾损伤等。

③ 对中毒食品控制处理

a. 保护现场，封存中毒食品或疑似中毒食品。

b. 采集剩余可疑中毒食品，以备送检。

c. 追回已售出的中毒食品或疑似中毒食品。

d. 对中毒食品进行无害化处理或销毁。

④ 根据不同的中毒食品，对中毒场所采取相应的消毒处理。

（2）食物中毒诊断标准

食物中毒的诊断主要以流行病学调查资料、中毒患者的潜伏期、中毒特有的临床表现为依据，并经过必要的实验室诊断确定中毒的病因。

① 中毒患者在相近的时间内均食用过某种共同的中毒食品，未食用者不中毒。停止食用中毒食品后，发病很快停止。

② 潜伏期较短，发病急剧，病程亦较短。

③ 所有中毒患者的临床表现基本相似。

④ 一般无人与人之间的直接传染。

⑤ 从中毒食品和中毒患者的生物样品中检出能引起与中毒临床表现一致的病原。

⑥ 食物中毒的确定应尽可能有实验室诊断资料，由于采样不及时或已用药或其他技术、学术上的原因而未能取得实验室诊断资料时，可判定为原因不明食物中毒，必要时可由三名副主任医师以上的食品卫生专家进行评定。

12.3.4 食物中毒评估

食物中毒处理后，需要组织开展评估。

12.3.4.1 组织开展现场调查

（1）成立调查组

卫生行政部门或承担食物中毒调查工作的卫生机构在接到食物中毒或疑似食物中毒事故的报告后，应立即着手在2h内做好人员和设备的准备工作，组成调查处理小组赶赴现场。调查处小组应由有经验的专业技术人员领导,由食品卫生监督人员、检验人员、流行病学医师等组成。调查人员应分头对患者和中毒场所进行调查。

(2) 开展现场卫生学和流行病学调查

现场卫生学和流行病学调查内容包括对患者、同餐进食者的调查,对可疑食品加工现场的卫生学调查,采样进行现场快速检验或动物实验、实验室检验,根据初步调查结果提出可能的发病原因及防止食物中毒扩散的控制措施。对上述内容的调查应进行必要的分工,尽可能同时进行。

① 对患者和同餐进食者进行调查　调查人员在协助抢救患者的同时,应向患者详细了解有关发病情况,包括各种临床症状、体征及诊治情况,重点观察与询问患者的主诉症状、发病经过、精神状态、呕吐和排泄物的性状,详细登记发病时间、可疑餐次(无可疑餐次应调查发病前72h内的进餐食谱情况)的进餐时间、食用量等。

通过对患者的调查应完成以下内容:a. 发病人数;b. 可疑餐次的同餐进食人数及范围、去向;c. 共同进食的食品;d. 临床表现及共同点(包括潜伏期临床症状、体征);e. 用药情况和治疗效果;f. 需要进一步采取的抢救和控制措施。

对患者的调查应注意:

a. 对患者进行调查时应高度重视首发病例,并详细记录第一次发病的症状、发病时间和日期。尽可能调查到所发生的全部病例以及与该起事件有关的所有人员(有毒有害物的管理人员、食品采购人员、厨师等)的发病情况,如人数较多,可先随机选择部分人员进行调查。

b. 应将对患者的调查结果认真登记在病例个案调查登记表中。对疑难食物中毒事故进行调查时,应对有关的可疑食物列表并分别进行询问调查,调查时应注意具有相同进食史的发病者与未发病者的食物差别,以利于计算、分析罹患率并进行统计学显著性检验。调查完毕后请被调查者在个案调查登记表上签字认可。

c. 调查时应注意了解是否存在食物之外的其他可能与发病有关的因素,以排除或确定非食物中毒。对可疑刑事中毒案件应将情况及时通报给公安部门。

② 对可疑中毒食品的加工过程进行调查

a. 向加工制作场所的主管人员或企业负责人详细了解可疑中毒食品的加工、制作流程以及加工制作人员的名单。

b. 找到最了解事件情况的有关人员(包括患者)以了解事件发生过程,包括详细了解有关食品的来源、加工方法、加工过程(包括使用的原料和配料、调料、食品容器等)、存放条件、食用方法、进食人员及食用量等情况。

c. 将可疑中毒食品各加工操作环节绘制成操作流程图,注明各环节加工操作人员的姓名,分析可能存在或产生的危害及发生危害的危险性,并在有关加工操作环节上标出。

d. 对可疑中毒食品的加工制作过程进行初步检查,重点检查食品原(配)料及其来源,加工方法是否能杀灭或消除可能的致病因素,加工过程是否存在直接或间接的交叉污染,是否有不适当的贮存过程(如非灭菌食品在室温下存放超过4h),以及剩余食品是否重新加热后再食用等内容。

e. 了解厨师或其他食品加工人员的健康状况,请加工制作人员回忆可疑中毒食品的加工制作方法,必要时通过观察其实际加工制作的情况或食品时间-温度的实际测定结果,对可疑中毒食品的加工制作环节进行危害分析。

f. 按可疑中毒食品的原料来源和加工制作环节,选择并采集食品原(配)料、食品加工设备和工(容)具等样品进行检验。

g. 在现场调查过程中对发现的食品污染或违反食品卫生法律、法规的情况进行记录,必要时进行照相、录像。

12.3.4.2 样品的采集与检验结果

（1）样品的采集

现场调查人员应尽一切努力完成对中毒发生现场可疑中毒食品和患者排泄物（大便、尿、呕吐物）等的样本收集工作。采集样品时应注意：

① 采样的品种：一般按患者出现的临床症状和检验目的选择样品种类，一般应包括患者的大便、呕吐物、血液、尿液，剩余食品，食品容器和加工用具表面涂抹等，可能条件下还应采集厨师和直接接触食品人员的手涂抹、肛拭子等。

对腹泻患者要注意采集粪便和肛拭子，对发热患者要注意采集血液样品，怀疑化学性食物中毒时应采集血液和尿液。

② 采样方法：样品应按照无菌采样方法采集。备检样品应置冰箱内冷藏保存。

③ 对一起发病规模较大的食物中毒事故一般至少应采集 10~20 名具有典型临床症状患者的检验样品，同时应采集部分具有相同进食史但未发病者的同类样品作为对照。

④ 对可疑中毒食物样品可采用简易动物毒性试验方法进行现场毒性（力）鉴定试验。

（2）样品的实验室检验

① 应在最短的时间内将样品送往实验室进行检验，不能及时送样时应将样品冷藏。

② 结合患者临床表现和流行病学特征，推断导致食物中毒发生的原因和毒物的性质，从而选择检验项目。

③ 实验室在收到有关样品后应在最短时间内开始检验，检验结果的报告一般最迟不得超过 5d。若实验室检验条件不足，应果断请求上级机构或有条件的部门予以支持。

④ 为检测样品的毒（性）力，可在进行样品检验的同时进行动物试验。

12.3.4.3 调查资料的技术分析

① 确定病例，通过分析现场核实的有关发病情况和进食情况，提出中毒病例的共同特征，并依此为标准，对已发现或报告的可疑中毒病例进行鉴别。对尚未报告或就诊的符合病例确定标准的患者应进一步进行登记调查。病例确定标准可参考以下方面：计算患者潜伏期、各种临床症状与体征的频率，确定患者的突出症状与伴随症状，按临床发病情况确定患者病情轻重，按是否有临床诊断确定病例是否就诊。

② 对病例进行初步流行病学分析：a. 按病例发病时间绘制病例发病的流行曲线，分析病例发病时间的分布特点及其联系，确定疾病可能的传播途径；b. 绘制病例发病场所或地点分布图，分析病例发病地区分布特点及其联系，确定可能的发病场所或地点。

③ 分析事件的可能病因。根据确定的病例标准和病例流行病学分布的特点，应做出是否是一起食物中毒事故的意见，并就该起发病事件的性质、可能的传播类型、可疑中毒食品、进食可疑中毒食品的时间及地点等形成病因假设，以指导抢救患者和进一步开展病因调查及中毒控制工作。

④ 在获取现场卫生学调查的资料和实验室检验结果后，结合临床表现、流行病学资料、可疑食品加工制作情况和实验室检验结果进行汇总分析，按各类食物中毒诊断标准确定的判定依据和原则做出综合判定。

12.3.5 食物中毒预防

对食物中毒事故尽早采取控制和预防措施。主要包括：

① 尽快采取控制或通告停止销售、食用可疑中毒食品等相应措施，防止食物中毒的进一步

蔓延和扩大。

② 当调查发现食物中毒范围仍在扩展时，应立即向当地政府报告。发现中毒范围超出本辖区范围时，应通知有关辖区的卫生行政部门，并向共同的上级卫生行政部门报告。

③ 根据事件控制情况的需要，建议政府组织卫生、医疗、医药、公安、工商、交通、民政、邮电、广播电视等部门采取相应的控制和预防措施。

④ 按有关法律、法规规定对有关食品和单位进行处理。

⑤ 根据中毒原因和致病因素对中毒场所及有关的食品加工环境、物品提出消毒和善后处理意见。

⑥ 调查工作结束后撰写食物中毒调查专题总结报告，留存作为档案备查并按规定报告有关部门。调查报告的内容应包括：发病经过、临床和流行病学特点、治疗和患者预后情况、控制和预防措施的建议以及参加调查人员等。同时应按《食物中毒调查报告管理办法》规定及时填报食物中毒调查报告表。

⑦ 加强食品从业人员的宣传管理工作。

根据年度食物中毒预防工作计划，对管区内食品生产经营者进行预防食物中毒的卫生知识技术培训，加强检查管理制度，充分调动他们的主动性。卫生部门在追究引起中毒的当事人的法律责任外，应该重视卫生宣传与指导工作，即向患者的家属及所属集体单位指明发生食物中毒的原因，指出仍然存在的隐患，提出具体改进意见和措施。

⑧ 建立食物中毒管理的岗位责任制。

食物中毒监管部门应设相对固定的食物中毒管理人员，明确其工作职责和要求，检查其岗位责任完成的水平，主要着眼于：管区内食物中毒的发生率、病死率及漏报率；食物中毒抢救的及时性、正确性和实际效果，食物中毒确诊率及其科学依据；食物中毒档案的完整性、准确性以及所反映的规律性和经验水平；年度食物中毒防治计划的预见性、针对性及其执行中的实际效果，并以这些要求为中心，结合科学技术的进展，不断提高岗位责任人员的理论技术水平。

⑨ 建立年度食物中毒档案。

食物中毒档案中应详细完整地记录每次中毒发生的时间、地点、中毒人数、死亡人数、中毒原因、中毒食物、促成中毒发生的条件、抢救治理方法及其经验教训、案例善后处理及法律出证和损害赔偿等。应定期对食物中毒档案进行分析总结，明确当地食物中毒发生规律，如食物中毒发生次数、食物中毒分类、中毒和死亡人数消长情况的统计分析，按月份对中毒次数、分类、中毒人数等进行统计分析。对引起中毒的食品种类、中毒人群、中毒原因等进行统计分析等，并据此制订食物中毒预防工作计划，提出有针对性的预防工作重点，提高预防工作水平，降低食物中毒的发病率和死亡率，减少对人民生命、健康危害和社会经济损失。

知识归纳

食物中毒定义与类型。

细菌性食物中毒的特点，常见食源性病原微生物及其生物学特性。

不同食品中可能存在的食源性病原微生物及其控制。

真菌毒素及其防控。

食源性病毒。

食物中毒的现场调查、报告与处置。

食物中毒的评估。

思考题

1. 解释致病性微生物、食源性疾病的概念。
2. 简述食源性致病微生物对食品安全的影响。
3. 简述食物中毒的处理总则。
4. 试述食物中毒后应采取的控制和预防措施。

二维码 39

 应用能力训练

1. 微生物与食物中毒的关联有哪些？你认为一般常见的食物中毒都有什么症状？
2. 思考一下目前检测微生物的快速手段有哪些？如何快速排查食物中毒的原因？
3. 如果遇到食物中毒事件，应该如何应对？

二维码 40

 参考文献

[1] 曾庆祝，吴克刚，黄河. 食品安全与卫生. 北京：中国质检出版社，2012.
[2] 孙长颢，等. 营养与食品卫生学. 8 版. 北京：人民卫生出版社，2017.
[3] 何国庆，贾英民，丁立孝. 食品微生物学. 4 版. 北京：中国农业大学出版社，2021.
[4] 柳增善. 食品病原微生物学. 北京：中国轻工业出版社，2007.
[5] 杰奎琳·布莱克. 微生物学：原理与探索. 6 版. 北京：化学工业出版社，2006.
[6] 李平兰，王成涛. 发酵食品安全生产与品质控制. 北京：化学工业出版社，2005.

第 13 章

微生物与免疫

知识图谱

春天来了,百花齐放,但有些人却因为花粉过敏而苦恼。很多食品标签上都有食物致敏标注,提醒消费者注意食物过敏反应。过敏是一种什么反应?会产生什么危害?它的发生与哪些因素有关?发生机制与人体什么系统功能有关?我们该如何来预防过敏?过敏与食品微生物之间有什么关联?

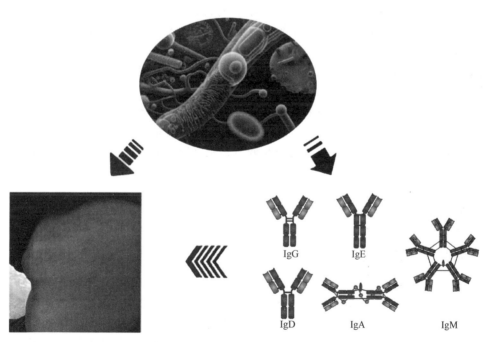

微生物与皮肤过敏及免疫球蛋白关系示意图

学习目标

- 掌握免疫系统的组成及其功能。
- 掌握抗原特性及抗原决定簇。
- 掌握抗体结构及功能。
- 掌握 $CD4^+$、$CD8^+$ T 细胞功能。
- 掌握 B 细胞主要表面分子及其功能。
- 掌握 T 细胞对抗原的识别。
- 掌握抗体产生的规律。
- 理解食物过敏的微生物性防治策略。
- 明晰益生菌、噬菌体的免疫调节作用。
- 深入析知食品科学与微生物学及免疫学的关系。

免疫学（immunology）的起源与微生物密切相关。19 世纪中叶之前的经验免疫学时期，人们发现通过接种人痘或牛痘可预防天花。随后，微生物学的发展推动了抗感染免疫的发展。免疫的概念是指机体对微生物的抵抗力和对同种微生物再感染的特异性防御能力。20 世纪中叶之前是科学免疫学时期，病原菌的发现推动了疫苗研制与应用，体液免疫和细胞免疫学派的争论推动了免疫学发展，抗原与抗体的相互作用研究发现了补体，过敏反应研究揭示了异常的免疫应答对机体的不利影响，基于科学数据的多种学说形成了系统的免疫学理论，揭示了免疫系统结构组成及功能、固有免疫及适应性免疫、T 细胞及 B 细胞的特异免疫应答过程以及免疫调节。20 世纪中叶至今是现代免疫学时期，分子生物学兴起，免疫应答深入分子水平，分子免疫学把免疫分子的结构与功能联系起来全面研究，使免疫学发展到以基因活化及分子作用为基础，研究免疫细胞的生命活动与功能、细胞与细胞间及免疫系统与机体整体间的功能。免疫学成为生命科学的前沿学科，且在应用领域取得系列成就。

现代免疫的概念是指机体对自身和非自身的识别，并清除非自身的大分子物质，从而保持机体内、外环境平衡的一种生理学反应。免疫学是研究机体免疫系统结构与功能的学科，是研究抗原性物质、机体的免疫系统、免疫应答规律与调节、免疫应答的各种产物以及各种免疫现象的一门生物科学。

13.1 免疫系统

13.1.1 免疫系统的组成

免疫系统（immune system）是机体保护自身的防御性结构，由免疫器官、免疫细胞和免疫分子组成，它们相互作用、共同完成免疫功能。机体免疫系统各组成及其功能正常是维持免疫功能相对稳定的保证，功能缺陷或亢进都会给机体带来损害。

免疫器官（immune organ）是指发挥免疫功能的器官或组织，包括中枢免疫器官（central immune organ）和外周免疫器官（peripheral immune organ）。中枢免疫器官包括骨髓、胸腺、鸟类法氏囊或其同功能器官，调控免疫活性细胞的产生、增殖和分化、成熟，调节外周淋巴器官发育和全身免疫功能。外周免疫器官包括淋巴结、脾和黏膜相关淋巴组织（mucosa associated lymphoid tissue，MALT）等，是免疫细胞聚集和免疫应答发生的场所。

免疫细胞（immune cell）是指参与免疫应答的细胞，包括淋巴细胞（lymphocyte）、自然杀伤细胞（natural killer cell，NK 细胞）、树突状细胞（dendritic cell，DC）、单核/巨噬细胞（monocyte/macrophage，MC/MΦ）、粒细胞（granulocyte）、肥大细胞（mastcell）、造血干细胞（hematopoietic stem cell）等。其中，淋巴细胞是核心成分，经血液和淋巴周游全身，使分散各处的淋巴器官和淋巴组织连成一个功能整体，并使免疫系统具备识别能力和记忆能力。

免疫分子（immune molecule）是免疫学的主要研究对象，主要包括抗原、抗体、膜表面抗原受体、主要组织相容性复合物抗原、白细胞分化抗原、黏附分子、补体、细胞因子等。

13.1.2 免疫系统的功能

免疫系统主要有免疫防御、免疫稳定和免疫监视等功能。

13.1.2.1 免疫防御功能

是指免疫系统能够抵御外来物质的侵犯，帮助机体消灭外来的细菌、病毒、过敏原等。当该功能过于亢进时会发生超敏反应，过于低下时会发生免疫缺陷疾病。

13.1.2.2 免疫稳定功能

是指免疫系统能够识别并清除新陈代谢过程中产生的衰老、受损伤和死亡的细胞，从而保持机体稳定。该功能异常时会发生自身免疫疾病。

13.1.2.3 免疫监视功能

是指免疫系统具有识别、杀伤并清除染色体畸变或基因突变的细胞，防止肿瘤和癌变发生。该功能异常时会发生细胞癌变。

13.2 免疫应答

13.2.1 免疫应答及其过程

免疫应答（immune response）是抗原刺激免疫系统所产生的排除抗原的过程，包括免疫活性细胞（T 细胞、B 细胞）识别抗原、产生应答并将抗原破坏和/或清除等一系列反应。免疫应答过程分为感应阶段（即免疫细胞对抗原分子的识别过程）、反应阶段（即免疫细胞的活化及分化过程）和效应阶段（即效应细胞和效应分子发挥免疫效应的过程）。

13.2.2 免疫应答的种类

根据识别特点及效应机制的不同，免疫应答分为固有免疫（innate immunity）和适应性免疫（adaptive immunity）。

13.2.2.1 固有免疫

又称天然免疫（natural immunity）或非特异性免疫（nonspecific immunity），是机体在长期种系进化过程中形成的防御机制，具有遗传性。固有免疫是机体对外来的"非己"物质产生的防御作用，主要是识别宿主正常细胞没有的某些"非己"分子。一般被识别的"非己"分子仅为某些病原体等外来物质所特有或共有。

固有免疫系统主要由体内外组织屏障、固有免疫细胞和固有体液免疫分子组成。该系统可对侵入的病原体迅速发挥非特异性抗感染效应，也可清除体内损伤、衰老或畸变的细胞，并参与适应性免疫应答。

组织屏障包括体表屏障和体内屏障。体表屏障包括皮肤、黏膜和寄居在皮肤及黏膜表面的正常菌群等，发挥物理屏障、化学屏障、微生物屏障的作用。体内屏障中的血-脑屏障，可阻挡血液中病原体和其他大分子物质由血液进入脑组织，保护中枢神经系统不受侵害；体内屏障中的血-胎屏障可防止母体内病原体和有害物质进入胎儿体内，保护胎儿免受感染。

固有免疫细胞包括吞噬细胞（phagocyte）、DC、NK细胞、T细胞、B1细胞以及肥大细胞（mastcell）、嗜碱性粒细胞（basonphil）、嗜酸性粒细胞（eosinophil）等。

固有体液免疫分子包括干扰素（interferon，IFN）、趋化因子、促炎细胞因子、肿瘤坏死因子（tumor necrosis factor，TNF）、IL-2、IL-4、IL-5、IL-6等常见相关细胞因子和补体系统，以及防御素（defensin）、溶菌酶（lysozyme）等抗菌肽及酶类物质。

固有免疫应答的特点是固有免疫细胞对多种病原体和其他抗原性异物均可迅速产生免疫效应，应答过程中不形成免疫记忆。固有细胞免疫应答主要围绕着吞噬细胞、NK细胞的激活和靶向锁定，固有体液免疫应答以补体为主。

13.2.2.2 适应性免疫

又称获得性免疫或特异性免疫，识别的基础是特异性抗原受体，它们均与信号传导分子组合为膜复合物，并仅见于免疫活性细胞，它们可与对应抗原分子上某些特定结构（抗原决定簇或表位）选择性识别结合。

存在于T细胞的特异性抗原受体称为T细胞抗原受体（T cell antigen receptor，TCR），大多数T细胞的受体为TCRαβ，并均与辅助受体（CD4或CD8）组合为复合受体，制约着TCRαβ仅能识别由抗原递呈细胞（antigen presenting cell，APC）或靶细胞加工、转化后由对应主要组织相容性复合体（major histocompatibility complex，MHC）（MHC Ⅰ或MHC Ⅱ类）夹持的抗原肽（表位）；少数T细胞的受体为TCRγδ，通常无辅助受体，识别抗原表位时多无MHC分子制约性（并可涉及非肽类）。B细胞抗原受体（B cell antigen receptor，BCR）也无密切组合的辅助受体，故此类受体能够与在各类分子上暴露的抗原表位特异性结合。尽管有的抗原受体与某些（如非胸腺依赖性抗原）表位结合，但一般并不能诱导免疫活性细胞发生免疫应答，也不能区分抗原来源"非己"或"自己"属性。因此，获得性免疫识别和区别抗原是由双信号系统分工协同进行的。固有免疫应答和适应性免疫应答的主要特点见表13-1。

表13-1 固有免疫应答和适应性免疫应答的主要特点（引自：金伯泉，2009）

项目	固有免疫应答	适应性免疫应答
主要参与的细胞	黏膜上皮细胞、吞噬细胞、树突状细胞、NK细胞、NKT细胞、γδT细胞、B1细胞	αβT细胞、B2细胞
主要参与的分子	补体、细胞因子、抗菌蛋白、酶类物质	特异性抗体、细胞因子
作用时相	即刻至96h	96h后启动
识别受体	模式识别受体，较少多样性	特异性抗原识别受体，胚系基因重排编码，具有高度多样性
识别特点	直接识别病原体某些具有高度保守的分子结构，具有多反应性	识别APC递呈的抗原肽-MHC分子复合物或B细胞表位，具有高度特异性
作用特点	未经克隆扩增和分化，迅速产生免疫作用，没有免疫记忆功能	经克隆扩增和分化，成为效应细胞后发挥免疫作用，有免疫记忆功能
维持时间	维持时间较短	维持时间较长

机体的固有免疫和适应性免疫是相辅相成的，如图13-1所示。固有免疫在机体出生时就已存在，反应快，但强度低；适应性免疫的产生需要一定时间，但强度高。如果进入机体的抗原物

质较少,固有免疫能够及时将之消灭;如果入侵的抗原物质众多,适应性免疫形成的效应产物能扩大固有免疫中的吞噬细胞等功能,两者相互配合,协同去除抗原。固有免疫应答可以参与启动适应性免疫应答,影响适应性免疫应答的类型,协助适应性免疫应答产物发挥免疫效应。因此,固有免疫是适应性免疫的基础。机体的免疫应答都是固有免疫和适应性免疫共同作用的结果。

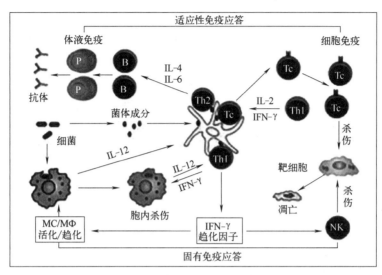

图 13-1　固有免疫和适应性免疫的关系

13.2.3　免疫应答的特点

13.2.3.1　特异性

机体中有众多的带有不同抗原表位受体的 B 细胞和 T 细胞,任一抗原表位只能选择其中一个具有相应表位受体的淋巴细胞并与之特异性结合;整个免疫应答过程以及最终免疫产物均保持着配体和受体的对应关系,此即适应性免疫的特异性。

13.2.3.2　多样性

出生时,机体已具有极度多样性抗原受体的淋巴细胞库,因此,机体的免疫系统可与多种多样的抗原发生特异性免疫应答。例如哺乳动物的免疫系统至少能识别 $10^9 \sim 10^{12}$ 个抗原表位。

13.2.3.3　记忆性

指机体免疫系统再次接触相同抗原引发的免疫应答比初次应答速度快、强度大。这种免疫记忆的机制有两种:一是初次免疫应答过程中,大量抗原特异性的 B 细胞或 T 细胞(记忆性淋巴细胞)扩增,当相同抗原再次进入机体时,与记忆性淋巴细胞迅速结合,引发剧烈免疫应答;二是初次免疫应答中有特异性细胞形成,一旦再次遇到相同抗原,则大量扩增引发强烈反应。

13.3　抗原

抗原(antigen,Ag)是免疫学中核心内容之一,传统意义上的抗原主要指各类病原微生物,广义的抗原包括微生物及其代谢产物,例如细胞、蛋白质、核酸、天然植物资源中的活性成分等都可成为抗原。现代免疫学中，抗原是指能诱导机体产生抗体和细胞免疫应答，并能与所产生的抗体和致敏淋巴细胞在体内或体外发生特异性反应的物质。

13.3.1 抗原的特性

抗原作为机体的一种异物，又叫免疫原（immunogen），抗原在体内激活免疫系统产生抗体和细胞免疫应答的特性称为免疫原性（immunogenicity），又称为抗原性（antigenicity）；抗原与抗体以及相应的效应淋巴细胞发生特异性结合和反应的特性称为反应原性或免疫反应性（reactinogenicity，immunoreactivity）。同时具有免疫原性和反应原性的抗原称为完全抗原（complete antigen），例如许多蛋白质、细菌外毒素、细菌细胞、病毒和动物血清等。只有反应原性而无免疫原性的抗原称为不完全抗原（incomplete antigen）或半抗原（hapten），例如大多数寡糖、脂类以及一些简单的化学药物、核酸及其降解物等都是不完全抗原，它们不能刺激机体产生免疫应答，但是它们与蛋白质载体结合后就具备了免疫原性，刺激机体产生抗体，并与该半抗原发生特异性结合反应。

13.3.2 抗原决定簇

抗原决定簇（antigen determinant），又称为表位（epitope），是指抗原表面的特定基团，是抗原反应性能特异性的物质基础。抗原决定簇使抗原能与相应的淋巴细胞上的抗原受体发生特异结合，从而激活淋巴细胞并引起免疫应答。

一个抗原的表面可以有一种或多种不同的抗原决定簇。凡是能与抗体分子相结合的抗原决定簇的总数，称为抗原的效价（antigenicvalence）。一些抗原的抗原效价是多价的（如甲状腺球蛋白有40个抗原决定簇，牛血清白蛋白有18个，鸡蛋清分子有10个等），而另一些则是单价的（如肺炎链球菌的荚膜多糖水解后的简单半抗原）。机体内产生抗体的B细胞具有显著的多样性，由此产生的血清抗体也是多价的，称为多克隆抗体；单个杂交瘤细胞及其克隆针对某个抗原决定簇产生相应的单一抗体称为单克隆抗体。

13.3.3 决定抗原免疫原性的影响因素

13.3.3.1 异原性

对机体来说，抗原都是异种（异体）物质。在种系进化上，异种物质的抗原性和被免疫机体的亲缘关系越远，抗原性越强；反之，抗原性就越弱。对高等动物来说，细菌、病毒等都是异种物质，因此有很强的抗原性。鸭的蛋白质对鸡虽有抗原性，但比较弱，而其对家兔就是良好的抗原，这类抗原称为异种抗原。同种不同个体之间，其组织细胞成分有遗传控制下的细微差异，例如人类的红细胞表面有血型抗原的差异，这类抗原称为同种异型抗原，因此分为不同血型。

人类ABO血型中，A型血的人红细胞表面含有A凝集原（抗原），血清中含B凝集素（抗体）；B型血的人红细胞表面含有B凝集原，血清中含A凝集素；O型血的人红细胞表面无A或B凝集原；AB型血的人血清中不含A或B凝集素。大多数血型抗原是由黏多糖和黏蛋白之类的复合蛋白构成的，是细胞膜的组成成分，所以在输血时应选择相同血型，避免异型血产生抗原抗体反应。

正常情况下，机体的免疫系统对自身物质成分或细胞不发生免疫应答，但在特殊情况下，由于特定的理化因素或其他条件导致了自身物质成分特性改变时，机体的免疫系统会对它们产生免疫应答，这种物质称为自身抗原。

13.3.3.2 理化性质

理想抗原的分子质量应在 100kDa 以上；分子质量低于 5～10kDa 者，免疫原性不佳。人工合成的多肽，如果是由单一氨基酸组成的聚合物，尽管分子质量足够大，也具有异原性，但免疫原性很差；如果是由不同氨基酸（2 种或 2 种以上）构成的共聚物，由于增加了化学组成的复杂性，则会具有良好的免疫原性。如果氨基酸聚合物再导入芳香族氨基酸、酪氨酸或苯丙氨酸，免疫原性可大大提高。蛋白质的二、三、四级结构的形成，可提高抗原结构的异质性，这特别有助于抗体的产生。

13.3.3.3 可递呈性

主要组织相容性复合体（major histocompatibility complex，MHC），是一组由高度多态性基因组成的染色体区域，MHC 基因产物能表达在不同细胞表面，通常称为 MHC 分子（即主要组织相容性复合体抗原）。MHC 分子不但在 T 细胞分化发育中是必需的，而且在免疫应答的启动和调节中发挥作用。

T 细胞不识别完整的天然抗原分子，只能识别与 MHC 分子结合在一起的抗原肽。加工天然抗原分子降解为肽的过程称为抗原加工，具有抗原加工和抗原递呈功能的细胞称为抗原递呈细胞（APC）或辅助细胞，主要有三类：巨噬细胞、树突细胞和 B 细胞。抗原肽被 MHC 分子结合并递送到 T 细胞表面进行识别。所以，就 T 细胞介导的免疫应答而言，抗原分子能否被有效加工和递呈，决定了这一抗原分子是否具有免疫原性。

13.3.3.4 其他因素

抗原剂量：抗原的免疫剂量过低或过高都能导致免疫无反应或免疫耐受；反复注射抗原比一次注射效果好。

引入抗原的途径：抗原进入机体的途径可影响参与免疫应答的器官和细胞的类型。同一抗原由不同途径进入机体，其刺激免疫应答的强度各异，依次为皮内＞皮下＞肌肉＞腹腔（仅限于动物）＞静脉。静脉注射抗原先进入脾脏，皮下注射抗原则首先进入局部淋巴结，由于这些淋巴器官中淋巴细胞的群体组成不同，可能影响随后的免疫应答。

佐剂（adjuvant）：佐剂不是抗原，没有免疫原性，但它与抗原混合在一起共同注射动物时，可以增强机体对抗原的免疫应答能力。对于免疫原性比较弱的抗原，加用佐剂可获得良好的免疫效果。常用的佐剂有弗氏不完全佐剂（Freund's adjuvant incomplete）和弗氏完全佐剂（Freund's adjuvant complete）。

13.3.4 抗原的分类

抗原的种类很多，根据不同的分类原则，抗原有不同分类，主要的分类如下：

① 根据抗原是否具有抗原性，分为完全抗原和不完全抗原。各种细胞、病原微生物、蛋白质都是良好的完全抗原。脂类、寡糖、核酸、异黄酮等都是半抗原。

② 根据抗原的化学性质可分为蛋白质抗原、多糖抗原、脂抗原、核酸抗原等。

③ 根据抗原与机体的亲缘关系远近，分为异种抗原、同种异型抗原和自身抗原。

④ 根据抗原刺激机体 B 细胞产生抗体时是否需要 T 细胞辅助，分为胸腺依赖性抗原（thymus dependent antigen，TD-Ag）和非胸腺依赖性抗原（thymus independent antigen，TI-Ag）。天然抗原中绝大多数属于 TD-Ag；脂多糖（lipopolysaccharide，LPS）、肺炎球菌多糖等属于 TI-Ag。

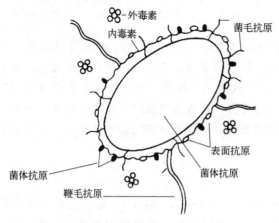

图 13-2 细菌抗原示意图

⑤ 根据抗原的来源，分为天然抗原和人工合成抗原。细菌抗原、病毒抗原、组织抗原、蛋白质大分子，都属于天然抗原；人工合成抗原是化学合成的分子。

⑥ 根据细菌的抗原结构，细菌抗原分为菌体抗原（O 抗原）、鞭毛抗原（H 抗原）、表面抗原（荚膜抗原、Vi 抗原和 K 抗原）、菌毛抗原，见图 13-2。各种抗原包括若干抗原决定簇，其组成和大小见表 13-2，它们具有各自的特异性，这是血清学鉴定细菌的依据。

表 13-2 细菌抗原决定簇

抗原	决定簇的组成	决定簇的大小/nm
多糖	3～6 单糖残基	3.5
多聚氨基酸	5～7 氨基酸残基	2.0～2.7
核酸	5 个核苷酸	2.0

O 抗原：菌体抗原是细胞壁多糖抗原。细胞壁多糖连接在类脂 A 上，称为脂多糖（LPS）。多糖链由两部分构成，紧贴类脂 A 的一部分为核心糖，另一部分为 O 抗原特异性侧链，连接在核心糖上。O 抗原特异性侧链由多个相同的寡糖链组成，称为决定簇。

H 抗原：鞭毛抗原属于蛋白质抗原，包括特异相第一相抗原（小写英文字表示）和/或特异相第二相抗原（可用阿拉伯数字表示）。

表面抗原：表面抗原是细菌细胞壁外面的成分，因细菌种类不同冠以不同的名称。例如，肺炎双球菌的表面多糖抗原是荚膜抗原，伤寒沙门氏菌、丙型副伤寒沙门氏菌等具有 Vi 抗原，大肠杆菌细胞壁外的 K 抗原等。

根据细菌分泌毒素的方式不同，分为外毒素和内毒素，它们一方面对机体有毒性作用，使身体发生病理过程，另一方面又具有抗原性质。细菌在生长过程中合成并分泌到胞外的毒素称为外毒素，化学成分是蛋白质，主要由革兰氏阳性（G^+）细菌产生，如破伤风毒素、白喉毒素等。外毒素经过 0.3%～0.4%甲醛脱毒后成为类毒素，对动物无毒性作用，但有极强的抗原性，所以可以免疫动物以制取相应抗体——抗毒素，用于预防和治疗相关细菌中毒症，如白喉、破伤风等。常用的类毒素有白喉类毒素、破伤风类毒素和肉毒类毒素等。内毒素是革兰氏阴性（G^-）细菌的细胞外壁物质，主要成分是 LPS。活细菌的内毒素不分泌到细胞外，仅在细菌自溶或人工裂解后才释放，故称为内毒素，它毒性较弱，没有器官特异性。外毒素和内毒素的区别见表 13-3。

表 13-3 外毒素和内毒素的区别

项目	外毒素	内毒素
产生菌	G^+菌为主	G^-菌
化学成分	蛋白质	脂多糖(LPS)
释放时间	活菌随时分泌	死菌溶解后释放
致病类型	不同外毒素致病类型不同	基本相同

续表

项目	外毒素	内毒素
抗原性	抗原性强	不完全抗原,抗原性弱
毒性	强	弱
制成类毒素	能	不能
热稳定性	60~100℃破坏	耐热性强
存在状态	活细菌分泌到细胞外	结合在细胞壁上
举例	白喉毒素、破伤风毒素、肉毒素、葡萄球菌肠毒素、霍乱弧菌肠毒素、大肠杆菌肠毒素、志贺氏痢疾杆菌肠毒素等	沙门氏菌、志贺氏菌、奈瑟氏球菌和大肠杆菌等 G^- 菌产生的内毒素

13.3.5 超抗原

在研究一些感染性疾病时，发现一些抗原只需极低浓度（1~10μg）就能同时激活大量 T 细胞诱发最大的应答效应，因其强大的活化作用而命名为超抗原（super antigen，SAg）。这类超抗原不需要 APC 处理加工，直接与 MHC 分子结合再递呈给 T 细胞产生免疫应答。一般的多肽抗原只能被少数 T 细胞识别并激活相应 T 细胞，而超抗原可以刺激机体 2%~20% T 细胞发生增殖，是普通抗原刺激能力的 $10^3 \sim 10^5$ 倍。目前研究的超抗原主要有葡萄球菌肠毒素（staphylococca enterotoxin，SE）A~E、毒性休克综合征毒素 1（toxicshocksyndrometoxin-1，TSST1）、表皮剥脱毒素（exfoliativetoxin，EXT）、A 族链球菌的致热外毒素（streptococcalpyrogenicexotoxin，SPA）等。超抗原的激活作用具体特征表现为炎症反应甚至休克（如中毒性休克综合征），这种由于激活宿主免疫系统而诱发的对宿主的损害就是通常情况下葡萄球菌和链球菌病理反应的机理。

13.4 抗体

13.4.1 抗体与免疫球蛋白

抗体（antibody，Ab）是由浆细胞（plasma cell）产生的、且能与刺激抗原发生特异性结合的球状糖蛋白（glycoprotein）。在外周免疫器官中，成熟 B 细胞被抗原决定簇特异性地选择激活，分化形成可分泌特异性抗体的浆细胞。抗原分子中多少抗原决定簇能接触到 B 细胞，就会激活多少个 B 细胞克隆，就会分化成多少种浆细胞，就会产生多少特异性抗体分子。抗体分子有独特的抗原结合部位，以极高的专一性识别并结合相应的抗原决定簇，从而引发相应的生物学效应。

抗体主要存在于机体的血液、淋巴液、组织液及其他外分泌液中，是血清中最主要的特异性免疫分子，约占血浆总蛋白的 20%，因此，将抗体介导的免疫称为体液免疫（humoral immunity）。

抗体产生理论克隆选择学说认为，抗原进入机体选择的不是所谓存在于体内的自然抗体，而是那些事先存在于淋巴细胞表面的抗原受体。机体内存在数量庞大的 B 细胞克隆（约 10^7 个），每个克隆表面仅有一种独特的抗原受体，每种抗原受体只能与一种抗原决定簇发生特异性结合。内源性抗原或进入体内的外来抗原表面的抗原决定簇，选择性地激活带有相应抗原受体的淋巴细胞克隆，使其分化增殖产生特异性抗体。

免疫球蛋白（immunoglobulin，Ig）是指具有抗体活性或者是化学结构与抗体相似的球蛋白。抗体是免疫球蛋白，而免疫球蛋白不一定都是抗体。抗体分子的多样性极大，其特异性均不相同；免疫球蛋白分子的多样性小，哺乳动物的免疫球蛋白按其化学结构和抗原性的差异分为IgG、IgM、IgA、IgE和IgD共5类。

有些细胞的表面具有IgG或IgE的受体，因此IgG和IgE为亲细胞性抗体，其中IgG可与T细胞、B细胞、NK细胞、巨噬细胞等结合，IgE则可与肥大细胞或嗜碱性粒细胞结合，成熟B细胞表面的抗原受体也是免疫球蛋白，称为膜表面免疫球蛋白（surface membrane immunoglobulin，SmIg或mIg）。mIg与抗原表面的抗原决定簇结合，是刺激B细胞活化的第一信号。

13.4.2 抗体的分类

根据体内的分布，抗体分为分泌型免疫球蛋白（secretory immunoglobulin，sIg）和膜表面免疫球蛋白（surface membrane immunoglobulin，SmIg或mIg）。sIg存在于血清、体液以及分泌液中，具有抗体的各种功能，包括IgM、IgG、IgA、IgE、IgD。mIg是B细胞表面的抗原识别受体。mIg和sIg识别相同的抗原决定簇。

根据抗体对应的抗原，抗体分为异种抗体、同种抗体、自身抗体和异嗜性抗体。异种抗体是由微生物等异种抗原免疫机体所产生的抗体。同种抗体是同种属机体之间的抗原物质（同种异型抗原）免疫所产生的抗体，例如血型抗体、主要组织相容性抗原的抗体等。自身抗体是针对自身抗原的抗体，如引起自身免疫病的抗甲状腺抗体、抗核抗体、抗精子抗体等。异嗜性抗体是针对异嗜性抗原产生的抗体。

根据抗体的产生有无抗原刺激，抗体分为天然抗体和免疫抗体。天然抗体又称正常抗体，是在没有人工免疫和感染的情况下，机体体液中天然存在的抗体，这类抗体产生时没有明显的特异性抗原刺激，如A型血人的血清中天然存在抗B型红细胞抗体，B型血人的血清中天然存在抗A型红细胞抗体等。免疫抗体指自然感染、人工免疫和预防接种后产生的抗体。

根据抗体与抗原反应的性质，抗体分为完全抗体和不完全抗体。免疫球蛋白的单体有两个抗原结合位点，是二价的。完全抗体至少是二价的，所有抗原结合部位都能与相应抗原结合。不完全抗体只有一个抗原结合部位能与相应抗原结合，而另一个抗原结合部位无结合活性。机体感染某些微生物或发生肿瘤时，体内常产生这种抗体，它与抗原结合后不产生肉眼可见的反应，且阻止了抗原与完全抗体的结合。

13.4.3 抗体的结构

IgG、IgE和IgD均以"Y"形的单体分子结构存在。血清型IgA呈单体分子形式，分泌型IgA是由2个单体分子构成的二聚体。IgM是以5个单体分子构成的五聚体。二聚体和五聚体通过J链连接在一起，见图13-3。

IgG是参与体液免疫应答的主要抗体，在血清中含量最高。关于IgG的分子结构和功能研究最为清楚。IgG由两两相对称的四条肽链组成（图13-4），其中两条长的多肽链称为重链（heavy chain，H链），两条短的多肽链称为轻链（light chain，L链）。重链之间以及重链和轻链之间通过二硫键连接。

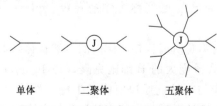

图13-3 免疫球蛋白的分子结构形式

13.4.3.1 重链

IgG 重链大约由 440 个氨基酸残基组成，分为 1 个可变区（variable region，V 区）和 3 个恒定区（constant region，C 区），见图 13-4。

（1）重链可变区（V_H）由位于肽链氨基端最初的 110 个氨基酸组成。抗体特异性由重链和轻链 V 区的氨基酸种类和顺序决定。V_H 内部有 3 个超变区（hypervariable regions，HVRs）的氨基酸序列最易发生变化。V 区内的其他氨基酸序列变化较小，称为骨架区（framework regions，FRs），其功能是维持 V 区结构稳定。

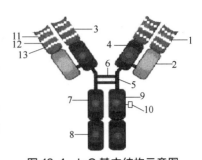

图 13-4　IgG 基本结构示意图
1—V_L；2—C_L；3—V_H；
4—C_H1；5—铰链区；6—链间二硫键；
7—C_H2；8—C_H3；9—补体结合位点；
10—糖基；11—HVR1；
12—HVR2；13—HVR3

（2）重链恒定区（C_H）在氨基酸种类、数量、排列顺序及含糖量方面都比较稳定，IgG 重链有 3 个恒定区（C_H1、C_H2 和 C_H3），糖基位于 C_H2 区。

（3）两条重链的二硫键连接区域是铰链区，位于 C_H1 与 C_H2 之间。铰链区具有坚韧性和柔曲性，能改变抗体 Y 形两臂之间的角度，可使两臂自由摆动和转动，有利于捕获抗原。抗体未结合抗原时，呈 T 形；抗体与抗原结合后，呈 Y 形而暴露出补体结合位点，与补体系统的 C1q 结合而激活补体。

Ig 重链有 γ、μ、α、δ、ε 五类，分别与 L 链组成相应的 IgG、IgM、IgA、IgD 及 IgE 抗体。

13.4.3.2 轻链

IgG 轻链大约由 213~214 个氨基酸残基组成，两条轻链在羧基端靠二硫键分别与两条重链连接。轻链也分为可变区（V_L）和恒定区（C_L）。V_L 由轻链氨基端最初的 109 个氨基酸组成。构成 V_L 的氨基酸种类及序列因抗体分子的特异性不同而不同。V_H 和 V_L 长度大致相等，共同构成抗体分子的抗原结合部位，并赋予抗体分子以特异性。

V_L 也由 3 个 HVRs 和 FRs 组成。V_H 的 3 个 HVRs 与 V_L 上的 3 个 HVRs 共同组成了抗体分子的抗原结合部位，所以 HVRs 又被称为互补决定区（complementarity determining regions，CDRs），分别称为 CDR1、CDR2、CDR3。HVRs 氨基酸的高度变化是 Ig 能与数量庞大的不同抗原决定簇发生特异性结合的分子基础。

13.4.3.3 功能区

免疫球蛋白的每条重链和轻链在链内二硫键的作用下，可折叠形成几个具有不同生物学功能的球状结构域（domain），发挥其相应的功能，故又称为功能区。所有 Ig 的 L 链包含 V_L 和 C_L 两个功能区；IgG、IgA、IgD 的重链有 1 个 V_H 和 3 个 C_H 功能区（C_H1、C_H2 和 C_H3）；IgM 和 IgE 的重链有 1 个 V_H 和 4 个 C_H 功能区（C_H1、C_H2、C_H3 和 C_H4）。各功能区具有特异性结合抗原、活化补体、使 IgG 通过胎盘、决定 IgG 的亲细胞性、参与 IgE 的超敏反应等生物学活性。抗体各功能区见图 13-5。

13.4.3.4 水解片段

铰链区含有木瓜蛋白酶（papain）和胃蛋白酶（pepsin）的作用位点。

用木瓜蛋白酶水解 IgG 分子，切割点位于铰链区靠 N 端处，产生三个片段，见图 13-6。其中的两个相同片段能结合抗原，称为抗原结合片段（fragment Ag biding，Fab）。Fab 由 1 条完整的 L 链和 H 链近 N 端的 1/2 组成，每个 Fab 只能结合一个抗原决定簇（单价），Fab 中的重链

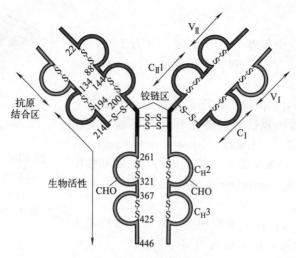

图 13-5　抗体各功能区

部分称为 Fd。第三个片段不能与抗原结合，但能形成结晶，称为结晶片段（fraymenf crystalline，Fc），包括 2 条 H 链的 C_H2 和 C_H3 部分。Fc 片段具有抗原性，而且具有种特异性，由它刺激机体产生的抗体称为抗抗体。

用胃蛋白酶水解 IgG 分子形成大小不等的两个片段，见图 13-6。大片段 Fab 双体可与 2 个抗原决定簇结合（双价），以 $F(ab')_2$ 表示。$F(ab')_2$ 由一对 L 链和一对略大于 Fd 的 H 链（称为 Fd'）组成。小片段 Fc 可被胃蛋白酶继续水解为小分子多肽（以 Fc' 表示）而不再具有任何生物学活性。$F(ab')_2$ 结合抗原的亲和力要大于木瓜蛋白酶水解所得的单价 Fab，与抗原结合后可出现凝集或沉淀现象。

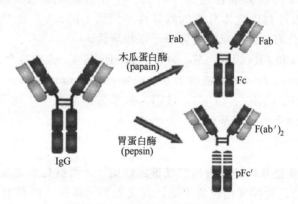

图 13-6　IgG 蛋白酶水解示意图

13.4.4　抗体的功能

抗体的重要生物学活性由可变区和恒定区分别执行。可变区 Fab 能特异地结合抗原，Fc 段介导补体激活、促进吞噬、抗体依赖性细胞介导的细胞毒作用（antibody-dependent cell-mediated cytotoxicity，ADCC）、Ⅰ型超敏反应以及免疫调理等一系列生物效应。

13.4.4.1　与抗原特异性结合

由抗体可变区中 L 链和 H 链 6 个超变区（HVRs）组成的 CDRs 与相应的抗原发生特异性可逆结合。IgG、IgD、IgE 及血清型 IgA 为单体分子，有 2 个抗原结合位点。分泌型 IgA 为二聚体，有 4 个抗原结合位点。IgM 理论上有 10 个抗原结合位点，但由于空间位阻作用，一般仅有 5 个位点能结合抗原。

13.4.4.2 激活或增强免疫应答清除抗原

抗体可变区捕获抗原后，抗体分子恒定区和效应功能有关，可活化效应细胞或补体，可赋予抗体传递的活性，从而赋予抗体消灭靶细胞和选择性转移的活性，以及参与超敏反应的特性。

（1）激活效应细胞

抗体结合靶抗原后，借助 Fc 片段与吞噬细胞、NK 细胞、肥大细胞、嗜碱性粒细胞表面的 Fc 受体结合，使靶抗原与上述免疫细胞直接接触而被消灭或者介导超敏反应。

抗体的调理作用：指抗体、补体等分子促进吞噬细胞对细菌等颗粒性抗原的吞噬作用。IgG 通过 Fc 片段与中性粒细胞、吞噬细胞上的 IgGFc 受体（FcγR）结合，把捕获的抗原交给吞噬细胞处理并增强其吞噬能力。IgE 可促进嗜酸性粒细胞（表面有 FcεR）的吞噬作用。

抗体依赖性细胞介导的细胞毒作用（ADCC）：K 细胞、NK 细胞、巨噬细胞等具有杀伤活性的细胞表面有抗体 Fc 受体，抗体与靶抗原（如细菌或肿瘤细胞）结合后，抗体的 Fc 片段与杀伤细胞表面的 Fc 受体结合，杀伤细胞通过抗体与靶抗原建立了联系，可直接杀伤靶抗原（图 13-7）。

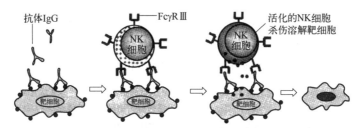

图 13-7 ADCC 杀伤靶细胞作用示意图

介导超敏反应：IgE、IgG 和 IgM 主要介导 I 型、II 型和 III 型超敏反应。例如 IgE 的 Fc 结合肥大细胞或嗜碱性粒细胞上的 FcεR I，促使细胞释放炎性介质引起速发型超敏反应。

（2）激活补体系统

只有抗体抗原结合形成免疫复合物（immune complex，IC）才能激活补体。IgM、IgG1、IgG2、IgG3 与抗原结合形成 IC 激活补体经典途径，IgM 激活补体的效率最高。IgG4、IgA 和 IgE 与抗原形成的 IC 激活补体旁路途径。补体具有消除免疫复合物、促进吞噬细胞功能以及促进炎症、免疫调节等多种功能。

（3）选择性转运功能

抗体可以通过 Fc 片段被运送到原先不能到达的部位。例如孕妇 IgG 可以通过胎盘转运细胞 Fc 受体进入胎儿血循环，形成新生儿的自然被动免疫。同时，IgA 能通过腺体上皮转运细胞的 Fc 受体被分泌到乳汁中，对婴儿抗感染起重要作用。IgA 还可经黏膜上皮细胞进入消化道、呼吸道、泌尿生殖道表面发挥黏膜免疫作用。

抗体是机体对抗原物质产生免疫应答的重要产物，是适应性免疫应答的关键组分，在体液免疫应答中发挥主要作用。IgG 是血清抗体的主要组分，可激活补体直接消灭靶细胞或借助 Fc 发挥免疫调理作用和 ADCC 作用，也是唯一能通过胎盘的抗体。IgM 在体液免疫应答中最早产生，还可激活补体的经典途径。mIgM 是 B 细胞成熟最早出现的表面标志，是 B 细胞抗原受体（BCR）的主要成分。单核巨噬细胞、中性粒细胞和嗜酸性粒细胞表面都表达 IgA 的 Fc 受体（FcαR），因此血清型 IgA 可介导调理作用和发挥 ADCC 作用。血清型 IgA 聚合状态时还可激活补体旁路途径。黏膜表面的 sIgA 可中和毒素和病毒，发挥免疫屏障作用。sIgA 还可通过初乳传递给婴儿产生自然被动免疫。IgD 血清含量极低。mIgD 是 B 细胞表面的抗原识别受体，也是 B 细胞分化成熟的标志。未成熟 B 细胞仅表达 mIgM，接受抗原刺激后表现为免疫耐受。成熟 B 细胞可同时表达 mIgM 和 mIgD，对抗原刺激出现正应答。活化 B 细胞表面或记忆 B 细胞表面没有 mIgD。IgE 是亲细胞抗体，可激活补体旁路途径，可参与Ⅰ型超敏反应。在巨噬细胞和嗜酸性粒细胞表面有 IgE 的 Fc 受体，介导调理作用和 ADCC 效应，在防御寄生虫感染中发挥重要作用。

抗体的特有性能，人们将它应用到疾病预防、诊断和治疗等生命科学领域中。在食品领域，抗体可用于毒素等有害物质的检测、转基因成分检测、过敏原分析、食源性病原菌的快速检出和血清型鉴定等研究，确保食品安全，也可用于分析食品中的功能性成分等。人们对抗体在数量、质量、效用方面的需求日益增多，制备优质高效的抗体有重要意义。根据制备的原理和方法，人工制备的抗体分为多克隆抗体、单克隆抗体和基因工程抗体。随着科学技术的发展，新的抗体类型不断涌现。

13.5 淋巴细胞

淋巴细胞是具有特异免疫识别功能的细胞系，是机体免疫应答的主要细胞，存在于外周淋巴器官、组织或血液中。按个体发生、表面分子和功能的不同，淋巴细胞系分为 T 淋巴细胞（T 细胞）和 B 淋巴细胞（B 细胞）两个亚群，每个亚群又可分为不同的亚类。

13.5.1 T 细胞

T 细胞成熟于胸腺，所以也称胸腺依赖性淋巴细胞（thymus-dependent lymphocyte），是血液和再循环中的主要淋巴细胞。成熟的 T 细胞主要功能是识别有效抗原、介导细胞免疫、调节机体的免疫功能。

13.5.1.1 T 细胞表面标志

成熟 T 细胞膜表面分子主要有 TCR、CD2、CD3、CD4、CD8、CD11α/CD18、CD28、CDw49/CD29、CD44、CD45 等，其中，TCR 的配体是 MHC-肽复合分子，CD4 的配体是 MHC Ⅱ类分子，CD8 的配体是 MHC Ⅰ类分子。在 T 细胞发育的不同阶段或时期，这些细胞膜表面分子的种类和数量均不同，与 T 细胞的功能及其在周围淋巴组织中的定位相关。这些分子在 T 细胞表面很稳定，常作为 T 细胞表面标志物来进行分离、鉴定。

（1）T 细胞抗原受体（T cell antigen receptor，TCR）

TCR 是 T 细胞识别外来抗原并与之结合的特异受体，表达于所有成熟 T 细胞表面。按 TCR 的不同，T 细胞分为 TCRαβ T 细胞和 TCRγδ T 细胞两大类。

大多数成熟 T 细胞（约占 95%）的 TCR 分子是 TCRαβ 分子。TCRαβ 由 α 和 β 两条肽链组成，其结构和功能均类似 IgG 分子的一个 Fab 段。α 链与 IgG 的轻链相似，由 3 个基因片段重组的基因进行编码；β 链类似 IgG 重链的 V 区和 C_H1 区，由 4 个基因片段重组的基因进行编码。在 T 细胞发育过程中，编码 α 及 β 链的基因经历突变和重排，因此 TCR 具有高度的多态性以适应千变万化的抗原分子。

TCRγδ T 细胞 TCR 由 γδ 链组成。γδ 链与 αβ 链有高度同源性，结构与 TCRαβ 相似。TCRγδ T 细胞主要存在于小肠黏膜上皮和表皮，在外周血中仅占成熟 T 细胞的 0.5%~10%。它可直接识别抗原（多肽、类脂分子），不必与 MHC 结合，也不需要抗原递呈分子。TCRγδ T

细胞识别病原体表面抗原分子后，增殖分化为效应细胞发挥杀伤作用，同时对被感染细胞和肿瘤细胞具有杀伤活性。

TCRαβT 细胞和 TCRγδT 细胞表型分子均呈 $CD2^+$、$CD3^+$ 阳性。TCRαβT 细胞表型为 $CD4^+$ 或 $CD8^+$ 单阳性细胞（single positive cell，SP 细胞）；TCRγδT 细胞表型为 $CD4^-$、$CD8^-$ 双阴性细胞（double negative cell，DN 细胞），少数为 $CD8^+$。在正常外周血中，$CD4^- CD8^+$、$CD4^+ CD8^-$、$CD4^+ CD8^+$ 和 $CD4^- CD8^-$ 四种表型不同的 T 细胞分别占 T 细胞总数的 25%、70%、1% 和 4% 左右，其中前三种表型 TCR 类型主要为 TCRαβ，$CD4^- CD8^-$ T 细胞主要为 TCRγδ。

(2) 簇分化抗原

在分化成熟过程中，不同的发育阶段和不同亚类的淋巴细胞可表达不同的分化抗原，这就是区分淋巴细胞的重要标志——分化簇（cluster of differentiation，CD）。

T 细胞主要的 CD 抗原有：

CD2：表达在全部 T 细胞和 NK 细胞表面。CD2 是黏附分子，所以在抗原递呈过程中起辅助作用。CD2 分子可以结合绵羊红细胞（SRBC），所以被称为绵羊红细胞受体。在一定条件下，将外周血淋巴细胞与 SRBC 混合，则 T 细胞能结合若干 SRBC，染色后在显微镜下观察呈玫瑰花环状，此即 E 花环形成试验，临床上可用于测定外周血 T 细胞总数。

CD3：表达在全部 T 细胞表面。CD3 可将 TCR 与抗原结合所产生的活化信号传递到细胞内部并激活细胞。

CD4/CD8：是 T 细胞亚群的表面标志，表达 CD4 的主要是辅助性 T 细胞，表达 CD8 的主要是细胞毒性 T 细胞。CD4 和 CD8 分子可增强 CD3-TCR 对 MHC 抗原的亲和力，CD4 分子增强对 MHC II 类抗原的结合，CD8 分子则增强对 MHC I 类抗原的结合。

13.5.1.2 T 细胞的亚群与功能

按 TCR 的不同，T 细胞分为 TCRαβ T 细胞和 TCRγδ T 细胞。TCRαβT 细胞是主要免疫细胞，可以分化为表达不同 CD 分子、具有不同免疫活性的亚群，还可以进一步分为两类。一类为调节性 T 细胞，包括辅助性 T 细胞（helper T lymphocyte，Th）和抑制性 T 细胞（suppressor T lymphocyte，Ts）；另一类为效应性 T 细胞，包括细胞毒性 T 细胞（cytolytic T cell，CTL 或 Tc）和迟发型超敏性 T 细胞（delayed type hypersensitivity T lymphoctye，TDTH）。

(1) $CD4^+$ T 细胞

TCRαβ $CD4^+$ T 细胞的分子表型为 $CD2^+$、$CD3^+$、$CD4^+$、$CD8^-$，其 TCR 识别抗原受 MHC II 分子限制。根据功能不同，$CD4^+$ T 细胞分为辅助性 T 细胞（Th）和迟发型超敏性 T 细胞（TDTH）。

① 辅助性 T 细胞（Th） Th 主要包括 Th0 细胞、Th1 细胞和 Th2 细胞。Th0 细胞被抗原递呈细胞激活后，可表达 IL-12、IL-4 等细胞因子受体，在相应细胞因子作用下，可增生分化为 Th1 或 Th2 细胞。Th1 和 Th2 都能分泌巨噬细胞炎症蛋白，也都能辅助 B 细胞合成抗体，但 Th2 的辅助更强，两者合成抗体的性质不同。

Th1 细胞能合成 IL-2、IL-3、IFN-γ、LT、TNF-α 和 GM-CSF，但不能合成 IL-4、IL-5、IL-6、IL-10 和 IL-13；Th2 能合成 IL-3、TNF-α、GM-CSF、IL-4、IL-5、IL-6、IL-10（细胞因子合成抑制因子，cytokine synthesis inhibitory factor，CSIF）和 IL-13，但不能合成 IL-2、IFN-γ 和 LT。

实验表明，IL-4 可促进 B 细胞合成和分泌 IgE，IFN-γ 则可阻断 IL-4 对 IgE 合成的促进作用。因此，Th2 分泌 IL-4 和 Th1 分泌 IFN-γ 可对 IgE 合成分别起正/负调节作用。Th2 分泌 IL-4 和 IL-5 辅助 IgA 合成，分泌 IL-10（CSIF）抑制 Th1 细胞合成细胞因子，而 Th1 对 IgG1 合成有抑制作用，但辅助合成其他几种类型 Ig。

Th1 和 Th2 介导不同的超敏反应。IL-3 和 IL-4 均能促进肥大细胞增殖，IL-5 不仅可辅助 B 细胞合成 IgA，而且还能刺激骨髓嗜酸性粒细胞的集落形成，因此 Th2 与速发型超敏反应关系密切。Th1 通过产生 IFN-γ 阻断 IgE 合成而对速发型超敏反应有抑制作用。Th1 与小鼠迟发型超敏反应有关，可能与 IL-2、IFN-γ 等对巨噬细胞活化和促进 CTL 分化作用有关，此外 LT 也有直接杀伤靶细胞作用。

两群 Th 克隆均能诱导抗原递呈细胞表达 MHC Ⅱ 类抗原，Th1 通过 IFN-γ 诱导巨噬细胞表达 Ia 抗原，Th2 通过 IL-4 正向调节巨噬细胞和 B 细胞 Ia 抗原表达。

② 迟发型超敏性 T 细胞（TDTH） 介导迟发型超敏反应的 T 细胞亚群称为 TDTH，表面标志 $CD3^+CD4^+CD8^-$，可能相当于小鼠的 Th1 亚群。当曾被变应原致敏的 TDTH 再次与变应原相遇后，释放出多种细胞因子参与迟发型超敏反应（Ⅳ型）发生。

(2) $CD8^+$ T 细胞

根据功能不同，$CD8^+$ T 细胞分为细胞毒性 T 细胞（CTL 或 Tc）和抑制性 T 细胞（Ts）。

① 细胞毒性 T 细胞（CTL 或 Tc） CTL 是免疫应答的主要效应细胞，可特异性杀伤靶细胞，在肿瘤免疫和抗病毒感染免疫中发挥重要作用。

静息的 CTL 以前体细胞形式存在，外来抗原进入机体被抗原递呈细胞（APC）加工处理，形成外来抗原-APC 自身 MHC Ⅰ 类抗原的复合物，被相应 CTL 克隆细胞膜表面 TCR/CD3 识别，在抗原刺激信号和 APC 释放 IL-1 共同存在的条件下，CTL 前体细胞被活化并表达 IL-2R、IL-4R、IL-6R 等多种细胞因子受体，在 IL-2、IL-4、IL-6、IFN-γ 等细胞因子诱导下，增殖并分化为成熟的效应杀伤性 T 细胞调节免疫功能。CTL 具有识别特异性抗原的能力，与多种黏附分子参与密切相关，介导炎症反应；CTL 能杀伤具有外来抗原-自身 MHC Ⅰ 类抗原复合物的靶细胞，目前认为，杀伤机制主要是通过释放穿孔素、丝氨酸酯酶、淋巴毒素（lymphotoxin，LT）等多种介质和因子介导的。

② 抑制性 T 细胞（Ts） Ts 细胞不仅对 B 细胞合成和分泌抗体有抑制作用，而且对 Th 辅助作用、迟发型超敏反应以及 CTL 介导的细胞毒作用都有负调节作用。Ts 功能异常与自身免疫性疾病、Ⅰ型超敏反应等疾病发生有关。

13.5.1.3　T 细胞的分化成熟

胸腺是 T 细胞发育成熟的主要部位。胸腺微环境为 T 细胞发育分化创造了条件。胸腺微环境主要由胸腺基质细胞、细胞外基质（extra cellular matrix，ECM）和细胞因子等组成。当 T 细胞前体自胚肝或骨髓进入胸腺后，在胸腺微环境作用下，可诱导其发育分化。发育中的 T 细胞即胸腺细胞需与胸腺上皮细胞、巨噬细胞、树突状细胞、肥大细胞等胸腺基质细胞直接接触，或是通过胶原蛋白、网状纤维、葡糖胺以及一些糖蛋白如纤连蛋白（fibronectin，FN）、层粘连蛋白（laminin，LN）等细胞外基质介导这两种细胞接触。胸腺细胞和胸腺基质细胞都能分泌细胞因子及一些细胞因子受体，例如 IL-1、IL-2、IL-3、IL-4、IL-6、IL-7、IL-8、IFN-γ、IFN-α、TGF-α、GM-CSF、M-CSF、G-CSF 等，相互调节分化发育和维持胸腺微环境稳定。

前 T 细胞在这些内环境因素作用下分化成熟，并在细胞表面表达 CD4、CD8、CD3 以及细胞抗原受体等各种膜蛋白。根据细胞表面带有 CD4 或 CD8 分子分为 $CD4^+$ T 细胞和 $CD8^+$ T 细胞两个亚类。成熟后的 T 细胞离开胸腺进入外周免疫器官的胸腺依赖区定居，并循血液→组织

→淋巴→血液进行淋巴细胞再循环而分布全身。

成熟 T 细胞具有两种特性，一是 T 细胞识别抗原受 MHC 限制，即 T 细胞只能识别与其自身 MHC 分子结合的异种抗原分子；另一特性是 T 细胞对自身抗原有耐受性，即自身耐受，即 T 细胞不能单独识别自身 MHC 分子或是与之结合的自身抗原分子。如果不能维持自身耐受，将导致发生抗自身组织抗原的免疫应答和自身免疫性疾病。

13.5.2 B 细胞

B 细胞最早发现发育于鸟类淋巴样器官法氏囊（bursa of Fabricius），故称为 B 细胞。哺乳类动物 B 细胞，胚胎早期在胚肝，晚期至出生后在骨髓内分化成熟。成熟 B 细胞可定居于周围淋巴组织。在外周血中，B 细胞约占淋巴细胞总数的 10%～15%。

B 细胞是体内唯一能产生抗体的细胞，其主要功能即是产生抗体介导体液免疫，它还是重要的抗原递呈细胞，还能分泌 IL-2、IL-4、IL-5、IL-6、IFN、TGF-β、TNF、LT 等细胞因子调节免疫应答。机体内含有识别不同抗原特异性的抗体分子，其多样性是来自千百万种不同的 B 细胞克隆。

13.5.2.1 B 细胞主要表面分子

（1）B 细胞抗原受体（B cell antigen receptor，BCR）

B 细胞抗原受体是存在于 B 细胞表面的膜表面免疫球蛋白（surface membrane immunoglobulin，SmIg 或 mIg），主要包括 mIgM 和 mIgD，分别由二条重链和二条轻链组成（图 13-8），每条重链包括可变区（V 区）、恒定区（C 区）、跨膜区和胞质区，轻链由 V_L 和 C_L 组成。BCR 可直接识别完整的天然蛋白质抗原、多糖和脂类抗原，并具有抗原结合特异性。机体具有巨大容量的 BCR 谱，多样性达 10^9～10^{12}，从而赋予了机体识别各种抗原、产生相应特异性抗体的潜力。

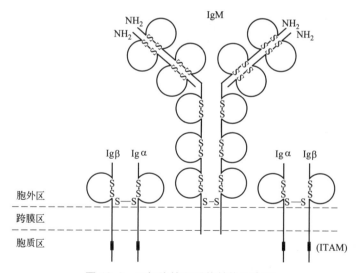

图 13-8 B 细胞抗原受体结构示意图

与 T 细胞一样，B 细胞 BCR 也与另外的膜分子 Igα（CD79a）和 Igβ（CD79b）结合形成 BCR 复合体。

Igα 和 Igβ 是肽链二聚体，两条肽链均分为胞外区、跨膜区和胞质区。胞质区特长。Igα 由 61 个氨基酸残基组成，Igβ 由 48 个氨基酸残基组成，其上各有免疫受体酪氨酸激活基序（immune receptor tyrosine activation motif，ITAM），是信号转导所必需的。

成熟 B 细胞表面，Igα、Igβ 总是和 BCR 共同表达，形成 BCR-Igα/Igβ 复合体，但有不同的功能，BCR 识别抗原，Igα、Igβ 则转导 BCR 接受的抗原刺激信号。B 细胞表面还能表达 MHC Ⅱ类分子，能被 $CD4^+$ T 细胞识别，所以 B 细胞在抗原递呈中起重要作用。

(2) 补体受体

B 细胞膜表面有补体受体 CR1（CD35）和 CR2（CD21）。CR1 可与补体 C3b 和 C4b 结合，促进 B 细胞活化。CR2 可与 C3d 结合亦可调节 B 细胞生长和分化。

(3) 主要组织相容性复合体抗原

B 细胞不仅表达 MHC Ⅰ类抗原，还高表达 MHC Ⅱ类抗原。B 细胞表面的 MHC Ⅱ类抗原在 B 细胞与 T 细胞相互协作时起重要作用，还参与 B 细胞作为辅佐细胞的抗原递呈作用。

(4) 细胞因子受体

细胞因子通过与 B 细胞表面相应的细胞因子受体结合而发挥调节 B 细胞的活化、增殖和分化。B 细胞的细胞因子受体主要有 IL-1R、IL-2R、IL-4R、IL-5R、IL-6R、IL-7R、IL-11R、IL-12R、IL-13R、IL-14R、IL-γR、IL-αR 和 TGF-βR 等。

13.5.2.2　B 细胞亚群

根据是否表达 $CD5^+$，将 B 细胞分为 B1 细胞和 B2 细胞两个亚群。

B1 细胞亚群为 $CD5^+$ B 细胞，主要功能是无需 Th 细胞的辅助而识别非蛋白质抗原，可直接介导对非胸腺依赖抗原的免疫应答，产生特异性抗体。由 B1 细胞介导的免疫应答特点是：产生 IgM 抗体，没有次级应答反应，不产生免疫记忆细胞。B1 细胞可能参与自身免疫疾病的发生。

B2 细胞亚群为 T 细胞依赖性亚系，属于 $CD5^-$ B 细胞，抗体的产生必须依赖 Th 细胞的辅助，产生 IgM 和 IgG，而且以 IgG 为主，负责机体体液免疫的主要功能，有次级应答反应，可产生免疫记忆细胞。

13.5.2.3　B 细胞的分化成熟

鸟类的法氏囊是 B 细胞分化的场所。哺乳类动物在胚胎早期 B 细胞分化的最早部位是卵黄囊，此后在脾和骨髓，出生后在骨髓内分化成熟，所以说，骨髓是 B 细胞的发源地，也是哺乳动物 B 细胞分化成熟的中枢免疫器官。

B 细胞分化分为抗原非依赖期和抗原依赖期。在抗原非依赖期，B 细胞分化与抗原刺激无关，主要在中枢免疫器官内进行。抗原依赖期是指成熟 B 细胞受抗原刺激后，继续分化为合成和分泌抗体的浆细胞阶段，主要在周围免疫器官内进行。

(1) 骨髓微环境

早期 B 细胞的增殖与分化与骨髓造血微环境（hemopoietic inductive microenviroment，HIM）密切相关。HIM 由造血细胞以外的基质细胞及其分泌的细胞因子和细胞外基质组成。基质细胞包括巨噬细胞、血管内皮细胞、纤维母细胞、前脂肪细胞、脂肪细胞等。由间质细胞分泌的纤连蛋白、胶原蛋白及层粘连蛋白等形成细胞外基质。HIM 的作用主要是通过细胞因子调节造血细胞的增殖与分化，通过黏附分子使造血细胞与间质细胞相互直接接触，有利于造血细胞的定位和成熟细胞的迁出。

(2) 在骨髓内的发育

哺乳类动物 B 细胞的分化过程主要分为前 B 细胞→未成熟 B 细胞→成熟 B 细胞→活化 B 细胞→浆细胞 5 个阶段，如图 13-9。

① 前 B 细胞　前 B 细胞从骨髓中淋巴干细胞分化而来，存在于骨髓和胎肝等造

二维码 41

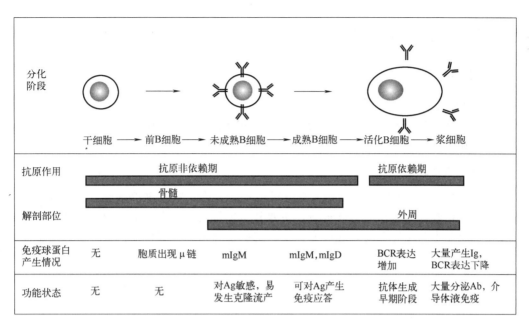

图 13-9 B 细胞分化成熟和抗原诱导分化

血组织。B 细胞在分化成熟过程中，经历了前 B 细胞免疫球蛋白重链和轻链 V 区基因重排。前 B 细胞胞浆中可检测到 IgM 的重链，但无轻链，也无膜表面 Ig 的表达，因此缺乏对抗原的反应能力。

② 未成熟 B 细胞　在前 B 细胞轻链 V 区基因开始重排时，细胞表面表达的前 BCR，促进了 B 细胞进一步分化成熟，未成熟的 B 细胞能合成成熟的轻链，胞质中出现完整的免疫球蛋白分子 IgM。细胞表面表达 B 细胞抗原受体——mIgM，这是 B 细胞首先出现的 BCR，也是未成熟 B 细胞的表面标志，但所表达的 BCR 只有识别抗原的能力，还不能介导免疫应答。相反，此时未成熟 B 细胞处于对抗原的"敏感"状态，如果受到抗原刺激，B 细胞转变为受抑制状态，不能继续分化为成熟 B 细胞，这是形成自身免疫耐受的机制之一。

③ 成熟 B 细胞　成熟 B 细胞开始表达重链以外的其他免疫球蛋白重链，胞质中同时出现 IgM 和 IgD，细胞表面同时表达 mIgM 和 mIgD 两类 BCR，还表达补体受体 1（CR1）以及多种细胞因子受体。成熟 B 细胞既能识别抗原，又能介导特异性免疫应答。骨髓中发育成熟的 B 细胞经血液迁移至外周淋巴器官。如果没有抗原刺激，其寿命仅 7~10d，如果接受了抗原刺激，在抗原递呈细胞和 Th 细胞的辅助下，进入激活状态。

④ 活化 B 细胞　活化 B 细胞增殖和分化过程中，分泌型 Ig 逐渐增加，细胞表面的 IgV 区基因发生突变以丰富 BCR 的多样性并表达增加。活化 B 细胞中的一部分分化为小淋巴细胞，停止增殖和分化，可存活数月至数年，当再次与同一抗原接触时，很快发生活化和分化，产生抗体的潜伏期短，抗体水平高，维持时间长，这种 B 细胞称为记忆 B 细胞。

⑤ 浆细胞　浆细胞又称抗体生成细胞，是 B 细胞分化的终末细胞。浆细胞具有体积增大、细胞表面 BCR 表达减少、细胞质中出现大量粗面内质网等特点，能合成和分泌特异性抗体，介导体液免疫。浆细胞寿命常较短，其生存期仅数日，随后即死亡。

从骨髓干细胞→前 B 细胞→未成熟 B 细胞→成熟 B 细胞，在骨髓特定的内环境中，按既定的遗传顺序分化，不受抗原影响，称 B 细胞分化的抗原非依赖期；而在外周免疫器官中，成熟的 B 细胞只有在抗原刺激下，才可活化并转化为浆细胞分泌抗体，属于抗原依赖期。

13.6 其他免疫细胞和免疫分子

13.6.1 其他免疫细胞

除了 T、B 细胞，免疫细胞还包括自然杀伤细胞、单核吞噬细胞、树突细胞、肥大细胞和粒细胞等，这些细胞参与天然非特异性免疫，同时在特异性免疫应答中发挥作用，辅助 T、B 细胞对抗原的识别和发挥免疫效应。

13.6.1.1 自然杀伤细胞（NK 细胞）

在形态上，NK 细胞可出现大的嗜天青染料颗粒，又称大颗粒淋巴细胞。NK 细胞来源于骨髓多能干细胞，在骨髓或胸腺中分化成熟，主要分布于外周血，占外周血淋巴细胞总数的 5%～10%，主要功能是参与细胞免疫，在肿瘤免疫、抗病毒感染中发挥作用。NK 细胞无需抗原致敏就能杀伤靶细胞，NK 细胞表达 CD3 分子，与活化信号转导有关。IL-2、IFN-γ、FGF-β 等细胞因子可影响 NK 细胞活性，活化的 NK 细胞可分泌 IFN-γ、TNF-α、TNF-β 和颗粒酶等，介导靶细胞凋亡。

13.6.1.2 单核吞噬细胞

单核吞噬细胞包括血液中的单核细胞（monocyte，MC）和组织中的巨噬细胞（macrophage，MΦ）。不同组织中的 MΦ 冠以不同名称，例如存在于结缔组织中的组织细胞、肝脏中的枯弗氏细胞、肺脏中的肺泡细胞、骨髓中成骨细胞、皮肤上的郎格罕细胞、神经系统的小胶质细胞、腹腔中的腹腔巨噬细胞以及存在于脾和淋巴结上的固定和游走的巨噬细胞等。成熟的 MΦ 表达 MHC Ⅰ类和Ⅱ类分子，还表达 CD1、CD2、CD3 等其他表面分子。

MΦ 在非特异免疫中主要通过吞噬作用杀灭和清除病原体和异物，并介导炎症反应；在特异性免疫中，被激活的巨噬细胞可分泌 IL-1、IL-6、IL-8、IL-12、IL-15、IFN-γ 等各种细胞因子，发挥免疫调节功能，还能加工和递呈抗原，启动免疫应答。

13.6.1.3 树突细胞（DC）

DC 表面有许多树状突起，细胞内无溶酶体、吞噬体。成熟的 DC 高水平表达 MHC Ⅰ类、MHC Ⅱ类分子，向 T 细胞递呈抗原，还可分泌多种趋化因子和细胞因子，活化未致敏的 T 细胞；DC 中的滤泡树突细胞（FDC）不表达 MHC Ⅱ类分子，不参与 T 细胞的活化，但它们是 B 细胞的抗原递呈细胞；DC 还参与天然非特异性免疫和 T 细胞亚群的分化。

13.6.2 细胞因子

细胞因子（cytokine）是由免疫细胞和其他一些细胞分泌的、能调节细胞功能的小分子可溶性蛋白质或多肽，参与机体的细胞免疫和体液免疫、炎症反应、造血调节、细胞增殖与分化等重要生理和病理过程。

13.6.2.1 细胞因子的特性

细胞因子通过与相应受体特异结合而启动效应，通常在局部发挥功能，可以针对产生该细胞因子并表达相应受体的细胞，也可以针对邻近的细胞。一种细胞因子可作用于多种细胞，称为多效应性；多种细胞因子可以对同一细胞发挥相似的生物学作用。细胞因子之间的关系，可以起协调作用，也可以是拮抗作用。

13.6.2.2 细胞因子的分类

根据细胞因子的功能不同，分类如下：

(1) 白细胞介素 (interleukin，IL)

主要由单核巨噬细胞、T细胞等白细胞所分泌的某些非特异性的、具有免疫调节和在炎症反应中起作用的因子。不同的白细胞介素可以参与免疫应答的各个不同阶段，有些是细胞活化不可缺少的因子，有的对特殊细胞群的分化起重要作用，见表13-4。

表13-4 人白细胞介素的主要生物学功能

名称	来源	主要生物学功能
IL-1α	巨噬细胞，上皮细胞	发热，T细胞活化
IL-1β	巨噬细胞，内皮细胞	巨噬细胞活化；促B细胞成熟、增殖和Ig的产生，发挥杀伤肿瘤细胞能力、刺激NK细胞增强杀伤肿瘤细胞
IL-2	T细胞	T细胞增生，在体内主要是增加T细胞介导的免疫应答，肿瘤治疗，促B细胞增殖，NK细胞活化
IL-3	T细胞，胸腺上皮细胞	在早期血细胞生长时起协同作用
IL-4	T细胞，肥大细胞	作用于多种细胞系，如B细胞、T细胞、胸腺细胞、造血细胞，诱导CTL细胞的分化发育、巨噬细胞的细胞毒作用
IL-5	T细胞，肥大细胞	刺激B细胞生长，增强T细胞表达IL-2受体
IL-6	T细胞，巨噬细胞	T细胞与B细胞的生长、分化
IL-7	骨髓基质细胞	前B细胞和前T细胞的生长和增殖
IL-8	单核巨噬细胞	炎症时的重要介质，抗感染免疫调节作用，T细胞趋化作用
IL-9	T细胞	肥大细胞增加活性
IL-10	T细胞，巨噬细胞	巨噬细胞功能的潜在抑制剂，肥大细胞及其干细胞的刺激因子
IL-11	基质成纤维细胞	在红细胞生成时和IL-3、IL-4的协同作用；刺激浆细胞增殖和抗体产生
IL-12	B细胞，巨噬细胞	活化NK细胞，减少CD4T细胞分化成Th1样细胞；诱导T细胞、NK细胞产生IFN-γ
IL-13	T细胞	B细胞生长、分化和增殖，抑制巨噬细胞炎症细胞因子的产生
IL-14	活化T细胞	诱导B细胞增殖，抑制丝裂原诱导的B细胞Ig的分泌
IL-15	多种组织和细胞	刺激CTL细胞和PHA活化T细胞的增殖，诱导CTL和Lak细胞的产生
IL-16	活化CD8$^+$T细胞	是一种能调节淋巴细胞移动的淋巴因子，称淋巴细胞趋化因子(ICF)
IL-17	T细胞	增加IL-6的分泌，诱导基质细胞产生炎症因子
IL-18	单核巨噬细胞	原名为IFN-γ诱导因子；促进Th1细胞增殖，刺激Th1细胞分泌多种细胞因子，促进外周单核细胞产生IFN-γ、IL-2等细胞因子；增强NK细胞效应

(2) 群落刺激因子 (colony stimulating factor，CSF)

包括粒细胞克隆刺激因子 (G-CSF)、巨噬细胞克隆刺激因子 (M-CSF) 等。主要由T细胞、上皮细胞、纤维母细胞等合成，是促进造血干细胞增殖和分化、刺激骨髓单核细胞和粒细胞等活化的因子。

(3) 干扰素 (interferon，IFN)

干扰素是宿主细胞在病毒等多种诱生剂刺激下产生的一类小分子质量的糖蛋白，分IFN-α、IFN-β和IFN-γ三种。IFN-α干扰素由白细胞产生，又称白细胞干扰素。IFN-β干扰素由成纤维细胞产生，又称成纤维细胞干扰素。IFN-α和IFN-β属Ⅰ型干扰素，一级结构相似。IFN-γ干扰素主要由T细胞产生，又称Ⅱ型干扰素或免疫干扰素。干扰素主要作用于宿主细胞合成抗病毒蛋白，控制病毒蛋白的合成，影响病毒的组装释放。干扰素有广谱抗病毒功能，有种属特异性，还有多方面的免疫调节作用。Ⅰ型干扰素以抗病毒活性为主，Ⅱ型干扰素有比Ⅰ型干扰素更强的免疫调节作用。

13.6.2.3 其它细胞因子

其它细胞因子还有表皮生长因子（epidermanl groth factor，EGF）、成纤维细胞生长因子（fibroblast groth factor，FGF）、神经生长因子（never groth factor，NGF）、转化生长因子（transforming groth factor，TGF）、红细胞生成素（erythropoitin，EPO）和肿瘤坏死因子（tumor necrosis factor，TNF）等，相关的主要生物学功能详见表13-5。

表13-5 一些细胞因子的主要生物学功能

细胞因子	来源	功能
表皮生长因子(EGF)	腺体组织细胞	诱导细胞生长,加速损伤组织愈合;促进血管形成;刺激胶原蛋白和胶原酶产生
成纤维细胞生长因子(FGF)	细胞粒细胞 成纤维细胞内皮	血管内皮细胞趋化作用,是强的血管生长因子;创伤愈合和组织修复;作为神经营养因子
神经生长因子(NGF)	神经元支配的靶组织细胞	诱导神经纤维生长;维持成熟神经元功能;促进损伤神经组织修复;促进淋巴细胞增殖分化
红细胞生成素(EPO)	肾脏间质细胞 肝脏枯否细胞 骨髓巨噬细胞	刺激红细胞生成;促使未成熟网织红细胞成熟
肿瘤坏死因子(TNF)	巨噬细胞 T细胞	具有抗肿瘤作用
转化生长因子(TGF)	成纤维细胞 成骨细胞 巨噬细胞 内皮细胞	促进成纤维细胞增殖;抑制各类淋巴细胞增殖;增加胶原酶合成

13.6.3 补体

补体（complement）是存在于人和脊椎动物正常体液或细胞膜上的一组不耐热的、具有酶活性、参与非特异性免疫的球状糖蛋白，是参与体液免疫的另一类重要分子。抗体捕获靶细胞，补体消灭靶细胞，补体因补充抗体的作用而得名。随着对补体研究的不断深入，发现补体是由约40多种蛋白质组成的，故也称其为补体系统。

13.6.3.1 补体系统

补体系统（complement system）按其成分的生物学功能分为参与补体激活的各种成分（补体固有成分）、补体调节蛋白及补体受体。

固有成分指存在于体液中、参与补体激活"级联"酶促反应的补体成分，包括C1q、C1r、C1s、C4、C2、甘露聚糖结合凝集素（mannose-binding lectin，MBL）、丝氨酸蛋白酶（serineprotease）、B因子、D因子、C3、C5、C6、C7、C8和C9。

补体系统属于"级联"酶促反应，补体过度激活会导致机体抗感染能力下降，或会导致机体剧烈炎症反应造成病理损伤。机体通过相关调节蛋白精确调控补体系统活化反应与抑制反应。补体调节蛋白以可溶性蛋白或膜蛋白形式存在，包括C1抑制物、I因子、C4结合蛋白、H因子、S蛋白、膜辅助因子蛋白、膜反应溶解抑制因子等。

补体受体（complement receptor，CR）是指免疫细胞表面能够与补体成分激活后产生的片段特异性相结合的结构，包括CR1～CR5、C3aR、C2aR、C4aR等，其中，CR1为C3b、C4b和

iC3b 的受体。

13.6.3.2 补体的生物学功能

补体是血清的固有组成成分,在血清中含量相对稳定,占血清球蛋白总量的 10%,是与抗原的刺激没有关系的一组非特异性免疫物质。补体激活后参与非特异性防御反应和特异性免疫应答,其生物学效应主要表现为靶细胞溶解效应,以及激活过程中产生的蛋白质水解片段介导的多种生物学效应,包括清除免疫复合物、免疫调节作用、促吞噬作用、病毒中和作用、炎症介质作用等。

13.7 体液免疫和细胞免疫

以 B 细胞为主产生抗体的应答是体液免疫。对于细胞免疫,目前认为,由天然杀伤细胞(NK)和抗体依赖的细胞介导的细胞毒性细胞(ADCC),例如由巨噬细胞、杀伤细胞以及由 T 细胞介导的免疫应答均属于细胞免疫的范畴。前二类免疫细胞的细胞表面不具有抗原识别受体,它们的活化无需经抗原激发即能发挥效应细胞的作用,属于非特异性细胞免疫;效应 T 细胞表面具有抗原识别受体,它们必须经抗原激发才能活化,发挥免疫效应,属于特异性细胞免疫。

免疫细胞之间相互协调、互相促进,体液免疫需 T 细胞参与,细胞免疫有赖于 B 细胞"帮忙",关系如图 13-10。

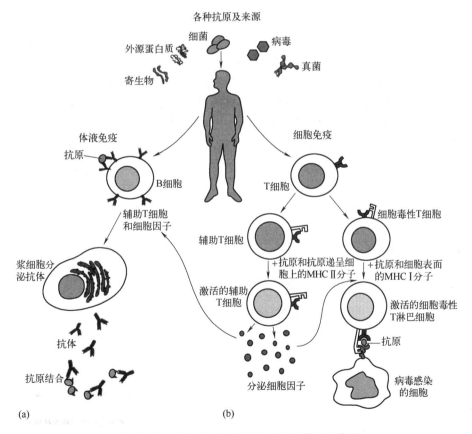

图 13-10 细胞免疫和体液免疫及其关系示意图

13.7.1 B细胞介导的体液免疫

当机体受到抗原刺激时，B细胞通过其表面的mIg与之结合，在抗原刺激下活化、增殖为浆细胞，分泌抗体产生体液免疫。根据是否需要T细胞辅助参与，体液免疫应答分为不依赖T细胞和依赖T细胞两类。

13.7.1.1 不依赖辅助性T细胞的体液免疫

直接向机体注射LPS等脂类多糖抗原时，即可诱导机体产生抗体，这种不依赖辅助性T细胞的免疫应答，是$CD5^+$ B1细胞对非胸腺依赖抗原（TIAg）的应答。TIAg有二类：Ⅰ类TIAg，例如革兰氏阴性细菌细胞壁脂多糖，它具有有丝分裂原作用，与有丝分裂原受体结合时可非特异激活B细胞；Ⅱ类TIAg，例如肺炎球菌多糖，可与B细胞多个特异mIg结合，被活化的B细胞增殖分化转化为浆细胞，大量分泌IgM抗体，从而可以通过直接中和、调理吞噬、激活补体等途径表现免疫应答。

13.7.1.2 依赖辅助性T细胞的体液免疫

蛋白质抗原在Th细胞缺乏时不诱导抗体产生，这类抗原称为胸腺依赖抗原（TDAg）。TDAg激活B细胞需要抗原作为第一信号，需要Th细胞及其所分泌的细胞因子作为第二信号。天然抗原中大多是TDAg。

含免疫分子的B细胞，其抗原受体复合体（B cell receptor complex，BCRC）是由mIg和CD79异源二聚体组成，其中mIg是特异性抗原受体，CD79是向细胞内传递活化信号的信号传递单位。当B细胞的mIg与TDAg特异结合后，通过抗原受体复合体将抗原摄入胞内并加工成肽段，肽段与胞内MHCⅡ类分子结合共呈现于B细胞表面，供辅助性T细胞识别。Th细胞被此MHCⅡ类分子+肽段刺激活化，表达新的膜表面辅助分子CD40L，并分泌细胞因子。B细胞的膜表面分子CD40与辅助性T细胞的CD40L结合，给予B细胞第二个活化信号，在其他T细胞辅助因子的作用下，B细胞活化成浆细胞，产生抗体（图13-11）。由TDAg诱导活化的B细胞初次反应以IgM为主，再次反应以IgG为主，同时，可通过类型转换改变其抗体分泌类型，而CD40-CD40L结合更能进一步激活转录因子，诱导Ig类型转换。细胞因子是影响抗体类型转换最关键的因素。浆细胞可以分泌IgM、IgG或者IgA、IgE，但每个浆细胞及其克隆只能分泌一种Ig，而且对Ag特异性不变。

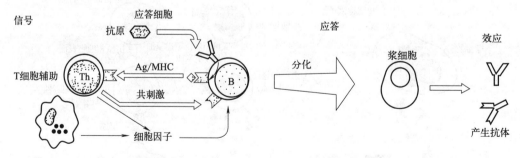

图13-11 TDAg对B细胞产生抗体的免疫应答

13.7.1.3 抗体产生的规律

机体第一次接受某一TDAg刺激引起特异性抗体产生的过程称为初次应答（primary response)。初次应答的特点是,抗原第一次免疫后,血清中抗体浓度缓慢增加,抗体产生的量较少、效价低,抗体的亲和力也低,抗体以 IgM 为主并最早出现,IgG 的产生晚于 IgM;初次应答的高峰期在免疫后 10d 左右。机体再次或多次受到同一抗原刺激产生抗体应答过程称为第二次免疫应答(secondary response),抗体以 IgG 为主,抗体水平高,亲和力也高,持续时间长,这称为免疫记忆。第二次免疫应答比第一次免疫应答抗体滴度高 10~100 倍,见图 13-12。

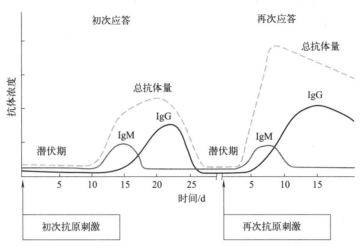

图 13-12 抗体产生规律示意图

免疫记忆的物质基础是抗原刺激 B 细胞分化为浆细胞的同时,在细胞因子参与下,分化出一群具有抗原特异性的长寿记忆细胞,它们可能存活数月甚至伴随机体终身。记忆细胞能合成 mIgG、mIgE 和 mIgA,不表达 mIgD。记忆细胞不分泌抗体,只有在受到相同抗原再刺激时,才被激活成为浆细胞产生抗体。

TIAg 引发的体液免疫不产生记忆细胞,只有初次应答,没有再次应答,免疫时机体所产生的抗体不能持久,所以这类疾病可反复发生。例如食物中的某些活性物质如果作为抗原,因为 TIAg 不产生记忆细胞,所以没有再次应答也不能持久。

当用与初次应答不同的抗原 B 免疫同一种动物,虽然是在第二次免疫时间注射,但诱发免疫的特性仍然是初次应答,因为这种应答是针对第二种抗原(抗原 B)的。

13.7.2 T 细胞介导的细胞免疫

由 T 细胞介导的细胞免疫有两种类型:一种类型由迟发型超敏性 T 细胞(TDTH,$CD4^+$)与抗原反应后分泌细胞因子,这些细胞因子吸引、活化巨噬细胞及其它类型的细胞在反应部位聚集,成为组织慢性炎症的非特异效应细胞;另一种类型是由细胞毒性 T 细胞(Tc,$CD8^+$)对靶细胞产生特异杀伤作用。

引起细胞免疫的抗原多为 T 细胞依赖抗原(TD 抗原)。参与特异细胞免疫的细胞由抗原递呈细胞(巨噬细胞或树突细胞)、免疫调节细胞(Th 和 Ts)以及效应性 T 细胞(TDTH 和 Tc)等多细胞系完成。在无抗原激发的情况下,效应性 T 细胞是以不活化的静息细胞形式存在。

T 细胞表面有特异的抗原识别受体(TCR),但它不同于 B 细胞,不能直接识别天然抗原,天然抗原必须先经加工处理。当抗原进入机体后,由 T 细胞介导的细胞免疫应答需经过抗原递呈细胞对抗原的摄取、加工,并将加工成的肽通过 MHC 分子递呈给 T 细胞识别(诱导期),T 细胞被激活并分化、增殖(增殖期)和产生效应 T 细胞(效应期)才能发挥细胞免疫作用。

13.7.2.1 T细胞对抗原的识别

（1）抗原递呈细胞及其对抗原的加工递呈

树突细胞、巨噬细胞、B细胞和内皮细胞等细胞具有摄取、加工、递呈抗原给T细胞的能力，称为抗原递呈细胞（APC）。APC摄入抗原后将其降解为肽段，肽段分别与胞内的MHCⅠ类分子或MHCⅡ类分子结合形成复合物，然后运送至细胞表面，并递呈给$CD4^+$T细胞识别。

（2）T细胞对抗原的识别

TCR识别APC表面与MHC分子结合的抗原肽，是对自身MHC和外来抗原的双重识别，即T细胞通过TCR在识别抗原的同时，也识别与抗原肽结合的MHC分子，其中$CD4^+$T细胞识别MHCⅡ类分子，$CD8^+$T细胞识别MHCⅠ类分子。

13.7.2.2 $CD4^+$T细胞介导的免疫炎症

由$CD4^+$T细胞激发的特异性细胞免疫，可引起组织的慢性炎症，是以淋巴细胞（主要是T细胞）和单核吞噬细胞系细胞浸润为主的渗出性炎症。由于免疫细胞的激活、增殖和分化以及其它炎症细胞的聚集需要较长时间，所以炎症反应发生较迟，持续时间也长，故称此种炎症反应为迟发型超敏反应（delayed type hypersensitivity，DTH），诱发这种反应的T细胞称为迟发型超敏性T细胞（TDTH）。

$CD4^+$T细胞活化需有双信号刺激，即其抗原识别受体（TCRαβ）与抗原递呈细胞上的肽-MHCⅡ分子的复合物结合后，可通过CD3复合分子传递第一信号。$CD4^+$T细胞上其它辅助分子可与APC上相应的配体分子结合，不仅增强了$CD4^+$T细胞与APC间的黏附作用，同时可向$CD4^+$T细胞传递协同刺激信号，使之活化并产生多种细胞因子，它们既能促进$CD4^+$T细胞克隆的扩增，又是DTH反应的分子基础。如无辅助信号发生，则$CD4^+$T细胞处于不应答状态。

13.7.2.3 $CD8^+$T细胞介导的杀细胞效应

$CD8^+$T细胞（Tc或CTL细胞）能杀伤表达特异抗原的靶细胞，它在抗病毒感染、急性同种异型移植物排斥和对肿瘤细胞的杀伤作用中是重要的效应细胞，其抗原识别受体（TCRαβ）可识别多肽抗原与自身MHCⅠ类分子形成的复合物。在正常机体中，CTL细胞以不活化的静息T细胞的形式存在，只有在抗原激活、T辅助细胞的协同作用下，才能分化发育为杀伤效应的T细胞。CTL细胞活化需双信号，即TCR与靶细胞膜上MHCⅠ类分子和抗原肽分子复合物结合后，可通过CD3复合分子传递第一信号；CTL细胞上其它辅助分子可与靶细胞上相应的配体分子结合，不仅可增强CTL细胞与靶细胞的黏附作用，同时也向CTL细胞传递协同信号使之活化，在活化$CD4^+$T细胞分泌的细胞因子作用下使之克隆增殖并分化为效应杀伤T细胞。

CTL细胞分泌穿孔素蛋白，当与胞外高浓度Ca^{2+}接触后，即在靶细胞膜的脂质层发生聚合并形成离子通道，大量离子和水分可进入细胞，引起渗透压增高导致细胞溶解，还可通过表达Fas分子引起靶细胞凋亡。CTL细胞还分泌一种蛋白质毒素，可活化靶细胞内的DNA降解酶，导致靶细胞核DNA的裂解而引起靶细胞程序性死亡。

13.8 微生物与食品免疫

13.8.1 超敏反应

免疫是机体的保护性反应，但有时它可能对机体产生有害结果。食物过敏是人体对食物中抗原产生的、由免疫介导的不良反应，又称为食物超敏反应。超敏反应是一种特异性的免疫病理反应，分为四型：Ⅰ型——速发型超敏反应，Ⅱ型——细胞毒型超敏反应，Ⅲ型——免疫复合物型超敏反应，Ⅳ型——迟发型超敏反应。前三型均由体液免疫介导，迟发型超敏反应由细胞免疫介导。

13.8.1.1 Ⅰ型——速发型超敏反应

机体初次接触抗原后产生 IgE 抗体，当机体再次接触同样抗原，在很短时间内（数秒到几分钟），IgE 致敏的肥大细胞、嗜碱性粒细胞等即可释放炎症性药理介质，引起毛细血管扩张、血管通透性增加及平滑肌收缩等病理变化，主要表现皮肤过敏反应、呼吸道与消化道等黏膜过敏反应性疾病以及过敏性休克等临床症状。

13.8.1.2 Ⅱ型——细胞毒型超敏反应

病情发展较缓慢，一般于接触抗原一周后发病，所涉及的免疫机制是机体对自身的组织和细胞产生抗体（多数为 IgG，少数为 IgM、IgA），引起自身细胞的毁坏，表现为溶血、出血、贫血、紫癜、黄疸、继发感染等症状。这类超敏反应发生的原因是免疫不能识别自身和非自身，它把自身的组织误认为异物对之产生了抗体，故又称自身免疫，这类疾病被称为自身免疫性疾病。

13.8.1.3 Ⅲ型——免疫复合物型超敏反应

可溶性抗原与相应 IgG、IgM 类抗体结合形成可溶性免疫复合物，病情发展缓慢。病变多发生于肾脏、中小动脉周围、心瓣膜、关节周围、淋巴组织等，表现为淋巴结肿大、发热、心悸、关节痛、软组织坏死、溃疡等症状。

13.8.1.4 Ⅳ型——迟发型超敏反应

为致敏 T 细胞介导的细胞免疫，无需抗体或补体参加。Th 细胞在接受抗原递呈细胞的抗原片段后被激活，转变为致敏 T 细胞，该细胞衍生的淋巴因子吸引来巨噬细胞，使其活化并释放溶酶体酶，而且在致敏的 CTL 作用下，引起以单核细胞、巨噬细胞和淋巴细胞浸润和细胞变性坏死为主要特征的炎症性病理损伤。反应发生迟缓，多发生于接触抗原 24h 之后，表现皮肤红肿、皮痒、皮疹、渗出，肌张力降低，多发性感觉或运动神经麻痹，甲状腺机能低下，眼部红肿、疼痛、畏光、视力减退等症状。

全球有近 2% 的成年人和 4%~6% 的儿童有食物过敏史，食物过敏是一个全世界均关注的公共卫生问题。食物过敏原主要来自食物中的致敏蛋白质、食品添加剂和含有过敏原的转基因食品。90% 以上的食物过敏由蛋、鱼、贝类、奶、花生、大豆、坚果和小麦等 8 类高致敏性食物引起。食物过敏的临床表现以皮肤症状、胃肠道症状和呼吸系统为主。预防和治疗食物过敏的最好方法是避免摄取食物过敏原。

13.8.2 食物过敏及其微生物性防治

13.8.2.1 食物过敏

在过去的二十年，食物过敏的发病率逐年上升，西方儿童的患病率约为 6%~8%，在经济水平高的地区发病率更高。我国虽没有确切的统计数据，但随着经济的快速增长，也将面临逐渐升高的食物过敏发病率。食物过敏反应的症状可能发生在皮肤（特应性湿疹等）、胃肠道（呕吐、腹泻和疼痛）和呼吸道（鼻炎和哮喘）等。IgE 介导的食物过敏反应是最典型的过敏类型，影响了 1%~2% 的成年人和 5%~7% 的儿童。引起过敏反应的食物有 170 多种，如鱼、贝类、花生、牛奶、坚果、大豆、小麦和鸡蛋等。引起食物过敏的过敏原或是食物的天然成分，或是在消化道内降解形成的小分子蛋白质（10~70kDa）。过敏原到达肠上皮细胞，通过肠道屏障，与肠相关淋巴组织中的免疫细胞相遇。受遗传和环境因素影响，一部分人的免疫细胞会将这些小分子蛋白质视为"异物"而发生攻击，导致Th1/Th2失衡，Th2细胞的过度激活是食物过敏反应的重要特征。过敏原刺激B细胞释放IgE等抗体的同时，还释放Th2型细胞因子和趋化因子，刺激其他免疫细胞（如肥大细胞和其他粒细胞）"攻击"过敏原，进一步加剧食物过敏。

13.8.2.2 食物过敏的微生物性防治策略

避免食用含过敏原的食物是预防食物过敏的直接方法，抗组胺药和肾上腺素可缓解过敏症状，抗IgE单克隆抗体也常用于食物过敏的治疗。食物过敏的微生物性防治策略一方面可以通过发酵降解过敏原，另一方面可以通过益生菌或后生元促进免疫系统发育，诱导免疫耐受或调节免疫。

（1）食物发酵

含过敏原或容易引发食物过敏的食品经过益生菌或其他微生物发酵后，有的会使食物过敏得以缓解，有的反而会使其加剧。发酵对食物过敏的积极影响可能与过敏原的微生物水解，微生物及其代谢产物对肠道微生物菌群的改善，以及Th1和Th2的平衡调节有关。与肉类等富含蛋白质的发酵食品相比，蛋白质含量低的植物性发酵食品往往对食物过敏具有积极影响。酸奶、开菲尔或达希等使用特定和已知发酵剂的发酵食品有助于缓解过敏反应。奶酪的老化可以减少成人和儿童的奶酪过敏，新鲜奶酪效果却并不理想，说明充足的发酵时间也很重要，发酵时间越长，发酵微生物对奶酪中潜在的过敏原水解就越充分。某些肉类食品（例如红肉和海鲜）或某些特定的菌种，发酵反而会形成新的过敏原。因此，通过发酵来预防或消除食物过敏时，发酵剂和食物基质这两方面都需要充分考虑。

（2）建立免疫耐受

成熟的免疫系统对于大多数摄入的食物蛋白质具有耐受性，对于减少过敏反应至关重要。研究表明，生命早期来源于产道和母乳的微生物暴露对婴幼儿肠道菌群建立、免疫系统发育、免疫耐受形成至关重要。根据"卫生假说"，如果生命早期接触的外源性抗原很少，将限制免疫耐受的发展并增加过敏性疾病的风险。在生命早期微生物暴露不足的情况下，使用模拟细菌存在的后生元（灭活菌）刺激免疫系统诱导免疫系统成熟和促进免疫耐受形成是可行的。后生元是指对宿主健康有益的无生命微生物和/或其成分，包括灭活的益生菌细胞（携带或不携带代谢物）和非益生菌细胞，可能与益生菌具有相似的作用和机制，因此后生元干预也是防治食物过敏的一种新策略。在某些情况下，与活菌相比，后生元不一定能达到相同的效果。例如 *Bifidobacterium longum* subsp. *longum* 51A 活菌可以显著提高OVA诱导的过敏小鼠的IL-10水平，改善过敏症状，然而灭活菌株却没有作用，这表明在促进免疫耐受方面，一些益生菌的活力具有死菌无法替代的作用。

（3）口服益生菌

2001年，联合国粮农组织/世界卫生组织（FAO/WHO）将益生菌定义为"摄入量足够时对机体产生有益作用的活性微生物"。已发现的有利人体健康的益生菌主要包括酵母菌、益生芽孢菌、丁酸梭菌、乳杆菌、双歧杆菌、放线菌等。目前研究表明，益生菌可以改善肠道微生物组成和调节机体免疫，进而改善食物过敏，并对过敏引起的肠黏膜结构破坏具有保护作用。益生菌定植在肠道与肠道上皮细胞相互作用或通过代谢产物发挥作用。

增强肠道上皮屏障的完整性，减少Th2反应。一方面通过降低Th2型细胞因子（IL-4、MCP-1等）表达水平，另一方面提高Th1型细胞因子（IFN-γ、IL-10、TNF-α和TGF-β等）表达水平，使免疫反应由Th2型向Th1型调整，从而减少IgE响应。

促进Treg细胞产生和IL-10分泌。Th0活化后受不同细胞因子的调控向不同方向增殖和分化，TGF-β、IL-2 等诱导 Th0 向调节性 T 细胞（regulatory T cells，Treg）分化，通过分泌 IL-10、TGF-β 等细胞因子或接触抑制 T 细胞等方式发挥负性免疫调节作用，抑制自身反应性 T 细胞和炎症反应，对维持自身耐受性和免疫细胞稳态发挥重要的作用。

Treg 细胞在免疫负调中占据核心地位，具有抑制免疫系统过度激活、建立免疫耐受的作用，是维持全身免疫稳态和耐受性的关键，也是当今免疫调节领域的研究热点。无菌小鼠由于 Treg 功能不完善，将发生免疫不耐受，而外源性补充婴儿双歧杆菌后，即可建立免疫耐受。IL-10 是公认的炎症与免疫抑制因子。益生菌可促进 Treg 的产生，增强其免疫负调功能，抑制免疫系统和免疫反应过度激活，调节过敏原触发的免疫反应，促进和维持对过敏原的耐受性。肠道中的拟杆菌和双歧杆菌发酵膳食纤维生成的短链脂肪酸（SCFAs）可显著促进 Treg 分化，抑制 IL-12 的分泌和 $CD8^+$ T 细胞的活化。

减少肠道内过敏原特异性 IgE 产生。婴儿补充鼠李糖乳杆菌或者罗伊氏乳杆菌有助于降低特应性湿疹的发病率，鼠李糖乳杆菌还可抗牛奶中的 β-乳球蛋白过敏及其引起的肠道炎症。虽然大量文献证明了益生菌可以缓解食物过敏症状，但在一些（亚）临床研究中也有无治疗效果的报道，可能是由于菌株、治疗持续时间和使用剂量的差异。

益生元、益生菌和食物过敏相关独特微生物抗过敏作用主要机理见图 13-13。

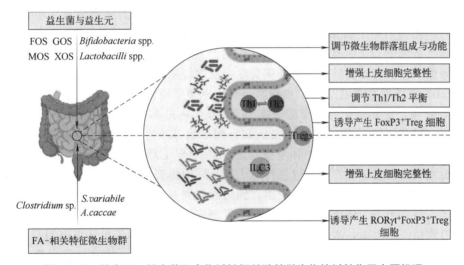

图 13-13　益生元、益生菌和食物过敏相关独特微生物抗过敏作用主要机理

13.8.3　微生物的免疫调节作用

益生菌可通过肠脑轴、肠肝轴和肠免疫轴影响机体代谢、内分泌及免疫。已被证实在糖尿病、高血压和高脂血症、阿尔茨海默病、类风湿关节炎、儿童哮喘、溃疡性结肠炎和克罗恩病等疾病治疗中具有重要作用。益生菌制剂为人类和动物疾病治疗提供了全新的方向。

13.8.3.1　益生菌的免疫调节作用

根据菌株的来源和作用机理，可将益生菌补充剂分为原菌制剂、共生菌制剂和真菌制剂。原菌制剂所使用的菌株均来自人类肠道，为肠道内原生菌，如双歧杆菌、乳酸菌、粪链球菌等，代表技术为粪菌移植；共生菌制剂的菌株均来自人体肠道外，与人体原生菌之间具有共生作用，服用后能促进原生菌的生长与繁殖，包括地衣芽孢杆菌、酪氨酸梭状芽孢杆菌、枯草芽孢杆菌等；真菌制剂为酵母菌，主要指布拉酵母菌，能对肠道菌群起到一过性的调节作用，本身并不会在肠道内繁殖。

（1）构成和重塑肠道免疫屏障

肠道菌群的组成和丰度变化可能导致或影响各种疾病的发生。肠道固有益生菌或益生菌补充剂对调节肠道菌群组成和维持肠道内部环境稳定起着至关重要的作用。益生菌通过占位、竞争，分泌有机酸、短链脂肪酸（SCFAs）、细菌素、抑（杀）菌肽等机制直接抑制致病菌繁殖，参与构成肠道免疫屏障；还可通过增强肠黏膜上皮细胞之间的紧密连接蛋白的表达和黏液分泌改善黏膜屏障完整性，抑制或改善致病菌感染或食物过敏造成的肠道损伤，重塑肠道免疫屏障；以及通过与肠道微生物相互作用，以共生或互生关系增强有益微生物的丰度，调节肠道菌群平衡。

（2）刺激免疫系统快速成熟和完善

肠道益生菌可直接影响人体免疫系统，益生菌的生长和繁殖有助于刺激免疫系统的快速成熟和及早完善，增强胸腺、淋巴结和脾的免疫器官指数，增加 T 细胞和 B 细胞数量。

（3）调动和提高机体非特异性免疫

肽聚糖等益生菌的某些结构成分经消化道吸收进入血液循环系统后，直接作为抗原刺激人体的固有免疫（非特异性免疫）系统，激发吞噬细胞的吞噬活性和干扰素活性，刺激自然杀伤细胞增殖并增强其细胞功能，增强树突细胞和补体的活性，以及网状内皮系统功能。

（4）激活和调节特异性免疫

益生菌及其代谢产物还可刺激特异性免疫应答，促进调节性 T 细胞分化，增强体液免疫和细胞免疫。M 细胞是散布于肠黏膜上皮细胞间的抗原摄取及转运细胞，可将肠腔内的抗原转运至肠道相关淋巴组织中。在肠道，益生菌及其代谢产物可作为抗原物质被 M 细胞摄取，转运至黏膜下层结缔组织，被该处的巨噬细胞或树突细胞摄取，随后将抗原携至局部淋巴组织派尔氏结（Peyer's patch）或肠系膜淋巴结的 T 细胞区，将抗原递呈给初始 T 细胞，激活 Th2 细胞，活化生发中心的 B 细胞，使其转化为浆细胞分泌 IgA，IgA 再由黏膜下层转运至肠道，提高肠道 sIgA 水平；益生菌同时还诱导 T 细胞、B 细胞和巨噬细胞等产生细胞因子，通过淋巴细胞再循环而活化全身免疫系统，增强机体的整体免疫功能。2023 年 1 月 5 日国家卫生健康委员会办公厅发布的《新型冠状病毒感染诊疗方案（试行第十版）》中提到，可将肠道微生态调节剂作为重症患者的辅助治疗之一，维持肠道微生态平衡，预防继发细菌感染。

综上所述，益生菌与人体免疫系统之间的关系密切。益生菌不但构成肠道免疫屏障，还发挥双向免疫调节作用。一方面，激活和提高固有免疫系统功能，有利于机体抵御细菌和病毒的感染以及肿瘤的发生；另一方面，通过刺激 Treg 细胞产生并使其激活，建立免疫耐受、抑制超敏反应及自身免疫病（溃疡性结肠炎、克罗恩病等）的发生。

13.8.3.2 噬菌体的免疫调节作用

噬菌体是侵袭细菌的病毒，寄生于活菌体内，在自然界中广泛分布，又称细菌病毒。噬菌体在医学、科研和工业领域有广泛应用，如治疗细菌感染，用于细菌鉴定和检测、污水处理，作为基因工程的克隆载体等。噬菌体能够专一地杀灭包括耐药菌在内的特定菌株，可弥补传统抗生素及杀菌技术的不足，在控制食源性致病菌的污染方面具有应用前景。

噬菌体作用不仅具有特异性且具有生态安全性，在攻击病原菌的同时不会对其他肠道有益菌造成损害，并且在肠道随着病原菌的消除而排出体外。黏液中噬菌体含量是普通环境的 4.4 倍，噬菌体黏附于黏膜可以捕获和裂解更多的细菌，保护肠上皮屏障和黏膜组织免受细菌感染而参与人体免疫。除裂解宿主菌外，新证据表明噬菌体在抗感染治疗中对宿主具有免疫调节作用。噬菌体疗法由于兼具裂解菌和免疫调节作用而受到国内外研究者的广泛关注。

（1）重塑肠道菌群，提高有益菌丰度

尽管在个体水平上噬菌体侵染造成宿主菌的裂解，但在种群水平上，面临持续的噬菌体威胁，细菌被迫不断地进化出基因型和表型变异，所以噬菌体-宿主菌相互作用增加了噬菌体和宿主菌的多样性，见图13-14。噬菌体单用或与益生菌联用能调节和重塑肠道菌群，增加肠道细菌的多样性，还能提高有益菌丰度，改善肠道菌群平衡，通过肠免疫轴增强机体免疫功能。

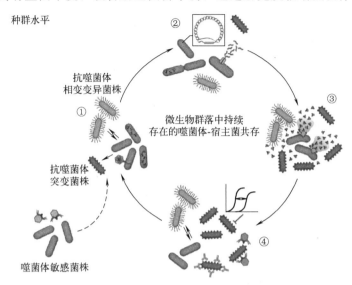

图 13-14　噬菌体与宿主菌互作在种群水平上导致了噬菌体和宿主菌的多样性

（2）促进免疫器官发育，影响免疫系统活性

噬菌体还能促进免疫器官发育。在部分健康人的血液中能够检测到噬菌体，表明噬菌体能通过肠道上皮屏障，从而影响先天免疫系统和T、B细胞活性。噬菌体可增强吞噬细胞的吞噬指数，从而有助于中性粒细胞等吞噬细胞清除那些对抗生素或噬菌体产生了抗性的细菌。噬菌体制剂已被证实可以抑制正常和致敏性小鼠的同种异体皮肤排斥反应，抑制同种异体抗原诱导的免疫球蛋白的产生。

作为一种外来抗原，噬菌体会引起机体的特异性免疫，包括体液免疫和细胞免疫。体液免疫产生的中和抗体与噬菌体尾部结合，从而抑制噬菌体的活性并对噬菌体产生清除作用，但是噬菌体产生效果的速度比机体产生抗体的速度更快，因此该问题并不十分重要。

知识归纳

免疫系统的组成：免疫器官、免疫细胞和免疫分子。

免疫器官分为中枢免疫器官和外周免疫器官两部分。中枢免疫器官包括骨髓、胸腺、鸟类法氏囊或其同功能器官。外周免疫器官包括淋巴结、脾和黏膜相关淋巴组织等。

免疫细胞主要包括淋巴细胞、树突状细胞、单核/巨噬细胞等。

免疫分子种类很多，主要指抗原及抗体、补体、细胞因子等。

免疫系统的功能：免疫防御功能，免疫稳定功能，免疫监控功能。

免疫应答的特点：特异性，多样性，记忆性。

抗体的结构：重链，轻链，功能区，水解片段。

抗体的功能：与抗原特异性结合，激活或增强免疫应答清除抗原。

T 细胞亚群：$CD4^+$ T 细胞分为辅助性 T 细胞（Th）和迟发型超敏性 T 细胞（TDTH）。

　　　　　　　$CD8^+$ T 细胞分为细胞毒性 T 细胞（CTL）和抑制性 T 细胞（Ts）。

B 细胞主要表面分子：B 细胞抗原受体，补体受体，主要组织相容性复合物抗原，细胞因子受体。

T 细胞介导的细胞免疫：抗原递呈细胞对抗原的加工递呈及 T 细胞对抗原的识别，$CD4^+$ T 细胞介导的免疫炎症，CD8$^+$T 细胞介导的杀细胞效应。

超敏反应：Ⅰ型——速发型超敏反应，Ⅱ型——细胞毒型超敏反应，Ⅲ型——免疫复合物型超敏反应，Ⅳ型——迟发型超敏反应。

食物过敏的微生物性防治策略：食物发酵，建立免疫耐受，口服益生菌。

益生菌的免疫调节作用：构成和重塑肠道免疫屏障，刺激免疫系统快成熟和完善，调动和提高机体非特异性免疫，激活和调节特异性免疫。

噬菌体的免疫调节作用：重塑肠道菌群，提高有益菌丰度；促进免疫器官发育，影响免疫系统活性。

思考题

1. 什么是抗原？它有什么基本特点？
2. 主要的免疫细胞有哪些？其主要功能是什么？
3. 什么是细胞因子？在免疫中起什么作用？
4. 什么是抗体，有哪些类型？
5. 如何用微生物手段防治食物过敏？
6. 益生菌的免疫调节作用表现在哪些方面？

应用能力训练

1. 如何研究解析个体的食物过敏原。
2. 举例说明免疫学理论与技术在食品科学研究领域中的应用。

参考文献

[1] 江汉湖. 食品免疫学导论. 北京：化学工业出版社，2006.
[2] 金伯泉. 医学免疫学. 北京：人民卫生出版社，2008.
[3] 周光炎. 免疫学原理. 2 版. 上海：上海科学技术文献出版社，2007.
[4] 高晓明. 免疫学教程. 北京：高等教育出版社，2006.

第 14 章

食品卫生微生物学

知识图谱

  想象一下，你在享受一顿美味的饭菜，而这其中的每一个环节，从食材的选择到制作过程，都可能受到微生物的影响。我们周围的微生物有的是筑造健康的"守护者"，如益生菌；而有的则是潜在的"威胁者"，引发食源性疾病。如何简便、快速、准确地判断食品中微生物的存在情况，评价食品的质量与安全性？食品卫生微生物学是一个既充满挑战又极具吸引力的领域，它不仅涉及对微生物行为的深入研究，还关系到我们日常生活中最基本的需求——安全、健康的食品。

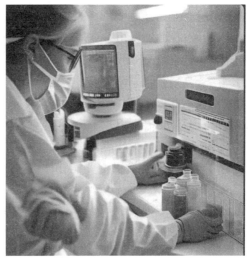

学习目标

○ 定义指示微生物，指出指示微生物应满足哪些标准。
○ 阐明菌落总数、大肠菌群的卫生学意义。
○ 说明7项理想的粪便污染的指示微生物的条件。
○ 了解CAC、CMSF提出的食品规范标准，标准设定和适用范围。
○ 与小组成员讨论霉菌计数的步骤和通常使用的计数标准，如何在显微镜下进行有效的霉菌计数。
○ 树立正确的价值观，培养食品安全意识，提升自身职业素养。

微生物在自然界分布广泛，可以通过各种途径污染食品，从而导致食品腐败变质，甚至引发人类的疾病。在食品卫生安全问题中，很大一部分是由于微生物污染造成的，单从细菌学角度出发，微生物检验结果是衡量一类食品卫生安全性的重要指标之一。要检测食品中存在的所有微生物显然是困难、费时而不必要的工作。如何简便、快速、准确地判断食品中的微生物存在情况，选择什么微生物来评价食品的卫生状况与安全性是学界关注的重要内容之一。

14.1 食品卫生与微生物

14.1.1 指示微生物的概念

指示微生物（indicating microorganism）是在食品质量安全检测中，用以指示检验样品质量、卫生状况及安全性的指示性微生物，可以用来反映与食品货架期相关的微生物情况或食源性致病菌是否对食品安全产生影响。通常以指示菌在检品中存在与否以及数量多少为依据，对照相关标准法规，对检品的饮用、食用或使用的安全性作出评价。食品中的指示微生物可以分为两种类型，即食品质量指示物和食品安全指示物。

14.1.1.1 食品质量指示物

食品质量指示物，又称货架期指示物，是指一些微生物或它们的代谢产物。这些产物在某些食品中达到一定水平时可以用来检测食品当前的质量，甚至可以用来预测产品货架寿命。当用于此目的时，这些指示微生物应该满足以下标准：

① 存在于所有待测食品中并能够被检测到；
② 生长和数量应对产品的质量有直接的负面作用；
③ 在检测或计数时易于和其他微生物区分开；
④ 生长不受食品中其它微生物菌群的影响。

一般而言，产品质量最可靠的指示微生物都有产品特异性，即这些产品有严格的微生物群，并且腐败是由于某一种典型微生物生长的结果，通过控制这些特定微生物的数量即可显著延长产品的货架期。事实上，微生物质量指标菌都是一些腐败菌，如苹果汁中的醋酸杆菌、罐装蔬菜中的平酸菌芽孢、未消毒的生牛奶中的乳酸链球菌等都是该产品可能的质量指示微生物，当它们数量增加时就会导致产品质量下降。

指示菌的数量可以通过直接显微镜计数法和活细胞计数法得到，进行活细胞计数时可以通过选择性培养进行检测，或者利用一种合适的选择性培养基的阻抗进行检测。尽管活细胞计数法对于评价产品质量并不精确，但其结果比直接显微镜计数法的结果更具意义。

当微生物的新陈代谢产物显著影响产品质量时，这些产物可以作为产品质量指示物，即利用该产物来评估和预测产品中的微生物情况。如鱼类腐败菌能将氧化三甲胺转化为三甲胺，因此许多研究者认为可以将三甲胺作为鱼类质量或腐败的一种指示物。乳酸是腐败罐装蔬菜中最常见的一种有机酸，人们已开发出了一种仅耗时 2h 的硅胶平板法来检测产品中的乳酸含量，以推测罐装蔬菜的新鲜程度（表 14-1）。

表 14-1　一些对食品质量产生不利影响的微生物及代谢物

产品	微生物	代谢物
苹果汁	醋酸杆菌	乙醇
罐装啤酒	乳酸菌	尸胺与腐胺
罐装蔬菜	平酸菌芽孢	乳酸
面团	芽孢杆菌属	—
罐装果汁	丝衣霉菌属	—
干酪	梭菌属	—
生牛奶（未消毒）	乳酸链球菌	—
黄油	河蟹腐败假单胞菌	挥发性脂肪酸
浓缩果汁	酵母菌	—
蛋黄酱，色拉	拜耳结合酵母	—

14.1.1.2　食品安全指示物

食品安全指示物主要用于评估食品的安全性和卫生状况。一种理想的食品安全指示物应该满足以下条件：

① 易快速地被检测；
② 很容易和食品微生物群中其他成员区分；
③ 和病原体有一定的直接关系，可以指示该病原体的存在；
④ 相关病原体总是和该指示菌同时出现；
⑤ 理想状况下，该指示菌的数量与相关病原体有一定关系；
⑥ 生长需求和生长速率等于或超过病原体；
⑦ 死亡率至少和病原体相当，最好其存活时间比相关病原体稍长一些；
⑧ 没有病原体时不出现或只有极少量出现。

这些条件适用于绝大多数食源性病原菌的媒介食品。

食品安全指示菌可以分为以下几种类型：

① 反映及评价被检样品的一般卫生质量、污染程度的指示菌，常用的指标包括细菌、霉菌和酵母菌数。
② 细菌数量的表示方法由于所采用的计数方法不同而有两种：细菌总数和菌落总数。

细菌总数（total bacterial count）也称细菌直接显微镜数，是指一定数量或面积的食品样品，经过适当的处理后，在显微镜下对细菌进行直接计数，其中包括各种活菌数和尚未消失的死菌数，通常以 1g 或 1mL 或 1cm^2 样品中的细菌数来表示。

菌落总数（aerobic plate count）是指一定数量或面积的食品样品，在一定条件下进行细菌培养，使每一个活菌只能形成一个肉眼可见的菌落，然后进行菌落计数所得的菌落数量。通常以 1g 或 1mL 或 1cm^2 样品中所含的菌落数量来表示，即 CFU/mL（cm^2）。由于培养条件的限制，检样中的某些细菌难以繁殖生长，因此细菌菌落总数并不表示实际中的所有微生物总数，也不能区分其中的种类，所以又被称为杂菌数、需氧菌数等。活菌数量的多少在一定程度上标志着食品卫生质量的优劣，食品中活菌数量越多，则食品腐败变质的速度就越快，因此细菌菌落总数能更好地反映指示产品当前的状态，国内外标准法规中也均采用菌落总数来表示细菌数量。

各类食品由于霉菌的侵染，常常使食品发生霉坏变质，有些霉菌如青霉、黄曲霉和镰刀霉产生毒素，侵染食品机会较多。霉菌和酵母菌的计数主要是通过测定霉菌和酵母菌的菌落总数，即食品检样经过处理，在一定条件下培养后，所得1g或1mL检样中所含的霉菌和酵母菌菌落总数（粮食样品是指1g粮食表面的霉菌总数）。目前已有多个国家制定了多种食品的霉菌和酵母限量标准。

③ 特指粪便污染的指示菌，主要指大肠菌群，其他还有肠球菌、亚硫酸盐还原梭菌等。

在传统的安全指示物中，人们均认为相关病原体来源于肠道内，并且它们直接或间接来自粪便污染。例如，水体中的致病性微生物一般并不是水中原有微生物，大部分是从外界环境污染而来，特别是人和其它温血动物的粪便污染。此类受污染的水体可能含有严重威胁人类和动物健康的致病性微生物，常见的主要包括：志贺氏菌、沙门氏菌、大肠杆菌、小肠结肠炎耶尔森氏菌、霍乱弧菌、副溶血性弧菌等。在对水质卫生质量的评价和实际控制中，由于致病性微生物在水环境中往往数量较少，检测比较困难，无法对各种可能存在的致病性微生物一一进行检测，通常采用检测与病原微生物具有密切关系的指示微生物来指示和估计病原菌污染，从而判断水体是否受到过人、畜粪便的污染，是否有肠道病原微生物存在的可能，以保证水质的卫生安全。第一个用来指示粪便污染的指示菌是大肠杆菌。作为一种理想的粪便污染的指示微生物，必须具备下列条件：

a. 在理想状态下，所选择的微生物应具有高效专一性，应只存在于肠道中；
b. 在粪便中含量很高，必须在高稀释度下计数；
c. 它们拥有对肠道外环境很高的耐受性，以便于在待测样品中能够检测到；
d. 即使当数量很少时，也可以迅速可靠地检测出来；
e. 不管肠道病原体是否存在，该微生物必须存在；
f. 具有比生命力最强的肠道病原体更长的存活时间；
g. 该微生物的密度与粪便污染的程度成正比关系；
h. 该微生物是温血动物肠道微生物群落的组分；
i. 该微生物有简单分离、监测的方法。

然而，目前还没有一种指示微生物能够完全满足以上条件，不同的微生物类群都可能被选择用作指示微生物。

原污水常见指示微生物浓度的估计水平见表14-2。

表14-2 原污水常见指示微生物浓度的估计水平

微生物	菌落总数/(CFU/100mL)
大肠菌群	$10^7 \sim 10^9$
粪大肠杆菌	$10^6 \sim 10^7$
粪链球菌	$10^5 \sim 10^6$
肠球菌	$10^4 \sim 10^5$
产气荚膜梭菌	10^4
葡萄球菌	10^3
铜绿假单胞菌	10^5
耐酸细菌	10^2
大肠杆菌噬菌体	$10^2 \sim 10^3$
拟杆菌	$10^7 \sim 10^{10}$

④ 其他指示菌，包括某些特定环境不能检出的菌类，如特定菌、某些致病菌或其他指示性微生物。

从某些样品中直接检测目的病原微生物有一定的难度，原因是在环境中病原微生物数量少、种类多、生物学性状多样，检验和鉴定的方法比较复杂。因此，需要寻找某些带有指示性的微生物，这些微生物应该在环境中存在数量较多，易于检出，检测方法较简单，而且具有一定的代表性。根据其检出的情况，可以判断样品被污染的程度，并间接指示致病性微生物有无存在的可能，以及对人群是否构成潜在的威胁。

14.1.2 食品微生物检验

14.1.2.1 食品微生物检验的概念及特点

食品微生物检验是应用微生物学的理论和方法，在研究食品中微生物种类、分布、生物学特性及作用机理的基础上，解决食品中有关微生物的污染、毒害、检验方法、卫生标准等问题的一门学科。食品微生物检验是微生物学的一个分支，是近年来形成的一门新的学科。食品微生物检验是食品检验、食品加工以及公共卫生方面的从业人员必领熟悉和掌握的专业知识之一。

不同种类的食品以及食品在不同的生产加工过程与条件下，食品中含有微生物的种类、数量、分布存在较大差异，研究各类食品中存在的微生物种类、分布及其与食品的关系，才能辨别食品中有益的、无害的、致病的、致腐的或者致毒的微生物，以便对食品的卫生做出正确评价，为制定各类食品的微生物学标准提供科学依据。食品在生产、储藏和销售过程中，存在微生物对食品的污染问题。研究微生物造成食品污染的来源与途径，采取合理措施，加强食品卫生监督和管理，防止微生物对食品的污染，能从根本上提高食品的卫生质量。研究食品中的致病性微生物和产毒素微生物，弄清食品中微生物污染来源及其在食品中的消长变化规律，制定控制措施和无害处理方法，研究各类食品中微生物检验指标及方法，实现对食品中微生物的监测控制，是食品微生物检验的重要任务。

食品微生物检验的主要特点如下：

① 食品微生物检验涉及的微生物范围广，采集样品比较复杂。食品中微生物种类繁多，包括引起食品污染和腐败的微生物、食源性病原微生物以及有益的微生物。

② 食品微生物检验需要准确性、快速性和可靠性。食品微生物检验是判断食品及食品加工环境的卫生状况，正确分析食品的微生物污染途径，预防食物中毒与食源性感染发生的重要依据，需要检验工作尽快获得结果，对检验方法的准确性和可靠性提出了很高的要求。

③ 食品中待检测细菌数量少，杂菌数量多，对检验工作干扰严重。食品中的致病菌数量很少，却能造成很大危害。进行检验时，有大量的非致病性微生物干扰，两者之间比例悬殊。此外有些致病菌在热加工、冷加工中受了损伤，使目的菌不易检出。上述这些因素给检验工作带来一定困难，影响检验结果。

④ 食品微生物检验受法规约束，具有一定法律性质。世界各国及相关国际组织机构已建立了食品安全管理体系和法规，均规定了食品微生物检验指标和统一的标准检验方法，并以法规的形式颁布，食品微生物检验的试验方法、操作流程和结果报告都必须遵守相关法规、标准的规定。

14.1.2.2 食品微生物标准的构成

国际食品法典委员会（Codex Alimentarius Commission，CAC）、国际食品微生物规范委员会（International Commission on Microbiological Specifications for Foods，ICMSF）提出的标准规范要求食品微生物标准主要由食品种类、食品相关的其它信息、检测项目即污染食品的微生物或代谢物、颁布数值即限量标准、取样计划、应用要求和法定状态等构成。

14.1.2.3 标准的设定适用范围

CAC以及工业化发达的食品进口国强调和推行食品安全"过程监控",即在食品的食物链环节进行管理。微生物标准在设定时针对不同的食物链环节,例如原料的采集、生产、加工、储藏、运输、销售等。这些标准用于验证HACCP系统和GMP、GHP等规范的效果。我国现行的微生物标准作为强制性标准,一般适用于食品链的末端环节,即成品环节,食品卫生微生物指标通常只作为市场判定成品合格与否的依据,而在其他食物链环节没有设立指标。

14.1.2.4 食品分类体系及信息

在食品卫生微生物检验时,需要根据不同食品的种类采取不同的检验程序和方法。食品种类的划分可以按照食品加工方式分类,按照取样目的分类,按照食品的信息分类等。如按照食品信息分类,其中包括状态信息、加工信息、产品信息、适用人群等。国外发达国家食品分类体系已实施标准化分类系统,相对较健全。我国的食品分类体系主要有食品生产许可食品分类体系、食品安全标准食品分类体系、食品安全监督抽检实施细则中食品分类体系等,目前没有一套适用于食品安全国家标准体系的统一指导性食品分类体系。

14.2 常见的食品卫生微生物学指标

食品在食用前的各个环节中,被微生物污染往往是不可避免的。食品微生物检验的指标是根据食品卫生的要求,从微生物学的角度,对各种食品提出的具体指标要求。美国的食品微生物标准通常包括:指示"致病菌降低"的目标生物、指示工艺过程(GMP HACCP)效果的指示菌、特异性病原菌3类微生物指标。澳大利亚食品微生物标准规定了4个指标:必须被检测的样品数、可能超过微生物限量的样品数、微生物限量、对于任何检测样品的最大微生物允许量。我国目前涉及微生物指标的标准主要是食品卫生分类标准,一般规定了菌落总数、大肠菌群、霉菌、酵母菌、致病菌等。可以看出各国都是依照本国国情从不同角度设定微生物指标的。"不以规矩,不能成方圆"——《孟子》,国检保障食品安全,食品检验的"规矩"就是我国现行有效的食品微生物检验国家标准。但是国标又非一成不变,而是与时俱进,因此学习时,应注意国标的"时效性"。掌握现行的有效的国标,比较新旧标准更替的变更之处,以及掌握修改标准的原因和目的。

14.2.1 菌落总数

菌落(colony)是指细菌在固体培养基上生长繁殖形成的能被肉眼识别的生长物,它是由数以万计相同的细菌集合而成。当样品被稀释到一定程度,与培养基混合,在一定培养条件下,每个能够生长繁殖的细菌细胞都可以在平板上形成一个可见的菌落。

平板上的菌落个数可用肉眼直接观察进行计数,也可以借助仪器进行。细菌全自动计数器用于针对培养皿细菌计数的快速计数器,已取代人工计数。通过对培养皿拍照获取灰度图像,然后针对灰度图像进行处理以及分析得出菌落数。获得灰度图像后对图像进行锐化以及滤波等处理,之后通过获取色块来进行计数,以此获得培养皿中的菌落数,并保存图片以及计数值(图14-1)。

图14-1 菌落计数器

菌落总数（aerobic plate count）用来判定食品被细菌污染的程度及卫生质量，它反映食品的新鲜度、被细菌污染的程度、在生产过程中是否变质和生产的过程是否符合卫生要求，以便对被检样品做出适当的卫生学评价。菌落总数的多少在一定程度上标志着食品卫生质量的优劣。

菌落总数的卫生学意义：

（1）食品中细菌数量可反映该食品被污染的程度

新鲜的食品内部一般是没有或很少有细菌的，但由于外界污染情况不同，食品被细菌污染的多少就有所不同。食品中细菌数量越多，说明被污染的程度就越严重，越不新鲜，对人体健康威胁越大。相反，食品中菌数越少，说明该食品被污染的程度越轻，食品卫生质量越好，对人体健康影响也越小。

（2）食品中细菌数量可预测食品耐放程度和时间

一般，细菌数越少，食品耐放时间越长；相反，食品耐放时间就越短。例如，0℃保存牛肉，菌落总数为 $10^3 CFU/cm^2$ 时，可保存 18 天，而当菌落总数增至 $10^5 CFU/cm^2$ 时则只能保存 7 天。另外，0℃保存鱼时，菌落总数为 $10^5 CFU/cm^2$ 时可保存 6 天，而菌落总数在 $10^3 CFU/cm^2$ 时则可保存 12 天。

（3）食品中细菌数量可估测出食品腐败状况

一般认为日常食品的活菌数为 $10^4 \sim 10^7 CFU/g$。而当活菌数达到 $10^8 CFU/g$ 则可认为处于初期腐败阶段。例如，活的家禽，皮肤表面的细菌数可低到 $1.5 \times 10^3 CFU/cm^2$，而加工后马上检测可达 $3.5 \times 10^4 CFU/cm^2$。当菌落数为 $10^7 CFU/cm^2$ 时表示已经腐败，鸡肉的细菌数达 $10^8 CFU/cm^2$ 时可有气味并变黏。

菌落总数主要作为判定样品被污染程度的标志，也可以应用这一方法观察样品中细菌的性质和繁殖的动态，以便对被检样品进行卫生学综合评价时提供科学依据。一般，食品中细菌数量越多，则会加速腐败变质过程的进程，甚至可能引起食用者的不良反应。或者在运输中保存条件不适当导致超过标准要求限量。

视频——
无菌采样

检验程序参考 GB4789.2《食品安全国家标准　食品微生物学检验　菌落总数测定》进行具体操作。

14.2.2　大肠菌群

大肠菌群（coliform）并非细菌学分类命名，而是卫生细菌领域的用语，指的是具有某些特性的一组在生化及血清学方面并非完全一致，但与粪便污染有关的细菌。作为一种实验室定义，是基于微生物的革兰氏染色反应和代谢性质来确定的，即是一群好氧及兼性厌氧，在 37℃经 24h 培养能发酵乳糖、产酸、产气的 G^- 无芽孢的小杆菌。从种类上讲，大肠菌群包括了肠杆菌科的 5 个属：埃希氏菌属（*Escherichia*）、枸橼酸菌属（*Cirtobacter*）、肠杆菌属（*Enterobacter*）、克雷伯氏菌属（*Klebsiella*）和拉乌尔菌属（*Raoulatella*），以 *Escherichia* 为主。

这些乳糖发酵菌对食品卫生具有重要意义。大多数肠杆菌存在于温血动物的肠道中，并通过肠道排出体外，许多肠杆菌科的食源性致病菌也如此。由于大肠菌群与肠道致病菌来源相同，而且在外界生存的时间与主要肠道致病菌如沙门氏菌属、志贺氏菌属等相当，所以高数量的大肠菌群的存在就可以被用来预测肠道致病菌的状况，也表明卫生状况较差。

和大多数其他细菌不同，大肠菌群可以发酵乳糖产生气体，单凭这一特性就可以推定出大肠菌群的数量。而且大肠菌群易于培养和区分。有报道称大肠菌群可在 pH 值为 4.4～9.0、温度低至 −2℃和高至 50℃的条件下在许多培养基上和很多食品上良好生长，如营养琼脂、有抑制革兰氏阳性菌作用的胆盐培养基、含有唯一有机碳源如葡萄糖和唯一氮源如硫酸铵以及其它矿物质的基础培养基等，大肠菌群是一种较为理想的指示菌。目前世界各国大都使用大肠菌群作为食品和饮用水粪便污染的标准，通过实验得知，若100mL饮用水中不存在这类生物就可以确保不会暴发细菌性水传播疾病。

尽管使用大肠菌群作为食品质量与安全的指示生物已有多年，对某些食品而言，这些指示菌的应用仍有一定限制。例如，大肠菌群中含有非典型的菌株，使得大肠菌群的鉴定变得比较复杂；对于被冷冻灼伤的蔬菜，大肠菌群数量多少并不能反映卫生状况的好坏，这是因为一些菌，特别是肠道菌，本来和植物的关系就非常紧密；此外，大肠菌群比肠道病原体病毒和原生动物具有较短的存活时间和更弱的抵抗消毒能力，这也限制了大肠菌群作为这些生物的指示生物，但大肠菌群在评价食品卫生及安全性中的优点是毋庸置疑的。

14.2.2.1　MPN法

最可能数（most probable number，MPN）是由McCrady于1915年提出的，采用多管发酵技术检测样品中大肠菌群的存在情况并估计其数量，MPN法是统计学和微生物学结合的一种定量检测法。待测样品经系列稀释并培养后，根据其未生长的最低稀释度与生长的最高稀释度，应用统计学概率论推算出待测样品中大肠菌群的最大可能数。该方法并非一个精确的分析方法，而是一种应用统计学的原理，基于泊松分布测定和计算的最近似数值的间接计数方法。

其原理是依据大肠菌群能够发酵乳糖、产酸、产气的特点，将样品进行系列倍比稀释，分别接种到含有乳糖的鉴别选择性培养液试管中，在定义条件下培养后，借助pH指示剂和杜氏小管（Durham tube）截留的气体来观察产酸、产气情况以证实大肠菌群。当样品通过一系列稀释和等量分配成小样品时，有些小样品中最后含样品量极少，以致其中不再含有所需检验细菌，经培养后，通过一定的小样品中存在或不存在细菌的情况，根据结果查阅MPN检索表，就可得到原样品中微生物的估计数量，对原始样品中的菌数做统计学估计，其结果即是指在1mL（或1g）食品检样中所含的大肠菌群的最近似或最可能数。

培养基中含有一种或者几种能阻碍或抑制"非目标"微生物生长的化学物质，这些化学物质允许目标微生物生长，且生长清晰可见。大肠菌群检验中常用的抑菌剂有胆盐、十二烷基硫酸钠、洗衣粉、煌绿、龙胆紫、孔雀绿等。其主要作用是抑制其它杂菌，特别是革兰氏阳性菌的生长。在我国国家标准和行业标准中LST肉汤利用十二烷基硫酸钠作为抑菌剂，BGLB肉汤利用煌绿和胆盐作为抑菌剂。抑菌剂虽可抑制样品中的一些杂菌，而有利于大肠菌群细菌的生长和挑选，但对大肠菌群中的某些菌株有时也产生一些抑制作用。

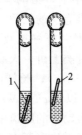

图14-2　糖醇类发酵试验产气现象

1—培养前的情况；
2—培养后杜氏管出现气体

若被检菌在利用碳源后产酸，其酸性物质的积累有时会超出培养基的缓冲范围，培养基的pH值会下降，将培养基中添加指示剂，即可鉴别。

各试验管中加一倒置杜氏管，分装入试验用培养基，高压灭菌，培养基将压进杜氏管，并赶走管内气体，随后进行培养。若发酵管中倒置的杜氏小管中有小气泡，则是由微生物在生长过程中发酵乳糖后产生气体形成的（图14-2）。

试验时，先将样品稀释为3个连续梯度的适宜稀释液，随后每个稀释度各取适量接种到3支或5支初发酵培养基试管中进行初发酵培养，观察产酸和产气情况。阳性样本需进行确认试验，从产气试管中取出少量菌株接种在复发酵培养基进行复发酵试验，以证实大肠菌群的存在。根据确证的阳性初发酵试管的支数查MPN表，即可以估算原始样品中的大肠菌群数量。

MPN测定方法适用于带菌量极少、其他方法不能检测的食品，如水、乳制品及其他食品中大肠菌群的计数。该方法优点是不需昂贵的仪器设备，操作简单。缺点是发酵管的制作耗时费力,检测样品都需要做系列稀释,加上后续确认试验大约需要72h,不能直接观察到微生物菌落形态,而且属于半定量试验,其技术特点决定了该法有时还会低估样品中大肠菌群的数量甚至造成漏检。

检验程序参考GB4789.3《食品安全国家标准 食品微生物学检验 大肠菌群计数》进行具体操作。

全自动微生物定量系统(图14-3)是基于MPN原理进行食品样本中常规指示菌(菌落总数、大肠菌群、大肠杆菌、肠杆菌科、霉菌、酵母、金黄色葡萄球菌等)检测的自动化设备。仅需10倍稀释,无需制备培养基,自动加样充填、自动读数、自动报告,简单操作,快速可靠的结果,可以全面提高实验室的效率。一台全自动微生物定量系统每天最多可以进行500个样品的测试,检测时间较传统方法大大减少。如按照美国标准和欧盟标准检测大肠菌群仅需24h,检测结果以CFU/mL表示。

视频——
大肠杆菌接种

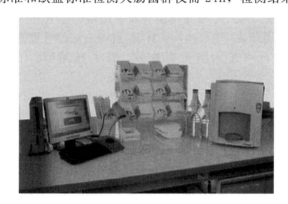

图14-3 全自动微生物定量系统

14.2.2.2 膜滤试验

膜滤(membrane filter,MF)试验已在许多国家作为水质微生物检测的标准方法,属于定量试验,在该技术中,将给定的一定体积的样品(饮用水通常为100mL)注入已灭菌的放有滤膜的滤器中,滤膜是一种微孔性薄膜(孔径不大于$0.45\mu m$),经过抽滤,水或者稀释液能够通过膜,而细菌被截留在膜表面上,然后将滤膜放在用特殊培养基饱和的薄吸收垫衬上,该培养基可选择性地使目的生物生长,可以采用直接计数法(DMC)计数膜上生长出的典型细菌集落。在计数时,对其膜进行适当的染色、冲洗、处理,使菌落变得清晰可见;随后借助显微镜观察和计数收集到的微生物菌体。此法成败取决于使用有效鉴别培养基或选择培养基,该培养基能方便地鉴别生长在滤膜表面的细菌菌落。

测总大肠菌群时不同国家和地区使用的选择性培养基有所不同,如北美的m-Endo型和欧洲的Tergitol-TTC等,大肠菌群在含有乳糖的m-Endo型上生长出带有金属光泽的红色菌落,而在Tergitol-TTC中则为橙黄色菌落;也可以使用改良的远藤氏培养基,滤膜在35℃下培养18~24h,计数具绿色光泽的菌落,就可确定水样中大肠菌群的数量。如有必要,对可疑的菌落进行涂片染色镜检,并接种乳糖发酵管做进一步鉴定。

膜过滤技术比试管发酵技术最明显的优越性是滤膜法具有高度的再现性,非常便于检测较大体积的水样,这样就能增加检出的敏感性和可靠性;并且其所需试验试管少,其操作较MPN试验简单,工作量少,可以更快捷地获得肯定的结果。缺点是特异性不高,在检验浊度高、非大肠菌群密度大的液体样时有其局限性,结果容易受水样中其他细菌的影响而出现误判,也需结合进一步的确认试验才能最终确定结果。

荧光染色法的引入使膜滤法-DMC 检测微生物的效率大大提高。早在 1970 年，荧光染色和外荧光显微技术（epifluorescent microscopes）计数水中的细菌就得到了广泛应用。如采用能被 β-GA 酶水解产生强荧光物 4-甲基伞形酮（4-Mu）的 4-甲基伞形基-β-半乳糖苷（简称 MUGAL）为底物，使大肠菌群在微孔膜上形成特殊的荧光斑点，以此来定量检测饮用水及公共用品中的大肠菌群。此法亦能用于定性鉴别，将大肠菌群与能产生荧光色素的假单胞菌相区别。

直接外荧光膜过滤技术（direct epifluorescent filter technique，DEFT）是将荧光技术和荧光显微技术相结合的一种快速的食品微生物检测技术和方法。微菌落-DEFT 则是一种可以检测活性细胞的改良技术，典型的是食品样品液通过 DEFT 膜进行过滤，随后置放在细菌培养基表面进行微菌落的培养，微菌落的生长必须用显微镜观察。在 8h 内可检测到大肠菌群、假单胞菌和葡萄球菌，检测的下限数量是 $10^3/g$。另一种改良的方法是疏水格栅膜过滤（hydrophobic grid membrane filter，HGMF）技术，这种方法使用了一个特殊构造的过滤器，在这种膜过滤器的一面包含了 1600 个蜡状的格栅，每一个格栅都能够限制菌落的生长和大小。每一个膜过滤器可以利用 MPN 自动计数，计数范围在 $(9\sim10)\times10^4$。这种方法能够检测的细胞下限数为 10/g，大约 24h 内完成。AOAC 已认可了大肠菌群总数、粪大肠菌群、沙门氏菌、酵母和霉菌的 HGMF 法。

14.2.2.3 有或无试验

有或无实验（presence-absence，P-A）并非定量试验，而是检测样品中是否存在目标微生物。在 P-A 试验中使用单个如 MPN 试验中所用的含十二烷基硫酸酯-胰蛋白-乳糖营养肉汤的试管，但不稀释。近年来，酶检测法得到快速发展，Colilert 系统即为一例，该法可在 24h 内同步检测饮用水中大肠菌群和大肠杆菌。其原理是，总大肠菌群产生的 β-半乳糖苷酶可将基质中的邻硝基苯酚吡喃半乳糖苷（ONPG）水解为黄色硝基萘酚，而大肠杆菌通过荧光介质 4-甲基-7-羟基香豆素-葡糖苷酸（MUG）的合成可被同步检测到，MUG 和 β-半乳糖苷酶（存在于大肠杆菌中但不存在于其他大肠菌群中）相互作用后产生有荧光的最终产物。最终产物可用长波紫外线（UV）灯检测到。试验将样品加入含有由盐或特异酶基质作为目标生物的唯一碳源。培养 24h 后，存在总大肠菌群的阳性样品变黄，而大肠杆菌阳性样品在黑暗中用长波紫外线照射会发荧光。

视频——
制备判别
培养基

14.2.2.4 粪大肠菌群

大肠菌群作为水污染的主要指示微生物已有多年历史，但大肠菌群并非仅来自粪便。因此，需要开发能够指示粪源性污染的大肠菌群即粪大肠菌群（fecal coliforms）。该菌群是生长于人和温血动物肠道中的需氧和兼性厌氧革兰氏阴性无芽孢杆菌，包括埃希氏菌属（*Escherichia*）和克雷伯氏菌属（*Klebsiella*），随粪便排出体外，约占粪便干重的三分之一以上，故称为粪大肠菌群，在 44.5℃培养 24～48h 能发酵乳糖产酸产气，并将色氨酸代谢成吲哚，又称为耐热大肠菌群。受粪便污染的水、食品、化妆品和土壤等物质均含有大量的这类菌群，若检出粪大肠菌群即表明已被粪便污染。

（1）大肠杆菌

大肠杆菌（*Escherichia coli*，*E. coli*）能够比其它大肠菌群中提到的属和种的菌株更好地指示粪便污染，且少数大肠杆菌血清型带有致病性，较大肠菌群而言，大肠杆菌可以更加准确地反映致病菌的存在情况，并且很容易与粪大肠菌群的其他成员相区别（如它没有脲酶，但有 β-葡糖苷酶），是常用的指示菌。大肠杆菌为粪便污染指示菌的一个比较重要的性质是它的存活期。尽管有报道称大肠杆菌在水中的存活时间要比某些病原菌短，但它一般与其它常见的肠道病原菌同时死亡，不过比肠道病毒短。

IMViC 试验是一种经典的检测大肠杆菌是否存在的方法，其中 I 代表吲哚试验，M 代表甲基红试验，V 代表 Voges-Proskauer 试验，C 代表柠檬酸盐试验。IMViC 试验结果为＋＋－－时称为 I 型大肠杆菌，为－＋－－时称为 II 型大肠杆菌。实际上粪大肠菌的检测方法主要检测的是 I 型大肠杆菌，可用类似检测大肠菌群的方法检测。分析水样时，MPN 法使用 EC 营养肉汤培养基，膜滤法可使用 m-FC 培养基。有人提出用 m-T7 培养基恢复水中受损伤的粪大肠菌，并导致更大量的恢复。

（2）粪肠球菌

细菌分类学上，粪肠球菌（*Enterococcus faecalis*）早期并不存在，该属一些菌种本分别归属于肠球菌属（*Enterococcus*）和链球菌属（*Streptococcus*），过去被称为粪链球菌，粪链球菌是 Lancefield D 群链球菌的一个类群（图 14-4）。近年来，DNA-DNA 杂交结果显示，肠球菌与链球菌属同源程度低，故有学者建议另立肠球菌属。通常所谓的粪肠球菌包括肠球菌属中的粪肠球菌（*E. faecalis*）、屎肠球菌（*E. faecium*）等和链球菌属中的牛链球菌、马链球菌等，前两种肠球菌与人类有关，而后两种链球菌在动物中占优势。粪肠球菌是粪肠球菌属的模式菌。粪肠球菌属细菌通常在 10～45℃能生长（最适 37℃），在 pH9.6、6.5%NaCl 中和 40%胆盐中也能生长，很少还原硝酸盐，通常发酵乳糖。

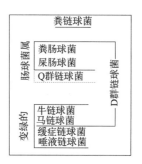

图 14-4 基于链球菌种类归属的"肠球菌""D 群链球菌"和"粪链球菌"的定义

典型的粪肠球菌由于具有如下特征使得这类微生物可以作为污染的指示菌。

① 它们在水中一般不繁殖，特别是有机物含量很低时。

② 在人类粪便中它们的数量一般比大肠杆菌少，因此典型的肠球菌测试比粪大肠菌群更能准确地反映肠内病原菌的数量。如果粪大肠菌与粪链球菌（FC/FS）的比值为 4 或更大，就意味着污染源来自人类；比值小于 0.7，则表明污染源来自动物（表 14-3）。然而，FC/FS 的比值的有效性还值得探究。并且该比值仅仅对最近时期内（24h）的粪便污染有效。

表 14-3 FC/FS 的比值

FC/FS 的比值	污染源
≥4	人类污染源的明显证据
2.0～4.0	混合污染中主要是人类废物的合适证据
0.7～2.0	混合污染中主要是家畜废物的合适证据
<0.7	动物污染源的明显证据

③ 与大肠菌群相比，肠球菌对环境压力和氯化钠的抵抗力大；在水中的死亡率要低一些，因此它们一般比病原体存活时间长，被提议作为环境中肠道病毒的指示物。

许多研究者发现典型的粪肠球菌是比大肠菌群更好的食品卫生指示菌，特别是对于冷冻食品，在冷冻食品中，肠球菌的数量要多于大肠菌群，与某些致病菌的数量关系更加密切。但是由于原来的"粪链球菌"现在被提升为一个新的属，并且还包含了一些似乎与粪便污染无关的一些新种，这使得人们对能否将该组微生物作为卫生状况指示菌产生了疑问。而大肠杆菌可以比肠球菌更快更有效地进行检测和计数，也使得人们对肠球菌作为食品安全指示菌的研究热度有所下降。

粪链球菌检测的常用方法有多管法和滤膜法。膜滤法可使用 Pfizer 肠球菌选择性琼脂或 KF 培养基培养，37℃培养 24h。所有红色、栗色、粉红色菌落（一种红色染料 2,4,5-三苯基四唑化氯在发酵中显色）计数作为推测性粪链球菌数。分离的菌落在胆汁七叶苷培养基上 44℃再培养 18h，由于七叶苷的水解，粪链球菌产生周围棕色或黑色的零散菌落，以确证粪链球菌的存在。食品微生物检验主要针对在 10℃和 45℃下可生长发育的粪肠球菌与屎肠球菌。

14.2.3 霉菌和酵母

霉菌和酵母广泛分布于自然界并可作为食品正常菌群的一部分。在某些情况下，霉菌和酵母在食品中生长也可使食品腐败变质，还可破坏食品的色、香、味，使食品产生不良气味、颜色改变等。常出现在 pH 低、湿度低、含盐和含糖高的食品中，低温贮藏食品中，含有抗生素而不适于细菌生长的食品中。

霉菌和酵母能合成有毒的代谢产物（霉菌毒素），可引起急性或慢性食源性疾病，黄曲霉毒素等霉菌毒素具有强烈的致癌性或能促进病原菌生长。霉菌和酵母可使食品表面失去色、香。例如，酵母在新鲜和加工的食品中繁殖，可使食品颜色改变和散发出不正常的气味。因此，霉菌和酵母也可作为评价食品卫生质量的指示菌之一，并以霉菌和酵母菌的计数来判断其被污染的程度。目前已有一些国家对某些食品制定了霉菌和酵母数的限量标准。

14.2.3.1 平板计数法

检验程序参考 GB4789.15《食品安全国家标准 食品微生物学检验 霉菌与酵母计数》具体操作。

视频——平板计数

14.2.3.2 霉菌直接镜检计数法

试验时，取适量检样，加蒸馏水稀释至折射率为 1.3447～1.3460（即浓度为 7.9%～8.8%），备用。显微镜标准视野的校正：将显微镜按放大率 90～125 倍调节标准视野，使其直径为 1.382mm。洗净郝氏计测玻片，将制好的标准液，用玻璃棒均匀摊布于计测室，加盖玻片，以备观察。将制好的载玻片置于显微镜标准视野下进行观测。一般每一检样每人观察 50 个视野。同一检样应由两人进行观察。在标准视野下，发现有霉菌菌丝其长度超过标准视野（1.382mm）的 1/6 或三根菌丝总长度超过标准视野的 1/6（即测微器的一格）时即记录为阳性（＋），否则记录为阴性（－）。每 100 个视野中全部阳性视野数为霉菌的视野百分数（视野%）。霉菌在平皿上蔓延生长见图 14-5。

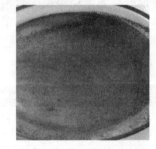

图 14-5 霉菌在平皿上蔓延生长

14.2.4 微生物限量及采样方案的选择

食品微生物检验的广泛应用和不断改进，是制定和完善有关法律法规的基础和执行的依据，是制定各级预防、监控和预警系统的重要组成部分，是食品微生物污染源控制和降低的重要有效手段，对促进人民身体健康、经济可持续发展和社会稳定都很重要，具有较大的经济和社会意义。

食品微生物检验是衡量食品卫生质量的重要指标之一，是判断被检食品能否食用的科学依据之一。通过食品微生物检测，可以判断食品加工环境及食品卫生环境，能对食品的微生物污染程度做出正确的评价，为各级卫生管理工作提供科学依据，为传染病和食物中毒提供防治措施。食品微生物检测能够有效地防止或减少食物中毒、人畜共患病现象的发生。食品微生物检验技术在提高产品质量、避免经济损失、保证出口等方面具有重要意义。

标准（standard）和规范（criteria）是用于描述推荐的、可接受的指示微生物水平的条款。

国际食品法典委员会（CAC）、国际食品微生物规范委员会（ICMSF）提出的标准规范要求食品微生物标准主要由食品种类、食品相关的其它信息、检测项目即污染食品的微生物或代谢物、颁布数值即限量标准、取样计划、应用要求和法定状态等构成。

食品安全微生物检测项目分为致病菌和指示菌两类。致病菌主要包括沙门氏菌（*Salmonella* spp.）、单核细胞增生李斯特氏菌（*L. monocytogens*）、金黄色葡萄球菌（*S. aureus*）、副溶血性弧菌（*V. parahaemolyticus*）和弯曲菌（*Campylobacter* spp.）等；指示菌包括菌落总数、肠杆菌科、大肠埃希氏菌和大肠菌群等。

在限量标准中，因为细菌数量的分布经常不均匀，通常在制定标准中使用几何平均值（geometric average）。用几何平均值就能避免因为一两个最大值而对污染高水平做出高估计。

食品加工的地点、工艺、地域及其他因素都会对食品加工过程和加工环境的检验限量及采样方案产生影响，因此不太可能规定统一的适用于所有。对这些检验可提供特定的指导限量或特定限量，但这些限量值并不广泛适用于所有条件。同样在许多情况下不能规定方法、采样量或样本大小。需要重点强调的是推荐的指导限量并非表示限量标准。预计限量标准有时会超出指导限量。

对于终产品检验，以下问题会被反复提及，以帮助确定推荐的采样方案和微生物标准的适当基础。

① 是否进行了风险评估？
② 是否建立了适当的保护水平（ALOP），从而有助于确定食品安全目标（FSO）或执行目标（PO）？
③ 是否有足够的数据以确定典型的限量值，从而确保食品安全或食品质量？是否有数据评估微生物限量水平的差异，例如批次内和批次间？

食品企业制定微生物标准要考虑风险评估、剂量-反应数据、消费者暴露数据、既定的ALOP或FSO/PO，以及微生物水平相关数据的可得性，而这些标准与公众健康目标息息相关。ICMSF（2002）和van Schothorst等（2009）详细地审议了这一过程。但很多食品类型的正式风险评估有局限性（如定性和定量）。在缺乏风险评估的情况下，委员会使用 ICMSF 类型（ICMSF，2002）、被国际上普通接受的法规（如国际食品法典委员会、国家法规、企业准则）或专家意见来推荐采样方案和微生物限量。

如表 14-4 所示，ICMSF 的各个类型同时考虑了危害的严重程度、目标人群的敏感性，以及在采样与食品被消费这段时间内风险降低、维持不变或增加的可能性。随着危害程度的增加，采样方案更趋严格。

表 14-4　与风险程度和使用状况相关的采样方案的严格性（类型）

与一般和健康危害相关的关注度	示例	通常情况下,采样后预期食品被处理和消费的状况①		
		降低风险	风险无变化	可能增加风险
一般性指示 一般污染、货架期缩短、早期腐败	菌落总数、霉菌和酵母	类型 1 $n=5,c=3$	类型 2 $n=5,c=2$	类型 3 $n=5,c=1$
指示菌 轻度、间接危害	肠杆菌科、大肠杆菌	类型 4 $n=5,c=3$	类型 5 $n=5,c=2$	类型 6 $n=5,c=1$
中度危害 通常不会危及生命,一般没有后遗症,持续时间短,症状自愈,可能有严重不适	金黄色葡萄球菌、蜡样芽孢杆菌、产气荚膜梭菌、副溶血性弧菌	类型 7 $n=5,c=2$	类型 8 $n=5,c=1$	类型 9 $n=10,c=1$

续表

与一般和健康危害相关的关注度	示例	通常情况下,采样后预期食品被处理和消费的状况[①]		
		降低风险	风险无变化	可能增加风险
严重危害 丧失劳动力但通常不危及生命,后遗症较少,持续时间中等	沙门氏菌、单增李斯特氏菌	类型 10 $n=5, c=0$	类型 11 $n=10, c=0$	类型 12 $n=20, c=0$
极严重危害 针对一般人群或限定人群,危及生命或导致慢性严重后遗症,或引起病程较长的疾病	一般人群:大肠杆菌 O157:H7、肉毒梭菌神经毒素。特定人群:沙门氏菌、克罗诺杆菌属、单增李斯特氏菌	类型 13 $n=15, c=0$	类型 14 $n=30, c=0$	类型 15 $n=60, c=0$

① 通常对易感人群的敏感食品采用更严格的采样方案。

其采样方法涉及四个代号:n 系指一批产品采样个数;c 系指该批产品的检样菌数中,超过限量的检样数,即结果超过合格菌数限量的最大允许数;m 系指合格菌数限量,将可接受与不可接受的数量区别开;M 系指附加条件,判定为合格的菌数限量,表示边缘的可接受数与边缘的不可接受数之间的界限。二级法只设有 n、c 及 m 值,三级法则有 n、c、m 及 M 值。

对常规菌、指示菌和适度危害(类型 1~9)推荐的限量值(m 和 M)通常以每克报告,并通常采用定量方法。类型 1~9 中的 c 值意味着统计学差异可能偶然导致超过 m 值的结果。规定最大限量值 M 则有助于防止在未进一步调查或采取行动时接受可能超出可接受的质量或安全的产品。

对于严重和极严重危害(类型 10~15),当 $c=0$ 时,最大可接受水平是 $m=M$。对于类型 10~15,因为检验结果通常以在检验样品中检出(阳性)或未检出(阴性)的形式报告,所以检验结果受样本大小的影响很大。在本书中,如无特殊说明,类型 10~15 每个样本(n)的分析单位是 25g。例如,在类型 10 中,$n=5$ 即取 5 个各 25g 的样本进行分析。

用于分析的所抽样品的数量、大小和性质对结果会产生很大影响,采样方案具有重要意义。某些情况下用于分析的样品可能代表所抽"一批"(lot)样品的真实情况,这适合于可充分混合的液体,如牛奶和水。在"多批"(lots 或 batchers)食品的情况下就不能如此抽样,因为"一批"容易包含在微生物的质量上差异很大的多个单元。因此在选择抽样方案之前,必须考虑诸多因素(ICMSF, 1986),包括检验目的、产品及被抽样品的性质、分析方法等。ICMSF 方法是从统计学原理来考虑,对一批产品,检查多少检样,才能够有代表性,才能客观地反映出该产品的质量而设定的。目前,中国、加拿大、以色列等很多国家已采用 ICMSF 推荐的方案作为国家标准。

为了强调抽样与检样之间的关系,ICMSF 已经阐述了把严格的抽样计划与食品危害程度相联系的概念,即 ICMSF 是将微生物的危害度、食品的特性及处理条件三者综合在一起进行食品中微生物危害度分类的。

① 各种微生物本身对人的危害程度各有不同。

② 食品经不同条件处理后,其危害度变化情况:降低危害度;危害度未变;增加危害度。

在中等或严重危害的情况下使用二级抽样方案,对健康危害低的则建议使用三级抽样方案。这个设想是很科学的,符合实际情况,对生产厂及消费者来说都是比较合理的。

在二级抽样方案中,由于自然界中物质的分布曲线一般是正态分布,以其一点作为食品微生物的限量值,只设合格判定标准 m 值,超过 m 值的,则为不合格品。检查检样是否有超过 m 值的,以此来判定该批是否合格。以生食海产品鱼为例,$n=5$,$c=0$,$m=10^2$,$n=5$ 即抽样 5 个,$c=0$ 即意味着在该批检样中,未见到有超过 m 值的检样,此批货物为合格品。

在三级抽样方案中，设有微生物标准 m 及 M 值两个限量，如同二级法，超过 m 值的检样，即算为不合格品。其中以 m 值到 M 值范围内的检样数，作为 c 值，如果在此范围内，即为附加条件合格，超过 M 值者，则为不合格。例如，冷冻生虾的细菌数标准 $n=5$，$c=3$，$m=10^1$，$M=10^2$，其意义是从一批产品中，取 5 个检样，经检样结果，允许 ≤3 个检样的菌数是在 $m \sim M$ 值之间，如果有 3 个以上检样的菌数是在 $m \sim M$ 值之间或一个检样菌数超过 M 值者，则判定该批产品为不合格品。

我国乳制品产品微生物限量见表 14-5。

表 14-5 我国乳制品产品微生物限量

食品种类	指示菌	采样方案及限量			
		n	c	m	M
生乳	菌落总数/(CFU/mL)	$2×10^6$			
巴氏杀菌乳	菌落总数/(CFU/mL)	5	2	50000	100000
	大肠菌群/(CFU/mL)	5	2	1	5
调制乳	菌落总数/(CFU/mL)	5	2	50000	100000
	大肠菌群/(CFU/mL)	5	2	1	5
发酵乳	大肠菌群/(CFU/mL)	5	2	1	5
乳粉	菌落总数/(CFU/g)	5	2	50000	200000
	大肠菌群/(CFU/g)	5	1	10	100

理想情况是所有的标准都可以指示一种不可接受的公共健康威胁的存在，或者疾病数量和指示生物水平之间存在某些关系。但这些信息通常很难获得，因为它涉及昂贵的流行病学研究，且结果之复杂往往难以解释。因此，多种可接受的指示微生物准则已被使用（表 14-6），但目前还没有一个通用的标准。不同的国家、国际组织和地区有着相似的致病菌限量标准，但食品微生物限量指示菌在不同的食品中标准限量值的差异很大。在美国，细菌性指示生物如大肠杆菌已用于水质标准（water quality standard）的制定，美国环保署（U.S. EPA）已制定出每 100mL 中无可检测大肠菌群的饮用水标准，由法律强制实施。如果供水商违反了这些标准，他们将被要求采取补救行动或可能被政府罚款。欧盟也有类似的标准。中国和其他一些国家，由于水中指示微生物数量变化很大，因此允许有一些阳性制品或可容忍水平或平均值的微生物存在，饮用水中允许含有一定水平的大肠菌群。

表 14-6 不同国际组织及国家或地区食品中微生物指示菌使用情况

项目	细菌总数	肠杆菌科	大肠杆菌	大肠菌群	控制点
中国					
乳及乳制品	√			√	货架期
欧盟					
肉及肉制品					
乳及乳制品		√	√		加工过程
水产品			√		
蔬菜水果及其制品			√		
中国香港即食食品	√		√		货架期

续表

项目	细菌总数	肠杆菌科	大肠杆菌	大肠菌群	控制点
英国即食食品	√				货架期
澳大利亚、新西兰					
即食食品	√	√	√		货架期
乳及乳制品	√			√	
肉及肉制品	√				
矿泉水、瓶装水	√			√	
蔬菜、水果及其制品			√		
加拿大					
乳及乳制品	√			√	货架期
肉及肉制品	√			√	
矿泉水、瓶装水	√			√	
婴儿食品	√		√		
焙烤食品	√		√		

当使用得当并与经过验证的过程控制相结合，微生物检验可提供有效的保证产品稳定性和安全性的信息。然而，检验并不能确保产品的安全性。受采样方案统计学上的限制，尤其当危害以低浓度不可接受的风险存在，并且流行度较低且易变时，微生物检验可能传递有关安全性的错误信息。这是因为致病性微生物在食品中的分布是不均匀的，因此，当样品来自一批产品的可接受部分时，则检验可能无法检测出批次产品中的微生物。食品安全通常是多种因素作用的结果，它主要通过食品供应链（如初级生产、配料、加工过程及加工环境）中适当的预防性、主动的措施来保证，而不是仅通过微生物检验来达到。单独进行终产品检验是被动的，解决的仅仅是结果，而并非产生问题的原因。

为了更加完善，明确与微生物标准相关的分析方法非常重要，因为不同的方法会对检验结果产生差异。

对于严重或极严重危害，通常采用增菌的方法以提高致病菌的检出率。增菌方法主要依靠致病菌在增菌介质中繁殖到可被检测出的水平，而检测水平会因分析方法的不同而不同。在大多数情况下，本书推荐增菌方法使用25g的检验样品，每个25g的检验样品都应被独立地采取。但是，如果方法已经过验证，可在增菌后检测到单个细菌体的生长，则可混合多个检验样品（如5、10、15、20等）进行一次检验。

标准的制定和规范的制定是一个艰难的过程，仍没有一个标准是理想的，还需要通过科学家、公众健康官员和调节机构的大量检验。

14.3 食品货架期

食品货架期是指产品可以被接受并且满足顾客质量要求的时间长度。产品货架期受产品的微生物、酶类和生化反应的影响。微生物自身产生的一些有害物质或微生物利用了产品中的某些营养成分生成其他物质，从而影响了产品的货架期。酶的作用是导致货架期问题的重要原因，而生物化学方面的变化着重表现在氧化反应上，生化反应主要影响产品的外观、风味和口感。

影响产品货架期的环境因素有：保存温度、相对湿度、水分含量、水分活度、气体浓度、pH 值、金属离子、氧化还原电势、压力和辐射等。其中最重要的环境影响因素是温度。温度会影响反应速率，一般来说，反应速率随着温度的升高而加快。产品的储存温度高，货架期缩短。

14.3.1 质量损失模型

在预测货架期实验中最重要的一步是选择一个合适、可靠的方法来模拟食品的质量损失，为货架期试验提供有效的设计。货架期预测试验建立在食品质量损失模型的基础上，主要是指在食品体系中发生的不同衰败机制的动力模型。一般描述食品体系的质量损失方程为：$r_Q = \varphi(C_i, E_j)$，它描述了质量衰败速度（r_Q）是多种混合因素（C_i）共同的作用，例如反应物的浓度、微生物水平、催化剂、反应阻聚剂、pH 和水分活度等。环境因素（E_j）方面如温度、相对湿度、光照、机械压力和整体压力显著影响反应速度，在动力学试验中需要密切监控。一个质量损失的动力模型不仅是研究食品系统，也是研究环境条件的实验，包括包装材料的渗透性等。随着模型化的建立，能够使用化学、物理、微生物或感官参数来衡量影响质量变化的因素。产品的质变速度用以下方程来表示：

$$-\frac{dc}{dt} = f(I, E)$$

式中，c 为质变指数；t 为时间；I 为内部变量；E 为外部变量。

或更明确表示为：

$$\frac{dA}{dt} = k[A]^n$$

式中，n 为反应级别；dA/dt 为反应速度；k 为速度常数。

在零级反应中，例如非酶褐变，其反应速率与反应物的浓度无关。在一级反应中，例如微生物的生长，其反应速率与其反应物的浓度相关，两者的关系是非线性的。许多食品的质变都属于零级或一级反应，但有一些属于二级反应。

14.3.2 产品货架期预测模型

产品的货架期预测必须将产品本身质量的损失与包装材料的影响相结合起来。产品本身质量的损失模型如上面所介绍，包装所用的预测模型一般为：

$$\frac{dW}{dt} = \frac{k}{l} A \times \Delta P$$

式中，$\frac{dW}{dt}$ 为食品重要成分的质量变化速率；k 为包装材料的渗透系数；l 为包装材料的规格；A 为包装表面积；ΔP 为包装结构内外局部渗透压差。

当采用多种材料时，例如迭片结构和混合挤压结构等，材料渗透性用单种材料渗透性倒数的和来表示：

$$\frac{1}{P_{总}} = \frac{1}{P_1} + \frac{1}{P_2} + \cdots + \frac{1}{P_n}$$

目前发展的包装应用的预测模型最好的是 M-Rule Contain Performance 模型，是用来预测饮料的。许多包装材料所用的预测模型都是以充碳酸气体饮料的塑料瓶中二氧化碳的损失为研究对象，氧气的进入和维生素 C 的氧化也包括了。M-Rule 的特点是将塑胶材料的多方面因素都结合起来考虑。例如包装几何学（形状、表面积、规格等）、材料及其密封性等。因为气体通过密封材料（通常是聚丙烯）和通过瓶材料（通常是聚酯）的方式是不同的。

14.3.3 加速货架期预测

为了增加销售效益，商家都致力于研制长货架期的产品，加速预测货架期实验（accelerated shelf-life testing，ASLT）就是针对货架期预测时间长、效率低、耗资大的实际问题而发展起来的一种方法。通过应用一些加速手段在短期内预测出产品的真正货架期。在食品上使用的加速手段主要有：提高温度、增加湿度、光照等。其中温度加速试验使用较为广泛。最广泛使用的加速预测模型是 Arrhenius 相关模型，用来描述温度对反应速率的影响，来源于热力学理论和统计力学原理。Arrhenius 相关模型是为可逆分子化学反应而发展起来的理论，试验表明可应用于更多更复杂的化学和物理现象（例如黏度、扩散、吸收等）。Arrhenius 相关方程：

二维码 42

二维码 43

$$k = k_0 e^{-\frac{E}{RT}}$$

式中，k 为质变反应速度常数；k_0 为速度常数，与温度无关；E 为活化能；R 为气体常数；T 为绝对温度。

在食品工厂广泛使用的描述温控试验的方法还有 Q_{10} 法：

$$Q_{10} = \frac{k_{T+10}}{k_T}$$

Q_{10} 是相差 10℃ 的反应速度常数的比值。这个模型可以用来描述产品在某个温度下反应有多快，包括滥用的高温。可以用来加速预测产品的货架期。

14.4 预测微生物学

14.4.1 预测微生物学概述

预测微生物学（predictive microbiology）是指借助计算机的微生物数据库，在数字模型基础上，在确定的条件下，快速对重要微生物的生长、存活和死亡进行预测，从而确保食品在生产、运输、贮存过程中的安全和稳定，打破传统微生物受时间约束而结果滞后的特点。在计算机的基础上，将微生物预测、栅栏技术和 HACCP 系统有效结合，就可以实现食品厂从原料、加工到产品的贮存、销售整个体系的计算机智能化管理和监控。

预测微生物学在食品货架期预测领域的研究应用广泛，预测微生物学在货架期预测领域需要进行以下几方面的研究：

① 食品微生物及微生态研究，包括食品中微生物的种类、数量、消长、相互作用、腐败相关的代谢等。

② 建立合适的微生物动力学生长模型并将环境因子对细菌消长的影响整合到其中。

③ 以微生物生长数据库为基础开发便捷的货架期预测软件。

在微生物预测过程中，相关数据是建立数学模型的基础，数学模型必须通过适当的试验，得到微生物与各环境因素之间关系的数据。绝大多数微生物的生长受制于 3～5 种关键的环境因子（温度、pH 值、水分活度、NaCl 等）。为了更好地描述各种模型之间的关系，Whiting 和 Buchanan 于 1993 年提出了预测微生物模型的三级分类法。初级模型表示微生物响应与时间关系，用一系列特殊的参数来表示，常用 Baranyi 模型和 Gompertz 方程等。次级模型描述环境因子的变化如何影响初级模型中的参数，主要有平方根模型、Arrhenius 模型和响应面模型等。三级模型是计算机程序，将初级模型和次级模型转换成计算机软件，也被称为专家系统。

澳大利亚、加拿大、美国中西部的研究机构从 20 世纪 60 年代开始研究 −5～5℃ 低温流通的水产品、牛乳、肉类贮藏温度和货架寿命的关系,这是预测微生物学以食品品质为目标的一个源流。同期,英国及美国几个与食品有关的研究机构开始研究食品中产毒菌的生长,想定量解明温度、pH、水分活度的影响,这成为预测微生物学以食品安全性为目标的另一个源流。

1983年一个30人的食品微生物学家小组,应用直观预测的Delphi工艺,用计算机预测了食品货架期,开发了腐败菌生长的数据库的成果,从此揭开了预测微生物学序幕。1992年英国农业、渔业和食品部开发了Food Micmmodel(在数据库和数学模型基础上的食品微生物咨询服务器),描述食品中致病菌的生长与环境因素之间的关系。美国农业部的微生物食品安全研究机构(USDA's Microbial Food Safety Research Unit)已经开发并发行了"pathogen Modeling program"应用软件,可用于自动响应面模型处理大多数常用的防腐剂。

预测微生物学的主要作用归纳起来有如下方面:①预测产品的货架期和安全性。②将食品中有关微生物的选择试验准确地局限于较小范围,大大减少了产品开发的时间和资金耗费。③可帮助和指导管理者在生产中贯彻HACCP,外部多因素出现时,

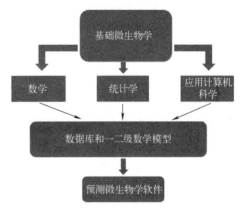

图14-6 模型的预测过程及相关学科的结合

可决定关键控制点,并决定竞争实验是否必需,同时对HACCP清单给予补充。④对加工工序和贮藏控制的失误引起的结果进行客观评估。

模型的预测过程及相关学科的结合见图14-6。

14.4.2 模型介绍

预测微生物模型主要被用作描述微生物的生长、存活以及发展过程。一般情况下,预测模型是按数学模型来进行分类的。一级模型用来描述在特定生长条件下,微生物数量与时间的关系;二级模型用来描述环境因子的变化影响微生物生长或者存活的情况;三级模型是将一级模型和二级模型转换成计算机软件程序进行应用。

根据生长模型的建立方式,又分为动力学模型和概率模型。动力学模型描述不同的培养和环境条件对微生物生长的影响,是建立有关微生物的比生长率和环境因素之间的数学模型,可用于食品品质预测。概率模型多用于预测一些特定事件的概率性,预测微生物的风险评价常采用概率模型,如在给定时间内孢子萌发或者形成毒素的概率,可用于分析食品中致病菌出现的概率,也可用于食品安全性评价。

14.4.2.1 一级模型

一级模型主要表征微生物数量与时间变化的函数关系。大多数情况下,同类型微生物的生长情况可以用生长曲线来描述。模型的微生物定量为每毫升菌落形成量、毒素的形成、底物水平和代谢产物等。从普通微生物的角度,微生物的群体生长以细菌为对象来阐述。由预测微生物学研究者提出了一些常用的一级模型,主要包括Gompertz模型、Logistic模型、Baranyi&Roberts模型等。

(1) Gompertz模型

$$\lg N = A + C \exp\{-\exp[-K(t-T)]\}$$

式中,$\lg N$为微生物在时间t时常用对数值;A为随着时间无限减少时微生物的对数值(相当于初始菌数);C为随时间无限增加时菌增量的对数值;K为在时间T时相对最大生长速

率;T 为达到相对最大生长速率所需要的时间。

Gompertz 方程最初不是设计用来描述微生物生长的,只是模型中的参数被赋予了物理含义来解释微生物的生长参数,而这些参数在建立和解释模型时都发挥了重要作用。

(2) Logistic 模型

$$y = A/\{1+\exp[4\mu_m(r-t)/A+2]\}$$

式中,y 为微生物在时间 t 时相对菌数的常用对数值,即 $\lg N_t/N_0$;A 为相对最大菌浓度,即 $\lg N_{max}/N_0$;μ_m 为微生物生长速率;r 为迟滞期的时间。

(3) Baranyi 模型

$$N = N_{min} + (N_0 - N_{min})e^{-k_{max}(t-M_{(t)})}$$

$$M_{(t)} = \int_0^t [1+s^n]\,ds$$

式中,N 为 t 时微生物的生长数量,个;N_0 为 0 时微生物的数量,个;N_{min} 为最小微生物数量,个;k_{max} 为最大相对死亡率,%;s 为参数。

14.4.2.2 二级模型

二级模型是描述一级模型的参数与环境条件变量之间的函数关系。微生物在食品中生长受多种变量影响,如温度、水分活度、pH 值、氧浓度、二氧化碳浓度等的变化规律,即表述微生物生长特征参数,如延迟期、最大生长特征速度、细菌最大浓度等随各因素变量的变化而变化。二级模型主要包括:Arrhenius 等式方程(Arrhenius relationship)、平方根模型(square-root model)和响应面方程(response surface equation)。

(1) Arrhenius 方程

最早模拟温度和水分活度对微生物的影响源于基于反应速率的 Arrhenius 指数模型:

$$\ln(\text{速率}) = \ln(A) \times \Delta E_a/(RT)$$

式中,A 为与每个单位时间内反应物的碰撞数目相关的常数;E_a 为活化能,J/mol;R 为气体常数,$R=8.314$ J/(K·mol);T 为绝对温度,K。

目前这一方程及其变形仍在很多预测微生物学研究中使用。

(2) 平方根模型

经典的 Ratkowsky 平方根模型可以用来描述最大比生长速率(μ_{max})和迟滞期(λ)随温度变化的函数线性关系,具体公式如下:

$$\sqrt{\mu_{max}} = b \times (T - T_{min,\mu})$$

$$\sqrt{1/\lambda} = b \times (T - T_{min,\lambda})$$

式中,b 为模型常数;T 为温度;$T_{min,\mu}$ 和 $T_{min,\lambda}$ 为微生物没有代谢活动时的温度、微生物生长的理论最低温度。

平方根模型的研究和使用都很广泛,许多研究报告表明,评价不同的恒定贮藏温度对于食品或模拟系统中的多种微生物生长的影响。平方根模型被不断修正和完善,逐渐扩展到水分活度、pH 值、O_2 浓度、CO_2 浓度等。

(3) 响应面方程

响应面方程基于多元回归方法在二级模型中也常被应用,是一种多项式回归方程,它可以是线性的、二次的、立方的方程。其优点是易于拟合,精确度高;缺点是许多参数缺乏生物学意义。响应面方程比平方根模型复杂但却更有效,可描述所有影响因素和它们之间的相互作用。

14.4.2.3 三级模型

三级模型是一种软件化模型,软件包括了一个或者多个一级模型和二级模型。三级模型功能非常强大,是操作较简便的微生物生长预测模型工具,可应用于食品科技行业和相关的研究领域。三级模型也称专家系统,它要求使用者具备一定专业知识,了解系统的使用范围和适用条件,能对预测的结果进行合理正确的解读。微生物生长预测三级模型的主要功能有:可根据不同环境因子的改变预测微生物生长的变化;比较不同环境因子对微生物生长的影响程度;相同环境因子下,比较不同微生物之间生长的差别等。

(1) ComBase 软件数据库

ComBase 是目前在预测微生物学中最大的和最常用的数据库。ComBase 是由 IFR (Institute of Food Research,英国食品研究所)和 FSA (Food Standards Agency,食品标准协会)、USDA-ARS (USDA Agricultural Research Service,美国农业部农业研究服务协会)和 ERRC (Eastern Regional Research Center,美国东部研究中心)、AFSCE (Australian Food Safety Centre of Excellence,澳大利亚食品安全中心)一起建立维护的。

(2) MRV 软件模型

ComBase 数据库包含大量的数据,因此需要从大量的数据中检索,获得自己所需的信息,是一件很困难的事。特别是生长/不生长模型下,难度更高。因此为了更好地利用 ComBase 数据,一个新的 ComBase 衍生数据库(MRV)诞生。MRV 全称是 Microbial Response Viewer。

(3) PMP

PMP (Pathogen Modelling Program)美国农业部开发的病原菌模型程序,软件能够针对致病菌的生长或失活进行预测。PMP 包括 10 种重要的食源性病原菌的 38 个预测模型。PMP 不仅能通过温度、pH、水分活度等参数预测微生物生长状况,而且可以利用自动响应模型处理大多数常用防腐剂,结果具有较高的精确度,但 PMP 缺乏温度波动下的生长和失活模型。

14.4.3 预测微生物学的发展前景及应用

预测微生物学的发展对于食品行业的开发有十分重要的意义,有利于控制产品开发过程中对工艺参数、产品配方的制定和管理方案的优化。微生物预测技术在近几十年飞速发展,人们已经利用该技术解决了一些问题,通过软件数据库的三级建模对食源性致病菌的描述已经被很多发达国家用于食品安全风险评价,作为实验室检测的重要补充。但是,预测微生物学还具有其局限性,特别是在商业领域的普及还没有达到预想的效果,需要进一步完善。

① 微生物建模的试验数据一般采用液体培养基进行数据采集,但是食品本身具有其复杂性,液体培养基相对较为单一,能否真正代替食物进行实验仍然是争论的话题。例如 Pin 等用假单胞菌 Baranyi 模型评估真实的食品,其误差超过了 40%。也有研究人员做了对比实验:用培养基建立模型,把得到的预测值与文献中微生物的生长情况进行对比,结果发现大多数情况下不会出现大的差异。因此,在多数情况下,可以在实验室通过培养基来获取大量的实验建模数据,但也有部分实验并不可靠,所以,必须做好相应的对比试验,并且用真正的食品得到的数据对模型进行校正。

② 菌间的相互作用对微生物预报的结果是否有影响。在实际情况下,食品中的微生物群是一个复杂的微生态系统,存在着共生与拮抗等相互作用。但是目前微生物预报模型都是单一菌种在纯培养状态下建立,没有考虑到菌间的相互作用。是否影响到预报的精确性,值得进一步研究。有国外的学者做了一些对比试验,得到的结论是:在达到最大菌密度之前,微生物之间并不发生明显的相互影响,因此在研究食品的腐败问题时,低密度条件下不需要考虑菌间相互作用。

③ 微生物特性等实验数据的获取是建模过程中最繁琐的工作,因为越多的实验数据,所得到的预测模型才会越精确,可是微生物快速检测技术并未得到实际应用。而且权威人士指出,预测微生物模型必须对食品从原料到餐桌的全过程进行模拟,才能真正解决食品的质量安全问题。

拓展阅读：生物标志物

生物标志物（biomarker）是微生物中含有的一些化学物质，其含量或结构具有种属特征或与其分类位置密切相关，能够标志某一类或某种特定微生物的存在。这些具有分类学意义的化学物质的种类和含量可以作为鉴定微生物的指标。传统的微生物分离培养、生化鉴定和血清学鉴定的方法越来越难以适应环境、食品、临床标本中微生物的快速、准确检测的要求。生物标志物的种类繁多，分析技术和方法多种多样，PCR、特异性核酸探针杂交、基因芯片、生物传感器、免疫学技术等都是利用微生物生物学特性的检测鉴定技术。随着分析化学技术日新月异，很多仪器分析手段如高效液相色谱（high-performance liquid chromatography，HPLC）、气相色谱（gas chromatography，GC）、气相色谱-质谱联用（gas chromatography-mass spectrometer，GC-MS）、液相色谱-质谱联用（LC-MS/MS）等逐渐显示了在微生物检测中的潜力。这些分析化学的手段有别于依赖生物学特性的检测方法，主要通过分析微生物的化学组成鉴定微生物，开辟了一个微生物检测和鉴定的新途径。

生物标志物的种类很多，包括不饱和脂肪酸、蛋白质、核酸、类脂、磷脂、多糖和醌类等，此外还有一些特殊的化学物质仅存在于一些特定的微生物中，如芽孢中含有吡啶二羧酸，分枝杆菌属、诺卡氏菌属、棒状杆菌属和红球菌属等都含有的分枝菌酸，也是鉴定细菌的重要物质。已有商品化的用于细菌检测的分析化学系统，如美国MIDI公司的细菌脂肪酸GC鉴定系统、细菌分枝菌酸HPLC鉴定系统等。多数方法利用生物标志物在不同细菌中的分布谱不同鉴定细菌，在检测这些生物标志物的过程当中，许多分析化学技术和手段相继被建立。

随着分析技术的进步和分析微生物学的不断发展，利用生物标志物鉴定微生物的方法将会对临床诊断、环境监测、食品检测产生重大的影响。在某些情况下，分析目标微生物中生物标志物的组成不仅可以确定该微生物的属、种，还可以确定其具体来源于哪个保藏种，在生物恐怖和生物战发生时快速鉴定细菌来源对于事件性质的判断具有重要意义。当然，这需要更为精确的分析方法和相应的数据库支持。

尽管以上列举了多种类型的生物标志物，仍然很难找到一种在某种、某类微生物中独有的化合物。目前，几乎所有通过分析生物标志物而检测和鉴定细菌的方法都是获得某类标志物的分布和含量谱，根据不同的微生物中该标志物的分布不同鉴定目标微生物。建立各种生物标志物在微生物中分布情况的数据库及相应的标准分析程序，仍然是建立微生物检测系统的主要方向。为了提高鉴定的准确性，还可以集合几种方法同时检测几种生物标志物，综合判断鉴定结果。

另外，一些生物标志物的分析方法比较繁琐，涉及分离、提取、衍生化等步骤，耗时数小时，随着分析技术的进步和各种标志物数据库的完善，这些方法将会向更加简便、迅速、准确和自动化的方向发展。

 知识归纳

食品卫生与微生物
  食品卫生：涉及食品的安全性和卫生，确保食品在生产、运输和存储过程中不受污染。
  微生物：指在食品中存在的细菌、霉菌、酵母等，可能影响食品的安全和质量。
食品安全指示物
  定义：指能够指示食品污染或微生物安全性的一类微生物或化学物质。
  示例：大肠菌群、沙门氏菌，常用于表征食品受粪便污染的风险。
食品微生物检验
  目的：通过检验食品中的微生物负荷，评估食品安全性。

常用方法：
  菌落总数：用来评估整体微生物负荷。
  大肠菌群检验：用于指示粪便污染。
食品微生物标准的构成
  标准内容：
  微生物的限量标准（如细菌总数、大肠菌群限量）。
  检测试剂和方法规定。
  适用范围：适用于特定食品类别（如肉类、乳制品等），根据当地法律法规制定。
常见的食品卫生微生物学指标
  菌落总数：衡量食品中所有活微生物数量的指标，反映出食品的整体微生物质量。
  大肠菌群：用于检测食物被污染的程度，常用作卫生指标。
检测方法
  MPN法（最可能数法）：统计学方法，通过一系列稀释培养后的阳性菌落数来估算样品中微生物的数量。
  膜滤试验：适用于水和低微生物负荷的食品，通过膜过滤器捕获细菌并进行培养。
  有或无试验：用于快速判断食品中某种特定微生物的存在与否。
  直接镜检计数法：直接观察并计数样品中微生物的数量。
微生物限量及采样方案的选择
  微生物限量：根据产品类别和卫生标准设定的允许微生物数量。应考虑产品特性和消费方式。
  采样方案选择：根据检测目标、产品类型和生产工艺，选择随机抽样、系统抽样、分层抽样等方案。
食品稳定性试验
  目的：评估食品在储存条件下的保质期及微生物安全性。
  关键因素：温度、湿度、光照等环境因素对微生物生长的影响。

思考题

1. 什么是食品微生物检验？有哪些特点？
2. 什么是 MPN 法？其原理及适用范围是什么？
3. 为什么把霉菌和酵母作为评价食品卫生质量的指示菌之一？
4. 什么是二级抽样方案？什么是三级抽样方案？
5. 什么是食品货架期？其环境影响因素有哪些？

二维码 44

应用能力训练

微生物指标不合格产品的判定，附食品卫生微生物检测操作微课。
1. 食品种类：手撕腊肉。菌落总数标准值：$n=5$，$c=2$，$m=10000$，$M=100000$。实测值：220000；130000；190000；64000；83000。判定是否合格？
2. 食品种类：面包。菌落总数标准值：$n=5$，$c=2$，$m=1000$，$M=10000$。实测值：860；2500；1200；2100；3500。判定是否合格？
3. 食品种类：生活饮用水。菌落总数标准值：≤100。实测值：410。判定是否合格？
4. 食品种类：包装饮用水。大肠菌群标准值：$n=5$，$c=0$，$m=0$。实测值：3；8；6；0；7。判定是否合格？
5. 食品种类：酱卤肉。大肠菌群标准值：$n=5$，$c=2$，$m=10$，$M=100$。实测值：30；21；36；29；34。判定是否合格？
6. 食品种类：水源水。总大肠菌群标准值：不应检出。实测值：15。判定是否合格？
7. 食品种类：面包。霉菌标准值：≤150。实测值：230。判定是否合格？

二维码 45

参考文献

[1] James M Jay, Martin J Loessner, David A Golden. 现代食品微生物学. 何国庆, 丁立孝, 宫春波, 译. 7版. 北京: 中国农业大学出版社, 2008.
[2] 何国庆. 食品微生物学. 北京: 中国农业大学出版社, 2002.
[3] 柳增善. 食品病原微生物学. 北京: 中国轻工业出版社, 2007.
[4] 张甲耀. 环境微生物学. 武汉: 武汉大学出版社, 2010.
[5] 广东出入境检验检疫局. 国内外技术法规和标准中食品微生物限量. 北京: 中国标准出版社, 2002.
[6] 国际食品微生物标准委员会. 食品加工过程的微生物控制原理与实践. 刘秀梅, 曹敏, 毛雪丹, 译. 北京: 中国轻工业出版社, 2017.
[7] 李宏, 雷质文. 食品微生物检测方法确认和证实手册. 北京: 中国质检出版社, 中国标准出版社, 2013.
[8] 李自刚, 李大伟. 食品微生物检验技术. 北京: 中国轻工业出版社, 2016.
[9] 贾俊涛, 梁成珠, 马维兴. 食品微生物检测工作指南. 北京: 中国质检出版社, 中国标准出版社, 2012.
[10] GB4789.2—2022 食品安全国家标准 食品微生物学检验 菌落总数测定.
[11] GB4789.3—2016 食品安全国家标准 食品微生物学检验 大肠菌群计数.
[12] GB4789.15—2016 食品安全国家标准 食品微生物学检验 霉菌和酵母计数.